虚拟环境、环境效应与虚拟试验平台构建

许永辉　孙　超　高天宇　著

電子工業出版社
Publishing House of Electronics Industry
北京 · BEIJING

内 容 简 介

虚拟试验技术是由系统工程、建模仿真技术、可视化与虚拟现实技术、信息处理技术、现代数学和计算机技术等多种学科交叉应用的新兴技术。虚拟试验技术可以在虚拟的条件下完成对被试品的测试和试验，能够大大缩短设备的研制、测试周期，节约测试经费，因而被广泛应用，已成为系统分析、优化设计、性能评测的强有力工具。

本书针对武器装备虚拟试验的需求，全面、详细地介绍了虚拟环境资源、环境效应模型、虚拟场景显示及虚拟试验体系结构的关键技术。主要内容包括绪论、综合自然环境数据库构建、航空空间虚拟大气环境构建、临近空间虚拟大气环境构建、空间辐射虚拟环境构建、地形环境构建、海洋环境构建、虚拟自然环境集成、电磁波传输环境效应、激光传输环境效应、地形环境通过效应、二维场景显示软件开发、三维场景显示软件开发、虚拟试验验证平台构建。本书根据作者所在课题组多年的研发经验，给出了实际研发的过程和工程实例，重点解决应用设计中的关键技术问题，并解析了虚拟试验验证平台设计中遇到的难点和解决方法。

本书内容丰富新颖，所举实例具有典型性、较强的实用性与指导性，可以作为高等学校测试专业、装备设计专业和计算机仿真专业等高年级本科生及研究生的教学参考书，也可为从事装备设计、虚拟试验验证相关领域的科研人员提供技术参考。

图书在版编目（CIP）数据

虚拟环境、环境效应与虚拟试验平台构建 / 许永辉，孙超，高天宇著. -- 北京 : 电子工业出版社，2025. 1.
ISBN 978-7-121-49088-0

Ⅰ. TP391.9

中国国家版本馆 CIP 数据核字第 2024CD2273 号

责任编辑：徐蕾薇　　文字编辑：赵　娜
印　　刷：涿州市般润文化传播有限公司
装　　订：涿州市般润文化传播有限公司
出版发行：电子工业出版社
　　　　　北京市海淀区万寿路 173 信箱　邮编　100036
开　　本：787×1 092　1/16　印张：24　字数：615 千字
版　　次：2025 年 1 月第 1 版
印　　次：2025 年 1 月第 1 次印刷
定　　价：128.00 元

凡所购买电子工业出版社图书有缺损问题，请向购买书店调换。若书店售缺，请与本社发行部联系，联系及邮购电话：（010）88254888，88258888。

质量投诉请发邮件至 zlts@phei.com.cn，盗版侵权举报请发邮件至 dbqq@phei.com.cn。

本书咨询联系方式：xuqw@phei.com.cn。

前言

随着计算机软硬件技术的飞速发展，虚拟试验技术逐渐成为研究热点。虚拟试验能够有效减少人力、物力损耗，大幅降低试验费用和开发成本；能够生成任意试验环境，具有在复杂环境条件下的产品试验能力，可以实现对被试品全方位的考察。虚拟试验的研究与开发受到越来越多的关注，在机械、电力、汽车、航空、军事等相关领域的应用也越来越广泛。

作者所在的科研团队近十年来一直从事虚拟试验技术相关的研究工作，承担国家重大项目中涉及虚拟试验环境资源和环境效应构建、虚拟试验场景显示、联合试验平台开发等方面的工作，对于虚拟试验验证平台的构建具有较丰富的开发经验。作者希望针对虚拟试验验证平台构建的关键技术，结合课题组已经公开发表的论文、专著和科研过程中积累的技术资料编写这本以实践应用为目标的专著，能够在技术人员开发虚拟试验验证平台时给予有益的借鉴。

本书分为 14 章。第 1 章概述了虚拟试验技术、虚拟试验的基础和支撑框架、虚拟环境资源构建及虚拟场景显示技术；第 2 章介绍了综合自然环境数据库构建方法，重点分析了综合环境数据表示与交换规范；第 3 章介绍了航空空间虚拟大气环境构建方法，利用中尺度大气数值模式生成包括温度场、湿度场、风场和压力场等在内的复合航空空间大气环境；第 4 章介绍了临近空间虚拟大气环境构建方法，利用 TIMED 卫星的 SABER 探测器的原始大气环境数据进行临近空间虚拟大气环境资源的构建；第 5 章介绍了空间辐射虚拟环境构建方法，利用 ACE 卫星原始地球辐射环境数据进行空间辐射虚拟环境资源的构建；第 6 章详细介绍了基于试验训练体系结构的地形环境资源开发的实现过程；第 7 章对面向装备试验的海洋环境建模技术进行了研究，给出了海洋环境数据模型的构建方法；第 8 章介绍了虚拟自然环境集成技术，根据需求快速生成复杂、想定的自然环境数据；第 9 章针对电磁波传输环境效应模型的研究和测试，开发了电磁波传输效应资源组件，详细介绍了基于试验训练体系结构的电磁波传输环境资源开发的实现过程；第 10 章研究了在大气中传输理论研究的基础上，开发的运行在虚拟试验平台上的激光传输环境效应组件；第 11 章研究了车辆地形通过性分析的理论，详细介绍了基于试验训练体系结构的车辆地形通过性分析组件开发的实现过程；第 12 章和第 13 章均介绍了虚拟场景显示软件开发，分别针对虚拟试验验证平台开发二维场景显示软件和三维场景显示软件；第 14 章介绍了虚拟试验验证支撑软件及虚拟试验验证平台的构建实例。读者学习这些内容后，可以对虚拟自然环境、环境效应及虚拟试验验证平台构建的关键技术有基本的了解，初步具备开发虚拟试验验证平台的能力。

本书由许永辉主笔，孙超、高天宇参与撰写。作者所在课题组的成行、孙丽、丁蔚、董昊、付文青、闫芳、李玲玉、苏文圣、赵晓斌和杨昌达等研究生参与了早期的研发工作，积累了很多素材，对此表示感谢。本书的出版得到姜守达教授的大力支持，在此向姜老师表示感谢。由于时间仓促和作者学识水平有限，书中难免存在错误或不妥之处，恳请广大读者批评指正。

许永辉

2024 年 3 月

目录

第1章
绪　论

1.1 虚拟试验概述

随着计算机软、硬件技术的飞速发展，虚拟试验技术逐渐成为研究热点，正得到越来越广泛的应用和推广，用来补充或部分替代传统物理试验。从广义上讲，任何不使用或部分使用硬件来建立试验环境、完成实际物理试验的方法和技术都可称作虚拟试验。它是在虚拟环境中进行的一个数字化模拟试验过程，以虚拟数字样机代替真实物理样机，如同在真实环境中完成预定试验分析，其所取得的试验效果接近或等价于在真实环境中所得的效果。

相比传统试验，虚拟试验具有诸多优势，它不仅可以作为真实试验的前期准备工作，还可以在一定程度上替代传统的试验，具体优点如下。

（1）虚拟试验能够大幅减少甚至避免真实试验，可以有效减少人力、物力损耗，大幅度降低试验费用和开发成本。

（2）虚拟试验基本不受时间、空间等因素的制约，重复利用率高，可操作性强，可以生成任意试验环境，具有复杂环境条件下的产品试验能力。

（3）虚拟试验易于改进，能够使试验者在产品研发的各阶段都实现交互式设计，在产品研发阶段就能对产品的性能进行评价或试验验证。

资料显示，在成本和试验周期两方面，采用虚拟试验技术，研制成本可减少 10%～40%，试验数量可降低 30%～60%，研制周期可缩短 30%～40%。2006 年 12 月 7 日，波音 787 举行了虚拟首发式。整个波音 787 采用了完全的数字化设计、试验、装配，没有实物样机，总共 16TB 的设计、试验数据，并且在全世界协同研制。虚拟试验验证技术作为核心技术之一发挥了重要作用，波音 787 大型试验均在虚拟环境中进行，使得研制风险大大降低，研制周期也从 5 年缩短到 4 年。与传统试验相比，虚拟试验技术存在诸多优点，因此利用虚拟试验技术构建虚拟试验系统，开展对各种武器作战效能的研究及作战测试，已成为当前研究测试过程中一条便捷、高效的途径。正因如此，虚拟试验的研究与开发日趋成熟且受到越来越多的关注，在机械、电力、汽车、航空、军事等相关领域的应用也越来越广泛。

进入 21 世纪以来，各种技术快速发展，信息化和虚拟测试技术被引入军工测试领域，并被不断开发应用，现代军事武器测试系统在智能化、网络化、虚拟化等方面不断取得突破性进展。在各项技术中，虚拟试验技术成为测试领域的关键技术，在军工产品研制和试验过程中，虚拟试验成为与实物试验同样重要的一种试验方法。

虚拟试验技术是以建模与仿真技术、计算机网络通信技术、可视化与虚拟现实技术为基础，在虚拟条件下完成对被试品测试、试验的一类技术。随着现代科技的深入发展，作战环境的逐渐复杂化，仅仅依靠理论数据分析和真实的试验分析已经不能满足当前作战系统的需求。尤其是在军事测试的实物试验中，存在着自然环境因素复杂不可控制、人力和物力成本消耗大、测试周期长、测试环境和参数不利于保密等缺点，因此通过真实的作战试验来验证作战效能已经十分困难。

现在的虚拟试验已经不单指由全虚拟的试验资源构成的试验系统，而是包含虚拟试验资源在内，由实物、半实物等试验资源构成的联合试验系统。虚拟试验技术是一门新兴学科，结合了现代数学、系统工程及计算机技术相关知识，是美国国防部公布的 22 项关键技术之一，并被美国列为国防科技七大牵引技术之一。技术先进的国家在虚拟试验技术方面都投入了大量的人力和物力。自 20 世纪 60 年代起，欧洲的军事强国及美国都开始了对虚拟试验技术的研究，并建立了相关的实验室以进行虚拟试验系统的研制开发。美国建立了埃格林空军基地光电仿真试验系统、基于空军电子战评估系统（Air Force Electronic Warfare System，AFEWS）的光电仿真试验系统等先进的虚拟仿真系统。美国国防部提出了系统级的联合模拟体系结构（Joint Modeling and Simulation Systems，JMASS），该体系结构提供一个仿真支持环境，能很好地支持电子战环境下的武器系统试验和评估，已形成一批可应用于实用工程的成果。进入 21 世纪以来，美国国防部在 FI2010（Foundation Initiative 2010）工程中提出了试验与训练使能体系结构（Test and Training Enabled Architecture，TENA），为试验靶场、训练靶场及其他建模与仿真活动提供一个能够实现互操作、重用和可组合的公共体系结构，代表了该领域的最高水平。

虚拟试验的应用涉及机械电子控制测量及计算机等多学科领域，实现手段更是包含虚拟样机技术、虚拟现实技术、虚拟仪器技术、多学科建模与仿真技术等多种技术。虚拟试验验证是一种基于数字样机模型的复杂产品关键系统试验数据产生、获取和分析的系统工程过程，它以建模仿真、虚拟现实和知识工程方法为基础，在一个由性能模型、耦合环境、流程引擎和可视化交互机制构成的数字化试验平台中模拟真实产品的物理试验过程。虚拟试验验证是一种贯穿于复杂产品研制中全生命周期的，涉及关键系统数据产生、获取、分析和评价的系统工程过程。

和国外先进技术相比，我国的虚拟试验验证技术还存在较大差距。近年来，虚拟试验验证技术在我国军工产品研制过程中的应用研究逐渐兴起，虚拟试验验证技术的理念和方法已经得到初步的认可，并取得了一些阶段性的技术成果和应用成果。若干虚拟试验相关的研究课题对提高军工产品研制过程中虚拟试验验证技术的整体水平起到了带动作用。经过多年研究，我国已经构建了火箭全程飞行虚拟试验验证平台、鱼雷虚拟试验平台、飞机结构强度虚拟试验平台等系统级虚拟试验验证系统，取得了良好的示范效果，为进一步开展军工产品关键系统的虚拟试验验证应用技术研究奠定了基础。虚拟试验和其他试验手段的结合，能有效地开展全系统性能评价和验证，而采用虚拟试验验证技术则是进行大系统总体综合性能验证的重要发展趋势。

1.2 虚拟环境资源

各种武器装备都要在一定的自然环境中运行和使用，武器装备所处的自然环境会对其作战效能产生复杂的影响。随着当今科技水平的提高，武器装备的性能和作战效能日渐提高，高技术武器受自然环境的制约和影响变得越来越突出。为此，自然环境对高技术战争的影响是关键甚至决定性的，它不仅直接影响战争中武器的选择和战术的使用，而且会直接影响战争的进程和走向，这在海湾战争、科索沃战争和伊拉克战争中都已明显地体现出来。作为自然环境的重要组成部分的大气环境，由风、气温、气压、云、雾等诸多基本要素构成。在大气环境中使用的武器装备会受风、云、雨、雪等常规气象要素和宏观天气环境的影响，如飞行器的飞行路线、飞行姿态会因风而产生变化；发动机的动力会因受到大气温度的影响而影响飞行器的飞行安全、准确入轨及命中精度。大气环境中武器装备的能见度会受到云、雾的影响。此外，高技术武器装备，如光电武器、巡航导弹、超视距雷达等，还对云雨粒子、气溶胶、低空风切变、大气湍流等大气环境要素和天气现象的影响十分敏感。图 1-1 给出了综合自然环境的组成示意。

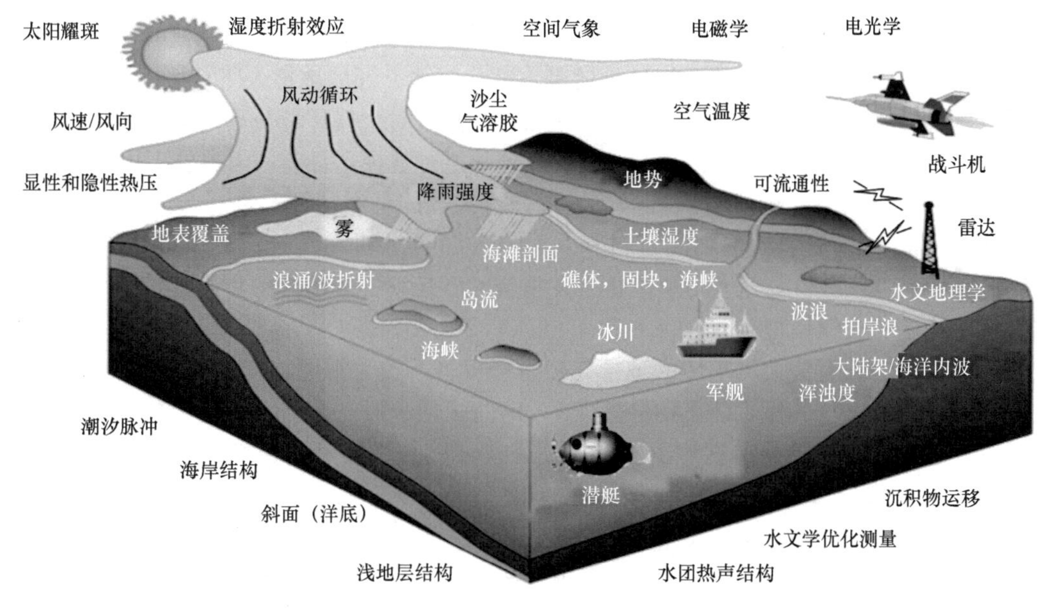

图 1-1 综合自然环境的组成示意

在虚拟试验中，为了获取更符合实际情况的试验结果，需要为被试品建立虚拟环境，以能够提供与真实情况相近的环境数据；还有一些试验，直接以研究环境对被试品的影响为目的，在这种情况下更加需要建立一个灵活、多样的虚拟环境，为被试品提供各种不同的环境条件，甚至是自然界中罕见的极端环境条件。虚拟试验运行过程中若没有运行自然环境的支持，只能模拟极为理想的试验条件，试验结果对实际效果的参考价值明显降低，因此，为提高虚拟试验对真实作战情景模拟的逼真度和可信度，在虚拟试验中必须添加自然环境的支持。综合自然环境（Synthetic Natural Environment，SNE）包括大气、海洋、空间、地形四大部分，应用于虚拟试验的综合自然环境建模与仿真技术已经成为国内外先进分布仿真领域的一项关键技术，是众多武器装备仿真中一个必不可少的重要组成部分。

利用仿真与建模手段深入研究自然环境的特征，并在此基础上建立合理的仿真模型和提供正确的自然环境数据，开展自然环境及其对武器装备影响的研究，是深入认知自然环境对武器装备影响机制和提高武器装备环境适应性的重要技术途径，对于优化武器装备的设计、提高其环境适应能力及在复杂环境下的作战效能都具有非常重要的意义。

1.2.1 大气环境建模

根据气温的垂直分布、大气扰动程度、电离现象等特征，大气环境由地面向上可以分为对流层（0～20km）、平流层（20～50km）、中间层（50～85km）、热层（85～300km）和散逸层（300～500km）。地球中性大气的气体主要集中在 0～50km 的高度范围内，约占地球大气总量的 99.9%，而在高度大于 100km 的空间仅占 0.0001%左右。人们通常把距离地面 100km 以上的航天器运行的空间范围称为航天空间；航空飞机飞行的高度上限通常为 20km，将 20km 以下的空间称为航空空间；距离地面 20～100km 的空间范围称为临近空间，即国际民航飞机飞行高度以上、卫星轨道维持高度以下的空间区域。

大气环境建模是指针对大气环境状态（要素）在时间和空间上的变化建立数学、物理模型，从而客观、有效地反映大气环境的基本变化规律。开展虚拟大气环境资源的构建，为虚拟试验提供有效、可靠的虚拟大气环境资源，需要对大气环境仿真对象中的温度、压强、大气密度、空气湿度、风场、大气组成成分等进行建模。目前，国内外应用较为广泛的大气环境建模的方法主要有三种：①通过分析大气的基本特征及进行数学简化来提出理想化的模型；②基于大量观测资料和观测事实进行分析和统计来建立的统计特征模型；③按照流体力学和大气运动规律建立并求解大气运动的非线性方程组，并进行数值模拟，从中给出的大气模型。

当前，国内外有关大气环境的理想化模型有很多，较为常用的有 USSA-1976 模型、MET 模型、HWM93 模型、CIRA86 模型等，这些模型一般在武器系统的研究中使用，但是只能描述大气变化的简单规律，不能描述大气环境的复杂变化。例如，USSA-76 模型是一个平均模型，只能给出大气环境垂直方向的平均分布特征，不能表示出大气随时间和经纬度的变化情况。CIRA86 大气模型是空间研究委员会（COSPAR）建立的高层大气模式，1990 年，Hedin 等人利用不相干散射雷达和卫星质谱仪测量资料，在半经验公式的基础上进行拟合处理后提出了 MSISE90 大气密度模型。NRLMSISE-00 大气模型是由美国海军研究实验室（US Naval Research Laboratory）在 MSISE90 大气密度模型的基础上开发改进而来的全球大气经验模式，描述了从地面到热层的中性大气密度、温度等大气物理特性，能够反映高层大气密度的基本变化特征。根据统计学进行大气环境建模，主要是基于历年收集的各种大气环境观测资料，如 NECP 再分析资料、卫星资料等，通过对这些资料进行质量控制后将数据进行融合分析，根据研究问题和使用领域的不同，选择不同的数理统计和概率论方法建立相关的统计模型，最终形成统计分析数据库。自 1991 年开始，美国高层大气研究卫星（UARS）上搭载的仪器对大气环境进行探测，在这些观测数据的基础上，UARS 参考大气计划（UARP）已经建立了从地表到低热层的平均大气参考模型。国内的马瑞平等首次较全面地分析了我国上空 20～80km 高度大气温度的分布特征，利用 Nimbus-7 卫星探测数据计算的高空大气分布与 CIRA86 模型相比有一些差别，研究和改善的空间较大。其利用 TIMED 卫星上搭载的多普勒干涉仪测量风场，对中间层和低热层的大气风场进行了研究，结果与当前通用的中性大气经验模式有较好的一致性，但在热带区域有显著不同。黄华利用某航天靶场三十余年的气象观测资料对两个月份的水平风场进行了统计分析。这种利用观测资料进行大气环境数据统计建模的方法具有较好的真实性，但受观测数据样本量等制约，统计建模的方法也有一定的局限性。大气环境建模的数值模型法是根据热力学和流体力学规律建立并求解方程、进行数值模拟的大气环境建模方法。对于大气环境仿真数值模型的研究，如美国国家环境预报中心用于商务预报的 ETA 模式，科罗拉多州立大学（CSU）研发的区域大气模拟系统（Regional Atmospheric Modeling System，RAMS），在 20 世纪 80 年代美国组织实施了“中尺度外场观测试验 STOM 计划”，研究出了 MM5（Mesoscale Model version 5）模式，MM5 模式是由美国宾夕法尼亚大学（PSU）和美国国家大气研究中心（NCAR）在 MM4 的基础上联合研制发展起来的中尺度数值预报模式，已经被广泛应用于各种中尺度现象的研究。ETA 模式虽然作为 NCEP 的业务预报模式，但是难以吸收各科研部门和大学的优秀研究成果，因此其推广也受到限制。美国国家大气研究中心（NCAR）于 2000 年开发出了 WRF 模式（Weather Research and Forecasting Model，WRF Model），该模式集数值天气预报、大气模拟及数据同化于一体，能够更好地改善对中尺度天气的模拟和预报。目前，国外对 WRF 模式的应用日趋广泛、研究也更加深入，WRF 模式的版本也陆续更新，国内基于 WRF 模式的应用也逐渐广泛，沈桐立等利用 WRF 模式对 2006 年 6 月 6—7 日福建特大暴雨进行了数值模拟和诊断分析，成功地模拟出了强降水中心的分布和演变；苗春生等运用 WRF 模式对 2009 年 7 月 27 日长江下游地区的一次 6h 累计降水 226mm 的暴雨过程进行数值模拟。利用模式输出资料，许多学者展开了 WRF 模式对于风场、暴雨、气温等的研究，发现 WRF 模式对于中国地区天气过程有较好的模拟能力。

综上所述，通过对大气环境建模的分析，可以了解到不同方法和模式之间的区别和优缺点，在应用时要根据具体问题进行分析，针对具体虚拟试验或虚拟战场环境的需要、仿真对象的需求，选择不同的建模方式对大气环境资源进行构建，为虚拟试验提供合适、合理的虚拟大气环境资源。

随着计算机、网络、硬件和通信技术的发展，现代仿真系统正向大型化和复杂化的方向发展，大气环境仿真技术由简单的一维静态大气环境向复杂的四维动态大气环境发展，自 1995 年 DMSO 发布建模与仿真计划后，其成立了专门的建模与仿真执行机构，负责陆地、海洋、大气等空间的建模与仿真。20 世纪 90 年代中后期，随着 HLA 技术的成熟，DMSO 资助开发 TAOS（Total Atmosphere Ocean Space）系统，采用模块化的组件方法将大气海洋空间环境数据通过服务器向网络上的其他仿真节点发送。1993 年，美国国防部提出未来作战“拥有天气”的重要概念。1995 年 10 月，美国国防部颁布了“国防部建模与仿真主计划（MSMP）”，对美国国防部计算机仿真的现状进行了评估，并提出了国防部建模仿真发展的基本设想、基本战略和努力目标。美国国防部建模仿真办公室所作的模拟研究计划、整个大气环境影响研究计划和集成自然环境（INE）计划等，进一步推动了大气环境仿真技术的发展，尤其是在综合环境数据表示与交换规范（SEDRIS）、动态大气环境（DAE）、综合自然环境权威表述过程（INEARP）、环境剧情生成（ESG）、主环境库（MEL）、基于 HLA 的环境联邦（EnvironFed）等技术方面，取得了很多具有实用价值的研究成果。目前，SEDRIS、DAE、ESG、MEL 和环境联邦等技术都已通过 DMSO 的技术鉴定，并推广到国防和军事的各个仿真应用领域。21 世纪以来，美国在大气环境仿真领域有较多的研究成果。2000 年，美军首次将大气环境仿真应用模块直接嵌入战斧巡航导弹的任务规划系统中；2003 年，美军作战气候中心凭借“高级气候模拟与环境仿真系统”对气象资料稀少的伊拉克创建了数千个虚拟气象站，为整个战争的作战时机选择和作战进程安排提供了极为重要的帮助。我国近年来在大气环境仿真的研究方面取得了一定的成果，推导出了战场目标经过大气环境时的辐射传输方程，提出了基于 MAT 模块的战场大气环境仿真，并应用 MAT 模块对其进行了仿真。同时，我国从应用和技术角度对基于 HLA 的大气环境联邦进行了功能设计和需求分析，然后针对环境数据生成、大气环境建模、大气环境数据存取与可视化等关键技术问题进行了深入研究，最后开发完成了大气环境联邦原型系统。

1.2.2 临近空间的大气环境建模

传统的大气环境研究主要关注对流层空域，主要原因是对流层中包含了整个大气层 75%的质量，以及几乎所有的水蒸气和气溶胶。而随着临近空间的独特优势和战略价值被逐渐关注，世界各国科研人员也逐渐开始关注这一区域的大气特性，并取得了一些研究成果。临近空间大气环境资源的构建，即对临近空间大气环境要素建立数学、物理模型，仿真再现临近空间环境条件，客观、定量地提供临近空间大气环境参数分布。临近空间大气环境的探测，主要包括天基探测、地基探测和原位探测，其中天基探测中的卫星探测方法几乎能够提供全球的温度、风场和各种化学成分等观测数据，对卫星探测到的气象观测资料进行统计分析和大气环境建模，具有较高的真实性和可靠性。

国内外对于临近空间大气环境的构建进行了很多研究，高层中性大气的数值计算经典模式有 MSIS 系列模型、MET 模式、HWM、CIRA 模式等，其中 MSIS 系列模式定义大气温度，考虑大气的混合、扩散过程，提供大气成分和密度。大气随地理和地方时的变化是建立在低量级球谐函数的基础上的。球谐函数的展开也反映了大气参数随太阳活动、地磁活动等的变化情况。水平风场模型（Horizontal Wind Model，HWM）是用来得到中高层大气中性风的经验模型，该模型可给出指定高度、经度、纬度、时间和 Ap 指数条件下的经向、纬向风风速。目前，国际上比较常见的大气数值物理–化学模式有加拿大中层大气模式（CMAM）、全球热层–电离层–中间层–电动力学环流耦合模式（TIME-GCM）、整层大气的通用气候模式（WACCM）等，这些大气模式是展开虚拟大气环境资源构建的基础，通过这些模型的数值模拟可获得临近空间大气环境的分布特征，进而可以实现大气环境资源的构建。

国内，在临近空间大气模式方面也已取得一些进展，但是国内自主构建比较全面的中高层大气物理模式还比较少。国内部分科研单位对临近空间的大气环境做了一些相关研究，如 Zhu X 等人对临近空间大气环境中的风场进行了研究，通过将空气压力和温度引入风场预测模型，提高了模型的精度。中国科学院国家空间科学中心的肖存英等针对临近空间大气环境的动力学特性进行研究，并基于 TIMED（Thermosphere Ionosphere Mesosphere Energetics and Dynamics）卫星上 SABER（Sounding of the Atmosphere using Broadband Emission Radiometry）探测器 11 年的大气密度数据，统计分析其变化规律，提出了将临近空间大气密度表征为气候平均量和大气扰动量之和的建模方法，并建立了大气随机扰动自回归模型，仿真试验及数据比较结果表明该方法可行。上海交通大学张成对临近空间大气模型的主要参数进行了建模，在一些基本假设的前提下，利用流体力学和大气运动规律建立并求解大气运动的非线性方程组的方法，对一些临近空间参数（如运动温度、平均分子量、临近空间大尺度风场等）进行了建模。

总体而言，大气环境资源构建的临近空间范围的建模，以及包括风场、压强、温度、大气密度、大气成分等在临近空间范围的虚拟大气环境的构建没有成熟的研究支持，缺少涵盖相对全面的大气环境要素的虚拟大气环境资源的开发，对于临近空间大气环境资源的构建还处于初级阶段。

1.2.3 辐射空间环境建模

空间高能粒子辐射是引发航天器风险的最主要环境因素之一。空间环境中的辐射粒子到达航天器后，与元器件及材料发生相互作用，导致多种粒子辐射效应，包括单粒子效应、总剂量效应、位移损失效应及低剂量率增强效应等。其中，单粒子效应和总剂量效应对航天器带来的风险较为严重。

为了解决空间辐射环境给飞行器造成的严重损害，美国于 20 世纪末提出 NSWP 计划，开始牵头研究空间辐射环境。随着研究资金和科研人才投入力度的不断加大，各个航天大国及空间环境相关机构的科学工作者们对空间辐射环境特征、空间辐射机理、空间辐射效应及标准等有了更加深入的了解，并在此基础上开发出一系列空间辐射环境模型，极大地推动了空间辐射环境工程的发展。空间辐射环境主要包括粒子辐射环境和太阳电磁辐射环境。对于粒子辐射环境中的地球辐射带，根据其主要组成成分分别建立质子模型和电子模型。目前，地球辐射带模型主要有 NASA 戈达得飞行中心专家开发的 AP/AE 系列模型，ESA 开发的 AE/AP 模型，CRRESPRO 质子模型和 IGE-2006/POLE 电子模型等。其中，随着多年来探测时空及能量范围的扩大，不断更新和完善而得的 AE8 模型和 AP8 模型被广泛使用。最新一代的 AE9 模型和 AP9 模型则能大大提高能量和空间的覆盖率，并在一定程度上提升地球辐射带模型的准确性。除地球辐射带外，专家们也对粒子辐射环境中的银河宇宙射线（GCR）和太阳宇宙射线（SCR）建立了一系列模型。大量高能量、低通量的太阳系外带电粒子形成了银河宇宙射线。GCR 模型包括 Badhwar & O'Neill 模型、Nymmik 模型和 CREME86/CREME96 模型等。而太阳耀斑爆发期间发射的物质则形成太阳宇宙射线。King 模型、JPL 系列模型和 ESP 模型是应用较为广泛的三种太阳宇宙射线模型。这三种模型基于统计原理，分别用于预示任务周期内太阳质子注量、任务规划以及总剂量和最劣事件剂量的预测。太阳电磁辐射位于地球大气层外，是空间电磁辐射的主要来源。根据美国 ASTM 490 标准，太阳电磁辐射绝大部分光谱能量集中于可见光和红外辐射波段，只有不到 1/10 的能量在紫外波段和 X 射线。研究表明，在地球轨道上，光子能量较高的紫外波段是太阳电磁辐射引起材料退化的主要因素。因此，太阳电磁辐射模型的研究集中于紫外辐射环境。美国、俄罗斯及欧洲一些国家和地区建立了太阳紫外辐射环境标准，并通过中高层大气研究卫星（UARS）等对地外辐射进行探测，进而进行分析和研究。随着科研工作者们对空间辐射环境研究的深入，各种空间辐射环境应用软件也陆续被开发出来。美国戈达得空间环境协调建模中心（CCMC）开发了空间辐射环境系统网站，收集了世界各地各个科研单位贡献的空间辐射环境模型，但并未建立模型之间的良好联系。

随着我国航天事业的迅猛发展，国内对空间辐射环境的研究也随之展开。例如，中国科学院利用自主观测数据研究空间环境特征，形成了一套空间辐射环境建模方法，建立了国内第一个典型轨道辐射动态模型和空间辐射环境数据库。

1.2.4 地形环境建模

早在 20 世纪 80 年代初，美国国防部和美国军方共同制定的 SIMNET（Simulator Network）计划便开始了对包括地形环境仿真的自然环境的仿真。美国洛克希德·马丁公司信息系统领域的研究人员为实现地形数据的自动化处理开发了 TARGET 和 S1000 等系统。为满足美国训练和测试设备司令部模块化半自主兵力（Modular Semi-Automated Forces，ModSAF）仿真的需要，实现地形环境数据的高效存储和运行，美国 Loral Advanced 分布式仿真公司的研究人员开发了专用的 CTDB（Compact Terrain Database）格式。1991 年的海湾战争中，美国为“东经 73”计划实施中的 M1A1 坦克提供了一套战场环境仿真系统，提供了作战区域内地形、道路、桥梁、植被、建筑物等精确信息，奠定了战争胜利的基础。

20 世纪 90 年代后期，随着 HLA 分布式仿真协议的广泛应用和可视化仿真技术的成熟，美军又资助了多个分布式仿真系统。同年，美国洛马公司开发了一套可模拟各种地形要素和气象条件的实战演习系统 TOPSCENE。美国国防部建模与仿真办公室 1995 年发布的建模与仿真主计划中将获取实时、准确的自然环境数据列为建模与仿真领域的主要目标之一。为满足对世界范围内中、低精度地形数据库的需求，美国地形工程中心联合多个单位资助了地形场景生成与存档（Terrain Scenario Generation and Archive，TSGA）工程，使用标准格式存储和发布地形环境数据库，使得地形数据库的自动生成能力得到了提升。同时，美国地质勘探局、陆军工程研究开发中心等专业机构联合成立了地形建模工程办公室（TMPO），主要致力于新技术的研究及开发，并以在 48～72 小时生成和提供全球范围内任意区域的中、低分辨率地形数据库作为目标。1997 年，美国军方开展的战场综合演练场（Synthetic Theater of War，STOW）项目的作战环境中包括 500km × 750km 的不同比例尺的真实地形数据，同时具有球形地面、动态地形、海岸线、道路等特征物。

进入 21 世纪后，仿真逐渐变为多平台仿真。2000 年，DMSO 开始了环境联邦

（Environment Federation）工程，该工程对地形环境有深入研究。之后，美国陆军将基于采集需求和训练的仿真和建模（Simulation and Modeling for Acquisition Requirements and Training，SMART）的概念引入武器系统开发试验及评估阶段，美国陆军试验与评估指挥部（Developmental Test Command，DTC）提出组成一体化的虚拟试验靶场（Virtual Providing Ground，VPG），以便实现资源的互操作性和可重用性。2007 年，美国空军分布式任务作战中心建立了战争演习基础系统，还为“北部苍鹰”演习提供多国信息共享能力。美军于 2011 年 4 月公开的 F-35 战斗模拟器，基于全球战场环境数据库，能够实现多样的环境要素。

另外，欧洲的一些国家和地区也参与了 DMSO 的多项研究计划和大型仿真系统，在技术上有一定优势。澳大利亚、以色列及俄罗斯等国家对综合自然环境的建模与仿真有一定研究。

相比而言，我国在环境仿真方面还存在差距，为此，我国在“十一五”期间明确提出构建虚拟试验技术中的虚拟环境的要求，“十二五”的预研规划中将其列为深入研究的内容。“九五”期间，北京航空航天大学等单位联合开展了分布式虚拟战场环境（Distributed Virtual Environment Network，DVENET）的研发工作，构建了具有真实地貌、地形、地物等自然环境的虚拟战场，用于虚拟现实研究及应用；国防科技大学研制的基于 CORRBA 的 RTI 已经得到推广；西北工业大学对海战场中应用的视景仿真和分布式仿真做了大量研究等。此外，中国科学院等单位在相关的不同领域取得了一定的成果。

1.2.5　海洋环境建模

海洋环境相关的参数有很多，如海水温度、海流、盐度、潮汐、海水密度等，同时还存在其他参数，如海水声速、海底地形、海冰系数等。在装备试验过程中，需要通过获取这些海洋环境要素，构建海洋环境模型并进行仿真。能够获取的海洋环境要素越多、真实性越高，构建的海洋环境模型也越真实，取得的仿真效果也越好。

获取真实的海洋环境要素的最直接的方式之一是使用现有的海洋观测数据，并以此来构建海洋环境模型，但目前现有的海洋观测数据大多难以直接运用到海洋环境模型的构建当中，主要表现为以下几个方面。

（1）海洋数据种类繁多，数据量庞大，缺乏统一的表示规范。受益于测量技术的进步，目前数据的覆盖范围得到扩展，数据规模也在不断增大，数据的精度也较以往有了显著的提高。这就导致现有的海洋数据量正呈现急剧增长的特性。另外，由于测量手段和测量机构的多样性，各海洋数据的表示规范也存在差异，这也制约了海洋数据的直接使用。

（2）海洋环境数据分布离散、稀疏，这与其数据量庞大并不矛盾。海洋环境数据的获取途径很多，如遥感、调查船、浮标等，但每种途径都存在自身的局限性。遥感只能获取海表面相关的海洋数据；调查船只能实现特定航道的数据采集，数据集中在特定的空间区域内；而采用浮标等手段获取的数据，缺乏稳定的时空分布特征，导致获取的海洋数据缺乏较好的时空规律，难以实现大时空范围的海洋环境数据的覆盖。

（3）海洋环境数据参数类型繁多、结构复杂。海洋环境数据的表示，除了一些基础的水体物理参数，如温度、盐度、密度、海流，还存在其他要素，如波浪、表面压强、水质、海底地形、重力和磁力等。现有的海洋观测数据难以实现海洋环境参数多种类的覆盖，一般只包含其中的部分参数信息。

以上三个方面直接制约了现有海洋环境数据在装备试验中的使用，影响了海洋环境模型的构建。因此，针对海洋环境数据的特点，实现对稀疏、离散的海洋环境数据的重构，并针对海洋环境数据建立统一的表示规范，实现海洋环境数据的统一表示及海洋环境数据模型的构建，是当今急需解决的问题。

1．海洋环境参数的工程模型研究现状

目前，一些海洋环境参数，如典型的海水声速、海水密度信息，缺乏大时空范围的数据，同时受测量技术的限制，难以直接获得现有的大范围的海洋观测数据。因此，通过数学模型进行间接计算、获取海洋环境参数显得尤为重要。

声速作为海洋环境数据中的重要参数，对其进行研究具有重要意义，国内外都展开了多种程度的研究。

LeBlanc 等提出经验正交函数，在不损失大量信息的情况下，通过少量的基函数即可实现声速剖面的有效表示。Park 等的研究也表明，最多需要 5 阶经验正交函数就可实现存在明显差异的声速剖面的相对精确的表示。Teague 提出可将声速剖面分为三部分，采用 GDEM（Generalized Digital Environmental）的方法，分别用不同的拟合公式对声速剖面进行重构。Bardakov 等基于扰动理论方法和经验状态方程提出了一种计算海水中声速的算法。Grekov 对利用 CTD 数据间接测量声速的估算质量进行了分析。

同时，国内也对此展开了大量研究，并取得了较好的研究成果。韩梅等对传统的经验正交函数进行了优化，尝试解决深海温跃层下剖面数据缺失的问题。何利等对匹配场声学反演海水声速剖面方法的有效性和稳定性进行了检验。宋文华等依据流体动力学原理，构造了经验正交的基函数，对其适用性和合理性做了充分证明。

基于 Argo 浮标数据实现声速剖面的重构是另一种尝试的研究思路。张旭等分别用经验正交函数和广义数值环境模式（GDEM）进行声速剖面的重构，并通过两者的对比分析证明了两种方法对于局部声速剖面的重构均有较好的效果。张旭等还借助 Argo 浮标声速数据对中国台湾以东海域声速剖面的结构和季节性特征进行了分析。史娟等借助 Argo 浮标数据，结合距离反比加权法和 Kriging 插值法，构建了研究区域的三维海水声速场模型，其具有较好的精度。

对于海水密度的获取，国内外均展开了大量的研究。李晓辰等定量分析了黄海唐岛湾的海水密度和温度的变化关系。在海水密度获取方面，业界存在基于传感器实现海水密度测量和基于遥感方法反演海水密度这两种研究方向。对于基于传感器的海水密度测量，Jain M K 等借助磁声传感器，精确测量了复杂溶液的密度；R. Romeo 等借助振动管密度仪测量了标准海水密度，并对密度的不确定度进行了精确分析；岑霞等则基于光学折射法实现了海水密度的直接测量。

在遥感方面，其思路主要是先完成海水盐度、温度的测量，之后依据状态方程计算得到海水密度。对于海水盐度、温度的获取方法众多，如欧空局发射的卫星 SMOS 和 Yin

等提出的基于微波辐射计的海表盐度、温度的计算方法。Burrage 等借助 SMOS 的海表温度、盐度数据，与海水状态方程相结合，实现了海水密度的计算。Marghany 和 Hashim 提出了用于南海的海表面盐度估计的算法，并引申出了 Box-Jenkins 算法，实现了 MODIS 数据中的海表盐度产品的时间序列的检索。Song Qing 等实现了基于实测遥感反射率与海表面盐度关系的多元线性回归模型建模，并绘制出渤海海表面盐度分布图。X Yu 等通过波段比的方式，利用遥感反射率反演了渤海海域的海表盐度。这些研究表明了通过遥感反射信号获取海表面盐度，并依据状态方程计算相应的海水密度的实际可行性。苏校平等基于实测数据，采用遥感反射率反演了黄渤海地区的海表密度。

2. 基于时空插值生成高分辨数据研究现状

完备、可靠的数据集是高精度建模的基础。然而，在当前的地球科学研究中，仍存在大量卫星遥感无法获取的信息，而这只能依靠其他实地观测设备进行采样。受到经济成本、自然环境的影响，采样数据在空间上常具有离散、不规则的特征，难以满足实际应用需求。此时就需要通过合适的空间插值方法进行空间插值得到连续、规则且利于数据分析的网格化资料，即对采样数据进行数据插值。目前常用的插值方法有多项式插值算法、三次卷积插值、反距离加权算法、Kriging 插值法等。其中，Kriging 插值法借助变异函数模型这一主要工具，基于区域化变量理论的思想，通过对采样点的空间自相关分析，在自然现象的空间变异规律的基础上进行插值并得到无偏最优估计量。

然而，仅从空间或时间单方面进行插值会忽略数据时间维的趋势性或空间维的关联性，影响插值精度。因此，对具有时空特性的数据进行插值时，需要对数据的时间和空间特性进行综合考虑。

随着时空数据分析与应用的发展，时空插值方法受到了广泛关注。该方法直接使用插值点时空范围附近的数据进行插值，改善了时间或空间范围内采样点缺乏导致插值精度低的问题。Roemmich 等通过温盐数据的时空关联性质的研究，仅借助 Argo 浮标数据，以距离反比加权法建立了 0～2000m 深度范围的温盐网格数据。张韧等将 Argo 浮标温盐剖面数据和卫星遥感海表温度场数据相结合，基于时空权重插值和温盐度的关联性，实现了太平洋区域的三维温盐度场重构，时间分辨率可达每周。

通过时空插值构建网格数据的本质就是借助邻近的采样点对各网格点分别进行插值。目前使用的时空插值方法有地理加权回归法、时空距离反比加权法、时空 Kriging 插值法，它们大多通过对传统插值方法改进而得到。

地理加权回归模型的构建是基于地理加权回归的插值方法的重要环节。将数据位置视为回归参数的一部分，并对普通线性模型进行扩展，基于局部加权的最小二乘法实现模型构建。Lu B 等借助地理加权回归法对欧洲各国或地区房价的时空分布进行了估计，但受限于样本大小，所拟合的模型精细度较差，估算结果不够准确。

时空距离反比加权法则以采样数据与插值点的时空距离确定各数据所占的比例，加权进行插值。因此，取得较好的插值结果的关键是构建合适的时空权重计算函数。该方法在计算上较为简便，但如何构建时空权重计算函数是难点，同时该方法忽视了采样点间的时空关系，因此，插值精度通常较差。Zeng 等通过对 ESR1 风场数据的时空距离反比加权，构建了月平均风场网格数据。

时空 Kriging 插值法通过时空变异函数的构建，利用时空邻近数据插值，改善了数据不足时插值精度低的情况，将离散的数据点转化为连续的网格数据。时空变异函数的模型有分离模型和非分离模型两种。分离模型是空间变异函数和时间变异函数的直接相乘，其创建简单、易于计算，但损失了变量的时空交互性。非分离模型则对两者进行相乘、线性组合、积分变换后得到。胡丹桂等通过积合式和积分式的时空变异函数建模，对空气相对湿度和空气温度进行了时空插值；赵梦潇等则将时空 Kriging 插值法应用到了软组织模型的构建当中；Yang 等基于时空 Kriging 插值法对土壤有机质的分布预测和分析展开了研究；Yang 等还基于时空 Kriging 插值法对 1956—2016 年黄淮海盆地的年降水量进行了估算与表征。

1.2.6 环境数据的表示与交换

环境数据的无歧义表示与交换问题在环境仿真领域一直受到高度重视。早期人们采用“环境数据模型”的概念来提高环境数据表示的一致性及可重用性。环境数据模型是用于捕获、刻画和定义综合自然环境数据需求、内容、表示、关系和约束的逻辑数据模型。环境数据模型可用于需求定义和模型分析，提高和促进互操作性，并且有利于在数据驱动的综合自然环境数据库生成系统中实现快速自动化和高度重用性。为满足中、低精度地形仿真的需要，STOW、JSIMS 和 WARS 的开发人员自 1989 年起联合定义了地形公共数据模型（Terrain Common Data Model，TCDM），TCDM 中主要考虑了具有多态性和多分辨率的地形数据表示、地形数据库的编译生成和 CGF 功能应用需求三个方面的因素，其后经过扩充用于支持具有高分辨率特征的地形环境构造仿真和虚拟仿真，并最终形成一个包含陆地、海洋、大气和太空的需求公共数据模型（Requirements Common Data Model，RCDM）。而美国陆军的下一代 CGF 建模与仿真系统 OneSAF 及 C4ISR（Command, Control, Communication, Computer, Intelligence, Surveillance and Reconnaissance）领域的众多仿真系统也都定义和开发了各自的环境数据模型。虽然环境数据模型并非解决需求定义、互操作性和可重用性的充分条件，却是一个必要条件。

虽然环境数据模型为数据需求定义、模型分析、提高互操作性和重用性提供了方法，但如果缺乏一致的描述方式、共同的规范框架和中立的表示方法，没有公共的语义基础和支持工具集，那么数据需求的捕获、互操作性分析、自动化和重用性仍将是不能从根本上解决的潜在问题。为了彻底解决环境数据的表示与交互问题，DMSO、STRICOM、DARPA 于 1994 年共同发起了综合环境数据表示与交换规范（Synthetic Environment Data Representation and Interchange Specification，SEDRIS）计划，并联合了 Boeing、Lockheed Martin、MITRE、MPI、RATHON、SAIC、SGI、E&S 等五十多家商业公司及研究机构进行研究和开发。目前，SEDRIS 已经成功地应用于美国国防部资助的联合仿真系统（Joint Simulation System，JSIMS）、美国陆军作战人员仿真（War fighter Simulation，WARSIM）系统、联合攻击战斗机（Joint Strike Fighter，JSF）的研制、STRICOM 的 CCTT 及英国联合兵种战术训练器（Combined Arms Tactical Trainer，CATT）等大型仿真系统。

SEDRIS 通过空间参考模型（Spatial Reference Model，SRM）实现在不同的空间参考坐标系统（Spatial Reference Frame，SRF）中进行空间位置表示及在不同的坐标系统之间进行坐标变换。SEDRIS 数据表示模型（SEDRIS Data Representation Model，SDRM）采用面向对象的思想和方法为综合自然环境的建模与仿真提供了完整而灵活的数据表示与交换机制。SEDRIS 的环境数据编码标准（Environment Data Coding Standard，EDCS）定义了 SEDRIS 的语义，而通过语法和语义分离，使得基于 SEDRIS 的数据表示和交换不仅具有强大的功能，而且兼具使用灵活的优点。SEDRIS 传输格式（SEDRIS Transmittal Format，STF）则定义了一种相对独立的中间数据库格式，用于数据的物理存储。SEDRIS 通过提供分层的应用编程接口（Application Programming Interface，API）实现对数据的存取。

1996 年 6 月，SEDRIS 软件第一次发布（Release 1.0 版）。1999 年 1 月，SEDRIS 第一次有正式支持地发布（Release 2.0 版），SEDRIS 协会也随之成立。至 2004 年，SEDRIS 已经包含五大技术组成，被很多组织和工程项目所应用，其发布的软件开发包已更新至 SDK 4.0。SEDRIS 作为一种完整、有效的环境表述语言，已被国际标准化组织（ISO）和国际电工委员会（IEC）接纳为草案标准。可以预见，SEDRIS 的技术、规范、软件和工具必将日趋完善，而且得到日益广泛的应用。

1.3 环境效应模型

环境效应是指环境对传感器（主动传感器和被动传感器）、武器与对抗设备、单元/平台的直接影响，如晴天、雨天、雾天、雪天等典型天气条件对电磁波或激光能量传输的衰减、泥地对坦克运动的影响等。

1.3.1 电磁波传输环境效应建模

电磁波传输环境仿真技术，主要应用在军事作战领域。此前雷达制导导弹试验所依赖的电磁波传输环境的实现，普遍是在作战战场进行试验，利用实际武器设备去布置试验系统的电磁波传输环境，为虚拟作战试验系统提供技术支持，但此方法的缺点是周期较长、前期试验准备较繁杂，且产生信号的参数性质与稳定性也不容易掌控，导致试验测试结果不统一，随机性较大。现代化作战战场的电磁波传输环境千变万化，精确仿真全部数据比较困难，所以计算机仿真技术就成为仿真电磁波传输环境的主要技术手段。

虚拟作战战场环境仿真是降低作战效能评估成本、缩短武器装备的研制及试验周期的非常重要且高效的技术手段，如美国、俄罗斯、德国、以色列等掌握先进武器装备技术且军事武器系统非常强势的国家都对作战战场环境仿真技术在武器装备研制与试验评估中的影响进行了重点关注。自 1960 年起，这些国家都陆续搭建了虚拟试验电磁环境作战系统，并应用在本国的虚拟作战系统的电磁环境中，在高新武器的研究与制作中起到了至关重要的作用。美国早就在 20 世纪 50 年代就开展了相关试验，并建立了仿真试验设施（EMETF），成为现在美军虚拟作战战场的核心成分。1970 年前后，美国斥巨资建立了复杂的虚拟电磁波传输环境。美国国防部在 21 世纪初提出的 19 个重要作战战场试验基地（国家级作战战场）中有 8 个战场肩负着虚拟仿真作战试验的任务。之后，美国提出的虚拟仿真支撑环境 JMASS，不仅是一种系统级仿真软件组合体系结构，还可以支持“项目级”与“作战级”仿真模型的构建与运行。如今，许多地区和国家都已经把电磁波传输环境试验投入现实中，并已发现一批实践性成果。

国际上对电磁波传输研究所必需的电磁波传输环境的虚拟仿真研究较早，现已有诸多相对完善的软件用来搭建电磁波传输环境。例如，美国闻名已久的虚拟作战战场，“帕图科森特河”“中国湖”及“莫谷”试验场等。这些国家都把电磁波传输环境的虚拟仿真作为虚拟作战试验系统的研究基础与必经过程。

如今，国内非常关注相关虚拟作战试验系统的建模、研制和测评等过程，在电磁波传输效应方向的研究也非常多。很多研究者针对利用虚拟仿真试验技术在电磁波传输效应中的运用早已研究得非常深入，在武器装备系统与其他仿真系统中都尝试了通用的电磁波传输效应的试验，且根据试验结果研制出了应用性价值很高的虚拟试验仿真系统。例如，国防科技大学某学院曾经在高空研制平台做过一个电磁波传输效应仿真系统，但却把各种试验环境限制在高空，环境建模相对单一，没有把地形与大气环境等因素的影响考虑其中，因此试验结果应用价值较低。如上所述，应用在虚拟导弹试验系统的电磁波传输效应的研究，对于国内科研工作者来讲任艰务重。国内在电磁波传输效应研究领域与世界上发达国家的水平还存在很大差距，国内学者所达到的技术水平还远不能达到我们的期望。所以，投入更多的物力、人力开展应用价值高的虚拟作战环境仿真研究至关重要且意义深远。

1.3.2 激光传输环境效应建模

人们对光的传播现象有理性的认识是从 Euclid 时代开始的，光学作为单独的学科被研究和发展，是在光的折射和反射定律被提出以后。之后，随着对光学的进一步深入研究，光的波动理论和粒子理论被分别提出，并逐渐形成了光的波粒二象性的概念，光波传输的各种效应和物理定律也被不断提出。

激光作为一种特殊的光源，具有良好的方向性、作用距离远、亮度高、单色性好、相干性好等特点，成为众多研究人员深入研究的对象。在激光传输试验中，由于测试的地理环境和天气条件及大气环境等往往是不可控的，因此大气辐射传输学作为一个专有学科，不断被研究人员探索研究，并且研究成果已经在电子工程学、卫星遥感及应用物理学等领域有了极为广泛的应用。

在激光大气传输方面，国内外已经开展了一系列的理论研究和模拟仿真研究，基于 Beer-Lambert 定律，开发出了一系列用于描述大气气溶胶分子的衰减系数模型。从 20 世纪 60 年代开始，美国投入大量的人力、物力对这方面进行研究，美国的斯坦福大学、麻省理工学院、加利福尼亚大学和 Ames 实验室等高校和实验室都在激光传输领域开展了广泛的研究，对只考虑大气吸收作用的衰减模型进行了拓展，开发了综合考虑吸收和衰减作用的大气透过率模型，建立了相关仿真实验室，为激光武器的研究和评估提供了仿真依据。美国空军地球物理实验室于 20 世纪 70 年代，以宽带、窄带和逐线模式分别建立了不同的大气衰减模型，并发表了基于模型的计算机仿真程序 LOWTRAN，以及在 LOWTRAN 基础上发展而成的 MODTRAN 和 FASCODE。与 LOWTRAN 相比，MODTRAN 在模拟大气分子和气溶胶粒子的衰减系数方面更加高效。经过几十年的发展，LOWTRAN 和 MODTRAN 不断成熟，已经能够应用在不同的光波、不同的大气环境中，成为该领域比较权威和经典的仿真程序之一。在湍流大气介质的激光传输仿真模型方面，国外开发了如 GRAND 的软件程序包，该软件采用抛物型方程的方法模拟仿真激光传输过程，计算光场在目标平面的各阶统计参数。K. N. Liou 等人提出了一种逐次散射模型，采用输运理论，通过数值方法求解微分方程，截取适当的散射阶数，可有效提高模拟的实时性。

国内对于激光传输的理论研究和仿真模型研究开展较晚，如中国科学院安徽光学精密机械研究所研发了 CLAP 软件，针对高能激光传输建立了软件仿真平台；中国科学院石广玉院士等基于逐线计算的理论建立了一种用于计算大气固有介质的大气透过率模型，在保证计算效率的同时可确保仿真的精度；国防科技大学李华等通过室内激光半实物仿真，探讨了 Mie 散射效应对 1.06μm 激光的影响；长春理工大学付强等人通过对大气信道的研究，建立了一种光强起伏、光束漂移的大气湍流影响模型；王丽黎等人分析了在雨中激光的衰减效应，并建立了相关模型；西安科技大学王亚民等对雾天条件下激光的传输衰减进行了研究。

近年来，随着激光传输模型的不断完善，其研究逐渐向将传输模型和其他仿真系统有机结合方向发展，因此建立一个实时性高、可移植性强、适用范围广的激光传输效应模型，是大气环境建模与虚拟试验仿真技术发展的必然趋势。

1.3.3 地形通过效应研究

能够与其他试验成员进行信息交互的地形环境数据对于试验训练体系结构非常有意义。车辆作为日常生活和军事活动中最常见的交通工具之一，与地形环境的交互较为密切，受地形环境的影响也较大，尤其对军用越野车、坦克而言，在整个军事活动中，既要接近前沿阵地，又要保障战役后方，使用环境相当恶劣，此时车辆在地形环境中的通过性直接关系到作战部队是否能争取战场和取得战场。因此，需要研究试验训练体系结构中的车辆资源与地形环境资源的相互作用。

对于车辆的通过性，苏联的曲达科夫和西米列夫提出了“支撑通过性”和“几何通过性”的概念。车辆在松软地面上可靠行驶的性能即为支撑通过性，又称地面通过性；车辆克服各种几何障碍（如垂直壁、壕沟、弹坑和丛林灌木等）的能力是几何通过性，又称地形通过性。在虚拟试验中，各种虚拟车辆在地形环境中运动时，必然受到地形环境的影响，研究车辆的地形通过效应，可以为车辆提升通过性能，提高车辆的机动性。

车辆本身是一个十分复杂的机械系统，使用环境相当复杂多变，在其出现后的很长一段时间内一直沿袭着设计—试制—试验—改进的车辆研究模式，耗费大量的人力、物力，且研制周期长。随着对车辆机动性要求的提高，尤其在第二次世界大战后，车辆与地面间的力学关系逐渐得到发展和完善，使得预估车辆在某些路面上的力学性能成为可能。在此期间，贝克（Bekker）提出了地面力学的概念，同时负责阿波罗登月计划的月球车的开发和作业。

随着计算机技术的发展和多体系统动力学（Multibody Dynamics）理论的成熟，各种数值算法在计算机上实现，数值仿真在车辆系统分析和性能预测中的应用越来越广泛。早在 20 世纪 50 年代，美国密歇根大学已经应用仿真技术对车辆进行了动力学分析。20 世纪 70 年代，爱荷华大学建立了武器–车辆动态系统的建模和求解方法。同一时代，美国机动车局（TACOM）公布的地面车辆机动模型成为各种车辆评价与鉴定的标准。80 年代，美国完成了如 M1 主战坦克等装甲战斗车辆的动力学分析与仿真研究。90 年代后，美国对车辆机动性进行了进一步的研究与开发。目前，广泛用于车辆动力学分析的商业软件有 ADAMS/ATV、DADS/Track、Recurdyn/Track（LM&HM）、Universal Mechanism Caterpillar 等。

我国对于车辆机动性的研究起步较晚，但是经过努力已在车辆地面力学等诸多领域奠定了基础。华东师范大学建立了坦克动力学模型，重点对坦克直线行驶和转向行驶的受力情况和运动情况进行了分析和仿真。装甲兵工程学院装备作战仿真实验室研制的 JM3B 型坦克驾驶模拟器可以实现三自由度运动。吉林大学、山东师范大学在这方面也进行了一定研究。

1.4 虚拟场景显示

虚拟试验将真实存在的实体与环境通过建模仿真的方式建立并进行试验，此传统试验更加高效、成本更低。随着虚拟仿真试验的发展，在仿真试验系统中，对于虚拟仿真试验场景显示方面的研究也逐渐被人们重视。虚拟试验场景显示的目标是将试验过程中参试实体或地形环境等通过二维和三维的方式显示出来，参试实体在试验过程中通过仿真模型的数值计算，或者将外部输入的数据作为二维和三维显示的数据来源，环境地形数据与参试实体显示的自身物理特性作为显示元素，将数据与显示元素进行结合，进而通过图形图像的方式将试验数据包含的内容与相互关系表现出来。通过场景显示的方式，试验人员能够把握试验过程，发现整体进程的规律。虚拟试验场景显示为试验研究提供了新的途径，通过将数据结果转换为二维和三维图形场景显示形式，解决了仿真数据量大且烦琐的问题，使试验仿真结果更加形象、直观。

1.4.1 二维场景显示软件

二维场景显示软件已经渗透到人们的生活中，行车过程中的电子地图导航、医学影像显示、雷达终端显示等，是依托于各种地图显示软件，针对不同领域中对于显示的不同需求开发出的各具特色的场景显示软件。目前，国内外对于二维场景显示软件的开发及应用的研究已经比较成熟，结合地图软件和计算机技术的发展，开发模式大致可分为以下四种。

（1）根据需求设计、构建地图数据文件，然后利用 Visual C++等编程语言设计软件结构并进行开发。

（2）利用地图显示及处理软件（如 MapInfo 和 Intergraph 等）提供的二次开发工具，根据用户的需求及应用目标进行开发。

（3）采用对象连接与嵌入自动化技术，将传统的地图软件开发平台工具包链接嵌入高级语言中，进行地理信息软件开发。

（4）组件式软件开发，即将地图软件商提供的各种控件在高级编程语言中使用，来进行开发。

以上介绍的四种二维场景显示软件开发模式各有优劣，且根据不同的需求选择开发模式。其中，组件式软件开发因为其高效、快速的特点已经成为目前较为流行的地图软件开发模式。组件式软件开发具有三个明显的优势，一是开发周期短，二是开发成本较低，三是不依赖其他地图软件平台运行。组件式软件开发所具有的优点是因为它以组件对象模型为开发理论基础，开发者在使用时只需要通过组件对象模型的接口便可以调用封装好的组件中的功能函数，并且可以进行方便的功能扩展。目前，面向对象编程、可视化程序开发、组件等技术的发展日趋完善，地理信息系统也得到广泛应用，使用组件式软件开发是开发二维场景显示软件的一种简单快捷的方式。提供组件式软件开发平台的代表性产品有Arc GIS Engine及MapX等。其中，MapX是由Map Info公司开发的Active X控件产品，它能够向软件使用者提供具有地图显示及其他地图分析等强大功能的控件，并且能够方便地将地图功能嵌入使用者二次开发的应用中，这些功能的实现可以在其他软件平台运行而不依赖Map Info。

二维场景显示软件应用广泛，北京航空航天大学在分布式交互仿真的虚拟试验二维显示方面，结合地理信息系统等技术做了深入研究，实现了战场数据的静态显示与动态显示，以及计算机兵力生成与部署，在数据通信方面采用网络通信。二维场景显示软件在其他应用方面也比较成熟，在医学方面应用于医学影像显示，在农业方面应用于病虫害网络地图，在导航电子地图方面应用于城市导航、海岸电子地图导航、电子海图雷达导航等，在军事方面应用于海洋战场信息显示、飞行器轨迹仿真及卫星轨迹仿真等。

综合分析现有二维场景显示软件，其在特定领域应用比较成熟，与传统的数字或表格显示试验结果相比更加形象直观，但与三维场景显示软件相比在具体试验环境的体现上还存在空间局限性。

1.4.2 三维场景显示软件

虚拟现实技术是一门正在蓬勃发展的多学科综合性技术，它结合了目前比较热门的传感技术和建模仿真技术，并且将计算机图形学和显示技术融入其中，随着迅速发展的计算机技术而不断发展，逐渐从理论研究走向实际应用。虚拟现实技术依赖计算机和传感器辅助设备，利用它们产生非常逼真的视觉、听觉、触觉等多种感官体验的虚拟世界，人们在虚拟世界中与之进行交互。典型的虚拟现实系统由四大部分组成，分别是用户、计算机及辅助设备、系统模型数据库、应用软件系统，用户通过先进的硬件支持和软件技术手段来操控虚拟世界。

视景仿真是虚拟现实的一部分，借助必要的显示设备，根据视景仿真显示的需求及不同的显示目的，构造所需三维模型、三维场景及相关数据，模拟人的视觉及听觉所能观察到的景象。视景仿真与虚拟现实最大的不同在于交互方式，视景仿真不依赖传感设备，仅通过鼠标或者键盘输入设备，主要关注视景相应图像的仿真显示，通过将系统内部基于视景空间的三维坐标系和观察点位置及姿态进行坐标转换投影到传统显示器上。

目前，视景仿真软件的开发大多针对某一应用领域的场景需要，但采用不同的基础显示软件和编程接口来满足显示需求，偏向于模型的细化或者场景的构建。因此，采用哪种编程接口进行开发至关重要，下面有多种不同的三维编程接口标准，它们各有特点、互有长短。

OpenGL 是一个比较常用的三维图形库，由美国 SGI 公司开发，它定义了一个标准的跨编程语言、跨平台的编程接口，主要用于三维或者二维图形图像开发，经过不断的发展，目前已经成为国际上通用的三维程序标准。OpenGL 虽然是一个专业的、功能强大并且易于用户调用的底层图形库，但是它并没有提供原始的几何实体，因此不能用来直接构建或者描述三维场景。基于 OpenGL 底层图形程序接口，很多研究机构开发了应用于不同场合的三维场景显示软件。中国电子科技集团公司第三十八研究所研究了空间目标探测雷达监视系统，针对空间目标高度等位置信息的显示需求，提出了使用 OpenGL 的雷达波束和搜索屏的显示设计，实现了高精度的纹理显示和灵活的用户视角调整。OpenGL 在游戏界面、三维数字地球仪、桥梁三维可视化等方面也得到成功应用。

Vega 与 Vega Prime 是由 MultiGen 公司开发的可视化仿真平台，Vega Prime 是 Vega 的升级版，主要用于实时的可视化仿真、虚拟现实显示及应用和普通的视觉应用。Vega Prime 提供了一个图形化交互工具 Lynx Prime，将先进的仿真功能和易于使用的工具进行结合，为复杂应用提供了一种方便的创建、编辑和驱动方式。Vega Prime 为软件开发者节省了开发时间，开发者只需要分析自己软件的功能需求，然后结合其模块就能开发出符合要求的仿真软件。鉴于 Vega Prime 方便、强大的功能，研究人员在无人机视景仿真、火箭训练等多个方面都应用它开发出视景仿真软件。电子科技大学研究人员基于 Vega Prime 的功能开发了导弹仿真系统，实现了用户和仿真系统之间的数据及人机交互，研究了视角放大功能，并对导弹碰撞检测和特效进行了仿真。

VR-Vantage 是 MAK 推出的三维可视化工具，可以展示逼真感较强的地形、舰船、车辆等仿真元素，其中的漫游控制模块可以使观察者方便地到达场景中的任何一个位置。VR-Vantage 在分布式虚拟试验仿真中基于标准的建模仿真体系结构——高层体系结构（High Level Architecture，HLA）开发。TENA 借鉴了 HLA 的思想并加以扩充使其满足试验与训练领域的可重用、互操作与可组合特性。因此，与 OpenGL 和 Vega Prime 相比，VR-Vantage 更加适合开发适用于 H-JTP 体系结构的三维场景显示软件。

1.5 虚拟试验体系结构

国外发展的经验表明，虚拟试验的基础和支撑框架研究是引领整个虚拟试验验证系统快速、有效发展的核心。例如，美国提出的 JTEM（联合试验与评价方法）、TENA（Test and Training Enabled Architecture，试验与训练使能体系结构）及 JTA（联合试验支撑框架）等已经成为指导整个军工产品行业内虚拟试验验证的基础和支撑性框架，并且伴随着框架的研究，还出现了成熟的商用软件基础设施。

1.5.1　试验与训练使能体系结构 TENA

为充分调用各靶场试验任务资源，基于仿真的采办（Simulation Based Acquistion，SBA）和网络中心战（Network-Centric Warfare，NCW）环境下的试验和训练的实现，美国国防部通过了基础计划 FI2010，试图构建一个能克服当前以军种和武器为中心的传统建设的“烟囱式”试验与训练的靶场设施，对分布在各地域的靶场进行资源整合，以期能实现靶场试验任务资源之间的互操作、可重用与可组合。TENA 就是基于这种建设思想的产物。TENA 的目的是开发试验与训练领域的公共体系结构，以快速、高效的方式实现用于试验和训练的靶场、设施和仿真之间的互操作，促进这些资源的可重用和可组合。TENA 从技术、运作、软件、应用与产品线体系结构等方面定义了逻辑靶场资源开发、集成与互操作的总体技术框架。TENA 提供了逻辑靶场运作概念、建立与运行逻辑靶场应遵循的规则和标准、公共元模型、公共对象模型、公共基础设施，以及工具和实用程序。

TENA 的核心包括 3 个部分，即 TENA 对象模型、TENA 中间件及一系列指导 TENA 逻辑靶场建立与运行的规则。各种逻辑靶场资源通过 TENA 中间件进行通信。TENA 建立在 HLA 基础之上，针对试验和训练领域的特定需求对 HLA 进行了扩展，提供了试验和训练所需的更多特定的能力。

TENA 体系结构对 TENA 系统进行了描述，它确定了 TENA 的主要组成部分，以及它们各自的功能、接口和相互之间的关系。TENA 体系结构概览图如图 1-2 所示。

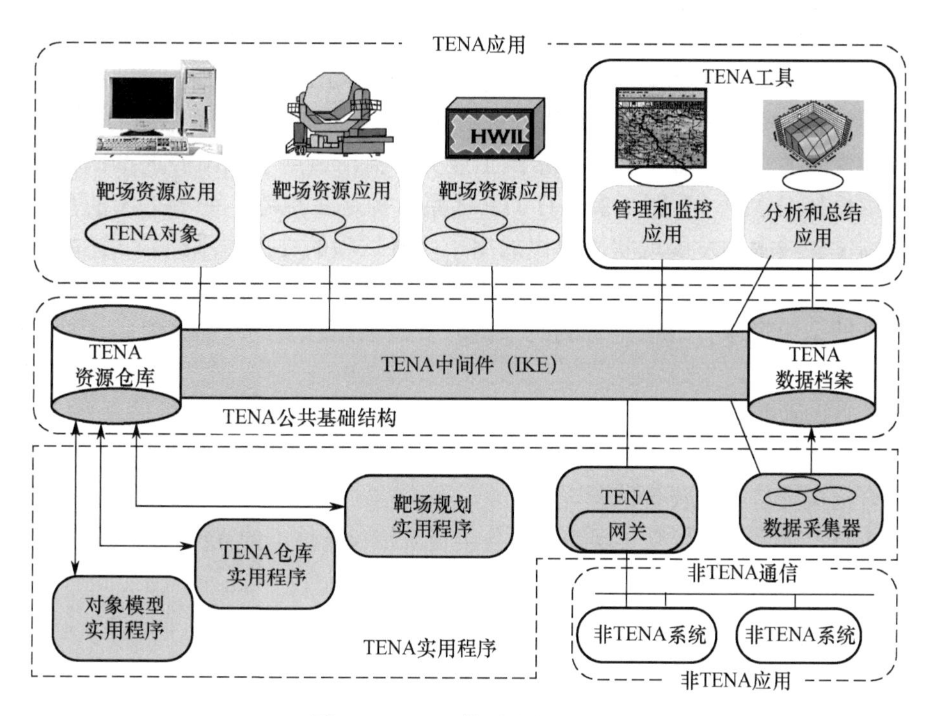

图 1-2　TENA 体系结构概览图

（1）TENA 应用（包括靶场资源应用和 TENA 工具）：靶场资源应用是指与 TENA 兼容的逻辑靶场仪器、软件或系统，它是每个逻辑靶场的功能核心。TENA 工具是可重用的 TENA 应用，其功能是高效地管理整个逻辑靶场生命周期。靶场资源应用在 TENA 中是独立开发的可执行程序，存储于 TENA 资源仓库中。

（2）TENA 公共基础设施：是为达到 TENA 目标和驱动需求而提供基础服务的软件子系统，包括用于存储 TENA 应用、对象模型和逻辑靶场其他信息的 TENA 资源仓库；用于实时信息传输的 TENA 中间件；用于存储场景数据、运行过程中采集数据和总结信息的 TENA 数据档案。靶场资源应用、TENA 工具、TENA 实用程序、TENA 对象模型等均存储于 TENA 资源仓库中，由 TENA 资源管理器负责数据维护、版本更新、访问权限控制。

（3）TENA 对象模型：靶场资源和工具之间进行通信的公共语言。每个逻辑靶场的对象模型集合称为 LROM，其中含有已经标准化的 TENA 对象模型定义和尚未标准化的对象模型定义。

（4）TENA 实用工具：是为解决 TENA 逻辑靶场的使用和管理问题而专门开发的软件，是整个 TENA 产品线的组成部分。

（5）非 TENA 应用：非 TENA 应用是指不符合 TENA 规范的靶场设备和系统，如基于 DIS 和 HLA 构建的仿真系统等，但是非 TENA 应用可通过相应的 TENA 网关实现与 TENA 体系结构的兼容。

1.5.2 联合试验支撑框架 H-JTP

我国军工产品虚拟试验验证系统的构建一般针对特定的应用需求，按照型号特点进行系统构建，这就造成了虚拟试验资源的可重用性和交互性差，限制了系统的扩展性，造成了虚拟试验资源的浪费。鉴于此，哈尔滨工业大学提出适用于我国的虚拟试验验证的联合试验支撑框架 H-JTP（见图 1-3）。H-JTP 体系结构是在参考美军 TENA 的基础上，结合我国靶场试验技术的发展现状而提出的用于联合试验的支撑体系结构，它能够支持试验方案设计、试验运行支撑、试验过程管控等，可以将功能分离、结构多样的实物、半实物或仿真的试验资源有效地整合到统一的联合试验系统中，大幅度提高试验系统的构建效率和开发效率。

（1）H-JTP 体系结构支持多系统、多靶场联合的信息化开放式靶场体系。

（2）H-JTP 体系结构可以实现靶场内部系统之间的各类试验资源的互操作和组合式应用，综合集成支持武器装备试验。

（3）H-JTP 体系结构可以实现跨靶场各类资源授权条件下的互操作、数据共享及组合式应用，支持联合作战试验。

1.5.3 虚拟试验验证平台

虚拟试验验证软件选用联合试验支撑框架 H-JTP 作为开发平台。该软件采用组件化设计思想，软件各部分都以组件形式运行在 H-JTP 上。图 1-4 所示的虚拟试验验证平台的整体框架主要由被试品/试验设备、基础环境数据资源、虚拟场景显示单元及其他的 H-JTP 试验应用资源构成。综合自然环境包括大气、地形、空间、海洋四大部分。在空间环境虚拟试验中，基础环境数据资源主要包括航空空间大气环境、临近空间大气环境和空间辐射环境数据资源。虚拟试验验证平台主要部件功能如下所述。

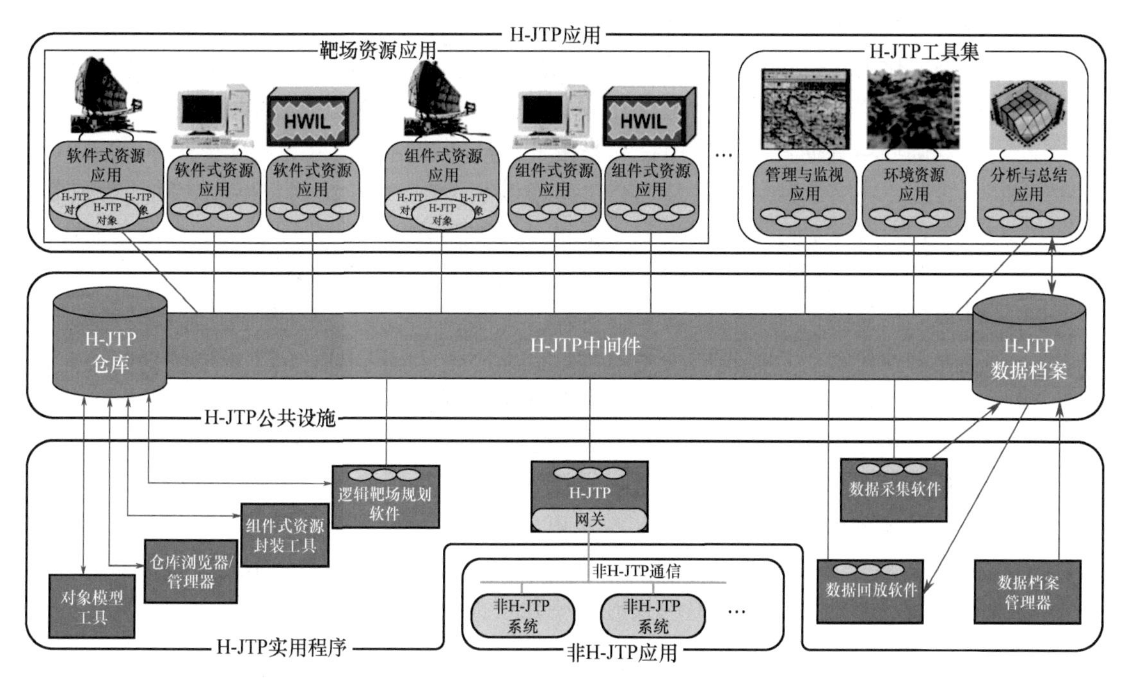

图 1-3　H-JTP 体系结构概览图

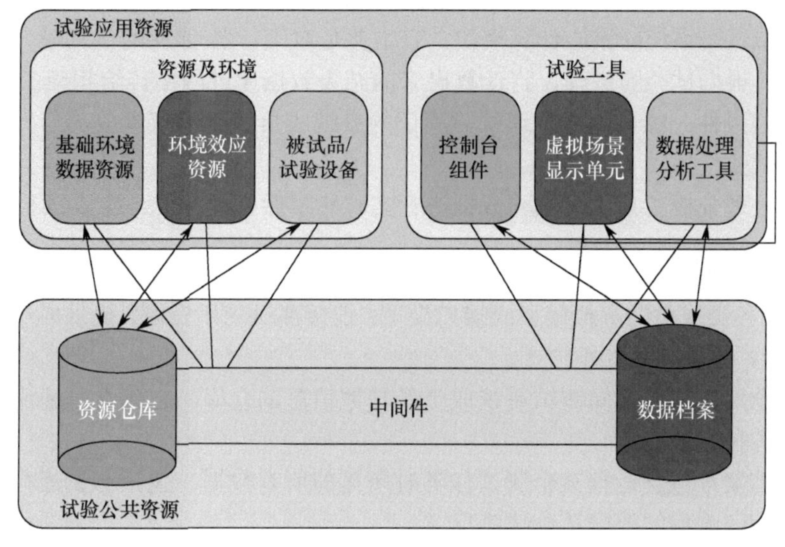

图 1-4　虚拟试验验证平台的整体框架

1. 试验应用资源

试验应用资源包括：实物或虚拟模型的测试仪器资源，虚拟测试单元适配器，虚拟被测对象，流程控制应用成员，显示应用成员与处理分析应用成员。各类成员的主要作用如下。

- ✧ **基础环境数据资源**：基础环境数据资源用于提供表示自然环境状态的数据及驱动状态变化的内部模型。按照综合自然环境的构成，基础环境数据资源包括大气、地形、海洋和空间四个部分，在本书中主要开展大气和空间环境的构建。为了提高基础环境数据资源的通用性和易用性，环境数据的表示与交互按照 SEDRIS 规范进行，环境数据资源的 H-JTP 接口通过 SEDRIS API 访问数据库中的环境数据。另外，对于基础环境数据资源，提供基础数据管理和复杂环境合成管理功能，支持将分布在不同数据库中的环境数据合成复杂的综合自然环境。
- ✧ **环境效应资源**：环境效应资源用于提供各种环境效应，包括传输、通过、机动等。环境效应资源一方面依附于环境数据资源，通过 SEDRIS API 访问环境数据；另一方面通过 H-JTP 接口与 H-JTP 虚拟试验设备发生作用。环境效应是多种多样的，如激光传输效应、电磁波传输效应及地形通过效应等。
- ✧ **虚拟场景显示单元**：虚拟场景显示单元提供自然环境状态（环境数据）的显示，特殊环境效应的效果显示（如激光束、电磁波、温度场），以及被试品/试验装备的位置/姿态显示等功能，可实现虚拟试验过程的综合动态显示。除了提供给人观察试验场景的功能，虚拟场景显示单元还提供多种类型的场景生成器，可给外部提供红外、夜视、可见光等试验场景。
- ✧ **被试品/试验设备**：被试品/试验设备是产品虚拟样机。被试品/试验设备通过 H-JTP 接口读取 H-JTP 虚拟环境资源，提供给被试品功能模型作为输入参量，虚拟样机是虚拟试验系统的核心计算模块，它主要是对飞行器/部件的仿真模型进行实时的计算，根据试验的进程，将计算出来的结果数据通过网络传给相应的节点。
- ✧ **控制台组件**：综合调度管理试验验证的系统成员、显示应用成员与处理分析成员完成试验任务。
- ✧ **数据处理分析工具**：对试验数据进行实时和事后处理分析，生成试验报告。

2. 试验公共资源

用于管理各类成员的虚拟模型或接口模型；连接测试应用资源，提供成员间互操作需要的所有功能，主要包括如下方面。

- ✧ **资源仓库**：用于存储测试系统成员及其他信息的仓库，它包含可应用于测试过程中的各种系统成员。
- ✧ **数据档案**：包含运行某个测试任务时所需的所有数据，包括测试流程信息、试验运行期间收集的数据及总结信息。
- ✧ **信息传输管理平台**：提供测试系统应用资源之间的高性能、低时延、实时通信，负责将整个测试系统连接起来。

1.6 本书主要内容

本书围绕虚拟试验验证平台构建的关键技术展开论述，主要内容包括虚拟环境资源构建、环境效应、虚拟试验场景显示软件开发和虚拟试验验证平台构建四个部分。

虚拟环境资源构建包括第 2 章“综合自然环境数据库构建”、第 3 章“航空空间虚拟大气环境构建”、第 4 章“临近空间虚拟大气环境构建”、第 5 章“空间辐射虚拟环境构建”、第 6 章“地形环境构建”、第 7 章“海洋环境构建”和第 8 章“虚拟自然环境集成”；环境效应包括第 9 章“电磁波传输环境效应”、第 10 章“激光传输环境效应”和第 11 章“地形环境通过效应”；虚拟场景显示软件开发包括第 12 章“二维场景显示软件开发”和第 13 章“三维场景显示软件开发”。虚拟试验验证平台构建是第 14 章的主要内容，介绍了基于联合试验支撑框架 H-JTP 的虚拟试验验证平台构建实例。

第 2 章

综合自然环境数据库构建

标准化的综合自然环境数据库的建立是进行虚拟试验的基础，也是提高虚拟试验逼真度和可信性的前提。SEDRIS 规范提供了一个统一而有效的数据表示与交换机制，实现了环境数据完整、清晰的表示和无歧义、无损耗的交换。本章介绍和分析了 SEDRIS 规范，基于 SEDRIS 技术理论研究分别对大气环境数据、地形环境数据和空间环境数据的表示与交互的实现方法进行了设计。同时，对综合自然环境数据库构建中的多分辨率问题及处理方法进行了详细描述。

2.1 综合环境数据表示与交换规范

在未开发通用的数据表示与交换机制之前，不同的环境仿真开发者开发了具有不同数据格式的环境数据库。仿真环境数据库之间的数据交换只能通过“点–点”方式进行，如图 2-1 所示。这种方式需要严格依据两系统间的数据转换规范开发特定的转换程序，不仅软件开发复杂、重复导致转换效率低下，而且数据转换次数的增加提高了数据丢失、损坏的概率，导致数据可信性和重用性不足。

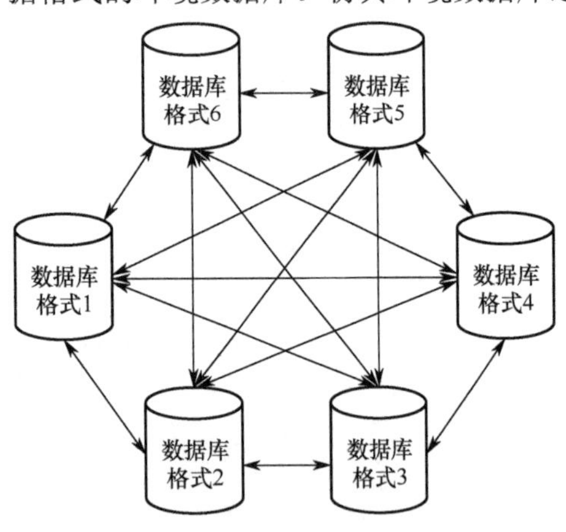

图 2-1　不同数据格式的数据库之间数据的“点–点”交换

SEDRIS 规范的提出完美地解决了“点–点”交换产生的问题，通过其提供的一种无歧义的环境数据表达方法，基于一个统一、通用的数据模型实现不同数据格式的数据库之间环境数据的转换及共享，如图 2-2 所示。这种交换机制保证了环境数据的重用性、共享性及转换效率。

SEDRIS 规范由数据表示模型（DRM）、空间参考模型（SRM）、环境数据编码规范（EDCS）、SEDRIS 接口规范（API）及 SEDRIS 传输格式（STF）5 个核心技术组成，各部分由 ISO/IEC 18023 至 ISO/IEC 18026 进行规范，分为环境数据的表示和环境数据的交互两个部分。如表 2-1 所示，SEDRIS 规范主要是为了实现环境数据的表示和环境数据的交换两大目标功能。

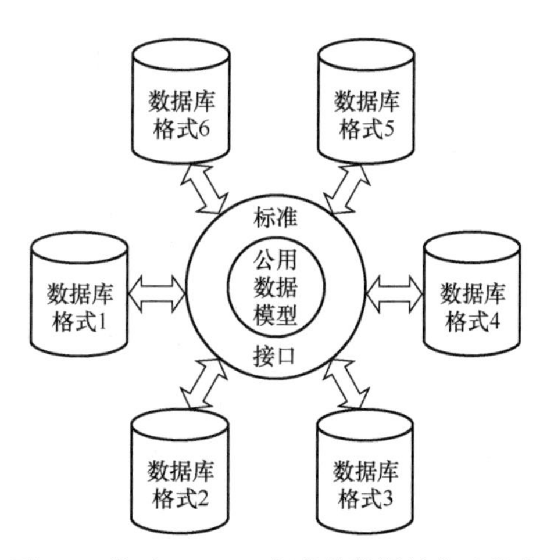

图 2-2　基于 SEDRIS 规范的数据转换及共享

表 2-1　SEDRIS 核心技术组件简介

组 件 名 称	作　　用
数据表示模型 （Data Representation Model，DRM）	三者结合提供了描述环境数据的机制，实现了环境数据完整、清晰及精确的表示，是内容和语义的获取和传达，是一种与具体环境无关且无二义的描述环境的语言
空间参考模型 （Spatial Reference Model，SRM）	
环境数据编码规范 （Environment Data Coding Specification，EDCS）	
SEDRIS 接口规范 （SEDRIS Interface Specification，API）	两者共同确保了环境数据进行高效及无损的共享和交换的功能
SEDRIS 传输格式 （SEDRIS Transmittal Formal，STF）	

图 2-3 形象地描述了 SEDRIS 标准的组织层次结构。

针对虚拟试验对综合环境资源的可重用性和互操作性需求，SNE 数据要以一定的标准规范进行表示及交换，以确保 SNE 数据的稳定、高效且独立于应用平台。为此，对 SEDRIS 规范的各项技术要素进行分析，为依据 SEDRIS 规范进行 SNE 数据的表示与交换研究奠定基础。

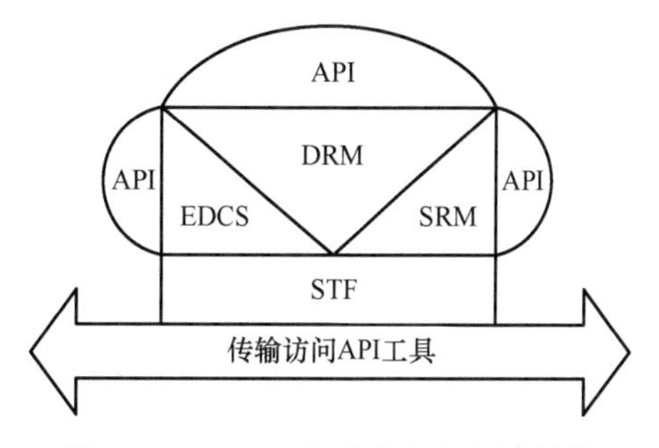

图 2-3　SEDRIS 标准的组织层次结构

2.1.1　数据表示模型（DRM）

DRM 是 SEDRIS 规范的核心，其作为一个高层次规范，不仅定义环境数据及数据属性的描述，还定义了环境数据之间的逻辑关联，严格确保了使用者的正确解读，以此种清晰、无歧义的表示方式为虚拟试验提供环境现象。DRM 作为一个逻辑模型，是一种具象表示机制，取代了先前指定物理模型的实现环境数据表示的思想，但其可以简单地映射到数据格式（传输格式 STF）。DRM 不仅是环境数据描述和表示、数据集成、重用、共享及互操作的基础，也是支持对数据进行查询及分析等应用的前提和依据。

DRM 以对象模型模板（Object Model Template，OMT）为基础，以面向对象的方法和数据场的概念来建立一个标准、完整且通用的环境数据表示和交换机制，组织和表示了 SNE 数据及其相互之间的关系，借由标准建模语言（Unified Modeling Language，UML）规范进行开发和维护。通俗地讲，DRM 对环境数据的语法和结构语义进行了定义。DRM 以类为核心，通过一组公共的类实现各种数据的建模和描述，使用户对不同数据无歧义理解。类只含名称，如特定对象的语义或属性信息这种类的表示被摒除在外，放在数据词典中。整个数据模型的组织结构表示为符合 UML 规范的类图，共有 16 张表，包含 306 个类。DRM 中类分为具体类和抽象类，类之间由关联、继承和聚合 3 种关系组织形成层次化网状结构，从而构建层次丰富、具有嵌套结构的复杂自然环境对象。

DRM 机制逻辑上可分为 4 个层次的类集（见图 2-4），每层类集的子集组织和表示构建了一个环境数据传输（Transmittal）单元。其中，组织容器（Organizer and Container）类为抽象类，是作为环境数据传输单元的终极管理者而充当父类的类，如 Environment Root 类、Library 类、Geometry Hierarchy 类和 Feature Hierarchy 类等；元数据（Metadata）类是环境数据传输单元传输内容的说明性文档，用于描述元数据，如 Keywords 类、Description 类；数据元素表示（Primitive）类用于描述某些环境或物体的基本属性，包括几何表示（Geometry）类（描述环境对象的外观、几何组成及物理属性，如 Image 类、Polygon 类、Line 类和 Point 类等）、特征表示（Feature）类（描述对象的高程特征，如 Areal Feature 类、Linear Feature 类和 Point Feature 类等）、拓扑表示（Topology）类（描述对象几何表示和特征表示内部的关联性）；属性修正（Modify）类用于描述并修改实物的属性及特征值，如 Classification Data 类、Property Value 类和 Colour 类等。

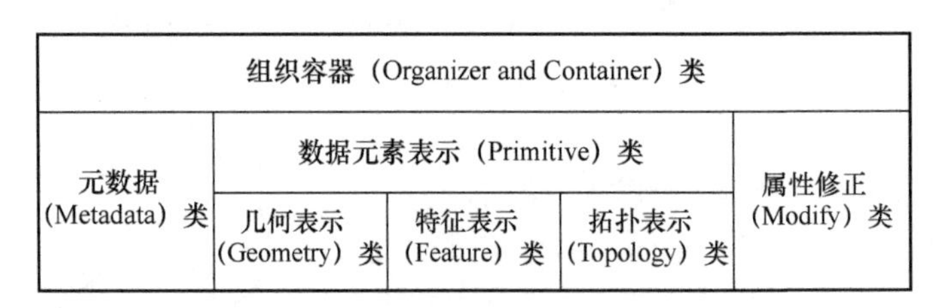

图 2-4　DRM 机制逻辑层次的类集

另外，DRM 中还对使用所需的数据类型进行了定义，包含基础数据类型、私人数据类型、构成数据类型、函数数据类型和其他标准中的数据类型。总之，DRM 为通用的环境数据表示和标准的交换机制奠定了基础。

2.1.2　空间参考模型（SRM）

在进行环境数据的空间信息处理时，需要一个完善的技术支持几何属性的描述。例如，建筑物信息以逻辑结构作为空间性的参考，全球气象环境信息以地球整体作为空间性的参考，天文、轨道、地磁等的观测以其他天体作为空间性的参考，等等。可以看出，在不同的环境及应用情况下，使用的坐标系并不相同。基于上述现象，针对不同空间坐标系下保证无歧义地进行环境数据的表示及交互的问题，对如何定义和使用一个一致性的空间参考结构提出了要求。SRM 由对象参考模型、空间参考结构、坐标系统和操作等组成，其定义了概念模型，提供了一个框架将通用的坐标系统一体化，用精确的术语对空间信息的空间概念和操作进行描述，并提供算法支持，最终实现不同坐标系统空间中的精确、有效转换。SEDRIS 规范提供了 12 种标准坐标系，支持在环境数据表示及交换过程中的空间描述，实现了空间定位定向功能。同时，其配套了对应的坐标转换函数库，实现了精确、快速的坐标转换。

2.1.3　环境数据编码规范（EDCS）

EDCS 实现了环境对象的分类，阐明了环境对象的属性并进行了关联。可以理解为，EDCS 为 DRM 定义了相应的语义，明确地将 EDCS 的语义和 DRM 的语法进行了分离，提供了环境数据描述和表示的标准编码方案。DRM 以类为核心，EDCS 则明确指定在一个特定的类中对一个具体对象的表示，以及对象的意义、属性和状态等信息的表示。这种灵活的表示方式和编码易于限定在编程语言和交换格式中，满足了编码完整、明确、标准、易扩充等要求，同时保证了到其他编码标准的映射。

EDCS 规范由九类与环境相关的 EDCS 词典支持，如表 2-2 所示。每个 EDCS 词典由许多不同特性且有相同主旨的词典条目组成。

表 2-2　九类 EDCS 词典及其含义

词 典 名 称	词 典 含 义
分类词典 EC （EDCS Classification Dictionary）	环境对象的类型
状态属性词典 EA （EDCS Attribute Dictionary）	环境对象的状态（属性值）
属性值特征词典 EV （EDCS Attribute Value Characteristic Dictionary）	环境对象属性值的特征
属性枚举词典 EE （EDCS Attribute Enumerant Dictionary）	环境对象属性值的枚举表示
度量单位词典 EU （EDCS Unit Dictionary）	环境对象属性值的度量单位
度量单位比例词典 ES （EDCS Unit Scale Dictionary）	环境对象属性值的单位比例
单位转换词典 EQ （EDCS Unit Equivalence Dictionary）	环境对象属性值的单位转换
分组词典 EG （EDCS Group Dictionary）	一个 EDCS 组群对象代表一类主题，实现一次编码任务中 EDCS 的快速查询
组织表词典 EO （EDCS Organizational Schema Dictionary）	EDCS 的组织计划，EDCS 组群是其成员

EDCS 与 SRM 类似，都单独作为一项技术被提出并设计，能够用于其他更广泛的领域和应用中进行语义标识和环境数据特性描述。

2.1.4 SEDRIS 传输格式（STF）

STF 是一种基于文件存储且与平台无关的数据存储及传输中介格式，用以完全支持 DRM，其在设计时极大地减小了数据存储所需的有效空间。

基于 SEDRIS 的 STF，针对不同系统，不必根据不同的交互机制开发不同的转换程序，避免了因多次数据转换造成的数据丢失或损坏，保证了综合环境数据交互的无歧义和无遗漏。环境资源可以多次且跨平台地移植使用或交换，提高了环境资源生成效率、转换效率、数据的可信性及可重用性。

STF 必须包含一个根目录文档、一个或多个对象文档及零个或多个影像资料和传输资料表的资料档，其结构层次示意图如图 2-5 所示。

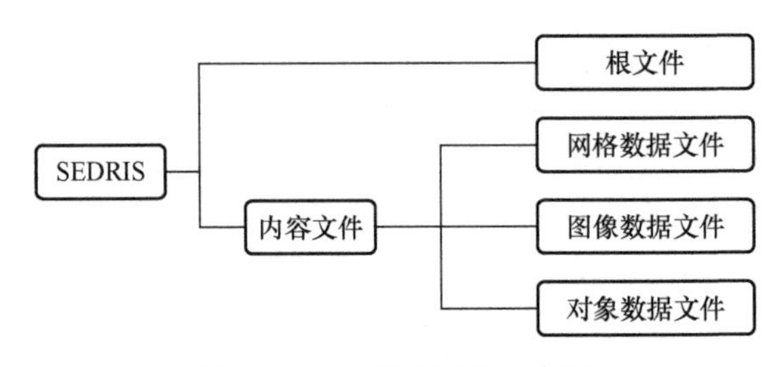

图 2-5　STF 结构层次示意图

2.1.5 编程接口（API）

API 作为功能的封装体，提供环境数据模型的细节，用于对数据模型的存取，并实现数据模型、应用程序和数据的物理存储结构分离且相互独立，保证了信息对用户的透明，以及数据交换的无损失。在不同平台或应用程序中，API 使用相同的数据结构、存取代码和库程序，以避免在开发数据库时编写相对应的存取代码和库例程。

2.1.6 SEDRIS 的运作方式

如果把 SEDRIS 中数据的表示比作一门语言，那么 DRM 可以看成语法，而 EDCS 可以是具体的词汇，DRM 对数据进行类定义和限制，利用 SRM 和 EDCS 来对数据进行表示。

数据提供者将所提供的数据通过 DRM、SRM 和 EDCS 三部分对应的规范表示，来构造可以表示大气、空间、山地、海洋等环境的数据，再将这些数据用 STF 传输格式进行传输，直接提供给数据使用者，因中间的数据读写环节都经过特定的接口规范 API，所以将数据以通用格式表示出来，再以规范格式提供出去，使得综合环境数据的表示与交互做到了无歧义和无损耗，也使得各个数据库通过一系列的通用规范连接起来，促进了整体系统仿真的进行，其运作原理如图 2-6 所示。

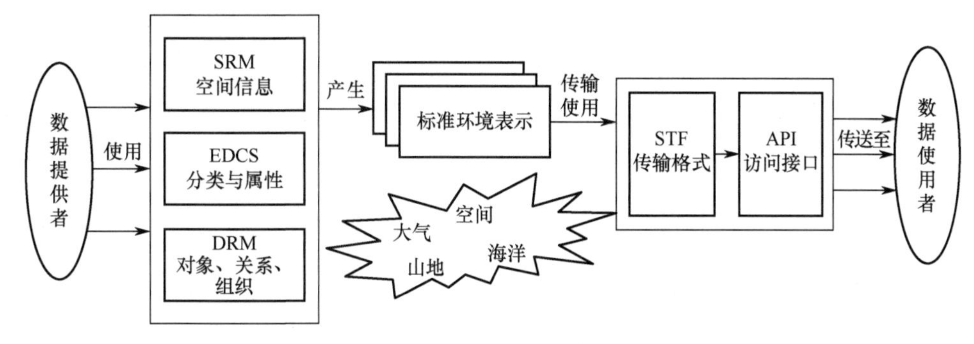

图 2-6　SEDRIS 的运作原理

2.2 基于 SEDRIS 的大气数据表示

大气环境对虚拟试验中武器装备的战斗性能影响很大，是综合自然环境中不可或缺的一部分。基于 SEDRIS 标准的 DRM、SRM 和 EDCS 三个规范实现大气环境数据表示，其表示方法为：首先，确定利用 SEDRIS 标准描述大气环境数据的表示模型；其次，根据空间特性选取坐标系统；最后，在完成 DRM 中相关类的实例化后，依照 EDCS 规范来对大气环境对象的各个属性值进行编码。

2.2.1　基于 DRM 形成大气环境数据表示标准

大气环境要素多数具有时空特性，是时间和空间的函数。基于 SEDRIS 标准的大气环境数据表示，首先要将大气环境要素的时变网格数据场映射到 SEDRIS 的 DRM 进行精确表示；其次要研究大气环境要素的时间性、空间性及其时空关联性三个关键方面的描述与表现，利用时变网格对二维和三维大气环境变量等数据场的动态时空关系建模，构建多个时间步内各大气环境要素随时间及空间变化的完整数据模型。

1. 大气环境数据空间性的描述

为了形象、生动描述且便于理解大气环境数据，将大气空间中的经度、纬度和高度抽象表示为网格，大气环境数据分布于由经度、纬度、高度形成的网格之中。在对大气环境数据的空间性描述中，要关注网格的类型、位置、单位大小及坐标轴等信息，网格数据本身的描述也是不可或缺的。根据这一典型特性，采用 DRM 中用于表示呈网格状分布的数据的属性网格类（Property Grid）来方便、清晰地表示网格型大气环境数据。图 2-7 给出了有关大气环境数据空间性的数据表示模型。

图 2-7 中，属性网格句柄（Property Grid Hook Point）类是用来提供网格位置信息的，利用该类下层的三维位置（3D Location）类实现对属性网格（Property Grid）类对象的空间起始点标识。分类数据（Classification Data）类设置环境编码，用来指定一个环境对象的类型（ECC）。数据表（Data Table）类用来定义一个 N 维数据单元数组，但这些数据单元在网格中的空间位置信息并没有定义，导致数据单元的表示并不直观，其子类 Property Grid 类可以解决这个问题。在 Property Grid 类对象中通过坐标轴（Axis）类对象进行环境

数据基于网格的空间位置定位，并且至少要有一个 Axis 类对象。从图 2-7 中可以看出有指定间距坐标轴（Interval Axis）、等间距坐标轴（Regular Axis）、不等间距坐标轴（Irregular Axis）、枚举型坐标轴（Enumeration Axis）四种坐标轴类型。

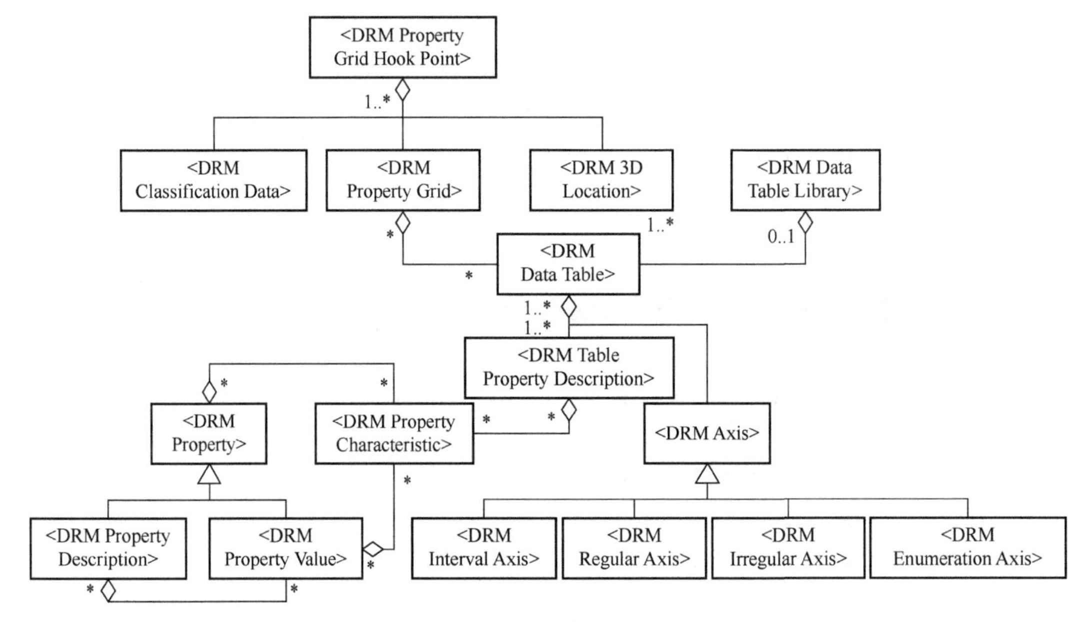

图 2-7　大气环境数据空间性的数据表示模型

一个 Table Property Description 类对象代表了 Data Table 类对象中的一个特征条目，用来标记网格数据中表示大气环境所有的具体内容（如压力、温度和湿度等各类环境因素），也可以理解为 Table Property Description 类对象中某一指定特征条目的所有数据单元定义一个统一的存储格式，而不是对每个数据单元定义存储格式。

抽象类的属性（Property）类对属性值和特征进行了抽象概括。Property 类有三个作为具体类的子类：属性值（Property Value）类、属性描述（Property Description）类和属性特征（Property Characteristic）类，其中，Property Value 类实现对单一数据的属性赋值，包括属性的意义和单位刻度。将网格数据映射到 Property Grid 类后，要保证 Property Grid 类包含 Table Property Description 类。Property Description 类对现象要素属性取值的约束进行描述。另外，在 Table Property Description 类实例中通过 Property Characteristic 类对象添加单元属性的附加描述信息，如警戒值、公差和失效值等。

2．大气环境数据时间性的描述

大气环境数据时间性需要对时间维进行描述，关注时间基点和时间步长等信息。它通过 DRM 中的时间相关几何类（Time Related Geometry）与对应的时间约束数据类（Time Constraints Data）进行关联来表示（见图 2-8），用来实现相同的环境数据整体在不同时间点的表示。绝对时点（Absolute Time Point）类和相对时点（Relative Time Point）类分别描述大气环境要素在初始基准时刻和某一相对时刻。例如，在描述一段 24 小时大气环境要素的变化中，时间段初始基准时刻表示为绝对时间，以 6 小时为数据记录间隔，其相对时间表示为 0、6、12、18、24，即对应绝对时点类下层会包含多个相对时点类来描述一段周期内各相对时刻的大气环境要素。

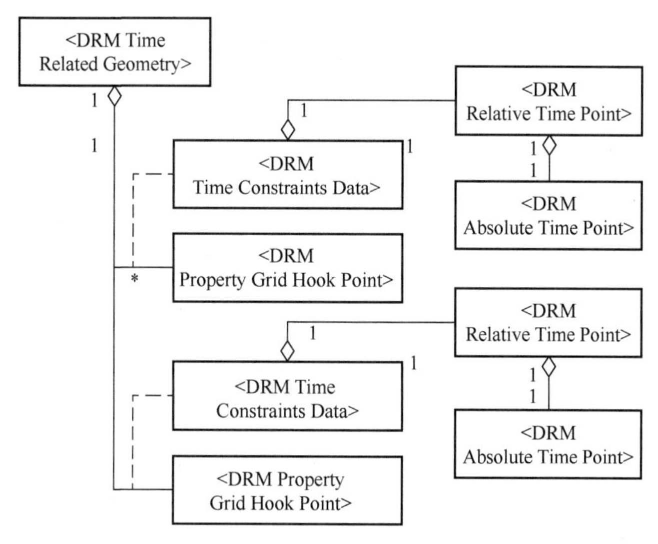

图 2-8　大气环境数据时空性的数据表示模型

3．大气环境数据时空关联性的描述

对时间和空间进行单独分析后，下一步需要综合考虑大气环境数据的时空特性，建立数据表示模型。在建立大气环境数据表示模型的过程中，对应于动态变化过程的表达形式，时空关联性可建立两类时空表现模型：第一种是时–空动态模型，把时间步作为时间基点，对全局网格区域内各离散时刻的环境要素的动态演变规律进行描述；第二种是空–时动态模型，把局部区域网格作为空间基点，对多个时间段中的各局部网格区域内的环境要素的动态演变规律进行描述。以上两种时空表现模型都实现了时变网格的映射，清晰地描述了时空关系。在本书的大气环境数据建模过程中，采用第一种时空表现模型。

图 2-8 给出了有关大气环境数据时空性的数据表示模型。通过 Time Constraints Data 类将 Time Related Geometry 类和 Property Grid Hook Point 类相关联来实现时空性的关联，再结合其下层其他的数据对象层次结构进行网格时空特性的描述，实现大气环境整体数据模型的构建。

2.2.2　基于 SRM 提供大气环境数据空间坐标系信息

SRM 提供了一种在不同坐标系统空间中进行转换的统一方式，保证摒除不同坐标系统和参照系统的影响，实现环境数据的无歧义表示交互。

空间信息的网格化取决于空间参考框架（Spatial Reference Frame，SRF）的参数设置。一般情况下，坐标系统之间的转换并不是线性的，在某一个 SRF 中的一系列位置点形成的一个规则数组在另一个 SRF 中并不规则表示。因此，为了实现网格化的表示，Property Grid 类的“空间信息”属性值需要指定一个 SRF 进行表示。

在 SRM 中有 26 种 SRF 模板（SRF Template），针对大气环境数据的特征选取地球坐标系模板，进行 SRF 参数设定，其参数与编码如表 2-3 所示。

表 2-3　大气环境 SRF 参数与编码

SRF 参数	参数编码	编码含义
SRF 参数信息编码(srf_params_info_code)	SRM_SRFPARAMINFCOD_TEMPLATE	采用 SRF 模板
参考转换编码（rt_code）	SRM_RTCOD_WGS_1984_IDENTITY	全球（地球）
SRF 模板实体参考模型编码（orm_code）	SRM_ORMCOD_WGS_1984	世界大地测量系统
SRF 模板编码（temolate_code）	SRM_SRFTCOD_CELESTIODETIC	天体 SRFT（CD）

2.2.3　基于 EDCS 规范大气环境对象属性

本模型中研究的大气环境要素包括压力、风、温度、湿度、水气混合率和云层混合率，大气环境成员的属性 EDCS 编码如表 2-4 所示。需要实例化八个 Table Property Description 对象，同时结合 Property 类下层的 Property Characteristic 类、Property Description 类和 Property Value 类对网格数据本身进行表示。

表 2-4　大气环境成员的属性 EDCS 编码

大气环境成员	成员属性	EDCS 编码（EAC）
风	风向	EAC_WIND_DIRECTION
	风速	EAC_WIND_SPEED
	垂直风速	EAC_WIND_SPEED_W
大气参数	大气压强	EAC_ATM_PRESSURE
	大气温度	EAC_AIR_TEMPERATURE
	相对湿度	EAC_RELATIVE_HUMIDITY
	水气混合比	EAC_MIXING_RATIO
	云水混合比	EAC_CLOUD_WATER_MIXING_RATIO

上述所列大气环境对象数据可用以经度、维度和高度为坐标轴构成的三维网格组织结构来表示。因此，需要实例化三个 Axis 类对象来对应三种坐标轴。表 2-5 列出了实例化 Axis 类对象在表示经度坐标轴的情况下对其各个属性的编码情况。

表 2-5　经度坐标轴属性的 EDCS 编码

属性名称	属性含义	EDCS 编码	编码含义
Axis type	坐标轴类型	EAC_SPATIAL_ANGULAR_PRIMARY_COORDINATE	经度坐标轴为第一角度坐标轴
Axis value count	坐标轴上的坐标总数目	自定义	—
Value unit	坐标轴刻度单位	EUC_DEGREE_ARC	弧度制
Value_scale	坐标轴刻度单位比例	ESC_UNI	10°

续表

属 性 名 称	属 性 含 义	EDCS 编码	编 码 含 义
Interpolation type	坐标轴间距的类型	SE_INTERPTYP_LINEAR	线性
First_value	坐标轴起始点刻度数值	自定义	—
Spacing	坐标轴间距数值	自定义	—
Spacing_type	坐标轴间距数值的类型	SE_SINGVALTYP_LONG_FLOAT	长浮点型
Axis alignment	数据位置	SE_AXALGN_LOWER	数值较小的坐标处

2.3 基于 SEDRIS 的地形环境数据表示

采用 SEDRIS 规范的 DRM、EDCS 和 SRM 三个规范对地形环境数据进行表示是构建地形环境数据库的第三步。要确定描述地形环境数据的 SEDRIS 数据表示模型，需要对相关类进行实例化。SEDRIS 中有四类数据表示模型用来描述地形环境数据，分别是栅格数据模型、网格数据模型、矢量数据模型和多边形数据模型。STF 中的地形数据对象都是以树状结构存储的，各种 DRM 类对象实例按照其应有的逻辑层次存储到 STF 中。Transmittal Root 类是 STF 中所有实例对象的根节点。

1. 纹理数据

纹理数据采用栅格数据（Raster Data）模型，将整块地形分为规则的网格阵列，其中每个网格由行列定义，网格所包含的代码即该点的属性类型或量值。栅格数据通常用于描述纹理数据的影像图、扫描图信息。栅格数据通常存储为图形对象（Image）类，所有的 Image 类存储于图形库（Image Library）类中，通过 Image Anchor 类映射到特定的空间位置 Location 类。同一幅图像可被多个地形模型用作纹理数据，可与高程数据和特征数据通过 Image Mapping Function 类进行关联。纹理数据的表示模型如图 2-9（左图）所示，如图 2-9（右图）所示为材质数据的表示模型。

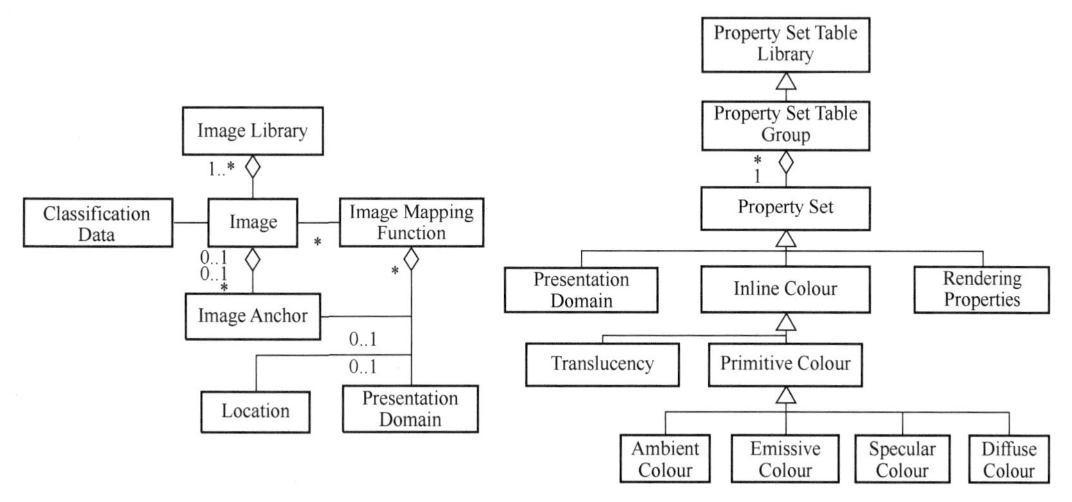

图 2-9　纹理数据（左图）的表示模型和材质数据（右图）的表示模型

2．高程数据

高程数据采用网格数据（Gridded Data）模型，用规则的多维数组来存储与特定空间位置相关联的环境数据的测量值或估计值。通常用二维或三维网格结构描述地形高度、海洋深度及大气数据。网格数据的高程数据表示模型如图 2-10 所示。网格数据存储于属性网格（Property Grid）类中，所有的 Property Grid 类存储于数据表库（Data Table Library）类中，Property Grid 类可与特征数据通过空间位置进行关联。每个 Property Grid 类都有自己的空间参考框架，必须拥有至少一个空间坐标轴来定位网格数据的空间位置。LOD Related Geometry 类实现地形数据的多分辨设置，通过 Index LOD Data 类与对应分辨率层次的 Spatial Index Related Geometry 类关联。Spatial Index Related Geometry 类下实现对数据的分块存储，通过 Spatial Index Data 类与 Property Grid Hook Point 类相关联实现空间索引，每块地形数据都有一个 Property Grid 类相对应。

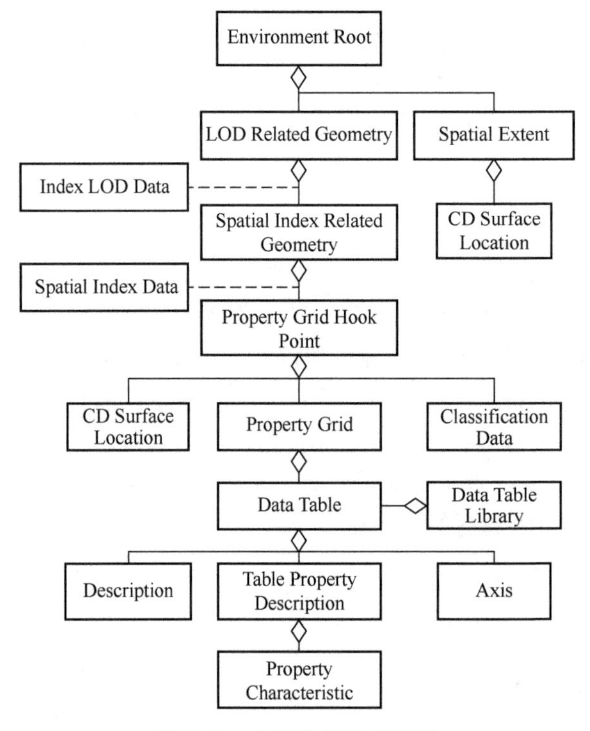

图 2-10　高程数据表示模型

3．文化特征数据

文化特征数据采用矢量数据（Vector Data）模型，是地形特征抽象表示的集合，多为点、线、面的形式，以及各个特征之间的拓扑关系。矢量数据多用于描述海岸线、道路、植被、土壤及建筑物、工厂等文化特征数据。矢量数据模型支持多种数据组织方式，这里选用空间索引方式，其数据表示模型如图 2-11 所示。每类文化特征对应于一个 Union of Features 类，通过关联的 Classification Data 类设置环境编码，抽象后的每个特征采用 Point Feature 类、Liner Feature 类和 Areal Feature 类进行描述。点特征、线特征和面特征之间的拓扑关系对应在 Perimeter Related Feature Topology 类中描述，Feature Node 类与 Point Feature 类相关联，Feature Edge 类与 Liner Feature 类相关联，Feature Face 类与 Areal Feature 类相关联。Perimeter Data 类则描述了该类文化特征数据所处的地理边界范围。

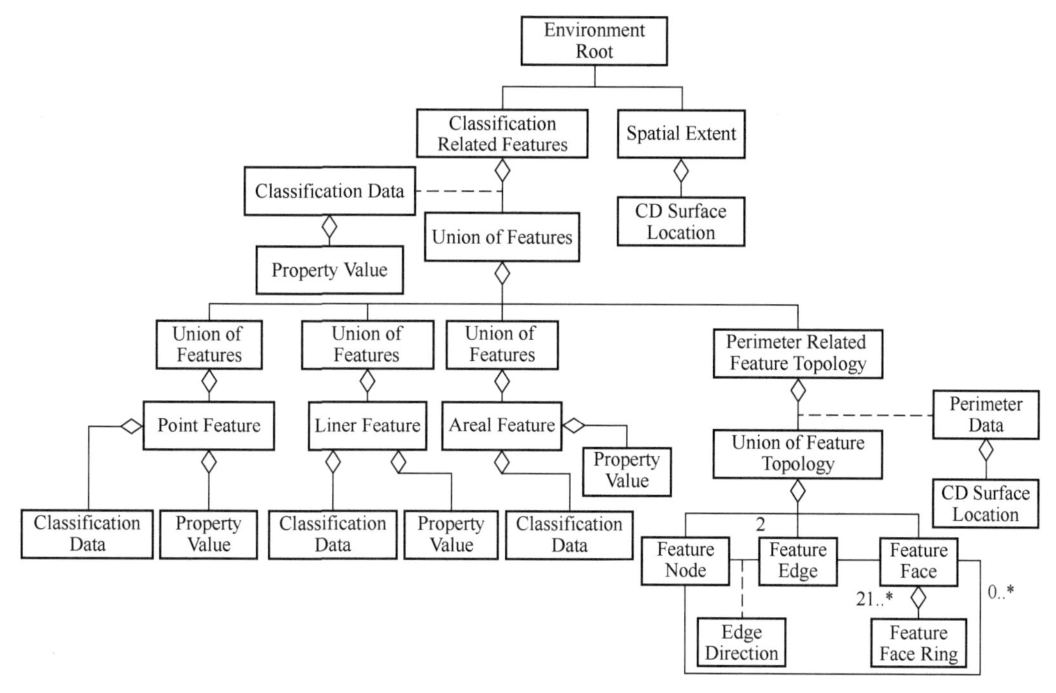

图 2-11　文化特征数据表示模型

4. 三维模型文件

三维模型文件采用多边形数据（Polygonal Data）模型，是基本几何元素（点、线、多边形）的集合。多边形数据模型通常用于描述地形表面及嵌入地形表面的几何体，如道路、河流及建筑物模型等。如图 2-12 所示为三维模型文件的数据表示模型。每个模型对应一个模型（Model）类，所有的模型类都存储于模型库（Model Library）中。模型所有的几何信息都存储于模型几何信息（Geometry Model）类中。若模型比较复杂，可分层描述，对应于 Union of Geometry Hierarchy 类，每一层下面又可分为多个部分与 Classification Related Geometry 类相对应。将模型的每一部分抽象为基本几何形状（Union of Primitive Geometry）类，包括 Point 类、Line 类、Arc 类、Polygon 类、Ellipse 类等，与它们关联的顶点（Vertex）类或位置（Location）类都可以有一定的纹理材质信息。模型的视点信息通过 Camera Point 类与 Union of Geometry Hierarchy 类相关联。

在确定了地形环境数据的数据表示模型后，需要依照 EDCS 规范为所有的环境对象及对象的属性值进行编码。综合自然环境中地形环境对象的类型最多。以土壤为例进行说明，土壤的 EDCS 编码为 ECC_SOIL，主要的属性编码包括 EAC_SOIL_TYPE、EAC_SOIL_DEPTH、EAC_DENSITY_DRY、EAC_WETNESS_CATEGORY、EAC_SOIL_WATER_MASS、EAC_SOIL_SURFACE_TEMPERATURE 等。

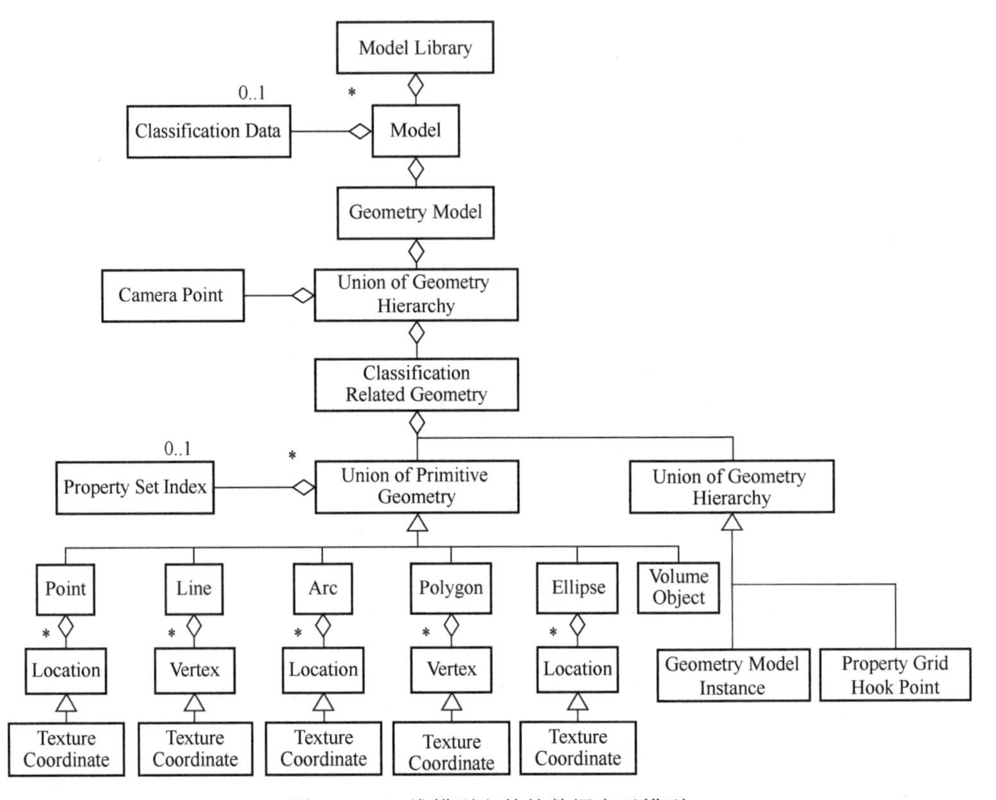

图 2-12　三维模型文件的数据表示模型

2.4 基于 SEDRIS 的海洋环境数据表示

2.4.1 海洋环境参数数据结构设计

SEDRIS 下的数据表示主要涉及 DRM、EDCS 和 SRM，海洋环境参数数据结构设计也围绕这三个规范进行。首先通过 DRM 实现相关类的实例化。作为一类典型的综合自然环境数据，各类海洋环境数据在空间上分布在由经度、纬度、深度共同构建的三维网格中（或除去深度的二维网格）。海洋环境数据的网格化特征，使其在 DRM 中可以很方便地用属性网格（Property Grid）类进行数据表示。图 2-13 给出了 DRM 中与 Property Grid 相关类的组织结构。属性网格类实现了具有网格分布特征的数据表示，同时每个属性网格类还需要包含至少一个坐标轴类，用于记录各格点的空间位置，这是与普通的网格数据类数据表格（Data Table）类所不同的地方。属性网格类所包含的坐标轴类可以具有多个种类，如等距坐标轴、不等距坐标轴、枚举坐标轴等。属性网格类的“空间信息”属性则表示了格点坐标信息，其值可参照 SRM 规范，选用相应的 SRM 模板（SRF）来表示。针对各类海洋环境参数数据的特征，设定 SRF 的参数编码，如表 2-6 所示。

上述过程实现了海洋环境数据相关类的实例化，之后则需要 EDCS 规范，查阅 EDCS 词典，编码每个海洋环境参数对象的属性值，实现海洋环境数据的统一表示。海水温度、盐度、密度、声速等海洋水体参数数据，适合采用由经度、纬度、深度所构成的三维网格进行描述。海表面相关的参数，如海表面温度、风速、波浪等海洋参数数据，以及海洋水体深度参数，则适合采用由经度和纬度构成的二维网格进行描述。表 2-7 和表 2-8 给出了各类海洋环境参数属性的 EDCS 编码，并按照海洋环境各类参数的属性特征进行了分类。

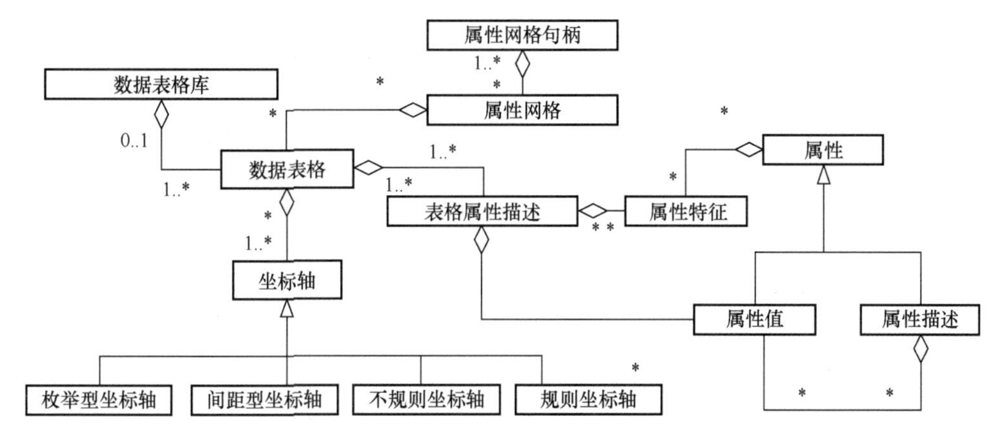

图 2-13 与属性网格（Property Grid）相关类的组织结构

表 2-6 SRF 参数编码

SRF 参数	参 数 编 码
坐标系统	SRM_RTCOD_WGS_1984_IDENTITY
参数信息	SRM_SRFPARAMINFCOD_TEMPLATE
实体参考模型	SRM_ORMCOD_WGS_1984
模板	SRM_SRFTCOD_CELESTIODETIC

表 2-7 三维网格特征的海洋环境参数属性的 EDCS 编码

海洋环境参数属性（3D）	成 员 属 性	EDCS 编码
水体	温度	EAC_WATERBODY_TEMPERATURE
	盐度	EAC_PRACTICAL_SALINITY
	密度	EAC_MATERIAL_DENSITY
	声速	EAC_WATERBODY_SOUND_SPEED

表 2-8 二维网格特征的海洋环境参数属性的 EDCS 编码

海洋环境参数属性（2D）	成 员 属 性	EDCS 编码
海面	海表面温度	EAC_SURFACE_TEMPERATURE
	风速	EAC_WIND_SPEED
	波浪高度	EAC_SIGNIF_WAVE_HEIGHT
海底	水体深度	EAC_DEPTH_OF_WATERBODY_FLOOR

SRM 模板采用地球坐标系作为属性网格。对于海洋水体等三维参数，实例化经度、纬度及深度这三个坐标轴；二维参数则实例化经度、纬度两个坐标轴。坐标轴主要属性的 EDCS 编码如表 2-9 所示。

表 2-9　坐标轴主要属性的 EDCS 编码

海洋环境参数属性（3D）	成员属性	EDCS 编码	编码含义
等间距坐标轴	Axis type	EAC_SPATIAL_ANGULAR_PRIMARY_COORDINATE	坐标轴类型，经度为第一角度坐标轴
	Value unit	EUC_DEGREE_ARC	坐标单位，为弧度制
	Value count	—	坐标轴上坐标数目
	Interpolation type	SE_INTERPTYP_LINEAR	坐标间距类型为线性
	Axis alignment	SE_AXALGN_LOWER	数据所处位置，数值较小坐标处
	Axis spacing	—	坐标间距的数值
不等间距坐标轴	Axis type	EAC_SPATIAL_LINEAR_TERTIARY_COORDINATE	坐标轴类型，深度为第三线性坐标轴
	Value unit	EUC_METRE	坐标单位，为米
	Value count	—	坐标轴上坐标数目
	Interpolation type	SE_INTERPTYP_LINEAR	坐标间距类型为线性
	Axis value array value type	SE_SINGVALTYP_LONG_FLOAT	描述了不等间距坐标轴的坐标阵列的类型

根据上述设计方法，图 2-14 给出了一个基于 SEDRIS 的海洋环境参数的数据表示实例。海洋环境中水体属性参数用三维网格数据表示，三个坐标轴分别表示经度、纬度、深度，其中经度、纬度采用规则坐标轴，深度采用不规则坐标轴，这是因为生成的环境参数采用的是不等间距的深度层。三个坐标轴通过 Property Grid Hook Point 类标识。Property Grid Hook Point 类聚合了 Property Grid 类和 Table Property Description 类。Axis 类聚合于 Property Grid 类中，通过 Axis 类实现了经度、纬度和深度三个坐标轴的描述表示。Table Property Description 类则描述了网格数据的语义，即温度（EAC_WATERBODY_TEMPERATURE）、盐度（EAC_PRACTICAL_SALINITY）、密度（EAC_MATERIAL_DENSITY）和声速（EAC_WATERBODY_SOUND_SPEED）。对于具有二维网格特征的数据，则可以创建一个二维网格的 Property Grid_2d 类，所聚合的 Axis 类则只包含经度、纬度两个坐标轴，而聚合的 Table Property Description_2d 类则描述了具有二维网格数据特征的网格数据的语义，如海表面温度（EAC_SURFACE_TEMPERATURE）、风速（EAC_WIND_SPEED）、波浪高度（EAC_SIGNIF_WAVE_HEIGHT）和水体深度（EAC_DEPTH_OF_WATERBODY_FLOOR）。

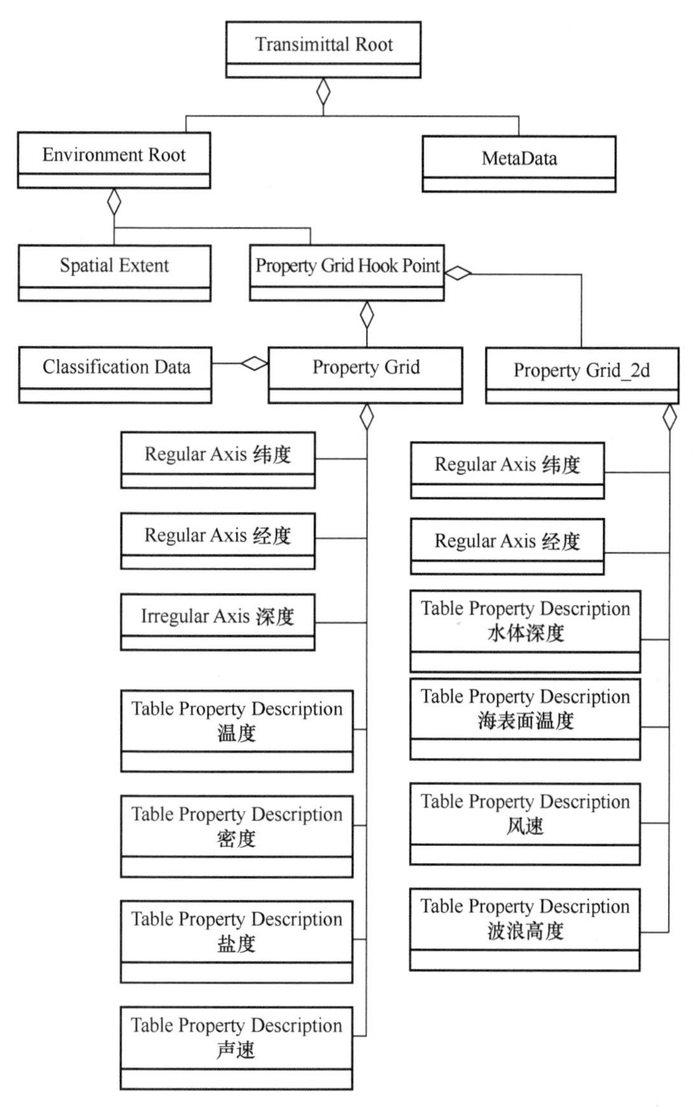

图 2-14 基于 SEDRIS 的海洋环境参数的数据表示实例

2.4.2 海洋环境参数数据表示实现

通过图 2-14 给出的设计实例，就可以实现各类海洋环境参数的网格数据表示，所构建的网格包含了各个数据的空间位置信息，如经度、纬度、深度。而实际上，本书所构建的海洋环境参数数据是关于经度、纬度、深度、时间四个坐标轴进行变化的数据，因此上述构建的网格数据还缺乏时间维的变化特性。针对数据随时间动态变化的特性，可以将各类海洋环境参数数据按时间分文件存储，每个文件都对应一个时间刻度，该文件包含了该时间刻度下的各类海洋环境参数数据，由此完成了关于经度、纬度、深度、时间四个维度的海洋环境参数的数据建模和存储。当需要获取、使用某个时空范围下的海洋环境参数数据时，只需要先检索到对应时间范围下的存储文件，之后按文件读取对应空间范围下的海洋环境参数即可。相应的数据表示实现方法由海洋环境数据的无损耗交换和海洋环境数据的自适应检索组成。

1. 海洋环境数据的无损耗交换技术

通过 SEDRIS 表示后的海洋环境参数数据采用 STF 进行存储。为了实现海洋环境参数数据所具有的关于时间、空间动态变化的特性，可以先对构建的各类海洋环境参数数据按时间分批次写入不同的 STF 文件当中，每个 STF 文件按数据的时间进行命名，并标注写入的海洋环境参数数据的空间范围，同时在文件内附加数据的时间信息。此时，生成的海洋环境参数通过按数据时间分文件存储、文件内存储对应时间范围下的空间网格数据的形式，实现了关于经度、纬度、深度、时间四个维度动态变化的数据模型的构建及存储，同时存储的这些文件共同构成了一个指定时空范围下的海洋环境数据模型。图 2-15 所示为整个海洋环境参数数据的写入存储流程。

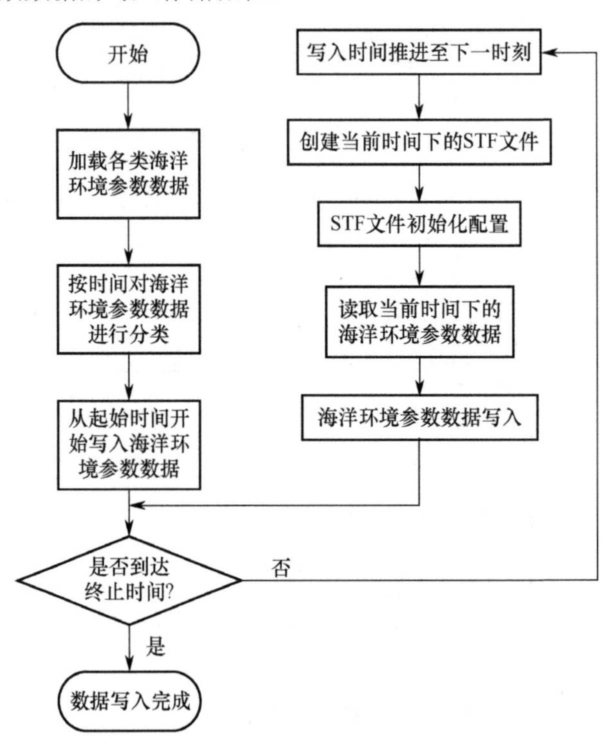

图 2-15　整个海洋环境参数数据的写入存储流程

上述写入存储流程使用了 SEDRIS 的海洋环境数据交换技术，涉及 STF 和 API 相关规范。STF 是一种基于文件存储且与平台无关的数据存储及传输格式，能完全支持 DRM，在设计时极大地减小了存储所需的有效空间。STF 可以实现不同系统下的环境数据的跨平台使用或交换，而不需要针对交互机制专门开发相应的转换程序，避免了多次数据转换造成的数据丢失或损坏，保证了数据交互的无歧义和无遗漏，使得环境资源生成和转换效率、数据可靠性及可重用性都得到了改善。

2．海洋环境数据的自适应检索技术

通过海洋环境数据的无损耗交换技术，实现了构建的海洋环境参数数据的 SEDRIS 规范表示，基于 SEDRIS 规范表示后的环境数据采用 STF 存储，并按数据的时间刻度分别存储在多个 STF 文件中。当用户需要读取、使用这些数据时，可以读取整个 STF 文件，也可以通过指定方式在 STF 文件中实现特定内容的检索。通过调用 SEDRIS 的可变参数 API，可以实现环境数据的自适应检索，可供使用的检索方式分为“按结构检索”和“按语义检索”两种方式，同时也可以实现两种检索方式的任意切换。海洋环境数据的自适应检索流程如图 2-16 所示。

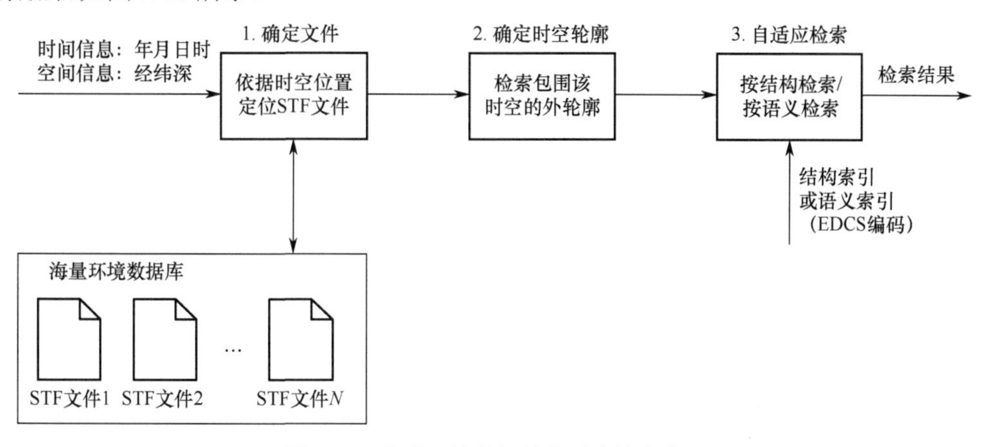

图 2-16　海洋环境数据的自适应检索流程

在检索时，首先需要根据待检索数据的时空范围，在所存储的数据库中确定对应的 STF 文件，以及在特定文件中的具体范围，即图 2-16 中的第 1 步和第 2 步。对于第 1 步，可以通过 STF 索引文件中 Spatial Extent 的 Location 快速判断该文件是否包含待检索区域。对于第 2 步，需要根据时间节点、起始经纬度、水平格点数、间隔距离等，确定包含待检索区域的网格。接下来的具体数据内容检索可以根据用户需要自适应进行，检索主要通过调用 SEDRIS 的标准 API 所提供的函数 getDataValue( )实现。

采用按结构检索方式时，需要数据使用者事先知道 STF 文件的结构信息，即用户知道待检索的环境参数在 STF 文件中的存储索引（cell_index），如在 3D 的 Property Grid 网格中存储着温度、盐度、密度等环境参数，密度处于第三个位置，对应的存储索引则为 2。当用户检索指定时空范围的密度参数时，需要先定位到相应的节点，之后通过调用函数 getDataValue(2, &val)，即可得到所需的密度数据值。

当采用按语义检索方式时，数据使用者不需要知道 STF 文件的具体结构信息，只需要确定指定的 STF 文件中是否含有待检索的数据，之后通过待检索环境参数的语义，即环境参数所对应的 EDCS 编码，来实现相关数据值的读取。SEDRIS 中的 EDCS 编码解决了环境数据表示的语义一致性问题，实现了环境数据的按语义检索。待检索的环境参数的语义值可以直接赋值给 getDataValue( )的第一个参数 SE_Data_Table_Data。当要检索盐度值时，通过 getDataValue(EAC_PRACTICAL_SALINITY, 1, &val)这一调用函数的命令，就能实现盐度的获取。

2.5 基于 SEDRIS 的综合自然环境的交换

SEDRIS 技术中 DRM 是面向对象开发的，将所有数据都封装成了对象，采用标准的物理格式（STF）进行数据的存储，不同应用或平台通过 API 读写接口与 DRM 进行交换。因此，数据的交换是借助 API 和 STF 实现的，是数据模型层次上的数据交换。

将 API 函数嵌入开发的应用程序中就可以实现基于 SEDRIS 规范的综合自然环境交互软件代码的开发。SEDRIS 提供了 C、C++和 Java 三个版本的 API 工具，本章基于 Visual Studio 2005 开发相关软件，选用 C++版本的 API，其以面向对象的方法，采用标准 C++语言进行设计。使用 SEDRIS 提供的 Write API 实现将环境数据写入 STF 传输文件中，通过 Read API 实现从 STF 传输文件中读取环境数据。SEDRIS 还提供了一系列的转换工具以实现将 STF 数据转换成各种其他应用或系统的格式数据，包括 STF 至 CTDB 转换器、STF 至 DTED 转换器等，极大地方便了用户对 STF 标准格式数据的应用需求。

表 2-10 列出了基于 SEDRIS 进行综合环境数据交换时调用的主要 API，实现了符合 SEDRIS 规范的环境数据的产生和消费。

表 2-10 综合环境数据交换时调用的主要 API

交换阶段	类型	相关类	主要成员函数	函数功能
产生	Transmittal 相关的类，对 STF 文件进行操作	seWorkspace	createTransmittal	创建 STF 文件
		seTransmittal	createObject	创建 DRM 对象实例
			setRootObject	设置传输单元根节点
	实现对 DRM 操作相关的类	seObject	setFields	设置对象成员属性值
			setAssociate	设置关联性对象成员
			setComponent	设置聚合性对象成员
			addComponent	添加对象成员
	辅助操作类	seHelperDataTable（数据的操作）	AllocateDataTableData	填充网格数据
消费	与 Transmittal 相关的类，对 STF 文件进行操作	seWorkspace	openTransmittalByFile	打开 STF 文件
			close	关闭工作区间
			isOpened	判断工作区间是否打开
		seTransmittal	setRootObject	获取传输单元根节点
			close	关闭 STF 文件

续表

交换阶段	类　　型	相　关　类	主要成员函数	函数功能
消费	实现对 DRM 操作相关的类	seObject	getFields	获取对象成员属性值
			getAssociate	获取关联性对象成员
			getComponent	获取聚合性对象成员
	迭代类，实现 STF 文件中数据结构的遍历	seIterator（纵向遍历）	getNext	搜索下一个满足条件的对象
		seSearchIterator（横向遍历）	start	设置搜索初始指定对象
			getNext	获取符合条件的同一级的下一个对象
			getCount	获取符合条件的对象数目
	异常类，用于诊断异常代码，给出异常描述信息	seException	getCode	获取异常代码
			getWhat	获取异常描述信息
	辅助操作类	seHelperDataTable	init	初始化
			getCellCount	获取网格个数
			getDTData	获取指定网格的数据
			getCellIndex	获取指定网格的坐标
			getDataValue	获取数据值

图 2-17 描述了传输单元进行存储和读取阶段中的 SEDRIS API 流程。

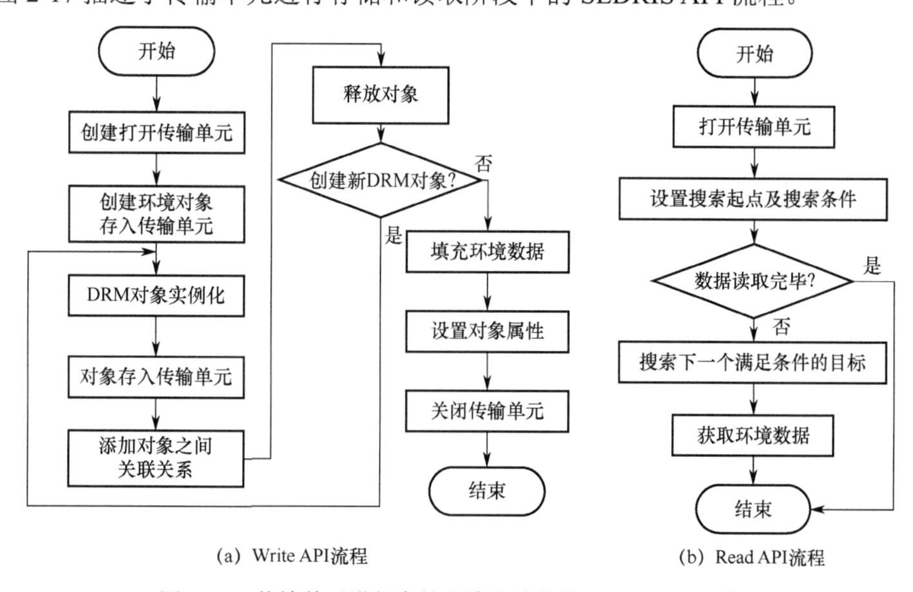

图 2-17　传输单元进行存储和读取阶段的 SEDRIS API 流程

2.6 本章小结

SEDRIS标准是构建综合环境数据库的标准，贯穿环境要素数据的生成及使用全过程。本章对SEDRIS标准规范进行具体说明，并通过分析综合自然环境要素数据的需求特点，以SEDRIS核心机制DRM为基础分别对大气、地形和海洋环境进行了无歧义的数据模型描述，得到相应的数据描述与映射文档。同时，为满足不同虚拟试验或应用对环境分辨率的不同需求，根据各类环境数据模型的特性，本章对环境数据的多分辨率建模进行了研究。另外，本章给出了调用API以实现STF环境数据生成、数据存储与修改、数据共享的方法，最终生成高效的STF综合自然环境数据库。

第3章

航空空间虚拟大气环境构建

大气环境数据作为综合自然环境数据的重要组成部分，是综合自然环境数据库开发的基础。对于 0～20km 的航空空间，本章提出一种基于 MM5 中尺度大气数值模式（The Fifth-Generation NCAR/Penn. State Mesoscale Model）和 SEDRIS 规范的虚拟大气环境构建方法，生成包括温度、湿度、密度、风和压强等在内的复合大气环境，为虚拟试验中虚拟大气环境数据的提供及综合自然环境数据库的构建提供支持。MM5 是由美国宾夕法尼亚大学（PSU）和美国国家大气研究中心（NCAR）研制的中尺度非静力动力气象数值模式。该模式是具有数值天气预报业务系统功能和天气过程机理研究功能的综合系统。

3.1 虚拟大气环境构建的整体思路

大气环境是 SNE 的重要组成部分，包含风、气压、气温、云、雨等基本环境因素。在虚拟试验中加入大气环境的支持，可大幅度提高虚拟试验的逼真度和仿真能力，也可进行更多的试验测试。例如，在大气环境的支持下，试验可模拟飞机的颠簸、侧滑和失速等情况，全面地测试飞机性能。

利用大气数值模式实现大气环境仿真，确保了仿真大气环境的可信性。同时，随着大气数值模式的发展，大气环境的仿真结果日益精细、逼真，大气数值模式为大气环境构建奠定了基础，已成为模拟复杂大气环境的一个有力研究手段。因此，为了获取具有高可信度的大气环境数据，本章选取 MM5 中尺度大气数值模式作为建模工具，进行数值模拟以获取基本大气环境数据资源，构建的复合大气环境包括压强、风、温度、湿度、水汽混合率和云层混合率等大气环境要素。

另外，针对大气环境数据的清晰表示和无歧义、无损耗的数据交换问题，本章在 SEDRIS 规范的技术支持下，构建 SEDRIS 标准格式的地形环境数据库，保证了大气环境数据表示的一致性、完整性和交换的一致性。

本章提出了一种基于 MM5 模式与 SEDRIS 规范的大气环境构建方法。图 3-1 描述了虚拟大气环境资源建模的整体思路。利用 MM5 模式进行数值模拟，其输出的 MMOUT_DOMAINx 文件为二进制文件，包含基础的大气环境数据，可作为大气环境数据源。针对大气环境数据标准化表示和交互需求，研发虚拟大气环境资源生成软件对原始数据源进行处理，将大气环境数据进行符合 SEDRIS 规范的表示，写入 SEDRIS 标准格式（STF）的大气环境数据库中，此种环境数据的表示和交换的标准化为虚拟试验等应用的使用或后续综合自然环境数据库的构建提供了极大的便利。

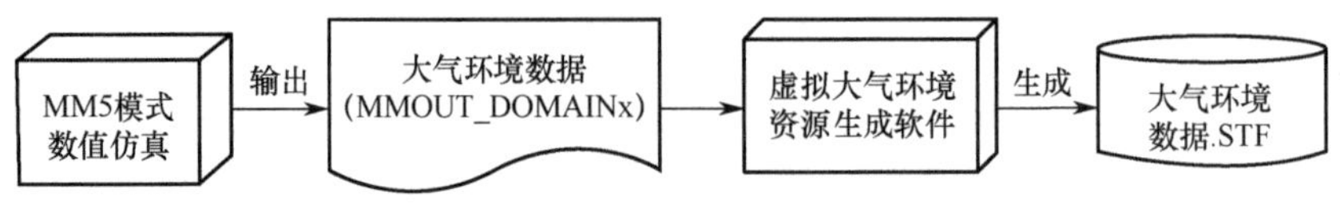

图 3-1　虚拟大气环境资源建模的整体思路

3.2 大气数值模式

大气数值模式作为大气环境仿真的关键核心，在极大程度上决定了大气环境仿真的可信度和精确度。大气数值模式以计算机作为技术手段，对大气环境因素和天气现象的特征及演变规律进行描述，通过建立各因素之间的数学关系及逻辑关系，实现对大气机理和物理过程的反映，并进行数值模拟。其尽可能地表征真实的大气环境，包括历史天气或未来天气定量化的再现或预测。

总体来看，大气模式由原先传统的大尺度研究转向更加精细的中小尺度研究。在美国组织的“中尺度外场观测试验 STORM 计划”项目的主导下，成功研制了 MM5 系列、RAMS 系列和 ARPS 系列等中尺度大气数值模式。如今的中尺度大气数值模式不仅可生成 100～1000km 范围的基本天气参数，还可模拟 1～19km 范围的小尺度天气，如风暴、雷暴等强对流天气现象。

基于计算机技术、观测技术、大气动力学理论和数学理论的发展，中尺度大气数值模式已有了相当迅速的进步。截至目前，国内外已研发了二十余种应用广泛的、著名的且发展相当完善的中尺度大气数值模式，表 3-1 罗列了如今国内外发展较成熟的中尺度大气数值模式。从表 3-1 中可以明确地看出，大气数值模式已经发展到了非静力阶段。另外，模式输出的时空分辨率都有了显著提高，对物理过程的分析描述更加深入、细致，有了更为多样化的参数配置方案。

表 3-1　国内外发展较成熟的中尺度大气数值模式

模式名称	研制单位	国家	模式说明	针对对象
MM5	PSU/NCAR	美国	非静力移动网格格点模式	中尺度系统
RAMS（Region Atmosphere Model System）	科罗拉多州立大学（CSU）	美国	非静力格点模式	中尺度现象及小尺度绕流现象
ARPS（Advanced Regional Prediction System）	俄克拉荷马大学的风暴分析和预报中心（CAPS of UO）	美国	曲线坐标格点模式	风暴尺度的非静力高分辨率区域预报
WRF（Weather Research and Forecast Modeling System）	NCEP、NCAR 等多研究部门和高校科研工作者共同研发	美国	完全可压非静力格点模式	中尺度系统

续表

模式名称	研制单位	国　家	模式说明	针对对象
UKMO（UK Meteorological Office Unified Model）	英国气象局（UK MetOffice）	英国	格点模式	中尺度系统
JRSM	日本气象厅（JMA）	日本	静力区域谱模式	中尺度系统
REM（Regional Eta-coordinate Model）	中国科学院大气物理研究所（IAP）	中国	静力格点模式	中尺度系统（暴雨业务预报）
GRAPES（Global and Regional Assimilation & Prediction System）	中国气象科学研究院（CAMS）	中国	非静力格点模式	中尺度系统
MC2（The Mesoscale Compressible Community Model）	大气环境局（AES）数值预报研究所（RPN）、魁北克大学蒙特利尔分校（UQAM）	加拿大	可压缩共有模式	中尺度系统
MESO-NH（Mesoscale Non-Hydrostatic Model）	法国国家气象中心（CNRM）	法国	非静力模式	中β尺度和中λ尺度

除表 3-1 中所列主要中尺度数值模式外，还有美国 NCEP 的业务预报模式（Eta）和区域谱模式（RSM）、北卡州立大学的大气模拟系统（MASS）、美国海军业务区域预报系统第六版本（NORAPS6）、美国空军全球天气中心（AFG-WC）的重置窗口模式（RWM）等。

可以看出，大气中尺度数值模式发展迅速，其已作为中尺度气象预报的重要研究手段之一，各国、各领域对其都极为重视，且都进行了广泛应用。

3.3 MM5 模式理论介绍

MM5 模式是美国宾夕法尼亚大学（PSU）和美国国家大气研究中心（NCAR）从 20 世纪 80 年代开始共同研制开发的第五代中尺度大气数值模式，是一个气象学共享软件。其是基于大气动力学和大气辐射开发的非静力动力气象数值计算模式，适合对中、小尺度大气系统演变的模拟，目前作为应用较为广泛的中尺度数值模式，不仅应用于台风、暴雨等短期天气系统的研究，还应用于区域气候研究及空气污染数值模拟等研究领域。

在结构上，MM5 是在模块化设计方法及开放式设计框架的基础上开发的开源软件，使其具备了标准化、模块化及系列化的优点，实现了模式的可剪裁性和通用性。同时，MM5 模式的模块还可根据应用需求灵活配置，并可进行单独的持续改进及升级工作。MM5 模式由 10 个模块组成，可将其按作用分为三大功能块，各功能块作用及支持功能块的模块如表 3-2 所示。

图 3-2 是 MM5 模式的结构框图，也可将其看成模式运行流程图，下面结合该图简要地对各部分的主要功能及整体的运作进行简要解释（其中箭头表示数据的流动）。

表 3-2　MM5 模式三大功能块

模式功能块	功能块作用	功能块中的模块	模块功能简介
模式前处理	各类资料（包括地表地形、地面和高空资料）预处理、质量控制和客观分析，形成模式运行的初始条件及边界条件	TERRAIN	建立网格区域，分析地形资料，生成地形文件
		REGRID	读取气压层上的气象资料，将分析数据插值到网格格点上，形成第一猜测场
		RAWINS/LITTLE_R	对地面和高空观测数据进行客观分析，提高猜测场分析质量
		INTERPF	实现分析场和模式间数据转换，形成模式初始条件及边界条件
模式主体	为主控程序，数值模拟气象过程	MM5	解算方程组，进行数值模拟得到结果
模式后处理	分析、处理模式主体生成的数值模拟结果，包括检验模式模拟结果、诊断和图形输出	NESTDOWN	sigma 层数据从粗网格至细网格的水平插值
		INTERPB	sigma 层数据回插气压层，进行垂直插值、争端分析
		GRAPH	对某些标准气象变量诊断分析并绘制图形
		RIP	绘图工具程序

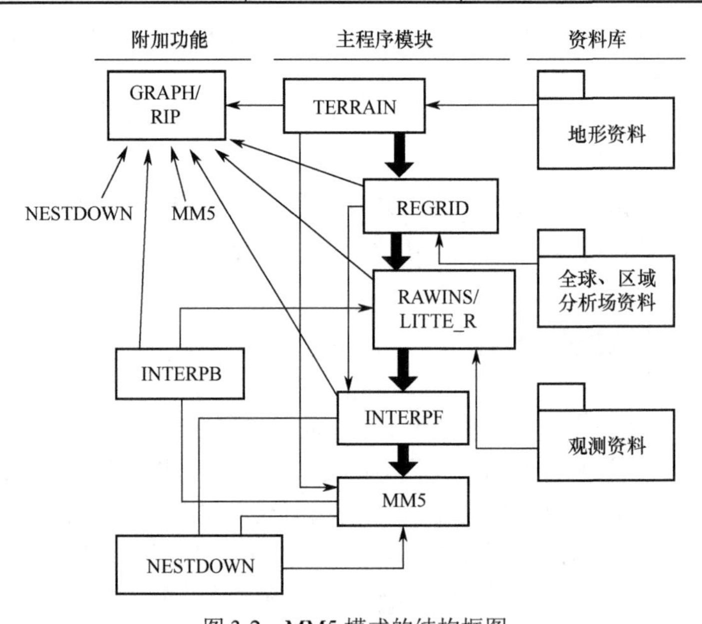

图 3-2　MM5 模式的结构框图

（1）将地形资料和气压层上的气象资料从经纬度格点水平插值到模式定义的一个可变的分辨率区域上，由模块 TERRAIN 和 REGRID 完成。前者将标准经纬网格中的各种分辨率的地形高度资料及地表分类资料插值到指定区域的中尺度网格上。后者将低分辨率的分析场资料插值到指定区域的中尺度网格上，将形成的物理量场作为第一猜测场。REGRID 模块可利用的观测资料来自 NCEP 全球再分析资料、TOGA 资料、ECMWF 全球网格点资料、ERA 资料、NNRP 资料等，也可由大尺度气象模式产生。

（2）进行客观分析处理，再进行四维资料同化，结合上一步生成的第一猜测场，将不规则空间观测资料成功、客观地分析至规则网格点上，以期丰富第一猜测场，提高插值数据的质量（由 LITTER 或 RAWINS 模块完成，两者具有相同功能，后者为旧版本中的模块）。

（3）将标准等压面上的数据垂直插值到模式的 sigma 层，并剔除初始资料中的不合理数据，为接下来的主预报模块提供初始场和侧边界条件（由 INTERPF 模块完成）。

（4）运行主程序模块——MM5 模式进行数值模拟。

（5）用后处理模块对输出结果进行进一步处理，得到更为精确的仿真结果，如 INTERPB 模块把 MM5 模式模拟结果插值到等压面，进行四维资料同化循环。

与旧版本和其他的中尺度大气数值模式相比，MM5 模式的优点如下。第一，具有较好的复合区域嵌套功能，可进行多重网格嵌套；第二，同时具备了静力平衡和非静力平衡两类动力框架，其中，后者确保当网格的纵横尺度比接近于 1 或者水平尺度小于垂直尺度时使其非静力效应不被忽视，具有了模拟较小空间尺度的强对流天气系统能力；第三，具有四维同化技术，在扩展时段数据引入模式的情况下保证模式中间结果不断逼近实际的观测与分析值，保持了动力平衡；第四，考虑了更多且详细的物理过程参数化，为不同的物理过程提供了不同的选择，如包括非对流降水、简单冰、暖降水和混合法等的水汽参数化，包括 Anthes-Kuo（AK）、Grell、Arakawa-Schubert、Betts-Miller 和 Kain-Fritsch（KF）型等的积云参数化，包括总体空气动力参数、Blackadar 参数和 Burk-Thompson 参数等的行星边界层（PBL）参数化，包括简单冷却、云辐射、CCM2 和 RRTM 等的辐射参数化，等等。

MM5 模式可模拟全球任意地域及尺度的大气环境参数，同时可调节模拟的时空精度。根据应用设定相应边界条件后，可模拟风场、湿度场、温度场、气压场、降水量等大气环境基本参数，甚至模拟风暴等强对流天气，广泛应用于多个学科领域。MM5 模式的优良性能在世界各国的相关学科及研究机构中备受关注，多数研究人员或单位自发对其进行进一步开发更新并用于各应用场景中。

大气的数学解析模型非常复杂，一般由大量的高阶微分方程组成，在目前现有的计算机软硬件条件下，虽然能实现实时解算，且部分国家也已进入实时运行阶段的研究，但是结果并不完善且技术还不十分成熟。因此，本章的研究着重于大气数据的生成及应用，提出一种基于 MM5 模式和 SEDRIS 规范构建大气环境的方法，将数值大气模式生成的预测数据和仿真的大气环境表示为符合 SEDRIS 规范的数据格式存于数据库中，在运行时根据需要进行查询，可应用于虚拟试验中。

3.4 MM5 模式及相关辅助软件安装及编译运行过程

3.4.1 PC 安装基本条件

MM5 模式是基于低版本的 Linux 操作系统研究开发的，模式程序可运行于 UNIX 的工作站、Linux 的 PC 及 Cray 机和 IBM 机上。本书选用 MM5 V3.7 作为建模工具，选用 64 位的 RedHat Enterprise Linux 5 作为操作系统。

MM5 模式的运行需要 FORTRAN 语言和 C 语言编译器。MM5 模式中大部分模块基于 FORTRAN 90，其他基于 FORTRAN 77。本书采用 Portland Group 的 FORTRAN 编译器（简称 PGI），为 PGI 9.0 版本。

3.4.2 辅助软件

MM5 模式中的可视化软件程序（GRAPH 和 RIP）是基于 NCAR 图形库建立的。另外，TERRAIN 模块在 NCAR 的支持下可生成图形文件（TER.PLT）以支持用户检查各类资料分析结果图形。MM5 模式所需要的 NCAR 部分资源为免费资源，本书选用 NCAR 5.0 版本的图形库。

3.4.3 多核运算软件

当模拟大空间范围、大时间范围时，为了提高数值模拟效率、节省时间，可通过 MPI 并行程序实现。本书选用 MPICH2 软件包。

3.4.4 可视化软件

至此，使用 MM5 模式对大气环境进行数值模拟的步骤已经全部完成。为了让用户对模拟结果进行直观观察，接下来可使用各类可视化处理软件进行绘图处理，本书选用了 Vis5D 可视化软件实现这一功能。

Vis5D 需要 NetCDF 库的支持，这是一款免费的读取科学数据的库，作为 Vis5D 共享库以支持其某些属性。本章选用 NetCDF3.6.3 版本。

另外，MM5 V3 模式的输出数据与 Vis5D 的输入数据两者格式并不相同。为了使 MM5 V3 模式 sigma 层上的数据转换为 Vis5D 可使用的格式，需要 tovis5D 软件工具的支持。

3.4.5 MM5 模式运行

若要使用 MM5 模式，需要先对模式的各个模块进行安装及编译运行，在进行各个模块的编译运行前，登录 NCAR 的匿名 ftp 站点进行下载。

MM5 模式系统的程序主要是 FORTRAN，一部分为 FORTRAN 77，此类程序在每次修改模式设置后都需要重新编译；另一部分为 FORTRAN 90，此类程序只需要编译一次。表 3-3 列出了各模块的源代码类型及相应的编译器。

表 3-3 各模块的源代码类型及相应的编译器

模 块 名 称	源代码类型	所需编译器
TERRAIN	FORTRAN 77	f77（or f90）
REGRID	FORTRAN 90	f90
LITTLE_R	FORTRAN 90	f90

续表

模 块 名 称	源代码类型	所需编译器
RAWINS	FORTRAN 77	f77（or f90）
INTERPF	FORTRAN 90	f90
MM5	FORTRAN 77	f77（or f90）
NESTDOWN	FORTRAN 90	f90
INTERPB	FORTRAN 90	f90
RIP/GRAPH	FORTRAN 77	f77（or f90）

本章利用 MM5 模式的主要模块进行了一次虚拟大气环境的构建，包含的模块及其流程顺序为 TERRAIN、REGRID、INTERPF 和 MM5。对于使用 FORTRAN 77 程序的 TERRAIN 模块来说，其编译运行步骤如图 3-3 所示。

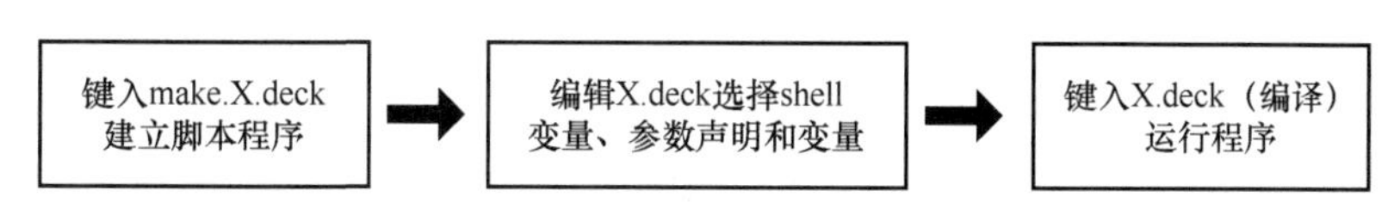

图 3-3　FORTRAN 77 程序模块编译运行步骤

对于 FORTRAN 90 程序的 REGRID 和 INTERPF 模块来说，其编译运行步骤如图 3-4 所示。

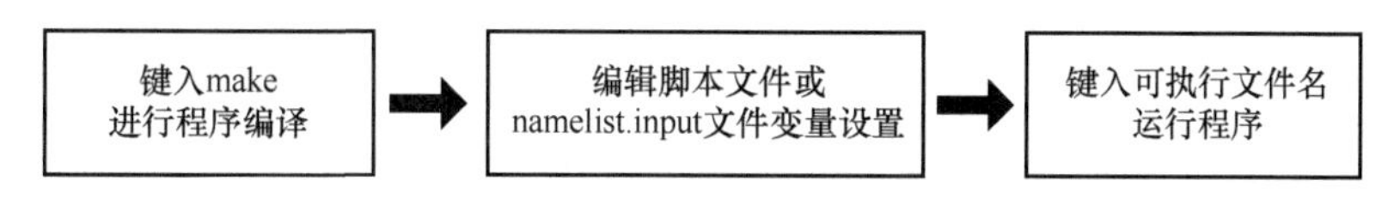

图 3-4　FORTRAN 90 程序模块编译运行步骤

对于 MM5 模式来说，编译运行的主要步骤如下。

（1）执行解压缩和解开文档工作，建立 MM5 目录后编辑 configure.user 文件，选择适合系统的编译选项，其中需要修改的关键部分主要有两处：①找到适合用户机器的编译选项部分，将此部分的 RUNTIME_SYSTEM 变量和编译选项前的注释去除；②文件的第 5 部分和第 6 部分设置模式选项。

（2）键入命令$make mpp 进行编译，产生支持多核运算的 mm5.mpp 可执行文件。

（3）键入命令#$make mm5.deck 建立脚本程序 mm5.deck，并对其进行编辑，设置变量。

（4）键入命令$./mm5.deck 运行程序。

（5）在/MM5/Run 目录下，将前几个模式生成的输出结果作为初始边界及边界条件输入（包括 TERRAIN_DOMAINx 文件、BDYOUT_DOMAIN1 文件、LOWBDY_DOMAIN1 文件和 MMINPUT_DOMAINx 文件）复制（或形成软链接）于此，键入运行命令如下（其中 Num 是自定义的数字）：$mpiexec －n Num./mm5.mpp。最终获得模式数值模拟结果的 MMOUT_DOMAINx 文件。

基于前述 MM5 模式运行流程及各模块的运作方式，可以通过开发 Linux Shell 编程实现模式的自动化运行，从而简化操作人员的多次手动编辑，大大提高 MM5 模式的操作效率。

3.5 虚拟大气环境资源生成软件

基于上述所提的大气环境建模方法，MM5 模式的数值模拟结果（MMOUT_DOMAINx）提供了大气环境数据，但需要研发相应的虚拟大气环境资源生成软件，将 MM5 模式输出的大气环境数据进行相应的转换，表示成符合 SEDRIS 规范的数据格式后存储于数据库中，以支持后续的使用。本章基于相应的需求分析，开发了虚拟大气环境资源生成软件。

MM5 模式的输出为二进制文件，具有相配套的 readv3.f 例程，用来帮助分析和简单处理输出，可根据需求在此例程上进行相应的修改，以实现对 MM5 模式输出进行数据提取。然而，考虑到用户更加便捷的使用体验，本章基于此例程研发了 Windows 操作系统下的虚拟大气环境资源生成软件，实现对 MM5 模式输出进行数据提取，并生成符合 SEDRIS 规范的虚拟大气环境资源。

图 3-5 描述了虚拟大气环境资源生成软件的运作原理。本节从虚拟大气环境资源生成软件的需求分析、静态模型和动态模型三个方面对该软件进行了分析设计，同时在坐标系转换问题上做出重点解释。

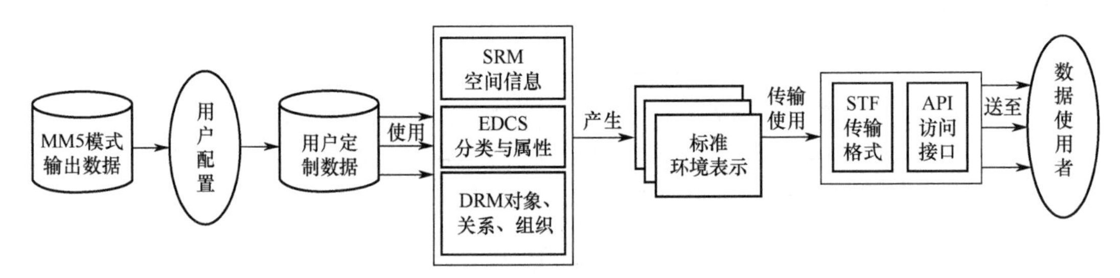

图 3-5 虚拟大气环境资源生成软件的运作原理

3.5.1 大气环境数据高度计算流程

MM5 模式采用气压地形追随坐标。此垂直坐标系随地形起伏变化（见图 3-6），即较低格点层是沿地形起伏变化的，中间层随着气压高度的减小趋于平缓，高层则是平的。

σ 坐标系通过气压比来确定垂直方向上的位置，定义其表达式为

$$\sigma = (P_0 - P_{\mathrm{TOP}})/(P_{\mathrm{S0}} - P_{\mathrm{TOP}}) \tag{3-1}$$

其中，P_0 是气压；P_{TOP} 是指定的顶层气压（常数）；P_{S0} 是地面气压；$P_{\mathrm{S0}} - P_{\mathrm{TOP}}$ 为常数，其值随经纬度变化，与高度无关，可直接从 MM5 模式输出结果中提取。结合图 3-6 和式（3-1）可以看出，σ 在顶层为 0，在底层为 1，MM5 模式使用位于 0～1 的值的列表来定义模式的垂直分辨率，这些值形成一组离散、不均匀的数据序列。

为了对大气环境数据进行标准化表示，需要将 σ 层上的数据转化为对应的高度层上来表示。地面的参考气压完全依赖地形，这点可由静力关系导出，即

$$Z = -\frac{RA}{2g}\left(\ln\frac{P_0}{P_{00}}\right)^2 - \frac{RT_{S0}}{g}\left(\ln\frac{P_0}{P_{00}}\right) \tag{3-2}$$

式（3-2）中常数的意义如下：

R——气体参数；

A——参考温度递减率；

g——万有引力常数；

P_{00}——参考海平面气压；

T_{S0}——参考海平面温度。

其中，P_{00}、P_{TOP} 和 T_{S0} 在 MM5 模式 INTERPF 模块中进行设置，为固定值。

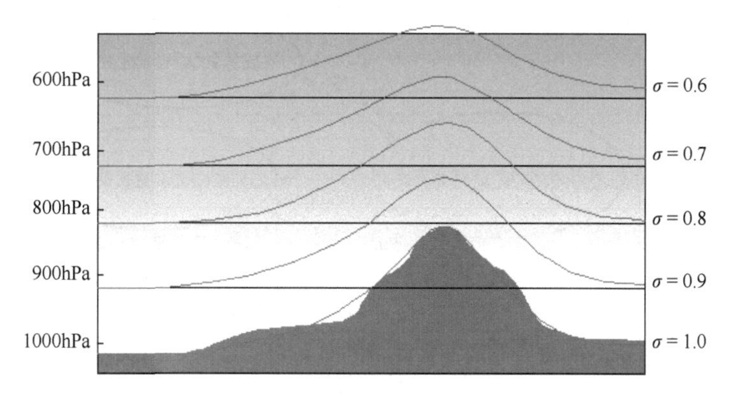

图 3-6　基于 σ 坐标系的 MM5 模式垂直结构示意图

结合式（3-1）和式（3-2）可以得出，垂直方向上为不均匀的高度层的大气环境数据。为了将它映射到符合 SEDRIS 规范表示的均匀网格，对大气环境数据高度层上做插值计算和平滑处理。

3.5.2　需求分析

虚拟大气环境资源生成软件的主要功能是获取 MM5 模式数值模拟结果，并根据 SEDRIS 规范对其进行表示和存储。该软件的具体功能要求如下：

（1）提供可视化界面，支持用户根据需求进行配置，得到特定时间及空间范围的大气环境数据，并将其保存为文本文件。

（2）能够将从 MM5 模式获取的大气环境原始数据进行转换，根据 SEDRIS 规范对所得的大气环境数据进行表示和存储。

虚拟大气环境数据生成软件用例图如图 3-7 所示，对其分析如下。

（1）读取 MM5 模式输出数据：提供界面支持用户选择 MM5 模式输出文件，能够读取其中的大气环境数据。

（2）配置大气环境属性：为用户提供配置界面，支持根据虚拟试验需求对 MM5 模式输出数据进行剪裁，根据模式输出文件所含数据信息，对大气环境的属性进行配置，包括经向、纬向网格点数的设置，垂直方向层数的设置和时间设置。

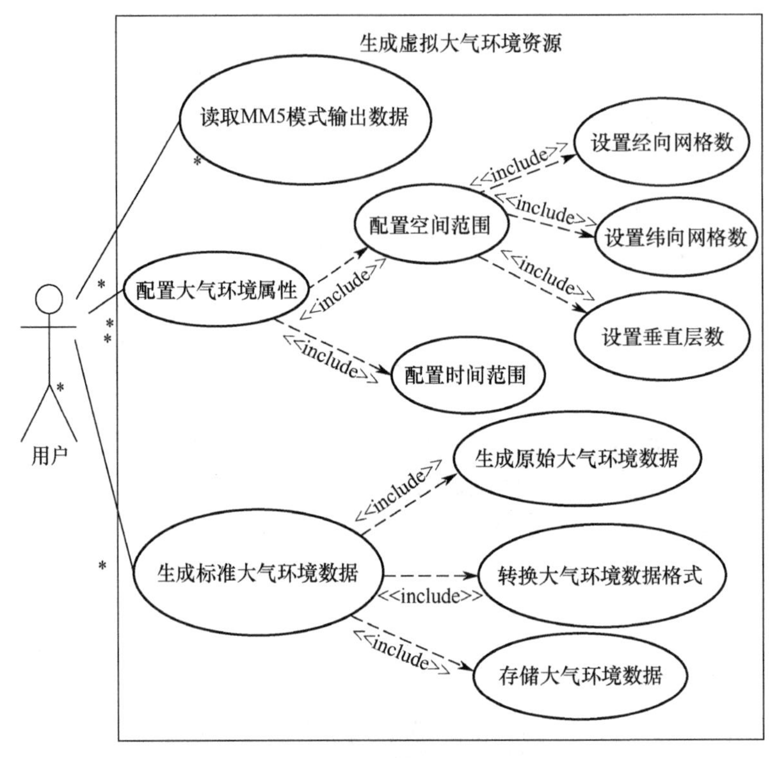

图 3-7 虚拟大气环境数据生成软件用例图

（3）生成标准大气环境数据：为实现环境数据的共享性、可重用性和互操作性，将大气环境数据根据 SEDRIS 规范进行表示并存入 STF 格式数据库中。其中包括：原始大气环境数据生成实现，即根据配置信息从 MM5 模式输出数据中获取所需大气环境数据作为原始数据，并保存于文本文件中；大气环境数据格式转换实现，即把先前得到的大气环境数据根据 SEDRIS 规范进行表示；将格式转换后的大气环境数据存入大气环境数据库中。

3.5.3 静态模型

基于需求分析，采用面向对象的方法，虚拟环境数据合成软件的静态模型由包括大气环境类和 SEDRIS 格式转换器在内的两个类及其关联性构成。图 3-8 对各类所具有的主要属性、行为及各类之间的关联进行了描述。对该图中涉及的各类做出的详细说明如下。

（1）大气环境类：该类保存了 MM5 模式输出数据信息、原始大气环境数据信息和标准大气环境数据信息。该类实现的主要功能有三方面：第一，MM5 模式输出大气环境数据的读取，支持用户自主选择模式输出文件；第二，对大气环境数据的属性设置，提供可视化界面以支持用户根据虚拟试验的需求对 MM5 模式输出的大气环境数据在空间范围（包括经向网格、纬向网格和垂直方向层数）和时间范围进行剪裁、插值及坐标系处理等，将得到的所需数据作为原始大气环境数据，以文本文件保存；第三，实现设置大气环境数据转换存储条件，支持用户自定义大气环境数据的 STF 传输格式文件存储路径和名称。

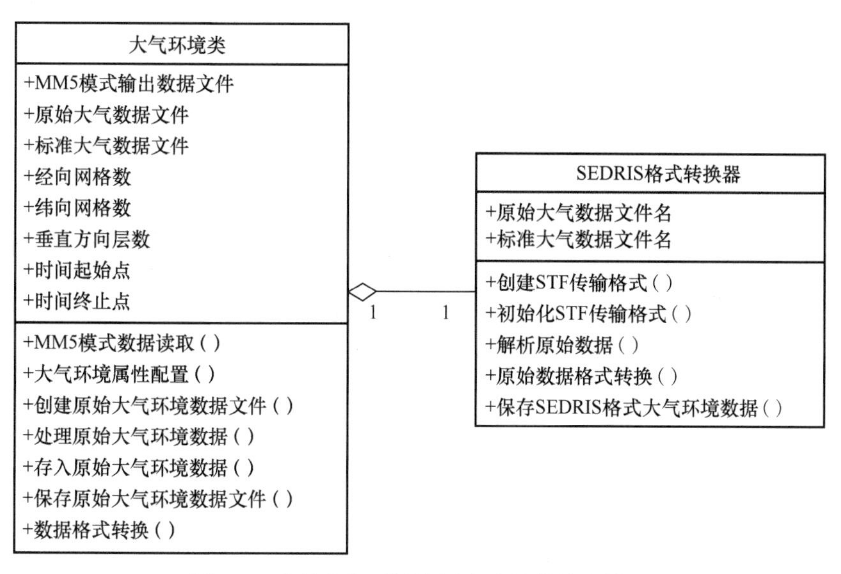

图 3-8 虚拟大气环境资源生成软件静态模型

（2）SEDRIS 格式转换器：实现从原始大气环境数据文本文件中读取大气环境数据，再根据 SEDRIS 规范进行表示，并将大气环境数据保存为 SEDRIS 标准格式。其主要工作流程是创建 STF 传输格式文件并完成初始化工作，将读取的大气环境数据按 3.2 节所述研究方法进行数据描述，获得符合 SEDRIS 规范的大气环境数据库。

3.5.4 动态模型

虚拟大气环境资源生成软件的动态交互过程如图 3-9 所示。

用户首先在面板上根据需求选取所需的 MM5 模式输出文件，并存储文件名；然后根据虚拟试验需求对大气环境数据属性进行配置；根据设置信息对 MM5 模式输出数据进行剪裁、处理，生成原始大气环境数据并以文本文件格式进行保存。文本文件中的内容由表头和变量场两大部分组成，表头包含了经度及纬度、网格和时间等大气环境数据基本信息，变量场则是以时间及空间位置点作为分块条件的大气环境数据信息，其中大气环境数据已由 MM5 模式中以 σ 坐标系的表示转换为以经度、纬度和高度为坐标轴的坐标系表示。

根据虚拟试验需求获得所需的原始大气环境数据后，需要将其表示为符合 SEDRIS 规范的标准大气环境数据。用户在面板上自定义 STF 传输格式的存储路径和文件名称，实现 SEDRIS 格式转换器的调用；SEDRIS 格式转换器进行 STF 传输格式生成、初始化的工作；解析原始大气环境数据，按 3.2 节所述研究方法进行数据描述，存储后关闭 STF 传输格式，最终成功构建符合 SEDRIS 标准的大气环境数据。

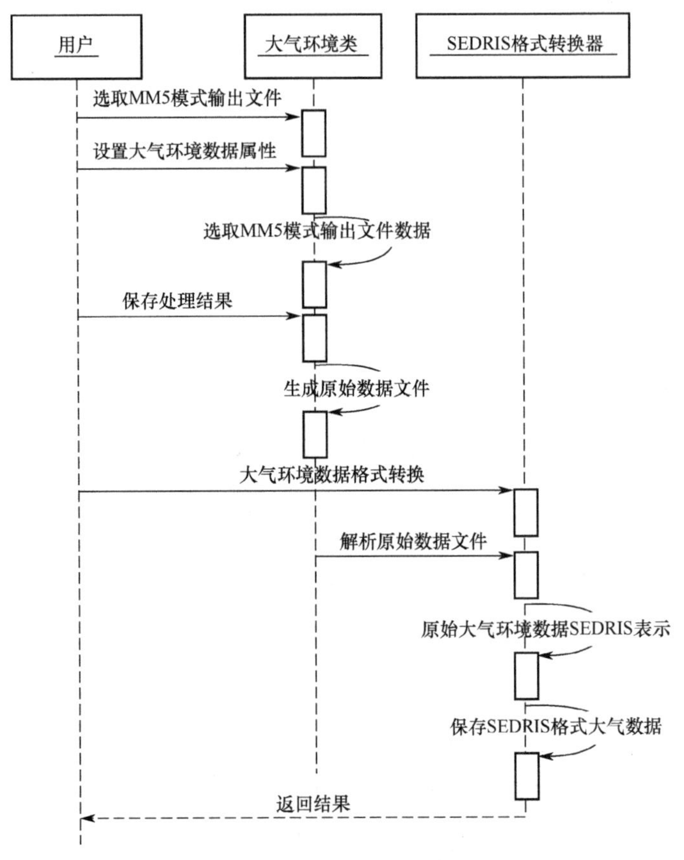

图 3-9　虚拟大气环境资源生成软件的动态交互过程

3.6 虚拟大气环境资源生成软件测试

为检验基于 MM5 模式及 SEDRIS 规范所构建的虚拟大气环境是否满足要求，检验虚拟环境数据管理及合成软件总体及各部分是否实现既定功能，本节对各个相关部分进行了测试。

3.6.1 MM5 模式运行结果

基于 MM5 模式进行虚拟大气环境构建的正确性已有充足的相关文献和研究给出有力支持。本书侧重工程应用方面，验证虚拟大气环境构建方法，不涉及 MM5 模式在数值模拟时模式方案选择及后期对模拟数值的分析研究。

MM5 模式及相关辅助软件的安装及编译运行测试如表 3-4 所示，结果显示 MM5 模式可成功运行，同时相关的辅助软件也成功运行。

对 2010 年 12 月 31 日 00 时到 2011 年 1 月 1 日 00 时进行 24 小时数值模拟。模拟区域在水平方向上采用双层嵌套（见图 3-10），投影中心（网格中心）位置是 39.43° N、121.89° E，粗网格格点数取 15 × 15，水平格距 90km × 90km，地形用 30km 分辨率的地形海拔高度数据形成；细网格的格点数取 7 × 7，水平格距 30km × 30km，地形用 10km 分辨率的地形海拔高度数据形成，垂直层数设置为 23。REGRID 模块使用了 NCEP 的 FNL 分析数据资料。

表 3-4　MM5 模式及相关辅助软件的安装及编译运行测试

软件包名/模块名	测 试 方 法	测 试 结 果	测 试 结 论
pgilinux-901.tar.gz	输入命令：Which pgf90	提示：/opt/pgi/linux86-64/bin/pgf90	合格
Netcdf-3.6.3.tar.gz	在其他条件相同时，对比有无 Netcdf 库时 Vis5D 的运行情况	安装的情况下，Vis5D 可正常使用；相反则不可	合格
tovis5d.tar.gz	通过 Vis5D 对运行后所生成的件进行检验	成功创建了 vis5d.file 文件并可被 Vis5D 使用	合格
Vis5d-5.2.tar.Z	利用自带样本数据文件 hole.v5d，对其进行测试	自带样本数据文件的测试中，Vis5D 各项属性正常	合格
ncl_ncarg_5.0.0.Linux_x86_64_gcc4.tar.gz	输入命令：ncl	得到软件包版本提示信息	合格
mpi2-1.3.1pl.tar.gz	输入命令：which mpicc which mpiexec	提示：/opt/mpich2/bin/mpicc、/opt/mpich2/bin/mpiexec	合格
TERRAIN 模块	编译模块，进行参数配置并运行，获得地形文件	正确生成的地形文件；正确生成一个图形文件 TERR.PLT 并可进行可视化查看	合格
REGRID 模块	分别编译模块中 Pregrid 和 Regrider，进行参数配置并运行，获得气象分析资料文件	成功生成中间文件和 REGRID_DOMAIN#文件	合格
INTERPF 模块	编译模块，进行参数配置并运行，获得相关文件	成功生成MMINPUT_DOMAINn、BDYOUT_DOMAINn 和 LOWBDY_DOMAINn 文件	合格
MM5 模块	编译模块，进行参数配置并运行，获得 MM5 模式输出文件	成功获得 MMOUT_DOMAINx 文件	合格

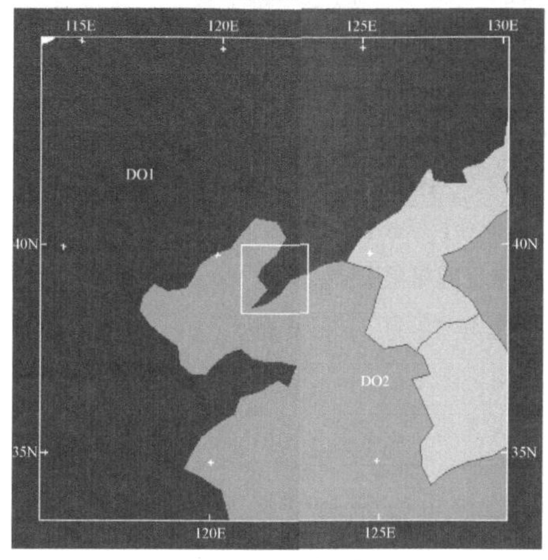

(a) 双层嵌套网格

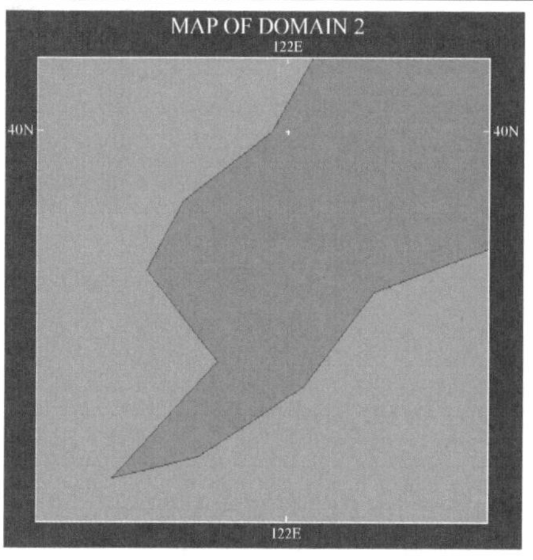

(b) 模式细网格

图 3-10　模式网格示意图

利用 Vis5D 可视化软件对 MM5 数值模拟结果进行可视化处理，图 3-11 呈现了部分大气环境要素的可视化结果。

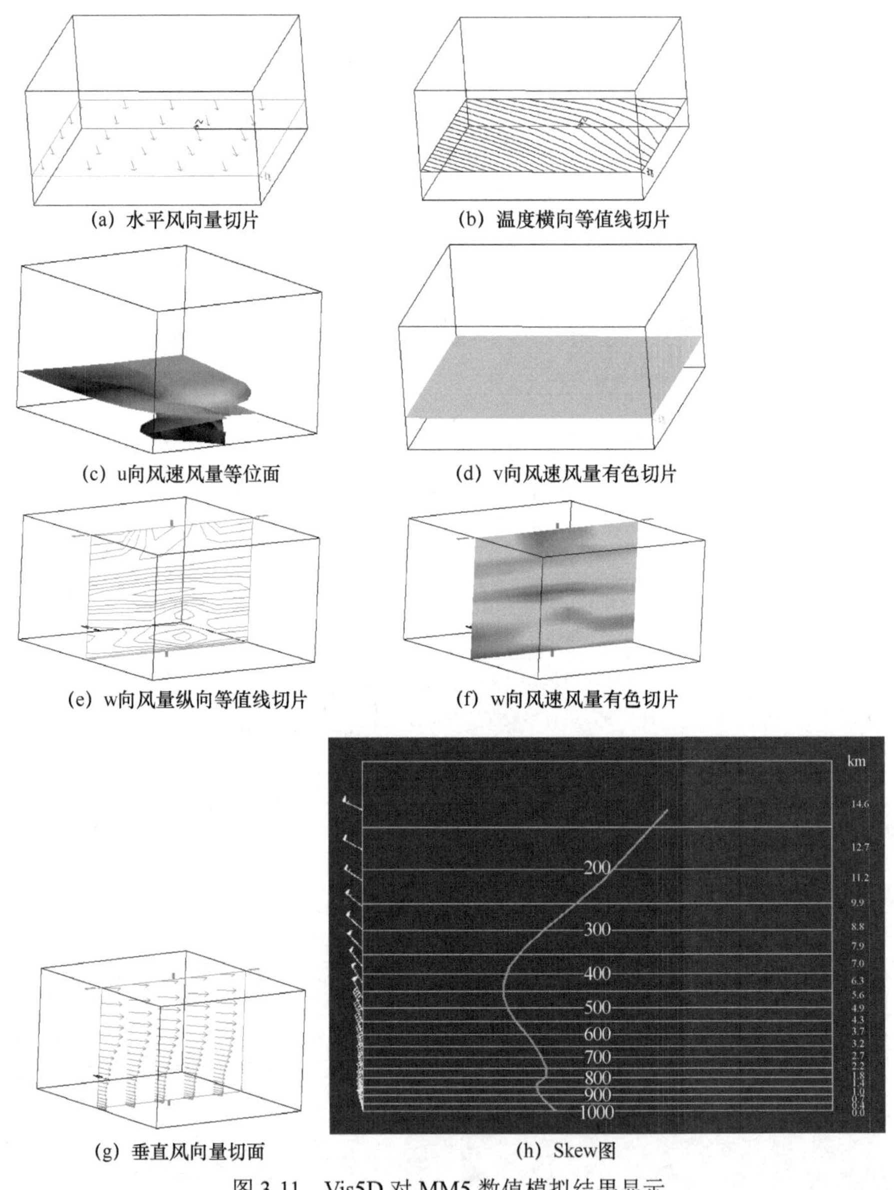

(a) 水平风向量切片　(b) 温度横向等值线切片

(c) u向风速风量等位面　(d) v向风速风量有色切片

(e) w向风量纵向等值线切片　(f) w向风速风量有色切片

(g) 垂直风向量切面　(h) Skew图

图 3-11　Vis5D 对 MM5 数值模拟结果显示

（位于 3.7km 高，39.43° N，2010 年 12 月 31 日 6 时）

3.6.2　软件测试结果

图 3-12 给出了结合有关研究开发的大气环境数据表示和交换系统，根据虚拟大气环境数据生成软件的功能，测试步骤如下。

（1）读取 MM5 模式生成的原始大气环境数据文件：软件支持用户自主选定某一 MM5

模式输出文件（MMOUT_DOMAINx）作为大气环境原始数据文件输入。

（2）配置大气环境全局参数：用户根据需求进一步定义区域范围、时间范围和层数范围，并以文本文件形式发布基本大气数据。

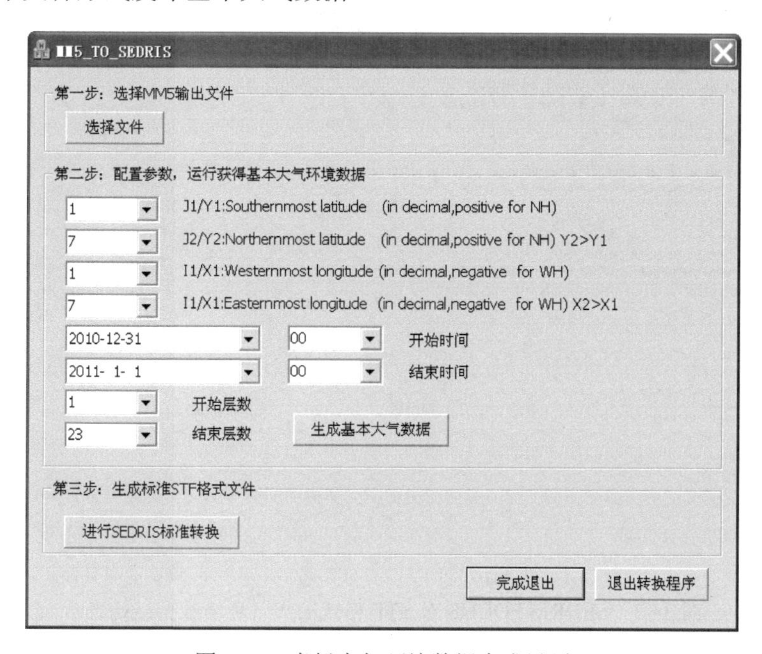

图 3-12　虚拟大气环境数据生成界面

（3）根据配置生成标准格式（STF 格式）的虚拟大气环境数据并进行保存。

（4）利用第三方软件对大气环境 STF 文件内容进行测试，对应于配置信息检查生成的 STF 传输格式的内容是否相符：SEDRIS 国际标准组织为用户提供了基类软件，实现了对根据 SEDRIS 规范生成的 STF 格式文件的分析和测试，包括 Depth、RulesChecker 和 SyntaxChecker。Depth 用于实现文件结构的分析，根据分析结果为用户提供数据文件的结构；RulesChecker 用于鉴定数据文件规则是否与 SEDRIS 规范相符，并对错误信息进行提示；SyntaxChecker 用于检测数据文件的语法，并对错误信息进行提示。图 3-13 所示为 SEDRIS FOCUS 对 STF 格式的大气环境数据结构表示。

选取的时间段为 2010 年 12 月 31 日 06 时到 2011 年 1 月 1 日 00 时，共包含七个时间点，针对 MM5 模式中 sigma1～23 层进行虚拟大气环境数据生成。如图 3-13 所示，STF 采用具有同层横向关联的树结构来存储数据对象，每个 SEDRIS 环境数据集被封装为一个 transmittal，<Transmittal Root>是唯一的实例且是 STF 中所有 DRM 类实例的根节点，用来代表整个数据库并位于层次化结构的顶层，其他各 DRM 类对象实例按照一定的逻辑层次存储于 STF。选取的七个时间点对应七个 Time Constraints Data 实例对象，每个此类的实例对象与 Property Grid 类实例对象相关联［见图 3-14（a）］。同时，每个 Property Grid 实例对象下有经度、纬度和高度坐标轴实例对象和气压、温度、湿度、风速和风向等八个表示大气环境要素的实例对象［见图 3-14（c）］。界面右边为各个实例对象的属性［见图 3-14（b）］，描述了相对时间的属性。

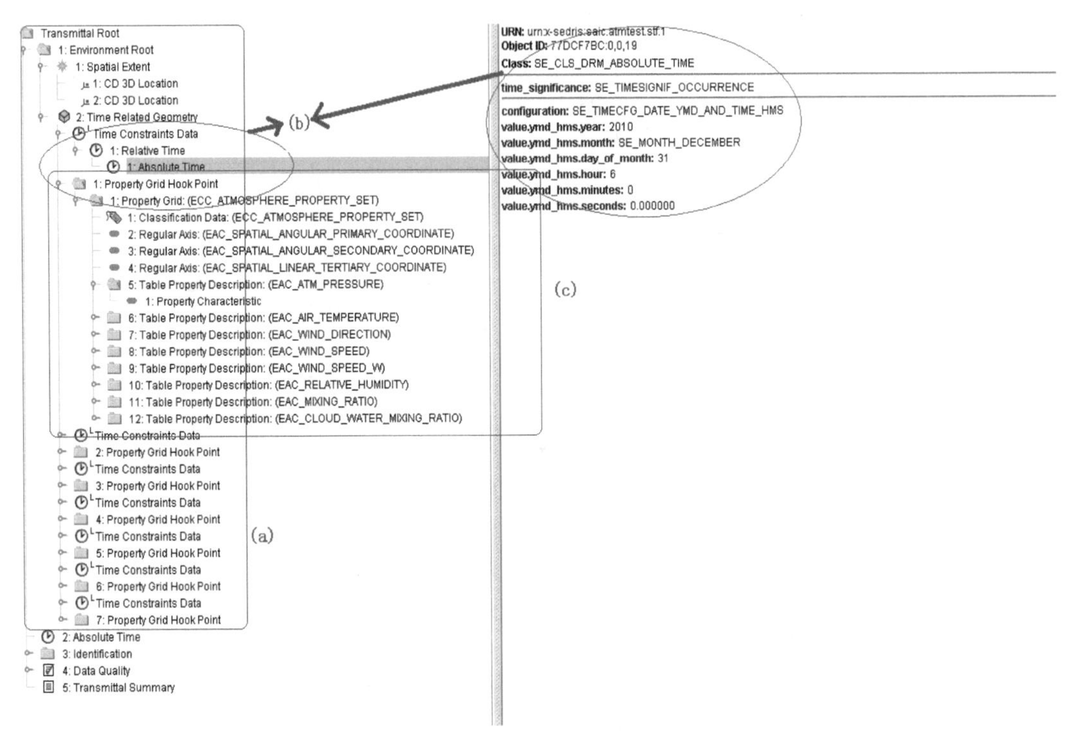

图 3-13　SEDRIS FOCUS 对 STF 格式的大气环境数据结构表示

可以看出，虚拟环境生成软件可以将 MM5 模式生成的大气环境数据根据用户要求存储为符合 SEDRIS 规范的大气环境数据库。

虚拟大气环境生成软件详细的测试用例及测试结果如表 3-5 所示。

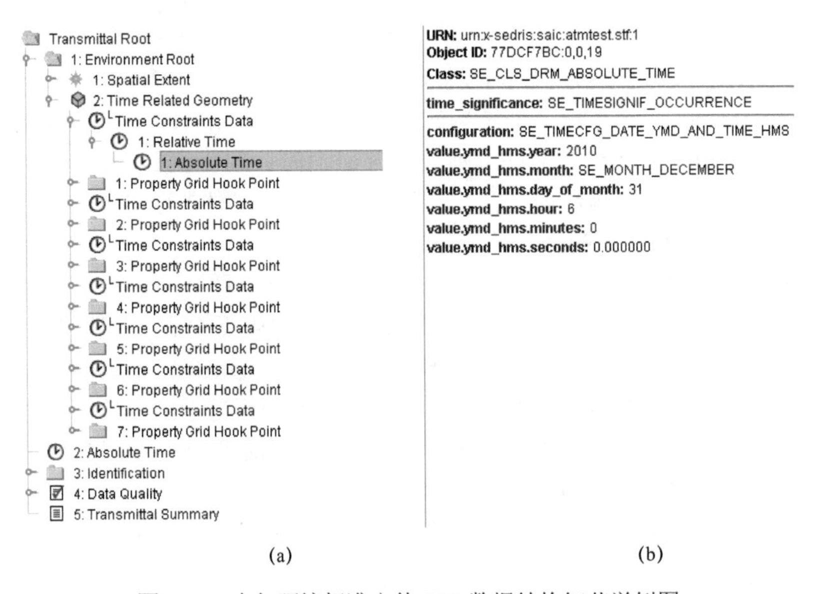

图 3-14　大气环境标准文件 STF 数据结构细节举例图

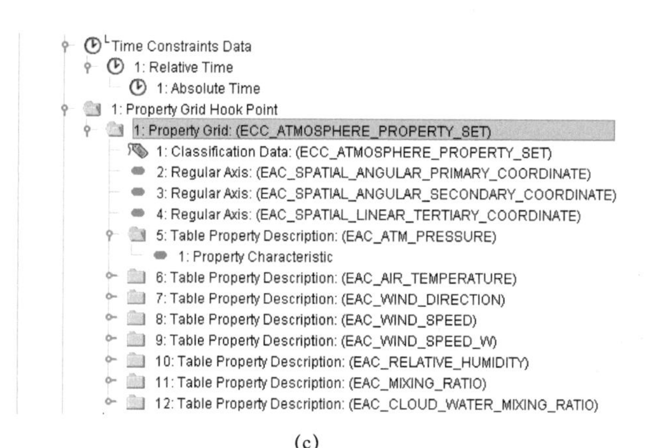

(c)

图 3-14 大气环境标准文件 STF 数据结构细节举例图（续）

表 3-5 虚拟大气环境生成软件详细的测试用例及测试结果

测试用例	测试方法	预期结果	实测结果	测试结论
读取 MM5 模式输出文件	选取 MM5 模式输出文件，查看数据信息	正确读取 MM5 模式输出文件数据	成功正确读取模式输出数据	合格
MM5 模式输出文件数据处理	设置网格、时间信息，并查看处理后生成存储的文本文件	可生成处理后数据的文本文件，且与用户设置要求相符	成功且正确处理 MM5 模式输出文件数据	合格
生成 SEDRIS 格式的大气环境数据库	生成 SEDRIS 标准的 STF 格式文件，利用 SEDRIS 提供的 Focus、Depth、Syntax Checker、RulesChecker 对其进行检查	可生成 STF 数据文件，且 Depth 的检测结果、Focus 显示结果符合用户设置信息，SyntaxChecker 检测未提示语法错误，RulesChecker 检测未提示规则错误	生成的大气环境数据库符合 SEDRIS 规范	合格

3.7 本章小结

本章利用 MM5 模式进行了航空空间大气环境的构建。研究了基于 SEDRIS 规范实现大气环境数据的描述和数据交互，开发了航空空间虚拟大气环境资源生成软件。通过 MM5 模式可对所关注的任意区域、任意时间精度的大气系统进行数值模拟，再通过虚拟大气环境生成软件根据用户需求对 MM5 模式输出大气环境数据进行处理，最终将包括压力、风、温度、湿度、水气混合率和云层混合率等基本大气环境要素的大气环境数据，存储为符合 SEDRIS 规范的大气环境数据库，为后续试验提供大气环境数据。

第4章
临近空间虚拟大气环境构建

临近空间（Near Space）是始于现有航空器可控飞行的最高高度，止于航天器维持近地轨道飞行的最低高度。目前，临近空间的范围多界定在 20～100km 高度，大致包括大气平流层区域、中间层和部分电离层区域。临近空间的大气环境对浮空器、飞艇等的设计非常重要，大气密度、大气风场、气压状态和变化的温度等对临近空间飞行器的飞行状态有影响，而大气组成成分等空间环境参数的变化会对飞行器材料等产生影响。因此，各国科学家十分重视临近空间大气特性的研究。尤其是近几年临近空间飞行器的设计、研制和应用，更对临近空间大气资源的开发利用提出了迫切需求。

4.1 临近空间虚拟大气环境资源构建方法研究

4.1.1 临近空间虚拟大气环境资源构建方案

目前，国际上应用广泛的大气模式主要有标准大气模式、参考大气模式和数值模式。标准大气模式适用于早期较为简单的大气建模，参考大气模式基于大量的探测数据构建，而数值模式则根据大气环境相关理论建立准确的方程组来求解。由于临近空间大气本身的复杂性和对上下层大气的敏感性，在大气的模式研究中需要考虑的因子多尺度、范围宽，许多过程参数化方案及实际情况均不够清楚，还需要很长时间进行逐步完善，因此，标准大气模式并不适用，大气数值模式模拟结果也无法准确预知冬季平流层状态、中层顶区域的风场和温度结构，只有参考大气模式能够随探测资料准确度的提高而更加准确。基于以上分析，本章选用参考大气模式作为临近空间大气环境建模的方法。

国内外对临近空间大气探测的技术主要包括气球和火箭原位探测技术、地基遥感探测技术和天基遥感探测技术等，以及基于临近空间平台的大气探测技术，通过这些技术获得了大量的科学数据。近年来，各种中频雷达数据、激光雷达数据、卫星探测数据等的更新，为深入研究临近空间大气环境提供了很好的条件。其中，美国于 2001 年发射的 TIMED 卫星上搭载了 SABER 探测器，专门用于探测临近空间大气环境数据，技术持续更新，且至今仍在运行。SABER 探测资料已经过验证，与英国气象局、Envisat 卫星上的 MIPAS、UARS 卫星上的 HALOE 及 Na 雷达等多种探测资料比对结果基本一致，且误差相对较小。

所以，选取 TIMED 卫星上的 SABER 探测数据进行大气环境建模。

基于以上分析，确定临近空间大气环境建模方案为：以 SABER 探测数据为原始数据资料，利用数学统计方法建立临近空间大气参考模式。基于对文件内数据的分析，为了实现临近空间各个环境元素的模型构建，最终确定临近空间大气环境资源构建思路如图 4-1 所示。

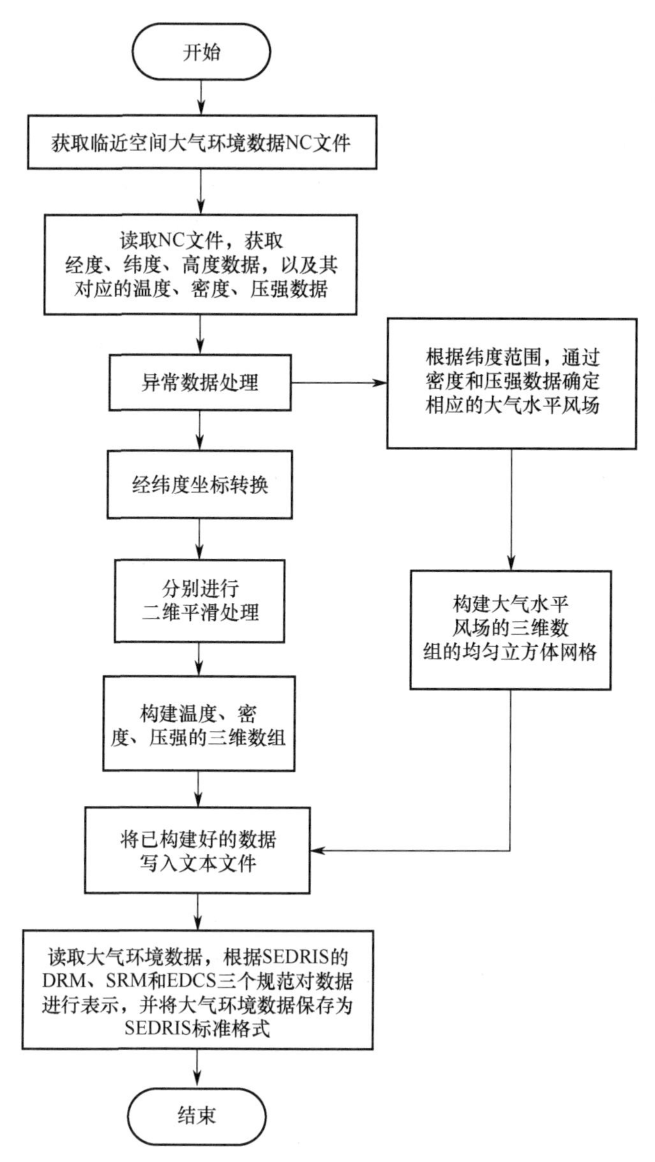

图 4-1 临近空间大气环境资源构建思路

4.1.2 SABER 探测数据分析

临近空间的大气环境观测方法和探测手段已有很多，如激光雷达、探空气球、卫星遥感探测等方法。大量的火箭探测数据为建立一些重要的大气经验模式奠定了基础，如 CIRA 系列大气模式，但是这种模式不足以得到全球中高层大气温度的分布及变化。卫星遥感探测是唯一能获取全球尺度大气参数信息的有效途径，其对研究临近空间大气参数的时空变化规律及该区域结构特征和动力学过程具有十分重要的意义。基于此，本书利用了搭载在 TIMED 卫星上的 SABER 探测仪探测的大气数据，TIMED 卫星是美国于 2001 年 12 月 7 日发射的热层–电离层–中层热力学和动力学卫星，而 SABER 探测仪是 TIMED 卫星上的重要载荷之一，它的探测提供了地球上空广泛的地理经纬度范围的大气温度、压力和密度等随高度分布和随时间变化的丰富信息。

TIMED 卫星从距离地球 625km 的圆形轨道探测大气数据，其倾角是 74.1°，轨道周期为 1.6 小时，SABER 探测器通过使用十通道宽带分支红外辐射计全面测量大气，覆盖了 1.27μm 至 17μm 的光谱范围，可以获得大气环境的动力学温度、压强、位势高度的垂直分布和痕量物质 O_3、CO_2、H_2O、[O]和[H]的体积混合比等数据。这些大气数据可以很好地满足临近空间大气环境资源构建对大气原始数据的需求，SABER 探测器从 2002 年 1 月 22 日开始获取数据，至今还在运行。其产品先后经历了 V1.06、V1.07 和 V2.0 三个版本。最新的 V2.0 版探测数据从 2012 年开始获取。与之前的 V1.07 版相比，V2.0 使用[O]检索值用于检索所有事件，而 V1.07 只有白天和太阳天顶角 SZA（Solar Zenith Angle）<85°的[O]检索值。SABER 的 2.0 版本有许多算法（氧原子和氢原子算法、化学加热算法等）的改进和辐射测量程序及过程的改进，这些改进对大气参数有显著影响。可见，V2.0 版的探测数据涵盖范围更大、更全面，数值更准确。所以在本书中选择 SABER 探测器的 V2.0 版探测数据。

从 SABER 探测器获取的大气数据为.nc 格式，.nc 格式是网络通用数据格式，最初目的是存储气象科学中的数据，现在已经成为许多数据采集软件的生成文件的格式。NetCDF 数据集（文件名后缀为.nc）包含维、变量和属性三种描述类型。通过查阅资料发现可以通过以下几种方法读取.nc 格式的大气环境数据文件：

方法一，使用 NetCDF-EXPLORER，下载安装后直接选择一个.nc 文件打开，即可查看文件内容。

方法二，通过 GRADS 程序进行读取。此方法需要下载 GRADS 软件，编写 gs 文件，生成.dat 文件，通过 FORTRAN 程序将其读为 txt 文档。

方法三，通过 FORTRAN 程序来读取。

方法四，通过 MATLAB 程序读取，运用 MATLAB 自带的.nc 文件读取函数即可实现。

通过对比可知，方法一最为直观，也比较方便，可以作为初步了解.nc 文件存储内容和格式的方法，对各种数据之间的对应关系进行分析；方法二步骤繁多，用到 GRADS 和 FORTRAN 两种软件，不便于操作，但最终得到的 txt 文档在后续处理中可能更为方便；方法三是高级阶段的读取方法，需要对 FORTRAN 有一定的基础；方法四使用 MATLAB 自带的函数进行简单编程即可实现对文件的读取，同时后续的数据处理也将用到 MATLAB，但读取后数据的存储需要占据较大空间，各类数据之间的联系不能直接观察到。综合考虑，选择方法一和方法四相结合的办法作为最终的读取.nc 数据的方案。运用方法一查看和分析各种数据之间的对应关系及每种数据存储的方式，然后用方法四实现数据的读取。

用 NetCDF Explorer 打开从 SABER 探测器获得的.nc 格式的大气数据文件，如图 4-2 所示。软件的左侧显示信息为大气数据文件的基本信息（数据、软件版本）等，单击树形结构展开，long_name 项目中为大气数据名称，units 项目中为单位，如选择 tpaltitude（高度）和 ktemp（温度），双击项目可以看到具体的数据值。

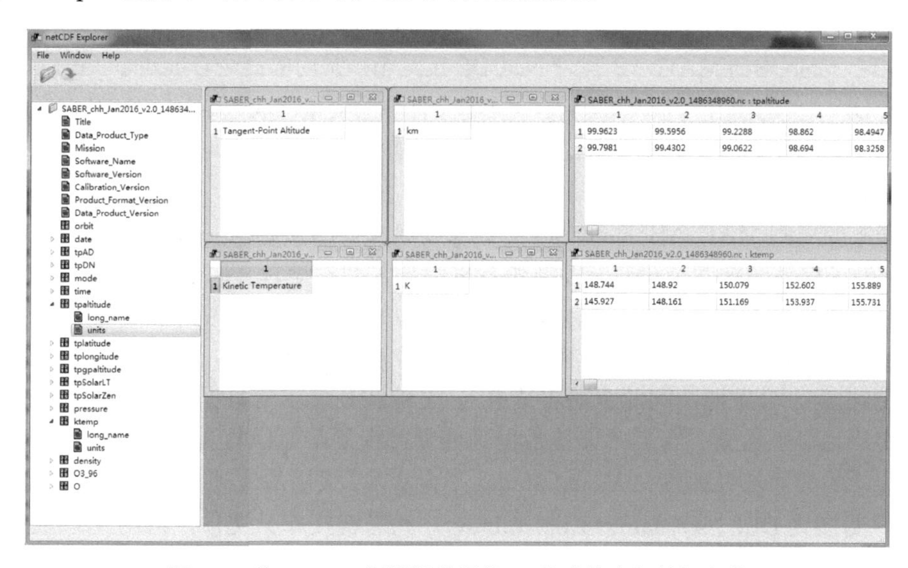

图 4-2　从 SABER 探测器获得的.nc 格式的大气数据文件

.nc 大气数据文件中的数据包括纬度（tplatitude）、经度（tplongitude）、高度（tpaltitude）、温度（ktemp）、密度（density）、压强（pressure）、时间（time）、一些大气组分等。总结可知，每个.nc 文件包括每个变量（Variables）的定义、维度（Dimensions）、属性（Attributes，包括单位和存储类型）等，以及数据的主体部分，如图 4-3 所示。每个文件都包括事件、温度、压强、密度、经度、纬度、高度、时间等变量，其中维度基本都是二维的。变量之间有一个共同的维度为事件，每个事件对应不同的轨道、时间、模式等。

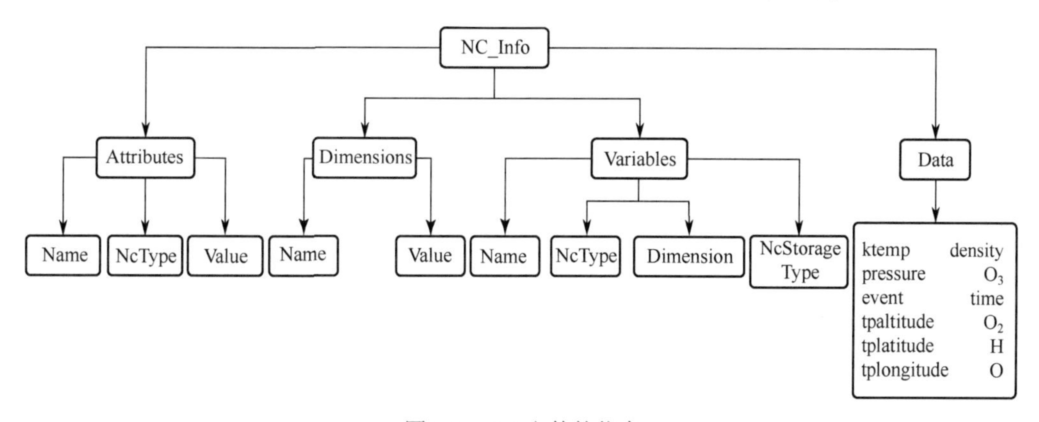

图 4-3　NC 文件的信息

4.1.3 临近空间大气环境数据预处理

根据对.nc 格式大气数据文件的了解和相关资料的查阅可以知道，NetCDF（Network Common Data Form）网络通用数据格式是由美国大学大气研究协会（University Corporation for Atmospheric Research，UCAR）的 Unidata 项目科学家针对科学数据的特点开发的，是一种面向数组型并适于网络共享的数据的描述和编码标准。可以选择 MATLAB 对.nc 大气数据文件进行处理，高版本的 MATLAB 自带 NetCDF 工具箱，常用的命令有 ncdisp（在命令窗口中显示 NetCDF 文件的内容）、ncread（从 NetCDF 文件中的变量读取数据）、ncreadatt（从 NetCDF 文件中读取属性值）、nccreate（在 NetCDF 文件中创建一个变量）、ncwrite（将数据写入 NetCDF 文件）等命令。

本书主要用到 MATLAB 的 ncread 函数来读取大气原始数据，由于原始数据中存在异常数值，为了提高数据的准确性，需要进行剔除异常数据处理，由于异常极大值均分布在每个事件的最后两个数据中，所以采取的处理方法为：获取每个变量的原始平均分辨率，找到事件中的倒数第三个数据，在其基础上利用分辨率进行递推；这些数据处理操作通过 MATLAB 实现十分方便，因此本书将读取.nc 文件和处理异常数据的过程用 MATLAB 进行编程实现。对于临近空间大气环境数据预处理过程采用 MATLAB，而临近空间大气环境资源构建的其他部分程序在 Visual Studio 平台实现，采用的实现方式为：通过 MATLAB 将.m 程序封装为 DLL（Dynamic Link Library，动态链接库）文件，再用 VS 调用。封装时在 MATLAB 命令窗口中输入 deploytool 或者单击 MATLAB R2014 中的应用程序编译器按钮，选择 Library Project，然后添加编写好的.m 程序，进行打包即可，如图 4-4 所示，成功后生成 NC_Read.dll、NC_Read.h、NC_Read.lib 等文件，如图 4-5 所示。最后在 VS 项目中添加变量，设置附加库目录和附加依赖项等可以实现 VS 和 MATLAB 对临近空间大气数据进行预处理函数的调用。

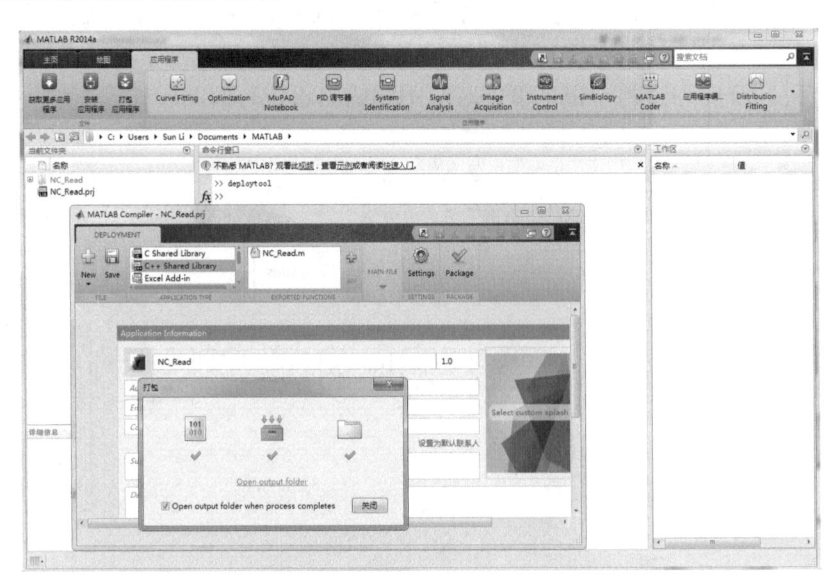

图 4-4　MATLAB 封装 DLL 程序图

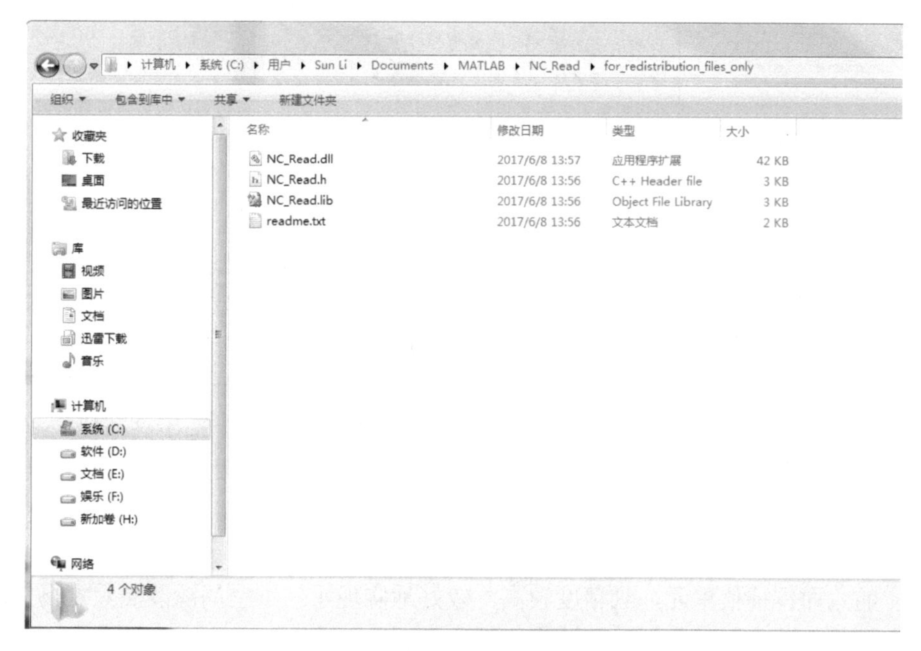

图 4-5　MATLAB 封装生成文件

4.1.4　临近空间大气风场建模及数据插值算法

对于临近空间的大气风场构建采用公式计算法。风场的计算由大气大尺度运动的水平动量方程组出发，考虑足够长时间，大气运动达到平衡时的状态，公式推导过程较复杂，这里不赘述。

大气的风场是由压强和密度两个参量计算而来的。根据不同纬度风场的特点不同，计算方法也有所差别。

（1）在纬度范围为 15°～80° 内，先根据式（4-1）计算地转风，即

$$\begin{cases} u_{\mathrm{g}} = -\dfrac{1}{f\rho}\dfrac{\partial P}{\partial y} \\ v_{\mathrm{g}} = \dfrac{1}{f\rho}\dfrac{\partial P}{\partial x} \end{cases} \tag{4-1}$$

式中，u_{g}、v_{g} 分别为地转纬向风和地转经向风；$f = 2\Omega\sin\varphi$ 称为地转参数，φ 为纬度；P 为气压；ρ 为大气密度。

再根据式（4-2）计算梯度风，u_{gr} 和 v_{gr} 分别表示梯度纬向风和梯度经向风，即

$$\begin{cases} u_{\mathrm{gr}} = -M + (M^2 + 2Mu_{\mathrm{g}})^{\frac{1}{2}} \\ v_{\mathrm{gr}} = \dfrac{2Mv_{\mathrm{g}}}{u_{\mathrm{gr}} + 2M} \end{cases} \tag{4-2}$$

式中，$M = a\Omega\cos\theta$，a 是地球半径，Ω 是地球旋转速度。

（2）赤道上空需要特殊求解，如式（4-3）所示。

$$\begin{cases} u_{\mathrm{e}} = -\dfrac{a}{2\Omega}\left(\dfrac{1}{\rho^2}\dfrac{\partial\rho}{\partial y}\dfrac{\partial P}{\partial y} - \dfrac{\partial^2 P}{\partial y^2}\right) \\ v_{\mathrm{e}} = \dfrac{a}{2\Omega}\left(-\dfrac{1}{\rho^2}\dfrac{\partial\rho}{\partial y}\dfrac{\partial P}{\partial x} + \dfrac{1}{\rho}\dfrac{\partial}{\partial y}\left(\dfrac{\partial P}{\partial x}\right)\right) \end{cases} \tag{4-3}$$

（3）15° S～15° N 之间的风场可以通过线性插值的方法得到。

结合不同地区的经纬度范围，采用式（4-1）和式（4-2）进行求解计算。具体方法为：将直角坐标转换为地理坐标，计算出每个格点对应的地理纬度，代入公式，即可求出对应位置的地转风和梯度风，由此生成该区域的大气风场数据资源。

从 4.1.3 节中数据预处理过程读取的数据较为分散，需要得到符合要求的三维均匀网络，需要将大地坐标转换为直角坐标，结合大地测量学相关知识，选用高斯投影坐标法可以很好地实现。为了解决探测数据较为分散、不满足设置分辨率要求的问题，需要对预筛选后的数据进行插值计算。这里采用一种根据三维空间离散点生成六面体单元并构造六面体 9 节点形函数的插值算法。该算法不受插值模型单元形态限制，绕每个待插值点都能搜索到唯一的六面体插值单元，且精度较高，较好地实现了三维空间离散点数据场的插值。下面对六面体 9 节点形函数插值算法进行简要介绍。

（1）三维离散点搜索生成六面体。

① 记待插值点坐标为 $P(x_0, y_0, z_0)$，建立以 P 点为原点的新坐标系 $x'o'y'$，如式（4-4）所示。

$$\begin{cases} x' = x - x_0 \\ y' = y - y_0 \\ z' = z - z_0 \end{cases} \tag{4-4}$$

② 根据图 4-6 的定义，所有节点都可以根据 x'、y'、z' 坐标值的正负，确定具体所在的象限，如表 4-1 所示。

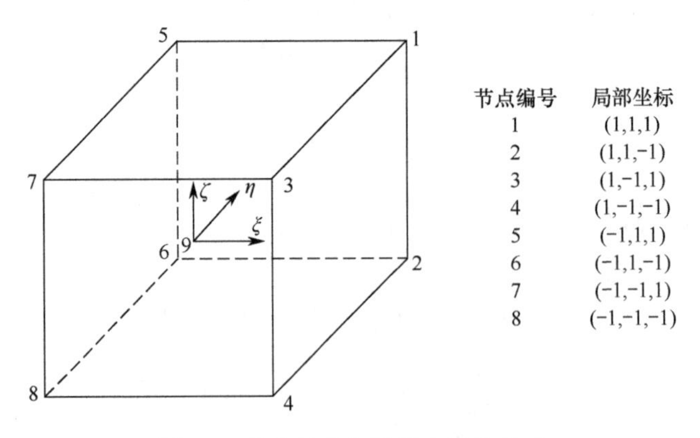

图 4-6　节点编号与局部坐标的关系

③ 对新坐标系 $x'o'y'$ 每个象限的节点进行循环，找到各个象限内距离 P 点最近的点，将这 8 个点相连，可以得到如图 4-7 所示的围绕待插值点 P 的六面体单元。

表 4-1　节点坐标对应表

新坐标系			局部坐标系			所在坐标系象限
x'	y'	z'	ξ	η	ζ	
>0	>0	>0	1	1	1	1
>0	>0	<0	1	1	−1	2
>0	<0	>0	1	−1	1	3
>0	<0	<0	1	−1	−1	4
<0	>0	>0	−1	1	1	5
<0	>0	<0	−1	1	−1	6
<0	<0	>0	−1	−1	1	7
<0	<0	<0	−1	−1	−1	8

（2）构造六面体 9 节点等参单元形函数。

① 将图 4-7 绕 P 点搜索所得六面体记为六面体 Ω，求出 Ω 的形心点 $Q(x_1,y_1,z_1)$，将 Q 视为另一个待插值点，再次运用上述搜索六面体的方法，得到一个以 Q 为形心的新六面体，记为 Ψ 。

② 对 Q 点进行有限元逆变换，求出 Q 点在 Ψ 内的局部坐标 (ξ,η,ζ)，构造六面体 8 节点形函数，由公式得到 Q 的值 α 为

$$\alpha = \sum_{i=1}^{8} N_i \alpha_i \tag{4-5}$$

$$N_i = (1+\xi\xi_i)(1+\eta\eta_i)(1+\zeta\zeta_i)/8 \tag{4-6}$$

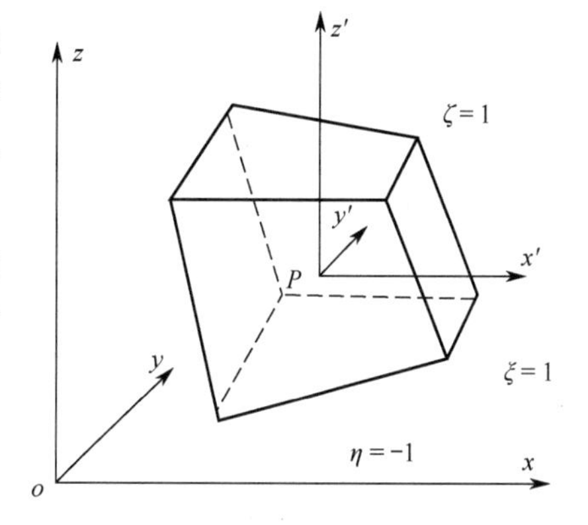

图 4-7　绕 P 点搜索所得六面体

式中，N_i 为形函数；α 为 Q 点的值；α_i 为六面体 Ψ 第 i 个节点的值。由此得到六面体 Ω 的 8 个节点和 Q 点坐标。

③ 构造六面体 Ω 的 9 节点等参单元形函数来求解待插值点 P 的值。

④ 根据等参单元形函数的覆盖原理，对每个节点选择不同的覆盖函数，使之覆盖本节点以外的其他节点。第 1 个节点至第 8 个节点的形函数为

$$N_i = [(1+\xi\xi_i)(1+\eta\eta_i)(1+\zeta\zeta_i) - (1-\xi^2)(1-\eta^2)(1-\zeta^2)]/8 \tag{4-7}$$

第 9 个节点的形函数为

$$N_9 = (1-\xi^2)(1-\eta^2)(1-\zeta^2) \tag{4-8}$$

对待插值点 P 进行有限元逆变换，求出其在六面体中的局部坐标 (ξ,η,ζ)，代入式（4-7）和式（4-8）求出 N_i，通过式（4-9）求出待插值点 P 的值 β 为

$$\beta = \sum_{i=1}^{9} N_i \beta_i \tag{4-9}$$

式中，N_i 为形函数；β 为 P 点的值；β_i 为六面体 9 节点插值单元的第 i 个节点的值。

4.2 NRLMSISE-00 大气模型研究

对大气密度、大气组分等大气环境数据的计算采用 NRLMSISE-00 模型实现。NRLMSISE-00 模型由美国海军研究实验室（Nary Research Laboratory，NRL）提出，是在 MSISE-90 模型的基础上发展改进形成的全球大气经验模型，其中，MSIS 是指质谱仪和非相干散射雷达，E 是指该模型从地面通过大气层延伸。与之前的 MSIS 模式比较，NRLMSISE-00 大气模型的优点是：①修订了低热层中 O 和 O_2 的含量；②在模型的输出数据中添加了异常氧数密度；③加入了 SMM 卫星太阳 EUV 吸收测定数据，可以覆盖更加广泛的海拔高度，改善模型的预测水平。

NRLMSISE-00 大气模型在航天领域中使用广泛。该模型覆盖 0～1000km 高度范围的大气密度、温度等大气特征，以便在航空空间和临近空间的大气数据已有的压强、温度、风速、风向等环境要素的基础上添加大气密度和一些大气组分（H、O、Ar、O_2、N_2 等）。

NRLMSISE-00 大气模型的输入参数为：①年和当天距离该年份 1 月 1 日的天数；②该时刻的距离 00:00:00 的秒数；③高度；④地理经度、纬度；⑤前一天的 F10.7（太阳辐射流量）；⑥81 天的平均 F10.7；⑦当天的 Ap（每日磁指数）。模型的输出结果包括：大气组分 He、O、N_2、O_2、Ar、H、N 和不规则氧气数密度，大气密度（各种成分总和的密度），中性大气温度。

NRLMSISE-00 大气模型由许多子程序组成，其中的 GTD7D、GTD7 和 GHP7 模块是该模型的主要计算模块。NRLMSISE-00 大气模型的功能结构如图 4-8 所示，其主要计算模块功能如表 4-2 所示。

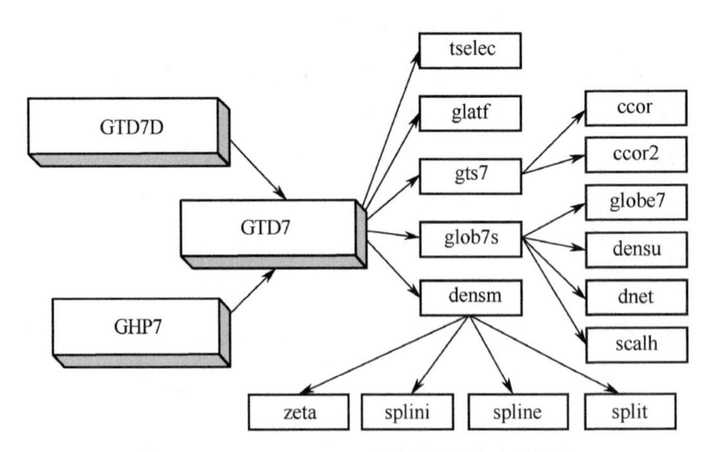

图 4-8 NRLMSISE-00 大气模型的功能结构

表 4-2　NRLMSISE-00 主要计算模块功能

名　称	功　能	输 入 项	输 出 项
GTD7	计算从地表到外大气层底部的中性大气各成分（包括不规则氧气）、密度、外层温度和该高度层上的温度	NRLMSISE_INPUT NRLMSISE_FLAGS	NRLMSISE_OUTOUT
GTD7D	该程序为输出的 *d*[5]（输出数组中的大气密度）提供有效总质量密度，其中包括可能影响 500km 以上卫星阻力的“异常值”	NRLMSISE_INPUT NRLMSISE_FLAGS	NRLMSISE_OUTOUT
GHP7	计算某一压力层而不是某一高度层的密度、外层温度和该高度层上的温度	NRLMSISE_INPUT NRLMSISE_FLAGS PRESS	NRLMSISE_OUTOUT

4.3 临近空间虚拟大气环境资源构建总体方案

4.3.1　临近空间虚拟大气环境资源构建总体需求

为了实现大气环境数据的无歧义、无损耗的表示和交互，并将大气环境数据提供给数据使用者进行虚拟试验等，需要开发临近空间虚拟大气环境资源构建软件。

（1）能够配置大气环境数据的属性，支持用户设置大气环境数据的空间范围（经度、纬度、高度）和时间范围（年、月、日等），能够根据需求选择大气数据的感兴趣信息和配置大气数据的分辨率（时间间隔、空间间隔）。

（2）能够加载大气环境配置信息文件，并能够将用户对于大气环境数据的配置信息显示在界面上。

（3）能够根据设置生成大气环境原始数据，并将数据写入文件。

（4）能够根据 SEDRIS 规范对大气环境数据进行表示和存储。

（5）能够为用户和其他试验资源提供大气环境数据。

根据以上分析，临近空间虚拟大气环境资源的构建软件总体架构如图 4-9 所示。通过架构图清晰的表示，可以为相关软件的实现和开发过程提供清晰的思路。

由图 4-9 可以看出，临近空间虚拟大气环境资源构建软件生成的大气数据通过虚拟大气环境资源合成服务组件，由 XML 配置文件进行索引合成并经由中间件提供给其他试验资源。下面分别对各个软件进行功能需求分析和软件用例分析。

4.3.2　临近空间虚拟大气环境资源构建软件

1．静态模型设计

根据虚拟大气环境资源合成服务组件的用例分析，设计软件的静态模型如图 4-10 所示。

（1）组件基类。组件基类是组件和联合试验平台之间的交互的类，利用该类中的函数，可以使联合试验平台获得组件的信息和状态，进行组件相关的配置等。

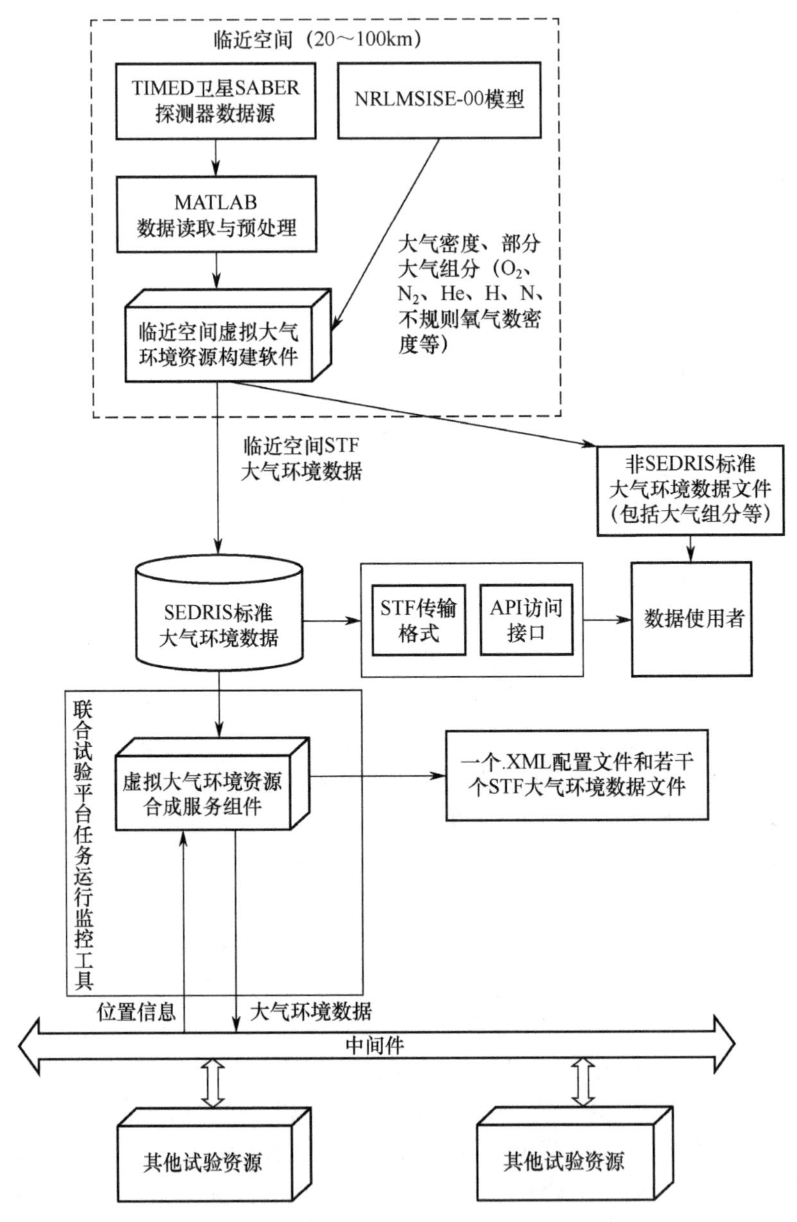

图 4-9　临近空间虚拟大气环境资源的构建软件总体架构

（2）大气数据类。继承于组件基类，通过大气数据类可以把用户配置的相关参数写入试验方案中，当 H-JTP 任务运行监控工具运行该组件时，通过读取这些数据获得订购发布信息等。另外，该类还有插值计算、查找大气数据等功能。

（3）界面显示类。提供虚拟大气环境资源组件显示窗口在运行界面的显示，能够显示配置信息、大气环境数据等。

（4）STF 大气文件解析器。该类能够根据用户设置检索大气数据文件，根据从其他试验成员订购的地理位置信息检索风场、温度、密度等大气数据，并且支持通过三维空间插值计算得到大气数据。

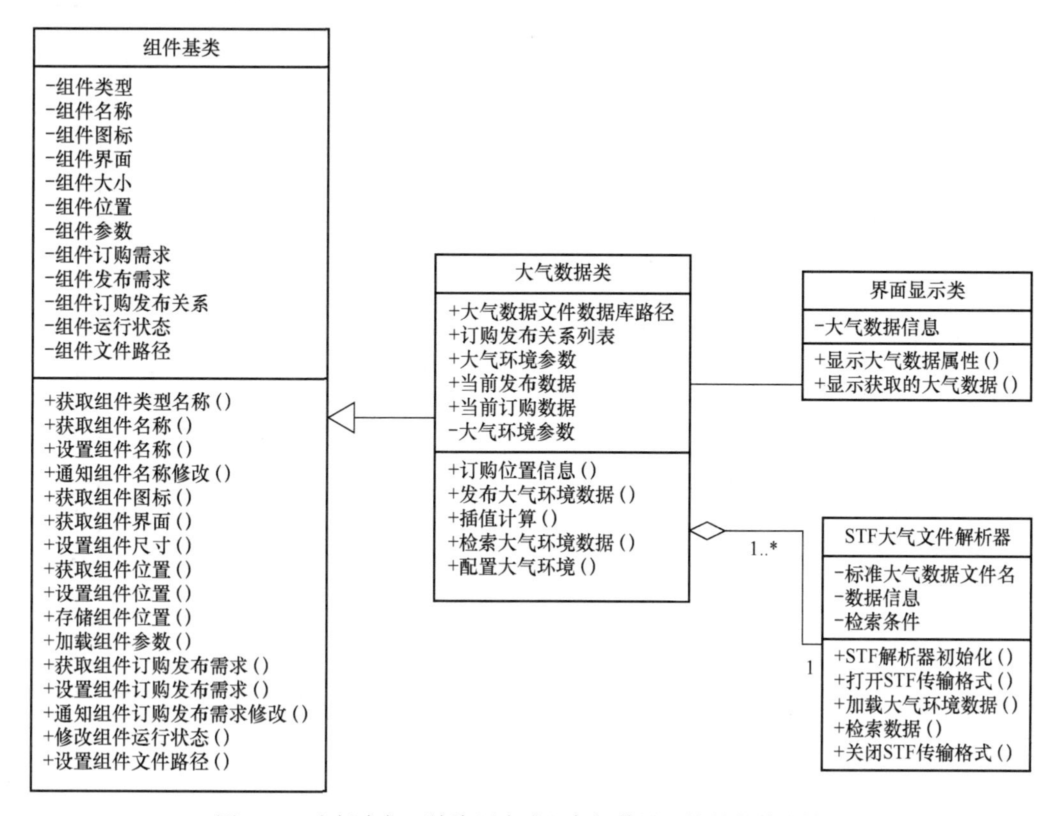

图 4-10　虚拟大气环境资源合成服务组件设计软件的静态模型

2．动态模型设计

虚拟大气环境资源合成服务组件在试验前支持用户配置合成大气环境，通过加载若干个 STF 格式的大气数据，并将其信息写入 XML 文件进行索引描述的方式，将大气数据文件和 XML 描述文件放在同一文件路径下。在系统运行时，其他试验成员通过联合试验平台向该组件发布地理位置信息，该组件通过解析 XML 描述文件，查找相应大气数据文件，通过插值计算得到所需地理位置的各项大气数据，通过联合试验平台发布数据。虚拟大气环境资源合成服务组件的动态交互过程如图 4-11 所示。

3．界面设计

该组件存在形式为动态链接库（DLL）。虚拟大气环境资源合成服务组件的界面如图 4-12 所示。用户通过单击“添加大气数据文件”按钮进行大气数据的合成，添加数据后大气数据的信息会以树形结构显示在按钮右侧的大气环境数据文件部分，单击“生成合成数据描述文件”按钮可以生成已经添加的大气数据文案的描述文件；在组件运行时，下方的当前接收位置信息和环境参数部分会显示接收的地理位置数据及大气环境的各个要素。

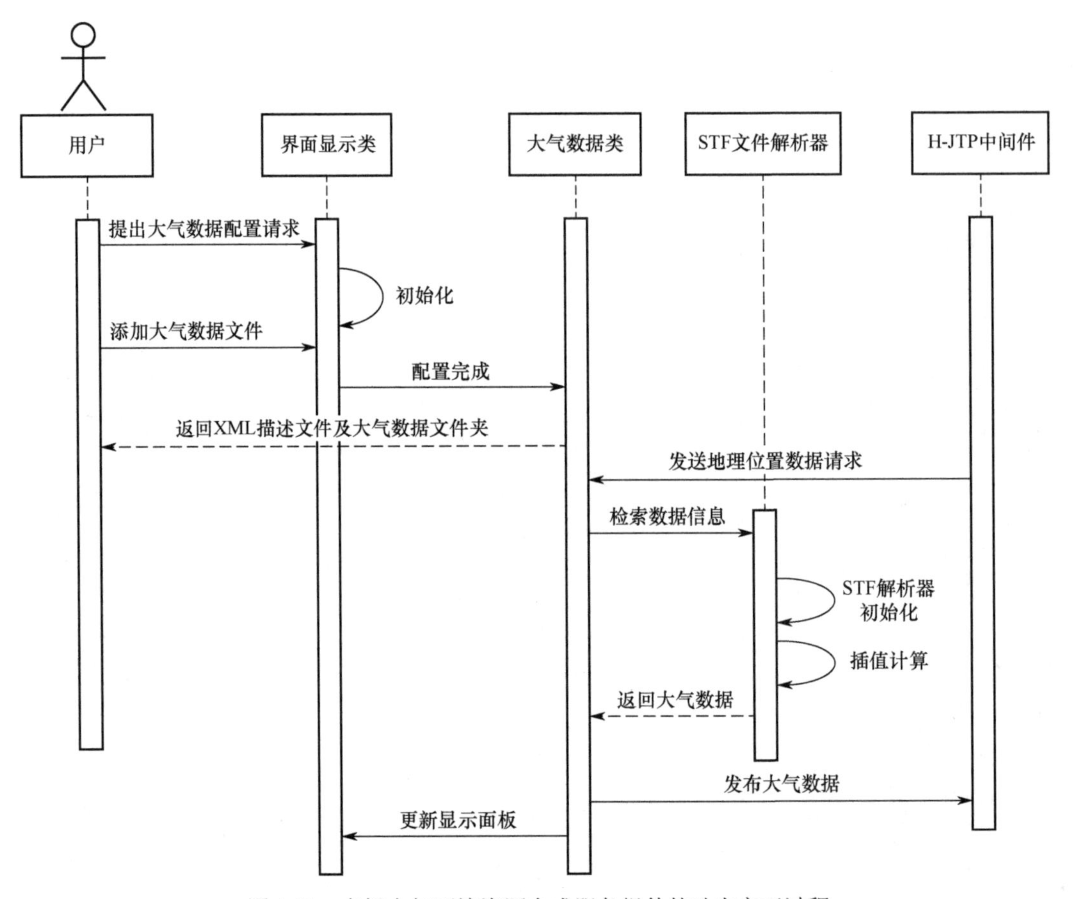

图 4-11　虚拟大气环境资源合成服务组件的动态交互过程

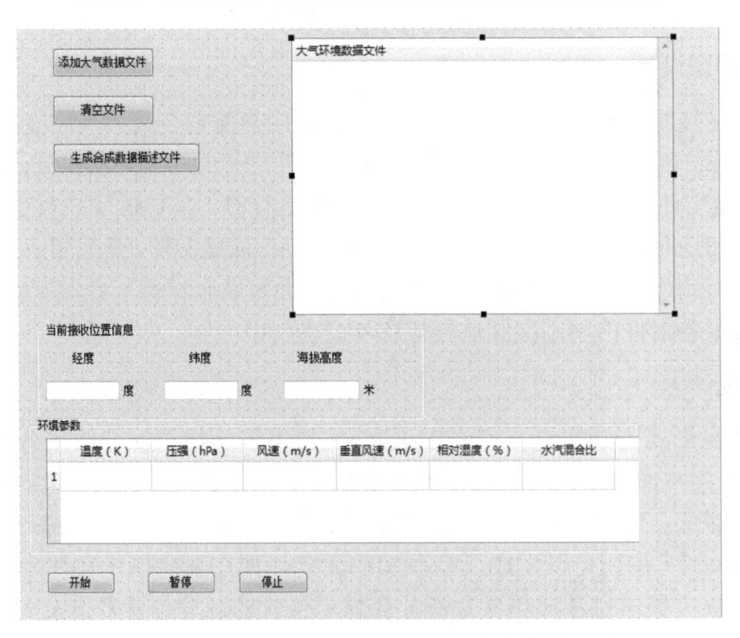

图 4-12　虚拟大气环境资源合成服务组件的界面

4.4 临近空间虚拟大气环境资源构建软件测试

根据临近空间虚拟大气环境资源构建软件的功能，测试的步骤如下。

（1）获取 SABER 大气原始数据文件 SABER_chh_Jan2016_v2.0_1486348960.nc 和 SABER_chh_Jan2016_v2.0_1486348999.nc。

（2）在读取大气数据模块单击“载入 SABER 大气数据”来添加 SABER 探测器获取的原始的大气数据，添加两个文件（大气环境要素文件和大气组分文件），如图 4-13 所示。

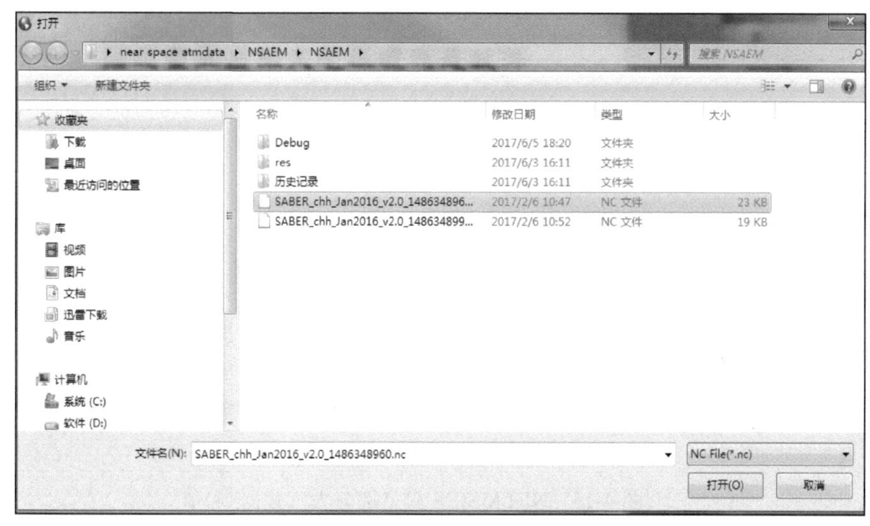

图 4-13　读取大气数据模块

（3）通过第二部分，即显示文件信息部分提示的大气数据信息可以方便地选择大气数据的时间范围、经度范围、纬度范围、高度范围和文件包含变量，如图 4-14 所示，设置模型信息后转换为 SEDRIS 格式的大气数据。

图 4-14　显示文件信息模块

（4）在软件主界面选择“添加 NRL 大气组分”，设置该模型数据参数后，选择输出数据生成 NRLMSISE 模型部分大气组成成分，与航空空间大气数据生成软件相同，生成的部分大气数据如图 4-15 所示。

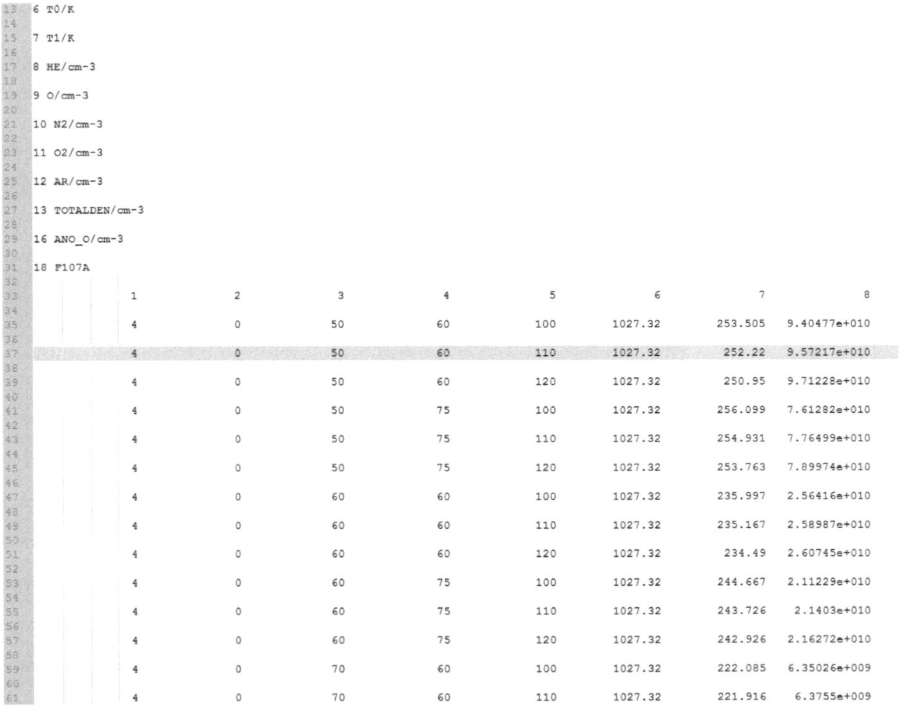

```
6 T0/K
7 T1/K
8 HE/cm-3
9 O/cm-3
10 N2/cm-3
11 O2/cm-3
12 AR/cm-3
13 TOTALDEN/cm-3
16 ANO_O/cm-3
18 F107A
1   2   3   4   5     6        7        8
4   0   50  60  100   1027.32  253.505  9.40477e+010
4   0   50  60  110   1027.32  252.22   9.57217e+010
4   0   50  60  120   1027.32  250.95   9.71228e+010
4   0   50  75  100   1027.32  256.099  7.61282e+010
4   0   50  75  110   1027.32  254.931  7.76499e+010
4   0   50  75  120   1027.32  253.763  7.89974e+010
4   0   60  60  100   1027.32  235.997  2.56416e+010
4   0   60  60  110   1027.32  235.167  2.58987e+010
4   0   60  60  120   1027.32  234.49   2.60745e+010
4   0   60  75  100   1027.32  244.667  2.11229e+010
4   0   60  75  110   1027.32  243.726  2.1403e+010
4   0   60  75  120   1027.32  242.926  2.16272e+010
4   0   70  60  100   1027.32  222.085  6.35026e+009
4   0   70  60  110   1027.32  221.916  6.3755e+009
```

图 4-15 NRLMSISE 模型部分大气数据

临近空间虚拟大气环境资源构建软件的测试用例及测试结果如表 4-3 所示。

表 4-3 临近空间虚拟大气环境资源构建软件的测试用例及测试结果

测试用例	测试方法	测试结果	测试结论
载入 SABER 大气数据	对大气环境属性的时间范围、空间范围和分辨率进行输入	能够正确配置大气环境数据，输入错误时弹出提示窗口	合格
添加 NRL 大气组分	用户加载 MMOUT_DOMAINx（MM5 模式输出文件），设置提取数据的属性（东西南北方向格点和时间范围），运行 CALMM5 数据格式转换程序	能够加载 MM5 输出文件，成功生成 CALMM5 程序数据转换控制文件 calmm5.inp，生成.m3d 格式的大气数据	合格
显示文件信息	根据用户设置并通过勾选复选框选择的 NRLMSISE 模型输出数据生成大气组成成分文件	成功生成大气数据组成成分文件	合格
设置大气文件参数配置	载入 SABER 原始大气数据文件后，根据提取数据在文件显示信息模块显示的大气数据信息进行 SEDRIS 大气数据的配置	能够配置大气数据属性，输入错误时提示用户	合格

续表

测试用例	测试方法	测试结果	测试结论
生成 SEDRIS 格式大气数据	生成 STF 格式的大气数据，保存大气数据文件，并通过 SEDRIS Focus 软件进行查看，通过菜单栏 Tools 选项下的 Rules Check 和 Syntax Checker 对生成的 SEDRIS 格式大气数据进行检查	能够成功生成符合 SEDRIS 规范要求的文件，并且通过软件的 Rules Checker 和 Syntax Checker 的检查，没有错误	合格

4.5 本章小结

本章提出基于 TIMED 卫星上的 SABER 探测器获得的原始大气环境数据进行临近空间大气环境资源构建的方法。对 SABER 探测器获得的大气数据文件进行分析，采用混合编程的方法读取数据，并通过六面体 9 节点形函数法进行插值计算，实现临近空间大气风场建模；通过 NRLMSISE-00 大气模型，获得大气密度、温度、部分大气组成成分等大气数据；为了实现完整和清晰的大气环境数据表达及通用无损的数据交换，最后的大气环境数据存储为符合 SEDRIS 规范的大气环境数据库，以便为后续虚拟试验提供临近空间大气环境数据。

第 5 章

空间辐射虚拟环境构建

低地球轨道空间辐射环境非常复杂，主要包括三种高能带电粒子辐射：银河宇宙射线、太阳宇宙射线和俘获粒子辐射。空间辐射场受到大气密度、地球磁场、星体活动状况和周围材料对入射原始粒子的屏蔽和散射的影响。这些高能粒子辐射具有高传能线密度，不仅会导致飞行器的机体材料、电子器件等损毁，还可通过初级宇宙射线辐射和次级宇宙射线辐射对包括人在内的生物造成严重损伤。本章主要研究范围为0～400km低地球轨道空间，为该空域的空间飞行器提供虚拟试验支持。

5.1 空间辐射虚拟环境构建方法研究

目前，国际上已开发了一些空间高能带电粒子辐射的理论模型、经验模型和半经验模型，如银河宇宙射线的数值模型、太阳宇宙射线的通量模型和峰值概率模型、地球辐射带的 AP/AE 系列数值模型等。在不同的应用背景下，应选择或开发恰当的空间辐射环境建模方法，只有构建最符合要求的空间辐射环境模型，才能得到预期的试验效果和良好的使用体验。空间辐射环境建模方法的研究因其非凡的军事意义和经济价值而具有越来越重要的地位。

5.1.1 空间粒子辐射环境分析

宇宙射线辐射和星体俘获粒子辐射是磁层中主要的自然辐射环境，其中宇宙射线辐射分为银河宇宙射线和太阳宇宙射线，而地球磁场俘获的质子和电子形成地球辐射带。研究空间粒子辐射环境，首先需要了解这三种辐射的形成机理和影响范围，进而明确 0～400km 空间辐射环境要素的构成，为空间辐射环境建模奠定基础。

1. 银河宇宙射线

一百多年来，银河宇宙射线的起源、传播、组成、分布和时间周期变化等一直是宇宙射线辐射的重点研究课题，即使到目前仍然存在很多难以解释清楚的未解之谜。近年来，随着观测手段的多样化、高端化、综合化，尤其是光学、射电、X 射线和 γ 射线的联合观测，给予我们进一步了解银河宇宙射线的机会。1934 年，Baade 和 Zwicky 提出，银河宇宙射线的起源地最有可能是超新星遗迹，即超新星遗迹激波加速宇宙射线粒子。20 世纪 70 年代，银河宇宙射线的扩散激波加速机制（又称一阶费米加速机制）才被明确，这也很好地解释了银河宇宙射线的能量密度约为 1eV·cm^{-3} 的事实。以下将着重介绍银河宇宙射线的粒子成分及其分布和时间周期变化。

1）粒子成分及其分布

银河宇宙射线的粒子成分包含高能重子（原子序数为 1～92）和电子，其中高能重子比例占 98%，由质子（87%）、α 粒子（12%）和高荷电高能重原子核（1%）组成。Cucinptta 等人的研究表明，银河宇宙射线中高原子序数高能粒子或离子对宇航员有效剂量的贡献高达 80%。除此之外，高能粒子对大规模集成电路会产生单粒子效应，因此各种卫星、载荷及空间站等均需考虑银河宇宙射线辐射的影响。这些高能重子虽然能量极高，但通量很低，因此到达地球附近的时间、方向、能量和成分具有极大的随机性，这就对各种探测设备的性能提出了很高的要求。图 5-1 给出的太阳活动极小年和极大年时银河宇宙射线环境，表明了银河宇宙射线中粒子高能量、低通量的特性。

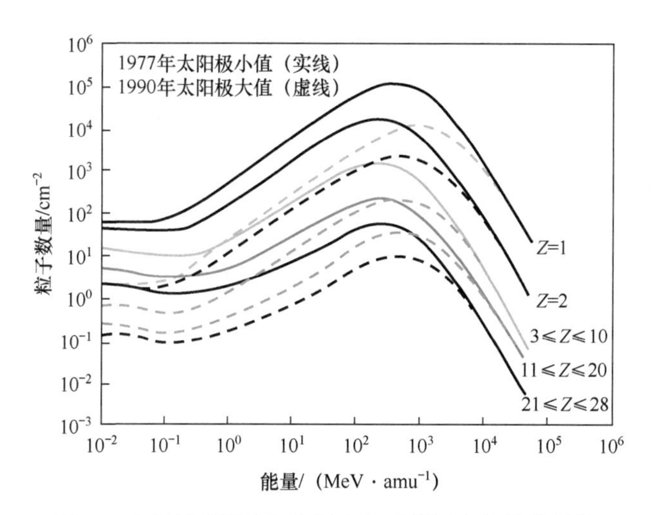

图 5-1 太阳活动极小年和极大年时银河宇宙射线环境

另外，高能重子中贡献较大的基本是元素周期表中前 28 种元素的核离子，且丰度最大的是质子（氢核），其他粒子含量参见表 5-1。

表 5-1　银河宇宙射线的成分丰度

成　分	强度/（粒子数·cm^{-2}·s^{-1}）	所占比例/%
质子	3.6	88
α粒子	4×10^{-1}	9.8
轻核（Li、Be、B）	8×10^{-3}	0.2
中等核（C、N、O、F）	3×10^{-2}	0.75
重核（10≤Z≤30）	6×10^{-3}	0.15
超重核（Z≥31）	5×10^{-4}	0.01

银河宇宙射线的能量范围集中在 40～10^{13}MeV。在银河宇宙射线的传输过程中会受地球磁场的偏转作用影响，只有部分能量大的粒子能够进入地磁场内部，从而显示出空间的不均匀性。相对来讲，银河宇宙射线的能量较高，受地磁的影响较小，在靠近低纬的区域也能观测到。

2）时间周期变化

银河宇宙射线强度变化有周期性变化和非周期性变化，其中以 11 年为周期变化最为显著。银河宇宙射线强度变化与太阳活动周期变化是反相关的，即太阳活动高年，银河宇宙射线的强度最低；太阳活动低年，银河宇宙射线强度最高。人们通常采用地面中子数直接表征进入地球空间的银河宇宙射线强度，如图 5-2 所示。

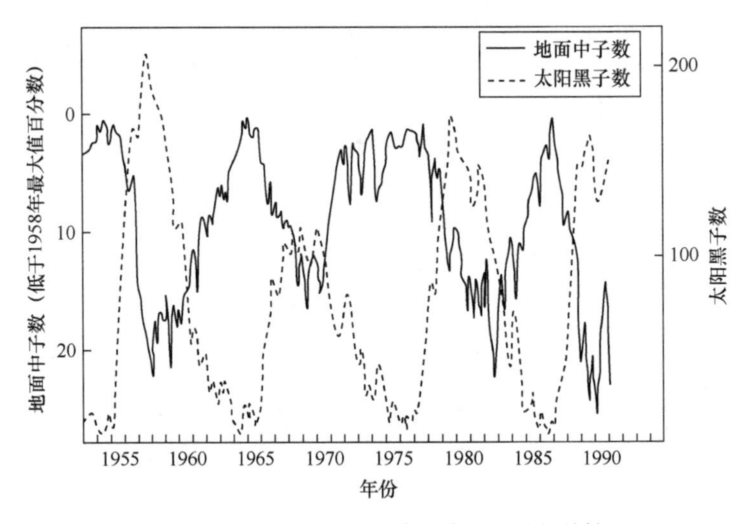

图 5-2 银河宇宙射线强度与太阳活动相关性

图 5-3 所示为 2006—2016 年银河宇宙射线的周期变化。由图 5-3 可知，在这个 11 年周期中，银河宇宙射线每年的变化趋势基本一致，通量大小也所差无几。总体来说，规律性较为明显。

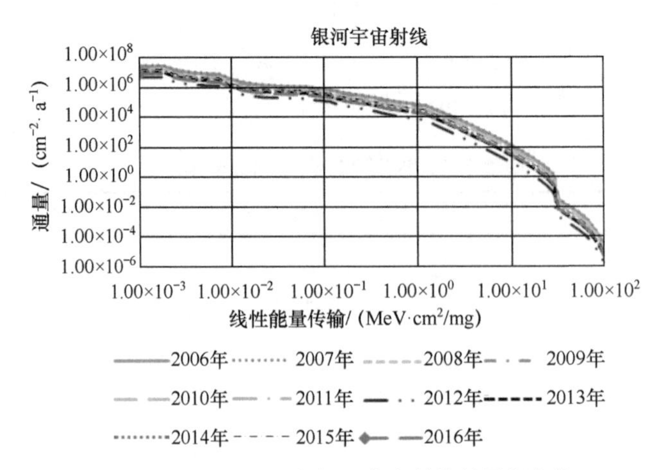

图 5-3 2006—2016 年银河宇宙射线的周期变化

2．太阳宇宙射线

太阳宇宙射线来源于太阳耀斑爆发期间，而耀斑爆发与太阳光球中的强磁场有关。该磁场结构复杂，太阳宇宙射线中的高能粒子密度和能谱在地球上不同位置时有很大变化。受太阳活动影响，太阳耀斑的强度有所不同，最坏情况下导致太阳宇宙射线质子通量密度比银河宇宙射线的通量密度高 5 个数量级。

1）粒子成分及其分布

太阳宇宙射线是来自日冕喷射和太阳耀斑产生的带电粒子。图 5-4 给出了太阳活动极小年和极大年时的太阳宇宙射线环境，可见太阳宇宙射线中的粒子都是高通量带电粒子。

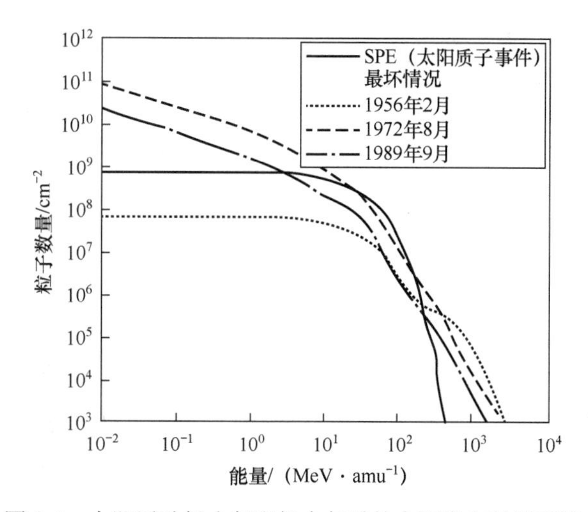

图 5-4　太阳活动极小年和极大年时的太阳宇宙射线环境

这些粒子的成分的 90%～95%由质子组成，故又被称为太阳质子事件（也称为太阳粒子事件）。其余粒子成分包括电子、α粒子和少数其他重离子，其中碳（C）、氮（N）、氧（O）等具有较大丰度。表 5-2 所示为太阳宇宙射线核成分比例。

表 5-2　太阳宇宙射线核成分比例

成　分	所占比例/%
质子	87
α粒子	13
轻核（Li、Be、B）	0.049
中等核（C、N、O、F）	0.2
重核（$10 \leqslant Z \leqslant 30$）	0.03
超重核（$Z \geqslant 31$）	—

太阳宇宙射线的能量一般从几十 MeV 到几十 GeV 范围内，大多数在数 MeV 至数百 MeV 之间。受地球磁场对宇宙射线粒子的偏转作用影响，只有部分能量大的粒子能够进

入地磁场内部，从而显示出空间的不均匀性。如图 5-5 所示，两极的宇宙射线粒子在能量和强度方面要大于地磁赤道附近。

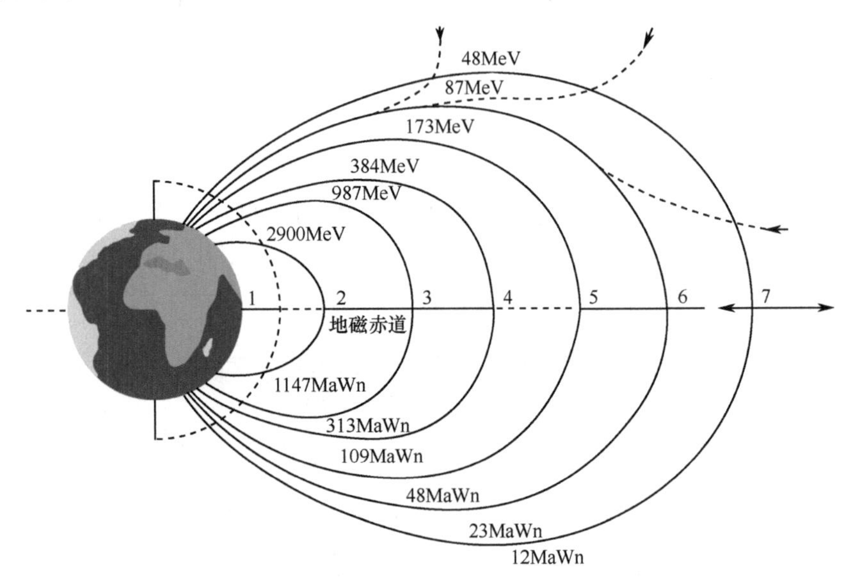

图 5-5　不同能量宇宙射线在地球磁场内的分布情况

2）太阳质子事件分级

每次爆发太阳活动均会产生高能带电粒子流，当它们到达地球空间后能造成粒子辐射增强现象，即太阳质子事件（太阳高能粒子事件）。每次事件的宇宙射线强度和能谱都不完全相同，目前国际上以能量大于 10MeV 的质子强度为标准把太阳粒子事件分为 4 个等级，如表 5-3 所示。其中，能量超过 10MeV 的太阳质子均能进入地球同步轨道高度。

表 5-3　太阳粒子事件强度分类

级　别	卫星测量的 E>10MeV 的质子强度/（$cm^{-2}\cdot s^{-1}$）
1	$10^1\sim10^2$
2	$10^2\sim10^3$
3	$10^3\sim10^4$
4	$>10^4$

例如，2012 年 1 月 23 日的太阳质子事件，从世界时间 4 时左右开始，大于或等于 10MeV、50MeV、100MeV 的质子通量迅速增加，其中 10MeV 的质子通量的最高点接近 $10^4cm^{-2}\cdot s^{-1}\cdot sr^{-1}$，因而此次太阳质子事件被定为三级事件。图 5-6 给出了该太阳质子事件的质子通量图。

3）时间周期变化

日面上观测到的黑子和黑子群数量能够代表某一时期太阳活动的整体水平。根据对其的长期观察，太阳活动明显地表现出约 11 年的周期变化特点，并在大约第 7 年达到峰值。太阳活动低年称为太阳活动的极小年，反之称为极大年。两次相邻极小年之间为一个太阳活动周，以 1755 年算起的太阳活动周定为历史上第 1 周。

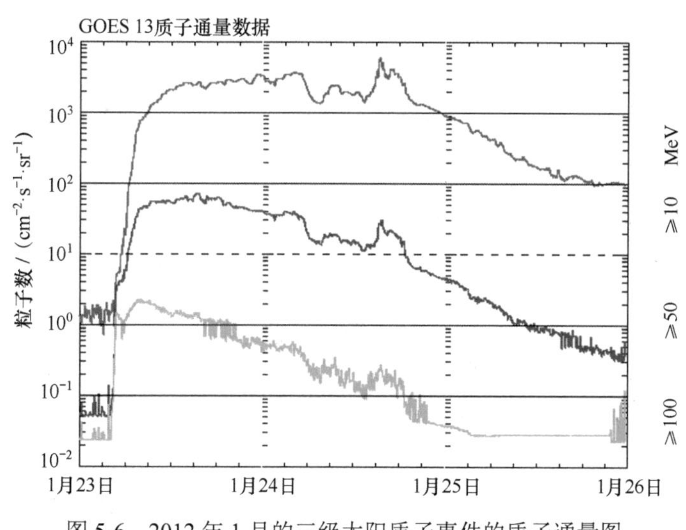

图 5-6　2012 年 1 月的三级太阳质子事件的质子通量图

太阳粒子事件来自太阳本体，因此也存在 11 年的变化周期。其在太阳活动极大年频发一些，极小年相反，但是发生的时间、大小是随机的。表 5-4 列举了第 21、第 22 个活动周 4 个级别事件的统计结果，可以发现每个活动周内发生太阳粒子事件的频次也不同。

表 5-4　第 21、第 22 个活动周的太阳高能粒子事件数量统计

级　别	第 21 个活动周/次	第 22 个活动周/次	总计/次
1	40	39	79
2	31	19	50
3	5	14	19
4	0	2	2

图 5-7 表示 2006—2016 年以来太阳宇宙射线的周期变化。由图 5-7 可知，这一个 11 年周期中，太阳宇宙射线每年的变化趋势基本一致，但通量分为两个集中区。整体来看，规律性比较明显。

3. 地球辐射带

星体俘获粒子辐射是空间带电粒子辐射的重要组成之一，其中被地磁场俘获的带电质子和电子构成地磁俘获辐射带，又称为地球辐射带。1985 年，在人造地球卫星发射后，美国学者范 • 艾伦通过卫星上的辐射探测仪探测到在地球周围空间的很大范围内存在高强度带电粒子辐射，这是人类历史上首次发现地球辐射带。

地球辐射带是近地空间被地磁场捕获的高强度的带电粒子区域。在地磁宁静期，它类似游泳圈形状沿地球赤道分布，并分为内、外两个辐射带，如图 5-8 所示。内辐射带空间范围 L 为 1.2～2.5，在赤道平面上为 600～10000km 的高度，在子午面维度边界为 40° 左右。

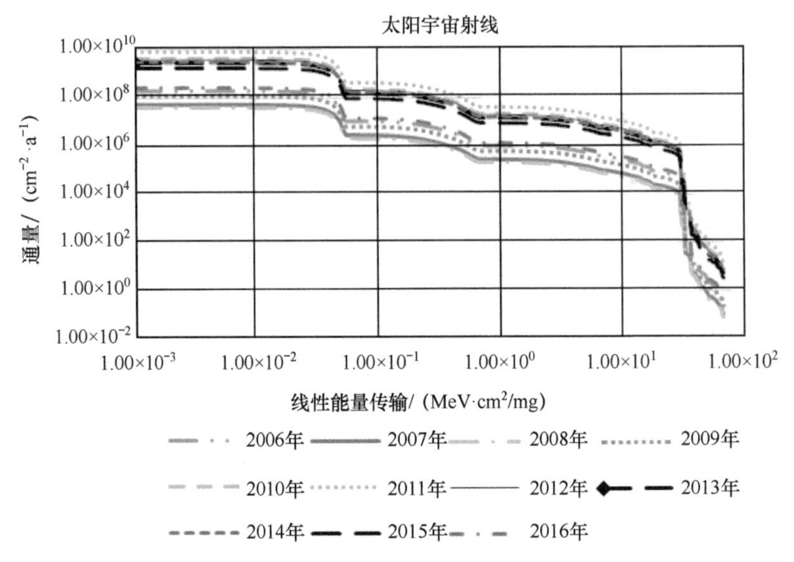

图 5-7　2006—2016 年太阳宇宙射线的周期变化

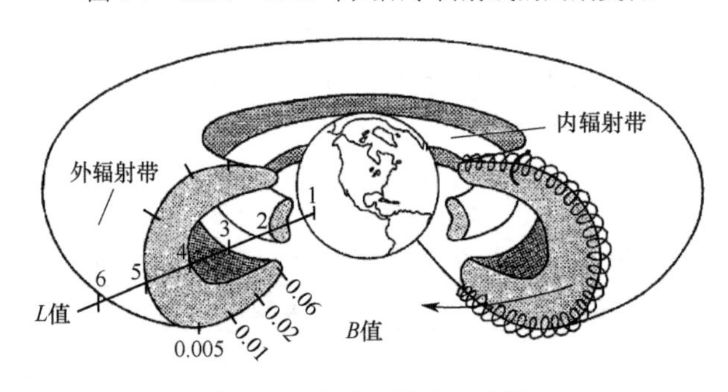

图 5-8　地球辐射带示意图

内辐射带主要由质子和电子组成，还存在少量重离子。其中，质子能量范围主要在 0.1MeV 到 400MeV，能量大于 10MeV 的辐射带质子空间分布如图 5-9 所示，电子能量范围为 0.1MeV 到 7MeV，能量大于 1MeV 的辐射带电子空间分布如图 5-10 所示。外辐射带空间范围 L 为 3.0～8.0，在赤道面上为 10000～60000km 的区域，磁纬度边界在南北外 55°～70°。外辐射带主要由电子组成，能量相对较低。中心位置随粒子的能量大小而异，一般是低能粒子的中心位置离地球远些，高能粒子中心位置离地球近些，如表 5-5 所示。

4．0～400km 低地球轨道空间辐射环境分析

对于 400km 以下的空间，其与卫星运行空间的辐射环境已有较大的不同。主要体现在两个方面。

1）空间粒子辐射源减少为银河宇宙射线和太阳宇宙射线

地球磁场捕获的辐射带粒子通常在 1000km 以上的高空。在南大西洋上空因地磁场的异常，导致该区域的地球辐射带下边界下沉到 400km 以下，因此处于辐射带边缘的粒子强度不大，分布区域也很小。因此，通常在 400km 以下不考虑地球辐射带粒子。

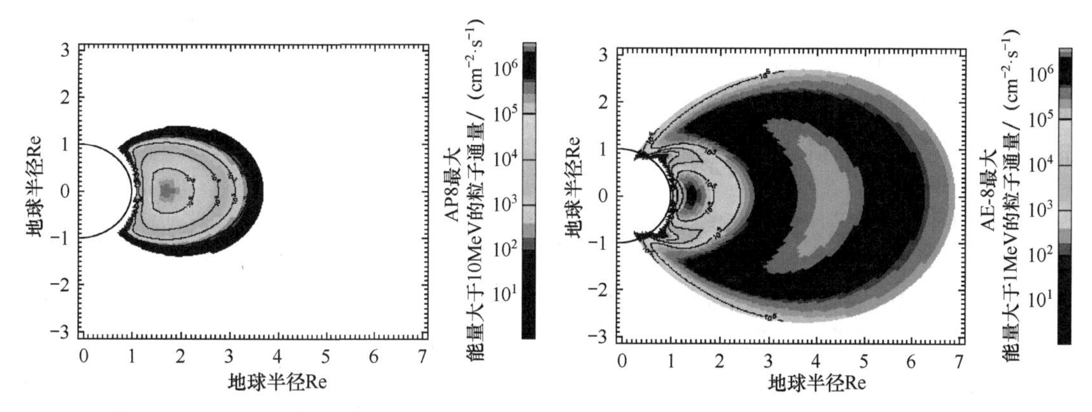

图 5-9 能量大于 10MeV 的辐射带质子空间分布

图 5-10 能量大于 1MeV 的辐射带电子空间分布

表 5-5 内辐射带粒子分布

粒 子	能量范围（>MeV）	最大通量/（$cm^{-2}·s^{-1}$）	中心位置高度/km
质子	3	约 $3.8×10^6$	约 7500
	10	约 $3.4×10^5$	约 4500
	30	约 $3.7×10^4$	约 3200
	50	约 $2.3×10^4$	约 3000
	70	约 $1.8×10^4$	约 2800
电子	0.3	约 $6.5×10^7$	约 5000
	1.0	约 $8.6×10^5$	约 3000

在 400km 以下的区域只有银河宇宙射线，以及偶发的太阳高能粒子事件（太阳宇宙射线）。400km 以下的地球磁场很强，这些宇宙射线受地球磁场的偏转有很强的空间分布特征。

在空间一点地球磁场偏转宇宙射线的能力用截止刚度来表达。小于截止刚度的宇宙射线将不能到达该空间位置。截止刚度一般采用国际参考地球磁场模型及粒子追踪法来计算。

2）地球大气对宇宙射线的阻挡，使 30km 以下的原初宇宙射线迅速减少

从地表到几十千米的高度有地球大气层保护地球。银河宇宙射线和太阳宇宙射线在穿越大气层时，与大气分子和原子发生碰撞和电离等效应，特别是在 30km 以下的浓密大气中，这种作用更为明显。

宇宙射线“击碎”大气分子和原子，产生中子、μ 介子、π 介子、γ 射线等次级粒子，次级粒子再轰击大气产生级联反应，形成簇射。但这些次级粒子穿透能力极强，对铝、硅等材料影响不大，但对含氢的人体、水、油影响较大，如计算航空人体辐射剂量时需要考虑。本节中虚拟试验的对象不涉及人，因此不考虑次级粒子的影响。

一部分宇宙射线经过大气的作用后仍然能够到达地面，这部分原初宇宙射线是导致元器件产生单粒子效应的主要因素，在分析宇宙射线对设备效应时需要考虑。在几十千米以下需要考虑大气对宇宙射线的影响，应采用国际标准大气模型进行计算和分析研究。

基于对低地球轨道空间辐射环境的分析，0～400km 建模对象确定为银河宇宙射线和太阳宇宙射线，但构建过程中需要研究地球截止刚度和原初宇宙射线，因此分别涉及地球磁场模型和大气模型的构建。此外，需要针对 0～400km 空间辐射环境模型进行可信度的评估，并给出空间辐射环境数据的标准化过程。

5.1.2 空间辐射环境建模分析与实现

为了构建 0～400km 空间辐射虚拟环境资源，对 0～400km 内的银河宇宙射线和太阳宇宙射线进行建模研究。首先对空间辐射环境数据源进行分析，由此确定建模方案：针对银河宇宙射线和太阳宇宙射线分别提出基于 ACE 卫星探测数据的 GCR 能量谱模型和 SEP 能量及峰值概率模型（SCR 模型）；考虑地球磁场和大气环境要素对辐射的影响，对辐射模型的结果进行修正，得到最终的 0～400km 空间辐射虚拟环境模型。

1. 空间辐射环境数据源分析

空间辐射环境数据主要来源于模型计算数据和卫星观测数据。目前，国际上应用比较广泛的 Badhwar-O'Neill 模型、CREME96/Nymmik 模型等银河宇宙射线模型，都是基于气球和航天器数据，这些数据在工作完成之前的大约三十年内具有不同的精度，因而这些模型的准确性是相当有限的。其中，Badhwar-O'Neil 模型由于其调制函数特异性而不能描述能量低于 100MeV/nucl 的粒子通量。此外，该模型中的调制函数参数是根据已记录在 Climax 中子监测计数率上的数据计算出来的，因此它不能用于 GCR 通量值预测。

太阳宇宙射线的高能粒子的出现频率具有概率性质，因此粒子通量和能量谱的模型表示也应该是概率性的。因此，太阳宇宙射线模型一般都是统计模型或事件模型，如 King、JPL、ESP、MSU 等统计模型，CREME96、PSYCHIC 等事件模型。任何相关的模型都必须描述在给定时间和空间间隔内的能量谱、能量密度和粒子峰值通量的发生频率，这些粒子（$Z=1$～28 个高能离子）对于它们的辐射效应尤其重要。在构建任何适当的模型之前，首先需要了解以下太阳宇宙射线特性。

- ✧ 太阳宇宙射线事件发生频率：基于太阳宇宙射线对太阳活动的依赖，以及事件发生频率得出太阳宇宙射线关于平均值的概率分布形式。
- ✧ 太阳宇宙射线事件的粒子通量（或峰值通量）分布的行为特征。
- ✧ 平均 SEP 事件粒子通量和峰值通量能量谱，以及描述谱的参数的波动特征。

截至目前，上述问题仅部分被解决，因此当前存在的模型的应用受到相应的限制。例如，King 模型忽略了太阳活动安静阶段出现 SEP 事件的可能性，JPL 模型只能确定低能质子通量而忽略了高能质子通量，CREME 模型错误地认为重离子和质子通量比恒定且与能量无关，等等。而且这些模型大多是经验性的，限于描述流量或峰值通量分布函数的简单方法，只考虑了部分太阳活动周的活跃期数据或某些任务周期中某能量范围的数据，都不是很全面。因此，当前情况需要开发基于可靠的实验数据，以及太阳质子事件和通量的固有规律的半经验模型。

美国航空航天局发射的高级成分探测器（ACE）卫星，对空间中的宇宙射线进行了长期探测。ACE 上搭载了宇宙射线同位素光谱仪（CRIS）和太阳同位素光谱仪（SIS），其测量结果几何接受度大，电荷和质量分辨率高，因而具有很高的统计学意义。银河宇宙射线粒子中有大约 1%的重核，通过其元素和同位素组成提供了关于宇宙射线源的大部分信息。这些重核的强度非常低，导致有限的粒子收集能力成为以前研究的巨大阻碍。ACE 卫星的发射为银河宇宙射线的研究提供了丰富的探测数据。CRIS 2 级数据被组织成 27 天的时间段（一个 Bartels 旋转）。对于每个 Bartels 旋转，2 级数据包含下列时间段内高能带电粒子通量的时间平均值：每小时、每天、27 天。目前，通量数据可用于 24 个元素，单位为粒子数/（$cm^2 \cdot sr \cdot s \cdot MeV/nucl$），分 7 个能带。每个元素的能带都不相同，并记录在此文本文件中。数据可用的元素是：B、C、N、O、F、Ne、Na、Mg、Al、Si、P、S、Cl、Ar、K、Ca、Sc、Ti、V、Cr、Mn、Fe、Co、Ni。如图 5-11 所示为 ACE 官网在线查看的 CRIS 数据文件结构。由图 5-11 可见，该文件中包含文件信息区和数据存储区两部分。文件信息区位于文件头，主要描述文件背景信息，如数据的来源（何种探测器）、时间范围、包含元素、下载时间等；之后的数据存储区存储着所有变量的具体数值，包括各元素及其同位素的具体数值。该数据文件可从 ACE 科学中心下载。

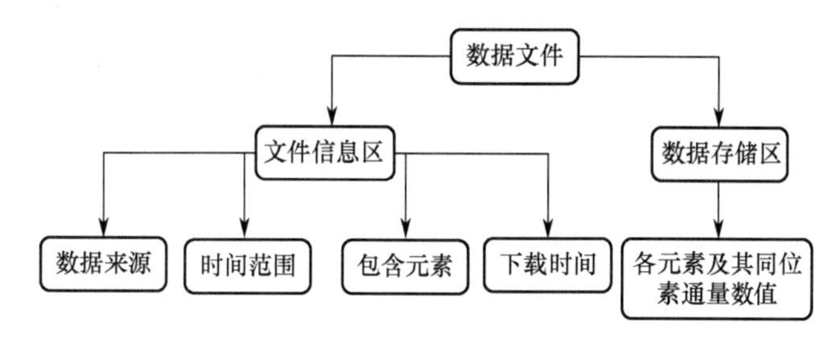

图 5-11　CRIS 数据文件结构

太阳宇宙射线的粒子通量由 SIS 数据文件给出，其组织形式基本与 CRIS 数据文件一致。具体文件结构如图 5-12 所示。由图 5-12 可见，该文件中所包含的变量与 CRIS 文件有所不同，主要是太阳能粒子、低能量银河宇宙射线和异常的宇宙射线通量数据。研究太阳宇宙射线时需要提取其中的太阳能粒子通量数据。该数据文件也可从 ACE 科学中心下载。

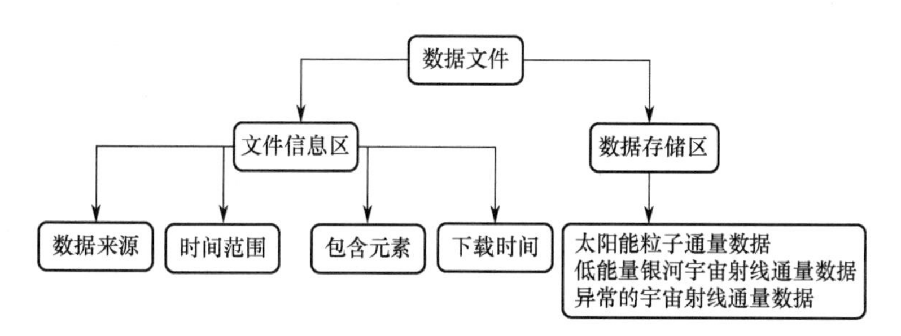

图 5-12　SIS 数据文件结构

通过对 ACE 卫星数据进行分析，可得出以下结论：

✧ 直接利用 ACE 卫星探测数据形成 0～400km 空间辐射环境数据库很难实现，因为包含本章所需要的 0～400km 空间范围的辐射数据集十分庞大，下载时间长、读取速度慢，且观测数据时不可避免地存在观测死区和异常数据，数据处理过程繁杂。

✧ 若在线获取辐射数据，需要关联 ACE 科学中心，授权提供数据传输，不论从技术实现上还是授权可能性上都没有客观的预期。

✧ 受观测数据限制，不能对过去的数据进行重现，也无法对未来的数据进行预测。

2. 空间辐射建模方案与具体实现

鉴于利用现有模型计算空间辐射环境数据的很多缺陷，以及直接利用 ACE 卫星观测数据建立统计模型存在上节提到的诸多问题，因此本章结合辐射模型和卫星观测数据，提出一种基于 ACE 卫星观测数据的半经验模型构建方法。在银河宇宙射线建模方面，本节参考了基于 ACE/CRIS 观测元素的 GCR 能量谱模型建模方法，建立符合本节需求的银河宇宙射线模型。太阳宇宙射线建模方面则采用国内自主开发的基于 ACE 卫星实测数据的 SEP 能量和峰值概率模型（SCR 模型）。宇宙射线粒子丰度可由 ACE 卫星搭载的 CRIS 和 SIS 探测仪探测数据经过处理而得。由此，银河宇宙射线和太阳宇宙射线的建模方案基本确定。本章结合地球磁场和大气环境要素等影响因素对两种辐射的影响，给出 0～400km 空间辐射环境建模总体方案，如图 5-13 所示。

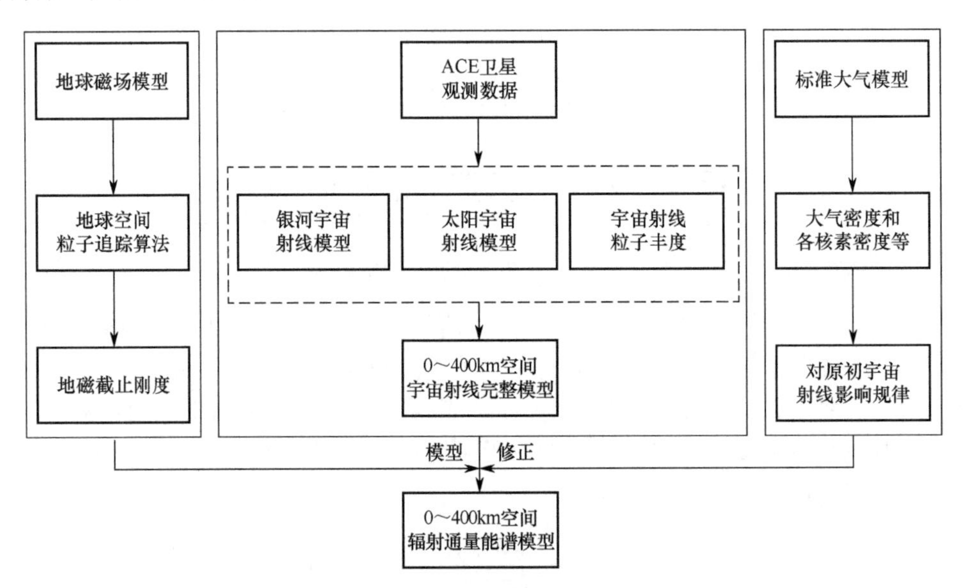

图 5-13　0～400km 空间辐射环境建模总体方案

根据 0～400km 空间辐射环境建模的总体方案，可知整个建模过程分为四部分，即基于 ACE 卫星观测数据建立 0～400km 空间宇宙射线模型、基于地球磁场模型计算地磁截止刚度、基于标准大气模型得出大气密度分布规律、根据地磁截止刚度和大气密度分布规律对 0～400km 宇宙射线模型进行修正。以下针对各部分进行具体实现。

基于 ACE 卫星观测数据构建 0～400km 空间银河宇宙射线模型和太阳宇宙射线模型，具体模型构建方案如图 5-14 所示。

1）基于 ACE 卫星观测数据构建 0～400km 空间宇宙射线模型

① 银河宇宙射线建模。

银河宇宙射线建模主要是基于 CRIS 观测数据建立元素的能量谱模型，并在此基础上构建 GCR 预测模型，从而得到最终的 GCR 模型。其中，能量谱模型可以通过积分强度模型和光谱形状函数推导得出。以下介绍建模的具体步骤。

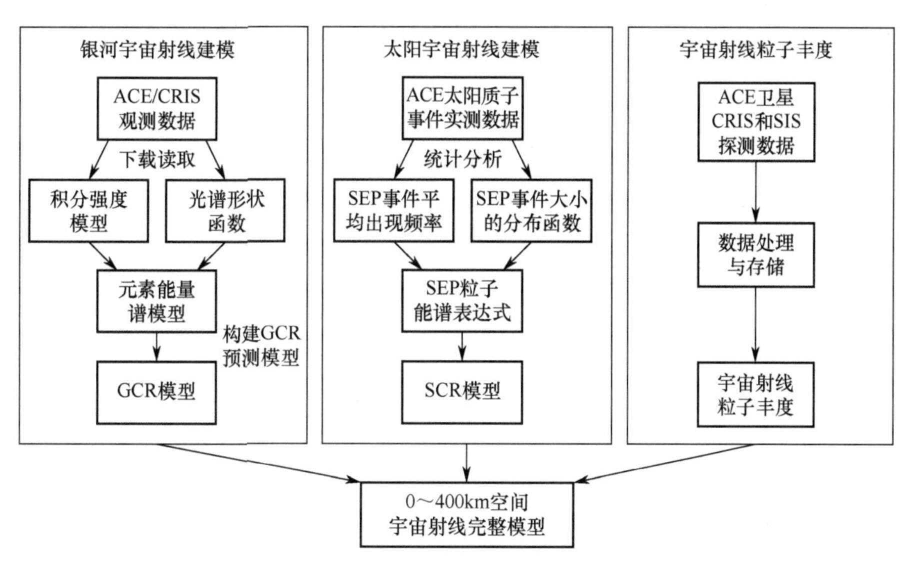

图 5-14　0～400km 空间宇宙射线完整模型构建方案

（a）建立积分强度模型。

通过对 ACE/CRIS 观测数据中每个元素 z 和每 t 年的通量数据进行能量积分来计算积分强度 $I(z,t)$，即

$$I(z,t)=\sum_{i=1}^{N} f_i(z,t)\Delta E_i \tag{5-1}$$

式中，$f_i(z,t)$为元素 z 在 t 年的微分通量观测的年平均值；ΔE_i 为 CRIS 仪器的第 i 个能量区间；N 为元素的能量通道数量，对于 CRIS 数据中的每个元素来说 N=7。

通过计算强度比 $Z(z,t)$和强度调制参数$\alpha(t)$来构建积分强度模型。为了表征每个元素的相对强度积分，首先计算每个元素相对于 O(8)的强度比。在相关研究中，一般选择 O 作为高丰度的参考元素，由此定义相对于 O(8)的强度比 $Z(z,t)$为

$$Z(z,t)=\frac{I(z,t)}{I(z=8,t)} \tag{5-2}$$

平均强度比为

$$\overline{Z}(z)=\frac{1}{15}\sum_{t=1997}^{2011} Z(z,t) \tag{5-3}$$

强度比率（IRP）定义为

$$p(z,t)=\frac{Z(z,t)-\overline{Z}(z)}{\sqrt{\overline{Z}(z)}}\times 100\% \tag{5-4}$$

假设在太阳活动强烈的情况下，所有元素［除 C(6)、O(8)和 Fe(26)］的 IRP 可以用其平均值替代，将此平均值记为 $\overline{p}(t)$。

由式（5-4）可以得到式（5-5）为

$$Z(z,t)=\bar{Z}(z)\left(1+\frac{p(z,t)}{\sqrt{\bar{Z}(z)}}\right) \tag{5-5}$$

在式（5-5）的基础上，可以得到 $5\leqslant z\leqslant 28$ 元素的强度比模型为

$$Z^m(z,t)=\bar{Z}(z)\left(1+\frac{\lambda(z)\bar{p}(t)}{\sqrt{\bar{Z}(z)}}\right) \tag{5-6}$$

式中，$\lambda(z=6)=0$，$\lambda(z=8)=0$，$\lambda(z=28)=3.3$，其余 $\lambda(z)=1$。

（b）确定光谱形状函数。

一般来说，所有元素的光谱在同一年共享相同的形状。另外，光谱形状可以在不同的太阳能调制强度下变化。因此，假定所有元素具有相同的光谱形状并且在不同年份逐渐变化是合理的，就可以用适当的公式来计算光谱形状。式（5-7）给出了太阳风中元素 GCR 的能谱形状函数为

$$g(E,t)=\frac{E^2+2E_0E}{E_m^2}\left(\frac{E+E_0}{E_m}\right)^{\eta(t)} \tag{5-7}$$

式中，E 为第 t 年任何重离子的每个核子的动能，$E_m=1\text{GeV}$；E_0 为质子的剩余能量；$\eta(t)$ 是作为年份 t 的函数的参数。

（c）建立元素能量谱模型。

通过积分强度模型和光谱形状函数，写出能量谱模型为

$$f(z,t,E)=I^m(z,t)N(z,t)g(E,t)=Z^m(z,t)10^{\alpha(t)}N(z,t)g(E,t) \tag{5-8}$$

式中，$N(z,t)$为归一化因子函数，可由式（5-9）得到，即

$$N(z,t)=\left(\sum_{i=1}^{7}g(E_i,t)\Delta E_i\right)^{-1} \tag{5-9}$$

（d）GCR 预测。

一个成功的 GCR 光谱模型应该表征 GCR 通量的时间变化。参考 CREME96/Nymmik 模型，直接将强度调制参数 $\alpha(t)$、强度比率平均值 $\bar{p}(t)$、光谱形状参数 $\eta(t)$ 三个参数和太阳黑子数（SSN）关联起来，用连续的 SSN 记录重建参数。由于动态太阳风等离子体和嵌入的行星际磁场传播到日光层的边界，使得地球附近的 SSN 和 GCR 强度水平之间存在时间滞后。模型中将此时间滞后作为 1 年来简化。

通过将 ACE/CRIS 测量值（圆圈）拟合到光谱模型来计算强度调制参数 $\alpha(t)$、平均强度比率 $\bar{p}(t)$ 和光谱形状函数 $\eta(t)$。图 5-15（a）、（c）、（e）分别是 $\alpha(t)$、$\bar{p}(t)$ 和 $\eta(t)$ 随前一年太阳黑子数 $\text{SSN}(t-1)$ 的变化曲线，图 5-15（b）、（d）、（f）分别是 $\alpha(t)$、$\bar{p}(t)$ 和 $\eta(t)$ 的重建值随年份 t 的变化曲线。

由图 5-15（a）得到 $\alpha(t)$ 与 $\text{SSN}(t-1)$ 呈现如式（5-10）所示的强负相关性，即

$$\alpha(t)=-3.89-0.00620\times\text{SSN}(t-1) \tag{5-10}$$

利用式（5-10）和 SSN 记录，重建出最后 3 个太阳活动周（1998 年至今）的强度调制参数 $\alpha(t)$ [参见图 5-15（b）所示的实线]。与 $\alpha(t)$ 类似，$\bar{p}(t)$ 和 $\eta(t)$ 的线性关系可分别表示为式（5-11）和式（5-12），即

$$\overline{p}(t) = -2.65 + 0.0566 \times \mathrm{SSN}(t-1) \tag{5-11}$$

$$\eta(t) = -5.21 + 0.0115 \times \mathrm{SSN}(t-1) \tag{5-12}$$

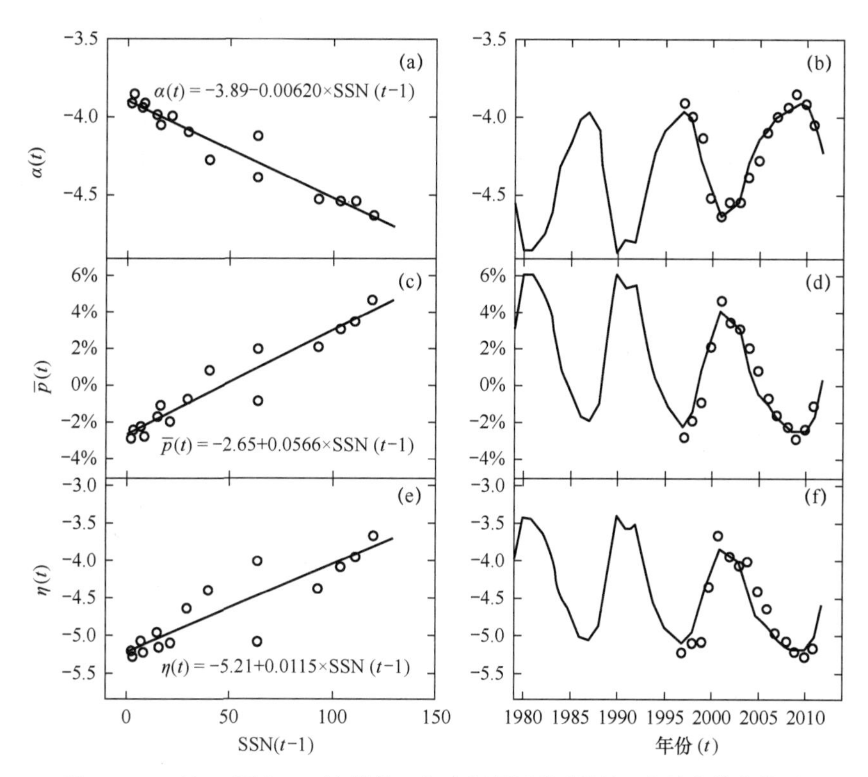

图 5-15　$\alpha(t)$、$\overline{p}(t)$、$\eta(t)$ 随前一年太阳黑子数 $\mathrm{SSN}(t-1)$ 的变化曲线及 $\alpha(t)$、$\overline{p}(t)$、$\eta(t)$ 的重建值随年份 t 的变化曲线

使用式（5-11）、式（5-12）进行重建，得到如图 5-15（d）和图 5-15（f）所示的拟合结果，表明参数 $\overline{p}(t)$ 和 $\eta(t)$ 与 ACE/CRIS 测量数据（圆圈）非常一致。

式（5-8）为最终的银河宇宙射线的能量谱模型，即本书构建的 GCR 模型。该模型基于 ACE/CRIS 实测数据中每个元素和时间进行能量积分得到积分强度，在此基础上进一步计算获得积分强度模型，并结合银河宇宙射线的光谱形状函数，得到最终的 GCR 能量谱模型。在模型计算时，选择所需计算的元素和相应时间，模型将自动获取相应核素的动能，根据公式计算各元素的积分通量。若预测未来某个时间的银河宇宙射线积分通量，则根据上述重建公式计算模型所需的若干参数，再代入 GCR 模型中计算即可。

表 5-6 列出了 GCR 模型中使用的参数，表 5-7 给出了 ACE/CRIS 的测量能量间隔。

表 5-6　GCR 模型中使用的参数

年份	1997	1998	1999	2000	2001	2002	2003	2004
$\alpha(t)$	−3.91	−4.00	−4.13	−4.51	−4.61	−4.53	−4.52	−4.37
$\eta(t)$	−5.21	−5.10	−5.07	−4.36	−3.66	−3.95	−4.09	−4.01
$\overline{p}(t)$/%	−2.78	−1.89	−0.86	2.12	4.72	3.50	3.10	2.04

续表

年份	2005	2006	2007	2008	2009	2010	2011	
$\alpha(t)$	−4.27	−4.06	−3.99	−3.94	−3.86	−3.92	−4.06	
$\eta(t)$	−4.40	−4.63	−4.96	−5.07	−5.20	−5.26	−5.14	
$\overline{p}(t)$/%	0.88	−0.70	−1.62	−2.27	−2.82	−2.39	−1.04	

z	5	6	7	8	9	10	11	12	13	14	15	16
$\overline{Z}(z)\times100$	16.82	80.85	22.42	100.00	1.76	17.40	3.72	27.46	4.53	22.80	0.78	4.4
z	17	18	19	20	21	22	23	24	25	26	27	28
$\overline{Z}(z)\times100$	0.89	1.97	1.58	4.32	0.96	3.52	1.70	3.47	2.21	23.80	0.15	1.25

表 5-7　ACE/CRIS 的测量能量间隔

元素	E_1	ΔE_1	E_2	ΔE_2	E_3	ΔE_3	E_4	ΔE_4	E_5	ΔE_5	E_6	ΔE_6	E_7	ΔE_7
B(5)	59.6	14.4	79.7	23.1	102.0	19.1	121.1	16.8	138.3	15.3	154.0	14.1	168.6	13.5
C(6)	68.3	16.6	91.4	26.6	117.2	22.1	139.2	19.5	159.1	17.8	177.3	16.4	194.4	15.7
N(7)	73.2	17.8	98.1	28.5	125.8	23.8	149.5	21.0	171.0	19.2	190.6	17.7	209.1	16.9
O(8)	80.4	19.6	107.8	31.5	138.4	26.3	164.7	23.3	188.4	21.3	210.2	19.7	230.7	18.8
F(9)	83.5	20.4	112.0	32.8	143.8	27.4	171.1	24.3	195.9	22.2	218.7	20.6	240.0	19.6
Ne(10)	89.4	21.8	120.0	35.2	154.3	29.5	183.8	26.1	210.5	24.0	235.1	22.2	258.2	21.2
Na(11)	94.0	23.1	126.2	37.1	162.3	31.2	193.5	27.6	221.7	25.4	247.8	23.5	272.3	22.6
Mg(12)	100.2	24.6	134.6	39.8	173.3	33.3	206.7	29.6	237.0	27.3	265.0	25.4	291.4	24.2
Al(13)	103.8	25.6	139.6	41.3	179.8	34.7	214.6	30.9	246.1	28.4	275.3	26.4	302.8	25.2
Si(14)	110.0	27.1	148.2	44.0	191.0	37.0	228.1	33.0	261.8	30.4	293.1	28.3	322.5	27.1
P(15)	112.7	27.8	151.8	45.1	195.8	38.0	233.9	33.9	268.7	31.2	300.8	29.1	331.1	27.9
S(16)	118.2	29.2	159.3	47.4	205.6	40.1	245.8	35.8	282.4	32.9	316.4	30.7	348.5	29.5
Cl(17)	120.0	29.8	161.8	48.2	209.0	40.8	249.9	36.4	287.2	33.6	321.8	31.4	354.5	30.1
Ar(18)	125.1	31.1	168.9	50.5	218.2	42.7	261.1	38.2	300.3	35.3	336.6	32.9	371.0	31.7
K(19)	127.9	31.9	172.7	51.7	223.3	43.9	267.3	39.2	307.5	36.3	344.8	33.9	380.2	32.5
Ca(20)	131.7	32.8	178.1	53.5	230.3	45.3	275.9	40.5	317.5	37.5	356.2	35.1	392.9	33.8
Sc(21)	133.5	33.4	180.5	54.4	233.6	46.0	279.9	41.2	322.2	38.1	361.5	35.7	398.8	34.4
Ti(22)	137.1	34.3	185.5	55.9	240.1	47.5	287.9	42.5	331.5	39.4	372.2	36.9	410.7	35.5
V(23)	139.9	35.1	189.4	57.2	245.4	48.6	294.3	43.6	339.1	40.4	380.7	37.9	420.3	36.4
Cr(24)	143.9	36.1	194.9	59.0	252.7	50.2	303.1	45.0	349.4	41.8	392.6	39.1	433.5	37.8
Mn(25)	146.8	37.0	199.0	60.3	258.1	51.3	309.7	46.2	357.2	42.8	401.4	40.2	443.4	38.7
Fe(26)	150.5	37.9	204.1	62.1	264.9	52.8	318.1	47.5	367.0	44.1	412.6	41.4	455.9	39.9
Co(27)	153.5	38.9	208.4	63.4	270.6	54.1	325.1	48.7	375.2	45.2	422.0	42.5	466.5	41.1
Ni(28)	159.0	40.2	216.0	66.0	280.7	56.4	337.5	50.8	389.7	47.1	438.5	44.4	485.0	42.9

注：E_i表示每个能量范围的推荐中点，ΔE_i表示相应的能量间隔，所有能量单位均为 MeV/nucl。

② 太阳宇宙射线建模。

太阳宇宙射线建模包括以下组成部分：SEP 事件平均出现频率、SEP 事件大小的分布函数、SEP 粒子能谱表达式。通过分析统计 ACE 卫星在太阳活动周期间不同年份发生事件的平均次数，得到 SEP 事件平均出现频率，通过统计 ACE 卫星过去 3 个太阳活动周的太阳质子事件的实测数据而得到 SEP 事件大小的分布函数，进而得到太阳能粒子的能量和峰值概率模型，即建立了 SEP 粒子能谱表达式。以下对模型各部分以及模型计算步骤进行介绍。

（a）SEP 事件平均出现频率。

具有≤30MeV 质子通量$\Phi 30\times10^6$ 质子/cm^2 的 SEP 事件的平均出现频率υ是太阳活动（太阳黑子数 W）的函数，即

$$\upsilon(t) = 0.18\times W(t)^{0.75}\text{event/year} \tag{5-13}$$

在高太阳活动期间的一些小事件由于被大事件（W≥120）所覆盖而被忽略。通过式（5-13），得到了$\Phi 30\times10^5$ 质子/cm^2 的 SEP 事件，即

$$\upsilon(t) = 0.3\times W(t)^{0.75}\text{event/year} \tag{5-14}$$

（b）SEP 事件大小的分布函数。

模型假设 SEP 事件的 30MeV 质子通量分布函数是在地球轨道观测到的整个通量范围。其中，dN 是Φ在 dΦ 范围内的事件数量。

$$\psi(\Phi) = 1N\mathrm{d}N(\Phi)\mathrm{d}\Phi = C\Phi^{-1.41} \tag{5-15}$$

通过对卫星观测数据的分析，可知太阳宇宙射线事件的平均出现频率是太阳活动的函数，即使在太阳活动周期的“安静”阶段，也有出现太阳质子大事件的概率，这在该模型中得到了很好的表达。

（c）SEP 粒子能谱表达式。

过去很长时间，都将太阳宇宙射线的质子能谱描述为粒子刚性的指数，即

$$F(E)\mathrm{d}E = F(R)\mathrm{d}R\mathrm{d}E\mathrm{d}E = C\times\exp(R_0R)\times\mathrm{d}E\beta \tag{5-16}$$

这种光谱形式表明粒子通量随着能量的增加而突然下降。然而，真实情况并非如此。通过对各种粒子谱进行的不同功能相关性的 Monte-Carlo 和最小二乘分析，表明太阳宇宙射线事件中能量谱 E_0≥30MeV/核子的粒子可以通过式（5-17）所示的粒子动量（每个核子）的幂律函数近似为更高的精度，即

$$F(E)\mathrm{d}E = F(p)\mathrm{d}p\mathrm{d}E\mathrm{d}E = C\times pp_0{}^{-\gamma}\times\mathrm{d}E\beta \tag{5-17}$$

式中，β为相对粒子速度；p 为粒子动量；$p_0 = 239\text{MeV/c}$。

重离子与质子比率可以随着事件变化而变化，通过对 SEP 事件数据的详细分析表明，质子和重离子谱参数组之间存在相关性，即

$$\gamma_0^{(z)} = K_{\gamma_0}\gamma_0^{(p)} = (1.26\pm0.07)\times\gamma_0^{(p)} \tag{5-18}$$

$$\alpha^{(z)} = K_\alpha\times\alpha^{(p)} = 1.17-0.17A_zQ_z\alpha^{(p)} \tag{5-19}$$

式中，A_z 和 Q_z 分别为太阳宇宙射线离子质量数和平均电荷。

（d）模型计算步骤概述。

该模型的目标是在一个以太阳黑子数 $W(t)$为特征的太阳活动水平下，计算在一定的积分概率ψ（该模型的第一个参数）内的空间飞行持续时间$\Delta T = t_2 - t_1$ 内的粒子通量或峰值通量的大小。为了实现该目标，将模型实现过程分为以下三个步骤：

✧ 计算一定积分概率ψ和飞行时间ΔT下的平均 SEP 数$\langle n\rangle$，即

$$\langle n\rangle = \int t_1 t_2 \overline{\upsilon} W(t)\mathrm{d}t \tag{5-20}$$

式中，$\overline{\upsilon}W(t)$ 为平均 SEP 出现概率的强烈相关性；n 为模型第二个输入参数。

✧ 计算平均 SEP 数的注量或峰值通量大小的概率。粒子通量为 n_i 的通量之和，通过 $\Phi^{(i)}(E)$ 计算，最大峰值通量为 n_i 通量中的最大峰值通量，通过 $f^{(i)}(E)$ 计算。其中，n_i 为随机 SEP 事件的平均数。平均 SEP 数的概率函数由 $\Phi^{(i)}(E)$ 和 $f^{(i)}(E)$ 组合构成。

✧ 计算给定概率下能量谱形式的数据。由特定 SEP 事件平均数时不同粒子的能量积分概率曲线（见图 5-16）可得到其能量密度或峰值通量，通过式（5-21）、式（5-22）、式（5-23）计算得到能量谱数据。

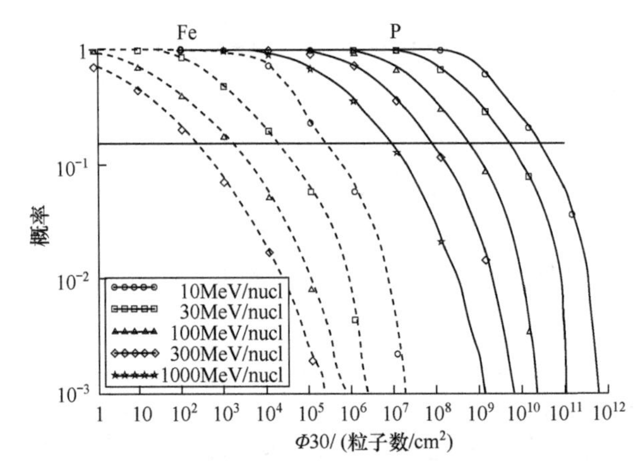

图 5-16　SEP 事件平均数 $n = 8$ 时不同能量的质子能量（实线）和 Fe 离子能量（虚线）的积分概率曲线

$$\chi^{(i)}_{\psi,\langle n\rangle}(E) = D^{(i)}_{\psi,\langle n\rangle} E100^{-\mu^{(i)}_{\psi,\langle n\rangle}} \tag{5-21}$$

式中，参数 $\mu^{(i)}_{\psi,\langle n\rangle}$ 对于 E≥100MeV/nucl 有

$$\mu^{(i)}_{\psi,\langle n\rangle} = \lambda^{(i)}_{\psi,\langle n\rangle} \tag{5-22}$$

而 E<100MeV/nucl 则为

$$\mu^{(i)}_{\psi,\langle n\rangle} = \lambda^{(i)}_{\psi,\langle n\rangle} E100^{\delta^{(i)}_{\psi,\langle n\rangle}} \tag{5-23}$$

式中，$D^{(i)}_{\psi,\langle n\rangle}$、$\lambda^{(i)}_{\psi,\langle n\rangle}$、$\delta^{(i)}_{\psi,\langle n\rangle}$ 为能谱参数。

③ 宇宙射线粒子丰度。

宇宙射线粒子丰度是指构成宇宙射线的各种粒子元素及同位素的相对含量，单位为 cm^3。对于原子序数在 1～28 之间的能量较低的元素的丰度，已经能被精确测量。研究发现此范围的元素宇宙射线丰度以 H 和 He 为主要成分，Li、Be、B 的丰度达到超丰级别；而宇宙射线粒子加速过程导致原子序数介于 21～26 之间的元素丰度非常大，仅次于 Li、Be、B 的元素丰度。目前，对宇宙射线元素丰度测量已达到超重核丰度分布。在高能区，宇宙射线重核丰度趋势逐渐增加。

ACE 卫星的观测数据涵盖了银河宇宙射线和太阳宇宙射线中几乎所有元素和同位素的丰度，因此对其丰度数据进行数据分析和处理，提取适用于本节的宇宙射线丰度数据，并存储为数据库，作为本节宇宙射线模型的补充数据。

2）基于地球磁场模型计算地磁截止刚度

地球磁场的形成原因有多种学说，其中发电机说占有一定的市场。在地球内部有因压力形成的高温液体核，主要成分是铁、镍等物质。在地球外核中，这种导电流体的漩涡运动，形成了地球的磁场。地球磁场分为内源场和外源场。内源场来自地球内部，由地表下带磁性或电流的物质产生。外源场来源于地球附近的电流体系，其变化与电离层的变化、太阳活动等有关。地球磁场是复杂和变化的。在空间上有全球场和局部场。在变化上，有上百年的缓慢变化，也有几分钟、小时量级的扰动。前者来自地球内部，后者来自空间磁层。空间物理关注的是全球场，在长期分析中，不考虑扰动场。

宇宙射线带电粒子到达 0～400km 的近地轨道空间时需要穿越地磁场，而 400km 以下地球磁场很强，空间宇宙射线受地磁场的偏转有很强的空间分布特征。宇宙射线粒子的磁刚度表征其对磁场的穿透能力，由粒子动量与电荷比表示。对于磁层中每个位置和入射方向均存在对应的阈值，小于该阈值的宇宙射线将不能到达该空间位置。本节取垂直截止刚度为统一截止刚度，并采用国际参考地磁场模型及粒子追踪法来计算该截止刚度。以下详细解释地磁效应、地磁场模型、地磁传输模型和地磁传输计算。

① 地磁效应。

银河宇宙射线是带电粒子，因此会受到磁场作用。在远离地球、没有地磁场作用的空间范围内，银河宇宙射线呈现各向同性。但进入地磁场作用的空间范围后，如图 5-17 所示，带电粒子受磁场作用运动轨迹发生偏转。也正是在这种磁偏转的作用下，能量较低的粒子无法到达地面附近，这一影响在低纬度区域尤为明显。因此，银河宇宙射线粒子显示出空间分布的不均匀性和各项异性，被称为地磁效应。地磁效应具体表现为宇宙射线强度的维度效应、经度效应、东西不对称和南北不对称等。

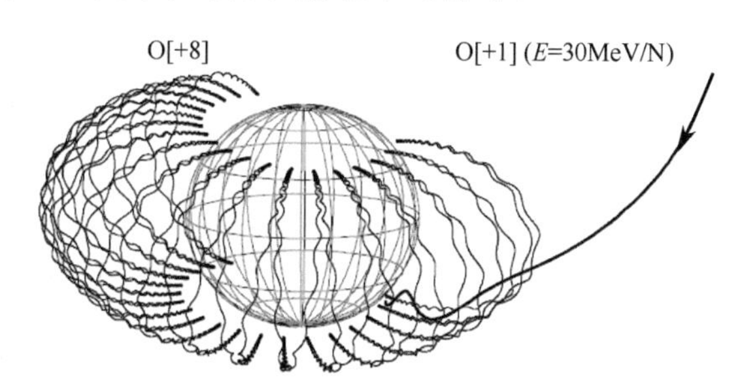

图 5-17　银河宇宙射线粒子进入地磁场作用的空间范围过程示意图

为了用同一尺度来描述宇宙射线各种粒子贯穿磁场的能力，常引用磁刚度 R 概念，它表征了粒子运动轨道受地磁场偏转程度的物理量，可由式（5-24）求解。

$$R = \frac{pc}{Ze} \tag{5-24}$$

式中，c 为光速；e 为电子电荷；Z 为粒子电荷数。动量 p 的单位以 GeV/c 表示，则磁刚

度 R 的单位为 GeV。由式（5-24）可知：（a）能量越小的宇宙射线粒子受到的弯曲越大，从而容易被地球磁场弹射，无法到达低轨道；（b）从极轴方向入射的粒子，由于切割的磁力线少，径迹很少弯曲，即使是低能粒子也能到达低轨道，从赤道方向入射的只有高能粒子；（c）宇宙射线强度从赤道到磁纬 60° 左右增加比较明显，但到 60° 以上时变化就不明显了。

② 地磁场模型。

本节选用国际应用范围较广的地磁场主磁场模型——IGRF 模型。该模型每 5 年都会调整高斯系数，包含 2015 年的 2015—2020 的高斯系数最新版本是 IGRF12，IGRF 是基于高斯球谐分析方法和卫星探测数据分析而建立的地磁场描述方法。

地球的主磁场标量位分布服从拉普拉斯方程式，即

$$U(r,\theta,\lambda,t)=\frac{1}{r^2}\frac{\partial U}{\partial r}\left(r^2\frac{\partial U}{\partial r}\right)+\frac{1}{r^2\sin\theta}\frac{\partial}{\partial\theta}\left(\sin\theta\frac{\partial U}{\partial\theta}\right)+\frac{1}{r^2\sin^2\theta}\frac{\partial^2 U}{\partial\lambda^2}=0 \quad (5\text{-}25)$$

式中，r 为地心距；θ为地理纬度余角；λ为地理经度；t 为时间。

主磁场的磁感应强度为标量磁位的负导数，由式（5-26）计算可得

$$\vec{B}=-\nabla U \quad (5\text{-}26)$$

综合考虑地球内外源场，它的解可用分离变量法求得，将上述解按球谐函数展开为

$$U^{\mathrm{i}}=a\sum_{n=1}^{\infty}\sum_{m=0}^{n}\left(\frac{a}{r}\right)^{n+1}(g_n^m\cos m\lambda+h_n^m\sin m\lambda)P_n^m(\cos\theta) \quad (5\text{-}27)$$

式中，g_n^m 、h_n^m 为球谐系数；n 为次数；m 为阶数。

将式（5-27）进一步展开为

$$U^{\mathrm{i}}=\frac{a}{\mu_0}\sum_{n=1}^{\infty}\sum_{m=0}^{n}P_n^m(\cos\theta)\left\{\left[(g_{\mathrm{e}})_n^m\left(\frac{r}{a}\right)^n+(g_{\mathrm{i}})_n^m\left(\frac{a}{r}\right)^{n+1}\right]\cos m\lambda+\left[(h_{\mathrm{e}})_n^m\left(\frac{r}{a}\right)^n+(h_{\mathrm{i}})_n^m\left(\frac{a}{r}\right)^{n+1}\right]\sin m\lambda\right\} \quad (5\text{-}28)$$

式中，g 和 h 均为高斯系数，可以从特定的年代计算得出，单位为 nT；角标 e 和 i 分别代表外场的起源和内场的起源；a 为地球半径（6.371×10^6m）；μ_0 为自由空间的磁导率；P_n^m 正比于勒让德多项式。

磁场强度在 X、Y、Z 三个方向的磁场分量由下列拉普拉斯方程求解，即

$$\begin{cases}X=-B_\theta=\dfrac{\partial U}{r\partial\theta}=\displaystyle\sum_{n=1}^{\infty}\sum_{m=0}^{n}\left(\frac{a}{r}\right)^{n+1}(g_n^m\cos m\lambda+h_n^m\sin m\lambda)\frac{\partial P_n^m(\cos\theta)}{\partial\theta}\\ Y=B_\lambda=-\dfrac{\partial U}{r\sin\theta\partial\lambda}=\displaystyle\sum_{n=1}^{\infty}\sum_{m=0}^{n}\left(\frac{a}{r}\right)^{n+2}(g_n^m\sin m\lambda-h_n^m\cos m\lambda)\frac{mP_n^m(\cos\theta)}{\sin\theta}\\ Z=-B_r=\dfrac{\partial U}{\partial r}=-\displaystyle\sum_{n=1}^{\infty}\sum_{m=0}^{n}(n+1)\left(\frac{a}{r}\right)^{n+2}(g_n^m\cos m\lambda+h_n^m\sin m\lambda)P_n^m(\cos\theta)\end{cases} \quad (5\text{-}29)$$

由上述公式可知，IGRF 模型的计算实质上是求解磁场标量位梯度的相反数。该模型计算的输入参数为时间、经度、纬度、高度（地心距）、球谐系数，输出参数有磁场七分量 X（北分量）、Y（东分量）、Z（垂直分量）、D（磁偏角）、I（磁倾角）、H（水平强度）、

F（总强度）。

磁场的球谐函数解算项越多，其磁场的计算越精细。图 5-18 给出了前三阶球谐函数的分布，即轴向（$m=0$）的偶极子场（$l=1$）、四极子场（$l=2$）及八极子场（$l=3$）。

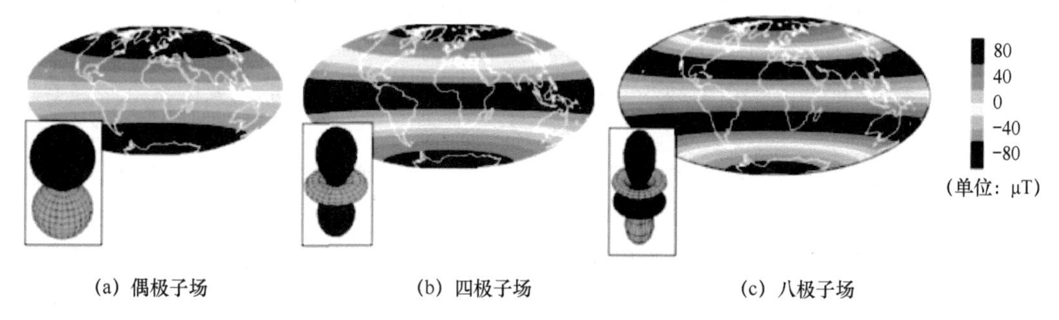

(a) 偶极子场　　(b) 四极子场　　(c) 八极子场

图 5-18　全球磁场球谐函数及其相应的分布图

g 和 h 高斯系数均是由某段时间的磁测或卫星观测的磁场数据通过拟合得到的。在某段时间内国际（或权威的）地磁参考场可以是一系列的高斯系数及它们的时间导数。

③ 地磁传输模型。

地磁传输模型包括多个模型，如 Shea and Smart code、MAGNETOCOSMICS、Nymmik、CREME96/GTRN 等多个模型。

（a）Shea and Smart code 模型。

Shea and Smart code 是美国 Alabama 大学的 D. F. Smart 和 M. A. Shea 于 2001 年发布的宇宙射线粒子追迹法计算程序，该程序是用 FORTRAN 语言开发的，磁场模型为 IGRF，可以计算任意位置的半影、截止刚度等。该程序使用不方便，一般用于研究领域。

（b）MAGNETOCOSMICS 模型。

MAGNETOCOSMICS 是英国国防科技集团 QinetiQ 开发的计算宇宙射线粒子在磁场中运动的模型，该模型使用 GEANT4 工具包开发，包含的磁场模型有 IGRF/DGRF、Tsyganenko89、Tsyganenko96、Tsyganenko2001 和 Tsyganenko2004。该模型可以计算地磁截止刚度、追迹计算结果等，但该模型的结果不能直接用于计算轨道上宇宙射线的通量。

（c）Nymmik 模型。

Nymmik 是俄罗斯莫斯科大学 Nymmik 等开发的地磁截止刚度和地磁传输系数计算模型，该模型基于追迹计算法，地磁采用 IGRF+T89 模型。该模型在网上提供计算页面，可以在线进行计算。

（d）CREME96/GTRN 模型。

该模型基于 Nymmik 等人在 1991 年发表的地磁截止刚度计算方法，计算轨道平均地磁传输系数时只考虑了垂直方向的截止刚度。该模型对国际空间站轨道和美国航天飞机轨道提供基于预先计算的较精确的地磁传输系数。

④ 地磁传输计算。

地磁传输计算基于 Shea and Smart code 模型，采用宇宙射线粒子追迹法，以地磁场模型 IGRF 计算磁场向量强度为输入，计算地磁截止刚度来实现的地磁传输计算模型。由于粒子追迹法计算十分耗时，软件设计中常采用设计优化，将地球空间划分为网格，预先计算完成每个网格点的粒子截止刚度，在软件计算应用中采用插值计算的方式，快速实现粒子在空间中的传输计算。

3）基于标准大气模型得出大气及核素密度分布

在地球表面以上几十千米高度范围内存在保护地球的大气层，宇宙射线在穿越大气层时会通过大气层作用与大气分子、原子发生碰撞和电离等效应。原初宇宙射线是指与大气层作用后仍能到达地面的宇宙射线，是导致元器件产生单粒子效应的主要因素，必须着重予以考虑。

在几十千米以下需要考虑大气对宇宙射线的影响，采用国际标准大气模型NRLMSISE-00，得出不同高度原初宇宙射线的强度变化规律。NRLMSISE-00 模型是全球大气经验模型，其基于持久观测并不断更新的观测数据所建立，描述了 1～1000km 高度范围的温度、中性大气密度、大气组分等参数，应用范围十分广泛。该模型的输入参数和输出参数如表 5-8 所示。

表 5-8　NRLMSISE-00 大气模型输入参数和输出参数

输入参数	说　明	输出参数	说　明
时间	年和当天距离该年份 1 月 1 日的天数； 该时刻距离 00:00:00 的秒数	大气组分	He、O、N_2、O_2、Ar、H、N 和不规则氧气数密度
空间坐标	地理经度、纬度及高度	大气密度	中性大气密度、各种成分总和的密度
F10.7	前一天的太阳辐射流量 81 天的平均太阳辐射流量	大气温度	中性大气温度
A_p 指数	当天的每日磁指数	—	—

表 5-9 所示为 NRLMSISE-00 模型不同高度下不同原子数密度的平均值计算结果。

表 5-9　NRLMSISE-00 模型不同高度下不同原子数密度的平均值计算结果

高度/km	氧原子数密度/cm^{-3}	氮原子数密度/cm^{-3}	氦原子数密度/cm^{-3}	氩原子数密度/cm^{-3}	氢原子数密度/cm^{-3}
0	1.073×10^{19}	3.998×10^{19}	1.341×10^{14}	2.391×10^{17}	0
5	6.356×10^{18}	2.369×10^{19}	7.949×10^{13}	1.417×10^{17}	0
10	3.575×10^{18}	1.332×10^{19}	4.471×10^{13}	7.969×10^{16}	0
20	8.069×10^{17}	3.008×10^{18}	1.009×10^{13}	1.799×10^{16}	0
30	1.698×10^{17}	6.298×10^{17}	2.113×10^{12}	3.767×10^{15}	0
40	3.867×10^{16}	1.441×10^{17}	4.836×10^{11}	8.621×10^{14}	0
50	1.058×10^{16}	3.943×10^{16}	1.323×10^{11}	2.358×10^{14}	0
60	3.143×10^{15}	1.171×10^{16}	3.931×10^{10}	7.006×10^{13}	0
70	8.163×10^{14}	3.189×10^{15}	1.074×10^{10}	1.905×10^{13}	0
80	1.776×10^{14}	7.268×10^{14}	2.48×10^{9}	4.321×10^{12}	2.894×10^{7}
90	2.57×10^{13}	1.125×10^{14}	4.196×10^{8}	6.484×10^{11}	5.838×10^{7}
100	3.086×10^{12}	1.447×10^{13}	8.584×10^{7}	7.183×10^{10}	1.389×10^{7}

4）模型修正

在上述研究的基础上，利用地磁场 IGRF 模型计算的地磁截止刚度和标准大气模型

NRLMSISE-00 所得的大气密度，对所建立的 0～400km 空间宇宙射线模型所计算的原初宇宙射线能谱进行修正，图 5-19 所示为模型修正示意图。

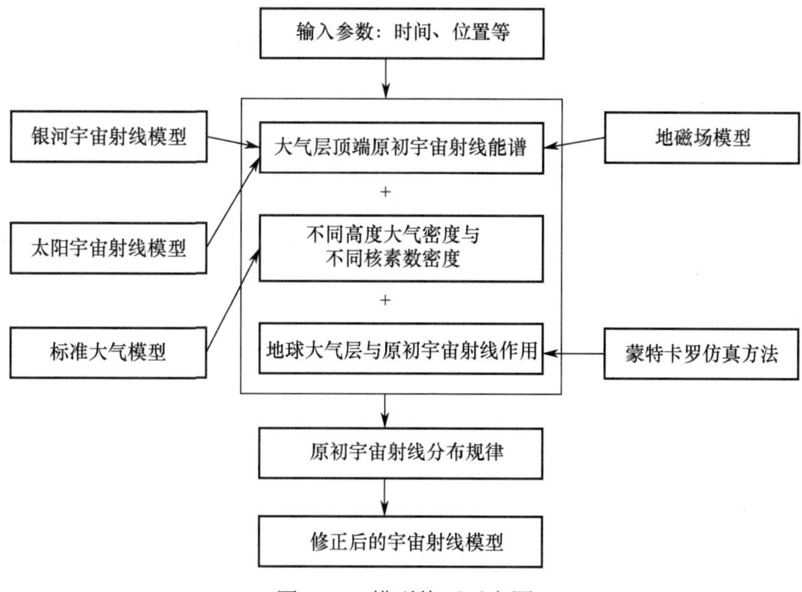

图 5-19 模型修正示意图

修正的具体步骤如下：

（1）利用 0～400km 空间辐射环境模型计算特定时间和空间位置处的原初宇宙射线能谱。

（2）根据 IGRF 模型计算的地磁截止刚度得到进入大气层顶端的原初宇宙射线能谱。

（3）利用 NRLMSISE-00 模型得到不同高度的大气密度和不同核素数密度。

（4）利用现有的蒙特卡罗方法（FLUKA2006.3b）模拟原初宇宙射线在地球大气层中的传输过程，从而获得原初宇宙射线能谱与大气作用的规律。

（5）根据原初宇宙射线能谱规律对 0～400km 空间宇宙射线模型计算的不同高度宇宙射线能谱进行修正。

以上前三个步骤已在前面内容中实现，以下主要对蒙特卡罗模拟仿真过程进行论述。蒙特卡罗方法是一种计算机模拟方法，该方法基于数学概率统计理论，通过程序中一系列随机数进行反复随机抽样来解决计算问题。本书利用蒙特卡罗方法模拟宇宙射线在地球大气层中的传输过程，首先需要分析宇宙射线和地球大气特性。由于宇宙射线近似各向同性进入大气层，因此设置为球面源入射，并根据 NRLMSISE-00 模型的大气密度分布将大气进行分层。根据近地空间大气环境特性建立大气密度概率统计模型，得出该模型的概率密度函数，然后从概率密度函数出发进行大量的随机抽样试验，每次试验后保留高斯拟合程度大于 98%的部分，产生已知概率分布的随机宇宙射线变量值，最后对模拟结果进行分析，进而得到宇宙射线在地球大气层中的传输特征。为了使模拟结果更准确，在每次计算后确定统计方差，并采取重要抽样法、能量截断技术等方法减小估计方差。由此得到蒙特卡罗仿真结果，即宇宙射线在地球大气层传输前后的能谱规律。

最后，为了在不影响空间辐射环境研究的前提下，更加便捷地使用数据、缩小数据量，以及便于后期进行数据的显示，将0～400km空间银河宇宙射线模型和太阳宇宙射线模型输出数据进行合并，得到总体的辐射积分通量，作为0～400km空间辐射模型的最终版，即0～400km空间辐射通量模型，输出为宇宙射线辐射积分通量，表示每单位时间内入射到单位面积上的粒子数，单位为粒子数/（$cm^2 \cdot s$）。至此，0～400km空间辐射环境建模完成。

5.1.3 空间辐射环境模型可信度评价

为了确定上述0～400km空间辐射通量模型是否正确，本节针对建立的0～400km空间辐射环境模型进行验证。另外，宇宙射线粒子丰度是直接提取ACE实测数据进行数据处理而得，数据真实，无须再进行验证。

1．银河宇宙射线模型验证

针对本节介绍的银河宇宙射线（GCR）模型验证，主要通过与其他模型对比验证和定量的数据准确性验证两个方面进行。

1）模型对比验证

银河宇宙射线相对比较稳定，不同模型计算的结果相差不多，目前常用的模型有Badhwar-O'Neill模型、CREME96/Nymmik模型等。以下选取C、O、Si、Fe四种元素进行能谱验证，将本章所构建的GCR模型与Badhwar-O'Neill模型、CREME96/Nymmik模型及ACE探测数据各元素的能谱进行比较，如图5-20所示。

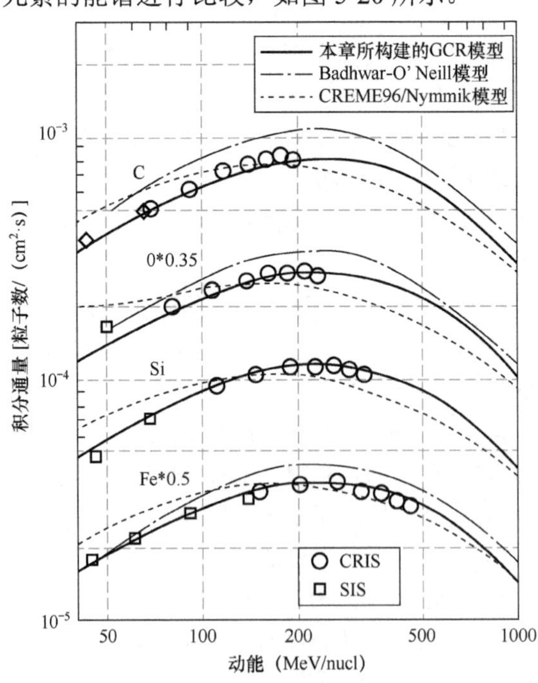

图5-20 GCR模型与Badhwar-O'Neill模型、CREME96/Nymmik模型及ACE探测数据各元素的能谱比较

由图 5-20 知，本章所构建的 GCR 模型与 Badhwar-O'Neill 模型、CREME96/ Nymmik 模型及 ACE 探测数据各元素的能谱整体趋势一致，大小略有差别。

2）数据准确性验证

银河宇宙射线模型计算数据的准确性验证是与《宇航空间环境手册》进行比对的，通过与空间中某点数值进行比较来判断模型计算的准确性。表 5-10 选取《宇航空间环境手册》中银河宇宙射线章节中相关表格数据，与本章所构建的 GCR 模型计算数据进行对比。

表 5-10　模型计算结果与标准数据对比

成　分	强度/（粒子数 · cm^{-2} · s^{-1}）	银河宇宙射线组成/%	本章所构建 GCR 模型计算数据
质子	3.6	88	4.14
α 粒子	4×10^{-1}	9.8	4.11×10^{-1}
轻核（Li,Be,B）	8×10^{-3}	0.2	5.76×10^{-3}
中等核（C,N,O,F）	3×10^{-2}	0.75	2.50×10^{-2}
重核（10≤Z≤30）	6×10^{-3}	0.15	5.65×10^{-3}
超重核（Z≥31）	5×10^{-4}	0.01	4.16×10^{-4}
电子光子（>4BeV）	4×10^{-2}	1	3.72×10^{-2}

由表 5-10 可知，模型计算数据与手册中的数据量级相同，数值有细微差距，整体上是符合要求的。

2. 太阳宇宙射线模型验证

针对本节介绍的太阳宇宙射线（SCR）模型验证，主要通过与其他模型对比验证和定量的数据准确性验证两个方面进行。

1）模型对比验证

太阳质子事件的发生具有概率性，因此太阳宇宙射线模型一般都是统计模型或事件模型。目前应用较为广泛的模型有 King、JPL、ESP、MSU 和 CREME96、PSYCHIC 等模型。其中，CREME96 模型使用能量范围广，是以上模型中应用最多的一种。因此，本章选取了 O、Si、P、He 四种元素进行能谱验证，将本章所构建的 SCR 模型与 CREME96 模型及 ACE 卫星 SIS 探测数据的能谱进行比较，如图 5-21 所示。

由图 5-21 可知，本章所构建的 SCR 模型与 CREME96 模型及 ACE 探测数据各元素的能谱具有较为一致的变化趋势。

2）数据准确性验证

太阳宇宙射线模型计算数据的准确性验证是与《宇航空间环境手册》进行比对的，通过与空间中某点数值进行比较来判断模型计算的准确性。表 5-11 给出了典型太阳活动年——1989 年 SEP 平均情况下的太阳宇宙射线部分元素的积分通量数据对比情况。

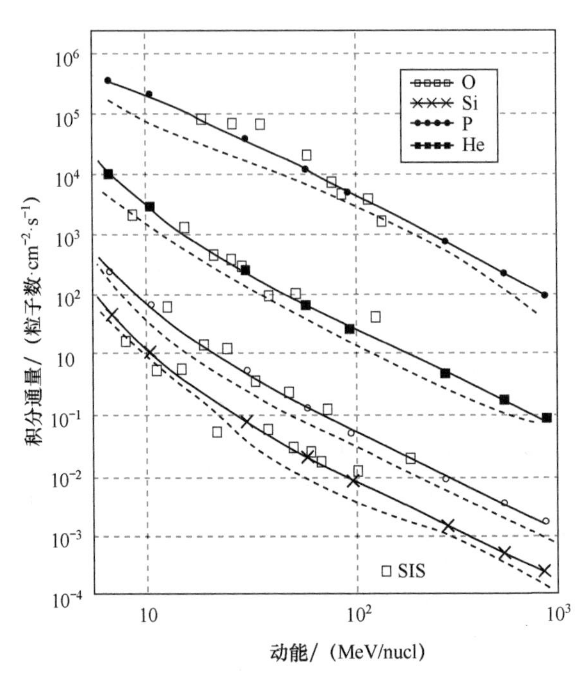

图 5-21 SCR 模型与 CREME96 模型及 ACE 卫星 SIS 探测数据的能谱比较

表 5-11 1989 年太阳宇宙射线部分元素的积分通量与本章所构建 SCR 模型计算数据对比

元　素	《宇航空间环境手册》数据	本章所构建 SCR 模型计算数据
^{1}H	8.252×10^{13}	7.929×10^{13}
^{2}He	1.65×10^{12}	1.531×10^{12}
^{3}Li	0	7.630×10^{-13}
^{4}Be	0	2.387×10^{-12}
^{5}B	0	1.746×10^{-12}
^{6}C	1.32×10^{10}	1.135×10^{10}
^{7}N	3.136×10^{9}	2.918×10^{9}
^{8}O	2.64×10^{10}	2.483×10^{10}
^{9}F	0	1.918×10^{-13}
^{10}Ne	4.209×10^{9}	4.018×10^{9}

由表 5-11 可知，在特大太阳质子事件发生时，太阳宇宙射线积分通量数据十分明显，《宇航空间环境手册》查询数据和模型计算数据数量级一致，数值误差也在可接受范围内，因此基本符合要求。

5.2 空间辐射虚拟环境生成软件设计与实现

空间辐射虚拟环境生成软件能够生成 0～400km 空间辐射虚拟环境数据，具有 SEDRIS 接口，能进行空间辐射环境数据的标准化表示、存储与交互。

5.2.1　设计方案

基于需求和空间辐射虚拟环境构建方法的研究，确定了 0～400km 空间辐射虚拟环境生成软件设计方案，如图 5-22 所示。

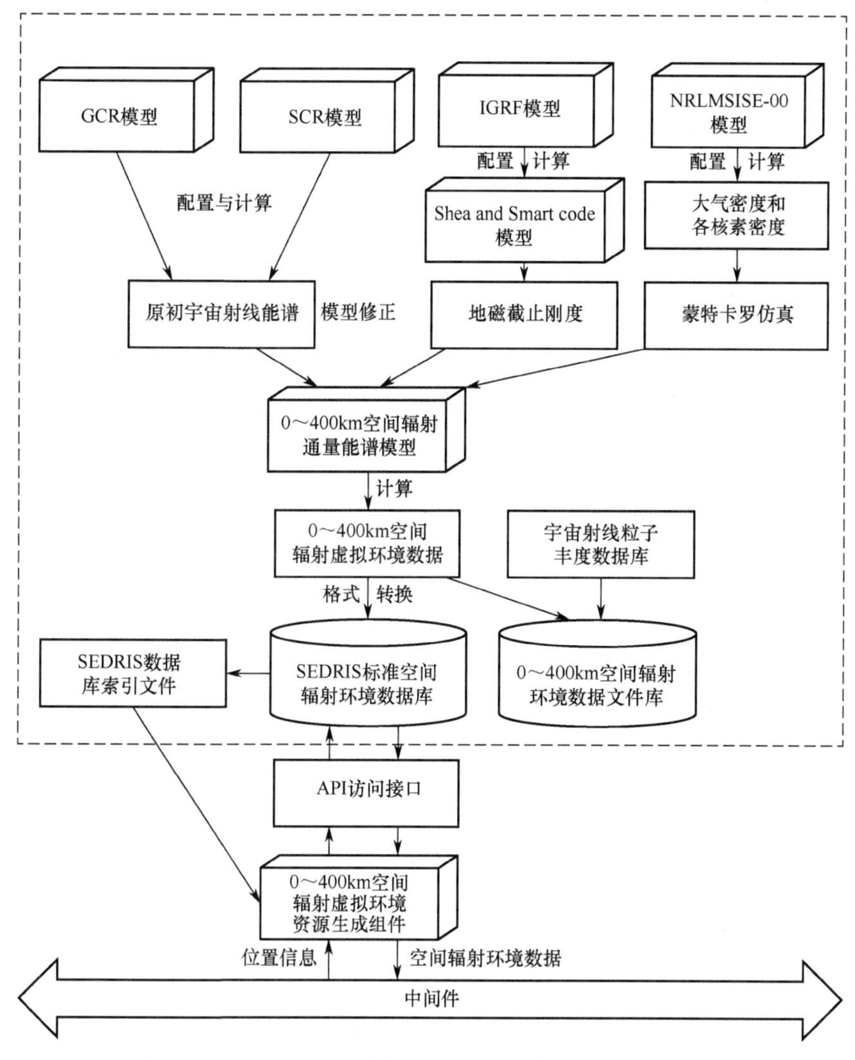

图 5-22　0～400km 空间辐射虚拟环境生成软件设计方案

0～400km 空间辐射虚拟环境生成软件主要通过各类模型进行数值计算，再进行仿真、模型修正，最后将生成的辐射数据进行标准格式转换，与宇宙射线粒子丰度一起，建立 0～400km 空间辐射环境数据库。该软件基于 GCR 模型和 SCR 模型计算原初宇宙射线能谱；根据 IGRF 模型计算地磁强度分量并作为 Shea and Smart code 模型的输入，计算出地磁截止刚度，得到地磁截止刚度作用下的原初宇宙射线能谱分布；通过 NRLMSISE-00 模型计算大气密度及各核素密度，再通过蒙特卡罗仿真得出大气影响下的原初宇宙射线能谱分布；根据上述原初宇宙射线能谱分布特征对最初建立的 GCR 模型和 SCR 模型进行修正，从而得到最终的 0～400km 空间辐射通量能谱模型；通过模型计算得到 0～400km 空间辐射虚拟环境数据；将生成数据保存为数据文件，与宇宙射线粒子丰度数据文件一起，作为 0～400km 空间辐射虚拟环境数据文件库；依据 SEDRIS 标准对生成的辐射环境数据进行格式转换，得到 SEDRIS 标准空间辐射环境数据库。在虚拟试验平台中使用该软件时，可通过 API 访问接口读取生成软件输出的辐射数据，再通过虚拟试验平台中间件进行数据的实时交互。

5.2.2 需求分析

1．功能需求

0～400km 空间辐射虚拟环境生成软件为一个可独立执行的程序（EXE 方式），支持用户根据需求设置时间范围、空间范围（经度范围、纬度范围和高度范围）和网格分辨率，把数据转换为符合 SEDRIS 规范的空间辐射环境数据，最后将多个 STF 拼接得到索引文件，便于用户检索数据，具体包括：

（1）支持用户对所需要的空间辐射环境数据属性进行配置，包括时间范围、空间范围（经度范围、纬度范围和高度范围）和网格分辨率。

（2）支持用户自定义太阳质子事件等级，以便研究偶发性太阳质子事件造成的太阳宇宙射线对飞行器不同程度的危害作用。

（3）能够运行 GCR 模型和 SCR 模型，计算出原初宇宙射线能谱数据。

（4）能够实现 IGRF 地磁场模型的计算，并在此基础上通过 Shea and Smart code 模型进行地磁传输计算，得到地磁截止刚度。

（5）能够实现标准大气环境 NRLMSISE-00 模型的计算，得到大气密度和各核素密度分布。

（6）能够根据蒙特卡罗 FLUKA2006.3b 仿真算法模拟大气密度和各核素密度对原初宇宙射线的影响。

（7）能够由计算所得的地磁截止刚度和蒙特卡罗模拟结果对 GCR 模型和 SCR 模型进行修正。

（8）能够将修正后的银河宇宙射线模型和太阳宇宙射线模型的辐射结果进行合并，得到总体宇宙射线辐射的积分通量，与宇宙射线粒子丰度一起，作为最终的 0～400km 空间辐射虚拟环境模型输出数据库。

（9）能够将 0～400km 空间辐射虚拟环境数据和宇宙射线粒子丰度输出为用户可直接查看的数据文件。

（10）能够将 0～400km 空间辐射虚拟环境数据转换为符合 SEDRIS 规范的 STF 格式的标准空间辐射环境数据进行存储。

2．用例图

0～400km 空间辐射虚拟环境生成软件用例图如图 5-23 所示。以下对该软件进行用例分析。

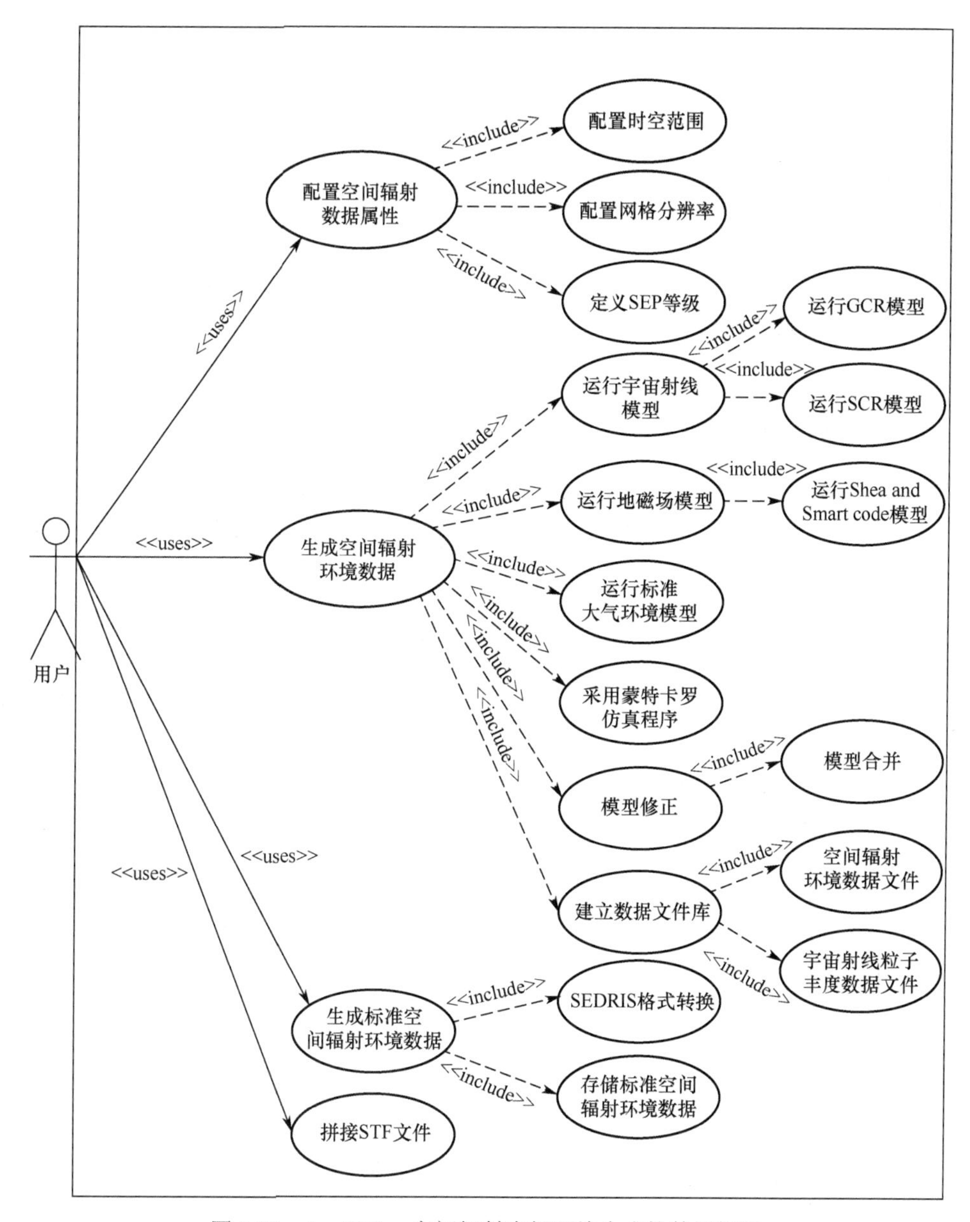

图 5-23　0～400km 空间辐射虚拟环境生成软件用例图

（1）配置空间辐射数据属性。为用户提供配置界面，支持根据虚拟试验需求配置空间辐射环境的属性，包括时间范围、空间范围及网格分辨率的设置，同时也为各模型运行提供了必要的输入参数。

（2）生成空间辐射环境数据。运行宇宙射线模型，包括 GCR 模型和 SCR 模型，计算出特定时空范围下的原初宇宙射线能谱；运行地磁场模型，计算出地磁场的磁场七分量，在此基础上运行 Shea and Smart code 模型，采用空间粒子追迹法计算地磁截止刚度；运行标准大气环境模型，计算大气密度及各核素密度；采用蒙特卡罗仿真程序，获得地磁截止刚度和大气、核素密度对原初宇宙射线的模拟结果；根据地磁截止刚度和蒙特卡罗仿真结果对模型进行修正；将修正后的宇宙射线模型进行合并，将其输出统一为总体的辐射通量结果；利用最终的辐射模型计算出 0～400km 空间辐射环境数据，保存为数据文件，同时将宇宙射线粒子丰度也存储在该数据文件库中。

（3）生成标准空间辐射环境数据。为实现环境数据的共享性、可重用性和互操作性，读取空间辐射环境数据，根据 SEDRIS 规范对其进行表示并存入 STF 格式数据库中，生成标准的空间辐射环境数据。

5.2.3　静态模型设计

基于需求分析，采用面向对象的方法，设计了 0～400km 空间辐射虚拟环境生成软件的静态模型，如图 5-24 所示。该静态模型包含配置显示界面类、空间辐射环境数据类、GCR 模型类、SCR 模型类、IGRF 模型类、NRLMSISE-00 模型类、Shea and Smart code 模型类、蒙特卡罗仿真类、模型修正类、SEDRIS 格式转换类及 STF 文件拼接类。

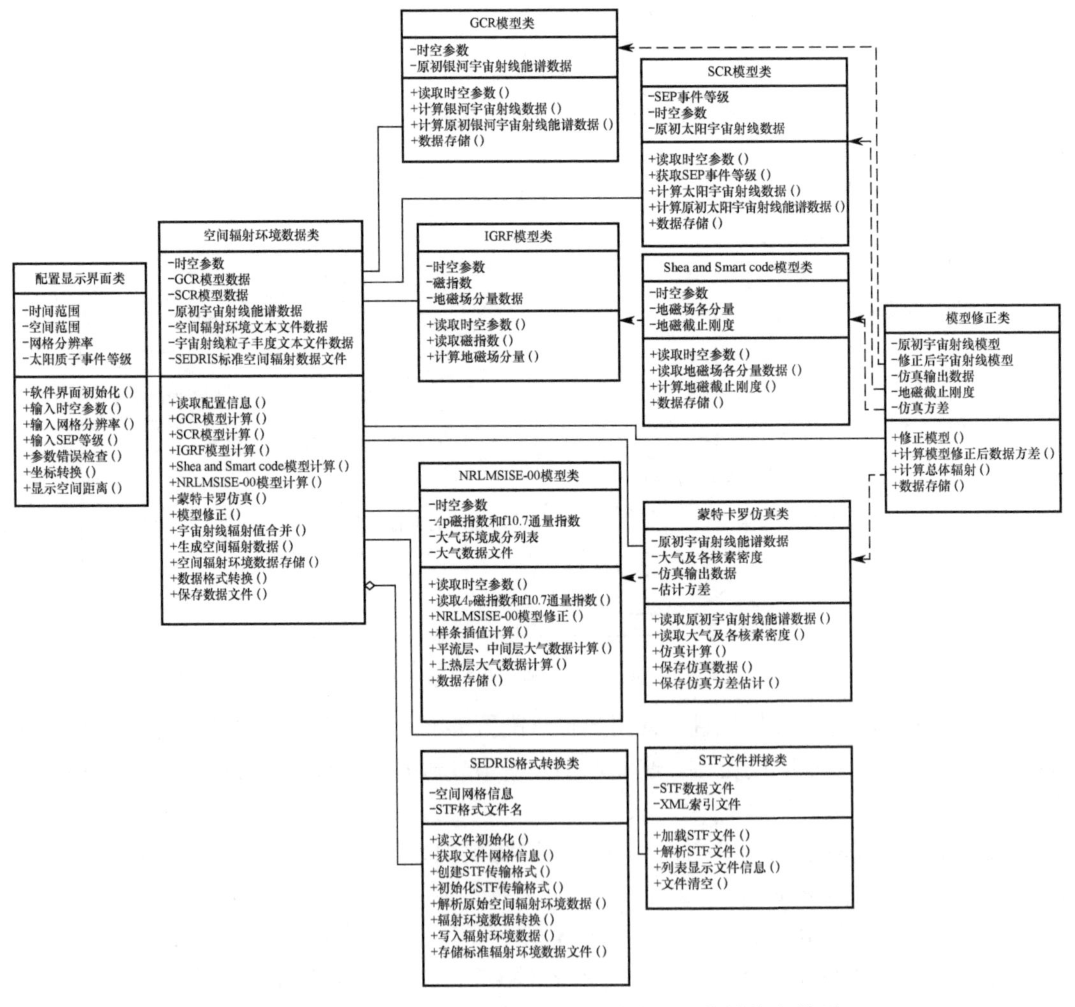

图 5-24　0～400km 空间辐射虚拟环境生成软件的静态模型

下面对图中涉及的各类作出详细说明。

1. 配置显示界面类

提供可视化界面支持用户根据需求对空间辐射模型输出的空间辐射环境数据进行时空范围、网格分辨率的设置；对 SCR 模型中的 SEP 等级进行设置；初始化软件界面；能对输入参数进行错误检查；支持在进行地理坐标设置的同时进行空间距离的显示。

2. 空间辐射环境数据类

该类读取配置信息，通过调用 GCR 模型和 SCR 模型计算原初宇宙射线能谱数据，并保存到数据文件中；通过 IGRF 模型计算出磁场各分量，作为 Shea and Smart code 模型的输入参数计算出地磁截止刚度；通过 NRLMSISE-00 模型计算出大气密度和各核素密度；通过蒙特卡罗仿真程序得到地磁截止刚度和大气等密度对原初宇宙射线的影响，并据此对模型进行修正；使用修正且合并后的模型生成 0～400km 空间辐射虚拟环境数据，保存为用户可查看的数据文件，并与宇宙射线粒子丰度文件一起存入数据文件库；将生成的 0～400km 空间辐射虚拟环境数据进行 SEDRIS 转换，得到 0～400km 空间辐射虚拟环境标准数据，存储到空间辐射环境 SEDRIS 数据库中。

1）GCR 模型类

读取时空参数，运行 GCR 模型生成原初银河宇宙射线能谱数据，并将数据进行存储。

2）SCR 模型类

读取时空参数和 SEP 等级，运行 SCR 模型生成原初太阳宇宙射线数据，并将数据进行存储。

3）IGRF 模型类

主要包括球谐系数存储类、球谐系数内插/外推类、地心坐标转换类、数值计算类四部分。模型首先读取用户设置的时空参数和下载文件中的磁指数，然后解析球谐系数文件并读取相应时间的球谐系数，若存在则直接进行坐标转换和数值计算，若不存在则针对具体情况进行内插/外推，进而计算得出地磁场分量数据。

4）NRLMSISE-00 模型类

读取时空参数和模型计算所需的 A_{p} 磁指数、f10.7 通量指数，在大气环境成分列表中剔除不关心的部分，调用模型计算包含平流层、中间层、上热层的大气数据，并进行样条插值计算，对模型进行必要的修正，从而得到大气密度和各核素密度，并将数据进行存储。

5）Shea and Smart code 模型类

读取时空参数和 IGRF 计算的地磁场各分量数据，计算地磁截止刚度并存储。

6）蒙特卡罗仿真类

读取大气及各核素密度、原初宇宙射线能谱数据，通过蒙特卡罗模拟程序模拟原初宇宙射线在地球大气层中的传输过程，具体实现过程为：建立恰当的概率统计模型，对模型中的随机变量建立合适的抽样方法，进而模拟测试，并对模拟结果给出方差等数学原理的估计；保存模拟后的宇宙射线能谱数据和仿真方差估计。

7）模型修正类

根据地磁截止刚度和蒙特卡罗仿真结果修正原有模型，降低估计方差；合并银河宇宙射线模型和太阳宇宙射线模型的输出数据，统一为总体的空间辐射通量。

8）SEDRIS 格式转换类

根据 SEDRIS 规范，将空间辐射环境数据进行表示，并将其保存为 SEDRIS 标准格式。其主要工作流程是创建 STF 传输格式文件并完成初始化工作，将空间辐射环境数据按 SEDRIS 中的 DRM、SRM、EDCS 等进行数据描述，获得符合 SEDRIS 规范的标准空间辐射环境数据，并保存该数据文件。

9）STF 文件拼接类

加载空间辐射环境 SEDRIS 数据库中的 STF 文件，解析各文件并生成总体索引文件，同时将各文件信息在空间辐射环境列表中显示。此外，可在原有的索引文件基础上继续拼接，达到扩展索引文件的效果。其可实现已加载文件和信息一键清空。

上述类图中的各类还包含多个下属类，图 5-25 所示为 IGRF 模型，剩余部分在此不赘述。

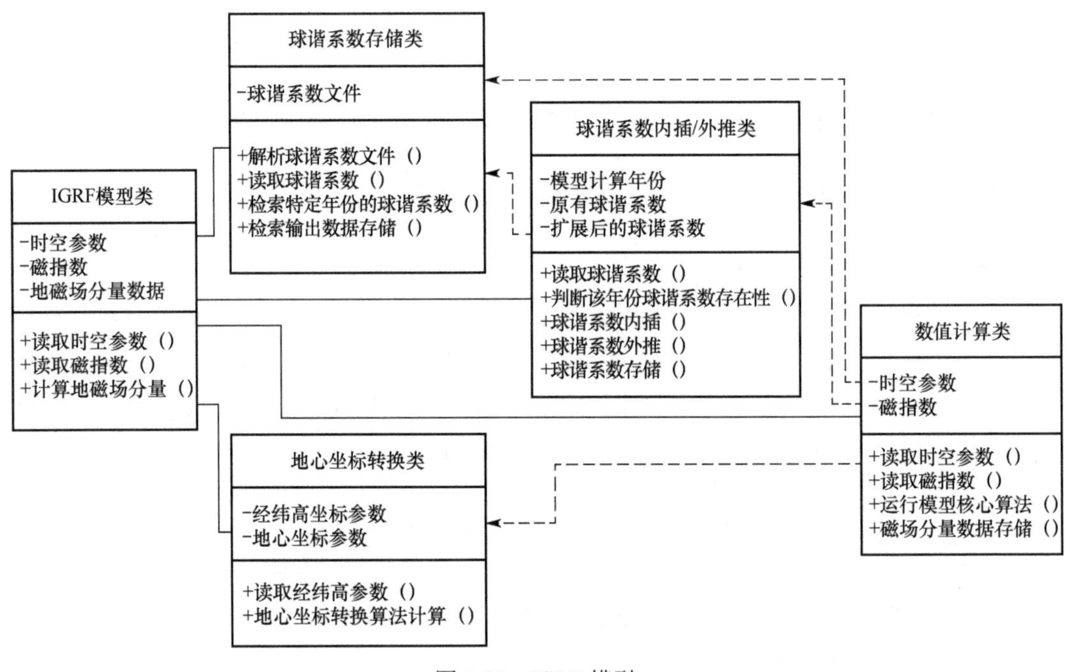

图 5-25 IGRF 模型

5.2.4 动态模型设计

基于 0～400km 空间辐射虚拟环境生成软件静态模型，设计该软件的动态模型，如图 5-26 所示。该模型展示了配置显示界面类、空间辐射环境数据类、SEDRIS 格式转换类、STF 文件拼接类等五个大类和用户之间的序列图，而对 GCR、SCR、IGRF、Shea and Smart code、NRLMSISE-00 等模型类及蒙特卡罗仿真类、模型修正类等细节序列图不做赘述。

用户首先申请输入配置参数，此时界面进行自动初始化，然后用户在界面输入配置参数，进行参数错误检查，当参数错误时将错误消息提示返回给用户，使其重新进行数据属性的配置。数据属性配置完成后，软件调用各模型开始计算，得到所需的各类参数和数据后进行模型的修正，从而得到所需的空间辐射虚拟环境数据文件，并与存储宇宙射线粒子丰度的数据文件一起返回给用户，供其查看与分析。用户进行空间辐射环境数据的格式转换，依据 SEDRIS 规范对生成的辐射数据进行标准化表示与存储，最后生成 SEDRIS 标准空间辐射环境数据并存储为 STF 文件，构成 SEDRIS 标准空间辐射环境数据库。

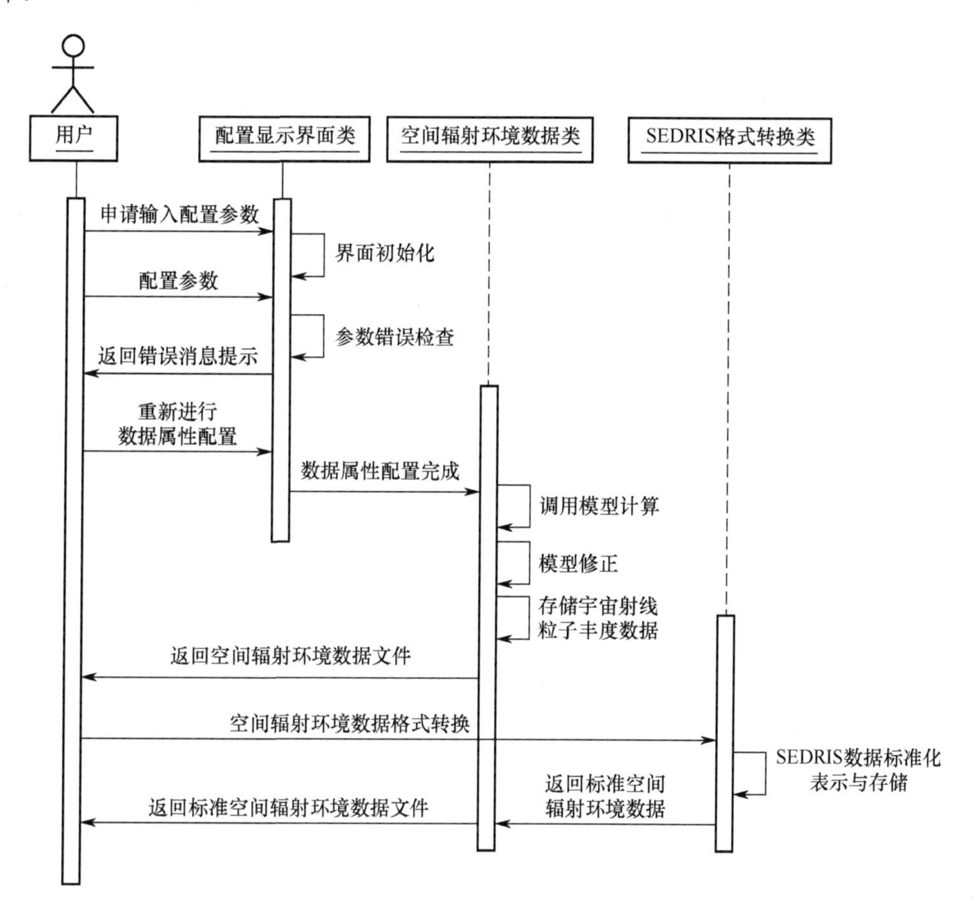

图 5-26　0～400km 空间辐射虚拟环境生成软件的动态模型

5.2.5　界面设计

空间辐射虚拟环境生成软件采用 Visual Studio 开发，存在形式为可执行应用程序（EXE）。软件的界面如图 5-27 所示。在界面的设置参数部分对空间辐射环境数据属性信息进行输入和选择；通过单击“计算并转换”按钮进行模型计算及数据转换，并显示计算和转换进度；完成数据转换后显示文件保存路径。

图 5-27　空间辐射虚拟环境生成软件界面

5.3 空间辐射虚拟环境生成软件测试

结合实际需求，测试需满足 0～400km 空间辐射虚拟环境数据技术指标，包含 100km × 100km × 400km 的空间范围。因此，本节根据实际应用，选取了 2018 年 3 月 25 日阿拉善沙漠地区（105° E～106.2° E、38° N～39° N）上空 0～400km 高度空间进行测试。

5.3.1　空间辐射虚拟环境生成软件功能测试

本节针对软件进行功能性测试，以下给出测试过程及对应的软件截图。

（1）检查系统是否安装.net framework 4.0，若没有则先进行安装，然后再运行软件。单击 SpaceRadiationHIT.exe，弹出软件主界面，如图 5-28 所示。

图 5-28　软件运行主界面

（2）根据试验任务配置参数，选择时间为 2018 年 3 月 25 日，模型包括银河宇宙射线和太阳宇宙射线，事件等级为 0，空间范围设置为：经度 105.9°～106.2°，纬度 38.7°～39°，高度 375～400km。配置完成后单击“获取参数”按钮，显示经纬方向的直线距离。任务参数设置界面如图 5-29 所示。

（3）单击“计算并转换”按钮，程序调用模型进行计算，这个过程需要花费一定的时间，耐心等待即可。计算完成后弹框提示：数据计算完成！开始进行 SEDRIS 转换！此时软件界面如图 5-30 所示。单击“确定”按钮，可继续进行数据格式转换。

（4）SEDRIS 格式转换开始，首先弹框选择文件保存路径，此时可自定义文件名，在此根据空间分块规则定义文件名为 SRData255.stf，此时软件界面如图 5-31 所示。单击保存按钮，转换随即开始。等待一段时间后，转换完成，弹出框提示：数据转换成功！如图 5-32 所示。

图 5-29　任务参数设置界面

图 5-30　计算完成提示界面

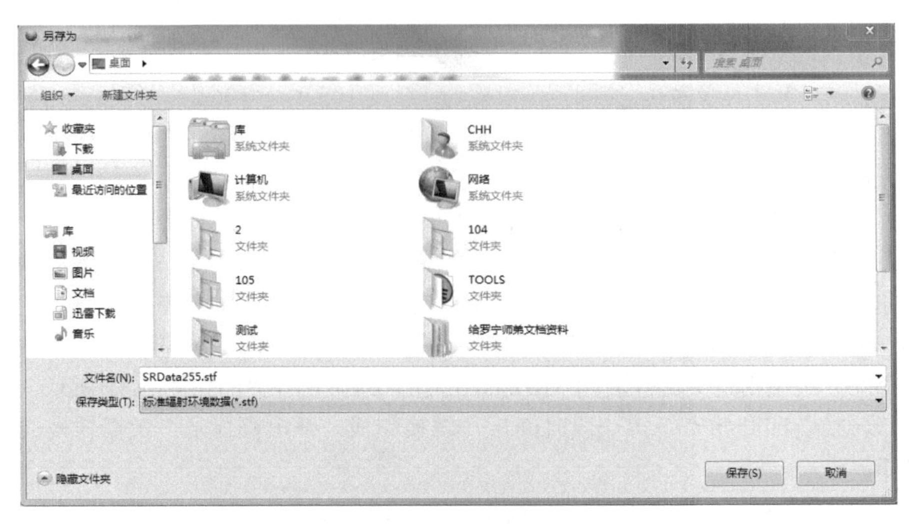

图 5-31　数据进行 SEDRIS 格式转换界面

图 5-32　数据转换完成提示界面

5.3.2　空间辐射虚拟环境生成软件性能测试

1. 数据验证

前面章节对模型数据进行了准确性验证，因此这里只给出辐射数据趋势性验证，该验证利用显示软件，观察数据分布与既有趋势分布规律等是否吻合。由于只进行趋势性验证，为了减少数据量，特降低分辨率至 1000m。

地球表面各位置的磁场强度和方向因所处位置不同而不同。在低纬度的赤道附近，磁场为水平方向，高纬度地区出现不同大小的磁偏角，至两极呈现垂直分布。地磁场强度从赤道向两极逐渐升高。地球表面的磁场受到各种因素的影响而随时间发生变化，地磁的南北极与地理上的南北极相反。图 5-33 所示为取 0～400km 空间辐射虚拟环境生成软件输出的地表辐射全球分布数据文件而显示的二维图像，图 5-34 所示为全经度层辐射分布图像。

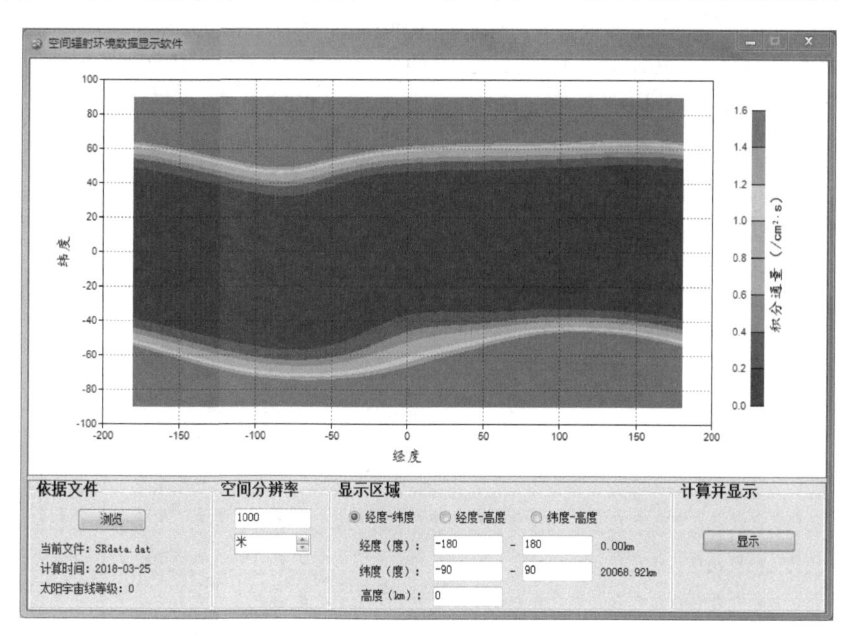

图 5-33　地表辐射全球分布二维图像

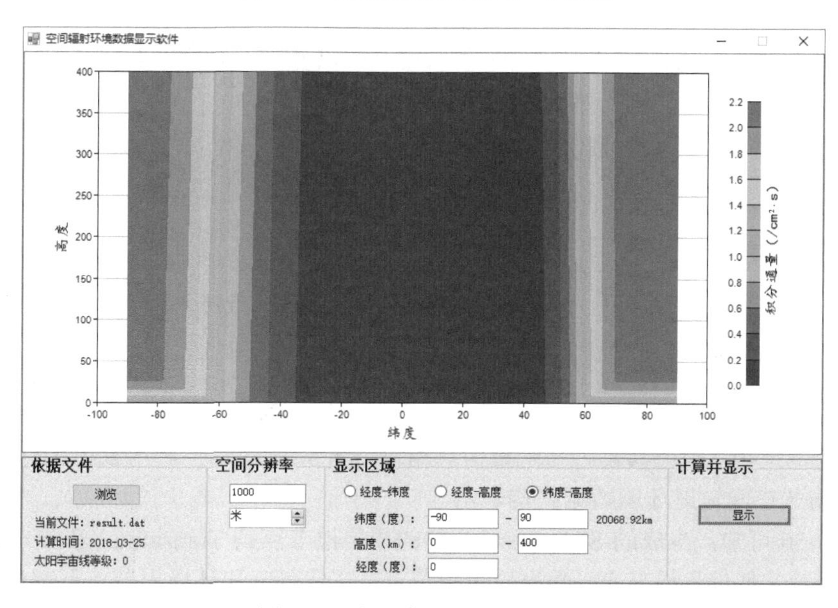

图 5-34　全经度层辐射分布图像

由图 5-33 可知，地磁场强度在赤道附近最低，随着纬度的升高，地磁场强度增加。图 5-34 表明，两极粒子多，赤道少；同一个纬度，在 0～50km 有高度变化，主要受大气影响，而 50km 以上大气密度小，受影响小。综上所述，辐射环境数据符合地磁截止刚度分布规律。

南大西洋异常区，又称南大西洋辐射异常区，是位于南美洲东侧南大西洋的地磁异常区域，较相邻近区域的磁场强度弱，约是同纬度正常区磁场强度的一半，故属负磁异常区。它是地球上面积最大的磁异常区，区域涉及纬度范围 10N～60S、经度范围 20E～100W，区域中心大约在 45W、30S 处，因它处于巴西附近，故又被称为巴西磁异常。由于南大西洋磁异常区是负磁异常区，使得空间高能带电粒子环境分布改变，尤其是内辐射带在该区的高度明显降低，其最低高度可降到 200km 左右，造成辐射带的南大西洋异常区。图 5-35 所示为显示软件读取 0～400km 空间辐射虚拟环境生成软件输出的南大西洋辐射分布数据文件而显示的二维图像。由图 5-35 可知，该图像满足上述南大西洋异常区的辐射分布。

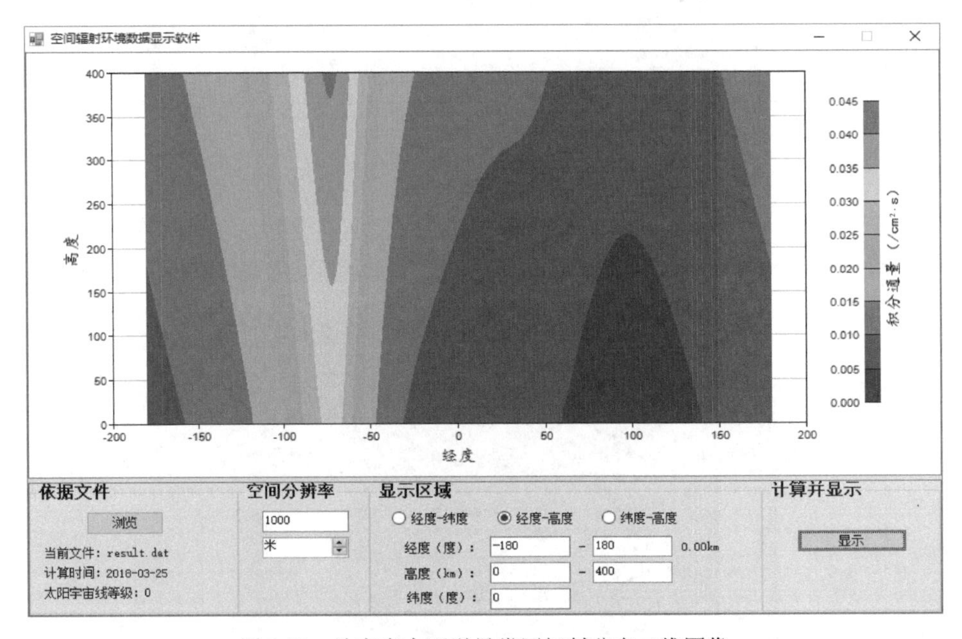

图 5-35　地表南大西洋异常区辐射分布二维图像

2. STF 文件格式验证

使用 SEDRIS 文件查看软件——SEDRIS FOCUS 访问软件输出的空间辐射环境数据，查看文件内部结构，验证其是否与配置信息相符。图 5-36 所示为利用 SEDRIS FOCUS 查看的 STF 格式空间辐射环境数据结构表示。

由图 5-36 可知，生成的 SRData.stf 文件的顶层根节点是 Transmittal Root，其下包含了绝对时间、文件信息根节点、数据质量根节点、文件概览和环境根节点五部分。绝对时间显示文件创建时间，文件信息根节点包含安全限制、关键词、引用和其他信息，环境根节点是文件的核心部分，给出 Property Grid 类实例对象。每个实例对象包含经纬高坐标轴实例对象和空间辐射通量的实例对象。该软件所生成的空间辐射环境数据符合 SEDRIS 规范，空间范围及空间分辨率满足指标要求。

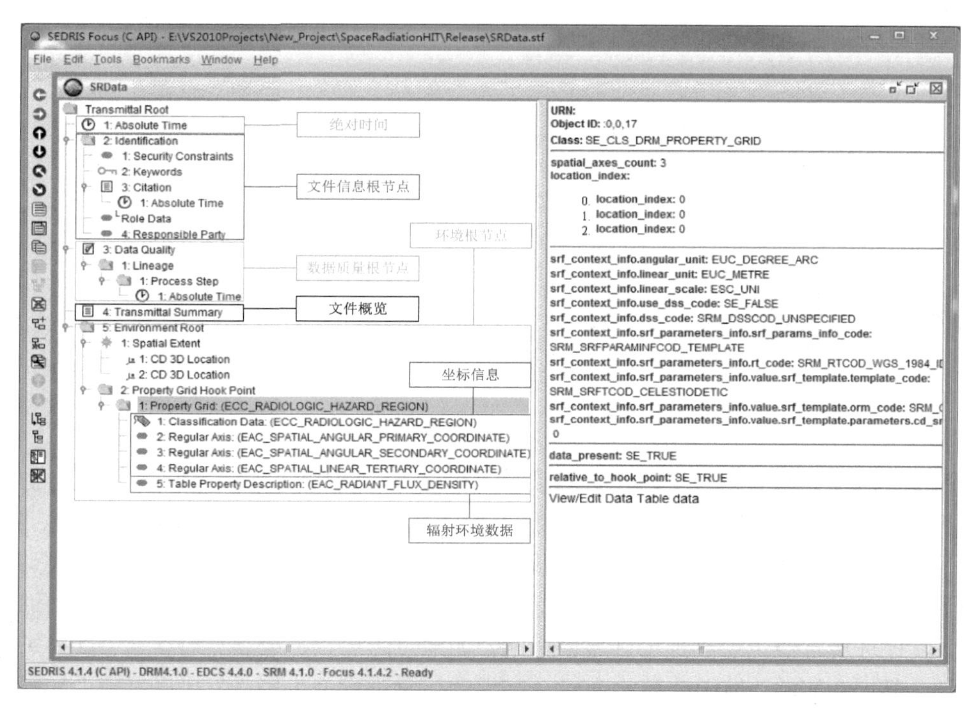

图 5-36　SRData.stf 文件格式

5.4 本章小结

本章研究了低地球轨道空间辐射虚拟环境的构建方法。在对用户需求和空间粒子辐射环境进行分析的基础上，制定了空间辐射虚拟环境构建总体方案，完成了空间辐射环境建模；针对本章构建的空间辐射环境模型进行了可信度评估，证明了该模型有较高的准确性；开发了空间辐射虚拟环境生成软件，利用该软件生成了空间辐射环境数据，完成了各软件的功能测试与应用验证工作。针对各软件设计了测试用例，证明了软件功能和性能符合要求，能够为虚拟试验提供空间辐射环境资源的支持。

第6章 地形环境构建

地形环境作为综合自然环境中最重要的部分之一，与虚拟试验中的各类建模与仿真都有着密切联系。方案规划、势态分析中的行为模型受地形环境影响，如迂回、进攻、防御、转移、撤退等推理规划模型，都需要遵循山峦走势、临溪分布。车辆资源等试验成员直接与地形环境相互作用，如地形起伏、地貌、地表植被和土壤强度对地面车辆的机动性产生影响。其他环境资源也受到地形环境的影响，如地表障碍物、地貌会对雷达、红外等电磁波段的传播产生影响，地面建筑物会对一些生物化学过程产生影响，地形的动力和热力效应会对天气气候等产生影响。因此，需要在虚拟试验系统中构建地形环境资源。

6.1 地形环境构建方法研究

构建可实现数据完整表示和无歧义交互的地形环境数据库，是构建地形环境资源的基础，综合数据表示与交互规范为地形环境数据库提供了一致、有效的机制，实现了环境数据的完整表示和无歧义、无损耗的数据交换。本章按照基于 SEDRIS 技术的地形环境数据库的构建流程详细描述了地形环境数据库的实现过程，对于地形环境建模具有指导意义。

6.1.1 地形环境数据源

构建地形环境数据库的首要任务是获取数据。地形环境数据包括高程数据、纹理数据、文化特征数据和 3D 模型文件几大类，每类地形环境数据又有多种数据格式，因此，首先要了解各类地形环境数据和选取典型格式的地形环境数据。

1. 数字高程模型

数字地形模型（Digital Terrain Model，DTM）是对各种地貌因子，即包含坡度、坡向、坡度变化率、自然地理要素、社会及人文要素在内的线性和非线性组合的空间分布的描述。数字高程模型（Digital Elevation Model，DEM）是 DTM 的一个分支，是单向数字地貌模型，是对地形表面形态的数字化表达，通常分为规则网格和不规则网格。比较常见的高程数据源有数字高程模型（USGS DEM）和数字化地形高程数据（NIMA DTED）。这里采用数字高程模型。数字高程模型文件由三个逻辑记录 A、B、C 组成，文件头记录 type A 主要记录了高程数据相关信息；断面数据 type B 包括断面头数据（断面数据中的最大值、最小值等）和断面实体数据；精度信息 type C 通常省略。

2．纹理数据

纹理数据是用于显示如山脉、沙滩、沼泽、森林、海岸等地面特征的图片，一般是卫星图片。

3．文化特征数据

文化特征数据是以向量形式存储的各类地图要素数据，如河流、居民地、道路等。其主要将各类要素抽象为点、线、面的集合，通过属性代码描述这些点、线、面要素的物理和人文特征。比较常用的有美国国家图像测绘局的数字文化特征分析数据（Digital Feature Analysis Data，DFAD）、美国地质勘探局的数字线划图（Digital Line Graph，DLG）。这里选用方便放大、查询、漫游、检查、量测叠加的 USGS DLG 数据，因其数据量小，便于分层，能快捷地生成专题地图，又称矢量专题信息。大比例尺的 DLG 数据文件包含的数据基础类别如表 6-1 所示。

表 6-1 大比例尺的 DLG 数据文件包含的数据基础类别

编　号	层　名	主 要 内 容
1	测量控制点	如图根点、天文点、三角点、导线点等
2	居民地和垣栅	如房屋、居民地附属设施、围墙等
3	工况建筑物	工厂、矿地及其附属设施等
4	交通及附属设施	公路、铁路、乡村道路等及其附属设施
5	管线及附属设施	上下水、通信、电力及其附属设施
6	水系及其附属设施	水渠、河流、湖泊、湿地、水坝、泉、井等
7	行政区划界和区界	政区界、海岸线、岛屿等
8	地貌和土质	等高线、高程点、陡坡、冲沟、沙地等
9	表面覆盖的植被	果园、绿地、树木等

4．3D 模型文件

3D 模型是对地形上独立存在的建筑、植物、标志及各种设施等地形环境对象的精确几何表示，常用的三维建模软件有 Multigen Creator 和 3DS Max 等。这里选用大多数仿真系统都支持的 3D 模型文件格式 OpenFlight 文件。OpenFlight 文件由 Creator Terrain Studio 软件生产，是视景仿真领域最为流行的格式之一，采用几何层次结构和节点属性如数据库头节点、组、物体、面、多边形等来描述三维物体。

6.1.2　地形环境数据预处理

对于试验训练体系中不同的试验成员，所需要的地形环境数据的分辨率和范围不同，较飞行器而言，装甲车所要求的分辨率要高得多，所需要的范围却小很多，需要对地形环境数据进行多分辨率建模，这便是构建地形环境数据库的第二步——地形环境数据的预处理。其中，多分辨率建模是对同一个实体进行不同粒度、不同详细程度的描述，形成的具有不同分辨率的模型。

1．高程数据处理

这里选用的高程数据为规则网格，顶点呈均匀分布，文献《战场环境仿真中的三维地形生成研究》中指出，利用该种结构建立多分辨率模型的最好方法是建立基于地形高程点的规则树结构，因为规则树结构具有成熟而且高效的节点遍历算法。本章采用如图 6-1 所示的地形四叉树结构。地形环境中的每块矩形区域可以看作四叉树中的一个节点，覆盖边界范围的整个地形区域对应着根节点，每层子节点覆盖的区域范围是父节点的四分之一，但子节点的分辨率却提高了一倍。同时，为实现较快的检索速率，对高程数据进行分块处理。

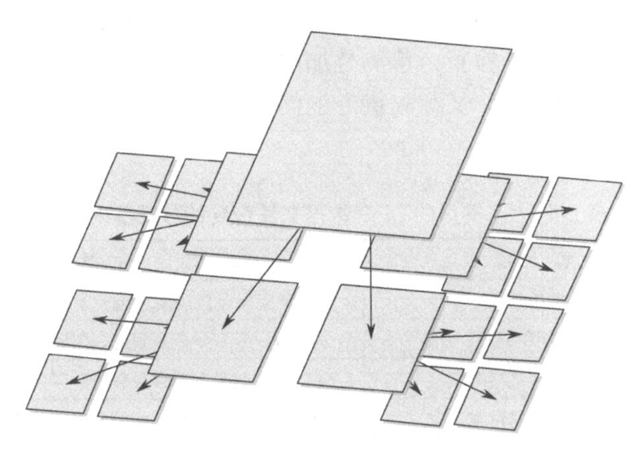

图 6-1　地形四叉树结构图

2．纹理数据处理

纹理数据一般选用卫星图片，尺寸比较大，需要进行裁剪。同时，纹理图片也可能由多幅图片按照顺序拼接而成。本章选用可同时操作各种栅格和矢量数据的 GDAL 库来进行纹理数据的读取、写入、转换、处理。

3．3D 模型文件处理

实现 OpenFlight 格式与 SEDRIS 格式转化的最简单的方式之一便是寻找 OpenFlight 和 SEDRIS 数据表示模型中的共同点。OpenFlight 结构中的很多节点与 SEDRIS 中的类可以直接对应。表 6-2 所示为 OpenFlight 与 SEDRIS 数据表示的比较。同时，可在 Multigen Creator 中自定义数据扩展插件和扩展工具插件，为 3D 模型添加 SEDRIS 标准的属性编码。

表 6-2　OpenFlight 与 SEDRIS 数据表示的比较

描　述	OpenFlight 数据表示	SEDRIS 数据表示
Group node	Group record	Union of geometry hierarchy
Geometry node	Mesh record	Union of primitive features

续表

描　述	OpenFlight 数据表示	SEDRIS 数据表示
Level Of Detail (LOD) node	LOD record	LOD related geometry
Switch-node	Switch record	State related geometry
Polygon	Face record	GML_Surface
Vertex	Vertex record	Vertex

6.2 地形环境资源的软件实现

地形环境资源由地形环境建模软件和地形环境资源组件组成，地形通过性分析组件是为实现车辆资源和地形环境资源的信息交互而构建的，软件总体架构如图 6-2 所示。本章采用面向对象的方法，采用 UML 语言对软件开发过程的需求分析、静态建模、动态建模进行了描述，为软件的具体实现提供了指导。

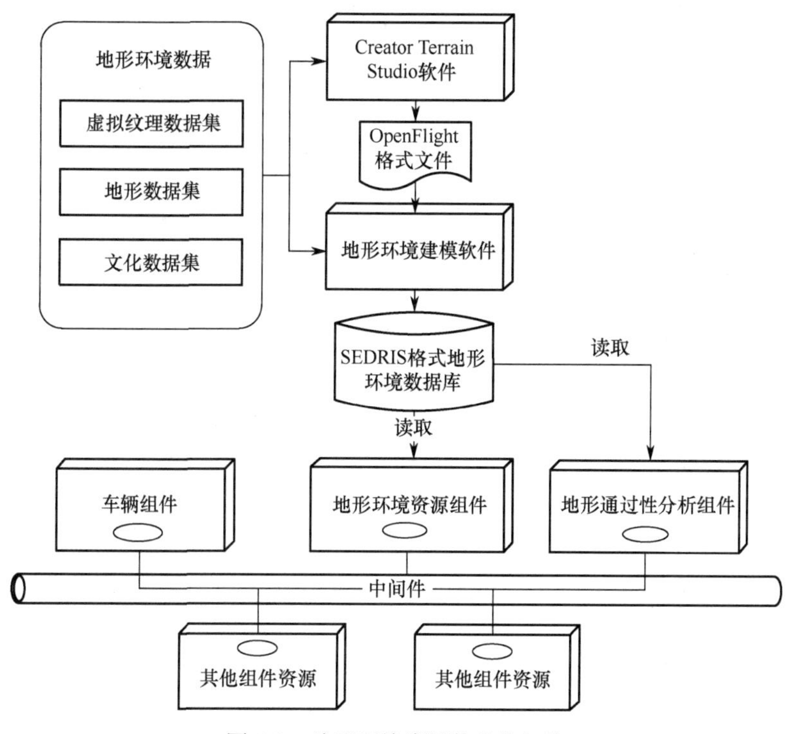

图 6-2　地形环境资源的总体架构

6.2.1　地形环境建模软件

1. 需求分析

地形环境建模软件的主要功能是根据用户配置处理地形环境数据，并将处理过的地形环境数据采用 SEDRIS 标准进行表示，存储到地形环境数据库中。其具体的功能要求如下。

（1）提供可视化界面，显示地形环境数据信息，支持用户对地形环境数据进行设置。

（2）能够按照用户设置处理各类地形环境数据。

（3）能够按照 SEDRIS 规范对各类地形环境数据进行表示和存储。

具体的用例图如图 6-3 所示。

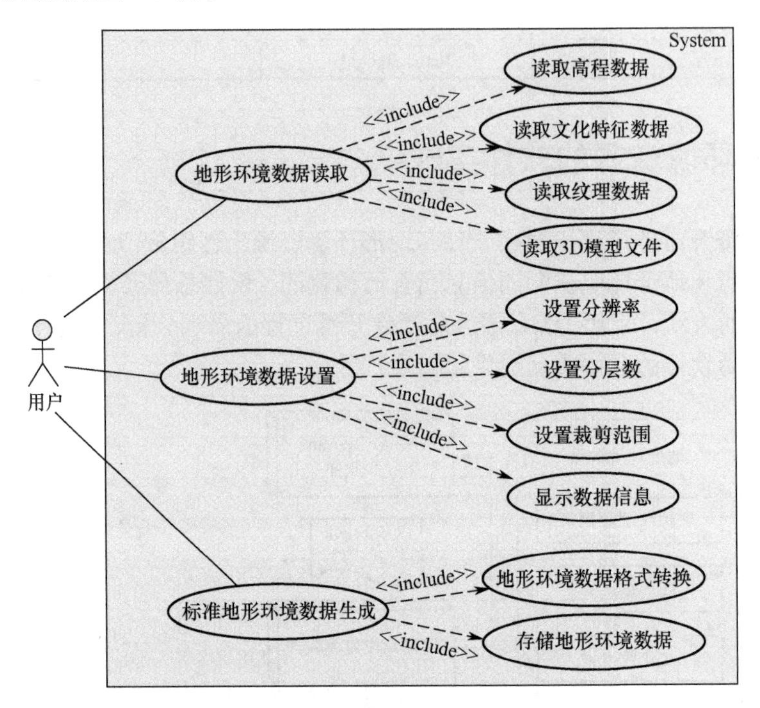

图 6-3　地形环境建模软件用例图

以下是对地形环境建模软件用例的分析。

（1）地形环境数据读取：根据用户的选择读取地形环境数据，包括高程数据、文化特征数据、纹理数据和 3D 模型文件，将读取的环境数据信息以可视化界面的形式反馈给用户。

（2）地形环境数据设置：原始的地形环境数据多种多样，信息量大，描述范围也不一致，试验训练体系结构中不同的参试设备对于地形环境数据的需求也不同。地形环境数据设置提供设置界面，支持用户对选取的地形环境数据进行设置，对高程数据和纹理数据可以进行分层分块设置，对于 3D 模型文件，则需要为模型添加坐标信息和 EDCS 编码信息等，还提供可视化界面，支持用户选择感兴趣的已处理的地形环境数据进行查看。

（3）标准地形环境数据生成：为实现地形环境数据的共享，生成的地形环境数据库需要符合 SEDRIS 标准。因此，将符合用户要求的地形环境数据采用 SEDRIS 技术进行表示和交互，存入地形环境数据库中。

2. 静态模型

地形环境建模软件的静态模型主要由六个类及其相互关系构成，分别是高程数据类、纹理数据类、文化特征数据类、3D 模型文件类、地形环境类和 SEDRIS 格式转换器类。图 6-4 所示为地形环境建模软件的静态模型，描述了各个类的属性和操作及类之间的关联关系。

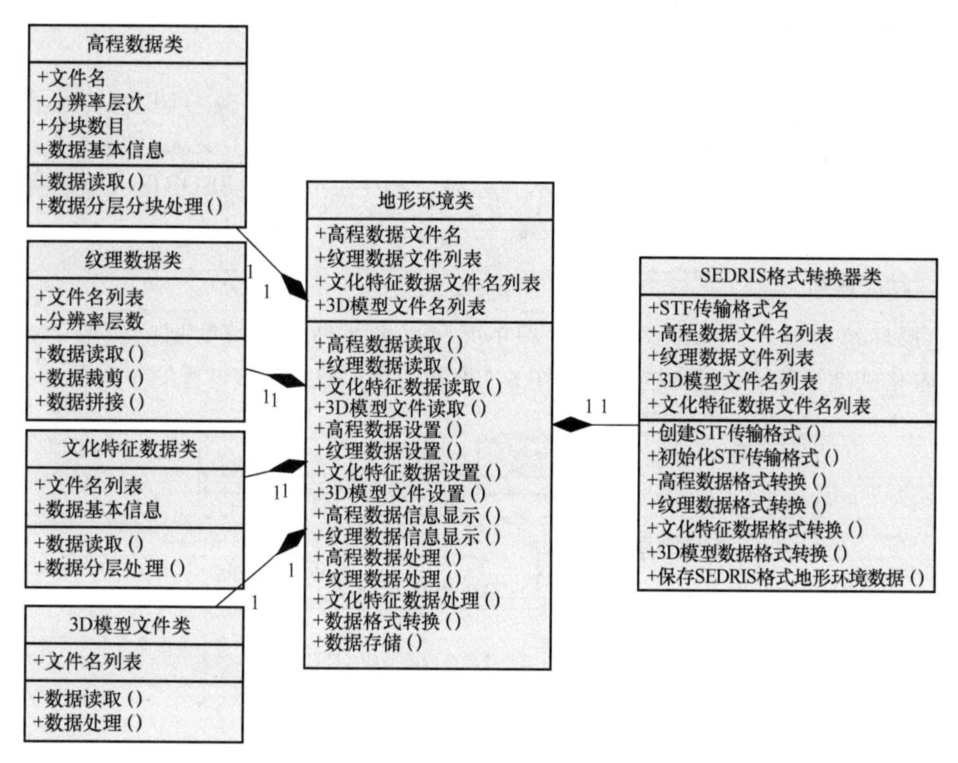

图 6-4　地形环境建模软件的静态模型

（1）高程数据类：主要实现对高程数据的读取和处理。读取包括对 USGS DEM 头文件和断面文件的读取，以及存储读取的高程数据基本信息，数据处理主要包括对高程数据的四叉树结构的多分辨率处理和分块处理，处理后的地形环境数据以 DAT 格式存储。

（2）纹理数据类：主要实现对纹理数据的读取和处理，纹理数据通常有多层分辨率，每一层又包含多幅图片，因此，读取主要是获取所有图片的基本信息和地理参数进行存储，而处理主要是按照用户需求实现纹理数据的拼接、裁剪，处理后的纹理数据以 GTIFF 格式存储。

（3）文化特征数据类：主要实现对文化特征数据的读取和处理。如第 2 章所述，大比例尺的文化特征数据分为九层，读取时需要按层将数据存入数据库中，同时对各层的基本信息进行存储。

（4）3D 模型文件类：主要实现对 OpenFlight 文件的读取和处理。采用 OpenFlight API 逐层读取文件，对文件中的纹理信息、材质信息、多边形信息等进行存储。由于 OpenFlight 文件不包含与地形环境相关的地理坐标信息，需要通过处理为其添加地理信息。每一个 3D 模型都是一个地形环境对象，但是 OpenFlight 文件中没有标示，同样需要通过处理为其添加 EDCS 编码，便于后期的 SEDRIS 标准格式转换。

（5）地形环境类：属于地形环境建模软件的主体类，实现软件的宏观控制和信息显示。其主要包括以下几个方面：一是地形环境数据读取，支持用户选择各类地形环境数据，并对各类地形环境数据文件名列表进行存储；二是地形环境数据设置，支持用户根据试验需要设置地形环境数据格式，并对设置信息进行存储；三是地形环境数据转换存储设置，支持用户选择 STF 传输格式名称，并对文件名进行存储。

（6）SEDRIS 格式转换器类：实现处理后的地形环境数据转换为 SEDRIS 标准格式的地形环境数据。创建 STF 传输格式后，对其进行初始化设置，之后读取各类地形环境数据，按照第 2 章描述对其进行表示和存储，最终生成符合 SEDRIS 规范的地形环境数据库。

3. 动态模型

地形环境建模软件的动态交互过程主要包括各类地形环境数据的读取、处理和 SEDRIS 格式地形环境数据库的生成。图 6-5 所示为高程数据读取过程的序列图。

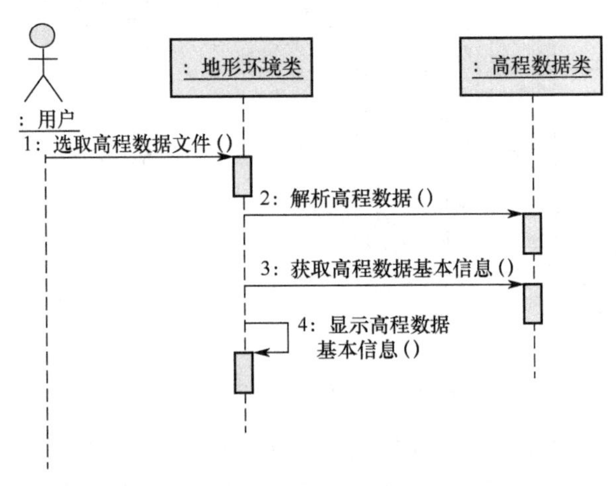

图 6-5 高程数据读取过程的序列图

用户首先通过地形环境面板选择 USGS DEM 格式的高程数据文件，对高程数据文件名进行存储，通过高程数据类对高程数据文件进行解析，获取高程数据基本信息，如分辨率、边界范围、最大高程值、最小高程值等。地形环境获取高程数据类中的高程数据基本信息，并通过显示面板呈现给用户。纹理数据、文化特征数据和 3D 模型文件的读取过程与高程数据读取过程相似，只是纹理数据通常为多个文件，而基本信息包括纹理数据的尺寸、通道数、地理信息等，文化特征数据也包含多个文件，基本信息便是每个文件存储的文化特征数据的类型及地理信息等，3D 模型文件通常也是多个文件，基本信息包括模型名称、视点等。

用户了解了各类地形环境数据基本信息后，可根据试验需求对地形环境数据进行设置，实现对地形环境数据的预处理。如图 6-6 所示为地形环境数据处理过程的序列图。

用户通过地形环境的地形环境设置面板对地形环境数据格式进行设置，对于高程数据，用户可以根据试验所需要的边界范围和分辨率大小设置其分层数目和分块大小，纹理数据的分层分块需要与高程数据相对应，3D 模型文件的位置信息必须在高程数据所描述范围内，且需要有对应的 EDCS 编码。设置完成后，通过调用高程数据类、纹理数据类、文化特征数据类、3D 模型文件类，依次按照用户要求对各类地形环境数据进行处理。处理后的高程数据存储为 DAT 文件，每一块都是一个 DAT 文件，文件中记录了当前文件的起始地理坐标、分辨率、高程数据的个数等信息，属于同一层的 DAT 文件存储在同一个文件夹下面。纹理数据处理完后以 GTIFF 格式存储，文化特征数据处理后按照分层存储到数据库对应的表中。

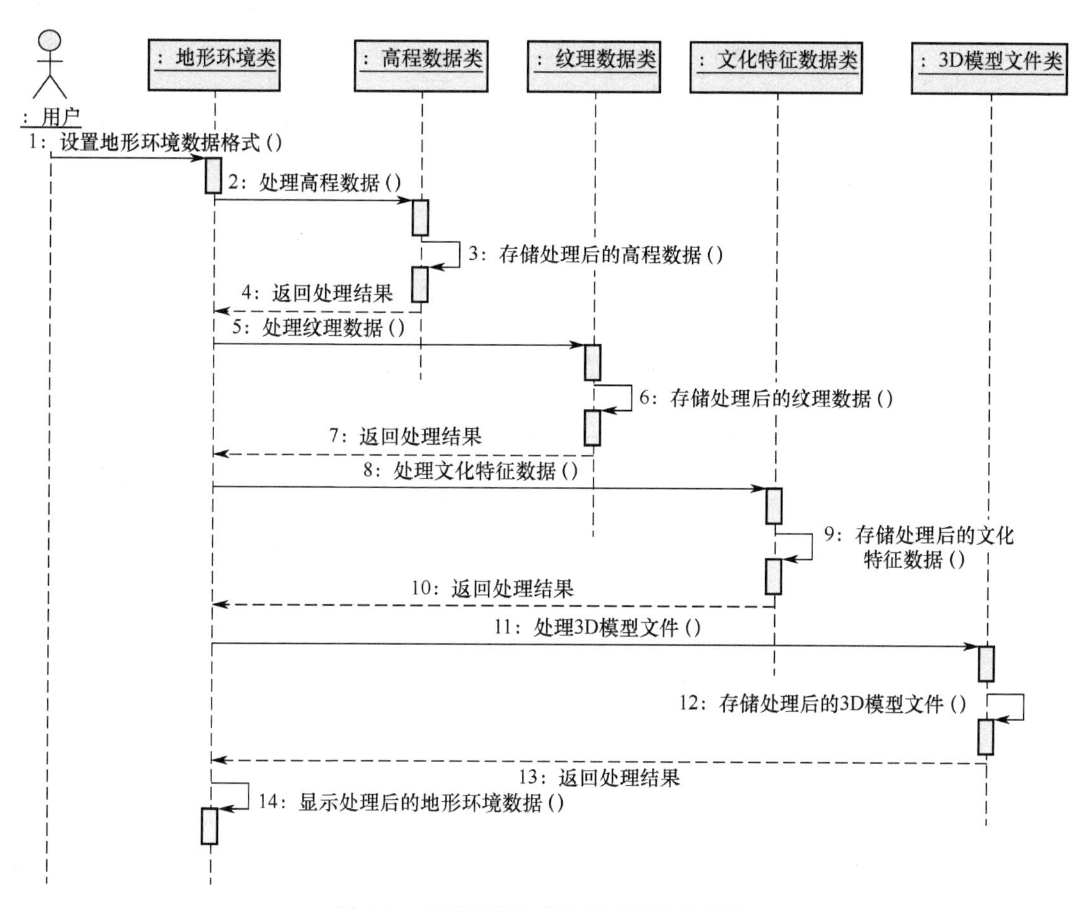

图 6-6　地形环境数据处理过程的序列图

地形环境建模软件的最后一个步骤是将预处理后的地形环境数据转换为符合 SEDRIS 格式的标准数据。如图 6-7 所示为各类地形环境数据利用 SEDRIS 进行表示与存储过程的活动图。

由图 6-7 可以看出，用户首先利用地形环境面板设置 STF 传输格式的名称，调用 SEDRIS 格式转换器生成 STF 传输格式，对 STF 传输格式进行初始化，判断用户读取了哪几类地形环境数据，分别按照第 2 章所描述的内容进行地形环境数据的表示和存储，存储完成后关闭 STF 传输格式，完成整个地形环境的建模流程。

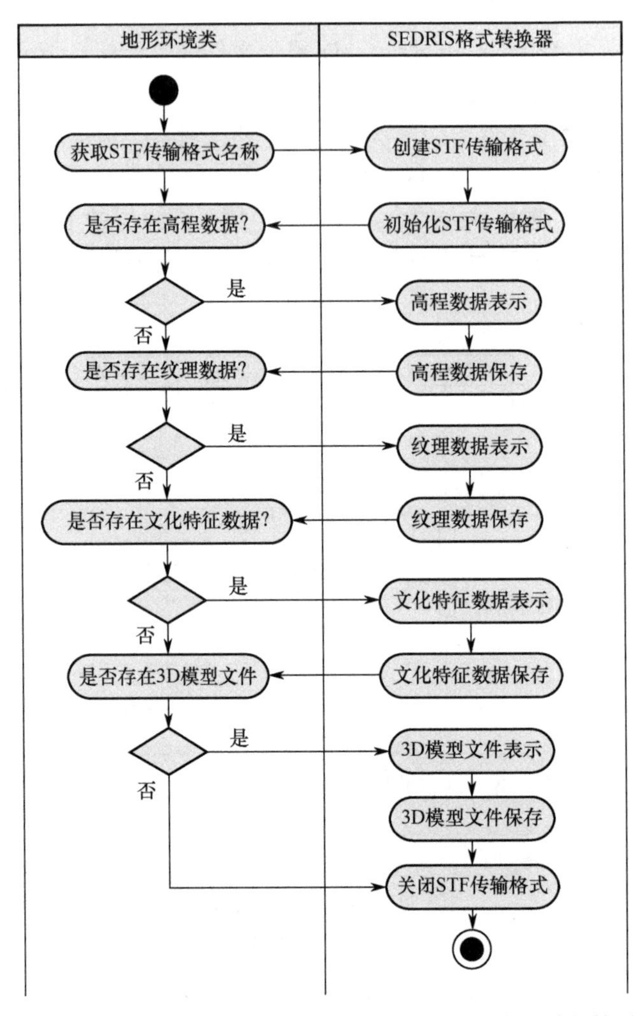

图 6-7　各类地形环境数据利用 SEDRIS 进行表示与存储过程的活动图

6.2.2　地形环境资源组件

1．需求分析

为了给试验训练体结构中的其他参试设备提供地形环境数据，需要将获取地形环境数据的接口封装为试验训练体系结构能够加载的资源组件。试验训练体系结构中的所有组件资源都是以 DLL 的形式提供的，都有一个标准的 XSD 文件用来描述资源组件的初始化信息和接口信息。组件资源之间的信息交互是通过关联订购发布关系来实现的，所有对地形环境数据感兴趣的组件资源都可以订购指定位置的地形环境数据；地形环境资源组件通过发布地形环境数据为其他组件资源提供地形环境数据。XSD 文件中描述的信息包括对象模型、实体名称、订购发布标识（订购或发布）和对象模型的长度，其中，订购发布标识是对组件所有的订购发布关系的描述，对象模型是对试验系统中各种资源的抽象表示，是对订购发布数据格式的详细描述。试验训练体系结构可以解析 XSD 文件，获取订购发布关系，并在运行过程中实现信息交互。

确定对象模型是构建试验训练体系结构组件资源的第一步。每个对象模型都有对应的 XML 文档，由 Power Designer 软件生成。采用 Power Designer 软件设计的地形环境资源组件发布数据的对象模型 TerrainInfo，如图 6-8 所示。对象模型主要对地形环境数据进行了描述，表 6-3 所示为详细信息。由于每次试验中试验成员不同，对地形环境数据的需求也不同，地形环境资源组件的订购信息无法在试验前确定，需要在试验运行前通过试验训练体系结构中的资源封装工具对地形环境资源组件的订购发布关系进行配置，生成与试验相符合的 XSD 文件，保证数据交互的准确性。订购数据的对象模型随着试验成员的不同而不同，但必须包含基本的位置信息。

TerrainInfo	
Elevation	: double
Slope	: double
Surfacetype	: double
Feature	: Features
Longitude	: double
Latitude	: double
_isTarget	: bool

Features	
Length	: double
Width	: double
Height	: double
Name	: int
fLongitude	: double
fLatitude	: double

图 6-8　地形环境资源组件发布数据的对象模型 TerrainInfo

表 6-3　对象模型 TerrainInfo 的详细描述

属　性　名	数 据 类 型	描　　述
Elevation	double	高程值
Slope	double	坡度值
Surfacetype	double	地表植被
Longitude	double	经度（坐标）
Latitude	double	纬度（坐标）
Length	double	特征物长度
Width	double	特征物宽度
Height	double	特征物高度
Name	int	特征物名称
fLongitude	double	特征物经度
fLatitude	double	特征物纬度
_isTarget	bool	标志位

地形环境资源组件的功能要求如下：

（1）提供可视化界面，支持用户选择需要的地形环境数据库，能够加载地形环境数据库中的地形环境数据。

（2）能够与试验训练体系结构中的其他成员进行实时交互，为试验训练体系结构提供公共的地形环境数据。

（3）能够为多个试验成员提供地形环境数据。

（4）提供可视化界面，实时显示与其他试验成员的信息交互。

具体的用例图如图 6-9 所示，以下是详细描述。

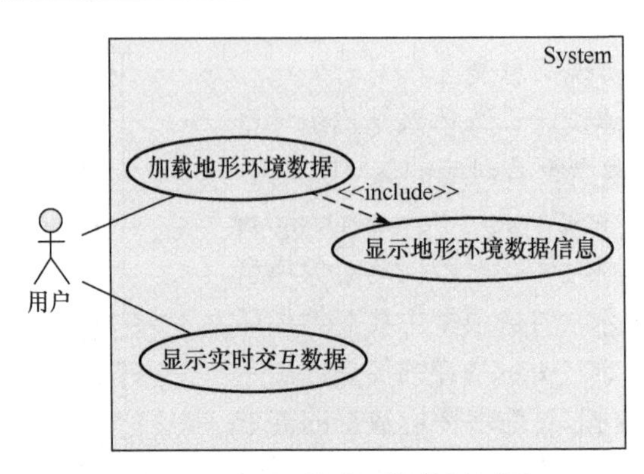

图 6-9　地形环境资源组件用例图

（1）加载地形环境数据：试验运行前，用户选择对应的 SEDRIS 格式的地形环境数据库，并提供可视化界面显示地形环境数据的信息。

（2）显示实时交互数据：在试验运行过程中，地形环境资源组件通过 H-JTP 中的公共设施中间件和与之有订购发布关系的试验成员进行数据交互。同时，其提供可视化界面，对交互信息（如位置信息、地形环境数据信息）进行显示，供用户查看。

2．静态模型

经过分析，地形环境资源组件的静态模型如图 6-10 所示，主要由成员基类、地形环境资源类、STF 传输格式解析器类三个类及其之间的相互关系组成。具体分析如下：

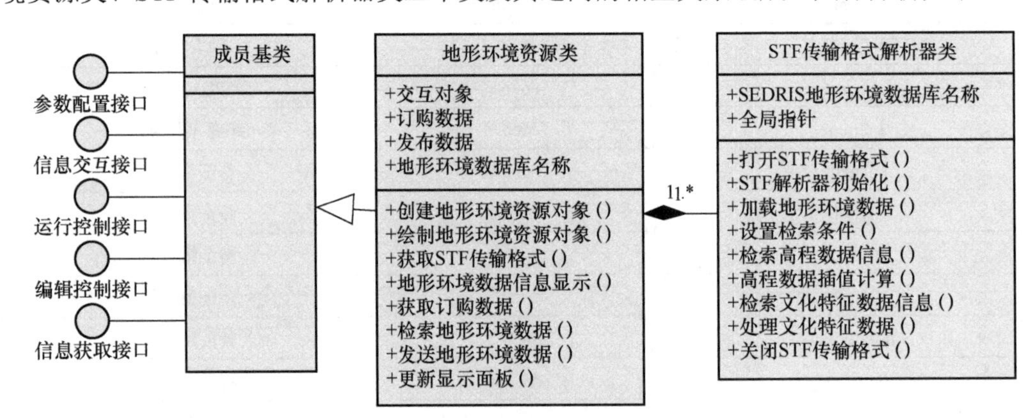

图 6-10　地形环境资源组件的静态模型

（1）成员基类：是所有组件资源的基类，主要实现组件资源与中间件之间的信息交互，提供了参数配置接口、信息交互接口、运行控制接口、编辑控制接口、信息获取接口。

（2）地形环境资源类：继承自成员基类，通过对成员基类中的各个接口进行重载，实现地形环境资源组件与中间件的信息交互，最终实现与其他试验成员的信息交互。在建模阶段，通过该类实现了试验训练体系结构中地形环境资源组件的创建和绘制，支持用户选择试验需要的 SEDRIS 格式的地形环境数据库，并对地形环境数据库名称进行存储，加载地形环境数据，显示数据基本信息。当试验运行时，该类通过订购发布关系，获取其他试验成员的位置信息，通过 STF 传输格式解析器检索地形环境数据库，获取对应的地形环境数据，发布给对应的试验成员。同时，实时地显示订购发布数据，以便用户对信息交互情况进行监视。

（3）STF 传输格式解析器类：主要实现地形环境数据的读取。根据地形环境资源类订购的位置信息对地形环境数据库进行遍历，获取相应的高程数据和文化特征数据。通过地形环境资源类将数据发布。

3．动态模型

地形环境资源组件的交互过程主要包括试验建模阶段和试验运行阶段两部分。图 6-11 所示为试验建模阶段地形环境资源组件的数据交互过程。首先，用户通过试验训练体系结构的工具集成开发环境 H-JTP IDE 实现地形环境资源组件的创建、绘制及显示。用户通过地形环境资源组件的属性面板选择 SEDRIS 格式的地形环境数据库，通过 STF 传输格式解析器打开 STF 并初始化 STF 传输格式，加载地形环境数据，并在属性面板中显示数据基本信息，如边界范围、原始分辨率、数据生成时间、分辨率层次等。

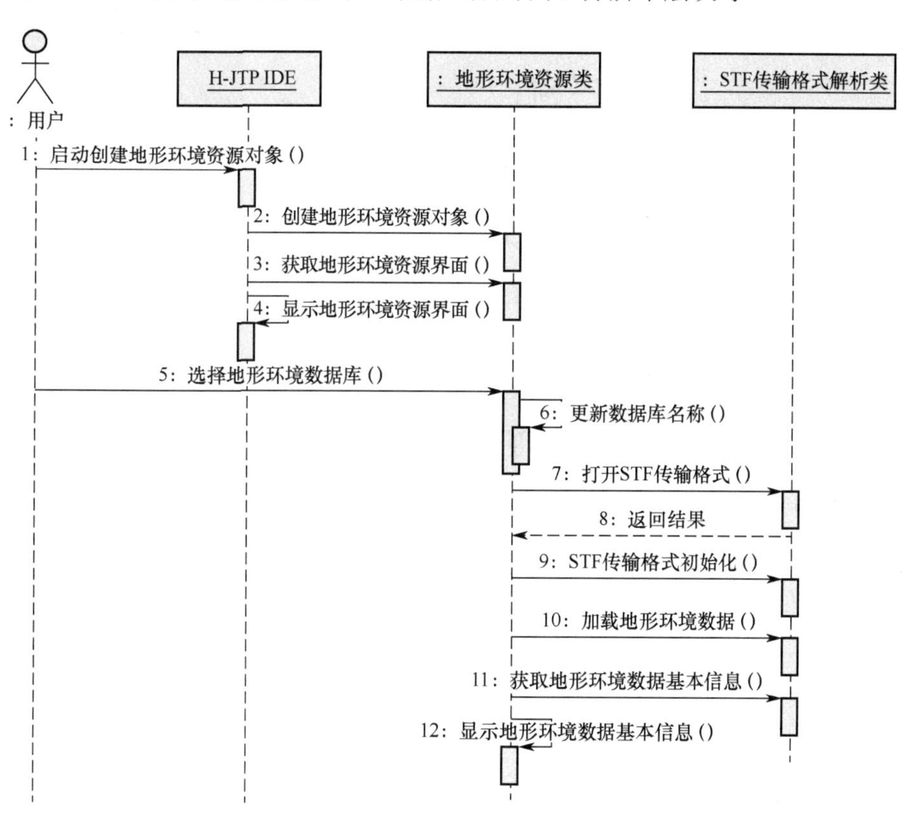

图 6-11　试验建模阶段地形环境资源组件的数据交互过程

在试验运行阶段，地形环境资源类通过 H-JTP 中间件获取其他试验成员的发布数据，并根据对象模型结构从中解析出经度、纬度等位置信息和地形数据分辨率信息，调用 STF 传输格式解析类检索高程数据信息和文化特征数据信息，并通过中间件进行发布。伴随着数据交互的进行，实时更新显示界面，便于用户控制试验运行。图 6-12 所示为该阶段地形环境资源组件的数据交互过程。其中，地形环境数据的检索过程是核心部分，如图 6-13 所示的检索过程由 STF 传输格式解析器完成。由于地形环境数据是分层分块存储的，所以必须先遍历所有的层，根据 LOD Index 判断是否是搜索位置所在的层，获取层对象后，遍历层中所有的块，每一块地形环境数据都通过一个属性网格对象存储，并且每一块的存储范围都不同。根据存储范围获取相应的属性网格对象后，再根据搜索位置进行空间定位，当通过定位得到的检索位置不处于网格端点上时，通过插值获取搜索位置的高程数据信息。获取检索位置所在网格的四个端点上的高程值，通过拟合平面法获取该点的坡度值，如式（6-1）所示。

$$\tan\alpha = \sqrt{\frac{z_2 - z_1 + z_3 - z_4}{2\Delta x} + \frac{z_4 - z_1 + z_3 - z_2}{2\Delta y}} \tag{6-1}$$

式中，z_1、z_2、z_3、z_4 为四个网格端点上的高程值；Δx、Δy 为网格间距。

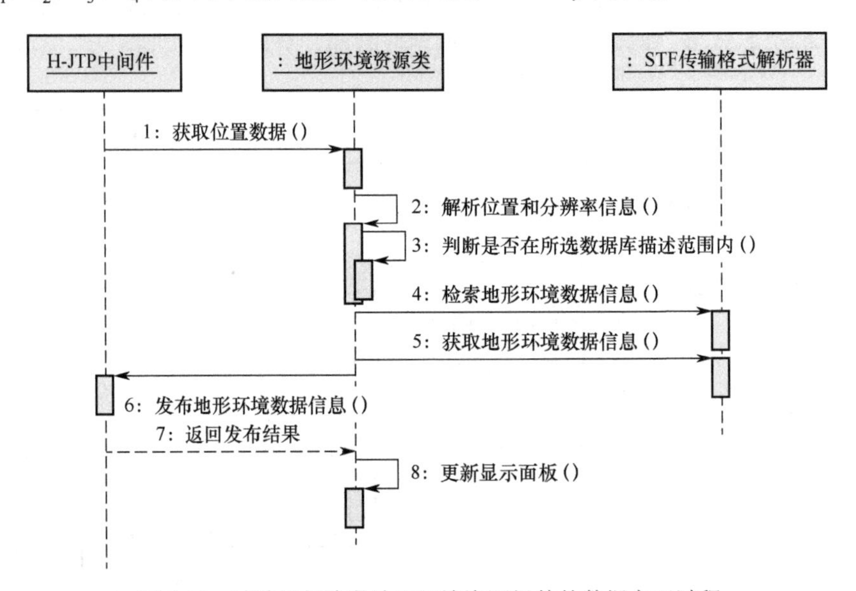

图 6-12　试验运行阶段地形环境资源组件的数据交互过程

获取高程数据信息后，再读取文化特征数据信息。对文化特征数据进行分类存储，按照类型依次检索，根据每一类的边界范围判断是否读取该类文化特征数据，若搜索位置在边界范围内，则依次检索该类型的所有特征数据，得到处于该位置的文化特征数据后进行发布。

6.2.3　地形环境建模软件测试

根据地形环境建模软件的功能，按照如下步骤进行测试。

（1）读取地形环境数据：包括读取高程数据、纹理数据、文化特征数据和 3D 模型文件，纹理数据、文化特征数据和 3D 模型文件均同时读取多个文件，其中，纹理数据读取和 3D 模型文件读取实现界面如图 6-14 所示。

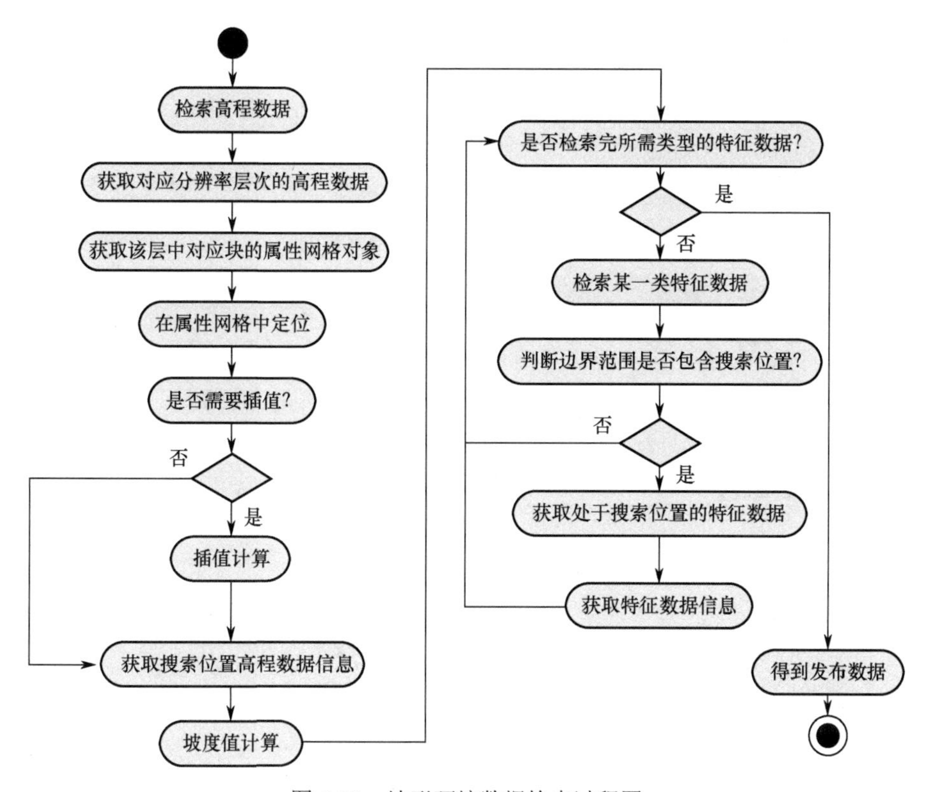

图 6-13　地形环境数据检索过程图

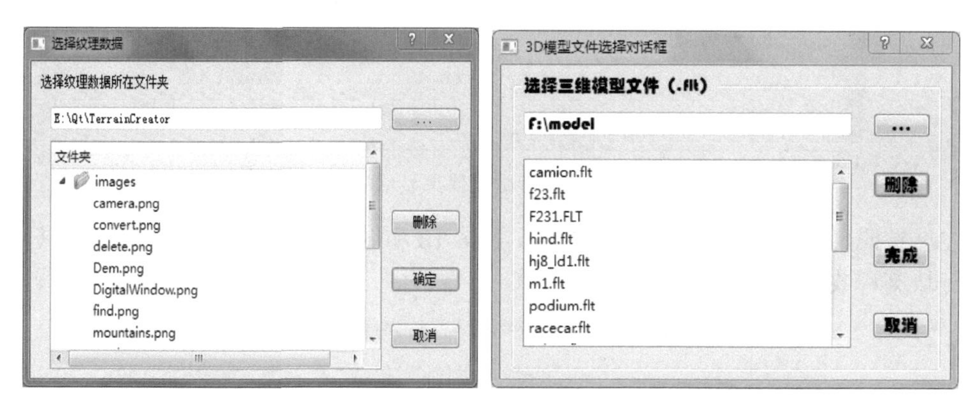

图 6-14　纹理数据读取和 3D 模型文件读取实现界面

（2）地形环境数据信息显示及处理：对读取的各类地形环境数据的基本信息进行显示，如高程数据的范围和分辨率等，纹理数据的大小，波段、地理信息、文化特征数据的层次对应关系等，同时，支持用户按照自身需求设置地形环境数据，如设置高程数据的层数和块数，设置 3D 模型文件的位置和 EDCS 编码等。同时，各类数据的层次设置必须对应。图 6-15 所示为 3D 模型文件的设置界面，图 6-16 所示为高程数据信息显示界面，图 6-17 所示为纹理数据信息显示界面。

图 6-15　3D 模型文件的设置界面

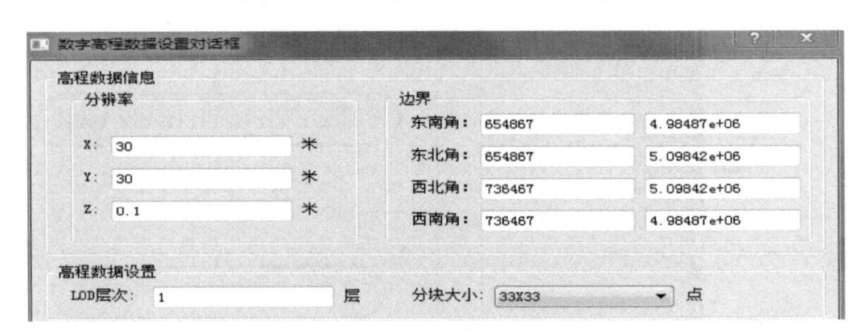

图 6-16　高程数据信息显示界面

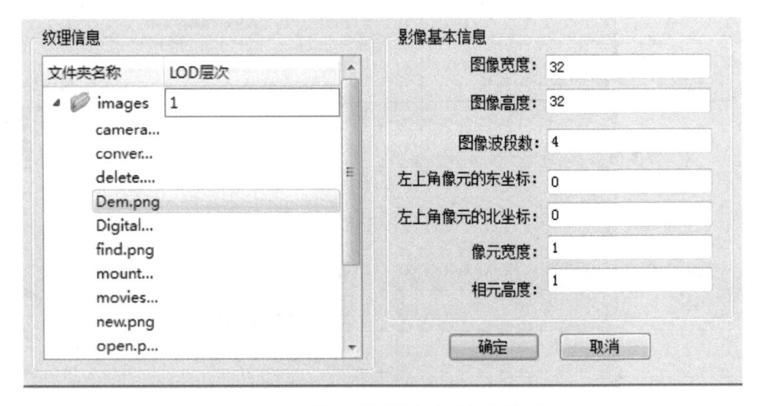

图 6-17　纹理数据信息显示界面

（3）按照用户设置处理地形环境数据。图 6-18 和图 6-19 所示为处理后的不同分辨率的同一块高程数据的效果图。

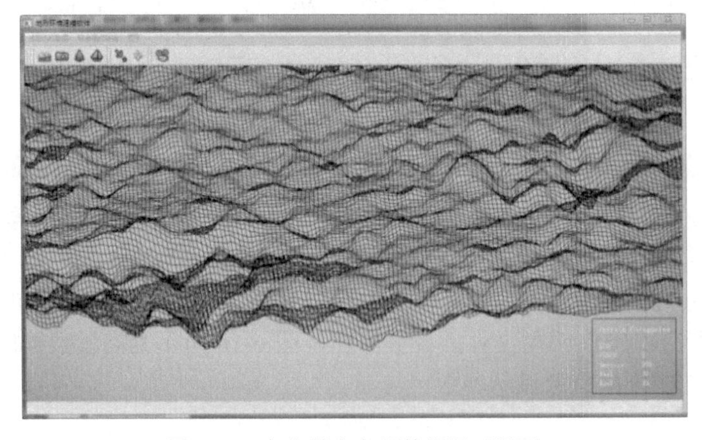

图 6-18　高分辨率高程数据显示界面

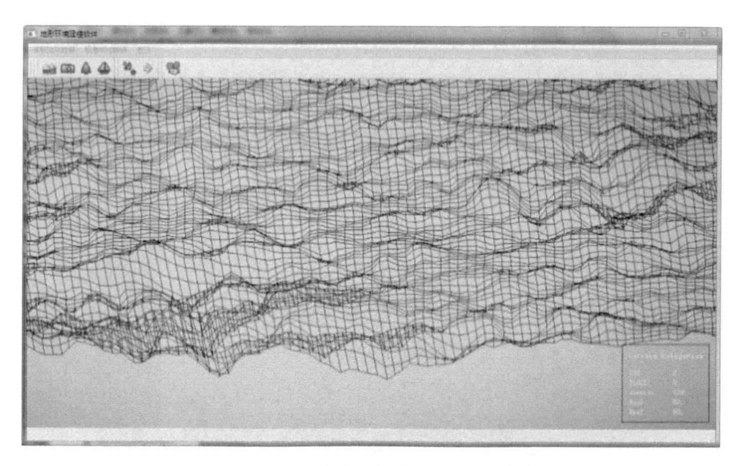

图 6-19　低分辨率高程数据显示界面

（4）利用 SEDRIS 表示地形环境数据并存储，利用第三方软件 SEDRIS Focus、Depth 和 SEDRIS Model Viewer 检测生成的 STF 传输格式内容是否与所读取和设置的地形环境数据的内容相符合。SEDRIS 国际标准组织提供了基类软件供用户对 SEDRIS 格式标准文件进行测试，如 SyntaxChecker、RulesChecker 和 Depth。SyntaxChecker 主要检查文件中的语法错误；RulesChecker 主要检查文件的规则是否符合 SEDRIS 规范；Depth 可对文件结构进行分析，用户可以根据分析结果获取 STF 传输格式的结构。SEDRIS Focus 提供了可视化界面供用户查看和编辑部分 STF 传输格式内容。SEDRIS Model Viewer 可以显示存储到 STF 传输格式中的 3D 模型文件。图 6-20 所示为利用 SEDRIS Focus 查看生成的 STF 传输格式，图 6-21 所示为利用 SEDRIS Model Viewer 查看存储到 STF 传输格式中的房屋模型。可以看出，地形环境建模软件可以将各类地形环境数据存储为符合用户要求和符合 SEDRIS 规范的地形环境数据库。

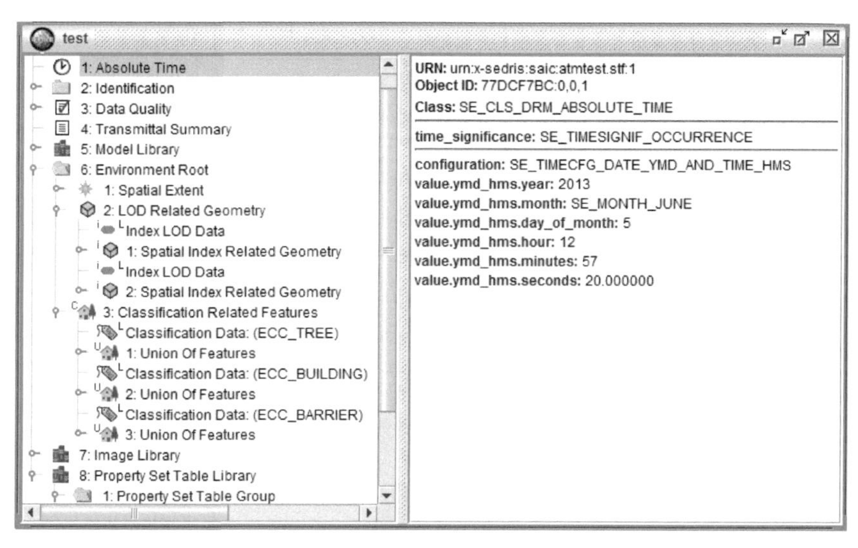

图 6-20　利用 SEDRIS Focus 查看生成的 STF 传输格式

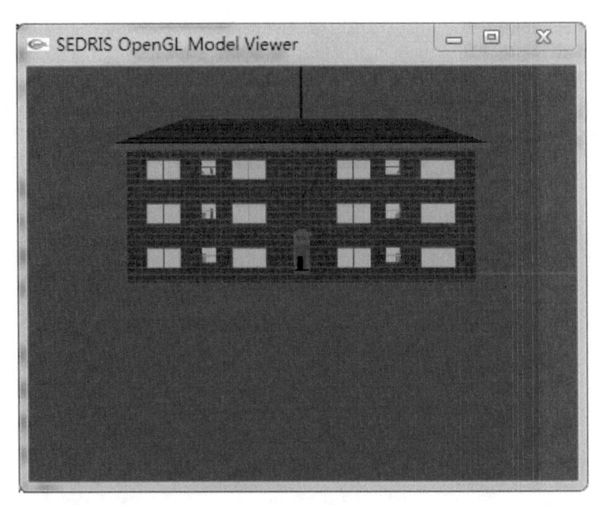

图 6-21 利用 SEDRIS Model Viewer 查看存储到 STF 传输格式中的房屋模型

地形环境建模软件的测试用例及结果如表 6-4 所示。

表 6-4 地形环境建模软件的测试用例及结果

测试用例	测试方法	预期结果	实测结果	测试结论
读取高程数据	选取 USGS DEM 格式的高程数据文件，并查看高程数据信息	高程数据信息解析正确，并正确显示基本信息	能够正确读取 USGS DEM 格式的高程数据	合格
读取纹理数据	选取多个多种格式的纹理文件，并查看各个纹理文件的基本信息	正确读取多个纹理文件，并正确显示数据信息	能够正确读取纹理数据	合格
读取 3D 模型文件	选取多个 3D 模型文件，并查看文件基本信息	正确读取多个 3D 模型文件，并正确显示文件基本信息	能够正确读取 3D 模型文件	合格
读取文化特征数据	选取文化特征数据，并查看基本信息	正确读取文化特征数据，并正确显示基本信息	能够正确读取文化特征数据	合格
高程数据处理	设置高程数据信息，并查看处理后的 DAT 格式的高程数据文件	处理后的高程数据文件与用户设置要求相符	能够正确处理高程数据	合格
纹理数据处理	设置纹理数据信息，并查看处理后的 GTIFF 格式纹理数据文件	处理后的纹理数据文件与用户设置要求相符	能够正确处理纹理数据	合格
3D 模型文件处理	设置 3D 模型文件信息，并查看处理后的文件信息	处理后的 3D 模型文件信息与用户设置要求相符	能够正确处理 3D 模型文件	合格
文化特征数据处理	选取需要读取的文化特征数据层，在数据库中查看处理后的文化特征数据	处理后的文化特征数据与用户设置要求相符	能够正确处理文化特征数据	合格

续表

测试用例	测试方法	预期结果	实测结果	测试结论
生成 SEDRIS 格式的地形环境数据库	生成 SEDRIS 标准的 STF 传输格式，利用 SEDRIS 提供的 Focus、Model Viewer、Depth、SyntaxChecker、RulesChecker 对其进行检查	STF 传输格式生成正确，且 Focus、Model Viewer 的显示结果，Depth 的解析结果与处理后的地形环境数据信息相符，采用 SyntaxChecker 检查无语法错误，用 RulesChecker 检查无规则错误	生成的地形环境数据库符合 SEDRIS 规范	合格

6.2.4　地形环境资源组件测试

根据地形环境资源组件的功能，按照如下步骤进行测试。

（1）采用第三方软件 Power Designer 设计对象模型，并导出为 XMI 文件，基于生成的对象模型，采用 H-JTP 的资源封装工具设计组件的 XSD 文件，其中配置的订购发布对象包括两个测试组件和地形环境资源组件。

（2）运行 H-JTP 的集成开发环境 H-JTP IDE，创建试验方案，试验方案中加入地形环境资源组件和两个测试组件，编辑界面如图 6-22 所示。在编辑界面右侧环境仿真工具箱中包含了地形环境资源及测试组件等，通过拖曳操作可对其进行编辑。

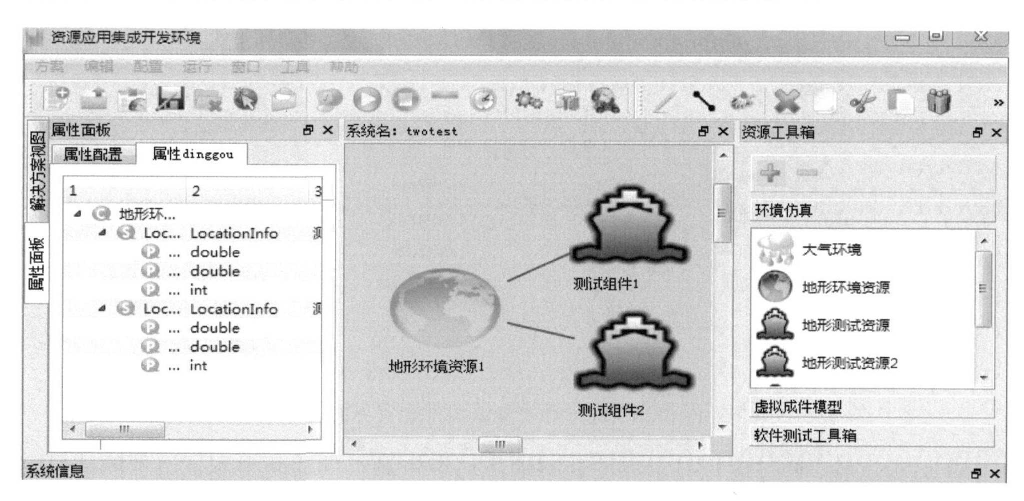

图 6-22　试验方案编辑界面

（3）配置地形环境资源和两个测试组件的订购发布关系，同时可以检测对象模型和 XSD 文件是否正确。图 6-23 所示为订购发布配置界面。地形环境资源组件订购两个测试组件的位置信息，两个测试组件订购地形环境资源组件的地形环境数据信息。

（4）加载地形环境数据库，通过配置界面查看地形环境数据的基本信息，配置界面如图 6-24 所示。选定 SEDRIS 格式的地形环境数据库进行加载，同时获取地形环境数据的基本信息进行显示，如名称、创建时间、分辨率等。

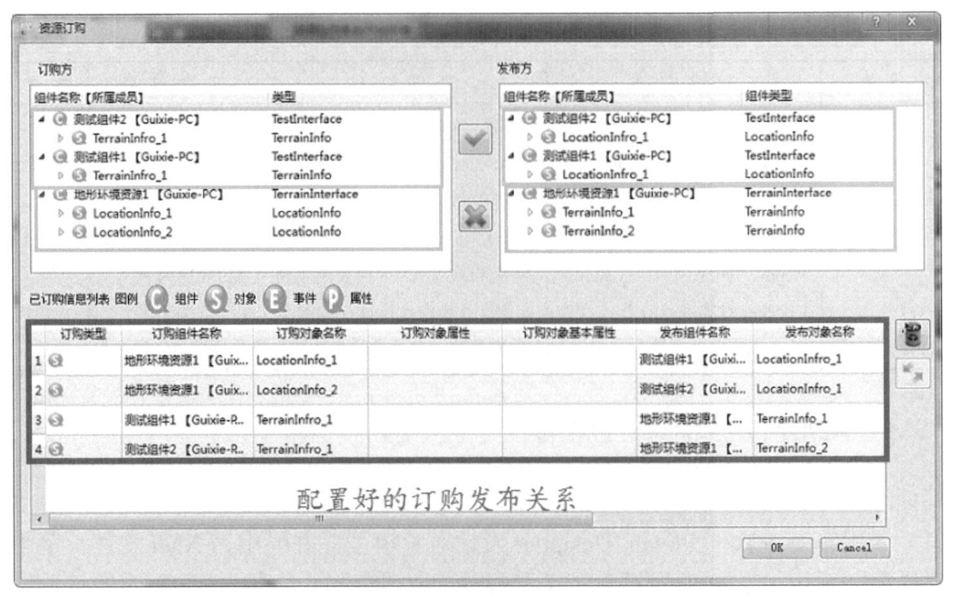

图 6-23　订购发布配置界面

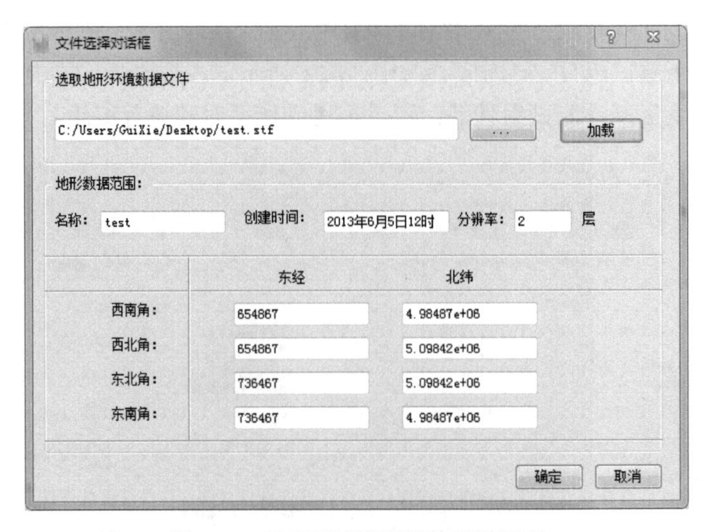

图 6-24　地形环境资源组件配置界面

（5）运行试验，通过运行显示界面观察地形环境资源组件与两个测试组件的信息交互过程。地形环境资源组件的显示界面如图 6-25 所示，是对订购数据和发布数据进行显示。可以看出，订购数据信息包括测试组件 1（LocationInfo_1）和测试组件 2（LocationInfo_2）的位置信息和对地形分辨率的要求，发布数据信息是地形环境资源组件分别发布给测试组件 1 和测试组件 2 的地形环境数据信息，包括高程值、坡度值、地物信息等。所有数据信息显示正确，即地形环境资源组件可以正确地与其他试验成员进行信息交互。

（6）通过测试组件显示界面查看与地形环境资源组件的信息交互。图 6-26 所示为某测试组件接收到的地形环境数据信息，与地形环境资源组件中的信息相符，说明地形环境资源组件可以正确发布数据，并与其他试验成员进行信息交互。

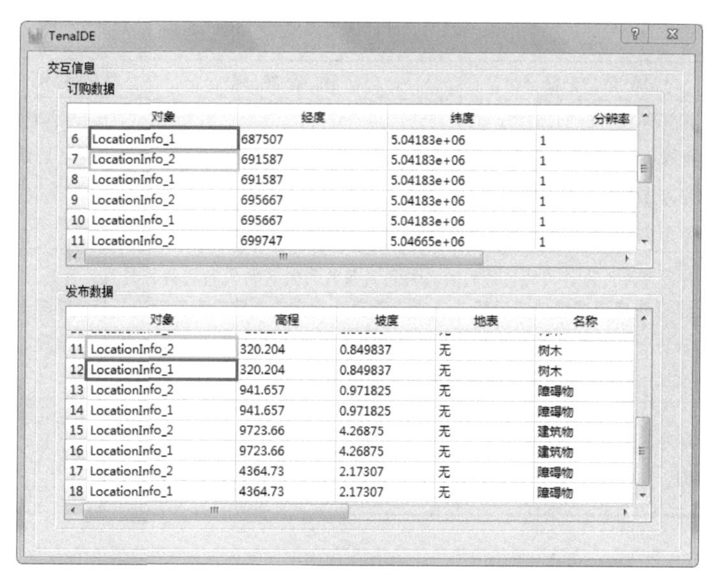

图 6-25　地形环境资源组件的显示界面

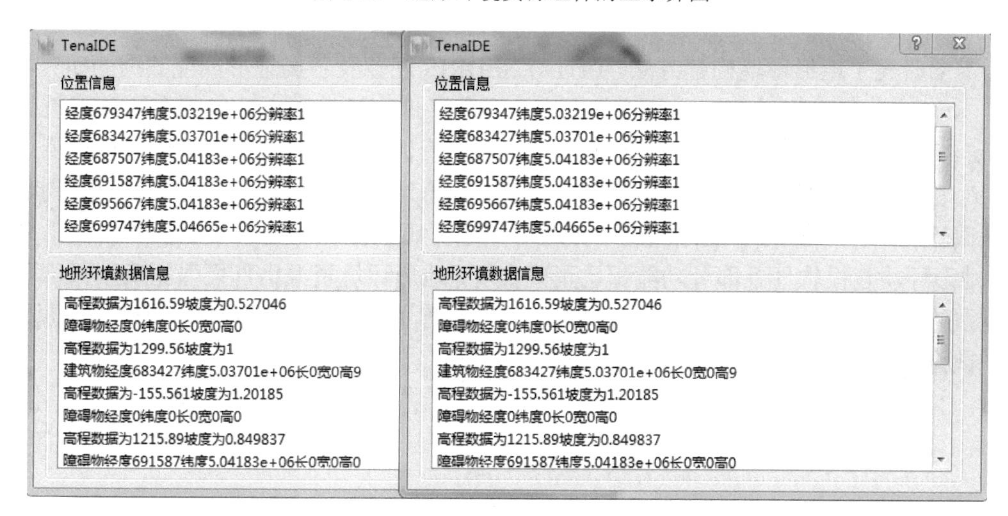

图 6-26　测试组件 1 和测试组件 2 的显示界面

地形环境资源组件的测试用例及结果如表 6-5 所示。

表 6-5　地形环境资源组件的测试用例及结果

测试用例	测试方法	预期结果	实测结果	测试结论
配置 XSD 文件	利用资源封装工具生成 XSD 文件，并查看文件	XSD 文件能够正确描述地形环境资源组件与测试组件的订购发布关系	XSD 文件符合要求	合格
添加地形环境资源组件和测试组件	运行 H-JTP IDE，创建试验方案，添加地形环境资源组件和测试组件	地形环境资源组件和测试组件能够正常被 H-JTP IDE 加载，并能够正确显示，可加入实验方案	地形环境资源被成功添加	合格
配置订购发布关系	配置地形环境资源组件和两个测试组件的订购发布关系	H-JTP IDE 能够正确显示订购发布列表，且实现订购发布关系的正确关联	正确配置订购发布关系	合格

续表

测试用例	测试方法	预期结果	实测结果	测试结论
配置地形环境资源	地形环境资源的属性配置界面选择 SEDRIS 格式的地形环境数据库，并查看数据基本信息	地形环境资源的配置界面正确显示，且支持用户选择地形环境数据库，正确显示数据信息	正确加载地形环境数据库，显示数据基本信息	合格
订购测试组件的位置数据，发布地形环境数据	运行试验，查看地形环境资源组件和测试组件的运行显示界面，查看位置数据和地形环境数据	地形环境资源组件显示的位置信息与测试组件中设定的一致，测试组件显示的地形环境数据和地形环境资源组件发布的相同	能够正确显示订购发布数据	合格
实时显示交互信息	运行试验，查看运行显示界面	运行显示界面显示数据正确、流畅	运行显示界面能够实时正确显示交互数据	合格

6.3 本章小结

本章研究了地形环境构建方法。通过对 SEDRIS 规范及各类地形环境数据的研究，构建了 SEDRIS 标准格式的地形环境数据库，实现了地形环境数据的完整表示和无歧义交互；详细介绍了基于试验训练体系结构的地形环境资源开发的实现过程。通过设计测试用例，对地形环境建模软件、地形环境资源组件、地形通过性分析组件进行了测试，同时通过在试验训练体系结构中设计试验，对地形环境资源整体功能进行了测试。测试结果表明，地形环境建模软件各部分功能都已正确实现，地形环境资源组件可以正确接入试验训练体系结构，并与其他试验成员进行信息交互，完善了试验训练体系结构的试验资源，提升了试验训练体系结构的可信度。

第 7 章

海洋环境构建

在海洋装备的研发过程中，海洋装备试验是评估海洋装备性能的重要环节。海洋环境复杂多变，同时传统的装备试验方法由于复杂性较高，而试验条件又难以对试验要求做到全面覆盖，相比之下，采用虚拟试验的方式更具优势。海洋装备试验过程中的虚拟试验是检验装备性能的重要环节，而构建真实、复杂的海洋环境模型，是虚拟试验结果真实可靠、有效评估装备性能的重要影响因素。因此，构建真实、复杂的海洋环境模型为海洋装备试验提供海洋环境数据，对海洋装备试验具有重要意义。

7.1 海洋环境参数选择与海洋观测数据集分析

首先，基于各类海洋环境参数对海洋装备运行的影响，确定在海洋装备试验背景下所选用的海洋环境参数。之后，对获取到的海洋观测数据集进行分析，包括数据来源、结构特点、时空特征、提供的海洋环境参数，进而确定各类海洋环境参数的数据生成方法。

7.1.1 海洋环境模型的参数选择

海洋环境模型可以通过完备的各类海洋环境参数来进行描述、表示。对指定的时空区域，可以通过构建以经度、纬度、深度为坐标轴的空间格网，其中每个格网点内包含该空间下的各类海洋环境参数信息，同时参数信息随时间变化进行变化，即通过构建时空范围内的各类海洋环境参数的四维（或三维，部分参数可能不随深度而变化）网格数据，就可以实现对指定时空区域的海洋环境模型的表示。此时，海洋环境模型的构建问题就转换为海洋环境参数的构建问题。

因此，海洋环境参数的选择是构建海洋环境模型的重要环节，选取哪些海洋环境参数实现对海洋环境的表示，是首先需要解决的问题。海洋环境参数的选择首先需要充分考虑能充分描述海洋环境的各类要素。同时，由于本章构建的海洋环境模型是面向装备试验、为海洋装备试验提供复杂海洋环境数据的，因此还需要充分考虑对海洋装备运行过程中，即海洋军事活动下对主要海洋军事活动有影响的海洋环境参数。此外，海洋环境参数的数据生成环节还需要基于现有的海洋观测数据来进行。

海洋环境指的是地球上广大海洋连续构成的总水域。描述海洋环境的基本要素有海水的温度、盐度、密度及海流，同时还包含其他的要素，如波浪、海底地形、水质、压强、重力和磁力等。而对主要海洋军事活动有影响的海洋环境要素如表 7-1 所示。

表 7-1　海洋环境要素对海洋军事活动的影响

军 事 活 动	海洋环境要素	对军事活动的影响
舰船水面航行	海浪、海冰等	海浪会对舰船设备造成破坏或导致翻船；海冰则会阻碍舰船航行
潜艇水下航行	深度、跃层、环流、内波、中尺度涡等	深度影响潜艇的隐蔽性；跃层影响潜艇的航行安全；环流、内波、中尺度涡可产生振动和颠簸，对潜艇探测、隐身、反潜产生影响
水声探测与传输	温度、深度、盐度、内波、潮汐、海流、海面波浪等	影响声速、声信号的传播及通信、探测、水中兵器制导、潜艇战、反潜战
鱼雷作战	海流、海浪、磁场	海流、海浪会对鱼雷的入水姿态产生影响；磁场则会对鱼雷的水下导航定位功能产生影响

基于表 7-1 所列出的对军事活动有影响的海洋环境要素可知，位于海洋表面的海浪、海冰、海流等参数，海洋水体的温度、盐度、深度等参数都能对海洋军事活动产生显著影响，也是海洋装备试验过程需要获取的海洋环境参数。

以典型的水下航行器运行测试为例，海洋水体的温度、盐度变化情况能够对水下航行器的运行产生较大影响，如海洋装备的材料性能、传热和机械性能等方面，尤其在变化较大的温度跃层、盐度跃层下影响明显。

而海洋水体的密度参数则会干扰水下航行器的下潜、上浮、航行等行为，如密度跃层的海水密度的剧变会阻碍航行器的上浮行为，海中断崖等区域则可能导致航行器失去浮力甚至引发安全事故。

声速参数则可能对水下航行器的水下通信、目标探测等行为产生影响，如声速的变化会影响声信号的传播，产生弯曲、折射等情况，从而对水下通信、目标探测等行为产生干扰。

海表面风速对水下航行器的运行和控制有一定影响。强风对水面造成的涡流和湍流等现象，可能会影响水下航行器的稳定性和操纵性。而海表面波高参数对水下航行器的运行和控制同样具有一定影响。大波浪对水下航行器的稳定性、深潜能力和操纵性产生挑战，另外，在水下航行器试验中，需要依据不同波高条件下的海面环境来评估装备的抗波浪能力、水下操纵性能和航行稳定性。此外，海水的水体深度参数同样能对水下航行器的运行产生影响，如航行路径规划，水下航行器需要避免遇到水深过浅的区域，以防止触底或被困。水深信息可以用于确定可行的航行路径，确保水下航行器安全通行。

基于上述针对典型的海洋装备试验环节对海洋环境模型的参数的需求分析，确定了所构建的海洋环境模型所需包含的八种类型的海洋环境参数，即海水温度、海水盐度、海水密度、海水声速、海表面温度、海表面风速、海表面波浪及水体深度（见图 7-1），之后再根据现有的海洋观测数据集实现各类海洋环境参数的生成，而实际的各类海洋环境参数的生成方法，还需要基于对现有的海洋观测数据的分析才能确定。

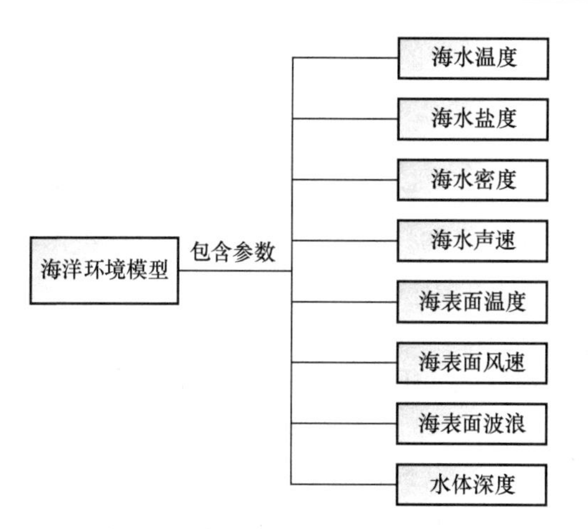

图 7-1　海洋环境模型的参数选择

7.1.2　海洋观测数据集分析

1. Argo 浮标温盐数据

Argo 是由美国、法国等国的海洋学家于 1998 年发起的首个针对全球大洋次表层的观测阵列计划。该计划旨在通过在全球各海域投放自潜式浮标，构建具有实时性的、高分辨率的全球海洋观测网。通过卫星定位和通信系统，可以实现对全球海洋内部的海水温度、盐度剖面及生物化学要素信息的实时获取，深度覆盖范围为水下 2000m 内（由于海表面数据测量偏差较大，一般不包含海表面的温盐数据）。

Argo 数据具有以下特点。

1）数据海量

Argo 计划构成了一个覆盖全球海域的准实时观测的传感器网络，组织、管理、维护全球各海域内共 13000 多个浮标。目前仍在稳定运行的浮标有 3800 多个，获取的剖面观测数据超 15 万条/年。截至目前，共获取了 250 多万条温度和盐度等要素的剖面观测数据。

2）空间范围稀疏

Argo 计划目前累计获取了海量的剖面观测数据，这更多是因为 Argo 浮标所具有的周期观测方式导致数据量随时间单调递增。同时，由于 Argo 计划覆盖了全球海洋区域，其观测面积庞大，目前稳定运行的 3800 多个浮标仍无法实现观测海域内的高分辨率覆盖。此外，Argo 浮标周期观测方式导致各浮标获取的观测数据在观测时间上存在间隔，因此实际每日能获取的剖面观测数据约有 1200 条。可以看出，在特定时刻上，Argo 浮标的数据集在空间上十分稀疏。

3）时空分布离散

Argo 浮标作为自潜式浮标，整个工作过程中受洋流等的影响，其所处的空间位置不断变化，因此具有随机性和不确定性，这与一般的具有固定的空间观测位置的锚式浮标不同。这导致观测数据集在空间上具有稀疏、离散特征。同时，每个 Argo 浮标的采样时间并不同时进行，从而导致同一区域的浮标的采样时间不具有同步性，获取到的同一时刻的采样数据较为稀疏。

对于 Argo 数据的获取，杭州全球海洋 Argo 系统野外科学观测研究站提供了《全球海洋 Argo 散点资料集》，数据经过质量再控制后进行发放，并提供了对应的用户手册，极大地方便了研究人员的直接使用，同时还提供了对应的网格数据产品供用户选择使用。目前，该数据集整合了 1997 年 7 月至 2022 年 12 月全球范围下的观测数据，并按月进行压缩存储命名。

此外，法国海洋开发研究院（IFREMER）也提供了相应的 Argo 数据获取方式，使可获取到的浮标数据则截止到了 2023 年的 4 月。与杭州全球海洋 Argo 系统野外科学观测研究站提供的浮标数据不同的是，其提供的浮标数据按大洋区域进行了划分，分为太平洋、大西洋、印度洋三个区域，并按年、月分为不同文件夹进行访问，并且提供的数据按日期进行了命名。例如，“20160501_prof.nc”文件包含了 2016 年 5 月 1 日当天所有工作浮标采集到的剖面观测数据。

本章使用了法国海洋开发研究院提供的太平洋区域下的 Argo 数据，格式为 NetCDF 格式，其需要通过相应的计算机仿真软件进行读取预处理后使用，用于海洋环境模型中的海水温度、盐度参数的数据生成。

2. TAO 浮标温盐数据

TAO 阵列是由热带太平洋区域的 70 多个锚定浮标组成的观测阵列，由热带海洋全球大气（TOGA）计划实施，在 2000 年 1 月 1 日前又称 TAO/TRITON 阵列。获取的海洋、气象观测数据由 Argos 卫星系统进行实时发布。TAO 观测阵列可以提供上层海洋的温度、盐度、海流等海洋要素的观测数据。

TAO 锚式浮标作为海洋观测浮标，在时空分布上具有相对固定的空间位置，能在对应的空间位置上获取到相对完整的时间观测序列数据，同时具有稳定的深度层信息，但其规模要远小于 Argo 浮标。

关于 TAO 浮标数据的获取，美国国家海洋和大气管理局（NOAA）提供了相应的数据访问网站，供使用者访问下载。使用者需在页面下筛选需要下载的海洋环境参数，如温度、盐度等信息，并勾选需要获取的区域信息，同时给出需要获取的时间范围及对应的时间分辨率（季度、月度、5 天、1 天），之后网站则会按照使用者需求提供相应的观测数据的下载方式。下载的观测数据按参数类型和空间分布分开存储，为 ASCII 格式文件。每个文件均记录了对应的海洋参数在该空间位置下的各个时间及各个深度层下的观测数值。

本章使用了太平洋范围内的各个空间位置的 TAO 浮标的温度、盐度数据，时间分辨率为每天，格式为 ASCII 格式，可以通过记事本打开观察数据的存储结构，之后通过 C++ 编程的方式实现数据的读取，同样用于海水温度、盐度参数的数据生成。

3. AVHRR 海面遥感数据

AVHRR 的中文全称为先进超高分辨率辐射计，是 NOAA 系列的气象卫星上的传感器。NOAA 系列气象卫星的 AVHRR 传感器从 1979 年的 TIROS-N 卫星发射以来就持续进行对地观测，也是在轨运行时间最长的传感器。AVHRR 海面遥感数据能覆盖全球大部分的区域，且能进行同步观测，这些优势使得 AVHRR 海面遥感数据在海洋环境中能够快速获取到海面要素的动态变化信息，同时在空间和时间上都有很高的分辨率。AVHRR 海面遥感数据提供了全球大洋的海面温度信息，同时还补充了海表面相关的辅助信息，如风速模量、海冰系数、地转流异常等参数。

AVHRR 海面遥感数据可以从美国 NOAA 国家海洋资料中心网站进行获取。该网站提供了 1981 年至今的 SST 数据，覆盖全球大洋区域，并按日进行存储，数据格式为 NetCDF。

本章使用的是 AVHRR 海面遥感数据下的 PathFinder v5.3 SST 数据集，该数据集提供了海表面温度、海表面风速模量等信息，空间分辨率可达到 0.041°× 0.041°，同时单日的数据还包含昼夜两个时间段的数据。该数据集的数据格式为 NetCDF，需要通过计算机仿真软件进行读取预处理后再进行使用，可为海洋环境模型提供海表面温度、风速参数数据。

4. GEBCO 全球水深数据

世界大洋深度图（GEBCO）是联合国教科文组织下属的国际海道测量组织 IHO（International Hydrographic Organization）和政府间海洋学委员会 IOC（Intergovernmental Oceanographic Commission）联合主持的项目。该项目通过国际合作渠道实现水深数据的收集，经过数据处理后，编制全球大洋海底水深图，提供公开且具有权威性的全球海洋数据。

早期的 GEBCO 仅发布纸质版的全球海底地形图。之后随着科技的发展，GEBCO 提出构建全球数字海底地形模型的想法，并由最开始目标构建的 5′ 大小的全球网格模型，逐步改进发布了一系列更精细的三维网格海底地形模型，分辨率可达 1′、15″ 甚至 30″ 等，同时还添加了全球陆地地形数据。

目前，GEBCO 提供的最新数据集是 GEBCO_2022 Grid，该数据集包含了 15″ 网格大小的全球海洋和陆地高程数据。下载方式有两种：①全球网格数据下载；②自定义区域下载。下载的数据格式有 NetCDF、Esri ASCII raster 和 Data GeoTiff 三种。

本章使用的是 GEBCO 最新的 2022 年全球网格数据集，提供了全球的海底地形深度及陆地高程信息，空间分辨率可达 15″ × 15″，数据格式为 NetCDF，需要通过计算机仿真软件进行读取预处理后再进行使用，可为海洋环境模型提供水体深度参数数据。

5. MSWH 海面波高数据

MSWH 海面波高数据又称 NRT-MSWH，是由 Copernicus Marine Environment Monitoring Service（CMEMS）提供的、基于多个卫星数据源（OSTM/Jason-2, SARAL/Altika）和模型融合计算得到的海洋表面波高数据产品。该数据集提供了全球大洋区域的有效波浪高度数据，由于该数据集提供的是近实时（Near Real Time，NRT）的波浪高度数据，在时间和空间上都具有较高的分辨率，时间分辨率可以达到 1 天，空间分辨率达到 1°、2°。

MSWH 海面波高数据最开始由 Aviso 进行分发，提供了 2009 年 9 月到 2019 年 12 月的网格化（L4）NRT 波近实时有效波高数据，时间分辨率为 1 天，空间分辨率为 1°，相关的数据需要通过注册 Aviso 的平台账号，并向平台提交数据申请后进行下载，数据格式为 NetCDF，同时按天进行存储。而 2019 年之后，哥白尼海洋环境监测服务（Copernicus Marine Environment Monitoring Service，CMEMS）开始接手网格化（L4）NRT 波产品的加工和分销。相应地，2019 年后的数据也迁移到了 CMEMS 上，并更名为 WAVE_GLO_WAV_ L014_SWH_NRT_OBSERVATIONS_003_4。相比 Aviso 的网格产品，其空间分辨率变为 2°，这主要是因为该数据产品合并了来自 Jason-3、Sentinel-3A、Sentinel-3B、SARAL/AltiKa、Cryosat-2、CFOSAT 和 HaiYang-2B 任务的跟踪 SWH 数据，并基于 CMEMS QUality 信息文档所进行的改进处理，时间分辨率仍为 1 天，数据格式为 NetCDF，提供的参数也未发生变化。

本章使用的是 Aviso 提供的 MSWH 海面波高数据产品，提供了全球海洋区域的海表面有效波高数据，时间分辨率为 1 天，空间分辨率为 1°×1°，格式为 NetCDF，需要通过计算机仿真软件进行读取预处理后再进行使用，为海洋环境模型提供海表面波高参数数据。

7.1.3 各类海洋环境参数数据的生成方法

依据对上述观测数据集的分析，可以看出，基于观测数据集可以实现海水温度、海水盐度、海水密度、海水声速、海表面温度、海表面风速、海表面波浪及水体深度八类参数的数据生成。其中，对于海水温度、盐度参数，由于观测数据本身具有时空分布稀疏、离散的特征，导致难以直接使用，需要考虑通过时空插值的方法对数据进行重构，生成具有高分辨率的网格数据，同时由于这里的海水温度、盐度数据不包含海表面相关的数据，因此在海洋环境参数上，基于其他观测数据集补充了海表面温度参数，以表示海表面的温度变化情况。

对于海表面温度、海表面风速、海表面波浪及水体深度四类参数，由于使用的观测数据集较为成熟，具有较高的网格化特征及时空分辨率，在生成海洋环境模型参数的数据时，只需要进行简单的数据处理或者数据插值即可生成符合需求的数据，因此不作为本章的研究重点。

而海水密度、声速参数，由于缺乏直接的观测数据集，不能实现数据的直接生成，此时，需要考虑研究相应的工程模型，间接计算得到对应的海水密度、声速参数数据。

根据上述分析，可以确定各类海洋环境参数的数据生成方法，如图 7-2 所示。

1. 海水温度和盐度参数

海水的温度、盐度参数是海洋水体包含的基本属性，同时也是影响海水各类属性特征（如海水密度、声速、热力学性质等）的重要参数。海水温度对海洋装备的材料性能、传热和机械性能都有重要影响。高温环境可能导致设备过热或材料膨胀，而低温环境可能影响设备的灵活性和可靠性。海水的盐度会对海洋装备的浮力、腐蚀和材料耐久性产生影响。高盐度环境可能增加腐蚀的风险，而低盐度环境可能影响浮力和水下操纵性能。

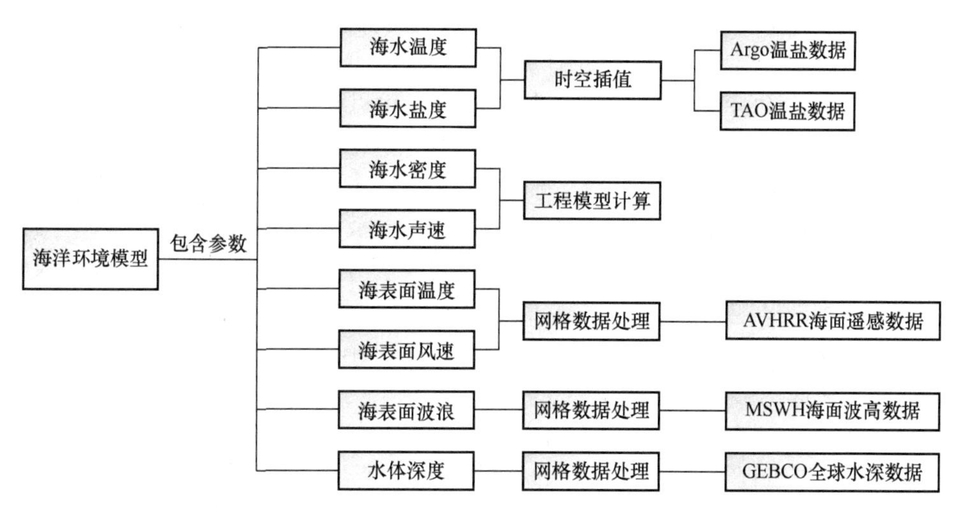

图 7-2　各类海洋环境参数的数据生成方法

在海洋环境模型当中，海水温度、盐度参数能为水下装备的运行提供相应的数据，可适用于海洋装备的海洋环境适应性测试、耐久性和可靠性测试、安全性测试及效能评估等方面，如自动水下航行器的航行过程。因此，构建海区整体的温度、盐度参数，为海洋装备的准确运行提供各个空间范围下的温度、盐度信息至关重要。

这里的温度、盐度信息指水下 2000m 内的各深度层剖面、各时空范围下的水体温度和盐度信息。因此，构建的海水温度、盐度参数在空间上呈现的是三维网格数据，由数据所处的经度、纬度、深度确定对应空间位置的海水温度、盐度参数信息，并随时间的变化进行变化。

海水温度、盐度参数可以通过 Argo 浮标和 TAO 浮标提供的温度、盐度观测数据进行数据的生成。但由于 Argo 浮标和 TAO 浮标的温盐数据在时空分布上具有稀疏、离散的特征（不具备网格化的特征），难以直接应用到海洋环境模型当中。此时，可以通过时空插值的方法，生成指定时空范围下的随时间动态变化的三维空间网格数据，实现海洋环境模型中温度、盐度参数信息的生成。

2．海水密度和声速参数

海水的密度、声速参数是海洋水体所具有的基本属性。在构建海洋环境模型时，海水的密度、声速也是需要的参数。例如，在潜艇航行过程中，需要把握航行海域的密度变化情况，尤其在密度变化较为剧烈的密度跃层下，应对设备进行调整，保障运行的安全；声速信息则影响到了水下通信的质量，在海洋装备的水下通信过程中需要获取相应的声速信息。

虽然有相应的测量设备可以直接获取指定空间位置下的密度、声速信息（直接测量法），但由于其成本较高，且受测量方法的限制，难以实现大时空范围下的密度、声速参数的实时获取。这也导致了关于海水密度、声速的大时空范围的观测数据集的缺乏。

而海水的密度、声速信息除使用测量设备直接测量获取外，还可以通过测量其他的海洋环境参数，通过采用相应的工程模型（经验公式计算）间接进行获取（间接测量法）。

海水的密度参数通常可以由海水的盐度、温度及压力信息计算得到，而海水的声速参数则可以由海水的盐度、温度及压力信息计算获取。

因此，在对海水的密度、声速参数进行构建时，可以先通过获取该时空位置下的温度、盐度及深度（或压力）参数信息，之后通过工程模型进行计算得到。而海水的温度、盐度信息在本节前面“海水温度和盐度参数”部分中已经给出了相应的生成方法，深度信息则是空间网格中的坐标轴信息。因此，对海水的密度、声速参数数据的生成，主要集中在了工程模型的选取上，即通过选取合适的工程模型，实现对海水的密度、声速参数信息的生成。

构建的海水密度、声速参数同海水的盐度、温度参数一样，是由经度、纬度、深度构成的三维空间网格数据，由对应的经度、纬度、深度共同确定了每个网格点数据的空间位置，同时还受时间的影响动态变化。

因此，针对装备试验环节中对于海水密度、声速参数信息的需求，就需要研究相应的工程模型，并通过工程模型计算的方式间接计算得到所需时空范围下的海水密度、声速参数数据。

3. 海水水体深度参数

海水水体深度参数反映的是指定时间下的各个空间位置处的海底地形的深度，由此确定了海底的地形模型。此外，海底的地形深度的变化情况一般受时间影响较小，因此，在进行海洋环境模型构建时，可以近似认为海水水体深度参数不受时间影响，只与所处的空间位置有关，故海水水体深度参数是一个由经度、纬度构成的二维网格数据。海水水体深度参数可以为海洋装备提供水下的深度情况，以及海底的地形情况，帮助海洋装备把握航行海域的整体情况。同时，在装备试验过程中，可以依据水体深度参数信息，实现指定时空范围下的海区地形的构建。

海水水体深度参数信息，可以由 GEBCO 所提供的全球水深数据进行直接获取。GEBCO 提供了由经度、纬度所构成的二维网格水深数据以及相应的经度、纬度坐标数据。经度数据确定了网格的各纵轴点的经度位置，而纬度数据则确定了网格的各横轴点的纬度位置，由此确定了各二维网格点的经度、纬度坐标。

另外，GEBCO 提供的水深数据空间分辨率可达 15″，具有很高的空间分辨率。在海洋模型构建的过程中，需要将其调整至对应的空间分辨率，这里可以根据对应空间分辨率下的空间网格划分，对网格内各点的水体深度参数做算术平均，如目标的空间分辨率为 1°×1°，则需要将网格内的 240×240 个 15″×15″ 的网格数据做算术平均。而当需要较高分辨率时，由于数据集的网格化程度较高，这里只使用简单的数据插值即可生成所需网格数据，为装备试验提供相应的数据服务。

4. 海表面温度和风速参数

海表面温度、风速参数是海洋环境水体表面属性的基本参数。对于海表面温度参数，由于本节第一部分“海水温度和盐度参数”中提及的海水温度、盐度参数反映的是水下的温度、盐度变化情况，其对应的数据集由于是基于浮标观测获取的，而其由于测量误差较大、易受环境干扰的原因（如海上的漂浮物等会直接影响数据的测量），多在水下大于 5m 的位置进行测量，不包含海表面的温度、盐度信息。因此，需要另外构建海表面的温度参数。海表面风速参数反映了海面的海况，对在海面航行的海洋装备（如舰船）的航行安全产生影响；对在海面开展的装备试验（如海上平台和船舶试验、海洋工程结构物试验）的环境试验条件需要考虑海面风速、温度信息。

海表面温度、风速参数信息受时间、空间的变化影响均较为明显，因此，最终生成的海表面温度、风速参数信息是受时间影响动态变化的由经度、纬度构成的二维空间网格数据，即最终构建的海洋环境模型包含的海表面温度、风速参数信息是关于经度、纬度、时间的三维网格数据。

海表面温度、风速参数信息，可以由 AVHRR PathFinder v5.3 SST 数据集获取得到。该数据集提供了全球海洋区域下的海表面温度、风速模量数据，空间分辨率达到 0.041° × 0.041°，时间分辨率为 1 天，同时 1 天内包含了白天和晚上两个时段测量的数据，格式为 NetCDF。可以看出，AVHRR 数据集也具有较高的空间分辨率。因此，在海洋模型构建的过程中，需要将其调整至对应的空间分辨率，即对目标分辨率的网格内各点的数据做算术平均。当需要的分辨率较高时，采用简单的数据插值方法即可。

5．海表面波浪参数

海表面波浪参数反映的是海洋环境的海表面的海浪的统计特性。海浪和风浪对于海上设备和浮标的稳定性和运动性能有重要影响。大浪和强风浪可能使设备受到冲击和振动，这增加了操作的难度。

常用来表征海浪统计特性的指标有三种：波浪方向、波浪浪高、波浪周期。MSWH 海面波高数据则提供了全球海洋区域范围下的海面波高数据，该数据集给出了各经纬度下海浪的有效波高数据，以此来反映各区域的波浪高度特征。

有效波高（Significant Wave Height）是按特定的统计规则得到的实际波高值。因为海面波浪是多种波的无规则组合，无法仅靠一个波高值进行有效表示，故波浪高度是基于一系列的波浪观测值统计获得的参数，常用的表示波浪高度的统计观测值为有效波高、十分之一波高、最大波高。其中，有效波高是波浪高度中最常用的表示方法之一，通过对某一时刻浮标观测的前 n 个波高按高低进行排列，取前三分之一大波波高的平均值，作为有效波高。

MSWH 数据集提供了关于经度、纬度的有效波高参数的二维网格数据，空间分辨率为 1° × 1°，按日存储。因此，海洋环境模型构建的海表面波浪参数是一个关于经度、纬度、时间的三维网格数据。MSWH 数据集的空间分辨率虽较 AVHRR 和 GEBCO 数据集的空间分辨率低，但综合时空分布特征考虑，其具有较好的时空分辨率。在海洋模型构建的过程中，依据提供的空间分辨率的大小，其空间分辨率也需要进行相应的调整（空间分辨率大于 1° × 1° 时），即对目标分辨率的网格内的各点数据做算术平均。在分辨率要求较高时，采用简单的数据插值方法进行处理即可。

7.1.4　基于工程模型的海洋环境参数计算方法

基于工程模型计算的海洋环境参数为海水密度、海水声速参数，这里分别给出了海水密度和海水声速的工程模型计算方法。

1. 海水密度

基于工程模型计算的海洋环境参数为 7.1.3 节中提及的海水密度、海水声速参数，这里分别给出了海水密度和海水声速的工程模型计算方法。

海水密度的工程模型构建的核心在于如何利用已有的观测数据或海洋环境参数，通过合理的经验公式计算得到对应的海水密度参数。实际上，海水密度受海水的盐度、温度及压力的共同影响，通常可以由海水的盐度、温度及压力数据计算得到，即根据现有海水密度的经验公式，依据给定的海水盐度、温度、压力数据，可计算出对应的海水密度。目前常用的海水密度计算公式是联合国教科文组织（UNESCO）于 1983 年提出的，本章基于该计算公式对海水密度参数进行计算，公式表达式如下：

$$\rho=\frac{\rho(S,T,0)}{1-\dfrac{p}{K(S,T,p)}} \tag{7-1}$$

式中，T 为海水温度，满足 $0<T<40℃$；S 为海水盐度，满足 $0<S<42\text{PSU}$；p 为海水压强，单位为 bar，满足 $0<p<1000\text{bar}$，工程上可以与深度进行换算，有 $1\text{m}=1\text{dbar}=0.1\text{bar}$。

$\rho(S,T,0)$ 为标准大气压下的海水密度值 $(p=0)$，具有如下表达式：

$$\rho(S,T,0)=\rho_{\text{SMOW}}+B_1S+C_1S^{1.5}+d_0S^2 \tag{7-2}$$

其相关参数分别如下：

$$\rho_{\text{SMOW}}=a_0+a_1T+a_2T^2+a_3T^3+a_4T^4+a_5T^5 \tag{7-3}$$

其中，$a_0=999.842594$，$a_1=6.793953\times10^{-2}$，$a_2=-9.095290\times10^{-3}$，$a_3=1.001685\times10^{-4}$，$a_4=-1.120083\times10^{-6}$，$a_5=6.536332\times10^{-9}$。

$$B_1=b_0+b_1T+b_2T^2+b_3T^3+b_4T^4 \tag{7-4}$$

其中，$b_0=8.2449\times10^{-1}$，$b_1=-4.0899\times10^{-3}$，$b_2=7.6438\times10^{-5}$，$b_3=-8.2467\times10^{-7}$，$b_4=5.3875\times10^{-9}$。

$$C_1=c_0+c_1T+c_2T^2 \tag{7-5}$$

其中，$c_0=-5.7246\times10^{-3}$，$c_1=1.0227\times10^{-4}$，$c_2=-1.6546\times10^{-6}$。

$$d_0=4.8314\times10^{-4}$$

$K(S,T,p)$ 则为海水最终压缩性模量，其表达式如下：

$$K(S,T,p)=K(S,T,0)+A_1p+B_2p^2 \tag{7-6}$$

其中，$K(S,T,0)$ 表示压强为 0 下的海水最终压缩性模量，有如下计算公式：

$$K(S,T,0)=K_w+F_1S+G_1S^{1.5} \tag{7-7}$$

$$K_w=e_0+e_1T+e_2T^2+e_3T^3+e_4T^4 \tag{7-8}$$

其中，$e_0=19652.21$，$e_1=148.4206$，$e_2=-2.327105$，$e_3=1.360477\times10^{-2}$，$e_4=-5.155288\times10^{-5}$。

$$F_1=f_0+f_1T+f_2T^2+f_3T^3 \tag{7-9}$$

其中，$f_0=54.6746$，$f_1=-0.603459$，$f_2=1.09987\times10^{-2}$，$f_3=-6.167\times10^{-5}$。

$$G_1=g_0+g_1T+g_2T^2 \tag{7-10}$$

其中，$g_0=7.944\times10^{-2}$，$g_1=1.6483\times10^{-2}$，$g_2=-5.3009\times10^{-4}$。

A_1和B_2的表达式如下：

$$A_1=A_w+(i_0+i_1T+i_2T^2)S+j_0S^{1.5} \tag{7-11}$$

其中，$i_0=2.2838\times10^{-3}$，$i_1=-1.0981\times10^{-5}$，$i_2=-1.6078\times10^{-6}$，$j_0=1.91075\times10^{-4}$。

$$A_w=h_0+h_1T+h_2T^2+h_3T^3 \tag{7-12}$$

其中，$h_0=3.2399$，$h_1=1.43713\times10^{-3}$，$h_2=1.16092\times10^{-4}$，$h_3=-5.77905\times10^{-7}$。

$$B_2=B_w+(m_0+m_1T+m_2T^2)S \tag{7-13}$$

其中，$m_0=-9.9348\times10^{-7}$，$m_1=2.0816\times10^{-8}$，$m_2=9.1697\times10^{-10}$。

$$B_w=k_0+k_1T+k_2T^2 \tag{7-14}$$

其中，$k_0=8.50935\times10^{-5}$，$k_1=-6.12293\times10^{-6}$，$k_2=5.2787\times10^{-8}$。

根据上述经验公式，以及 7.1.3 节中所生成的各时空范围下的温度、盐度参数和各时空范围所处的深度信息，就可以计算出各个时空范围下的海水密度参数，由此生成了海洋环境模型的关于经度、纬度、深度和时间的海水密度参数数据。在公式适用范围内，其计算的平均误差为$0.1\%\sim0.3\%$，可以满足所需的误差需求。

2．海水声速

海水声速参数的工程模型构建与海水密度参数的工程模型构建类似，需要依据相应的海水声速经验公式进行计算，从而得到各个时空范围下的海水声速参数信息，并生成海洋环境模型的海水声速参数数据。

海水声速的计算是利用了海水声速同盐度、温度及海水压力（或深度）的数学关系，并采用相应的经验公式，依据所给的盐度、温度、深度信息计算得到。目前，对于声速经验公式的研究已经相当成熟，主要发展出了 10 种声速经验公式，每种声速经验公式都具有一定的适用条件，如表 7-2 所示。

表 7-2　声速经验公式

提　出　人	提出年份/年	温度范围/°C	盐度范围/ppt	深度范围/m	公 式 项 数
Wilson	1960	[−4,30]	[0,37]	[1,10000]	23
Leroy	1969	[−2,34]	[20,42]	[0,8000]	13
Frye and Paugh	1971	[−3,30]	[33.1,36.6]	[10.33,9843]	12
DelGrosso	1974	[0,35]	[29,43]	[0,1000]	19
Medwin	1975	[0,35]	[0,45]	[0,1000]	6
Chen-Millero	1977	[0,40]	[5,40]	[0,10000]	15
Lovett	1978	[0,30]	[30,37]	[0,10000]	13
Mackenzie	1981	[−2,30]	[25,40]	[0,8000]	9
Coppens	1981	[−2,35]	[0,42]	[0,4000]	8
Chen-Millero-Li	1994	[0,40]	[0,40]	[0,10000]	15

考虑到经验公式使用范围和公式项数的长度，以及各类公式的适用性分析结果，本章采用的是 Coppens 于 1981 年提出的声速经验公式，该公式是声速 C 关于温度 T、盐度 S

和深度 D 的函数，在深度 0～2000m 的情况下具有相对较好的计算精度，适用于海洋装备的运行环境范围，故选用该公式进行声速的计算。该公式的表达式如下：

$$C = C(T,S,0) + (16.23 + 0.253T)D + (0.213 - 0.1T)D^2 + (0.016 + 0.0002(S-35))(S-35)TD \tag{7-15}$$

$$C(T,S,0) = 1449.05 + 45.7T - 5.21T^2 + 0.23T^3 + (1.333 - 0.126T + 0.009T^2)(S-35) \tag{7-16}$$

其中，声速 C 的单位为 m/s；海水温度 T 单位为℃；盐度 S 的单位为 ppt，也可换算为 PSU（实际使用中二者几乎相同）；深度 D 的单位为 m。

根据该经验公式及 7.1.3 节中各时空范围下的温度、盐度参数和各时空范围所处的深度信息，就可以计算出各个时空范围下的海水声速参数，并生成了海洋环境模型的关于经度、纬度、深度和时间的海水声速参数。

7.2 基于时空插值的高分辨温盐数据生成方法

7.1 节提及的海水温度、盐度参数的数据是基于 Argo、TAO 浮标温度、盐度数据生成的。而 Argo、TAO 浮标的温度、盐度观测数据由于其时空分布的不规则、稀疏且空间分辨率较低的特性（Argo 数据每日的空间分辨率仅有约平均 3°×3°，TAO 数据只存在几个位于赤道附近的固定位置），难以有效反映所处海区下的温度、盐度参数的变化情况并直接应用于装备试验环节当中。因此，需要进行相应的数据网格化，生成具有高分辨率的网格数据。

网格数据构建的关键是利用各格点周围的一系列不规则数据进行插值计算，得到对应网格点的数据，而插值结果的精度直接影响构建的网格数据的有效性。同时，由于构建的海水温度、盐度参数还会用于海水密度、声速参数的构建，因此会对海水密度、声速参数的有效性产生影响。海水温度、盐度参数作为海洋水文信息的一部分，本身就具有较强的空间和时间相关性，通过对其时间信息和空间信息进行综合利用，采用时空插值的方法进行网格数据生成，能有效提高生成数据的准确性。

时空 Kriging 插值法通过对时空变异函数的构建，可以有效地利用时空邻近样本进行插值。因此，本章采用时空 Kriging 插值方法，利用 Argo、TAO 浮标的温盐数据，插值生成标准化的、具有高分辨率的温度和盐度网格数据，从而实现对海洋环境模型中的海水温度、盐度参数的生成，之后则可以依据生成的温度、盐度数据，采用工程模型实现海水密度、声速参数的生成。而如何利用时空 Kriging 插值法构建标准化的网格数据，也是本节重点解决的问题。

7.2.1 时空 Kriging 插值法基本原理

Kriging 插值法是一种在地理统计学中经常用到的方法。Kriging 插值法基于区域化变量的理论知识，通过构建空间变异函数的模型及对采样数据空间上的自相关分析，按照自然现象的空间变化规律得到无偏最优估计量，从而进行数据插值。时空 Kriging 插值法在 Kriging 插值法的基础上，通过对空间域到时空域的扩展实现了空间变量向时空变量的扩展，将原本的空间变异函数拓展为时空变异函数，并综合利用邻近数据进行插值。这样既改善了原有的 Kriging 法指定时刻下空间采样点不足所导致的插值精度差的情况，同时也充分考虑了采样数据的时空范围内的变化规律。因此，可以看出，针对海洋观测数据在时空分布上存在的稀疏散布问题，采用时空 Kriging 插值法可以有效解决这一问题，实现海洋观测数据高分辨的、标准化的网格构建。

时空插值法以采样点的时空自相关分析为基础，依据观测数据的时空分布和变化规律，综合考虑每个采样点间的时空关系来进行插值，适用于具有离散的时空分布特征的数据集。本章采用的时空 Kriging 插值法也是如此。

1. 时空变量

时空变量是空间变量向时空进行扩展得到的，因此对时空变量的分析类似于对空间变量的分析。首先用 D_R 表示空间域度，R 表示空间维度（如二维空间），T 表示时间域度，那么当存在点 $s=(x,y)\in D_R$，$t\in T$ 时，$z(s,t)$ 所表示的就是时空随机变量。

2. 时空数据平稳性分析

时空 Kriging 插值法能够进行使用的前提是时空数据具有平稳性。这是因为时空 Kriging 插值法在计算过程（求解变异函数的过程，在之后会进行展开）中，要求区域化变量必须存在若干对 $Z(x)$ 和 $Z(x+h)$ 样本的实现，而本章中区域化变量的实际取值是唯一且不重复的，无法满足这一要求。此时，就要求区域化变量具有平稳性，即满足平稳假设。

平稳性分析是时空数据分析前必须进行的一大步骤，可以采用平稳假设、二阶平稳假设或本征假设进行时空数据的平稳性分析。

在实际应用中，多采用二阶平稳假设来进行时空数据的平稳性分析。二阶平稳假设对于研究区域内的区域化变量 $Z(x)$ 具有如下约束条件：

（1）$Z(x)$ 在所处的研究区域内具有恒定的数学期望，即

$$E[Z(x)]=m \tag{7-17}$$

（2）$Z(x)$ 在所处的研究区域内存在协方差函数，且协方差函数平稳，数值只与位移量 h 有关，与当前所处的位置 x 无关，即

$$\mathrm{Cov}[Z(x),Z(x+h)]=C(h) \tag{7-18}$$

依据二阶平稳假设的相关约束条件，可以对时空变量的平稳假设进行检验。平稳假设的检验是通过式（7-17）给出的约束条件对样本的总体分布形式进行的，通常可以采用统计直方图法和趋势面分析法。

统计直方图法是先将变量 x_i 所对应的观测值按大小进行排序的同时，按照一定的间距对其进行分组。之后统计各个分组下变量 x_i 的观测值出现的次数，以此绘制出直方图并观察样本的频率分布。若样本呈正态分布特性，则变量 x_i 就具有区域化变量的随机性特征，满足二阶平稳假设。

趋势面分析法是通过构造一个几何曲面，模拟数据在空间或时间上的变化趋势。趋势面分析法采用回归分析法，以实际观测值来推算物理趋势面，使得残差平方和达到最小，即满足如下形式：

$$Q=\sum_{i=1}^{n}\varepsilon^2=\sum_{i=1}^{n}[Z_i(x_i,y_i)-\hat{Z}_i(x_i,y_i)]^2\rightarrow \min \tag{7-19}$$

通常计算趋势面的方法有多项式函数和傅里叶级数，其中多项式函数计算过程简单，易于操作，常用于趋势面分析法中。趋势面分析法通过先对直方图中不满足正态分布的数据构造曲面拟合后，求解变量观测值的残差值，再采用统计直方图法进行平稳检验，此时若残差值满足平稳假设要求，即可将其视为区域化变量，并进行时空 Kriging 插值。这种通过趋势面拟合后用剩余量进行时空 Kriging 插值的方法又称为残差 Kriging 插值法。

3. 时空变异函数定义及拟合方法

在 Kriging 插值中，变异函数是反映区域化变量的空间变化特征的基本工具，特别是其能够通过随机性反映区域化变量的结构特性。同时，变异函数的求解也是实现 Kriging 插值的关键过程。在区域化变量 $Z(x)\in S$ 满足二阶平稳的情况下，空间变异函数 $\gamma(h)$ 具有如下定义：

$$\gamma(h)=\frac{1}{2}\mathrm{Var}[Z(x)-Z(x+h)]=\frac{1}{2}E\{[Z(x)-Z(x+h)]^2\} \tag{7-20}$$

式中，x 为空间域内样本点的坐标；h 为空间距离。

时空 Kriging 插值将变异函数扩展至时空域后，在时空区域化变量 $Z(s,t)\in S\times T$ 二阶平稳的情况下（S 为空间域，T 为时间域），时空变异函数 $\gamma(h_s,h_t)$ 具有如下定义：

$$\begin{aligned}\gamma(h_s,h_t)&=\frac{1}{2}\mathrm{Var}[Z(s+h_s,t+h_t)-Z(s,t)]\\&=\frac{1}{2}E\{[Z(s+h_s,t+h_t)-Z(s,t)]^2\}\end{aligned} \tag{7-21}$$

式中，(s,t) 为样本点在空间域和时间域的坐标；h_s 为空间距离；h_t 为时间距离。

Kriging 插值法对于变异函数的拟合可以直接采用曲线拟合的方法。时空 Kriging 插值法由于向时空域进行了扩展，无法直接采用曲线拟合得到，一般通过观测数据计算得到实验变异函数值，选择合适的理论模型（相应的曲线模型）及拟合方法，分别对时间变异函数和空间变异函数进行曲线拟合。之后，对拟合的两类变异函数，采用分离型或非分离型的模型构建时空变异函数，来定量地描述整个区域化变量的时空特征。

因此，实现对时空稀疏散布的数据的时空 Kriging 插值的关键是如何构建得到合理的时空变异函数。相应的拟合过程分为以下三个部分。

1）变异函数的理论模型选择

变异函数的理论模型反映的是变异函数曲线的整体变化规律，根据曲线最终是否趋于恒定则可以分为有基台值模型（曲线最终趋于一个恒定值）和无基台值模型。有基台值模型通常包含纯块金效应模型、高斯模型、球状模型等，无基台值模型则包含幂函数模型抛物线模型、线性无基台值模型等。实际中，需要根据时空数据的特点，选择相应的理论模型进行拟合。

2）拟合方法选择

在地统计学中，变异函数的实质就是进行曲线拟合，拟合的方法可以采用最小二乘法或者加权回归法。最小二乘法在实现上较为简单，但最终的拟合效果可能会相对较差，而加权回归法则考虑了各个用于拟合的点上所包含的点对数量，以此作为权重进行加权拟合，对于点对数量多的拟合点，其结果更准确，统计特征更好，具有的权重也更大，拟合结果也更优，缺点是实现上较为复杂。

3）时空变异函数构建

基于前面两部分所拟合得到的空间变异函数和时间变异函数，采用分离型或非分离型模型进行时空变异函数的构建。

4．时空 Kriging 插值

时空 Kriging 插值在 Kriging 插值的基础上向时空维进行了扩展，相应的时空 Kriging 插值公式也对空间 Kriging 插值公式进行了时空域的扩展，具有以下表达式：

$$Z^*(s,t)=\sum_{i=1}^{n}\lambda_i Z(s_i,t_i) \tag{7-22}$$

式中，(s_i,t_i)为样本点i的时空域坐标；$\lambda_i(i=1,2,\cdots,n)$为待求的权重系数。

对于权重系数λ_i的求解，需要满足$Z^*(s,t)$为$Z(s,t)$的无偏估计量并具有最小的估计方差。在区域化变量满足二阶平稳的情况下，λ_i可以通过时空 Kriging 方程组计算求解，该方程组表达式如下：

$$\begin{cases}\sum_{j=1}^{n}\lambda_j\gamma((s_i,t_i),(s_j,t_j))-\mu=\gamma((s_i,t_i),(s,t))\\ \sum_{i=1}^{n}\lambda_i=1\end{cases} \tag{7-23}$$

式（7-23）构成了一个n元方程组，其中$\sum_{i=1}^{n}\lambda_i=1$是需要满足的条件函数。该方程组本质是求解下式所表示的条件函数：

$$\min\{\mathrm{Var}(z_0^*(s_0,t_0)-z_0(s_0,t_0))\}\sum_{i=1}^{N}\lambda_i=1 \tag{7-24}$$

对式（7-24）引入拉格朗日系数φ进行推导，可以得到如下矩阵形式：

$$\begin{bmatrix}\gamma_{11}(h_s,h_t) & \gamma_{12}(h_s,h_t) & \cdots & \gamma_{1n}(h_s,h_t) & 1\\ \gamma_{21}(h_s,h_t) & \gamma_{22}(h_s,h_t) & \cdots & \gamma_{2n}(h_s,h_t) & 1\\ \vdots & \vdots & \ddots & \vdots & 1\\ \gamma_{n1}(h_s,h_t) & \gamma_{n2}(h_s,h_t) & \cdots & \gamma_{nn}(h_s,h_t) & 1\\ 1 & 1 & \cdots & 1 & 0\end{bmatrix}\cdot\begin{bmatrix}\lambda_1\\ \lambda_2\\ \vdots\\ \lambda_n\\ \varphi\end{bmatrix}=\begin{bmatrix}\gamma_{01}(h_s,h_t)\\ \gamma_{02}(h_s,h_t)\\ \vdots\\ \gamma_{0n}(h_s,h_t)\\ 1\end{bmatrix} \tag{7-25}$$

通过上述矩阵，便可把时空 Kriging 方程组求解转化为矩阵运算问题，通过矩阵求逆和矩阵乘积运算便可求解得到相关的权重系数，这样极大地方便了时空Kriging插值法的实现。

7.2.2　多时段数据叠置拟合的时空 Kriging 插值法

时空 Kriging 插值法的插值精度主要取决于时空变异函数的拟合效果，而拟合效果则受纯时间变异函数和纯空间变异函数的拟合结果的直接影响。当用于插值的时空数据具有稀疏散布的特征时，就会导致两类变异函数难以拟合，此时需要对时空 Kriging 插值法进

行相应的改进，即可以通过对多个时段的数据进行叠置的方法，进行时空变异函数的拟合，实现时空 Kriging 插值。

对于处于时空范围 $S \times T$ 内的具有稀疏散布特征的时空数据，定义 $Z(s)=\{Z(s,t_1), Z(s,t_2),\cdots,Z(s,t_n)\}$ 为时空范围 $S \times T(s \in S)$ 内的空间坐标为 s 的一个空间探针，$Z(t)=\{Z(s_1,t),Z(s_2,t),\cdots,Z(s_n,t)\}$ 则为时空范围内 t 时刻下的一个时间切片。时间切片和空间探针的定义如图 7-3 所示。

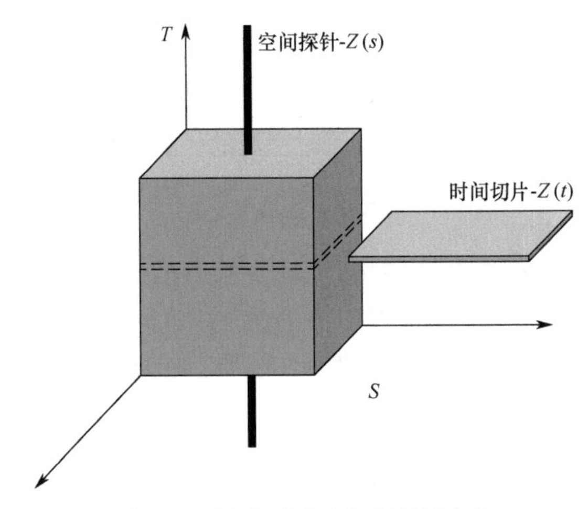

图 7-3　时间切片和空间探针的定义

通过时间切片，可以计算得到各个时刻下时空数据的空间变异函数的实验值，而空间探针则可以计算得到各个空间坐标下的时间变异函数的实验值。通过这些实验值，可以分别实现对空间变异函数和时间变异函数的拟合。而稀疏散布的时空数据的时间变异函数和空间变异函数难以拟合的原因，在于难以获得或者获得的时间切片和空间探针不理想（由样本点数少导致）。因此，如何获取效果理想的时间切片和空间探针或者对获取的时间切片和空间探针进行优化，是对稀疏散布的时空数据进行时空 Kriging 插值需要改进的地方。

1. 观测站辅助计算的时间变异函数拟合

稀疏散布的时空数据通常由移动设备进行观测采样得到，如 Argo 浮标数据。这导致获得的时空数据通常不具有相对固定的空间坐标，即空间分布具有随机性，也就无法获取到固定空间位置下的时间观测序列，即空间探针难以得到。而相比于移动采样设备，由固定观测站采样获得的数据则具有一个稳定的空间位置，同时数据的采样频率也保持一致（如 TAO 锚式浮标数据），能够容易地获取到稳定的时间观测序列，以计算拟合时间变异函数，缺点是观测站数量往往较少。

因此，可以借助时空范围内的少量 k 个观测站获取到的观测数据构造空间探针，来计算估计时间变异函数的实验值，并用于时间变异函数的拟合。对于空间坐标 s 处的观测站，其时间变异函数的实验值计算公式如下：

$$\gamma_t^*(s,h_t)=\frac{1}{2n}\sum_{i=1}^{n}[Z(s,t_i)-Z(s,t_i+h_t)]^2 \tag{7-26}$$

由于固定观测站的数量较少，同时插值点处的时间变异情况可能同 k 个观测站的时间变异情况存在差异，对于插值点处的时间变异函数的拟合，可以先分别拟合出 k 个观测站所处的空间位置下的时间变异函数 $\gamma_t(s_j,h_t)(j=1,2,\cdots,k)$，之后对各时间变异函数的块金系数 C_0、拱高 C 和变程 a 通过反距离加权估计的方式（各观测站相对插值点处的距离进行反距离加权）得到插值点处实际的时间变异函数 $\gamma_t(h_t)$：

$$\gamma_t(h_t)=\frac{1}{k}\sum_{j=1}^{k}\lambda_j\gamma_t(s_j,h_t) \tag{7-27}$$

式中，λ_j 为各观测站的距离权重系数，系数大小由采用的反距离加权法及到插值点的距离共同决定，相应的拟合过程示意如图 7-4 所示。

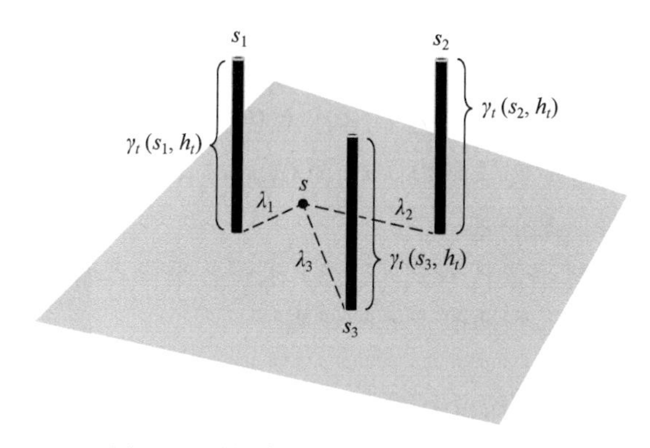

图 7-4　时间变异函数拟合过程示意图

2．多时段叠置的空间变异函数拟合

为了获得较好的空间变异函数，通常要求单个时间切片下的空间采样点尽可能得多。而实际中的空间采样点数都是有限的，此时为了使拟合的空间变异函数能较好地反映空间变化特征，通常要求在变程内的各个空间距离下的采样点对的数量不少于 20。而对于稀疏散布的时空数据，由于移动采样设备的观测时刻和观测频率不具有一致性，因此无法做到同步采样，导致单个时间切片下的采样点数过少，此时拟合得到的空间变异函数就不具备代表性，无法准确反映时空变量的空间变化特征。而将所有时段的时空数据叠置进行空间变异函数的拟合求解，又会无法排除时间变异过大所带来的时间变异函数的影响。因此，通过将多个时间切片下的采样点数进行叠置，计算空间变异函数的实验值，并进行空间变异函数的拟合，可以有效避免采样点数过少带来的影响，同时将时间变异所带来的影响降至最小，此时多时段叠置的空间变异函数的实验值计算公式为

$$\gamma_s^*(h_s)=\frac{1}{2mn}\sum_{j=0}^{m}\sum_{i=1}^{n}[Z(s_i,t)-Z(s_i+h_s,t\pm j)]^2 \tag{7-28}$$

由式（7-28）可以看出，当 $m=1$ 时该式即为单个时段下空间变异函数实验值的计算公式，m 的取值为时间切片数量时则是全时段下空间变异函数实验值的计算公式。因此，m 的引入实现了原有单一时间切片下的空间变异函数的实验值在时间维上向两侧的适度延展，同时延展的大小取决于 m 的取值（通常不大于 3）。对于延展后得到的各个时段的

时间切片分别计算空间变异函数的实验值后，将所有子时段的计算结果叠置并进行空间变异函数的拟合，得到空间变异函数$\gamma_s(h_s)$。这样在较短的时段内，通过多个时段时空数据的叠置保证了空间变异函数拟合所需的数据量，同时极大地减小了时间变异函数对空间变异函数拟合效果的干扰。

3．时空变异函数的构建与时空插值

依据7.2.2节中提及的针对稀疏散布的时空数据进行改进的时间变异函数和空间变异函数进行曲线拟合，对拟合结果采用非分离型模型进行时空变异函数的构建，其中积合式模型是最常用的非分离型模型之一，构建方法如下：

$$\gamma(h_s,h_t)=(k_1C_t(0)+k_2)\gamma_s(h_s)+(k_1C_s(0)+k_3)\gamma_t(h_t)-k_1\gamma_s(h_s)\gamma_t(h_t) \tag{7-29}$$

$$\begin{cases} k_1=[C_s(0)+C_t(0)-C_{st}(0,0)]/[C_s(0)C_t(0)] \\ k_2=[C_{st}(0,0)-C_t(0)]/C_s(0) \\ k_3=[C_{st}(0,0)-C_s(0)]/C_t(0) \end{cases} \tag{7-30}$$

式中，$\gamma_s(h_s,h_t)$为构建的时空变异函数；$C_{st}(0,0)$、$C_s(0)$、$C_t(0)$分别为时空变异函数、空间变异函数和时间变异函数的基台值。

将构建得到的时空变异函数代入式（7-23）求解各采样点所对应的权重系数，之后依据式（7-22）进行插值即可得到插值点处的结果。

7.2.3　基于改进时空Kriging插值法的温盐数据插值

本节依据7.2.2节提到的改进的时空Kriging插值方法，并采用7.1.2节中介绍的Argo浮标温盐数据和TAO浮标温盐数据，实现海水温度、盐度的数据插值，生成所需分辨率的、指定时空范围下的温度、盐度数据，完成海洋环境建模中的海水温度、盐度参数的构建。

根据改进的时空Kriging插值方法及使用的观测数据的特点，本节首先确定了将Argo浮标温盐数据作为主数据，用于实现空间变异函数的拟合并参与到最终的数据插值过程，将TAO浮标温盐数据作为辅助数据，主要用于实现时间变异函数的拟合。

对于时空范围的选择，这里选定了140°E～160°E、10°N～30°N的经纬度范围的海区作为数据插值的空间范围，时间范围则是2016年5月1—31日。所使用的观测数据及最后插值生成的温盐数据都处于这个时空范围内，同时最终生成的温盐数据的时空分辨率为1天×1°×1°。数据插值的过程分为数据预处理、时空变异函数建模求解及时空Kriging插值三个部分，图7-5给出了相应的流程图。

1．数据预处理

Argo数据为NetCDF格式的海洋数据，这里先通过计算机仿真软件先进行读取和预处理后，按日期转存为相应的.txt文件，再通过C++编程读取.txt文件并进行后续的插值建模方法。

Argo数据可以通过计算机仿真软件配备的NetCDF工具箱实现所需数据的读取，包含数据的经度、纬度、温度、盐度、压力（或深度）。读取完成后，由于读取的Argo数据

包含整个太平洋区域内的温盐数据，空间范围较选定海区范围大，因此需要对读取数据做相应的空间范围筛选。图 7-6 展示的是 2016 年 5 月 5 日的 Argo 数据筛选前后的空间分布情况。

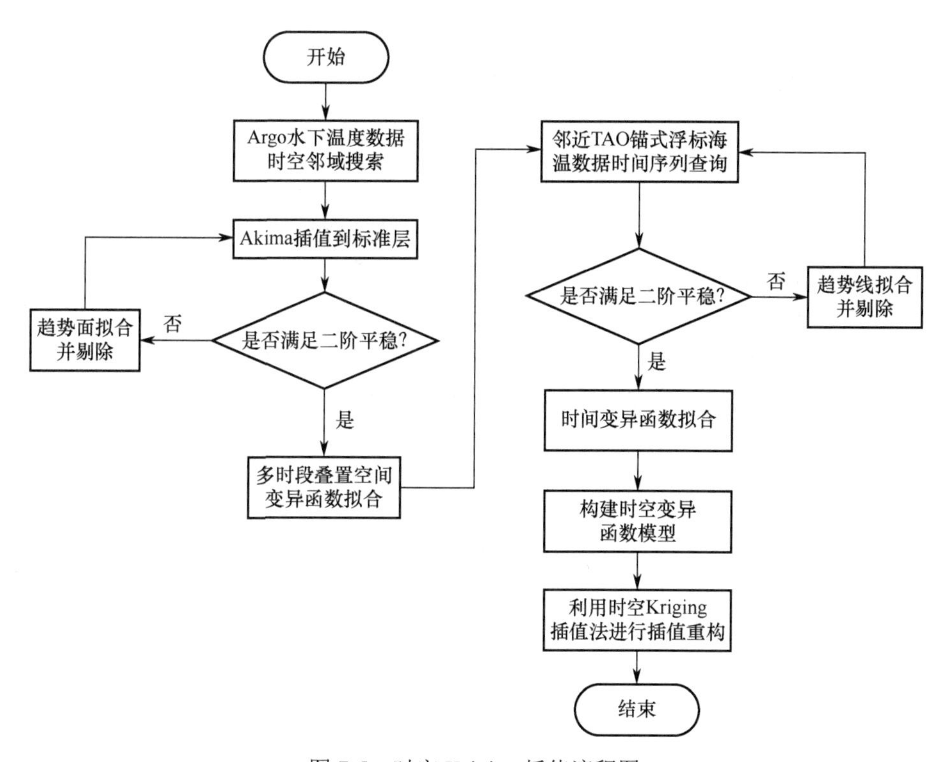

图 7-5　时空 Kriging 插值流程图

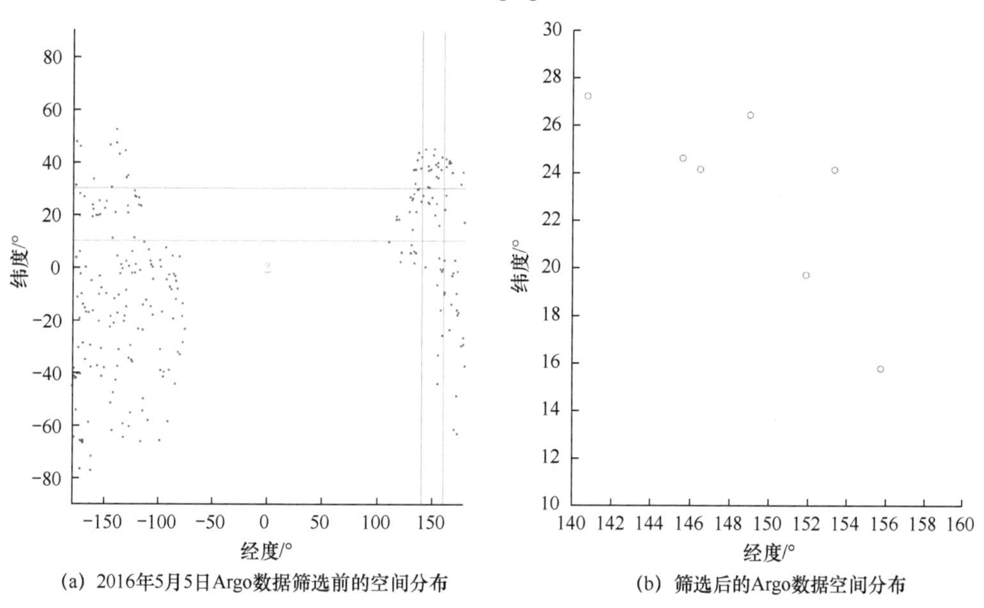

图 7-6　2016 年 5 月 5 日 Argo 数据筛选前后的空间分布

由于 Argo 数据在垂直方向上（深度方向上）是离散分布的，不具有统一的深度层。不同空间位置、不同时间下采样得到的温盐数据，采样的深度层也不同。因此，需要将剖面数据的观测值插值到统一的标准层，即确立一个统一的深度层。对于浅层的海水，由于会受到光照和风浪的影响，数据的变化幅度较大；而对于深层的海水，由于所处的海洋环境相对稳定，数据的变化也趋于恒定。此时，为了减少 Argo 数据在深度层上的数据量，同时不丢失数据深度层方向的变化趋势的细节，可以采用不等间距深度层设置的方式，并通过对原始的观测数据在深度层方向进行数据插值，得到统一标准深度层的温盐数据。

深度层方向的数据插值可以采用 Akima 插值法，该方法可以将离散的数据点拟合成光滑曲线，且具有相比三次样条插值拟合曲线更光滑、自然的优势。

对于标准深度层的设置，本章参考了中国 Argo 实时资料中心提供的全球海洋 Argo 网格数据集产品中的深度层设置，共设置了 57 个深度层，深度层间隔随着深度的增加逐渐递增。标准层设置如表 7-3 所示，图 7-7 展示的是 2016 年 5 月 5 日单个观测点插值前后的温度、盐度数据（以下简称温盐数据）对比图。可以看出，插值后生成的标准层数据仍能很好地反映原始温盐数据的变化情况，确保了在减小数据量的同时仍能为装备试验提供指定空间位置、指定时刻下真实的温度、盐度的深度变化情况。

表 7-3 标准层设置

序号	深度/m	序号	深度/m	序号	深度/m	序号	深度/m	序号	深度/m
1	5	13	120	25	300	37	650	49	1250
2	10	14	130	26	320	38	700	50	1300
3	20	15	140	27	340	39	750	51	1400
4	30	16	150	28	360	40	800	52	1500
5	40	17	160	29	380	41	850	53	1600
6	50	18	170	30	400	42	900	54	1700
7	60	19	180	31	420	43	950	55	1800
8	70	20	200	32	440	44	1000	56	1900
9	80	21	220	33	460	45	1050	57	1975
10	90	22	240	34	500	46	1100		
11	100	23	260	35	550	47	1150		
12	110	24	280	36	600	48	1200		

Akima 插值到标准层后，需要做二阶平稳假设检验。区域化变量的二阶平稳假设检验是 Kriging 插值前的必要工作。对于海水温度特性，其在空间分布上会存在明显的分布趋势，即海水温度由低纬度向高纬度呈降低趋势。因此，在 Kriging 插值前，需要对数据进行曲面拟合，将温盐数据分解成趋势量和剩余量，再用剩余量进行插值，并将插值结果与趋势量相加得到最终结果。

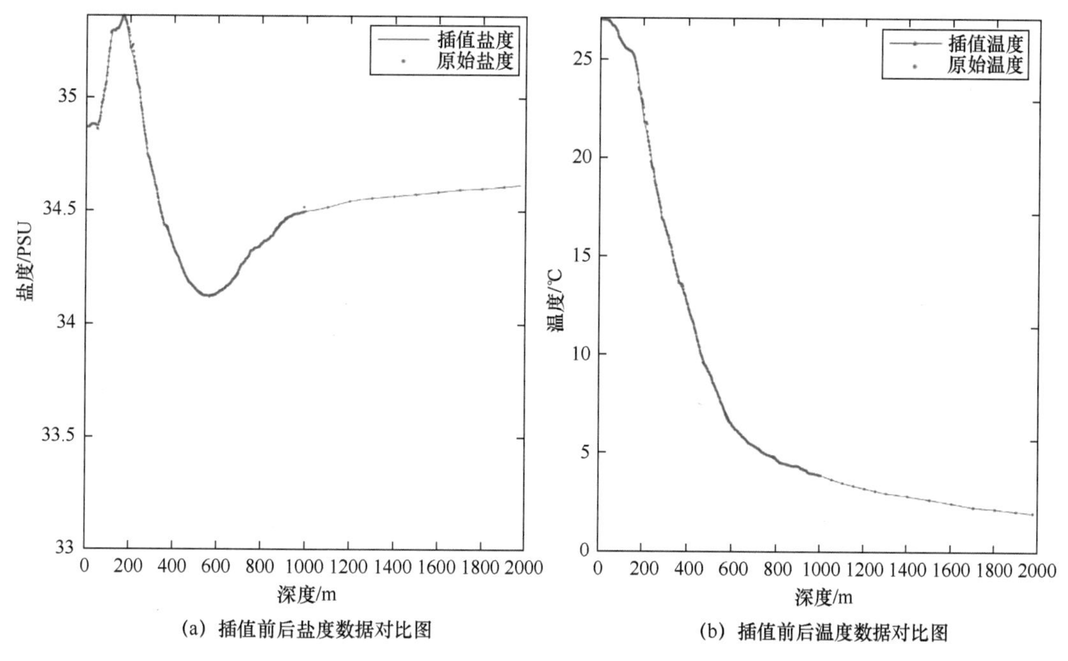

(a) 插值前后盐度数据对比图　　(b) 插值前后温度数据对比图

图 7-7　插值前后温盐度数据对比图

对于二阶平稳假设检验，本章采用统计直方图法进行检验，即通过观察数据的直方图分布情况确定。二阶平稳数据的直方图一般呈正态分布。温盐数据由于其空间分布的趋势影响，其分布可能不呈正态分布。而经过趋势面拟合后，剩余量的分布满足正态分布规律，符合二阶平稳假设要求。如图 7-8 和图 7-9 所示为进行趋势面拟合前后所设定时空范围内 20m 深度层下温度数据的直方图分布情况。可以看出，趋势面拟合前的温度数据直方图难以观察到正态分布的规律，而趋势面拟合后的温度数据直方图则具有明显的正态分布规律，也证明了趋势面拟合后的温度数据满足二阶平稳假设，可以采用时空 Kriging 插值法进行数据插值。

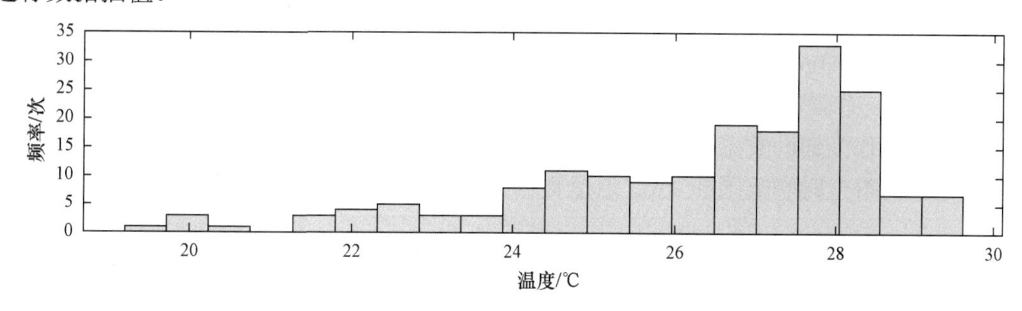

图 7-8　趋势面拟合前的温度数据直方图分布情况

在趋势面拟合过程中，采用三次多项式曲面拟合的效果要比二次多项式好。因此，本章采用的是三次多项式拟合，并基于最小二乘法获得最佳拟合曲面。其表达式如下：

$$z = a_0 + a_1x + a_2y + a_3x^2 + a_4xy + a_5y^2 + a_6x^3 + a_7x^2y + a_8xy^2 + a_9y^3 \qquad (7\text{-}31)$$

式中，z、x、y 分别是拟合的趋势量、拟合数据的经度、拟合数据的纬度。

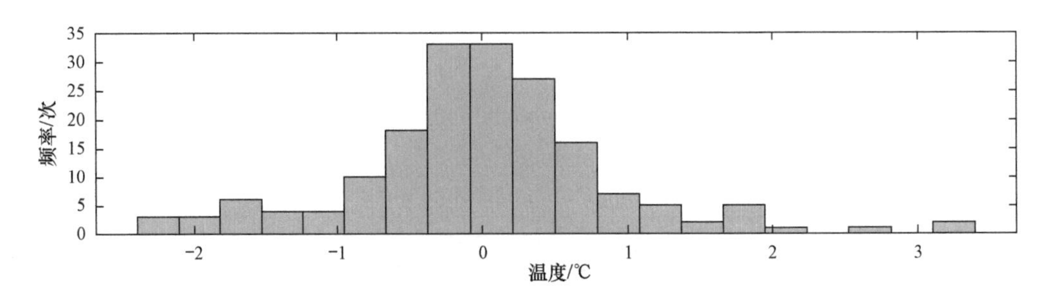

图 7-9　趋势面拟合后的温度数据直方图分布情况

图 7-10 则给出了 2016 年 5 月所选海区范围内 20m 深度处的温度数据趋势面拟合结果。观察拟合曲面可以看出，拟合的趋势面的温度值由低纬度向高纬度呈下降趋势，这与海水温度数据的空间变化特征吻合。因此，可以认为趋势面拟合有效剔除了空间分布对温度数据的影响，而且通过趋势面拟合采用剩余量进行时空插值是具有合理性的。

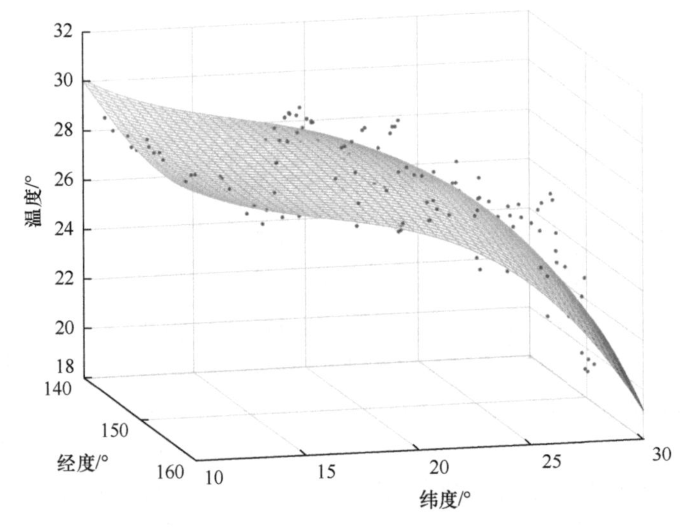

图 7-10　所选海区范围内 20m 深度处的温度数据趋势面拟合结果

以上为针对 Argo 温盐数据的预处理过程，而对于 TAO 温盐数据，由于其时空分布规律较为稳定，具有固定的空间位置、稳定的时间观测频率和相对统一的深度层。同时，TAO 温盐数据只是作为辅助数据，用于辅助计算拟合时间变异函数。因此，在预处理过程中，只需要筛选出符合时空范围的 TAO 温盐数据，同时剔除无效数据，即可满足要求。

2. 时空变异函数建模求解

时空变异函数建模是时空 Kriging 插值的关键步骤，时空变异函数的拟合效果直接影响插值的精度。该建模求解过程可分为空间变异函数拟合、时间变异函数拟合、积合式模型构建三部分。

在进行空间变异函数拟合和时间变异函数拟合前，首先需要依据时空数据的特点，使用恰当的变异函数理论模型及拟合方法。对于变异函数理论模型，常用的有纯块金效应模型、高斯模型、球状模型和指数模型等，分别反映了不同的变异函数曲线的变化特征。拟合方法则有最小二乘法、加权回归法。

实际上，根据对使用的时空数据的分析可知，大部分变异函数都可以采用球状模型进行拟合。因此，本章采用球状模型进行时间变异函数、空间变异函数的拟合，其表达式如下：

$$\gamma(h)=\begin{cases}C_0 & h_t=0\\ C_0+C\times\left(\dfrac{3h_t}{2\times a}-\dfrac{h_t^{\ 3}}{2\times a^3}\right) & 0<h_t<a\\ C_0+C & h_t\geqslant a\end{cases} \tag{7-32}$$

式中，C_0 为块金值；C 为拱高；a 为变程。

下面以经度148.968°、纬度26.362°、时间 2016 年 5 月 5 日、深度层为20m 的待插值的数据点，进行温度的时空插值。

1）时间变异函数拟合

基于 7.1.2 节中对 TAO 浮标温盐数据的时空特征分析及 7.2.2 节中的时间变异函数的拟合法，由于 TAO 温盐数据具有固定空间位置，且观测周期稳定为 1 天，非常便于时间变异函数的构建和拟合，故采用 TAO 温盐数据进行时间变异函数的拟合。首先读取选择海区附近的 TAO 数据，即上述的预处理过程，时间范围为 2016 年 5 月的数据，之后以天为单位利用式（7-26）计算各个固定点的变异函数值，并对相同变程（曲线的自变量值，数据间的时间间隔值）的数值进行加权后，基于最小二乘法用球状模型拟合得到各固定点的时间变异函数 $\gamma_t(s_i,h_t)$。

对于拟合得到的各个固定点的时间变异函数，利用式（7-26）按与待插值点的空间距离进行反距离加权参数求和，得到最终的时间变异函数表达式，所采用的反距离权重系数 λ_i 的计算公式如下：

$$\lambda_i=\frac{h_j^{\ -2}}{\sum\limits_{j=1}^{n}h_j^{\ -2}} \tag{7-33}$$

式中，h_j 为各个固定点到插值点的空间距离。

对于待插值的数据点处的温度数据，拟合得到的时间变异函数如下（块金指数 $C_0=0.00700637$，变程 $a=16$，拱高 $C=0.01252363$）：

$$\gamma_t(h_t)=\begin{cases}0.00700637 & h_t=0\\ 0.00700637+0.01252363\times\left(\dfrac{3h_t}{2\times16}-\dfrac{h_t^{\ 3}}{2\times16^3}\right) & 0<h_t<16\\ 0.01953 & h_t\geqslant16\end{cases} \tag{7-34}$$

2）空间变异函数拟合

数据采用预处理后的 Argo 温盐数据（空间范围为提及的经纬度范围，时间范围为 2016 年 5 月），由于单个时间段，即单天内的温盐数据的数据量较少（平均只有 5 个数据点），这里为提高可用于拟合的数据量，采用 7.2.2 节中的多时段数据叠置的空间变异函数拟合方法，将多个时间段内的数据叠加，计算叠加后数据之间的空间变异函数数值及相对应的地理距离，最后综合计算函数值，对函数值按对应的地理距离所处区间进行划分（这里以每 50km 进行一个区间划分），对区间内的变异函数值进行加权平均后，得到单个地理距离下的空间变异函数值，再基于最小二乘法采用球状模型拟合得到空间变异函数曲线。其中，两个数据点间的地理距离计算采用 Haversine 公式，表达式如下：

$$\begin{cases} \text{haversin}\left(\dfrac{d}{R}\right) = \text{haversin}(\varphi_1 - \varphi_2) + \cos\varphi_1 \cos\varphi_2 \text{haversin}\,\Delta\lambda \\ \text{haversin}\,\theta = \sin^2\left(\dfrac{\theta}{2}\right) \end{cases} \tag{7-35}$$

式中，R 为地球半径，一般为 6371km；φ_1 和 φ_2 为两个数据点的纬度；$\Delta\lambda$ 为两点经度差值。

同样，对于所选时空范围下的深度层 20m 的 Argo 温度数据，通过上述方法拟合得到的空间变异函数表达式如下（块金指数 $C_0 = 0.430662$，变程 $a = 247$，拱高 $C = 0.05976$）：

$$\gamma_s(h_s) = \begin{cases} 0.430662 & h_s = 0 \\ 0.430662 + 0.05976\left(\dfrac{3h_s}{2\times 247} - \dfrac{h_s^{\ 3}}{2\times 247^3}\right) & 0 < h_s < 247 \\ 0.490422 & h_s \geqslant 247 \end{cases} \tag{7-36}$$

3）时空变异函数拟合

基于上面拟合得到的时间变异函数和空间变异函数结果，可知时间变异函数基台值为 $C_t(0) = 0.01953$，空间变异函数基台值为 $C_s(0) = 0.430662$；时空变异函数的基台值则可以取时空样本的最大值 $C_{s,t}(0,0) = 0.666918$，之后代入积合式模型的求解公式，可以得到参数 $k_1 = -25.7675, k_2 = 1.5032, k_3 = 12.0971$，最后化简得到的时空变异函数模型表达式如下：

$$\gamma(h_s, h_t) = \gamma_s(h_s) + \gamma_t(h_t) + 25.7675\gamma_s(h_s)\gamma_t(h_t) \tag{7-37}$$

3．时空 Kriging 插值

依据 7.2.1 节可以得到经度 $148.968°$、纬度 $26.362°$、时间 2016 年 5 月 5 日、深度层为 20m 的插值点相应的插值公式为

$$Z^*(s,t) = \sum_{i=1}^{n} \lambda_i Z(s_i, t_i) \tag{7-38}$$

其中各参与插值的数据点的选择，使用了待插值点的空间范围方圆 $10°$ 以内的、时间间隔 ±3 天内的数据点，s_i 和 t_i 分别为各参与插值的数据点的空间位置和所处时间。

选好参与插值的数据点后，下一步是对于权重系数 λ_i 的求解，依据式（7-23）构建权重系数 λ_i 关于时空变异函数的方程组，并转化为如式（7-25）所示的矩阵形式进行求解，通过计算矩阵 $\boldsymbol{\gamma}_{ij}$ 和列向量 $\boldsymbol{\gamma}_{0i}$ 的值，并进行矩阵逆运算和矩阵乘积，即可求解得到列向量 λ_i 的值，也就是权重系数 λ_i 的值。

针对该插值点的时空插值，共使用了插值点时空范围附近的 28 个数据点，并计算得到了各个数据点的权重系数，最后插值得到了该点的数据值并与该点的趋势量相加后，得到了该插值点的插值温度值为 25.2989℃。

4. 精度评价

1）评价流程

依据上述插值过程的处理方法，可以实现对于观测数据给定的时空范围内的任意时间、任意经纬度下的各深度层的海水温度、盐度的时空 Kriging 插值。整个时空 Kriging 插值的流程按照图 7-5 进行。

而对于插值结果的准确性，还需要对插值的精度评价进行衡量，由于一般温度变化具有较为明显的特征，所以这里的精度评价主要采用温度数据进行。这里依旧选定 140°E～160°E 、10°N～30°N 的经纬度范围的海区作为数据插值精度评价的空间范围，时间范围则是 2016 年 5 月 1 日—2016 年 5 月 30 日。

插值精度评价的过程按照时空 Kriging 插值的流程进行（见图 7-5），并采用“留一法”进行验证，即按日期逐次查询处于时空范围内的数据点，每次都预留一个观测数据点作为待插值的点进行时空 Kriging 插值。之后将插值结果同实际观测结果进行比对，计算实际误差，依据误差的大小进行评估。各个预留观测数据点的空间分布及误差大小情况分别如图 7-11 和图 7-12 所示。

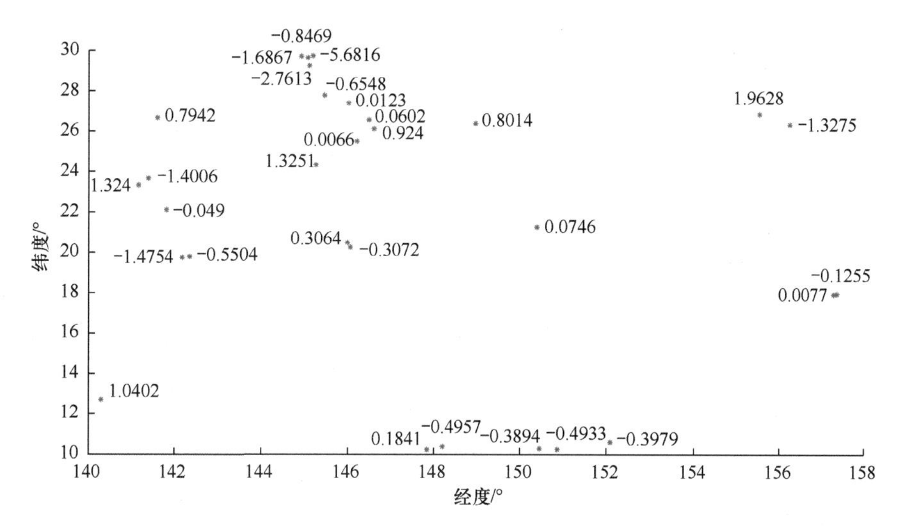

图 7-11 2016 年 5 月预留观测数据点的空间分布

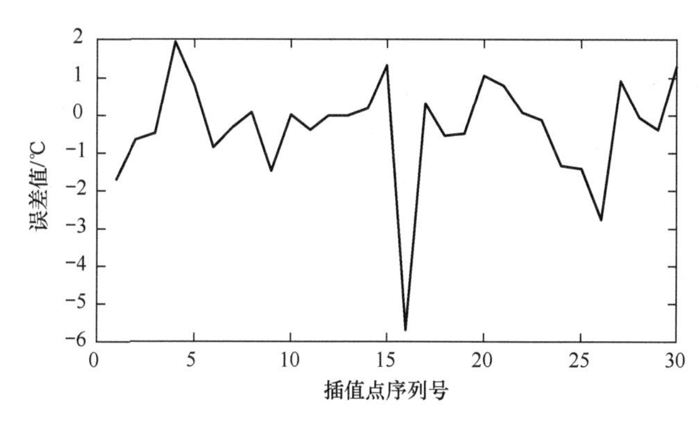

图 7-12 各插值点的误差图

2）评价指标

对于整体的时空 Kriging 插值的误差评估，分别基于不同评价指标计算了插值结果和实际结果间的误差大小，包括平均绝对误差（Mean Absolute Error，MAE）、均方根误差（Root Mean Square Error，RMSE）、平均绝对百分比误差（Mean Absolute Percentage Error，MAPE）。相应的计算公式分别如下：

$$\mathrm{MAE}=\frac{1}{n}\sum_{i=1}^{n}|\hat{y}_i-y_i| \tag{7-39}$$

$$\mathrm{RMSE}=\sqrt{\frac{1}{n}\sum_{i=1}^{n}(\hat{y}_i-y_i)^2} \tag{7-40}$$

$$\mathrm{MAPE}=\frac{100\%}{n}\sum_{i=1}^{n}\left|\frac{\hat{y}_i-y_i}{y_i}\right| \tag{7-41}$$

对应的计算结果如表 7-4 所示，同时也给出了该时空范围下盐度的计算结果，以及依据工程模型计算得到的海水密度、海水声速的误差情况。综合表内各类指标下的计算结果可以看出，该插值法具有较高的插值精度，可以满足相对误差小于 15%的指标要求。

表 7-4　时空 Kriging 插值各类评价指标下的误差大小

参 数 类 型	MAE	RMSE	MAPE
温度/℃	0.9156	1.4343	3.62%
盐度/PSU	0.1684	0.2451	0.48%
密度/（kg/m^3）	0.3490	0.4669	0.034%
声速/（m/s）	2.2429	3.6224	1.5%

同时，采用该时空插值方法生成温盐数据，能够在装备试验过程中依据试验的需求生成指定时空位置下的海水温度、盐度数据，依据工程模型又可以计算得到对应的海水密度、声速信息，可以为装备试验尤其是水下航行设备运行过程的试验提供需要的参数信息。

7.3 海洋环境软件设计

依据前面的海洋环境参数的构建方法，已经实现了对海水温度、盐度、密度、声速、海表面温度、海表面风速、水体深度、海表面波高的环境参数的构建，构建的海洋环境参数是关于空间的二维或三维网格数据，并且这些数据同时还随时间动态变化，从而形成了指定时空范围下的海洋环境模型。之后基于研究内容对软件开发的要求及前述内容，确定了软件的开发内容，分为海洋环境建模软件和观测数据统一表示软件。其中，海洋环境建模软件能够根据用户的需求，基于部分原始观测数据，采用数据插值、工程模型计算、数据处理的方式生成用户所需的海洋环境模型，并在这之后经过 SEDRIS 标准化表示进行文件输出。而观测数据统一表示软件主要针对现有的观测数据进行，能够根据用户的需求实现对原始观测数据的 SEDRIS 标准化表示，供用户基于统一的表示规范实现对多类观测数据的使用。而如何对构建的海洋环境模型进行表示，将上述多类型的海洋环境参数按照统一的规范进行描述，则是本章需要解决的问题。

7.3.1　海洋环境建模软件设计

1. 需求分析

该软件为一个可独立执行的程序（EXE 方式），能读取现有的海洋观测数据集，通过时空插值或者工程模型实现海洋环境数据模型的建模，并以文件的形式存储输出以供用户读取，软件支持用户设置读取的海洋环境参数类型（温度、盐度、密度、声速等）、读取的海区时间范围、空间范围、时间分辨率、空间分辨率，最后给出符合用户需求的海洋环境数据模型，具体包括：

（1）调用计算机仿真软件读取原始的海洋观测数据集（.nc 格式），对原始数据进行筛选、预处理后，输出.txt 文件保存处理后的数据。

（2）能够加载读取.txt 格式的海洋观测数据，数据被加载至程序内部供后续的插值建模或者工程模型使用。

（3）支持用户对所需的海洋环境数据模型进行参数设置，包括海洋环境参数类型（温度、盐度、密度、声速等）、读取海区的时间范围、空间范围、时间分辨率、空间分辨率，根据用户设置生成相应的包括经度、纬度、深度、时间、温度、盐度、密度、声速等参数的海洋环境数据模型，同时用户能确认软件的运行情况。

（4）生成的海洋环境数据模型经过 SEDRIS 标准化后以文件形式存储，供用户访问、使用。

2. 软件静态模型设计

针对海洋环境建模软件设计的需求，采用面向对象的方法设计了该软件的静态模型类图，如图 7-13 所示。

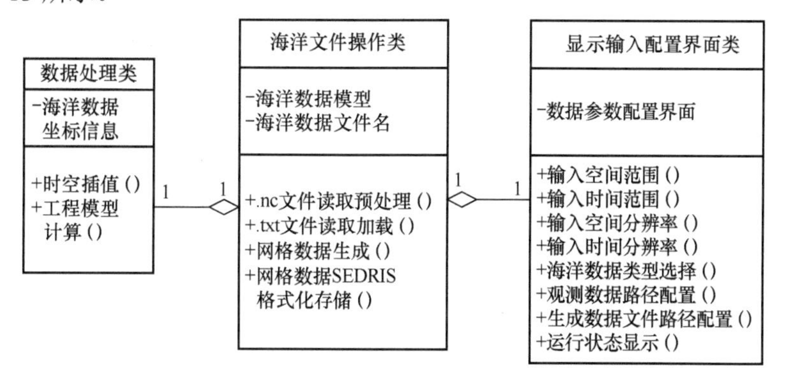

图 7-13　海洋环境建模软件静态模型类图

该软件的静态模型类主要包含了以下三个部分。

1）海洋文件操作类

该类用于对以.nc 格式存储的原始海洋观测数据集的读取预处理，预处理后的数据以.txt 文件存储或者直接加载至软件内，还用于对.txt 文件的读取加载，读取的数据包括预处理后存储的观测数据集和以.txt 文件存储的原始海洋观测数据集，加载的数据可供数据处理类使用。另外，该类还用于对数据处理类生成的海洋环境参数数据做 SEDRIS 标准化后进行文件存储，即生成海洋环境数据模型文件。

2）数据处理类

该类用于生成海洋环境参数数据，包含时空插值、工程模型计算。该类建模过程可使用海洋文件操作类加载的海洋观测数据，同时计算结果可以被海洋文件操作类使用。

3）显示输入配置界面类

该类向用户提供生成的海况模型的参数配置，供用户输入所需的海况模型的参数信息，包含时间范围、空间范围、时间分辨率、空间分辨率、海洋数据类型，输入的参数信息可供海洋文件操作类使用。

3．软件动态模型设计

图 7-14 所示为软件的海洋环境建模过程操作序列图。依据序列图可以看出，用户首先需要设置生成的海洋环境数据模型文件的存储路径，以及供软件使用的海洋观测数据的存储路径，同时软件内会实现对存储路径的自动更新，或者用户也可以使用软件默认的存储路径，即软件的工程目录下的对应文件夹的路径，此时需要将要使用的海洋观测数据存放在对应路径的文件夹下。

路径设置完成后，用户可以开始输入需要生成的海洋环境数据模型的时空参数，以及选择需要的海洋环境参数数据，单击界面下的相应按钮，即可生成数据模型。时空参数涉及数据模型的空间范围、时间范围、时间分辨率、空间分辨率，可供选择的海洋环境参数分为三维海洋环境参数（包括海水盐度、温度、密度、声速）和二维海洋环境参数（包括海表面温度、海表面风速、水体深度、海表面波高）。对于用户输入的参数信息，显示输入配置界面类会进行相应的判断，判断输入的参数是否有效且合理，并将判断结果反馈给用户。当判断不合理时，会提示输入不合理及不合理的原因，此时用户需要对参数进行修改并重新单击“生成”按钮；如果判断合理，则会提示用户输入参数符合要求，并将输入参数传递给海洋文件操作类，开始海洋环境数据模型构建相关的工作，同时在界面内实时显示软件的运行状态。

海洋文件操作类接收到显示输入配置界面类的参数信息后，首先针对提供的参数类型进行观测数据的读取及数据预处理工作。之后依据提供的参数数据向数据处理类发送时空插值和工程模型计算所需的数据和相关参数进行数据处理，并得到相应的计算结果。最后对生成的数据进行 SEDRIS 标准化、初始化配置及将数据存储至 STF 文件中，向用户提供经过 SEDRIS 标准化的、指定时空范围下的、指定海洋环境参数类型的海洋环境数据模型。

4．界面设计

海洋环境建模软件的图形用户界面主要包含生成模型的时空参数输入、海洋环境参数选择、运行状态显示界面、系统配置四个部分，相应的主界面如图 7-15 所示。

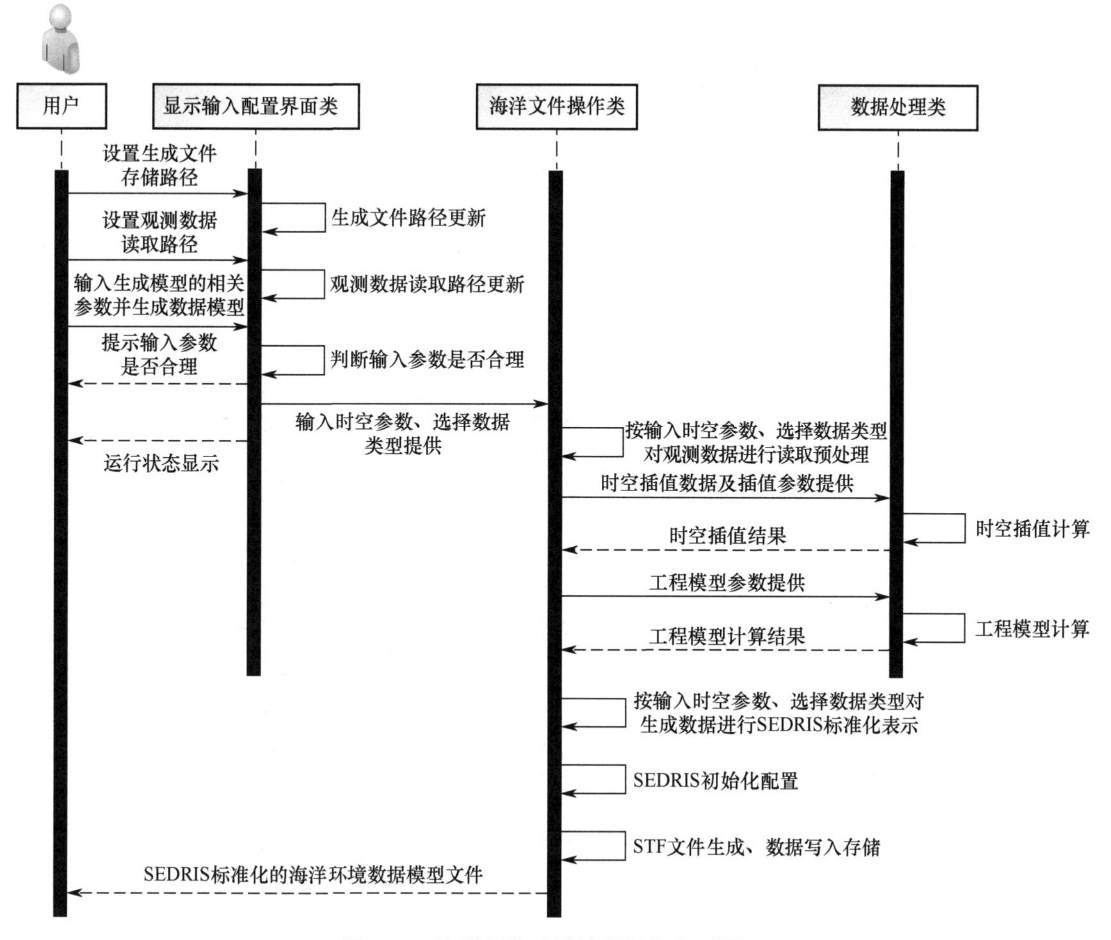

图 7-14　海洋环境建模过程操作序列图

海洋环境插值建模软件
系统配置
时空插值建模
时空范围设置
自定义时空范围
起始时间 年 月 日
结束时间 年 月 日
分辨率设置 时间(天) 经度(度) 纬度(度)
空间范围[-180,180],[-90,90] 起始经度线 终止经度线 起始纬度线 终止纬度线
默认时空范围
参考时空范围
20160501-20160530
经度:140-160
纬度:10-30
分辨率:
1天*1经度*1纬度
海洋环境参数选择
三维海洋环境参数选择
全选 温度(° C) 海水密度(kg/m^3) 盐度(PSU) 海水声速(m/s)
二维海洋环境参数选择
全选 水深信息(m) 海表面风速模量(m/s) 海表面温度(° C) 浪高(m)
插值建模文件输出
批量生成STF文件(按日存储) 0%

图 7-15　海洋环境建模软件主界面

在菜单栏的“系统配置”部分，用户可以分别进行海洋环境观测数据存储路径的设置，以及软件生成的STF文件存储路径的设置，相应的设置窗口如图7-16所示。

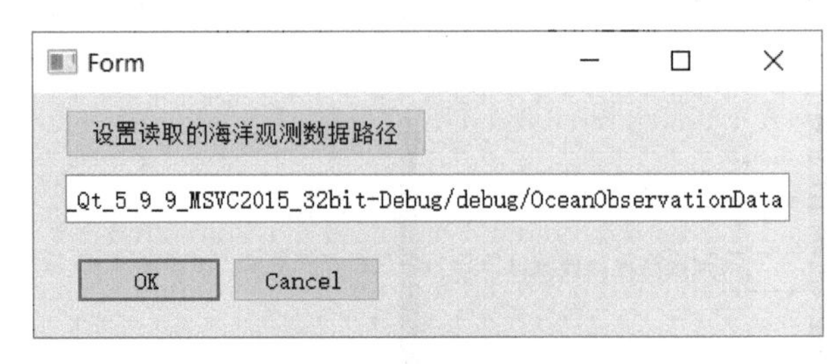

图7-16　路径设置窗口

当单击相应的“设置读取的海洋观测数据路径”按钮时，就会自动弹出相应的文件夹选择窗口，供用户点击选择存储的文件夹。同时，选择完成后，用户可以在路径设置窗口的文本编辑框看到所选择文件夹的路径信息，确认选择是否有误，之后单击“OK”按钮即可完成路径设置。当用户需要退出路径设置时，则可以单击“Cancel”按钮退出。

在进行时空参数设置时，用户可以根据给定区域下的文本编辑框分别输入相应的参数信息。同时，软件提供了可供参考的时空参数配置，供用户参考进行时空参数信息的输入，或者使用参考的时空参数进行海洋环境模型的生成。当用户使用参考的时空范围进行模型生成时，只需要勾选“参考时空范围”复选框，无须再填写时空参数信息的文本编辑框，即可开始模型生成。

当进行海洋环境参数选择时，软件依据参数的维度分成了二维海洋环境参数和三维海洋环境参数，同时提供了“全选”按钮进行选择。当勾选“全选”复选框时，默认勾选了当前维度下的所有海洋环境参数。

当完成时空参数设置和海洋环境参数选择后，单击“批量生成STF文件（按日存储）”按钮即可开始生成海洋环境模型文件。在消息栏下会显示运行的状态，同时进度条显示当前的软件进度情况。当生成结束时，显示结果如图7-17所示。

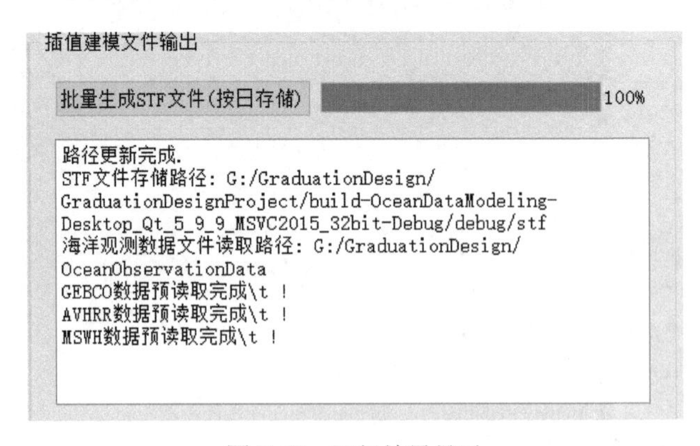

图7-17　运行结果显示

7.3.2　观测数据统一表示软件设计

1. 需求分析

观测数据统一表示软件为一个可独立执行的程序（EXE 方式），能够读取现有的海洋观测数据集，对数据进行格式统一化并存储输出，供用户使用。同时，软件还为用户提供了针对海洋观测数据进行时空插值、工程模型计算生成指定时空范围和指定时空分辨率的海洋环境数据模型的功能选择，用户可以根据需要选择是否对观测数据进行时空插值处理来生成海洋环境数据模型。该软件支持用户设置格式转化的海洋观测数据类型，以及插值功能的选择，最后输出符合用户需求的格式统一化海洋数据文件，具体包括：

（1）读取加载不同类型的观测数据，如.nc 格式、.txt 格式的观测数据、时空插值和工程模型计算生成的海洋环境数据等。

（2）对加载的观测数据基于 SEDRIS 规范进行格式统一化，统一化的数据以 STF 文件存储输出，供用户使用。

（3）支持用户对读取数据进行插值，生成指定时间、空间范围的指定时间分辨率、空间分辨率的数据。

（4）支持用户选择进行格式转化的数据，即设置需要进行格式转化的海洋观测数据或时空插值、工程模型建模生成的海洋环境数据。

2. 软件静态模型设计

针对观测数据统一表示软件设计的需求，采用面向对象的方法设计了该软件的静态模型类图，如图 7-18 所示。

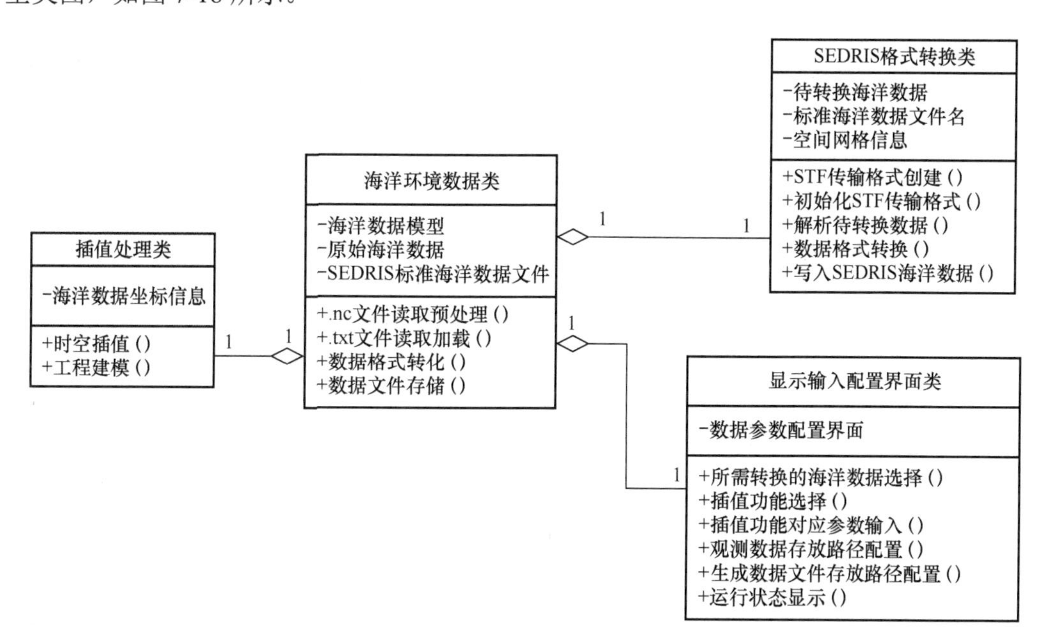

图 7-18　观测数据统一表示软件静态模型类图

该软件的静态模型类主要包含以下四个部分。

1）海洋环境数据类

该类用于实现.nc 格式文件的读取预处理，以及.txt 文件的读取加载，加载的数据可供插值处理类、SEDRIS 转换器使用，还可用于实现加载数据的格式转化（转化成符合 SEDRIS 规范的数据），并能够进行转化后数据的文件存储，供用户访问、使用。

2）SEDRIS 格式转换类

该类能读取海洋环境数据类加载的海洋环境数据，以及对 SEDRIS 的初始化配置等，并根据 SEDRIS 规范下的海洋环境数据对加载的数据进行表示，生成.STF 文件存储。

3）显示输入配置界面类

该类用于向用户提供可供转换的海洋数据类型，供用户选择，同时向用户提供对数据进行插值的选择，并提供插值功能对应的数据指标参数的输入，以生成符合用户需求的插值数据。用户输入的内容可供海洋环境数据类使用。

4）插值处理类

该类可以实现按照用户需求进行数据插值的功能，通过时空插值计算的方式生成符合用户需求的海洋环境数据，同时内置了工程模型计算的功能，可用于部分海洋环境参数的计算。

3．软件动态模型设计

图 7-19 给出了软件的多来源观测数据统一表示过程的操作序列图。依据序列图可以看出，用户首先需要设置生成海洋观测数据文件的存储路径，以及供软件使用的海洋观测数据的存储路径，同时软件内会实现对存储路径的自动更新，或者用户也可以使用软件默认的存储路径，即软件的工程目录下的对应文件夹的路径，此时需要将要使用的海洋观测数据存放在对应路径的文件夹下。

路径设置完成后，用户可以根据需要选择是否使用对观测数据进行插值处理的功能。选择完成后，用户可以输入需要生成的海洋环境数据的时空参数，以及选择需要的海洋环境参数数据类型，单击界面下相应按钮，即可生成数据。时空参数涉及数据模型的空间范围、时间范围、时间分辨率、空间分辨率。当选择使用插值功能时，可供选择的海洋环境参数可分为三维海洋环境参数（包括海水盐度、温度、密度、声速）和二维海洋环境参数（包括海表面温度、海表面风速、水体深度、海表面波高）；不选择使用插值功能时，可选择的海洋观测数据为 Argo 温盐数据、TAO 温度数据、TAO 盐度数据、AVHRR 海面遥感数据、GEBCO 全球水深数据、MSWH 海表面波高数据。对于用户输入的参数信息，显示输入配置界面类会进行相应的判断，判断输入的参数是否有效且合理，并将判断结果反馈给用户。当判断不合理时，会提示输入不合理及不合理的原因，此时用户需要对参数进行修改并重新单击“生成”按钮；如果判断合理，则会提示用户输入参数符合要求，并将输入参数传递给海洋环境数据类，开始海洋环境数据读取和数据处理相关的工作，同时在界面内实时显示软件的运行状态。

海洋环境数据类接收到显示输入配置界面类的参数信息后，首先针对提供的参数类型进行观测数据的读取及数据预处理工作。之后依据用户对插值功能的选择向插值处理类发送时空插值和工程模型计算所需的数据及相关参数进行数据处理，并得到相应的计算结果。若用户没有选择插值功能，则直接进入与 SEDRIS 标准化表示相关的工作。

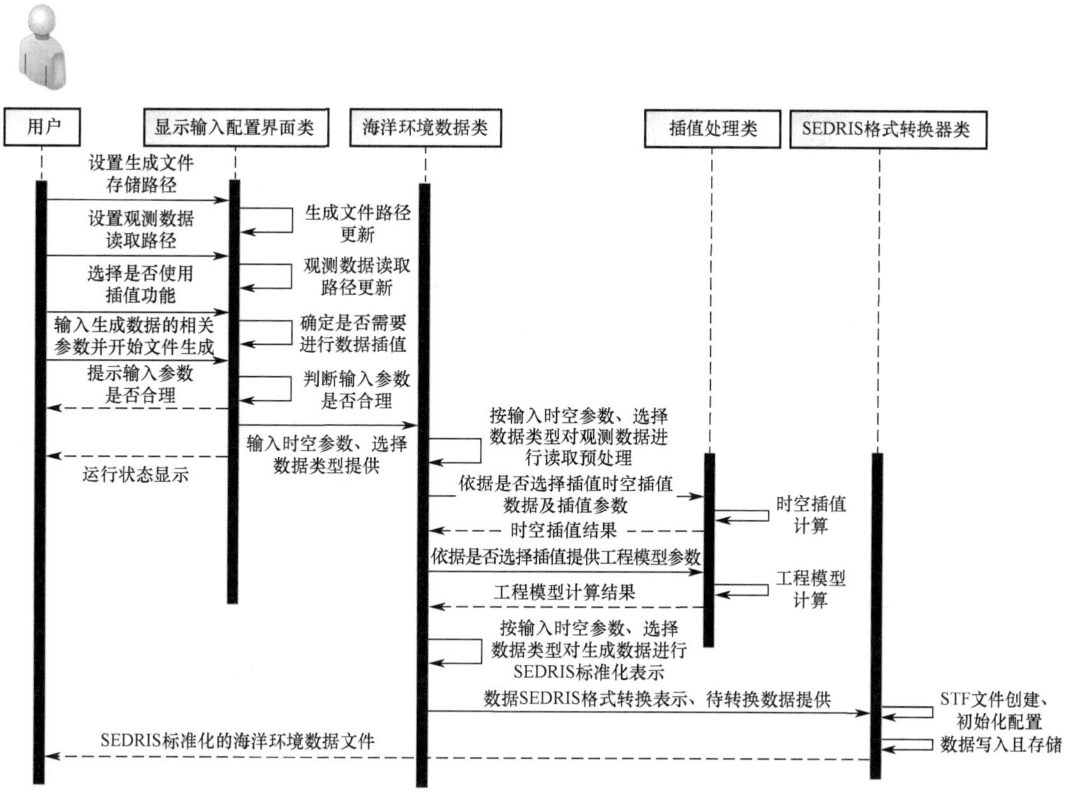

图 7-19　多来源观测数据统一表示过程操作序列图

最后海洋环境数据类对生成的数据进行 SEDRIS 标准化表示，并调用 SEDRIS 格式转换器类进行 STF 文件生成相关的工作。SEDRIS 格式转换器类通过创建 STF 文件、STF 文件初始化配置、数据写入的操作，向用户提供经过 SEDRIS 标准化的、指定时空范围下的、指定海洋环境参数类型的海洋环境数据文件。

4. 软件界面设计

观测数据统一表示软件的图形用户界面主要包括原始观测数据格式化界面、时空插值数据格式化界面、系统配置三个部分，相应的主界面如图 7-20 所示。

该软件共分成了两个标签页面，其中“原始观测数据格式化”页面是实现对原始观测数据的 SEDRIS 格式统一表示转化的功能，把原始观测数据标准化为 SEDRIS 格式，并进行文件输出。而“时空插值数据格式化”页面则集成了海洋环境建模软件的时空插值功能，是对原始观测数据进行时空插值、工程模型计算后再进行 SEDRIS 标准化表示输出文件。用户可以根据自己是否选择插值功能对标签页进行切换后，按页面提示输入所需的时空范围下的参数信息，并单击“批量生成 STF 文件（按日存储）”按钮，即可生成经过 SEDRIS 标准化的海洋环境数据。

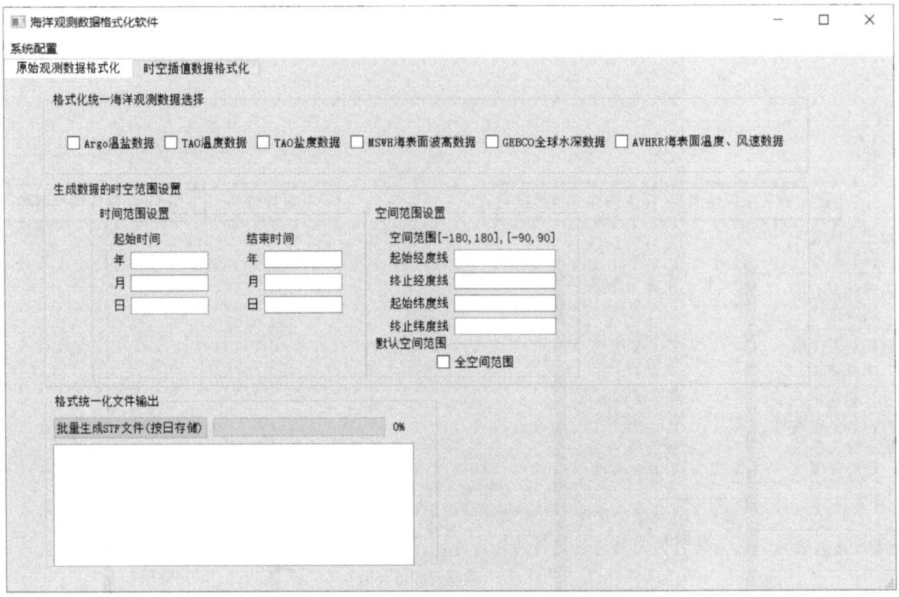

海洋观测数据格式化软件

系统配置

原始观测数据格式化　时空插值数据格式化

格式化统一海洋观测数据选择

□Argo温盐数据　□TAO温度数据　□TAO盐度数据　□MSWH海表面波高数据　□GEBCO全球水深数据　□AVHRR海表面温度、风速数据

生成数据的时空范围设置

时间范围设置

起始时间　结束时间

年　年

月　月

日　日

空间范围设置

空间范围[-180, 180], [-90, 90]

起始经度线

终止经度线

起始纬度线

终止纬度线

默认空间范围

□全空间范围

格式统一化文件输出

批量生成STF文件(按日存储)　0%

图 7-20 观测数据统一表示软件主界面

图 7-21 给出了时空插值数据格式化标签页的显示界面，由于其功能上继承了海洋环境建模软件的插值功能和工程模型建模功能，因此可以参考 7.3.1 节的介绍进行使用。

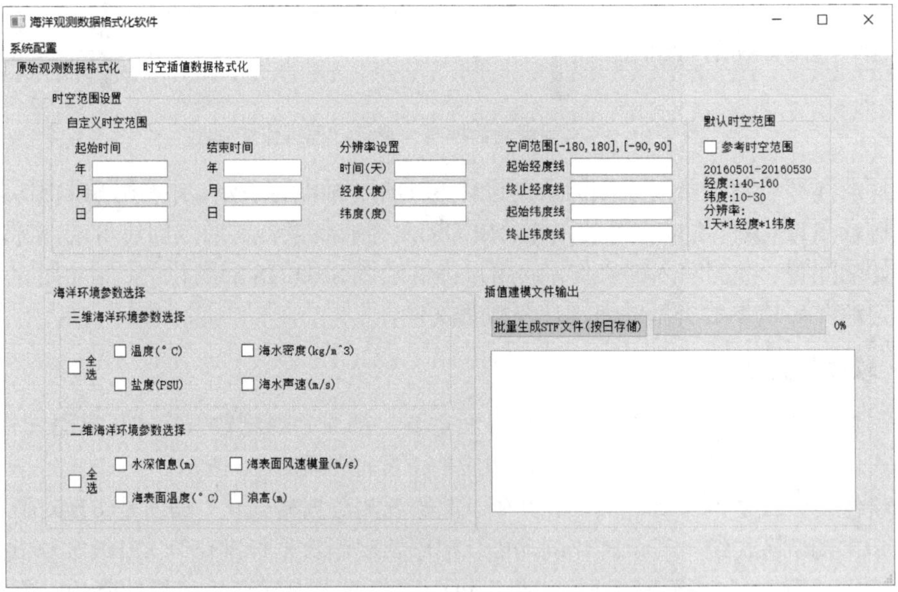

海洋观测数据格式化软件

系统配置

原始观测数据格式化　时空插值数据格式化

时空范围设置

自定义时空范围

起始时间　结束时间　分辨率设置　空间范围[-180, 180], [-90, 90]

年　年　时间(天)　起始经度线

月　月　经度(度)　终止经度线

日　日　纬度(度)　起始纬度线

终止纬度线

默认时空范围

□参考时空范围

20160501-20160530

经度:140-160

纬度:10-30

分辨率:

1天*1经度*1纬度

海洋环境参数选择

三维海洋环境参数选择

□全选　□温度(°C)　□海水密度(kg/m^3)

□盐度(PSU)　□海水声速(m/s)

二维海洋环境参数选择

□全选　□水深信息(m)　□海表面风速模量(m/s)

□海表面温度(°C)　□浪高(m)

插值建模文件输出

批量生成STF文件(按日存储)　0%

图 7-21 时空插值数据格式化标签页的显示界面

菜单栏的“系统配置”部分同样提供了用户设置观测数据存放路径和生成 STF 文件存放路径设置的功能，其界面显示和使用方法与海洋环境建模软件的功能类似，这里就不再进行详细介绍。

7.4 软件运行测试及海洋环境模型验证

本章完成了面向装备试验的海洋环境模型的构建，并完成了相关的海洋环境建模软件、观测数据统一表示软件的设计开发。为了验证软件的各项功能是否满足实际需求及实际的功能要求，同时为了评估构建的海洋环境模型的真实性，本章分别对开发的海洋环境建模软件和观测数据统一表示软件进行了运行测试，确保各项功能可以正常使用，之后则对构建的海洋环境模型进行了验证，以检验其真实性。

7.4.1 海洋环境建模软件运行测试

对海洋环境建模软件的运行测试包括软件的功能测试和生成数据的测试两个部分。设计的测试案例为：生成 2016 年 5 月 1 日至 2016 年 5 月 10 日，空间范围为经度 140° ～160° 、纬度 10° ～30° 的海区内包含海水温度、盐度、密度、声速、水体深度、海表面温度、海表面风速、海表面波高这些海洋环境参数的海洋环境数据模型，生成数据模型的时空分辨率为 1 天×1° × 1° 。

1. 软件功能测试

设计的软件功能包括海洋环境参数选择、输入时空参数的逻辑检查、观测数据文件和生成文件存储路径设置及 STF 文件生成四个部分，软件功能测试也围绕着这四个部分进行测试。

1）海洋环境参数选择功能测试

用户使用软件时，首先需要选择生成文件所包含的海洋环境参数，当用户未选择任何海洋环境参数直接进行文件生成时，软件会反馈错误提示，提示用户需要进行海洋环境参数的选择，相应的测试结果如图 7-22 所示。可以看出，该部分功能可以正常运行。

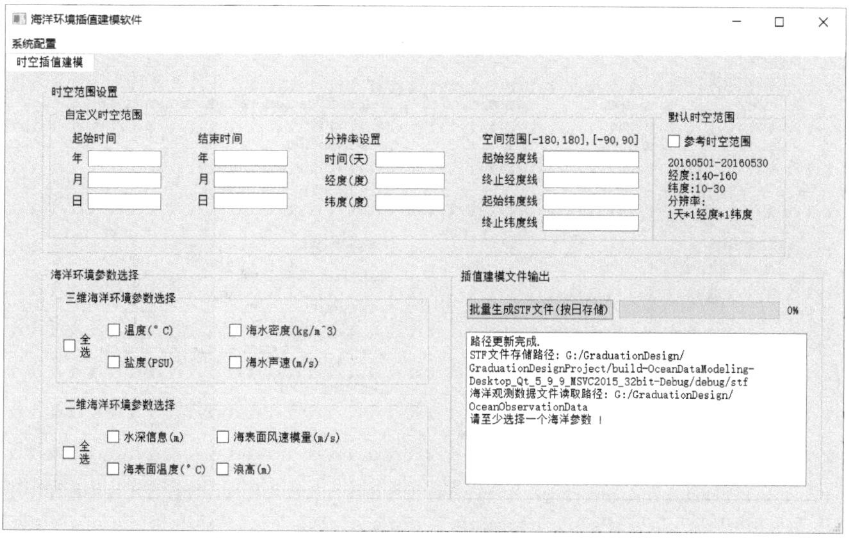

图 7-22 海洋环境参数选择功能测试结果

2）输入时空参数的逻辑检查功能测试

用户完成海洋环境参数选择后，会进行时空参数的输入。当输入时空参数数据不完整，即存在部分时空参数的文本编辑框为空值时，软件会进行相应的错误提示，如图 7-23 所示。当输入完成后，软件还能对输入的参数是否合理进行逻辑判断，如输入的起始时间是否早于结束时间、起始经度线和起始纬度线是否分别小于终止经度线和终止纬度线、输入的时空分辨率是否可以进行数据生成、输入时间是否有效等，当判断输入参数不合理时，软件能够针对错误原因进行提示。图 7-24 给出了当起始时间晚于结束时间时的软件运行结果，可以看出，该部分功能能够正常运行。

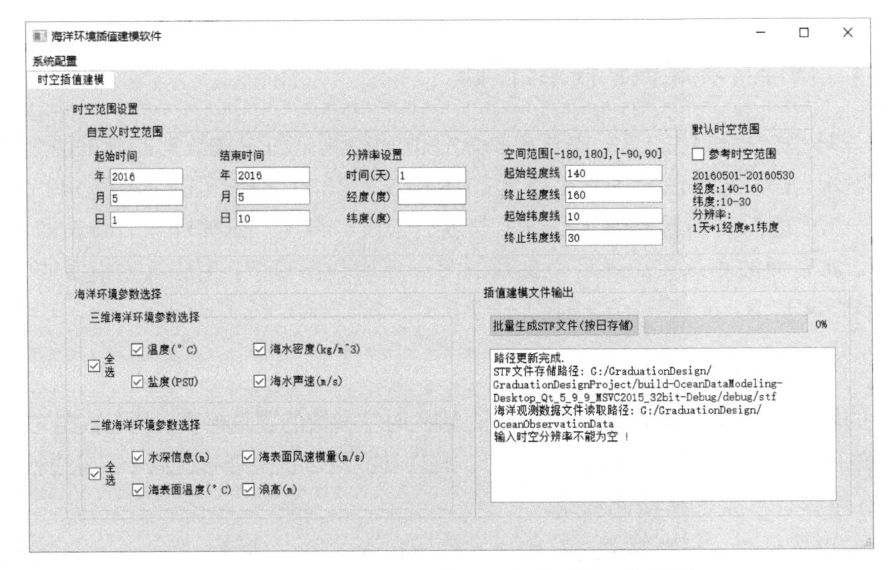

图 7-23　输入时空参数数据不完整时的运行结果

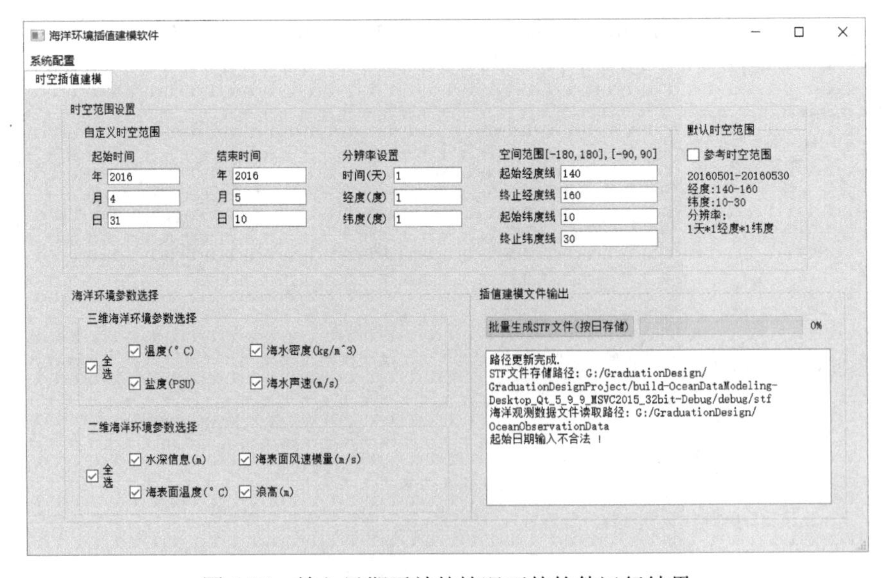

图 7-24　输入日期无效的情况下的软件运行结果

3）观测数据文件和生成文件存储路径设置功能测试

用户可以通过菜单栏处的“系统配置”部分分别进行观测数据文件和生成文件的存储路径设置功能。当用户配置完成路径的设置后，在进行文件生成前，可以在消息栏处看到设置好的存储路径，如图 7-25 所示。可以看出，该部分功能运行正常。

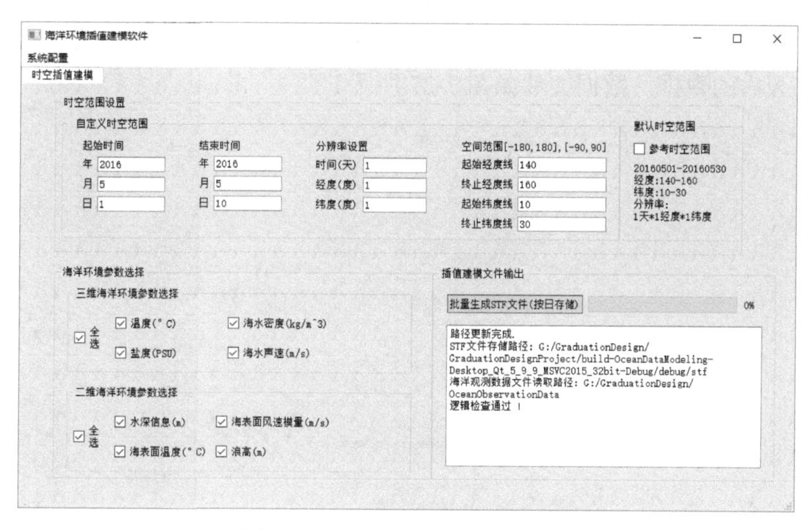

图 7-25　路径设置功能测试结果

4）STF 文件生成功能测试

当用户单击“批量生成 STF 文件（按日存储）”按钮时，软件进行相应的数据处理，同时实时显示软件的运行进程，包括观测数据文件的读取情况、STF 文件的写入情况等，同时进度条能够显示当前的进程完成情况。图 7-26 给出了程序正在文件生成过程的运行情况，可以看出，当前软件正在进行文件的写入操作，同时进度条也显示出当前数据生成的完成情况。因此，该部分功能运行正常。

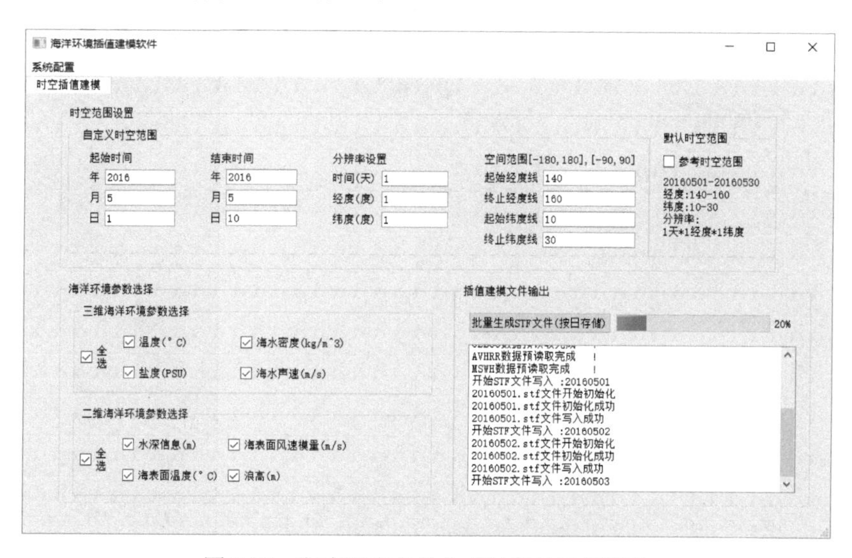

图 7-26　程序正在文件生成过程的运行情况

根据上述测试结果可以看出，海洋环境建模软件的功能均可以正常运行。因此，海洋环境建模软件的功能测试合格。

2．生成数据测试

海洋环境建模软件最终生成的是符合 SEDRIS 规范的 STF 文件，数据按日分开存储，由此形成了所需时空范围下的海洋环境数据模型。本章测试用例共生成了 2016 年 5 月 1—10 日 10 天内的数据，数据文件如图 7-27 所示。

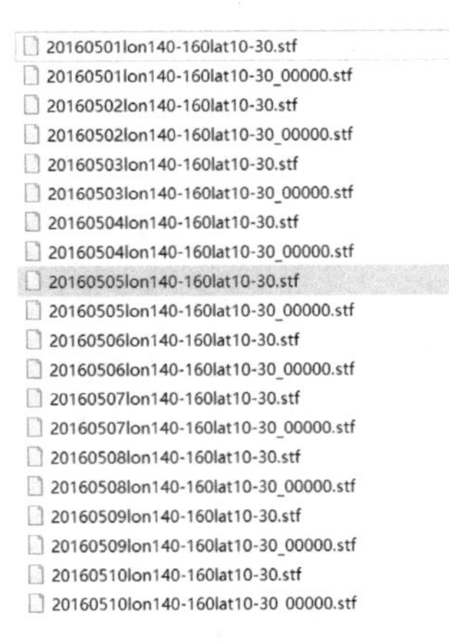

图 7-27　生成的 STF 文件

将生成的 SEDRIS 格式海洋环境参数数据文件采用 SEDRIS 官方提供的 Focus 软件打开查看。相应的数据测试则可以使用软件内的 Rules Checker 和 Syntax Checker 进行检查，确认生成文件是否有错误，检查结果分别如图 7-28 和图 7-29 所示。可以看出，生成的 STF 文件没有错误。因此，构建的海洋环境数据模型是正确的。

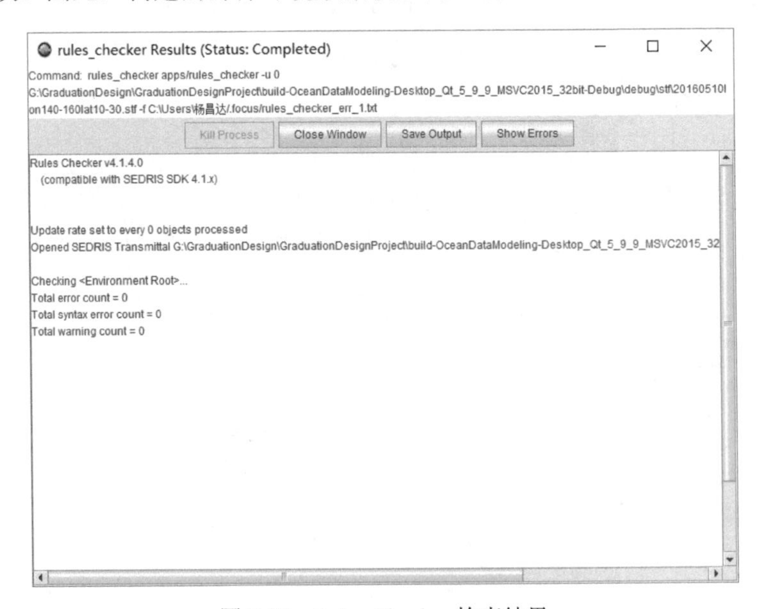

图 7-28　Rules Checker 检查结果

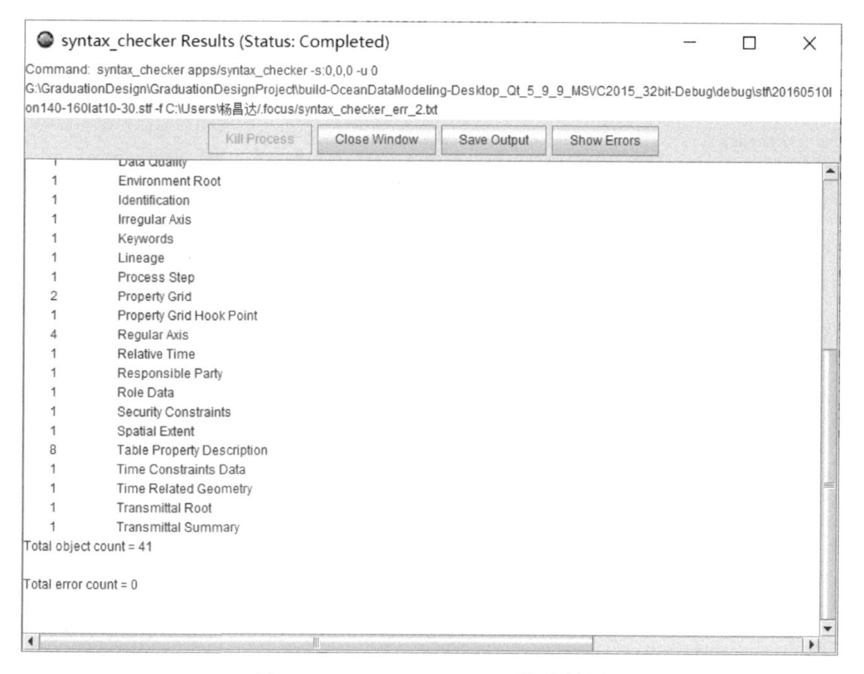

图 7-29　Syntax Checker 检查结果

7.4.2 观测数据统一表示软件运行测试

对观测数据统一表示软件的运行测试过程与海洋环境建模软件类似，包括软件的功能测试和生成数据的测试两个部分。设计的测试案例为：对 2016 年 5 月 1 日至 2016 年 5 月 10 日，空间范围为经度 140°～160°、纬度 10°～30°的海区内的 Argo 温盐数据、TAO 温盐数据、GEBCO 全球水深数据、AVHRR 海面遥感数据及 MSWH 海表面波高数据分别进行 SEDRIS 格式化，并分别生成对应的 STF 文件，以日为单位分开存储。

1. 软件功能测试

设计的软件功能包括海洋环境参数选择、输入时空参数的逻辑检查、观测数据文件和生成文件存储路径设置、STF 文件生成和插值功能选择五个部分，其中由于插值功能是对海洋环境建模软件功能的集成，该过程与海洋环境建模过程相似，这里不进行相应的测试。因此，该软件的功能测试主要从其余四个部分进行。

1）海洋环境参数选择功能测试

当用户未选择任何观测数据进行文件生成时，软件会反馈错误提示，提示用户需要进行海洋观测数据的选择，相应的测试结果如图 7-30 所示。可以看出，该部分功能可以正常运行。

2）输入时空参数的逻辑检查功能测试

当存在部分时空参数的文本编辑框为空值时，软件会进行相应的错误提示。当输入完成后，软件还能对输入的参数是否合理进行逻辑判断，如输入的起始日期是否早于结束时间、起始经度线和起始纬度线是否分别小于终止经度线和终止纬度线、输入日期是否有效等，当判断输入参数不合理时，软件能够针对错误原因进行提示。图 7-31 给出了当起始时间晚于结束时间时的软件运行结果，可以看出，该部分功能运行正常。

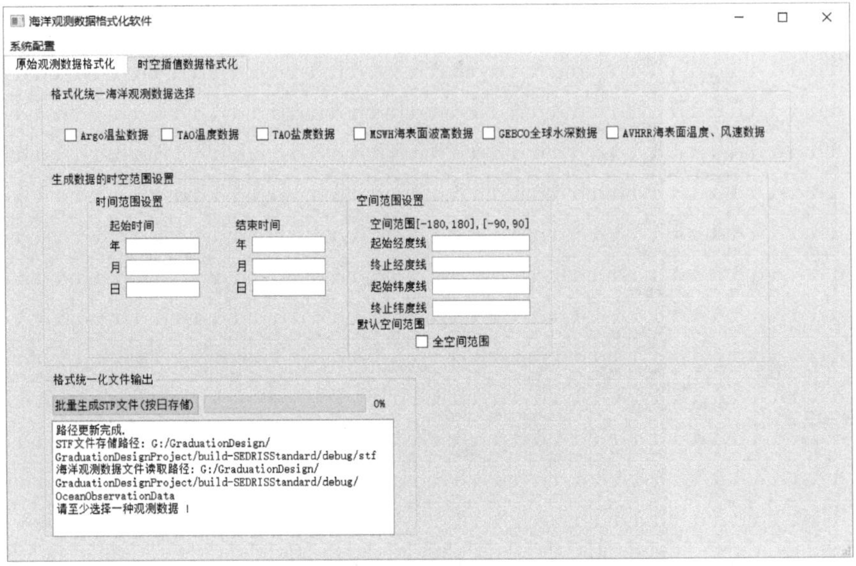

图 7-30　海洋环境参数选择功能测试结果

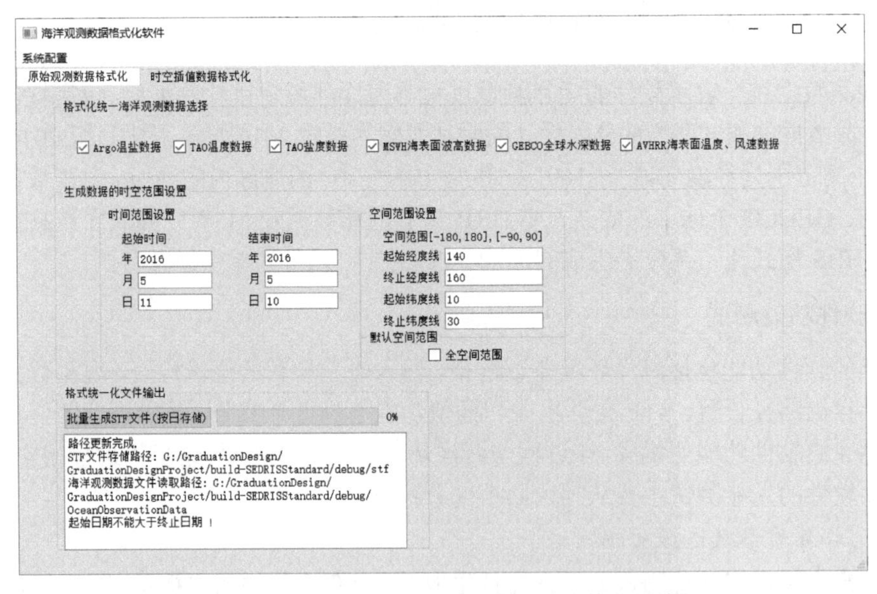

图 7-31　起始时间晚于结束时间时的软件运行结果

3）观测数据文件和生成文件存储路径设置功能测试

用户可通过菜单栏处的“系统配置”部分分别进行观测数据文件和生成文件的存储路径设置功能。当用户配置完成路径的设置后，在进行文件生成前，可以在消息栏处看到设置好的存储路径，如图 7-32 所示。可以看出，该部分功能运行正常。

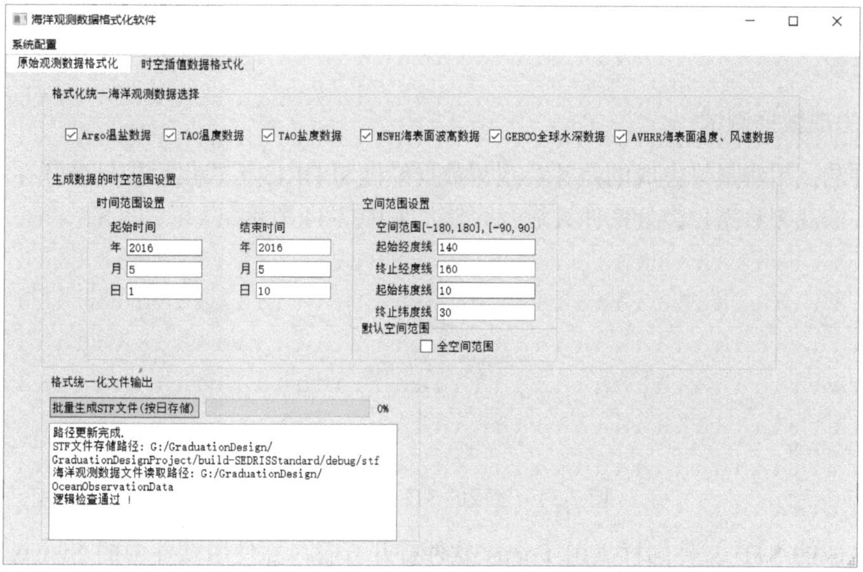

海洋观测数据格式化软件

系统配置

原始观测数据格式化　时空插值数据格式化

格式化统一海洋观测数据选择

☑ Argo温盐数据　☑ TAO温度数据　☑ TAO盐度数据　☑ MSWH海表面波高数据　☑ GEBCO全球水深数据　☑ AVHRR海表面温度、风速数据

生成数据的时空范围设置

时间范围设置

起始时间　年 2016　月 5　日 1

结束时间　年 2016　月 5　日 10

空间范围设置

空间范围[-180, 180], [-90, 90]

起始经度线 140

终止经度线 160

起始纬度线 10

终止纬度线 30

默认空间范围

☐ 全空间范围

格式统一化文件输出

批量生成STF文件(按日存储)　0%

路径更新完成.

STF文件存储路径: G:/GraduationDesign/

GraduationDesignProject/build-SEDRISStandard/debug/stf

海洋观测数据文件读取路径: G:/GraduationDesign/

OceanObservationData

逻辑检查通过 !

图 7-32　路径设置功能测试结果

4）STF 文件生成功能测试

当用户单击“批量生成 STF 文件（按日存储）”按钮时，软件进行相应的数据处理，同时实时显示软件的运行进程，包括观测数据文件的读取情况、STF 文件的写入情况等，同时进度条能够显示当前的进程完成情况。图 7-33 给出了程序完成格式转化后的运行情况，可以看出，当前软件已经完成了数据的 SEDRIS 转化，同时进度条也显示出当前数据生成已经完成。因此，该部分功能运行正常。

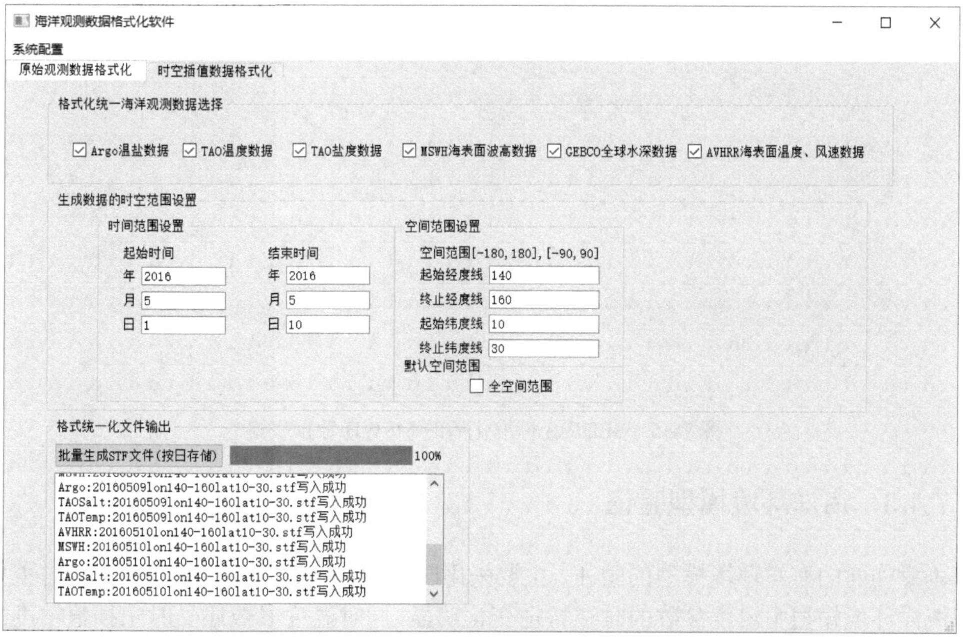

海洋观测数据格式化软件

系统配置

原始观测数据格式化　时空插值数据格式化

格式化统一海洋观测数据选择

☑ Argo温盐数据　☑ TAO温度数据　☑ TAO盐度数据　☑ MSWH海表面波高数据　☑ GEBCO全球水深数据　☑ AVHRR海表面温度、风速数据

生成数据的时空范围设置

时间范围设置

起始时间　年 2016　月 5　日 1

结束时间　年 2016　月 5　日 10

空间范围设置

空间范围[-180, 180], [-90, 90]

起始经度线 140

终止经度线 160

起始纬度线 10

终止纬度线 30

默认空间范围

☐ 全空间范围

格式统一化文件输出

批量生成STF文件(按日存储)　100%

Argo:20160509lon140-160lat10-30.stf写入成功

TAOSalt:20160509lon140-160lat10-30.stf写入成功

TAOTemp:20160509lon140-160lat10-30.stf写入成功

AVHRR:20160510lon140-160lat10-30.stf写入成功

MSWH:20160510lon140-160lat10-30.stf写入成功

Argo:20160510lon140-160lat10-30.stf写入成功

TAOSalt:20160510lon140-160lat10-30.stf写入成功

TAOTemp:20160510lon140-160lat10-30.stf写入成功

图 7-33　程序完成格式转化后的运行情况

根据上述测试结果可以看出，观测数据统一表示软件的功能都可以正常运行，满足软件设计需求。

2. 生成数据测试

软件测试用例最终生成的是各类观测数据经过SEDRIS格式化后按日分开存储的STF文件，并按观测数据种类分文件夹进行存储，如图7-34所示。

Argo	2023/5/5 16:12	文件夹
AVHRR	2023/5/5 16:00	文件夹
GEBCO	2023/5/5 14:53	文件夹
MSWH	2023/5/5 16:12	文件夹
TAOSalt	2023/5/5 16:12	文件夹
TAOTemp	2023/5/5 16:12	文件夹

图 7-34　生成的 STF 文件存储情况

对生成的STF文件同样采用Focus软件打开查看，并使用软件内的Syntax Checker和Rules Checker进行检查，确认生成文件是否有错误，检查结果显示生成的STF文件没有错误。之后再通过Focus软件内的View DataTable功能查看写入的观测数据，并同原数据进行比对，确认是否有误。图7-35给出了经过格式转化的MSWH数据表格。经过与原始数据的比对，确认写入数据无误。因此，生成数据测试合格。

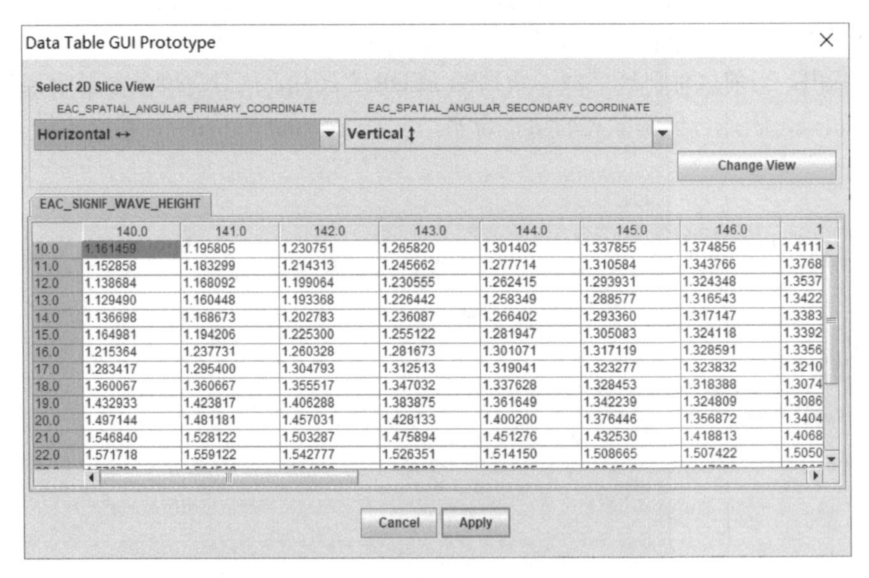

	140.0	141.0	142.0	143.0	144.0	145.0	146.0	1
10.0	1.161459	1.195805	1.230751	1.265820	1.301402	1.337855	1.374856	1.4111
11.0	1.152858	1.183299	1.214313	1.245662	1.277714	1.310584	1.343766	1.3768
12.0	1.138684	1.168092	1.199064	1.230555	1.262415	1.293931	1.324348	1.3537
13.0	1.129490	1.160448	1.193368	1.226442	1.258349	1.288577	1.316543	1.3422
14.0	1.136698	1.168673	1.202783	1.236087	1.266402	1.293360	1.317147	1.3383
15.0	1.164981	1.194206	1.225300	1.255122	1.281947	1.305083	1.324118	1.3392
16.0	1.215364	1.237731	1.260328	1.281673	1.301071	1.317119	1.328591	1.3356
17.0	1.283417	1.295400	1.304793	1.312513	1.319041	1.323277	1.323832	1.3210
18.0	1.360067	1.360667	1.355517	1.347032	1.337628	1.328453	1.318388	1.3074
19.0	1.432933	1.423817	1.406288	1.383875	1.361649	1.342239	1.324809	1.3086
20.0	1.497144	1.481181	1.457031	1.428133	1.400200	1.376446	1.356872	1.3404
21.0	1.546840	1.528122	1.503287	1.475894	1.451276	1.432530	1.418813	1.4068
22.0	1.571718	1.559122	1.542777	1.526351	1.514150	1.508665	1.507422	1.5050

图 7-35　SEDRIS 标准化后的 MSWH 数据表格

7.4.3　海洋环境模型验证

本章构建的海洋环境模型的验证，主要采用时空插值生成的温度参数进行，这主要考虑了海洋环境模型中温度参数的时空特征变化明显，同时温度参数还受时空插值精度的影响最大（见表7-4）。主要采用对生成数据进行可视化的方式，并结合时空分布特征，验证海温参数的有效性和科学性。另外，针对工程模型计算的海水密度、声速参数，通过分析剖面曲线变化规律，并与参考的剖面曲线进行比对，从而确定生成的数据是否合理。

1. 海温网格数据时空特征分析

本章选取了 2016 年 5 月位于太平洋西部地区经度 140° E～180° E，纬度 0° N～50° N 的整体的海温数据，深度层分为浅层海水（20m）、中层海水（100m）、深层海水（500m）三个部分进行分析。

1）浅层海水时空特征分析

图 7-36 给出了绘制的 2016 年 5 月的浅层海水温度分布图。可以看出，靠近赤道部分的海水温度普遍在 27～30℃内，同时温度往北回归线方向逐渐降低，且等温线间隔逐渐增大，表明变化幅度逐渐增大。经过 40° 纬度线后，整体温度普遍处于 10℃以下，且等温线间较为密集，这与浅层海水温度受光照影响大的特性相符。

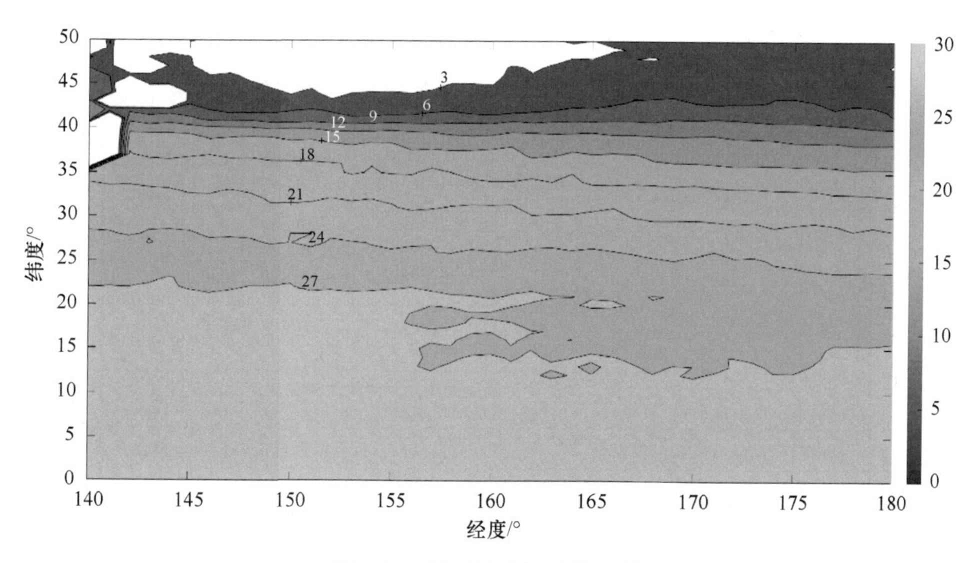

图 7-36　浅层海水温度分布图

2）中层海水时空特征分析

在海水下降至中层后，由图 7-37 可以看出海水的整体温度都相对浅层海水有所下降，但仍呈现低纬度地区海水温度普遍高于高纬度地区的规律。同时，中层海水等温线的变化间隔大于浅层海水，说明受光照影响程度减小。

3）深层海水时空特征分析

对于深层海水，由图 7-38 可以看出海水的整体温度普遍处于一个低温状态。除日本东南部地区（纬度 25° ～33° 处的地区）外，温度普遍低于 10℃。这与处于该地区的海水为暖水区、常年温度维持在 15° 以上的特性相符。

由上述各层海水时空特征分析可以看出，该分析结果与实际海水的时空特性基本符合，说明构建的海洋环境模型具有合理性。

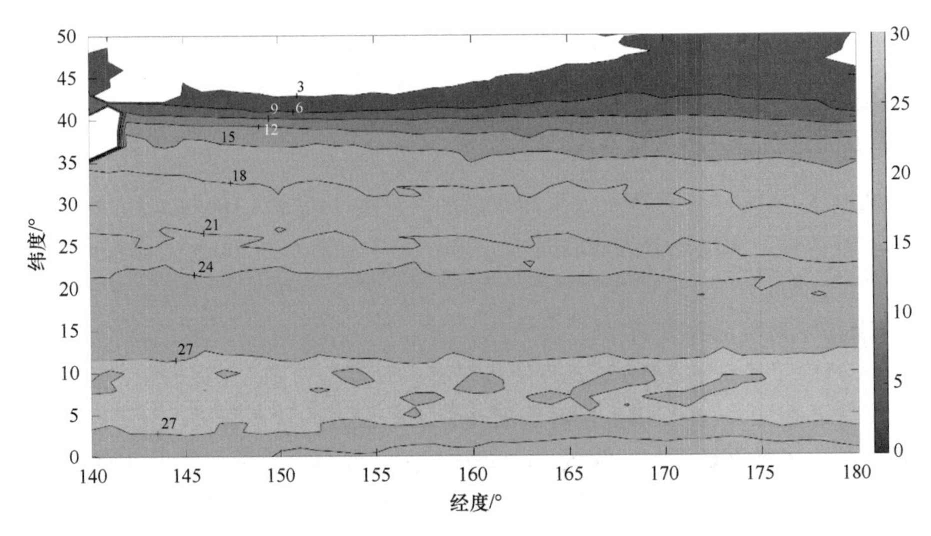

图 7-37　中层海水温度分布图

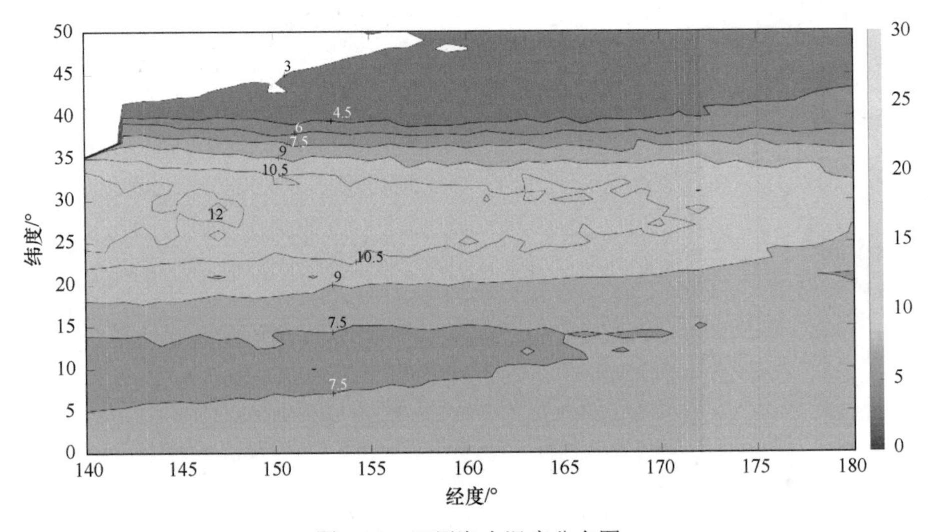

图 7-38　深层海水温度分布图

2. 与三维网格海温产品的对比分析

为了更好地验证构建的环境模型的准确性，这里将构建的海温网格数据同法国的哥白尼海洋环境观测服务中心提供的 GLORYS12V1 产品进行了对比，采用统计计算的方式来计算误差的分布情况。

表 7-5 列出了上述构建的海温数据与同期的 GLORYS12V1 月平均资料在 20m、100m、500m 处的误差情况。按误差区间分为 $e<1^\circ\mathrm{C}$、$1^\circ\mathrm{C}<e<3^\circ\mathrm{C}$、$e>3^\circ\mathrm{C}$ 三个区间。可以看出，本章构建的海温数据整体上与 GLORYS12V1 资料相近，误差过大即超过 3°C 的点仅占少数（20m：1.8%，100m：1.8%，500m：2%），说明构建的结果是科学的。

表 7-6 给出了温度、盐度参数在各深度层内同 GLORYS12V1 产品在各类误差评价指标下的误差计算结果。可以看出，两类参数的误差均满足所需的误差指标要求（相对误差

小于15%），说明构建的结果符合所需的指标要求。

表 7-5　构建的海温与 GLORYS12V1 资料误差对比结果　　单位：℃

深度层/m	$e<1$℃	1℃ $<e<$ 3℃	$e>3$℃
20	1575	379	17
100	1175	692	35
500	1355	476	38

表 7-6　温度、盐度参数在各深度层内同 GLORYS12V1 产品的误差计算结果

海洋环境参数	深度层/m	MAE	RMSE	MAPE
温度/℃	20	0.5989	0.8822	6.9%
	100	0.9315	1.2051	14.95%
	500	0.7705	1.0826	11.24%
盐度/PSU	20	0.1333	0.2182	0.39%
	100	0.1314	0.2228	0.38%
	500	0.0611	0.0947	0.18%

3. 海水密度、声速剖面分析

图 7-39 分别给出了 2016 年 5 月 5 日，在148.968°E 、26.362°N 处构建的海水密度、声速参数及对应的原始数据随深度变化的剖面曲线。可以看出，构建的剖面曲线和原始数据的曲线均有相近的变化规律。可以看出，对于海水密度参数，密度大小随着深度的增加而增加，与海水密度的变化规律相符；对于声速参数，随着深度的增加，声速首先呈单调下降的趋势，在到达一定深度层后（约1000m），由于声速趋于恒定，此时声速受深度影响较大，开始呈现缓慢增加的趋势，与深海声道分布曲线变化特征相符。

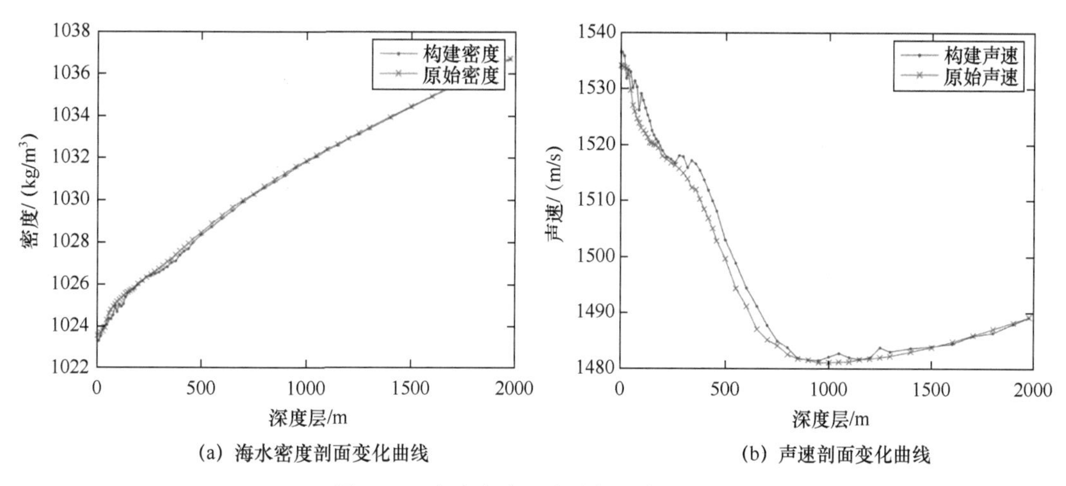

(a) 海水密度剖面变化曲线　　(b) 声速剖面变化曲线

图 7-39　海水密度、声速剖面变化曲线

因此，构建的海水密度、声速参数具备科学性，可以准确表示海洋环境模型的海水密度、声速信息。

7.4.4 技术指标分析

依据 7.1.1 节、7.1.2 节对使用的观测数据集的分析及构建的海洋环境参数可知，所使用的数据包括温度、盐度、密度、声速、波浪、海表面风速、水体深度、海表面温度，其中温度、盐度、密度、声速为三维数据，海表面风速、水体深度、海表面温度则为二维数据。在数据格式上，包括 NetCDF（Argo 温盐数据、AVHRR 海面遥感数据、GEBCO 全球水深数据、AVHRR 海面遥感数据及 MSWH 海表面波高数据）、二进制（TAO 温盐数据）、文本（预处理后的数据）格式。依据 7.4.1 节和 7.4.2 节对生成数据的验证结果可知，生成的数据符合 SEDRIS 规范。依据 7.4.3 节的插值精度评价结果可知，生成的各类海洋环境参数的相对误差均低于 15%，且在各类误差评价指标下均具有较低的值，同时结合 7.4.3 节中对于海洋环境模型的分析可知，生成的海洋环境模型是具备可靠性的，满足技术要求。

7.5 本章小结

本章基于海洋装备试验过程中虚拟试验对于海洋环境数据的需求，对面向装备试验的海洋环境建模技术进行了研究，给出了海洋环境数据模型的构建方法。通过采用时空 Kriging 插值、工程模型计算及对现成的网格数据产品进行数据处理的方式，构建了包括海水温度、盐度、密度、声速、海表面温度、海表面风速、海表面波高、水体深度八个海洋环境参数在内的海洋环境数据模型。在此基础上，完成了海洋环境建模软件和观测数据统一表示软件的设计开发，分别实现了指定时空范围、时空分辨率、海洋环境参数的海洋环境模型的生成，以及对现有的海洋观测数据的统一表示和存储，可以为海洋装备虚拟试验提供真实、可靠的海洋环境数据模型。

第 8 章

虚拟自然环境集成

虚拟自然环境是虚拟试验验证平台的重要组成部分，单一、理想化的自然环境不能满足复杂被试品/试验设备对典型、恶劣自然环境通过性验证的需求，而综合的、复杂的虚拟自然环境往往需要根据不同虚拟试验系统的要求进行单独开发，不仅耗费资源，而且开发周期长。因此，需要开展虚拟自然环境集成技术研究并开发相应软件，根据对自然环境的想定，快速生成具有典型环境要素的复杂自然环境数据，并为虚拟试验系统提供环境数据，实现虚拟试验系统中对虚拟环境的即想、即得、即运行。

8.1 概述

各种复杂被试品/试验设备的使用均处在真实的自然环境中，随着虚拟试验的发展，人们对虚拟试验的可信度要求越来越高。为了提高虚拟试验仿真的真实性、可靠性，现代虚拟试验需要自然环境的支撑，虚拟自然环境是如今流行的虚拟试验技术中不可缺少的重要组成部分。虚拟自然环境是基于虚拟试验技术，在建模与仿真系统中对自然环境要素的数字化表示，包括大气环境、空间电磁环境、地形环境等。单一、理想化的自然环境不能满足复杂被试品/试验设备系统的需求，迫切需要集成复杂的自然环境。因此，需要根据对自然环境的想定，集成大气环境、电磁环境、地形环境、典型恶劣环境等，快速生成虚拟自然环境数据，并向虚拟试验系统提供数据支撑。

虚拟自然环境示意图如图 8-1 所示，其在一个想定的空间内，集成了大气环境、空间电磁环境、地形环境等，并可在指定范围内添加典型环境要素。显然，集成虚拟自然环境可同时满足不同类型复杂被试品/试验设备系统的需求，且可验证复杂被试品/试验设备系统在恶劣环境下的运行效能。

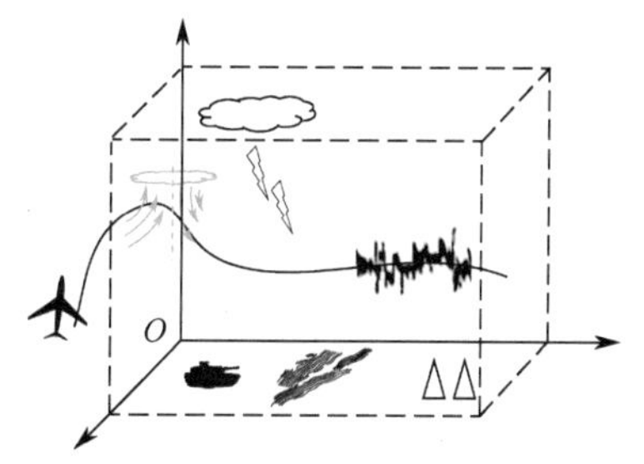

图 8-1　虚拟自然环境示意图

本章主要目的是研究虚拟自然环境集成技术并开发虚拟自然环境集成软件，能够根据需求快速生成复杂、想定的自然环境数据，为虚拟试验验证平台提供想定的虚拟自然环境数据支撑，并通过虚拟自然环境资源组件在试验中为试验成员实时地提供环境数据，以验证或评定复杂被试品/试验设备在想定环境中的效能及环境对复杂被试品/试验设备产生的影响。通过对虚拟自然环境集成方法的研究，集成大气、空间、地形环境及典型环境，生成想定、复杂、多分辨率的环境数据，并对虚拟试验系统提供环境数据支撑。

8.2 虚拟自然环境想定空间构建方法研究

构建虚拟自然环境想定空间是对真实物理环境空间的模拟，并根据想定对连续空间合理、有效离散化的过程。通过此方法来满足虚拟环境试验的需求，高效组织相关的自然环境数据，有助于准确表达环境数据的地理位置及获取环境数据时的有效检索，提高检索效率。

对实际物理世界中的各种事物进行离散拟合表示，常采用结构化网格和非结构化网格。结构化网格又称均匀网格，具有规则的结构，容易表达数据的索引信息。非结构化网格是三角形和四面体，没有规则的拓扑结构，网格格点分布是随意的，灵活性大，数据结构复杂、不易表达。其中，非结构化网格格点灵活分布，无结构化限制，能够很好地表现边界，拟合真实、复杂物体的外形。对于虚拟自然环境而言，其环境要素并没有一个明显的边界，虚拟试验也并不注重其形态，而是注重特定地理位置的相关环境数据，显然结构化网格很适合表达虚拟自然环境空间，适合环境场中环境要素数据的映射。其中，结构化网格在维度上分为三维结构化网格和二维结构化网格，分别能够很好地表示环境元素中需要三维空间和二维空间的环境要素。

某些环境要素特征属性在三维空间上变化，如风场向量；某些环境要素特征属性在二维空间上变化，如地面高程数据。因此，可以根据环境要素特征类型，在维度上分为三维网格和二维网格。而不同试验场景对环境数据的要求也不尽相同，在环境变化缓慢的区域，由于数据变化趋势并不大，为节省空间，环境数据的精细度要求可以更低，而对环境变化剧烈的区域，环境数据的精细度要求应该更高才能更好、更准确地表达此地区的环境变化。因此，根据仿真对不同区域环境数据精细度的不同需要，可以分为三种组织方式：均匀网格、非均匀网格、嵌套网格。

1. 均匀网格

对三维网格来说，根据经度、纬度、高度三个方向来指定三个坐标轴，并分别在三个坐标轴上等距离划分，指定各个坐标轴对应的单位、步长、尺度大小，便可形成一个以经度、纬度、高度为索引的三维均匀网格。网格格点上存放用于描述环境属性的数据值，三维均匀网格适用于大气、电磁环境等三维数据场，如图 8-2（a）所示。对于二维平面网格，需要根据经度、纬度两个方向来指定两个坐标轴，并以此规定两个坐标轴上的单位、步长、尺度，二维均匀网格适合描述地形高程数据，如图 8-2（b）所示。均匀网格组织方式由于是现如今环境试验中主流的数据组织方式，适合构建大规模场景，同时也适合环境变化平缓的区域场景构建。

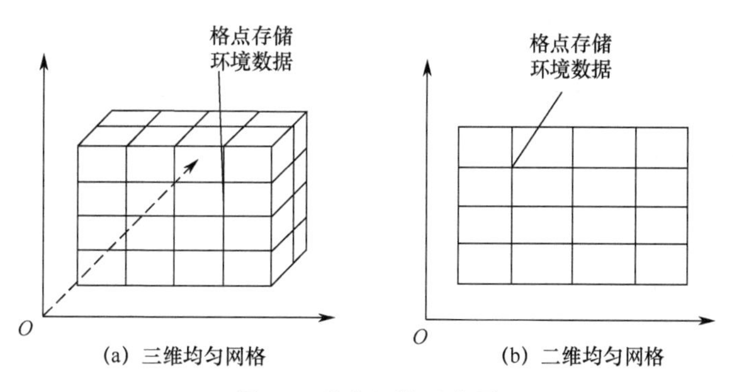

图 8-2　均匀网格示意图

2. 非均匀网格

非均匀网格指在一个坐标轴上可能有几种固定的步长，并不如均匀网格那样固定不变。在经度、纬度、高度坐标轴上指定一个方向来分割想定空间，在各个子空间内指定对应的经度、纬度、高度的步长值，如图 8-3 所示。其中，对环境数据精细度要求高的或环境变化趋势明显的范围建立网格间距小的格网，而对环境数据精细度要求低的则可建立网格间距大的格网，这样可以形成一个想定空间不同精细度的多个格网，用以表达不同需求的分辨率，避免大空间范围内分辨率单调统一、浪费存储空间，或不能精细地描述重要区域范围内的环境变化趋势。

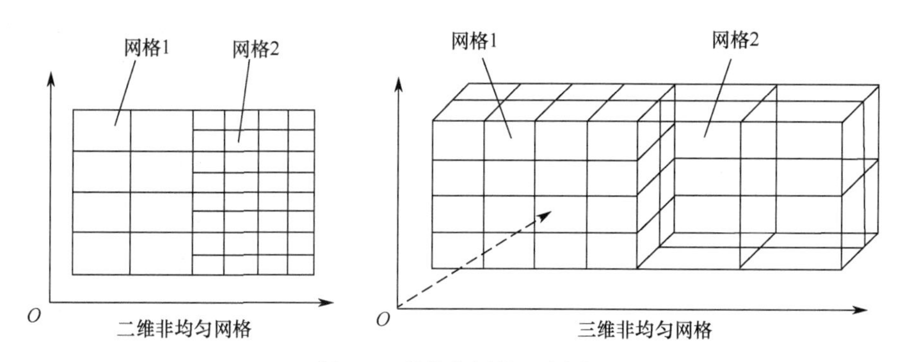

图 8-3　非均匀网格示意图

3. 嵌套网格

对于范围广、环境变化平缓的想定空间，自然并不需要精细度高的格网，但为验证武器装备对典型环境、恶劣环境的抗击能力及通过能力，需想定添加变化剧烈的典型环境要素。添加的典型环境要素发生区域相对整个想定空间来说是很小的，如风切变，其发生范围一般都在 2～3km 以内，若风切变数据的格网精细度与整个想定空间的网格精细度一致，便体现不出风切变的变化特征规律，更难去验证武器系统的通过性，从而失去了意义。因此，需要用精细度较高的均匀格网表示典型恶劣环境要素，形成粗、细网格嵌套方式，用于表达复杂环境集成的情况，这样既能够表达整个想定空间基本环境的数据变化趋势，又能表达局部典型环境要素快速变化的趋势，如图 8-4 所示。

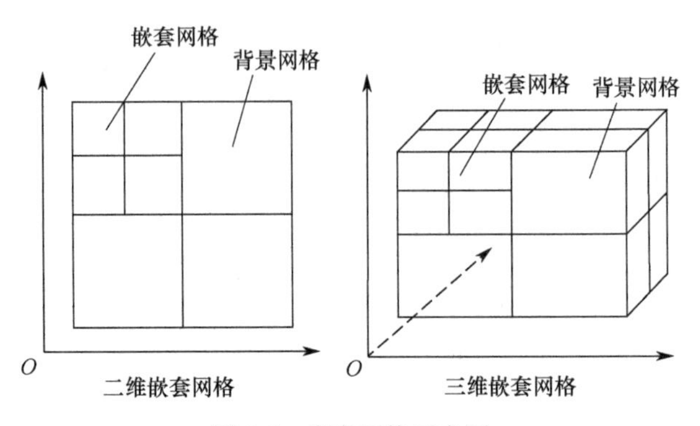

图 8-4 嵌套网格示意图

上述不同虚拟自然环境想定空间的构建模式有利于多分辨率建模。不同武器装备对不同环境领域所需要的范围及分辨率要求不同。例如，飞行器主要需求是大气环境要素，因而对地形分辨率的要求会远低于地面上的装甲车，但对地形的范围要求会远大于装甲车；而装甲车的需求恰好相反。在构建想定的虚拟环境空间时，若统一大气环境、空间电磁环境、地形环境的分辨率等，显然对不同武器装备不太合适。为满足试验的多样性，根据试验场景需求构建不同分辨率的环境显然比统一分辨率的环境更合理。在虚拟环境建模领域，分辨率指的是均匀格点间的距离，因此对于确定坐标轴三维空间也可分为三个方向的不同大小分辨率；而对于两个坐标轴上的平面空间可以分为两个方向上的不同大小分辨率。多分辨率建模是指在一个想定空间范围内，构建不同分辨率的大气环境数据、空间电磁环境数据、地形环境数据等。其中，在同一个环境领域，对于一个跨度范围大的想定来说，不同子空间的环境变化趋势不同，有的变化缓慢，有的变化剧烈；或是试验要求对不同范围的空间分辨率要求也不尽相同，如对飞行器上升和降落时空间范围分辨率要求高，而对平稳飞行空间范围段分辨率要求低，对低空的分辨率要求高，对高空分辨率要求低等，因此本章涉及的多分辨率建模还包括同一环境领域、同一想定空间的多分辨率。而上文设计的多种网格模式可以很好地表示多分辨率环境数据。

8.3 背景环境数据生成方法研究

背景环境数据生成方法是确定虚拟试验的环境要素，并寻求方法来获取、计算其物理量的研究方法。本节研究虚拟空间自然环境，包括大气环境、空间电磁环境。在大气环境领域中，温度会影响弹道，主要是由于其影响射弹的初速、空气密度而导致外弹道的变化；在高原寒冷地区，火炮的射程会因为低气压而偏远；相对湿度在 50%左右相对合适，当超过 80%时就会对电子装备造成不良影响；而风对飞行的影响更大，如飞机常在逆风中起飞或降落，避免在顺风中起飞或降落，而侧风可能影响飞机偏离跑道中线，风切变或湍流更会使飞机失控。空间电磁环境中的地电场和地磁场则会影响武器系统电子设备线路。根据上述分析，确定需要研究的环境要素，并给出表示这些环境要素的常用物理量。对于本书需要研究的虚拟自然环境要素及对应物理量的总结如表 8-1 所示。

表 8-1　虚拟自然环境要素及对应物理量

自然环境领域	环境要素属性
大气环境	大气压强
	气温
	水平风速
	w 方向风速分量
	风向
	相对湿度
	水汽混合比
电磁环境	u 方向电场分量
	v 方向电场分量
	w 方向电场分量
	u 方向磁场分量
	v 方向磁场分量
	w 方向磁场分量

本节研究两种背景数据生成方法，包括工程模型生成方法和数值模型生成方法。

8.3.1　工程模型生成方法研究

本节研究的工程模型仅考虑环境要素基本、核心的变化规律，暂不研究其随时间、地理的变化，主要研究背景环境要素在垂直方向上的变化规律，以此来满足虚拟试验的需求。

1．大气温度

大气温度模型在气象学中涉及很多专业知识，数学计算复杂。本书仅考虑大气温度的垂直分布状况：在平流层，温度是随高度升高而降低的，而在平流层至 20km 高空，温度近乎不变。重力场中大气温度的垂直变化规律公式如下：

$$T(z)=t_0-\frac{GmM}{k}\left(\frac{1}{R}-\frac{1}{R+z}\right) \tag{8-1}$$

式中，z 为海拔高度，范围在对流层期间，为 0～11km；t_0 为海拔为 0 时的温度；G 为万有引力常数，$G=6.67\times10^{-11}\text{m}^3\cdot\text{s}^{-2}$；$m$ 为大气分子的平均质量，$m=\frac{29\times10^{-3}}{6.02\times10^{23}}\text{kg}$；$k$ 为玻尔兹曼常数，$k=1.38\times10^{-23}\text{J}\cdot\text{K}^{-1}$；$R$ 为地球的平均半径，$R=6.37\times10^6\text{m}$；M 为地球的质量，$M=5.976\times10^{24}\text{kg}$。

在 11～20km 高度范围的温度几乎稳定不变，约为对流层顶的温度值。

2．大气压强

根据物理学可知，若把大气视为理想气体，可得到等温条件下的大气压强公式，但对流层的温度并不是不变的，而是随高度升高而降低的。因此，考虑温度的变化时，根据多状态方程推导出了以下压强公式：

$$p = p_0\left[1-\frac{(\gamma-1)\mu gh}{\gamma RT_0}\right]^{\frac{\gamma}{\gamma-1}} \tag{8-2}$$

式中，p_0 为标准大气压强的值，$p_0 = 1.013\times10^5\text{Pa}$；$\mu$ 为气体的摩尔质量，$\mu = 28.96\times10^{-3}\text{kg}$；$g$ 为重力加速度，$g = 9.8\text{m}\cdot\text{s}^{-2}$；$T_0$ 为海平面上的大气温度；R 为普适气体常数，$R = 8.314\text{J}\cdot\text{mol}^{-1}\cdot\text{K}^{-1}$；$h$ 为海拔高度。

式（8-2）为对流层大气压强的计算公式，由于平流层温度几乎不变，因此可以有以下计算公式：

$$p = p_0\text{e}^{-\frac{\mu gh}{RT}} \tag{8-3}$$

3．空气湿度

湿度是空气中水汽的含量。表示大气湿度的物理量有很多，相对湿度的定义公式如下：

$$U_\text{w} = \frac{q}{q_\text{s}} = \frac{q}{\dfrac{\varepsilon e_\text{s}(T)}{p}} \tag{8-4}$$

式中，q 为比湿，在绝热过程中保持不变，因此常用于理论计算；$\varepsilon = \dfrac{M_\text{v}}{M_\text{d}} = 0.622$，其中 M_v 为水汽的摩尔质量，M_d 为干空气的摩尔质量；p 为空气总压强；$e_\text{s}(T)$ 为湿空气的饱和水汽压。其中，对于 $e_\text{s}(T)$ 可用 Tetens 经验公式（Murray，1986）计算如下：

$$e_\text{s}(T) = 6.1078\exp\left[\frac{17.2693882(T-273.16)}{T-35.86}\right] \tag{8-5}$$

4．平均风

平均风是一定时间内对风向、风速的平均值，其值随时空变化。本书仅考虑平均风随高度变化的规律，公式如下：

$$u_\text{w} = \frac{u_{\text{w}0}}{k}\ln\frac{H}{H_0} \tag{8-6}$$

式中，H_0 表示下垫面高度，指与大气下层直接接触的地球表面，是影响气候的重要参数；k 表示卡尔曼常数，一般取 0.4；$u_{\text{w}0}$ 表示摩擦速度。

5．地电场

电场相关观测资料表明，晴天时大气存在着垂直向下的静电场，并在较低的高度上随海拔高度呈指数递减，而水平方向的电场往往可以忽略不计。以下为电场经验公式：

$$\begin{cases} E(z) = E(0)\exp(-az+bz^2), & 0\sim10\text{km} \\ E(z) = E(10)\exp(-cz), & 10\sim30\text{km} \end{cases} \tag{8-7}$$

式中，$E(0)$为海平面大气电场，$E(0) = 130\text{V}\cdot\text{m}^{-1}$，$E(10) = 16.6\text{V}\cdot\text{m}^{-1}$；系数 $a = 0.591$，$b = 0.0261$，$c = 0.124$。当然，经验公式包含的参数、系数都是平均结果，不同地区的电

场数据会有一定偏差。

6. 地磁场

到目前为止，地球磁场的产生来源于地核的旋转，并被称为主磁场，几乎占到地球磁场的 95%；地壳和地幔上的磁矿物对局部地区的地磁场产生不小的影响；海水的流动产生电场进而产生磁场，尽管很微弱但仍存在。如今，对地磁场建模常用且权威模型有 IGRF 模型和 WMM 模型，WMM 模型的精确度更高。本书采用的是 WMM2020 世界磁场模型，是 WMM 模型 2019 年 10 月发布的最新模型。WMM 模型是由美国地理机构（NGA）、英国国防部（DGC）赞助，并由美国海洋和大气管理局数据中心（NOAA/NGDC）及英国地理调查局研发，且美英国防部、北大西洋公约组织指定使用的世界磁场模型。WMM 模型考虑了主磁场产生的主要磁场、地壳及海水流动等产生的微弱磁场，并滤除了一些外部干扰磁场，且能提供地表 1km 以下到 850km 以内的磁场数据。WMM 模型是 12 阶的球谐模型计算的，由于主磁场是长期随时间变化的，因此 WMM 每隔 5 年会更新一次球谐系数，而 WMM2020 模型的有效期限是 2020—2025 年。

地球上指定位置的主磁场 B_{m} 可表示如下：

$$B_{\mathrm{m}}(\lambda,\varphi',r,t) = -\nabla V(\lambda,\varphi',r,t) \tag{8-8}$$

$$\nabla V(\lambda,\varphi',r,t) = a\sum_{n=1}^{N}\left(\frac{a}{r}\right)^{n+1}\sum_{m=0}^{n}(g_n^m(t)\cos(m\lambda)+h_n^m(t)\sin(m\lambda))\breve{p}_n^m\sin\varphi' \tag{8-9}$$

式中，$N=12$ 表示 12 阶；$a=6371200\text{m}$，为地球参考半径；(λ,φ',r) 为地心坐标系中的经度、纬度、半径；$g_n^m(t)$ 和 $h_n^m(t)$ 为与时间相关的 n 维高斯系数；而

$$\begin{cases} \breve{P}_n^m(\mu) = \sqrt{2\dfrac{(n-m)!}{(n+m)!}}P_{n,m}(\mu) & ,m>0 \\ \breve{P}_n^m(\mu) = P_{n,m}(\mu), & m=0 \end{cases} \tag{8-10}$$

8.3.2　数值模型生成方法研究

虚拟环境试验的关键是数据，因此数据的准确度及精确度会影响后续一连串的相关步骤。自然环境各要素变化万千，影响因素众多，工程模型仅在理想条件下抓住环境要素在垂直方向上的变化而忽略其他影响条件，过于简单理想化。上文背景环境要素工程模型除磁场 WMM2020 模型外，其他均过于简单，对于数据准确度要求高的虚拟试验，不能满足其对环境数据的要求。因此，为了满足更高层次、更精确的要求，我们需要更严谨的、更有数据支持、更能受到国际认可的背景环境数据生成方法，而数值模型生成方法就是其一。数值模型生成方法是利用现有的各种环境数值模式生成的数据，并根据想定生成需求的虚拟环境数据。

大气数值模式是按照大气运动规律建立复杂方程，进行数值模拟，从而给出大气环境数值模型。数值模型方法比较复杂。随着工作站计算能力的提高与软件的发展，数值模式模拟的大气环境数据越来越真实，更具说服力及代表性。由于数据的准确性高，国外大气数值模式已嵌入虚拟试验中，可以根据作战想定区域设计合理的数值模拟方案，生成大气

环境数据。例如，由于 MM5 模式生成的是格式为 MMOUT_DOMAIN 的数据，需要提取为 M3D 格式，并转换为标准环境数据格式发布。

数字高程模型是世界各地组织机构通过对真实地形高程数据的采样，并用一组离散有序数值的组织方式表现地面起伏度的一种地形模型。已有地形转换软件将不同格式高程数据用地形建模软件转换为标准格式发布。

由于数值模型的环境数据通常是从不同专业软件上获取的，而这些数据的分辨率通常并不能满足虚拟试验对分辨率的需求，因而本书可以采用内插法对多源环境数据进行处理，使之满足分辨率的要求。内插是数学领域通过已有的数据求未知的环境数据的过程，常见的有反距离权重插值、线性插值等，本节选用线性插值。如图 8-5 所示，线性插值是数学、空间插值法中常用、有效的一种插值方法。

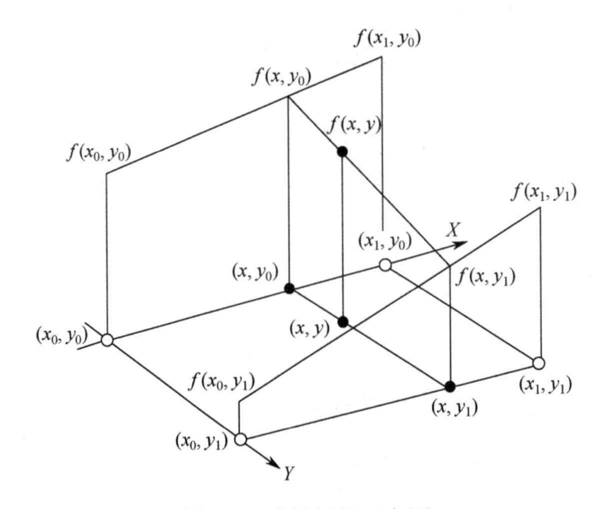

图 8-5　线性插值示意图

已知(x_0,y_0)与(x_1,y_1)，$[x_0,x_1]$区间内坐标为 x 在直线上的值 y 如下：

$$y = y_0 + (x - x_0)\frac{y_1 - y_0}{x_1 - x_0} \tag{8-11}$$

若要求二维平面坐标为(x,y)的值，需要知道其邻近周围的 4 个点的数值，然后在两个方向上分别进行线性插值，这种插值方法称为双线性插值。(x,y)周围 4 个点坐标分别为(x_1,y_1)、(x_1,y_2)、(x_2,y_1)、(x_2,y_2)。

首先在 x 方向上插值如下：

$$\begin{cases} f(x,y_1) = \dfrac{x_2 - x}{x_2 - x_1} f(x_1,y_1) + \dfrac{x - x_1}{x_2 - x_1} f(x_2,y_1) \\ f(x,y_2) = \dfrac{x_2 - x}{x_2 - x_1} f(x_1,y_2) + \dfrac{x - x_1}{x_2 - x_1} f(x_2,y_2) \end{cases} \tag{8-12}$$

之后在 y 方向上进行线性插值，得

$$f(x,y) = \frac{y_2 - y}{y_2 - y_1} f(x_1,y_1) + \frac{y - y_1}{y_2 - y_1} f(x_2,y_2) \tag{8-13}$$

对于地形领域，由于高程数据是经度、纬度为坐标轴上的二维平面上的数据，因此双线性公式即可解决此问题。但对于大气环境、空间电磁环境领域等三维空间需要进行三线性插值法，一维线性插值法需要直线上邻近两个点的数据，三线性插值法需要对插值点临近周围 8 个点的数据进行插值解算。

8.4 典型环境数据生成方法研究

8.4.1 大气扰动环境数据生成方法研究

扰动风场经常会影响武器飞行器的正常飞行活动，严重的还会造成飞行事故，且扰动风场中低空风切变和大气紊流颇为常见。其中，低空风切变对飞行器飞行造成的危害众所周知，20 世纪 80—90 年代有 28 次由低空风切变造成的飞行事故，总死亡人数中有约 40% 死于低空风切变。大气紊流是另一种影响飞行品质的大气扰动现象，在紊流场中飞行的飞行器会产生紊流颠簸，而重度紊流甚至会影响飞行任务的完成，危害飞行。

1. 微下冲气流

低空风切变是由短距离时风速垂直方向或水平方向的相对变化而引起的，而微下冲气流是一种严重的低空风切变，本节注重研究微下冲气流的建模过程。根据流体动力学，采用广泛的涡环诱导模型对微下冲气流建模，优点是能够灵活配置模型参数并快速生成，其示意图如图 8-6 所示。

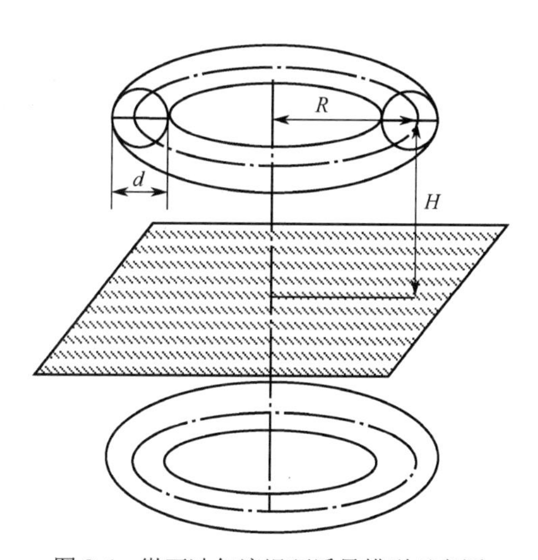

图 8-6　微下冲气流涡环诱导模型示意图

在距地面为 H 的上方放置一个强度为 Γ 、半径为 R 的主涡环，并以地面为镜像布置一个镜像涡环，涡环的中心处称为涡丝。涡环周围空间某一点的速度可由涡环的流线方程 ψ 推导产生速度向量 $\boldsymbol{V}_i=[v_x,v_y,v_z]$。

$$v_x = \left(\frac{x}{r^2}\right)\frac{\partial \psi}{\partial z} \tag{8-14}$$

$$v_y = \left(\frac{y}{r^2}\right)\frac{\partial \psi}{\partial z} \tag{8-15}$$

$$v_z = \left(-\frac{1}{r}\right)\frac{\partial \psi}{\partial r} \tag{8-16}$$

式中，涡环流线方程公式如下：

$$\psi \approx \frac{1.576\Gamma}{\pi}\left[\frac{(r_1+r_2)\lambda_{\mathrm{a}}^2}{1+3\sqrt{1-\lambda_{\mathrm{a}}^2}} - \frac{(r_1'+r_2')\lambda_{\mathrm{s}}^2}{1+3\sqrt{1-\lambda_{\mathrm{s}}^2}}\right] \tag{8-17}$$

其中，各分量如下：

$$\lambda_{\mathrm{a}} = \frac{r_2 - r_1}{r_2 + r_1} \tag{8-18}$$

$$\lambda_{\mathrm{s}} = \frac{r_2' - r_1'}{r_2' + r_1'} \tag{8-19}$$

式中，r 为空间中任意一点到涡环中心的距离；r_1、r_2 分别为空间任意一点到主涡丝的最近距离、最远距离；r_1'、r_2' 分别为空间任意一点到镜像涡丝的最近距离、最远距离。

由以上公式得到涡环周围空间任意点的速度场。由于涡环中心 $r=0$，上述公式计算会得到无穷大速度，显然不符合物理逻辑，因此在涡环轴心的速度场可由以下公式得到：

$$\begin{cases} v_x = v_y = 0 \\ v_z = \dfrac{\Gamma R^2}{2}\{[R^2+(H+z)^2]^{-3/2} - [R^2+(H-z)^2]^{-3/2}\} \end{cases} \tag{8-20}$$

以上公式生成的速度场会有一些奇异点，涡丝处速度会为无穷大。而实际情况在涡丝处风速应该为 0。为处理奇异点，在涡丝周围添加一个黏性涡核，其直径为 d，就会产生一个衰减因子，即

$$\zeta = 1 - \exp\left[-\left(\frac{3r_1}{d/2}\right)^2\right] \tag{8-21}$$

2. 大气紊流

在流体力学中，紊流是一种无序混沌变化的流态，包括低能量扩散、高能量对流和时空范围内流速的快速变化。紊流流动具有高度不规则性，真实的紊流场是十分复杂的，而在工程上往往利用随机理论来建模。Dryden 通过大量研究提出了指数型的纵向及横向相关函数，然后推导得出了频谱相关函数公式。

$$\begin{cases} f(\xi) = \exp(-\xi/L) \\ g(\xi) = (1-0.5\xi/L)\exp(-\xi/L) \end{cases} \tag{8-22}$$

$$
\begin{cases}
\phi_{uu}(\Omega)=\sigma_u^2\dfrac{L_u}{\pi}\dfrac{1}{1+(L_u\Omega)^2}\\
\phi_{vv}(\Omega)=\sigma_v^2\dfrac{L_v}{\pi}\dfrac{1+12(L_v\Omega)^2}{[1+4(L_u\Omega)^2]^2}\\
\phi_{ww}(\Omega)=\sigma_w^2\dfrac{L_w}{\pi}\dfrac{1+12(L_w\Omega)^2}{[1+4(L_u\Omega)^2]^2}
\end{cases}
\tag{8-23}
$$

式中，ξ 为空间距离（m）；L 为大气紊流尺度（m）；Ω 为空间频率（rad/m）；u, v, w 为紊流场风速的三个方向分量。

利用相关函数的原理生成三维空间内的大气紊流数据，公式如下：

$$
\begin{aligned}
w(x,y,z)=&a_1w(x-h,y-h,z-h)+a_2w(x-h,y-h,z)+a_3w(x,y-h,z-h)+\\
&a_4w(x-h,y,z-h)+a_5w(x,y,z-h)+a_6w(x,y-h,z)+a_7w(x-h,y,z)+\\
&\sigma_w r(x,y,z)
\end{aligned}
\tag{8-24}
$$

式中，$w(x,y,z)$ 为空间中坐标为 (x,y,z) 的大气紊流风速值；a_1～a_7 和 σ_w 为对应位置的系数；$r(x,y,z)$ 为相应位置的白噪声，其中 a_1～a_7 表示紊流场不同位置速度的相关性，σ_w 表示紊流场的随机性。其中

$$
R_{ijk}=E[w(x,y,z)w(x+ih,y+jh,z+kh)]
\tag{8-25}
$$

可得

$$
\begin{cases}
R_{000}=a_1R_{111}+a_2R_{110}+a_3R_{011}+a_4R_{101}+a_5R_{001}+a_6R_{010}+a_7R_{100}+\sigma_w^2\\
R_{001}=a_1R_{110}+a_2R_{111}+a_3R_{010}+a_4R_{100}+a_5R_{000}+a_6R_{011}+a_7R_{101}\\
R_{010}=a_1R_{101}+a_2R_{100}+a_3R_{001}+a_4R_{111}+a_5R_{011}+a_6R_{000}+a_7R_{110}\\
R_{011}=a_1R_{100}+a_2R_{101}+a_3R_{000}+a_4R_{110}+a_5R_{010}+a_6R_{001}+a_7R_{111}\\
R_{100}=a_1R_{011}+a_2R_{010}+a_3R_{111}+a_4R_{001}+a_5R_{101}+a_6R_{110}+a_7R_{000}\\
R_{101}=a_1R_{010}+a_2R_{011}+a_3R_{110}+a_4R_{000}+a_5R_{100}+a_6R_{111}+a_7R_{001}\\
R_{110}=a_1R_{001}+a_2R_{000}+a_3R_{101}+a_4R_{011}+a_5R_{111}+a_6R_{100}+a_7R_{010}\\
R_{111}=a_1R_{000}+a_2R_{001}+a_3R_{100}+a_4R_{010}+a_5R_{110}+a_6R_{101}+a_7R_{011}
\end{cases}
\tag{8-26}
$$

其中相关函数的表达公式如下：

$$
\begin{cases}
R_{11}(\xi_1,\xi_2,\xi_3)=\sigma^2\mathrm{e}^{-\frac{\xi}{L}}\left(1-\dfrac{\xi_2^2+\xi_3^2}{2L\xi}\right)\\
R_{22}(\xi_1,\xi_2,\xi_3)=\sigma^2\mathrm{e}^{-\frac{\xi}{L}}\left(1-\dfrac{\xi_1^2+\xi_3^2}{2L\xi}\right)\\
R_{33}(\xi_1,\xi_2,\xi_3)=\sigma^2\mathrm{e}^{-\frac{\xi}{L}}\left(1-\dfrac{\xi_2^2+\xi_1^2}{2L\xi}\right)
\end{cases}
\tag{8-27}
$$

8.4.2　电磁扰动环境数据生成方法研究

雷电是一种强烈的电磁干扰环境，维持时间短，并在瞬间产生强大电流影响周围空间

电磁场，通常会对各种电子武器装备产生严重危害。本节研究闪电中的常见地闪模型。地闪模型示意图如图 8-7 所示。

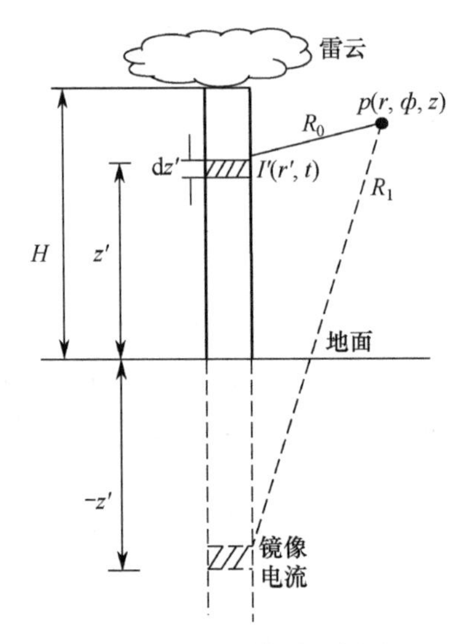

图 8-7　地闪模型示意图

雷电产生的电磁场主要受雷电放电通道中雷电流的影响，而放电通道中雷电流主要受到基电流大小的影响。根据 Maxwell 方程组计算电流元产生的电磁场，并将雷电通道过程简化为垂直天线，进而推算出雷电通道周围的电磁场强度。如图 8-7 所示，通过电流和镜像电流产生的电磁场进行叠加，进而获取雷电通道周围的电磁场。雷电电磁场波形峰值的模型公式如下：

$$H_{\phi}=\frac{I_0}{4\pi r}\left[\frac{z}{(r^2+z^2)^{1/2}}-\frac{z-H}{R_{\mathrm{H}}}\right] \tag{8-28}$$

$$E_r=\frac{I_0}{4\pi\varepsilon_0}\left\{-r(t-z/v)\left[\frac{1}{R_0^3}-\frac{1}{R_{\mathrm{H}}^3}\right]+\frac{1}{vr}\left[\frac{(H-z)^3}{R_{\mathrm{H}}^3}+\frac{z^3}{R_0^3}\right]\right\} \tag{8-29}$$

$$\begin{aligned}E_r=\frac{I_0}{4\pi\varepsilon_0}&\left\{\left(\frac{t}{r^2}-\frac{z}{vr^2}\right)\left[\frac{(H-z)^3}{R_{\mathrm{H}}^3}+\frac{z^3}{R_0^3}\right]+\frac{(z/v-t)(H-z)/r^2+2/v}{R_{\mathrm{H}}}+\right.\\&\left.\frac{(z/v-t)z/r^2-2/v}{R_0}-\frac{r^2}{v}\left[\frac{1}{R_{\mathrm{H}}^3}-\frac{1}{R_0^3}\right]\right\}\end{aligned} \tag{8-30}$$

式中，I_0 为雷电流幅值大小，一般为 10～500kA；ε_0 为自由空间介电常数，$\varepsilon_0=8.854\times10^{-12}\,\mathrm{F/m}$；$\mu_0$ 为自由空间磁导率，$\mu_0=4\pi\times10^{-7}\,\mathrm{H/m}$；$c$ 为真空中光速，$c=2.998\times10^{8}\,\mathrm{m/s}$；$v$ 为雷电流在放电中的传输速度，取 $v=c/3$；H 为雷云高度；$\mathrm{d}r$、$\mathrm{d}z$ 为离散网格大小；r、z 为空间中任意一点到雷电点的水平距离、纵向距离；t 为时间，$t=10\mathrm{ms}$。

8.5 虚拟自然环境数据生成软件设计与开发

环境数据来源、数据格式多样，数据库大小分辨率不一，表示方式更是多种多样。为针对虚拟试验对环境数据的可定制化、快速部署的需求，开发设计虚拟自然环境数据集成软件。本书基于面向对象的思想，利用 UML 建模工具分别对软件进行需求分析、静态建模、动态建模，在分析与设计的基础上完成软件的开发，并对软件功能及环境数据进行相应的测试。

8.5.1 需求分析

虚拟自然环境数据生成软件的主要功能是根据用户配置快速生成虚拟自然环境数据，并将数据存储为符合 SEDRIS 规范的 STF 传输格式文件，支持环境数据的可重用性。其主要功能如下：

（1）支持用户配置虚拟自然环境时间、空间范围。

（2）支持用户自定义设置环境数据分辨率，生成多分辨率的虚拟自然环境数据，且对大气、电磁、地形环境数据按照 SEDRIS 规范分别存储。

（3）单一环境领域（大气环境、电磁环境、地形环境）支持用户设置多种模式的空间网格，以生成单一环境领域的多分辨率环境数据。

（4）能够以两种模式想定添加典型环境要素，包括典型环境要素工程模式和典型环境数据文件模式，大气环境领域可以添加大气紊流、微下冲气流；电磁环境领域可以添加地闪；地形环境领域可以添加水平壕沟和弹坑。

（5）能够对生成的 STF 传输格式环境数据库进行格点查询和范围查询，支持用户进行修改。

虚拟自然环境数据生成软件用例图如图 8-8 所示。

以下是对虚拟自然环境数据生成软件的用例分析。

（1）虚拟自然环境的配置：提供良好的用户配置界面，支持用户根据需求进行灵活配置。配置虚拟自然环境的时间、空间范围；支持多种模式对基本环境数据空间进行分辨率设置，包括均匀网格模式和非均匀网格模式；支持多种模式进行配置，生成基本环境数据，包括数值模型和工程模型，其中工程模型需配置基本环境要素的参数；支持用户以多种模式想定添加典型恶劣环境要素，包括典型环境要素工程模型和典型环境数据库模型，其中工程模型需配置典型环境要素位置信息及参数信息等，对于典型环境要素和基本环境要素支持多分辨率模式和统一分辨率模式。

（2）虚拟自然环境数据的存储：为实现想定环境数据的部署使用及共享，对环境数据进行存储，并按照上文设计的 SEDRIS 规范数据表示模型把数据存储为 STF 文件格式。

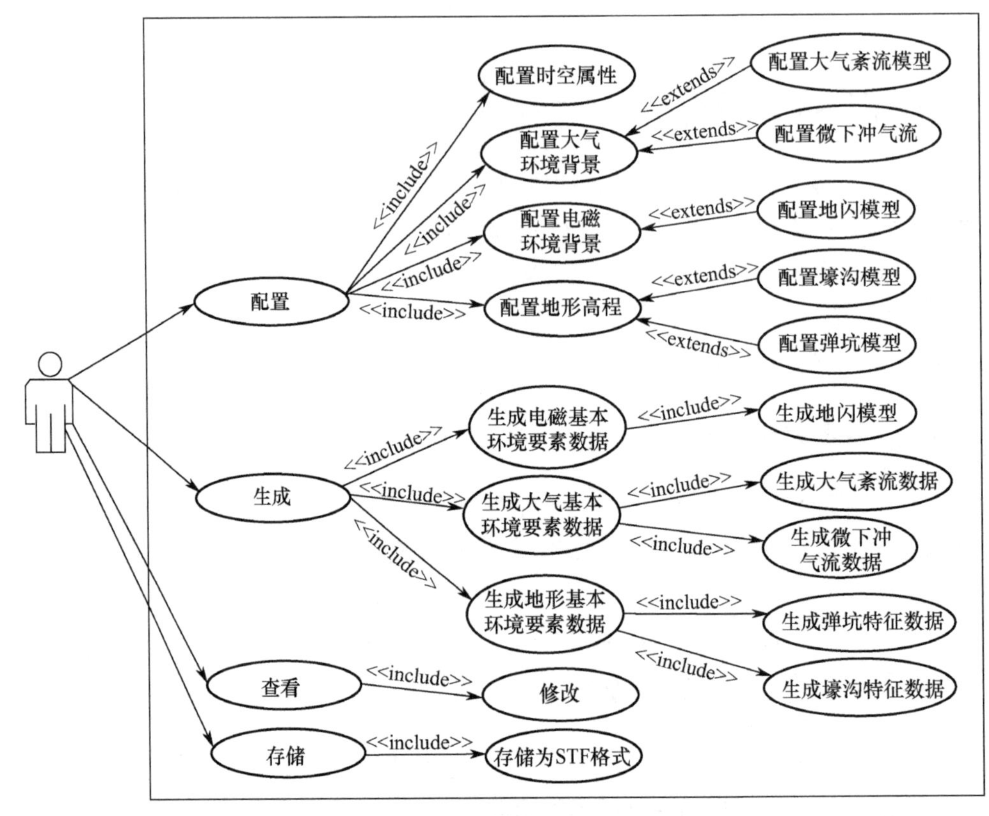

图 8-8　虚拟自然环境数据生成软件用例图

（3）虚拟自然环境的查看：STF 传输格式是一种符合 SEDRIS 规范的文件格式，为支持用户快速查看 STF 文件中的数据，虚拟自然环境集成软件支持用户快速配置地理位置信息，查看该位置信息下的环境数据，并支持简单修改功能，同时为支持批量操作，还可选定范围进行数据查看及环境数据的修改。

（4）虚拟自然环境数据的生成：提供良好的用户生成界面，支持用户根据需求灵活选择环境数据生成模式和添加环境类型。支持选择工程模式和典型环境数据文件模式；支持大气环境添加大气紊流、微下冲气流；支持电磁环境添加地闪；支持地形环境添加水平壕沟和弹坑。

8.5.2　静态模型

基于以上用例分析，为实现虚拟自然环境数据生成软件基本功能，设计了静态模型图。如图 8-9 所示，主要设计三个类来实现软件功能，分别包括大气环境数据类、电磁环境数据类和 SEDRIS 格式转换器，下面详细说明各个类的属性、方法及相互间的关系。

（1）大气环境数据类：主要用来生成基本大气环境数据和想定添加典型环境要素生成典型环境数据，并处理基本大气环境数据和典型环境数据的边界效应。该类通过成员配置空间范围和分辨率来设置网格信息，并负责提供两种方法生成基本大气环境数据，包括工程模型方法和数值模型方法。其中，工程模型方法通过调用工程模型 DLL 相应函数接口来生成想定参数、空间、分辨率的环境数据；数值模型方法通过处理从环境数据库获取的源数据来获取想定网格里的环境数据，通常源数据的网格范围、分辨率和用户设定的网格范围、分辨率不一致，因此需要提供插值处理来获取想定网格格点的环境数据。为了用户可以添加典型环境要素，该类还通过调用大气紊流模型和微下冲气流模型的 DLL 函数接口，提供添加微下冲气流方法和添加大气紊流方法分别生成微下冲气流数据和大气紊流数据，并在方法中处理环境叠加问题。其中，大气紊流模型需要配置的特性参数有大气紊流强度、大气紊流的尺度，需要配置的空间范围及分辨率参数有紊流中心点的位置信息，大气紊流空间的东西、南北、高度方向范围及三个方向的分辨率。微下冲气流模型需要配置的模型参数有涡环地理位置，涡环距地面高度值，涡环半径、涡核直径及涡环强度值，并对涡环分辨率进行配置。

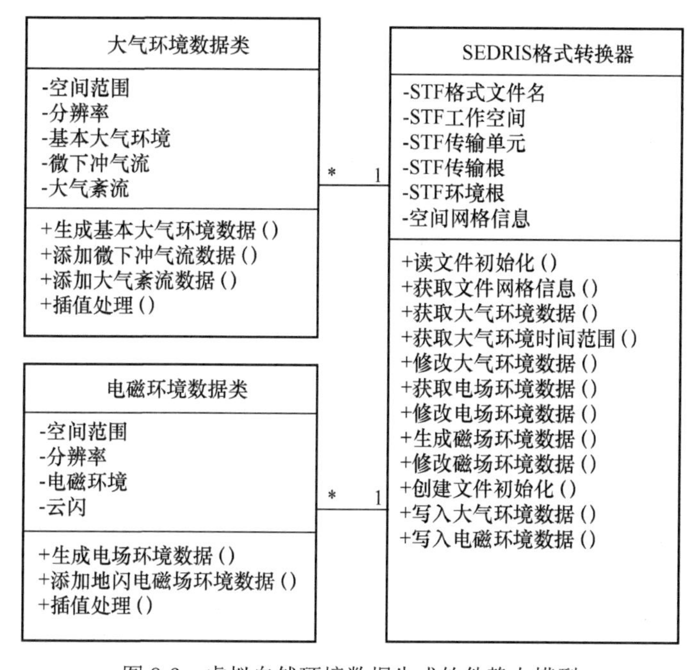

图 8-9　虚拟自然环境数据生成软件静态模型

（2）电磁环境数据类：主要用来生成基本电场环境数据和磁场环境数据，并按照用户添加生成地闪环境要素，生成地闪电磁场环境数据，该类通过成员设置空间网格点信息，包括范围和分辨率。同时提供两种方式来生成基本电场和磁场环境数据，包括电场工程模型、磁场 WMM2020 模型和数值模型生成方法。其中，工程模型生成方法是通过调用电场基本环境 DLL 接口函数和 WMM2020 磁场模型接口函数来生成对应空间范围的电磁场环境数据。数值模型方法通过线性插值处理电场环境数据库和磁场环境数据库中的源数据来获取想定网格格点的数据。为能够添加地闪环境，该类调用地闪模型的 DLL 接口函数，其中地闪模型需要配置地闪的地理位置、地闪雷电流的强度、雷云高度及分辨率。

（3）SEDRIS 格式转换器：主要用来对 STF 传输格式环境数据文件进行操作。为实现对生成的环境数据按照 SEDRIS 规范进行存储，该类提供写 STF 初始化操作，将环境数据存入 STF 传输文件之前初始化必要数据，并分别针对前面的大气环境数据、电磁环境数据、表示模型进行数据存储操作。为实现软件数值模型生成基本环境数据功能，该类提供了读取 STF 文件初始化的方法，在读取环境数据库之前做初始化工作，并提供了读取一定空间范围内环境数据方法。由于软件对环境数据查看和修改的需求，该类还提供读取想定地理位置点的环境数据值方法及修改想定位置点的环境数据方法。

8.5.3 动态模型

虚拟自然环境数据生成软件的动态交互过程主要由时空范围的配置、空间网格模式及分辨率的配置、背景环境模式选择、典型环境模式选择及数据生成和 SEDRIS 格式转换组成。通过数值模型生成大气环境数据如图 8-10 所示。

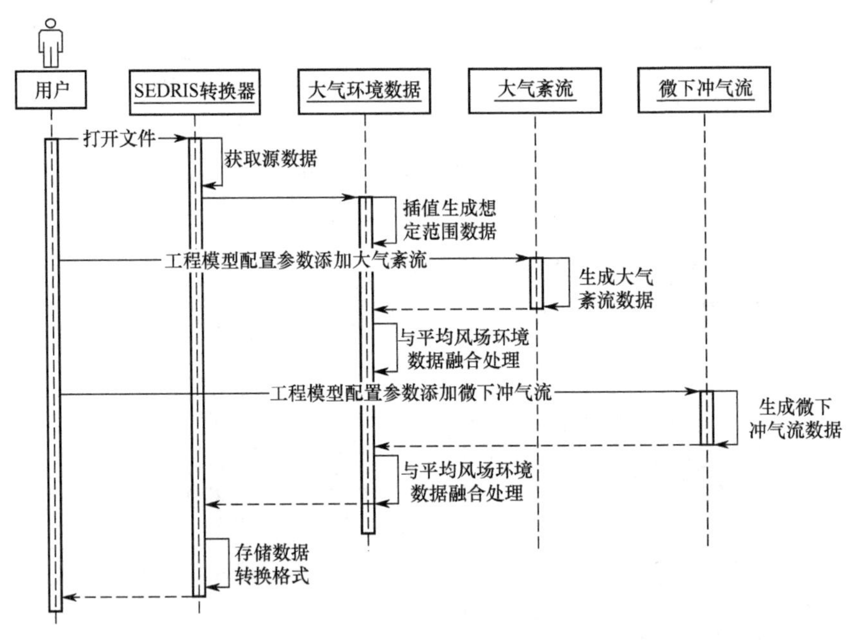

图 8-10　通过数值模型生成大气环境数据

用户首先通过配置界面配置时间、空间范围，之后选择数值模式生成基本大气环境数据，即选择大气环境数据库，通过 SEDRIS 格式转换器进行环境要素的数据提取。大气环境数据对象通过对源数据的插值处理生成想定网格格点的环境数据，至此，完成了数值模型模式生成基本环境数据的过程。用户若需添加大气紊流，大气环境数据类通过调用大气紊流 DLL 接口函数生成想定配置参数的大气紊流数据，并发送给大气环境数据类与平均风场环境数据进行叠加融合处理。用户若需添加微下冲气流，处理过程与添加大气紊流类似。

图 8-11 所示为通过工程模型生成基本大气环境数据，并通过工程模型添加典型环境要素的流程图。

用户通过工程模型配置相关参数生成背景大气环境数据，大气环境数据类通过调用基本大气环境 DLL 接口函数生成背景大气环境数据。用户通过工程模型添加大气紊流和微下冲气流模型的处理过程与上文类似，此处不再赘述。最终将背景大气环境数据、大气紊流数据、微下冲气流数据传递给 SEDRIS 格式转换器进行数据存储及转换。

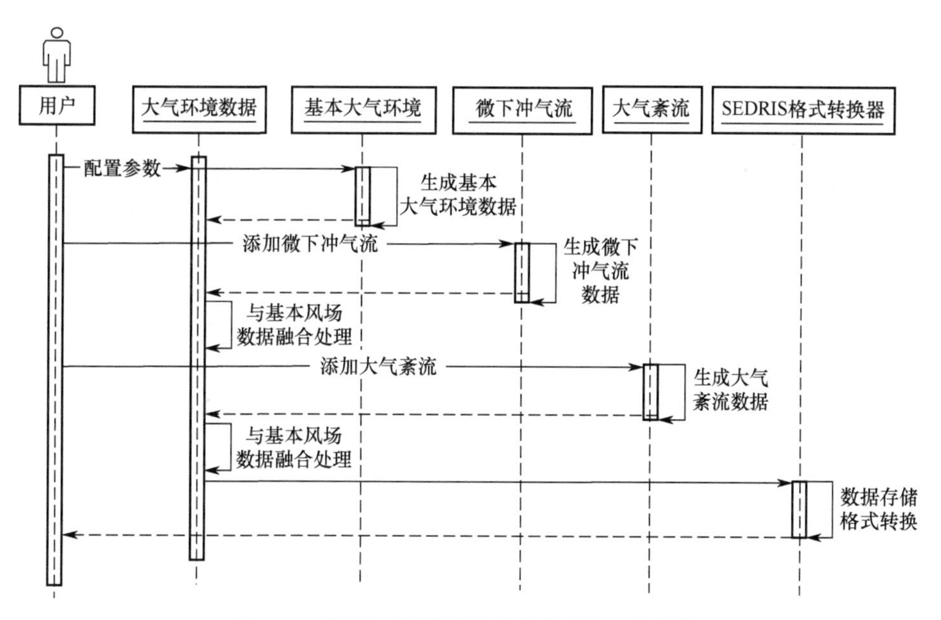

图 8-11　通过工程模型生成基本大气环境数据

图 8-12 所示为通过数值模型生成基本大气环境数据模型，通过数值模型添加想定典型环境数据流程图。用户加载环境数据库，通过 SEDRIS 解析器类获取数据库中数据，并将数据传递给大气环境数据类处理。当用户需要通过加载典型环境数据库添加典型环境数据时，同样通过 SEDRIS 格式转换器解析出数据中的数据，并将数据交由大气环境数据对象进行与背景的融合处理，合成典型环境数据，并按上文设计的 SEDRIS 规范数据模型进行存储。

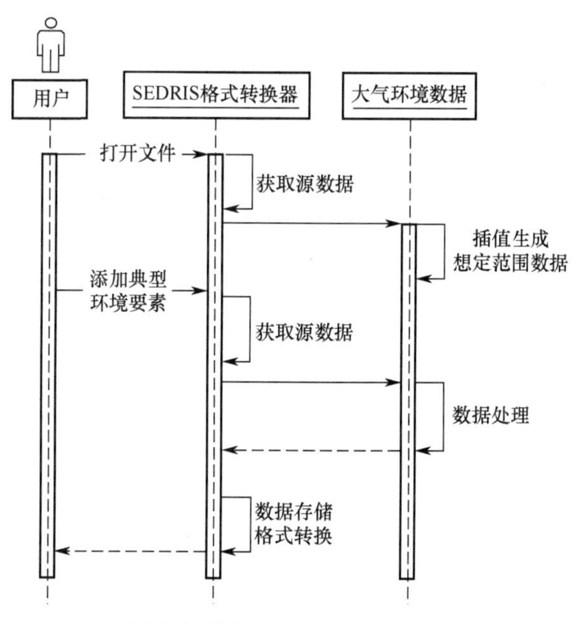

图 8-12　通过数值模型生成基本大气环境数据模型

图 8-13 所示为通过工程模型生成基本大气环境数据，并通过数值模型方式添加典型环境要素流程图。

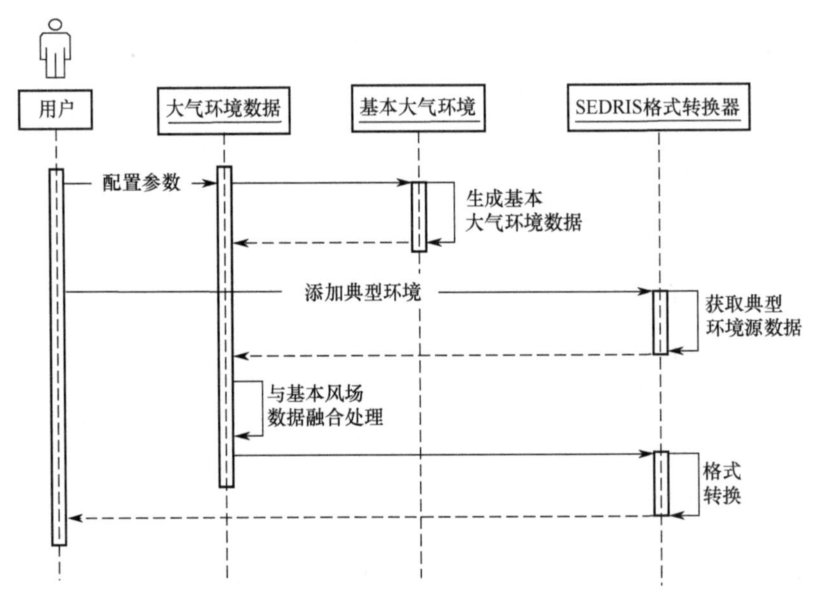

图 8-13 通过工程模型生成基本大气环境数据

8.5.4 单元测试

设置虚拟自然环境数据时间为 2014 年 12 月 18 日，时间范围为 0 时至 24 时，空间范围设置如下：经度范围为 125° 59′45″～127° 14′0″，纬度范围为 45° 20′36″～46° 14′16″，高度范围为 200～15000m。选择均匀网格模式，并对虚拟自然环境进行多分辨率设置，大气环境分辨率设置如下：经度为 0° 0′20″，纬度为 0° 0′20″，高度为 100m；在经度 126° 24′45″、纬度 45° 59′13″处添加微下冲气流，其中涡环半径设置为 1000m，强度设置为 $10000m/s^2$，距地面高度设置为 600m，涡核直径设置为 900m，分辨率设置 x 方向为 100m，y 方向为 100m，z 方向为 50m；在经度 126° 24′45″、纬度 45° 59′13″处添加大气紊流，参数设置如下：东西范围 5000m，南北范围 5000m，高度方向 500～3500m，x 轴分辨率为 200m，y 轴分辨率为 200m，z 轴分辨率为 100m。设置电磁场分辨率为经度 0° 0′20″，纬度 0° 0′20″，高度 200m，并在经度 126° 30′0″、纬度 45° 50′0″处添加雷电，其中雷云高度设置为 7500m，雷电流强度设置为 30000A，x 轴分辨率为 200m，y 轴分辨率为 200m，z 轴分辨率为 200m。

最终生成虚拟自然环境数据库，并按照 SEDRIS 规范存储为 STF 传输格式文件。为生成上述想定的虚拟自然环境数据，依次按以下步骤进行配置生成。

（1）设置时空范围。为生成以上设定范围的虚拟自然环境数据，需对虚拟自然环境进行整体空间的划分，主要设置经度、纬度、高度范围及时间范围，其中本节讨论的虚拟自然环境只有大气环境带有时间属性。如图 8-14 所示，按照以上设定的时间、空间范围进行设置。

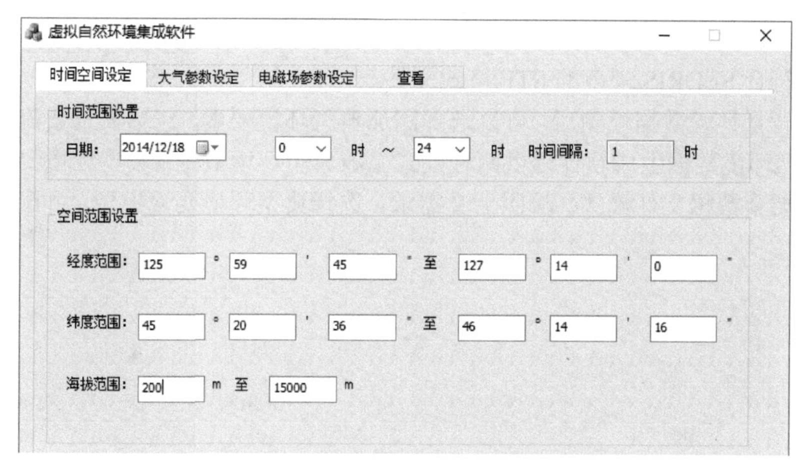

图 8-14　配置虚拟自然环境时空属性

（2）构建空间模式。完成虚拟自然环境时空范围配置后，可以设置空间网格模式，生成不同分辨率的环境数据空间。对于基本环境背景数据有两种模式：均匀网格空间模式和非均匀网格空间模式。按上文需求设置为均匀网格，并设置分辨率，如图 8-15 所示。

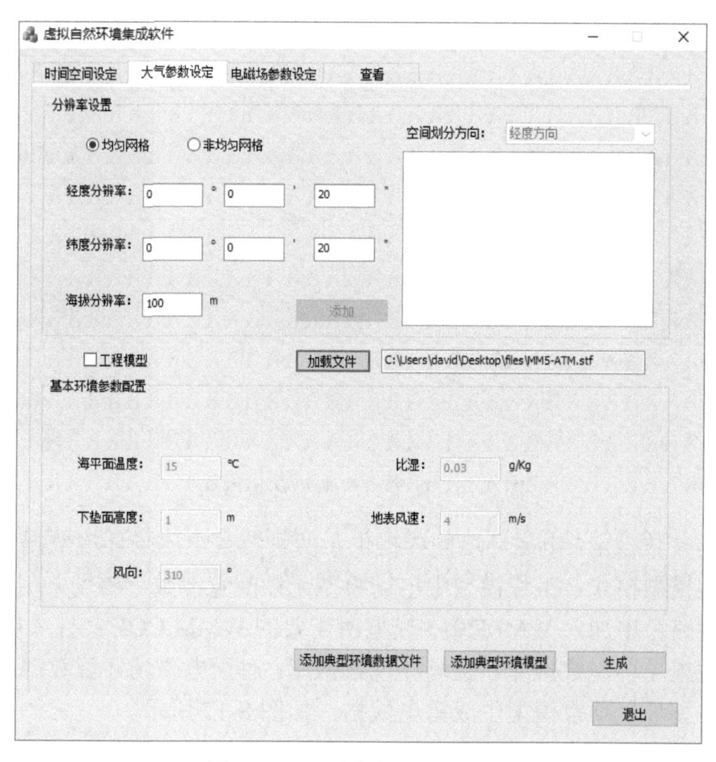

图 8-15　配置大气环境分辨率

（3）生成虚拟自然环境数据。完成网格模式选择及分辨率设置后，选择背景大气环境数据生成模式。虚拟自然环境数据生成软件提供两种模式：工程模式和数值模式。基本环境大气环境工程模型需要进行参数配置，包括海平面温度、下垫面高度、风向、比湿及地表风速。为保证数据的精确性，本书选择由 MM5 模式生成的 MMOUT_DOMIAN 文件，并已转换为符合 SEDRIS 规范的 STF 格式文件。

配置完背景环境数据模型后，可以选择添加典型环境要素，包括大气紊流或微下冲气流。虚拟自然环境数据生成软件提供两种模式生成典型环境数据：典型环境要素工程模型和典型环境要素数据文件模式。按照上文需求，选择典型环境要素模型，并配置参数，如图 8-16 所示。

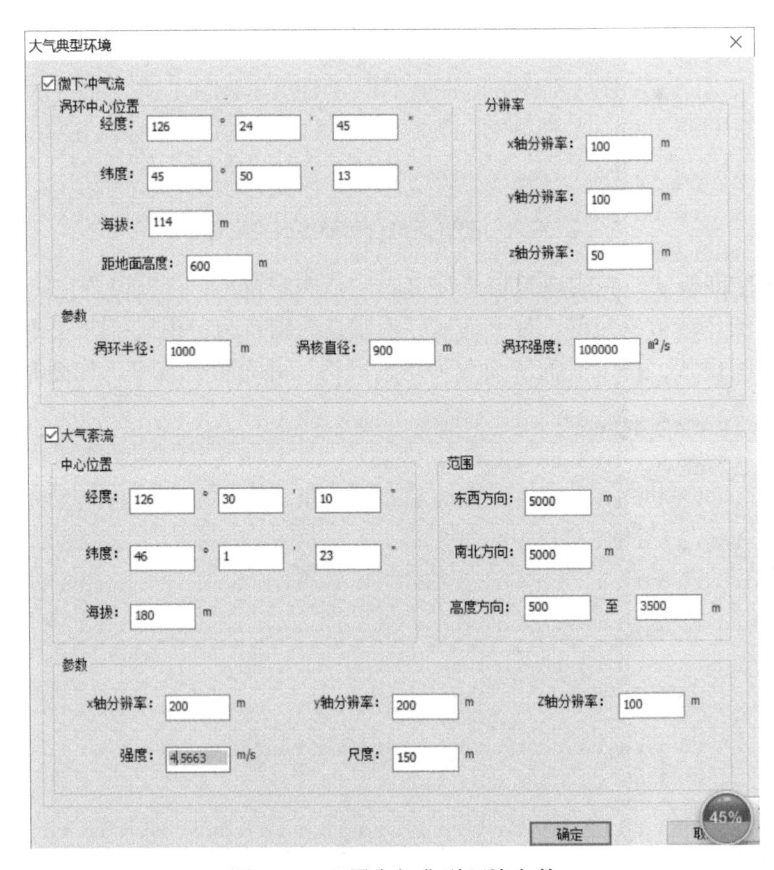

图 8-16　配置大气典型环境参数

选择电磁场参数设定，电磁环境同样提供了两种背景电磁场环境数据生成模式：工程模型模式和数值模型模式。工程模型中电场模型无须配置参数，磁场采用 WMM2015 模型，需要在运行路径中加入 WMM2015 模型所需要的 WMM.COF 文件才能运行。数值模型模式需要加载电场环境数据库和磁场环境数据库。对于电磁场环境数据，选择工程模型模式，并选择典型环境要素模型生成雷电数据，如图 8-17 所示。

（4）虚拟自然环境数据验证。对于生成的虚拟自然环境数据进行验证，图 8-18 所示为微下冲气流过涡环中心轴的风场及其周围的平均风场向量图。可以看出，涡环模型很好地模拟出下冲气流的垂直运动、速度梯度及下沉气流等特征；作为背景数据的平均风场基本上呈水平方向且随高度递增，无垂直方向的风速，实现了在背景环境中添加微下冲气流。

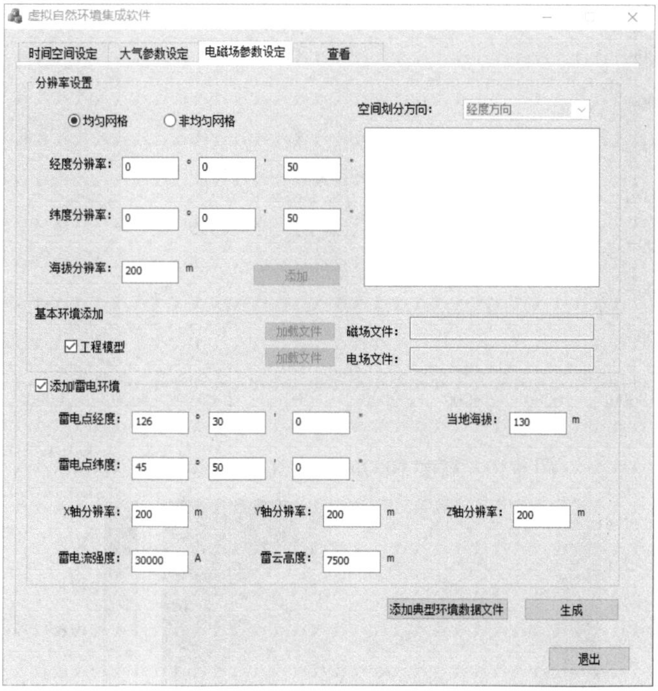

虚拟自然环境集成软件

时间空间设定　大气参数设定　电磁场参数设定　查看

分辨率设置

◉均匀网格　○非均匀网格　空间划分方向：经度方向

经度分辨率：0 ° 0 ′ 50 ″

纬度分辨率：0 ° 0 ′ 50 ″

海拔分辨率：200 m　添加

基本环境添加

☑工程模型　加载文件　磁场文件：　加载文件　电场文件：

☑添加雷电环境

雷电点经度：126 ° 30 ′ 0 ″　当地海拔：130 m

雷电点纬度：45 ° 50 ′ 0 ″

X轴分辨率：200 m　Y轴分辨率：200 m　Z轴分辨率：200 m

雷电流强度：30000 A　雷云高度：7500 m

添加典型环境数据文件　生成

退出

图 8-17　配置电磁场环境参数

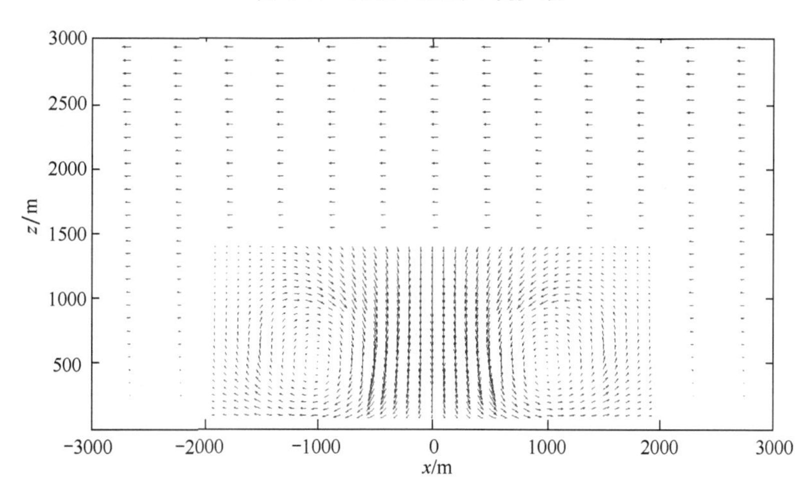

图 8-18　微下冲气流风场及向量图

图 8-19 所示为高度 1000m 时大气紊流及其周围附近风场 u 方向和风场 v 方向的向量图。可以看出，大气紊流的无序性，且其周围平均风场具备有序性。

图 8-20 所示为高度 200m 下整个空间范围内的温度分布图。其中，x、y 轴分别为经度、纬度，颜色代表温度大小。可以看出，图中经纬度范围及整个空间的温度变化趋势。以上设置的虚拟自然环境时间为 12 月，地点在哈尔滨周围附近，从图中可看出，温度在−24.47～−23.15℃（图中温度单位是 K）变化，符合当地时间的温度情况。此外，可从图中看出温度的变化趋势，地理位置越靠近东北，温度越低，符合物理常识。

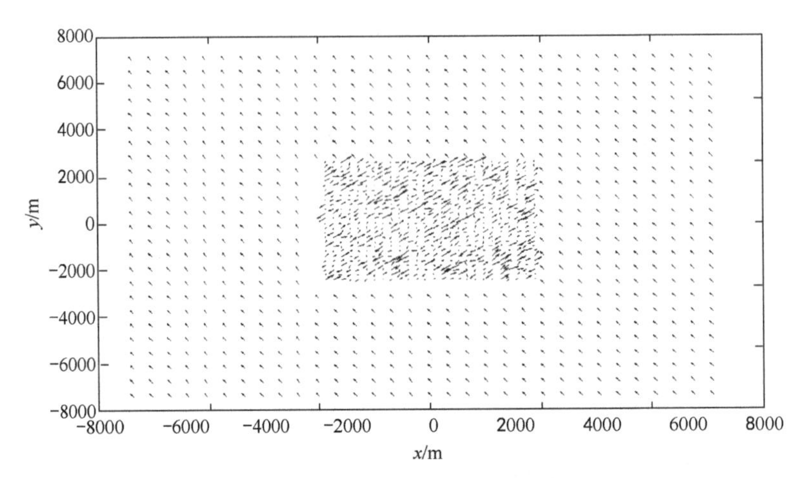

图 8-19　高度 1000m 处大气紊流风场向量图

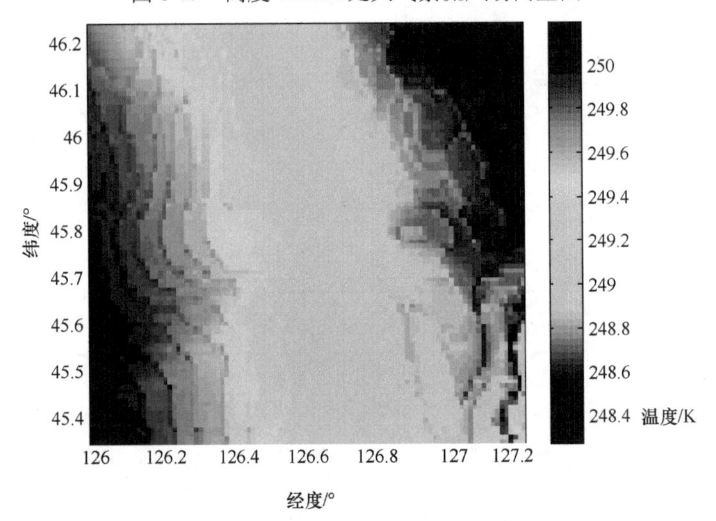

图 8-20　高度 200m 下整个空间范围内的温度分布图 1

图 8-21 所示为同一经度下，温度随高度和纬度变化的温度分布图。由图中可看出，对流层内温度随着高度的增加而降低，平流层内温度几乎不变，符合温度垂直方向上的变化规律。

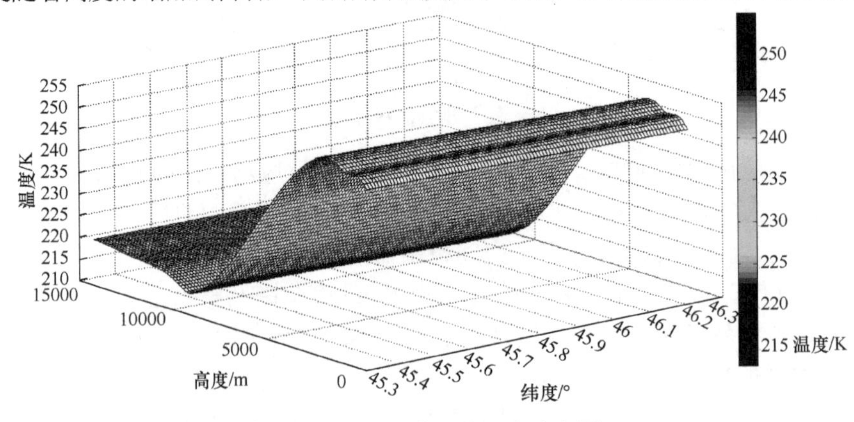

图 8-21　同一经度下的温度分布图 2

图 8-22 所示为高度 500m 时整个空间范围的等压强线图。

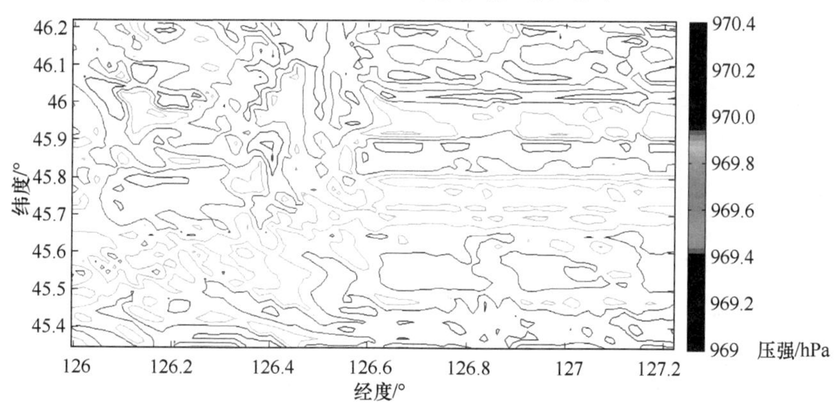

图 8-22　高度为 500m 时整个空间范围的等压强线图

图 8-23 所示为同一经度下，压强随纬度和高度变化的规律。可以看出，压强随着高度增加而减小，符合实际物理规律。

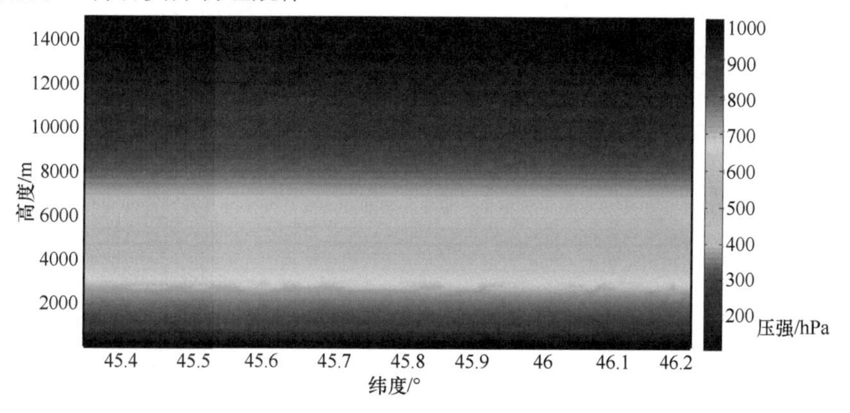

图 8-23　同一经度下压强随纬度和高度变化的规律

图 8-24 所示为高度 7500m 的水平范围，雷电产生及与地电场叠加的电场垂直方向电场强度图。可以看出，雷电流中心附近电场强度高达几十万伏每米，并在雷电附近逐渐递减。

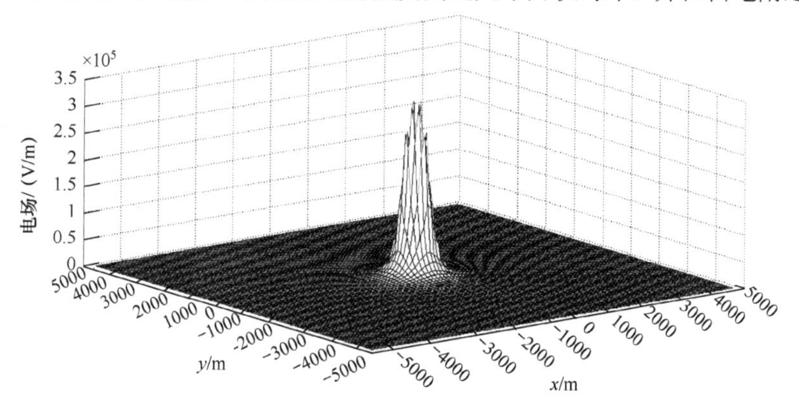

图 8-24　高度 7500m 的水平范围内雷电及周围电场强度图

8.6 本章小结

本章开展了虚拟自然环境集成技术研究，研究了虚拟自然环境想定空间构建的方法，设计了均匀网格、非均匀网格、嵌套网格三种不同空间类型，用于构建不同场景下的网格，并使用线性插值生成多分辨率数据；研究了基本环境数据生成方法，采用工程模型结合数值模型的方式，生成了基础的大气环境、电磁环境数据；研究了典型环境数据生成方法，分析了系统验证典型恶劣环境通过效应的需求，利用工程模型生成了大气紊流、微下冲气流、地闪等几种典型环境数据；研究了背景环境数据与典型环境数据的集成方法，采用替换法和叠加法对二者数据进行集成。在虚拟自然环境集成技术研究的基础上，开发了虚拟自然环境数据生成软件，根据对自然环境的想定，快速生成具有典型环境因素的复杂自然环境数据，并为 H-JTP 虚拟试验系统提供环境数据，实现了 H-JTP 虚拟试验系统中对虚拟环境即想、即得、即运行。

第 9 章

电磁波传输环境效应

虚拟试验中经常会涉及电磁波传输的计算，如虚拟雷达试验、虚拟雷达制导导弹试验等。现有的许多仿真系统中，电磁波传输的计算被包含在各种模型中，具有不易配置、不易重用等缺点。本章重点研究虚拟试验中的电磁波传输环境效应。不同于以往仿真试验或虚拟试验中通常将电磁波传输计算耦合到各种装备模型中的做法，本章将电磁波传输环境效应作为独立的虚拟试验资源，这就大大提高了其重用性和灵活性，可用于各类涉及电磁波传输计算的虚拟试验。

9.1 电磁波传输环境效应模型

针对虚拟试验中对电磁波传输的环境要求，研究典型天气条件下电磁波在大气中的传输环境效应，包括理想空间、晴天、雾天、雨天和雪天，实现不同天气环境条件下电磁波传输能量衰减计算。

9.1.1 理想空间环境模型

电磁波在理想空间的传输最简单，是分析和研究电磁波在真正的大气环境中传输衰减的基础和依据。雷达系统包括脉冲发射机、脉冲发射天线、脉冲接收天线、脉冲接收机及空间传输介质。若脉冲发射机发射的电磁波功率为 P_{t_0} ，脉冲发射天线的发射增益为 G_t ，到发射天线之前的脉冲电平衰减率为 L_t ，脉冲发射机发射的脉冲功率在相距 d 处接收到的功率密度 s 为

$$s=\frac{P_{t_0}L_tG_t}{A}=\frac{P_{t_0}L_tG_t}{4\pi d^2} \tag{9-1}$$

式中， A 为球面面积，其中脉冲发射天线为球心，球体半径为 d 。

若脉冲接收机接收的电磁波功率为 P_{r_0} ，脉冲接收天线增益为 G_r ，接收天线有效脉冲接收面积为 A_r ，接收天线处的脉冲到脉冲接收机的脉冲电平衰减率为 L_r ，则脉冲接收机天线接收到的脉冲功率是 $s\cdot A_r$ 。 A_r 和 G_r 关系如下：

$$A_r = \frac{\lambda^2}{4\pi} G_r \tag{9-2}$$

则接收机接收到的功率为

$$P_{r_0} = s \cdot A_t \cdot L_r = P_{t_0} G_t G_r L_t L_r \left(\frac{\lambda}{4\pi d} \right)^2 \tag{9-3}$$

实际工作中，常常用dBW或dBmW表示雷达接收的脉冲功率，则式（9-3）用 dB表示为

$$P_{r_0} = 10\lg P_{r_0} = s \cdot A_t \cdot L_r = P_{t_0} + G_t + G_r - L_t - L_r - 10\lg \left(\frac{\lambda}{4\pi d} \right)^2 \tag{9-4}$$

式（9-4）中的发射和接收功率、脉冲衰减率、天线增益的单位都是 dB。

理想空间传输衰减表示电磁波通过理想传输介质时发生的能量衰减，理想空间衰减L_{bf}定义为：电磁波在发射点和接收点之间（发射和接收天线增益都是 1，发射信号电平衰减率和接收信号电平衰减率都是 0）在理想空间传输发生的能量衰减，即

$$L_{\mathrm{bf}} = \frac{P_{t_0}}{P_{r_0}} \tag{9-5}$$

其中$G_t = G_r = 1$，则由式（9-5）可以得到

$$L_{\mathrm{bf}} = \left(\frac{\lambda}{4\pi d} \right)^2 \tag{9-6}$$

用分贝（dB）表示为

$$L_{\mathrm{bf}} = 10\lg \left(\frac{4\pi d}{\lambda} \right)^2 = \begin{cases} 32.45 + 20\lg d + 20\lg f \\ 92.45 + 20\lg d + 20\lg f \end{cases} \tag{9-7}$$

式中，d为距离，单位为 km；f为频率，单位为 MHz（上式）和 GHz（下式）

上述传输计算过程可用如下算法实现。

步骤一：获取脉冲源和目标的经纬度，并转换成坐标系中的坐标值，获得电磁波的发射频率f。

步骤二：计算目标在源坐标系（以导弹发射点为坐标轴原点的北天东坐标系）的位置和目标距离源的距离d。

步骤三：利用公式$L_{\mathrm{bf}} = 92.45 + 20\lg d + 20\lg f$计算出电磁波在理想空间的传输衰减量。

9.1.2 晴天环境模型

晴朗大气环境下的电磁波传输衰减主要由分布在低层大气中水汽和氧气吸收导致，并且水汽和氧气的密度是不均匀的（随高度的增加而递减）。另外，沿射线路径，大气环境的温度是随高度的增高而降低的，所以有些环境模型要求进行温度修正。

电磁波晴朗大气环境下传输的能量损耗计算主要由以下公式组成。

氧气和水汽的衰减率分别为γ_{o}和γ_{w}：

$$\gamma_o=\begin{cases}\left[7.19\times10^{-3}+\dfrac{6.09}{f^2+0.227}+\dfrac{4.81}{(f-57)^2+1.5}\right]f^2\times10^{-3},\ f<63\text{GHz}\\ \left[3.79\times10^{-3}f+\dfrac{0.265}{(f-63)^2+1.59}+\dfrac{0.028}{(f-118)^2+1.47}\right](f+198)^2\times10^{-3},\\ 63\text{GHz}<f<350\text{GHz}\end{cases} \tag{9-8}$$

$$\gamma_w=\left[0.050+0.0021\rho+\frac{3.6}{(f-22.2)^2+8.5}+\frac{10.6}{(f-183.3)^2+9.0}+\frac{8.9}{(f-325.4)^2+26.3}\right]\times \rho f^2\times10^{-4},\ f<350\text{GHz} \tag{9-9}$$

氧气的温度修正和水汽的温度修正如下：

$$\Delta\gamma_o=\gamma_o(15-t)/100\quad(\text{dB/km}) \tag{9-10}$$

$$\Delta\gamma_w=\gamma_w(15-t)\times0.006\quad(\text{dB/km}) \tag{9-11}$$

氧气与水汽分布的有效高度h_o和h_w：

$$h_o=\begin{cases}6,\ f<63\text{GHz}\\ 6+\dfrac{40}{(f-118.7)^2+1},\ 63\text{GHz}<f<350\text{GHz}\end{cases} \tag{9-12}$$

$$h_w=h_{wo}\left[1+\frac{3}{(f-22.2)^2+5}+\frac{5}{(f-183.3)^2+6}+\frac{2.5}{(f-325.4)^2+4}\right],\quad f<350\text{GHz} \tag{9-13}$$

$$h_{wo}=\begin{cases}1.6,\quad \text{晴天}\\ 2.1,\quad \text{阴天}\end{cases} \tag{9-14}$$

低仰角时氧气与水汽的等效传输路线长度修正因子$g(h_o)$和$g(h_w)$：

$$r_e=6370\times k\quad(\text{km}) \tag{9-15}$$

$$y=\sqrt{\sin^2\theta+2h_s/r_e} \tag{9-16}$$

$$g(h_o)=0.661y+0.339\sqrt{y^2+5.5h_o/r_e} \tag{9-17}$$

$$g(h_w)=0.661y+0.339\sqrt{y^2+5.5h_w/r_e} \tag{9-18}$$

氧气与水汽共同作用下的总衰减如下：

$$L_a=\begin{cases}\dfrac{(\gamma_o+\Delta\gamma_o)h_o\exp(-h_s/h_o)+(\gamma_w+\Delta\gamma_w)h_w}{\sin\theta},\quad \theta>10^\circ\\ \dfrac{(\gamma_o+\Delta\gamma_o)h_o\exp(-h_s/h_o)}{g(h_o)}+\dfrac{(\gamma_w+\Delta\gamma_w)h_w}{g(h_w)},\quad \theta\leqslant10^\circ\end{cases}\quad(\text{dB}) \tag{9-19}$$

式（9-8）～式（9-19）中，L_a为大气气体（氧气与水汽）吸收损耗，单位为 dB；$\Delta\gamma_o$为氧气衰减率修正项，单位是dB/km；$\Delta\gamma_w$为水汽衰减率修正项，单位为dB/km；h_o为氧气吸收等效高度，单位为 km；h_w为水汽吸收等效高度，单位为 km；h_s为地球面海拔高度，单位为 km；θ为传输路径仰角，单位为°；t为地面气温（年平均），单位为℃；ρ为地面的水汽密度（年平均），单位为g/m^3；r_e为等效地球半径，单位为 km；k为年平均地球半径等效因子。

上述传输计算过程可用如下算法实现。

步骤一：获取电磁波的频率 f，分别计算得到氧气与水汽对电磁波的衰减率 γ_o 和 γ_w。

步骤二：根据氧气和水汽的温度修正项，分别计算出两者的有效高度 h_o 和 h_w。

步骤三：根据地球半径，分别计算出水汽与氧气的等效路径修正因子 $g(h_o)$ 和 $g(h_w)$。

步骤四：根据水汽与氧气吸收总公式，计算出电磁波传播衰减量 L_a。

9.1.3 雾天传输模型

当雷达发出的电磁波频率在200GHz以下时，雾中的水汽对电磁波的散射服从瑞利散射原理，电磁波在雾天环境下传输的衰减率正比于雾天单位体积内的水分总含量（液态水密度）：

$$\gamma_w = \kappa\rho(\text{dB/km}) \tag{9-20}$$

式中，γ_w 为电磁波在雾天环境的衰减率，单位为dB/km；κ 为雾衰减率系数，单位为(dB/km)/(g/m^3)；ρ 为雾液态水密度，单位为g/m^3。该公式适用于频率高达1000GHz的电磁波。

衰减率系数 κ 可以通过式（9-21）计算出：

$$\kappa = \frac{0.819f}{\varepsilon''(1+\eta^2)}((\text{dB/km})/(\text{g/m}^3)) \tag{9-21}$$

其中，

$$\eta = \frac{2+\varepsilon'}{\varepsilon''} \tag{9-22}$$

式中，f 为电磁波的频率，以GHz计算；ε' 和 ε'' 为水的复介电常数的实项和虚项：

$$\varepsilon' = \frac{\varepsilon_0-\varepsilon_1}{1+(f/f_p)^2} + \frac{\varepsilon_1-\varepsilon_2}{1+(f/f_s)^2} + \varepsilon_2 \tag{9-23}$$

$$\varepsilon'' = \frac{f(\varepsilon_0-\varepsilon_1)}{f_p[(f/f_p)^2]} + \frac{f(\varepsilon_1-\varepsilon_2)}{f_s[(f/f_s)^2]} \tag{9-24}$$

式中，

$$\varepsilon_1 = 5.48 \tag{9-25}$$

$$\varepsilon_2 = 3.51 \tag{9-26}$$

$$f_p = 20.09 - 142\times\left(\frac{300}{T}-1\right) + 294\times\left(\frac{300}{T}-1\right)^2 \tag{9-27}$$

$$f_s = 590 - 1500\times\left(\frac{300}{T}-1\right) \tag{9-28}$$

式中，T 为绝对温度，单位为K；f_p 为主弛豫频率，单位为GHz；f_s 为次弛豫频率，单位为GHz。

雾天环境对电磁波传输产生的能量衰减 L_w 可通过式（9-29）表示：

$$L_w = d_e\gamma_w = d_e\kappa\rho \tag{9-29}$$

式中，d_e 为电磁波在雾天环境中历经的实际路径长度，单位为km；γ_w 为雾天环境的衰减率，单位为dB/km；κ 为衰减率系数，单位为(dB/km)/(g/m^3)；ρ 为液态水密度，单位为g/m^3。

对于地空倾斜电磁波传输路径，电磁波穿越雾层和云层，在这种情况下，如果令雾层的高度为 Δh，则有

$$d_{\mathrm{e}}=\frac{\Delta h}{\sin\theta} \tag{9-30}$$

式中，θ 是地空倾斜电磁波传输路径的仰角。

以上传输衰减计算可用如下算法实现。

步骤一：获取电磁波的频率 f，利用式（9-25）和式（9-26）计算出水滴的介电常数。

步骤二：利用式（9-21）计算出雾天的衰减率系数 κ。

步骤三：通过给出的 Δh 与式（9-30）计算出电磁波传播的实际路径长度 d_{e}。

步骤四：计算出电磁波传输的能量衰减 $L_{\mathrm{w}}=d_{\mathrm{e}}\gamma_{\mathrm{w}}=d_{\mathrm{e}}\kappa\rho$。

9.1.4　雨天传输模型

大气环境降水包括雨、雪及冰雹等，这些大气环境中导致电磁波传输衰减最严重的是雨天环境。

雨天环境下的电磁波传输能量衰减率（dB / km）为

$$\gamma_{\alpha}=kR^{\alpha} \tag{9-31}$$

式中，R 为降雨强度，单位为 mm/h；k、α 与电磁波频率、极化倾角及电磁波传输路径仰角等相关。

在较精确的计算中，k 和 α 分别为

$$k=\frac{k_H+k_\gamma+(k_H-k_\gamma)\cos^2\theta\cos2\tau}{2} \tag{9-32}$$

$$\alpha=\frac{k_H\alpha_H+k_\gamma\alpha_\gamma+(k_H\alpha_H-k_\gamma\alpha_\gamma)\cos^2\theta\cos2\tau}{2k} \tag{9-33}$$

式中，θ 为路径仰角；τ 为极化仰角，水平极化 $\tau=0°$，垂直极化 $\tau=90°$，圆极化 $\tau=45°$；k_H、k_γ、α_H、α_γ 均为回归系数。

当已知雨强沿电磁波传输路线均匀分布时，电磁波在雨天的衰减是

$$A_R=\sum_{i=1}^{n}\gamma_{R_i}L_i \tag{9-34}$$

式（9-34）中，假设电磁波通过的降雨区域可以分成 n 部分，其中第 i 部分的传输路径长为 L_i，降雨强度为 R_i，相对于 R_i 的降雨衰减率为 γ_{R_i}。

如果按照一整年 $p\%$ 的概率判断，则年平均超过的传输衰减是

$$A_{R(p)}=0.12P^{-(0.546+0.043\lg p)}A_{R(0.01)} \tag{9-35}$$

式中，

$$A_{R(0.01)}=\gamma_R L_{R(0.01)} \tag{9-36}$$

$$\gamma_{R(0.01)}=kR^n(0.01) \tag{9-37}$$

式中，$R(0.01)$ 为在年平均 0.01% 的时间超过的降雨强度，单位为 mm/h。

$$L=\begin{cases}\dfrac{h_2-h_1}{\sin\theta}, & h_2\leqslant h_R,\theta\geqslant 5^\circ\\ \dfrac{h_R-h_1}{\sin\theta}, & h_2>h_R,\theta\geqslant 5^\circ\\ \dfrac{2(h_2-h_1)}{\sqrt{\sin^2\theta+\dfrac{2(h_2-h_1)}{a_e}}+\sin\theta}, & h_2\leqslant h_R,\theta<5^\circ\\ \dfrac{2(h_R-h_1)}{\sqrt{\sin^2\theta+\dfrac{2(h_R-h_1)}{a_e}}+\sin\theta}, & h_2>h_R,\theta<5^\circ\end{cases} \tag{9-38}$$

式中，h_1、h_2 分别为发射天线和接收天线的高度中较低者与较高者；h_R 为等效雨高；θ 为从天线与目标中的高度较小者到高度较大者的方向仰角。

$$h_R=\begin{cases}3.0+0.028\varphi, & 0^\circ\leqslant\varphi<36^\circ\\ 4.0-0.075(\varphi-36^\circ), & \varphi\geqslant 36^\circ\end{cases} \tag{9-39}$$

式中，φ 为观测站的纬度。

$$R(0.01)=\frac{1}{1+\dfrac{L\cos\theta}{L_\theta}} \tag{9-40}$$

$$L_\theta=35\exp[-0.015R(0.01)] \tag{9-41}$$

上述传输计算过程可用如下算法实现。

步骤一：获取源和目标的位置、电磁波的频率 f，计算出与雨衰减率有关的参数 k、α。

步骤二：通过参数 k、α 计算出已知降雨强度下的衰减率（若考虑温度影响，在此处添加温度修正）。

步骤三：将电磁波传输的降雨区域分成 n 部分，其中第 i 部分路径长是 L_i，降雨强度为 R_i，相对于 R_i 的降雨衰减率是 γ_{R_i}。

步骤四：根据每段的降雨强度和电磁波传输路径，计算出电磁波传输能量衰减量 $A_R=\sum_{i=1}^{n}\gamma_{R_i}L_i$。

9.1.5 雪天传输模型

雪天环境对电磁波造成的衰减与雨天环境不同，这是因为水在液态与固态时对电磁波传输速度的影响不同。当电磁波的发射频率在 30GHz 甚至更低的情况下，固态冰晶对电磁波传输损耗的影响可忽略不计。雪天环境中雪花引起的衰减比较复杂，传输衰减理论计算比较困难，但是可采用近似计算的方法。考虑到雪花是冰水混合物，湿雪由水、冰晶与空气组成。此处采用等效均匀介质法，设 ε_1、ε_2、ε_3 分别是 3 种不同物质的介电常数，p_1、p_2、p_3 分别是不同物质含量的体积百分数（$p_1+p_2+p_3=1$），复合介质可等效为一种介电常数为 ε_e 的均匀介质。这些参数间有下述关系：

$$\frac{\varepsilon_e - 1}{\varepsilon_e + u} = p_1 \frac{\varepsilon_1 - 1}{\varepsilon_1 + u} + p_2 \frac{\varepsilon_2 - 1}{\varepsilon_2 + u} + p_3 \frac{\varepsilon_3 - 1}{\varepsilon_3 + u} \tag{9-42}$$

式中，u 是“形状”数，对于不同的雪花，u 有如下的数值：

$$u = \begin{cases} 2, & \text{干雪} \\ 9, & \text{潮雪} \\ 20, & \text{湿雪} \\ \infty, & \text{水雪} \end{cases} \tag{9-43}$$

雪天环境对电磁波传输衰减效应的等式［式（9-44）］是 Gunn 和 East 在 1954 年提出来的：

$$A = \frac{0.00349\gamma^{1.6}}{\lambda} + \frac{0.0022\gamma}{\lambda} \quad (\text{dB / km}) \tag{9-44}$$

式中，γ 为降雪率，相当于雪天环境液态水的含量；λ 为电磁波频率。

这个等式被后来的很多研究者证实，如 Hogg 和 Chu（1975）在他们的书中叙述：在微波频段的电磁波在冰晶与干雪中的损失很小，但是潮湿的雪所引起的电磁波传输衰减却可与水所引起的衰减相比，如 1967 年，贝尔证实了在降雪量为 2mm/h 的湿雪中，11GHz 的电磁波在传输 55km 后的衰减量为 25dB。

上述传输衰减计算过程可用如下算法实现。

步骤一：获取源和目标的位置、电磁波的频率 f，计算出与雪衰减率有关的参数 k、α。

步骤二：通过参数 k、α 计算出已知降雪强度下的衰减率（若考虑温度影响，在此处添加温度修正）。

步骤三：通过降雪率 γ 和电磁波的频率 f 计算出电磁波传输能量衰减。

9.1.6　电磁波传输环境效应模型测试

电磁波传输效应模型测试可以通过 MATLAB 软件模拟各种天气环境参数，调用各种天气环境下的传输模型，计算电磁波传输效应，仿真出参数曲线，并和理论值对比，验证模型的正确性。在此重点验证晴天、雨天和雪天环境下的电磁波传输计算。

晴天衰减模型测试结果和理论值如图 9-1 所示，由于随着高度的升高，大气中氧气和水汽的密度减小，所以电磁波的衰减速率也会减小。

雨天衰减模型测试结果和理论值如图 9-2 所示。不考虑大气温度时，电磁波能量随着降雨量的增加衰减速度明显加快。

加温度修正后雨天衰减模型测试结果和理论值如图 9-3 所示。考虑大气温度后，添加温度修正模型，在电磁波频率较小时能量的衰减受温度影响较大，在电磁波频率超过 20GHz 后，可以忽略温度的影响。

雪天衰减模型测试结果和理论值如图 9-4 所示。与雨天环境下不同的是，在电磁波频率较小时能量衰减受降雪量影响较小，电磁波频率较大时能量衰减受降雪量影响较大。

加温度修正后雪天衰减模型测试结果和理论值如图 9-5 所示。考虑温度影响后，添加温度模型，在电磁波频率超过 40GHz 后就可以忽略温度对电磁波能量的影响。

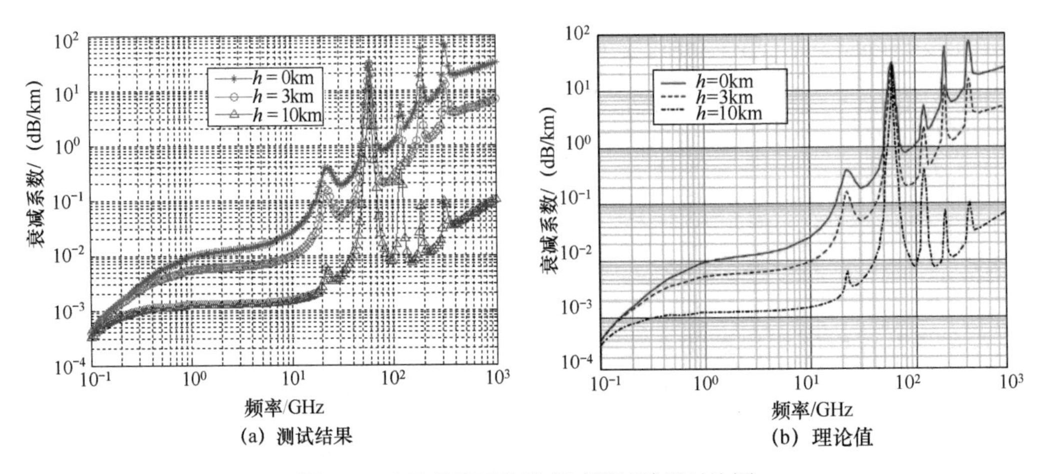

图 9-1 晴天环境下传输衰减测试结果对比图

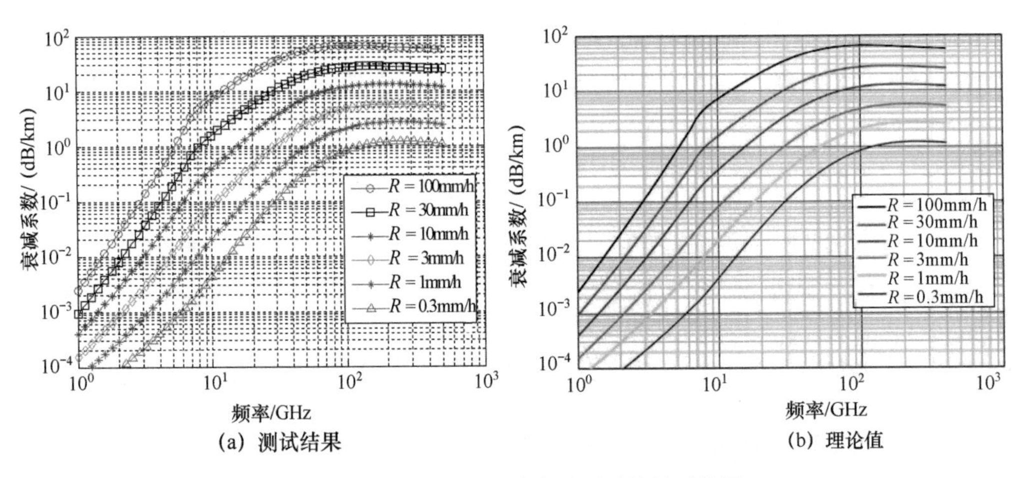

图 9-2 雨天环境下传输衰减测试结果对比图

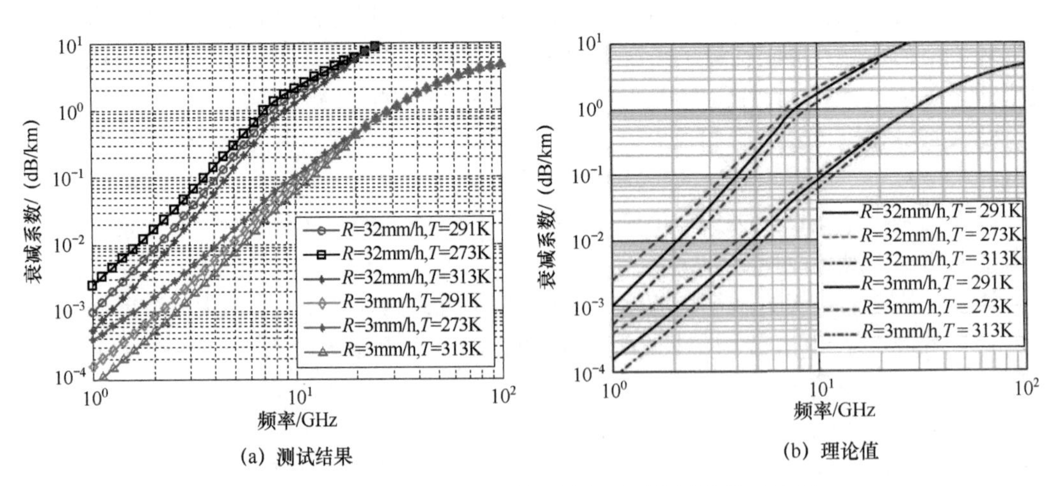

图 9-3 温度修正后雨天环境下传输衰减测试结果对比图

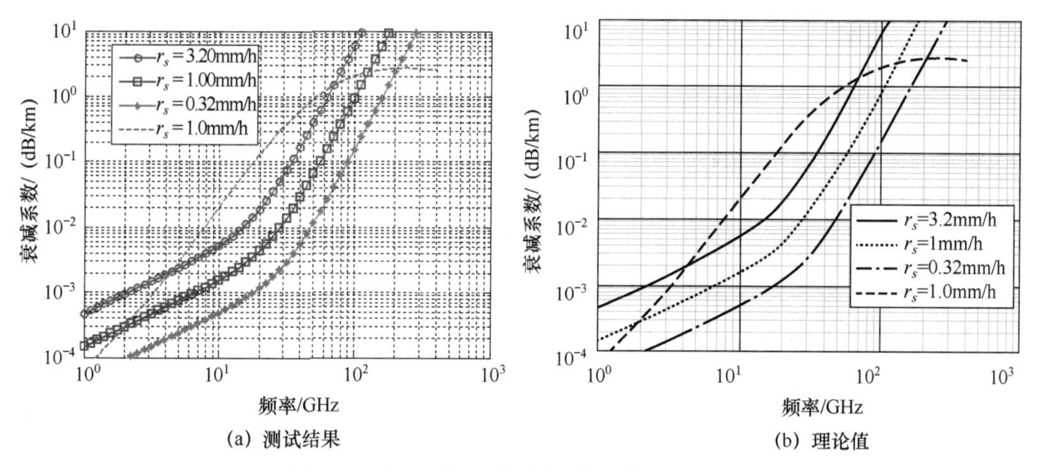

（a）测试结果　（b）理论值

图 9-4　雪天环境下传输衰减测试结果对比图

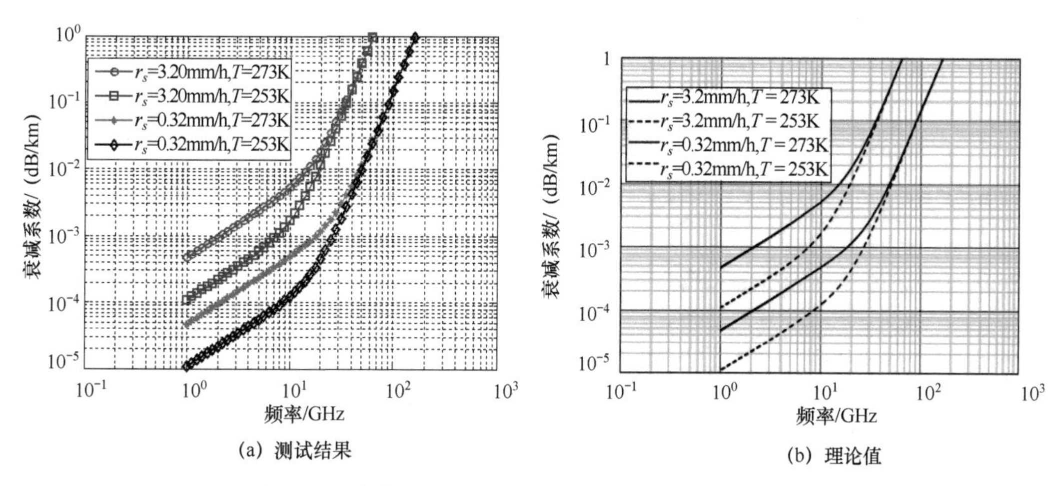

（a）测试结果　（b）理论值

图 9-5　温度修正后雪天环境下传输衰减测试结果对比图

在试验中分别在不同的天气环境下进行测试，并和理论值对比，测试结果和理论值一致，说明电磁波传输效应组件的设计和数学模型的计算都得到了可靠性验证。

9.2 电磁波传输效应软件设计

电磁波传输效应组件的关键是电磁波传输环境模型，电磁波传输效应组件是 H-JTP 虚拟试验平台的组件资源，对其功能有如下需求：

（1）可以由用户自由设置电磁波传输的各种大气环境。

（2）在各种大气环境的电磁波传输衰减量都要与理论值一致。

（3）电磁波传输衰减计算耗时小于 1ms。

（4）能够和虚拟试验平台中其他组件（如导弹组件、目标组件）进行实时的信息交互。

9.2.1 用例分析

电磁波传输效应组件作为系统中信息传递的桥梁，主要功能是接收脉冲源发射的源脉冲，经过传输衰减发送给目标，再接收目标反射的脉冲，经过传输衰减发送给脉冲源。

电磁波传输效应组件的功能是在虚拟雷达制导导弹试验系统中支持电磁波的传输，并且通过各种天气环境模型完成电磁波传输效应。电磁波传输效应组件用例分析如图 9-6 所示。

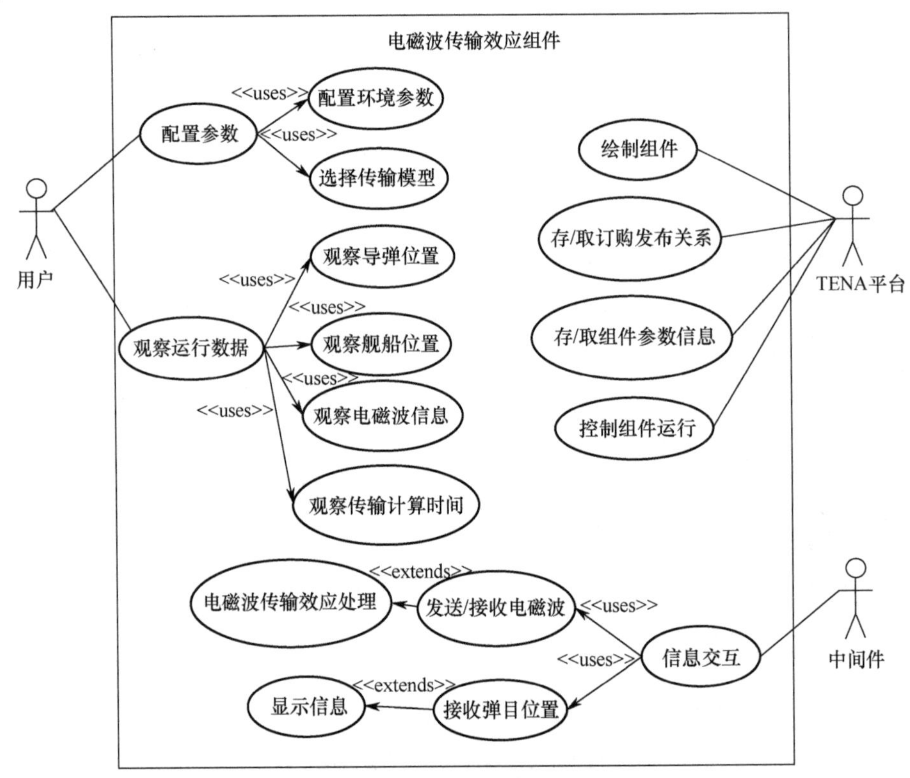

图 9-6 电磁波传输效应组件用例分析

配置参数：参数的配置包括大气参数、模型参数的配置。大气参数包括降雨强度及水汽密度等，模型参数指用户可以根据需要选择电磁波传输所需的环境。

观察运行数据：试验运行之后，源和目标的位置都实时发送给电磁波传输效应组件，并实时显示，另外电磁波脉冲（PDW）的信息及电磁波传输衰减所需要的时间也实时显示在运行面板。

信息交互：试验开始之后，电磁波传输效应组件实时接收导弹和目标的位置信息并直接显示；雷达开机之后，电磁波传输效应组件接收电磁波，经过传输效应处理，再将电磁波发送出去。

电磁波传输效应处理：虚拟雷达制导导弹发出的电磁波脉冲和虚拟舰船反射的电磁波脉冲都经过电磁波传输环境，都会发生电磁波传输效应。电磁波脉冲 PDW=(RF, PW, TOA, AOA, EOA, PA)，经过电磁波传输效应之后，各个参数都根据实际选择的天气发生对应的变化。

9.2.2 概要设计

概要设计即将确定的各项功能需求转变为所要设计组件的具体体系结构，然后建立系统模块，每个模块都需要和某些功能需求对应。电磁波传输效应组件的概要设计主要是使用面向对象的方法与思想，用 UML 建模语言中的类图对组件进行描述。电磁波传输效应组件类图如图 9-7 所示。

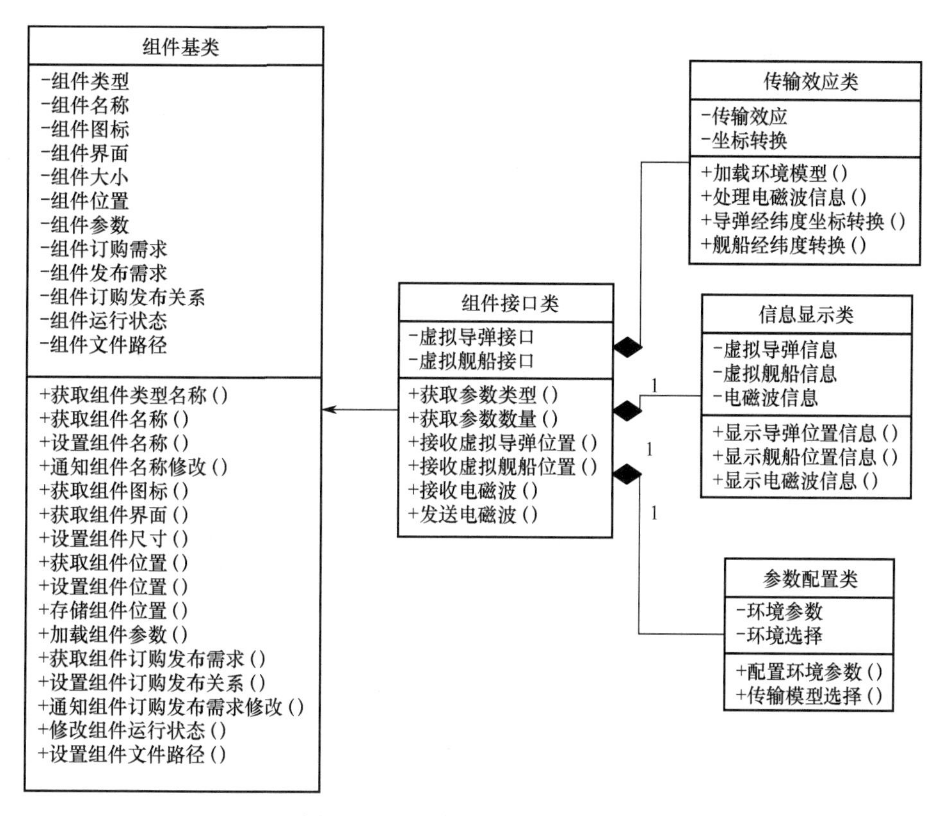

图 9-7 电磁波传输效应组件类图

组件基类：平台中特有的类，是平台中组件设计的基础，可以设置组件的框架，作为组件和平台沟通的桥梁；该类主要提供电磁波传输效应组件与信息化体系结构平台交互的接口，有属性配置接口、编辑与运行接口、组件属性获取接口与信息交互接口。利用这些接口，信息化体系结构平台可以调用电磁波传输效应组件，进行组件的初始化配置，获知组件的状态，并和系统中另外的组件进行信息交互。

组件接口类：继承组件的基类，建立具体的电磁波传输效应组件，包含组件的构建、绘制、移动与销毁操作等。该类可以把用户配置的参数写入试验方案，当平台下一次打开试验方案时，可以通过读取试验方案自动读取这些配置参数，以免进行重复配置。该类还可以丰富组件的功能，包括加载各种环境数据和传输效应处理。

传输效应类：此类调用环境模型将接收到的电磁波脉冲进行传输衰减计算，然后将衰减后的电磁波传输到另一个组件。还可以将接收到的虚拟导弹和虚拟舰船的经纬度位置信息以北天东坐标系下的坐标位置进行表示及显示，并进行实时更新与计算。

信息显示类：此类完成电磁波传输效应组件显示窗口在平台的显示，并且以类似中间件的功能使参数配置类与组件接口类在此基础上进行信息的交互。该类最重要的功能是实时更新显示虚拟导弹和虚拟舰船的位置信息、电磁波脉冲的实时信息。

参数配置类：此类实现组件所需参数的初始化配置，调用此类可进行电磁波传输环境参数的配置，选择电磁波传输衰减模型。

9.2.3 详细设计

详细设计即描述组件的动态行为，利用序列图来描述电磁波传输效应组件在导弹搜索目标阶段和跟踪目标阶段的动态行为。电磁波传输效应组件运行动作序列图如图 9-8 所示。

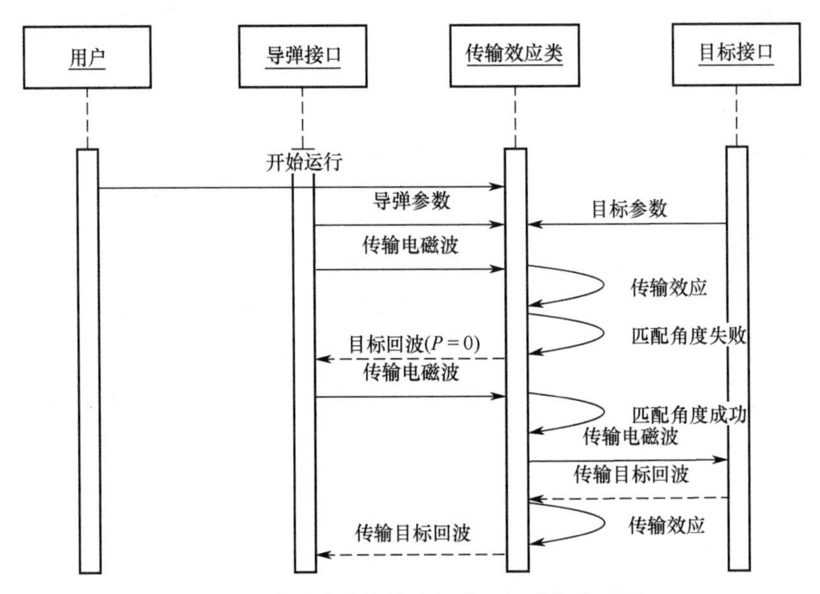

图 9-8 电磁波传输效应组件运行动作序列图

在目标搜索阶段，电磁波脉冲描述字中的脉冲到达角（AOA）需要与弹目连线夹角一致才可以搜索到目标。在搜索阶段，脉冲到达角在一定角度范围内摆动变化，当搜索到目标后，收到脉冲功率不再为零，当接收到的脉冲功率小于设置的门限值后即转入跟踪阶段。在跟踪阶段，如果目标的位置不发生急剧转变，则两个角度的匹配一直处于一致状态，直到击中目标。

9.2.4 界面设计

组件的界面设计主要是参数配置界面和组件显示界面，分别如图 9-9 和图 9-10 所示。在电磁波传输效应组件配置界面可以配置传输环境参数和选择传输环境，如在雾天环境下需要配置大气温度和水汽密度；电磁波传输效应组件作为三个组件信息传递的中间桥梁，不需要控制信息的传递和时钟，只需要对信息接收、发送、显示和处理。

图 9-9　电磁波传输效应组件参数配置界面

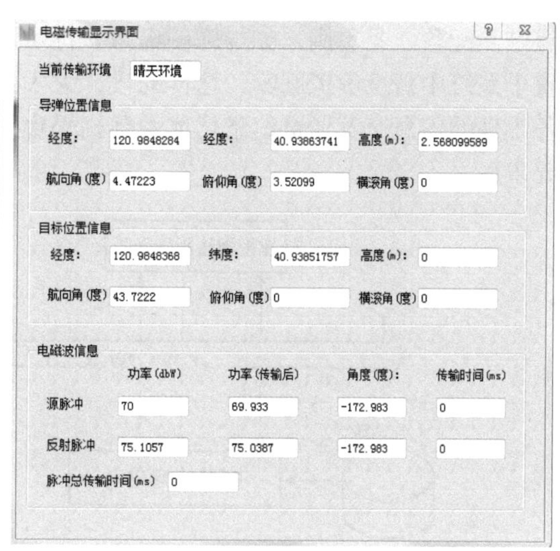

图 9-10　电磁波传输效应组件显示界面

9.3 电磁波传输虚拟试验系统

为了对电磁波传输环境效应模型进行验证，利用虚拟试验验证的试验支撑框架 H-JTP 平台搭建了一个虚拟试验系统，利用虚拟雷达制导导弹攻击海面上运动的虚拟舰船，虚拟导弹搜索和跟踪目标的功能都依靠发射虚拟电磁波进行，通过不同天气条件下导弹攻击目标能力的变化验证电磁波传输环境效应模型的功能。

9.3.1　系统组成

导弹试验系统如图 9-11 所示，系统中包括雷达制导导弹、电磁波传输环境、导弹目标，它们作为独立的实体存在于系统中，且存在实时的信息交互。

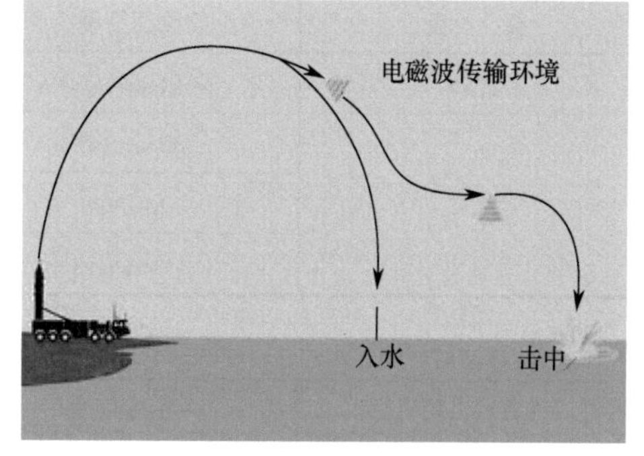

图 9-11　导弹试验系统

当虚拟导弹在末制导阶段，雷达导引头开机工作并开始发出电磁波，电磁波在电磁波传输环境中传输，以便辐射到传播范围内的有效目标，在此期间会伴随着能量衰减与扩散物理效应等，通过电磁波传输环境的传播，电磁波传播到导弹目标处，此时电磁波参数又发生散射等物理效应，之后电磁波又经过电磁波传输环境到达雷达。

虚拟导弹试验系统模拟真实导弹作战试验系统，在虚拟试验体系结构平台中构造了雷达制导导弹虚拟试验系统，系统由虚拟导弹组件、电磁波传输环境效应组件和虚拟舰船组件构成。系统各组件间的信息交互关系如图 9-12 所示。系统中虚拟雷达制导导弹组件、电磁波传输效应组件和虚拟舰船组件都以组件的形式独立于系统中。此系统不同于以往设计的耦合性系统，其将各实体独立化，优点是易配置、易重用，如导弹的虚拟目标可以改为虚拟舰船，也可以再设计其他导弹目标置于系统中替换虚拟舰船，这样的设计大大减小了系统对各部分实体的依赖性。此系统中各组件的信息交互通过信息化体系结构平台的中间件完成，满足了系统信息交互的实时性要求。

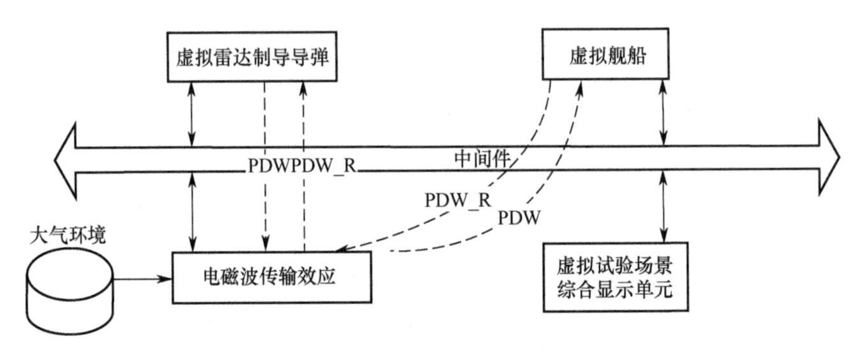

图 9-12　系统各组件间的信息交互关系

虚拟导弹组件携载的雷达可以发射电磁波，经过电磁波传输效应组件，发生电磁波传输衰减，到达虚拟舰船后，通过对比此时导弹和舰船位置的相对角度，经过舰船的相应角度的 RCS 效应反射，电磁波再次经过电磁波传输效应组件，发生电磁波传输衰减，雷达接收到目标回波后，通过分析计算出电磁波的信息，可以得到虚拟舰船的位置，之后进行攻击。

系统各组件的信息交互是通过平台中的订购发布关系去配置的，订购是组件接收来自其他组件的参数，发布是组件向其他组件发布参数，组件订购和发布的参数都是由平台的中间件传递的。每个参数都需要有名称和类型，以便平台中的中间件进行识别。虚拟雷达制导导弹组件、电磁波传输效应组件和虚拟舰船组件的订购发布关系如表 9-1～表 9-7 所示。

表 9-1　虚拟雷达制导导弹组件订购发布关系

类　型	名　称	类型（对象模型名称）	备　注
订购	MilReceivePDW	PDW_PowerDensity	导弹末制导接收脉冲
发布	MilSentPDW	PDW_Power	导弹末制导发射脉冲
	MilPGS	PGS	导弹位置姿态速度
	MilStatus	MilStatus	导弹状态

表 9-2　PDW_PowerDensity 包含的参数

名　称	类　型	单　位	备　注
PNo	int	无	唯一编号
TOA	int	ns	脉冲到达时间
AOA	double	°	脉冲波前到达角
RF	double	GHz	脉冲载频
PW	double	ns	脉冲宽度
PA_Density	double	W/m^2	功率密度

表 9-3　PDW_Power 包含的参数

名　称	类　型	单　位	备　注
PNo	int	无	唯一编号
TOA	int	ns	脉冲到达时间
AOA	double	°	脉冲波前到达角
RF	double	GHz	脉冲载频
PW	double	ns	脉冲宽度
PA	double	W	功率

表 9-4　PGS 包含的参数

名　称	类　型	单　位	备　注
Longitude	Double	°	经度，小数点后 6 位
Latitude	Double	°	纬度，小数点后 6 位
Height	Double	m	高度
Azimuth	Double	°	航向角，−180°～180°（北为 0°，以天为轴顺时针）
Pitch	Double	°	俯仰角，−90°～90°（水平为 0°，天为 90°，东为−90°）
Roll	Double	°	横滚角，−180°～180°（顺时针为正）
Speed_N	Double	m/s	北向速度，正北为正
Speed_V	Double	m/s	天向速度，正天为正
Speed_E	Double	m/s	天向速度，正东为正

表 9-5　MilStatus 包含的参数

名　称	类　型	单　位	备　注
FlyTime	Double	s	飞行时间
Missilestate	Int	无	导弹状态（说明：0=发射；1=飞行中；2=击中目标；3=入水（自毁）
Flag_radaron	Int	无	导引头开关机状态（说明：0=关机；1=搜索；2=跟踪）

表 9-6　电磁波传输效应组件订购发布对象模型

类　型	名　称	类型（对象模型名称）	备　注
订购	FromSourcePDW	PDW_Power	来自源（导弹）的脉冲
	FromTarPDW	PDW_Power	来自目标（舰船）反射的脉冲
	SourcePGS	PGS	源（导弹）的位置
	TarPGS	PGS	目标（舰船）的位置
发布	ToTarPDW	PDW_PowerDensity	发射给目标的脉冲
	ToSourcePDW	PDW_PowerDensity	反射给源（导弹）的脉冲

表 9-7　虚拟舰船组件订购发布对象模型

类　型	名　称	类型（对象模型名称）	备　注
订购	ShipReceivePDW	PDW_PowerDensity	舰船接收脉冲
	MilStatus	MilStatus	导弹状态，用于判断是否击中目标
发布	ShipReflectPDW	PDW_Power	舰船反射的脉冲
	ShipPGS	PGS	舰船位置姿态速度

表 9-8 所示是各交互信息订购发布类型，是各组件交互信息满足系统实时性要求的重要参数。设计完各组件的订购发布关系，利用组件模板封装工具将其封装成平台可识别的 XML 文档，在信息化体系结构平台的试验方案中订购与发布关系配置如图 9-13 所示。将需要进行信息交互的双方所需信息进行连线配置，方案运行时，交互信息通过平台的中间件进行传递。

表 9-8　各交互信息订购发布类型

对 象 模 型	订购发布类型
PDW_Power	定时发送
PGS	定时发送
PDW_PowerDensity	即时发送（计算结束就发送）
MilStatus	条件发送（触发条件满足后就发送）

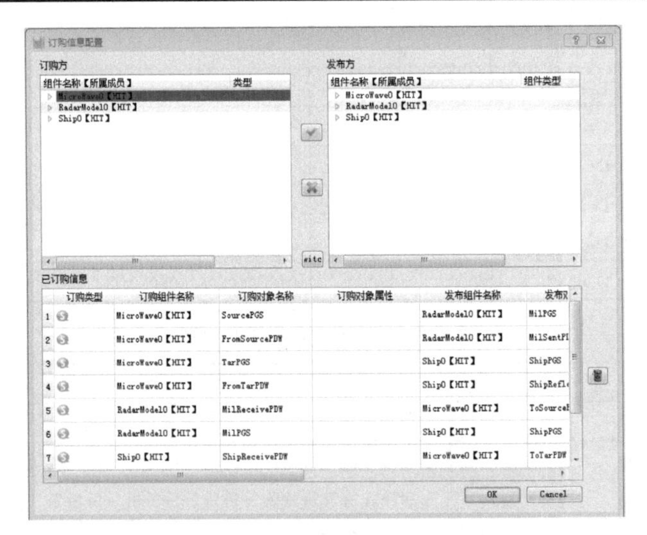

图 9-13　试验方案中订购与发布关系配置图

9.3.2　虚拟导弹组件设计

虚拟雷达制导导弹功能与实际的导弹类似，包括航路规划、自主运动、雷达制导等。

雷达制导导弹轨道的设计与规划，是在试验系统开始运行之前，依据现实中的作战情况、导弹飞行的性能和对敌方目标攻击的实际需要，对导弹自主运行过程的飞行轨道进行规划，使导弹在发出之后按初始规划的轨道飞行。因为导弹在自主运行过程中基本是在低空海面上以匀速且高度不变的掠海模式飞行，所以可以对导弹设置一定的纵向简化。

雷达制导导弹的轨道分为自主运行阶段和末制导阶段。自主运行阶段就是导弹发射之后按照设定的航路进行自主运动，此时的导弹不受雷达影响和控制。末制导阶段，雷达开机并开始在导弹所控制的范围中搜索目标。不同末制导导弹搜索的具体情况不一样，但是几乎都是按规定的搜索方位角开始在设定的搜索扇面搜索，等搜索角度到达设定的角度阈值时往相反方向再搜索。如果在设定的搜索时间段内没有搜索到可以攻击的目标，则增大雷达距离波门或搜索方位角范围，有些导弹还可以改变搜索角度变化的速度，但在一个搜索时间段内雷达的搜索速度和搜索模式不会改变。

虚拟雷达制导导弹的具体功能需求如下：

（1）能够由用户规划导弹的初始路径和发射速度等。

（2）能够由用户设置雷达的参数和雷达发射脉冲的参数。

（3）导弹能够按照路径规划运动，且末制导阶段可以完成对目标的搜索和跟踪。

（4）当距离目标越来越远且长时间搜索不到目标时，导弹可以完成入水自毁。

1. 雷达制导模型设计

真实的雷达制导导弹在末制导阶段，导弹雷达导引头开机并实时发射电磁波信号，同时接收来自目标区域的回波信号，然后对目标进行检测、跟踪，计算目标的距离、方位角与俯仰角。脉冲发射机模型根据脉冲宽度、发射中心频率、搜索距离、跟踪距离与脉冲重复频率等信息产生相应的电磁波脉冲信号，并将电磁波脉冲经过放大到一定强度后再送到天线发射。雷达接收机模型在雷达导引头模型中接收电磁波传输衰减计算模型计算得到的电磁波回波信号，并分别进行近程增益和放大，同时加入接收机噪声。接收机再经过相应的滤波将天线上接收到的微量电磁波信号从复杂的噪声与干扰中解析出来，通过适当处理送至信号处理机进行计算。回波信号处理模型主要对接收机处理过的回波信号进行门限检测和积累统计后进行测距、测角，得到目标的位置信息。回波信号经过接收机混频与放大后和通道信号用于计算距离，通过距离选通的脉冲送到角度测量系统，最后计算出目标在导弹坐标系下的角度信息。雷达制导系统凭借目标所在距离和角度信息生成攻击命令。

雷达导引头在工作过程中需要结合弹道规划模型实时计算导引头的三维坐标及导弹的姿态信息，并根据弹体坐标系与北天东坐标系的关系实时计算导弹与目标的距离，通过转换坐标系计算目标在导弹视线的方位角及俯仰角，用于雷达天线方向调制。虚拟雷达导引头工作原理及工作方式如图 9-14 所示。

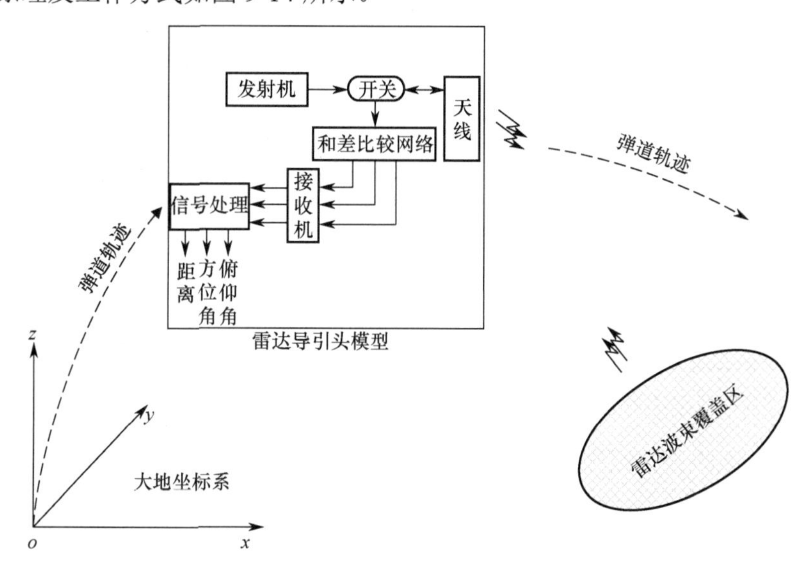

图 9-14　虚拟雷达导引头工作原理及工作方式

用虚拟雷达制导导弹攻击海面上运动的虚拟舰船目标，在导弹航行初始阶段按规划的弹道飞行，到末制导阶段雷达开机，发射电磁波到电磁波传输效应组件，并接收电磁波传输效应组件传来的虚拟舰船的反射电磁波。通过弹载雷达发射与接收电磁波，完成对目标搜索、跟踪直到摧毁目标的整个过程。

借鉴真实导弹雷达导引头功能并作相应简化，构建虚拟雷达制导导弹模型。在逻辑上，应该使用和建立真实的雷达制导导弹模型相同的思想和方法，依据对雷达制导导弹系统的概括与抽象，虚拟导弹中弹载雷达导引头的功能可以分为搜索、解析和跟踪。

搜索功能模块：进行虚拟弹载雷达模型的目标搜索，与真实雷达的脉冲发射机及脉冲接收机完成电磁波的发射与接收一致。

解析功能模块：虚拟弹载雷达将接收到的脉冲所携载的信息进行分析计算，计算出目标的位置信息，与真实雷达的信号解析处理功能模块类似。

跟踪功能模块：虚拟弹载雷达对搜索到的且满足跟踪标准的目标展开跟踪。

本章选择主动雷达制导模型作为研究对象，主动雷达携载雷达发射源，开机后首先进行参数初始化设置，然后进行目标的搜索，搜索转到跟踪，再进行跟踪处理，丢失目标后进行记忆跟踪处理。

对目标搜索状态的算法流程如下：

雷达在导弹飞行过程中开机后进行初始化设置，然后自动转到目标搜索状态，然后雷达在设置的各个参数的范围中对目标进行搜索，假如搜索到目标，雷达将自动把搜索到的目标置于目标寄存器，此时计数器开始工作，主动雷达转到跟踪状态，否则雷达将在导弹所处的空间范围内继续搜索目标。目标搜索的算法流程如图 9-15 所示。

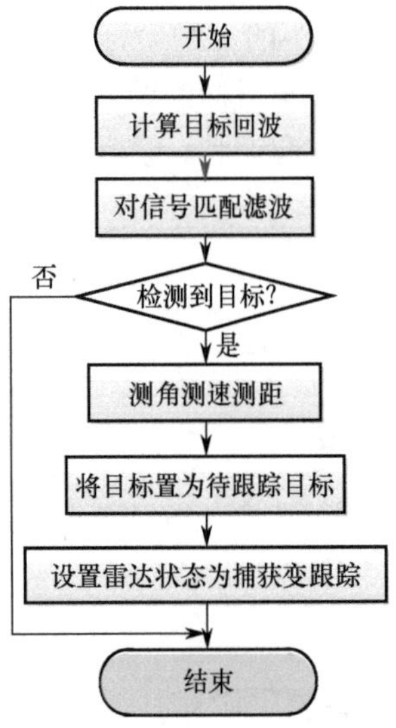

图 9-15 目标搜索的算法流程

对目标的搜索转跟踪的算法流程如下：

当目标被搜索到时，雷达没有立刻转到跟踪状态，其间有一个捕获变跟踪状态，在此状态，把搜索到的目标置于目标寄存器，凭借电磁波携载的信息计算出波门中心，然后形成一个波门，继续进行目标的搜索。此时计数器又继续工作，以后每次发现目标计数器都会加 1，否则计数器置 0，主动雷达再次回到目标搜索状态，再次搜索到目标后又转到捕获变跟踪状态。在本身数值达到一个设定数值后，计数器将不再工作，主动雷达进入目标跟踪状态。目标捕获变跟踪状态的算法流程如图 9-16 所示。

对目标的跟踪算法流程如下：

在捕获变跟踪状态时，主动雷达的计数器计满之后停止工作，主动雷达转到跟踪状态，如图 9-17 所示为主动雷达转到目标跟踪状态下的算法流程。

对目标的记忆跟踪算法流程如下：

在繁杂多变的作战环境中，存在很多杂干扰与杂波等，主动雷达往往会丢失跟踪的目标，此刻主动雷达就转到记忆跟踪状态，雷达中的计数器又继续计数，计数器在工作期间如果雷达重新搜索到目标，则进入跟踪状态，假如计数器减到 0 时，目标还不能被搜索到，则雷达转到搜索状态继续进行目标搜索。其算法流程如图 9-18 所示。

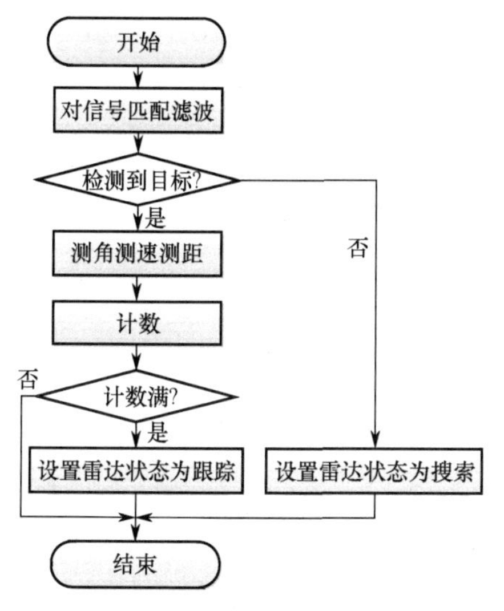

图 9-16　目标捕获变跟踪状态的算法流程

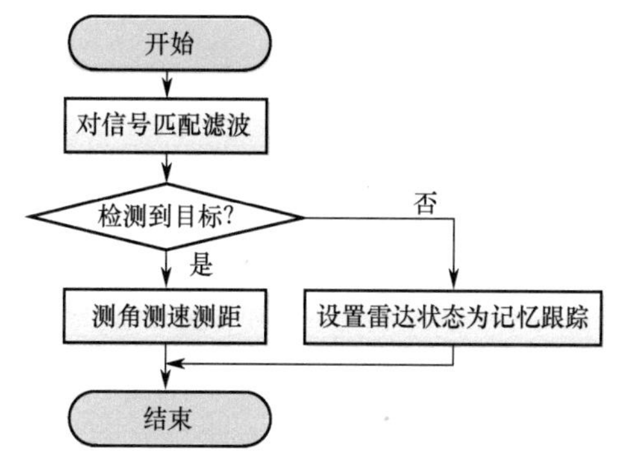

图 9-17　对目标跟踪状态下的算法流程

2．雷达脉冲信号模型设计

虚拟导弹的弹载雷达发射的脉冲采用的模型为脉冲描述字（Pulse Describe Word，PDW），PDW 的组成成分为：PDW=(PNo, RF, AOA, TOA, PW, PA)。其中，PNo 为雷达发射脉冲的编号；RF 为雷达发射脉冲的工作频率；AOA 为发射脉冲的到达方位角；TOA 为发射脉冲的前沿到达时间；PW 为发射脉冲的宽度；PA 为发射脉冲的幅度。下面对这些参数进行详细说明。

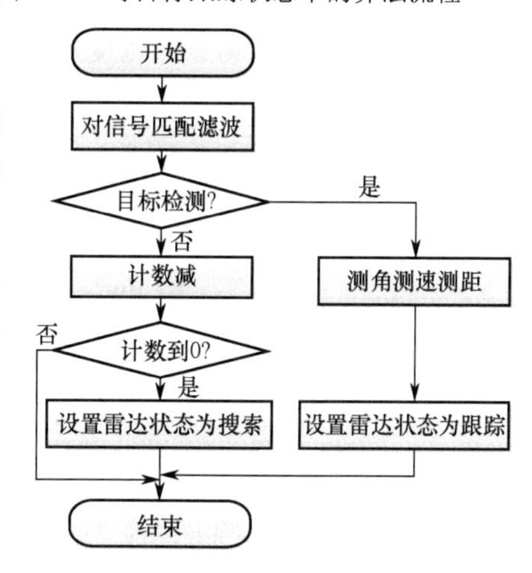

图 9-18　对目标记忆跟踪状态的算法流程

1）脉冲编号 PNo 模型

雷达的发射脉冲从第一个到最后一个依次编号，编号模型只是简单的加法计数器模型。编号的目的是在电磁波传输环境进行传输衰减计算时可以方便地区分电磁波，而且雷达接收到目标回波后也可以方便地和对应的发射脉冲进行能量的对比计算，进而计算出目标的位置和角度信息。

2）脉冲射频 RF 模型

雷达发射的脉冲根据调制方式的不同可分成脉间调制与脉内调制两类。脉内调制方式的脉冲包括固定频率、相位编码与线性调频等几种。具体脉冲模型如下：

设脉冲信号表达式为

$$s(t)=A(t)\mathrm{e}^{\mathrm{j}(\omega_0 t+\varphi(t))},\ A(t)=\sum_n E(t-nT_r),\ T_r=\frac{1}{F_r},\ n=0,1,\cdots \tag{9-45}$$

式中，T_r 是脉冲频率重复周期，与 F_r 互为倒数。其中包络函数 $E(t)$ 只在固定的部分时间存在

$$E(t)=0,\ -\frac{\tau}{2}<t<\frac{\tau}{2} \tag{9-46}$$

在雷达发射的脉冲宽度 τ 中，脉内调制方式脉冲所针对的 $\varphi(t)$ 表示如下。

（1）单载频信号：

$$\varphi(t)=\varphi_0,\ -\frac{\tau}{2}\leqslant t\leqslant\frac{\tau}{2} \tag{9-47}$$

（2）线性调频信号：

$$\varphi(t)=\varphi_0+\frac{\mu}{2}t^2,\ -\frac{\tau}{2}\leqslant t\leqslant\frac{\tau}{2} \tag{9-48}$$

（3）相位编码信号：

$$\begin{gathered}\varphi(t)=\varphi_i+\varphi_0,\ -\frac{\tau}{2}+i\Delta t\leqslant t\leqslant-\frac{\tau}{2}+(i+1)\Delta t\\ i=0,1,\cdots,N,\ \tau=N\Delta t\end{gathered} \tag{9-49}$$

式中，N 是码元素数；Δt 是子码宽度。

3）脉冲宽度 PW 模型

脉冲宽度模型根据脉冲宽度是否可变分为单脉宽与变脉宽。单脉宽脉冲宽度一直保持固定不变。变脉宽又包括脉组变脉宽与脉间变脉宽两类。第一类指在脉冲各组之间脉冲的脉宽发生有规律或随机的改变。本章选取单脉宽脉冲与变脉宽脉冲中变化规律的脉组变脉宽脉冲。在初始模型仿真与验证过程中，将使用比较简单的单脉宽脉冲，单脉宽模型如下：

$$\mathrm{pw}_i=\mathrm{pw}_0+\delta_{\mathrm{pw}}\prod(-1,1)\quad\forall i=1,2,\cdots \tag{9-50}$$

式中，pw_0 为中心脉宽，是一个不随时间改变的确定值；pw_i 是当前脉冲宽度；δ_{pw} 是脉冲载频抖动；$\prod(-1,1)$ 是在 $[-1,1]$ 内的独立随机数，且呈均匀分布。

4）脉冲前沿到达时间 TOA 模型

影响前沿到达时间的因素主要是脉冲的发出时间及脉冲传输的时间，脉冲的发出时间又受雷达发出脉冲的重复周期影响，脉冲传输的时间受脉冲传输距离与传输速度等因素影响。

（1）脉冲发射时间模型。

假设前一个脉冲发出时间是 $t(n-1)$，则能够改变当前脉冲的发出时间 $t(n)$ 的相关因子是雷达的脉冲重复周期，因此当前新型雷达的脉冲重复周期特征变得十分繁杂。各种模型具体如下：

① 固定 t_{PRI}：

$$t_{\mathrm{PRI}_i}\equiv t_{\mathrm{PRI}}\qquad\forall i=1,2,\cdots \tag{9-51}$$

式中，t_{PRI} 是不随时间改变的确定常数。

② 抖动：

$$t_{\mathrm{PRI}_i}=t_{\mathrm{PRI}_0}+\delta T_i\qquad\forall i=1,2,\cdots \tag{9-52}$$

式中，t_{PRI_0} 是 t_{PRI} 的平均值，δT_i 是在 $[-T,T]$ 内随机选取的序列，且呈对称分布。t_{PRI} 的抖动调制有正弦调制与噪声采样调制，本章选取正弦调制进行详细介绍。

正弦函数的周期是 2π，假设自变量采样间隔是 $2\pi/m$，则正弦函数的每个周期可取到 m 个采样点，随机数将从这 m 个采样点的函数值生成，根据模型需要，把这 m 个采样点的函数值按序循环。

假设采样值抖动区间是 $[-T,T]$，因为正弦函数的参数范围是 $[-1,1]$，把正弦函数生成的采样值和 T 相乘，就可以获得所需的调制结果，即

$$\delta T_i = \sin(i\times 2\pi/m)\times T \tag{9-53}$$

抖动阈值 T 和平均值 t_{PRI_0} 的比称作最大调制值抖动量，用来表征调制值抖动的大小，默认区间为 $\pm1\%\sim\pm10\%$。

（2）脉冲传输时间。

脉冲传输时间是雷达发出的脉冲在脉冲传输环境下的传播延时，通常，在不计算多路径传输时，若脉冲传输路径为 R，光传播速度为 c，则脉冲传播延时为

$$\Delta t = R/c \tag{9-54}$$

（3）脉冲到达时间。

凭借雷达发出脉冲的时间与脉冲在环境中传输的时间，可以计算得到脉冲的到达时间，即

$$t_{\mathrm{TOA}} = t(n)+\Delta t \tag{9-55}$$

在虚拟雷达制导导弹试验中，全部雷达发射脉冲的脉冲描述字模型生成后，将按照脉冲 TOA 模型排序。此外，由于在战场环境中，雷达分布比较紧密，电磁波传输环境中的脉冲数量时常很多，这种情况指在 PDW 模型上会存在不止一个脉冲同时到达雷达的状况，也就是说，这些脉冲的 TOA 将会相同，此时就需要根据脉冲编号 PNo 模型来区分不同的脉冲描述字。

5）脉冲到达方位角 AOA 模型

仿真坐标轴采用脉冲发射点作为坐标原点，坐标系的 X、Y、Z 轴分别是地球的经度线、纬度线和地球面的垂直方向，分别以正北、正东和垂直地球面向上为正向。雷达在坐标轴的坐标是 (x_t,y_t,z_t)，脉冲接收处坐标是 (x_r,y_r,z_r)，则脉冲到达方位角为

$$\theta_{\mathrm{AOA}} = \tan^{-1}((x_r-x_t)/(z_r-z_t)) \tag{9-56}$$

6）脉冲幅度 PA 模型

脉冲信号到达接收点的幅度 PA 主要受雷达脉冲发出的幅度、脉冲传输距离、脉冲波束的发散角及天线扫描角度等因素影响。

假设脉冲信号发出时功率为 P_t，发射天线增益为 G_t，信号接收机和发射机之间的距离为 R，脉冲信号大气传输损耗为 L，则脉冲接收点的能量可用信号接收处脉冲信号能量密度以分贝（dB）表示如下：

$$\mathrm{PA} = 10\lg\frac{P_t G_t F(\theta)}{4\pi R^2 L} \tag{9-57}$$

式中，$F(\theta)$ 是归一化处理之后的雷达天线函数。

当雷达处在跟踪状态时，$F(\theta)=1$；而当雷达处在搜索目标状态时，$F(\theta)$将受到脉冲波束发散角与雷达扫描模式的影响，雷达扫描模式可以分为圆周扫描与扇形扫描。

本章选用的是扇形扫描。扫描过程中，在发射脉冲的发散角空间范围内的俯仰和水平方向都进行相应角度的扫描，扇形扫描在俯仰角与方位角上的扫描与圆周扫描在俯仰角与方位角上扫描的过程相同。

3. 虚拟雷达制导导弹用例分析

虚拟雷达制导导弹用于攻击海面上运动的虚拟舰船，在初始阶段按规划的弹道飞行，在末制导阶段雷达开机，发射电磁波给电磁波传输效应组件，并接收电磁波传输效应组件传来的虚拟舰船的反射电磁波。通过发射与反射电磁波，完成对目标搜索、跟踪直至摧毁的全过程。

虚拟雷达制导导弹组件包含导弹和雷达两个模型，雷达利用电磁波获取目标的位置信息，导弹予以攻击。其用例分析如图 9-19 所示。

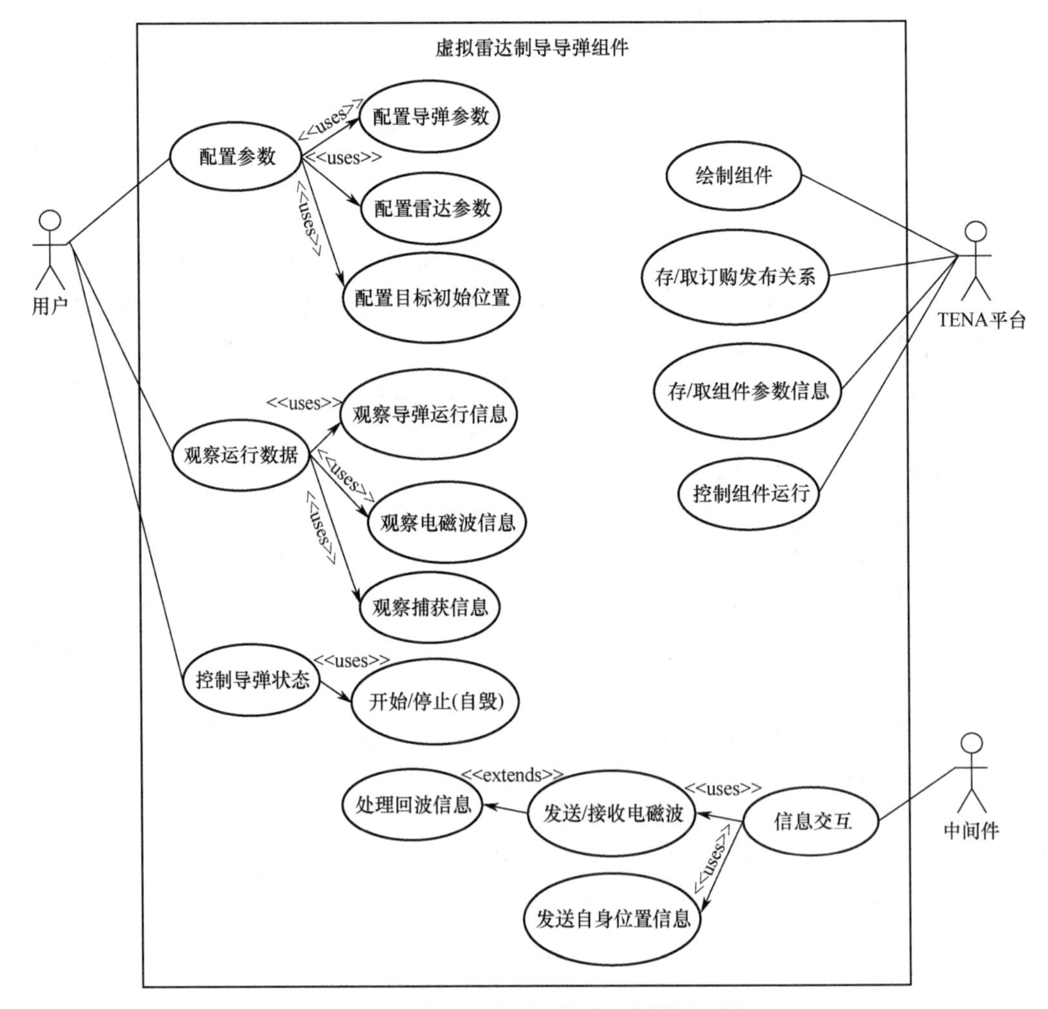

图 9-19　虚拟雷达制导导弹组件用例分析

配置参数：在导弹运行之前要规划好导弹的初始运动路径，在雷达开机之前导弹按照初始路径飞行。雷达参数包括发射功率、脉冲频率与天线增益等，这些参数都需要在系统运行之前配置完成。

观察运行数据：用户通过组件的显控面板可以实时观察导弹的运行情况、发射电磁波与接收电磁波的脉冲描述字信息及导弹对目标的搜索跟踪信息。

控制导弹状态：由用户控制导弹的开始与停止飞行，停止即导弹的自毁。如果由于某种原因导弹无法击中目标，将实施自毁。

信息交互：发送电磁波指雷达开机后，定时发送电磁波到电磁波传输效应组件，并实时接收电磁波传输效应组件反射回来的电磁波，经过计算处理，获取目标的距离和角度信息。虚拟导弹组件还实时地发送自身位置信息到电磁波传输效应组件。

4．概要设计

根据虚拟雷达制导导弹组件的结构及用户需求抽象出虚拟导弹组件静态的类结构，组件设计类图如图 9-20 所示。

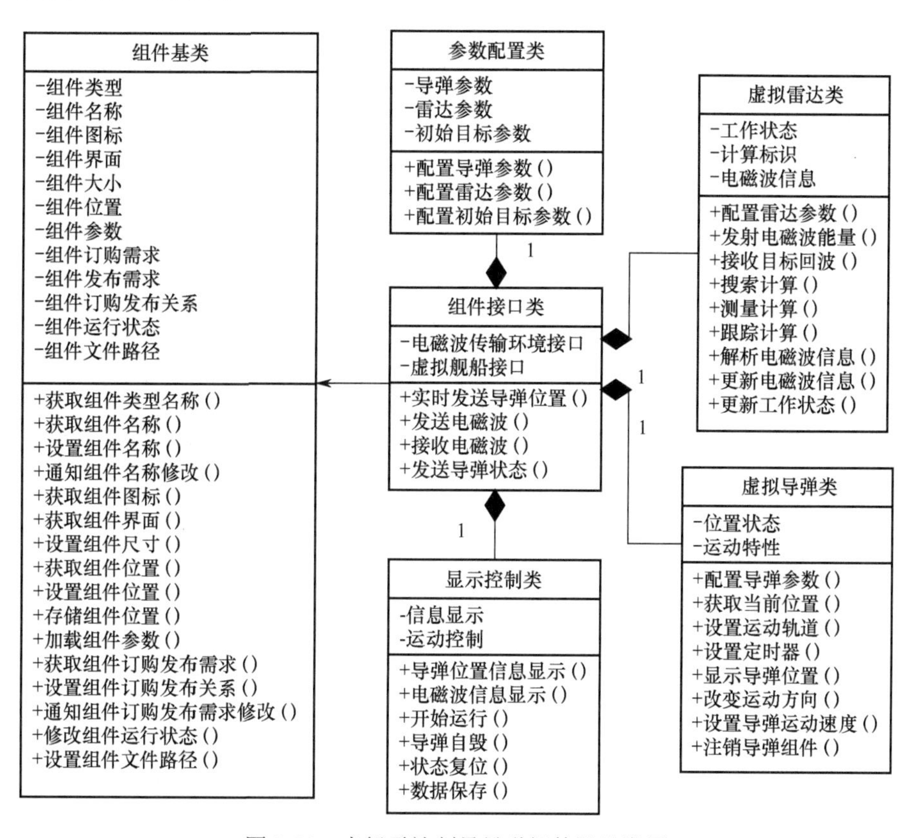

图 9-20　虚拟雷达制导导弹组件设计类图

参数配置类：此类实现组件所需参数的初始化配置，调用此类可配置导弹参数、雷达参数和初始目标的参数。

组件接口类：继承组件的基类，建立具体的电磁波传输效应组件，包含组件的构建、绘制、移动与销毁操作等。该类可以把用户配置的参数写入试验方案，当平台下一次打开试验方案时可以通过读取试验方案自动读取这些配置参数，以免进行重复配置。接口包括与电磁波传输效应的接口和与虚拟舰船的接口，分别负责电磁波和导弹状态的发送与接收。

显示控制类：此类负责完成虚拟导弹组件显控窗口在平台的显示，并且以类似中间件的功能使参数配置类与组件接口类在此基础上进行信息的交互。该类最重要的功能是实时更新显示虚拟导弹位置信息、电磁波脉冲的信息，并可以由用户控制导弹的运行与自毁，最后还可以将导弹的实时位置进行存储。

虚拟雷达类：此类主要负责导引头中虚拟雷达的状态控制和电磁波的发送、接收和信息处理，配置定时器的定时时间，控制雷达的开机与关闭。

虚拟导弹类：此类主要负责导弹的运动和状态的控制，首先根据导弹的运动方程规划导弹的初始运动路径，设置好定时器，控制导弹的运动状态。

5. 详细设计

利用序列图来描述虚拟导弹组件在导弹搜索目标阶段和跟踪目标阶段的动态行为。虚拟导弹组件末制导阶段运行序列图如图 9-21 所示。

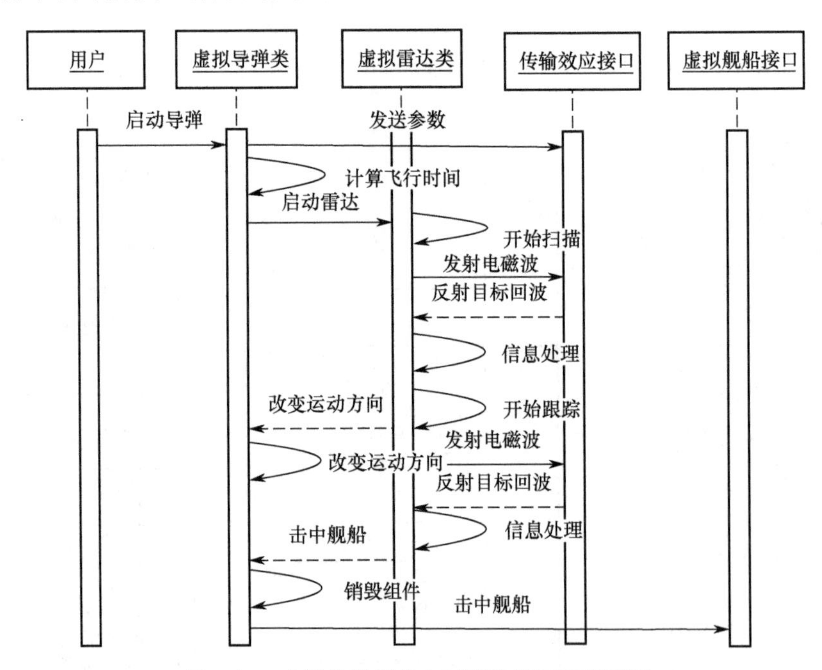

图 9-21　虚拟导弹组件末制导阶段运行序列图

导弹开始运行后，向电磁波传输效应组件实时发送自身位置信息，在飞行定时器设置的初始飞行时间之后，启动雷达，发送电磁波进行目标搜索。搜索到目标之后，导弹改变运动方向进行目标跟踪，击中舰船后销毁组件，并向虚拟舰船组件发送击中通知。

6. 界面设计

在如图 9-22 所示虚拟雷达制导导弹组件参数配置界面，可以配置导弹、雷达和初始目标的参数，如导弹的发射经纬度和雷达的脉冲发射功率后；参数配置完成后，进入试验运行模式，分别点击虚拟雷达制导导弹和虚拟舰船，虚拟导弹和虚拟舰船都开始运行。如果天气良好，虚拟雷达的捕获距离很大，虚拟导弹可以有充足的时间去调整运动方向，则虚拟导弹可以顺利地击中目标。电磁波传输的大气环境选择晴天环境时，良好天气条件下虚拟导弹试验的结果如图 9-23 所示。

图 9-22　虚拟雷达制导导弹组件参数配置界面

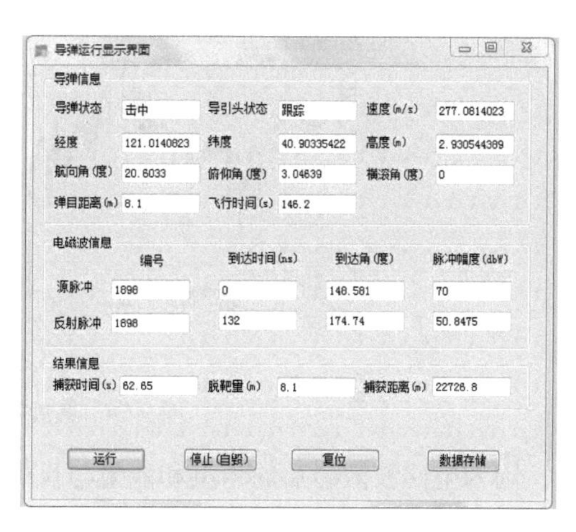

图 9-23　良好天气条件下虚拟导弹试验的结果

9.3.3　虚拟舰船组件设计

虚拟舰船组件作为试验系统中的导弹目标，具有两个特性：电磁特性和运动特性。电磁特性是指虚拟舰船能模拟出本身的大小，并且模拟出对应的能够有效反射电磁波的面积；运动特性是指虚拟舰船能设定舰船的运动路径和运动速度，并且能够按照指定的航路进行自主运动。该组件具体功能需求如下：

（1）能够由用户自由设置舰船运动速度和运动方向。

（2）能够由用户自由设置舰船大小和 RCS 统计模型参数。

（3）能够完成自主运动，并且可以由用户自由控制。

（4）接收到虚拟导弹组件发出的击中标志后能够停止运动，自毁组件。

1．虚拟舰船模型设计

虚拟舰船模型设计围绕两个特性：电磁特性和运动特性。电磁特性即 RCS 统计模型，运动特性即目标的运动航路和速度等。

1）RCS 统计模型设计

虚拟雷达制导导弹试验系统中把虚拟舰船作为雷达制导导弹的目标，虚拟舰船的雷达散射截面积（RCS）是反映导弹目标对于电磁波进行反射能力的物理量，是用以表达导弹目标最基础且最重要的参数之一。海面上的舰船是电子作战装备系统的一个移动载体，它的 RCS 是海面舰船进行无源对抗和威胁躲避等对策中的重要性能指标，因此获得舰船试验场动态 RCS 的所有特征值和分布规律在电子对抗作战中也就显得至关重要。图 9-24 给出了某舰船的 RCS 特性。

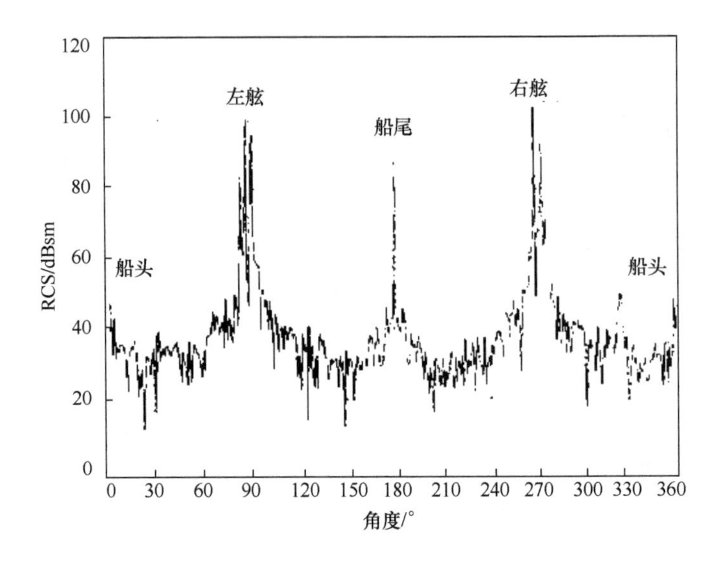

图 9-24　某舰船 RCS 特性示意图

因为电磁波散射后的角度和能量与目标在导弹坐标系下的距离、角度及自身的运动状态相关，所以目标 RCS 是一个服从一定规律变化的数值、一种目标的电磁特性参数。为了更好地仿真目标，RCS 不能取定值，而是应该尽可能地根据舰船本身特点仿真出实际曲线，在分析与研究 RCS 统计模型后提出可以利用 RCS 的统计参数进行仿真模拟，结合分布规律函数，可以生成某一角度范围的 RCS 曲线，且具有随机性。

对经过测量获得的 RCS 离散数据 $(\delta_1,\delta_2,\cdots,\delta_n)$，重要的经典模型统计分布参数具体定义如下：

$$\delta_{\min}=\min(\delta_1,\delta_2,\cdots,\delta_n) \tag{9-58}$$

$$\delta_{\max}=\max(\delta_1,\delta_2,\cdots,\delta_n) \tag{9-59}$$

$$\delta_l=\delta_{\max}-\delta_{\min} \tag{9-60}$$

$$\bar{\delta}=\frac{1}{N}\sum_{i=1}^{N}\delta_i \tag{9-61}$$

$$\delta_{\text{std}}=\left[\frac{\frac{1}{N}(\delta_i-\bar{\delta})^2}{N-1}\right]^{\frac{1}{2}} \tag{9-62}$$

式中，$\delta_{\min}$ 为极小值；$\delta_{\max}$ 为极大值；$\bar{\delta}$ 为均值；δ_l 为极差；δ_{std} 为标准差。

在分析与研究 RCS 测量数据的同时，还需要结合概率密度分布函数（PDF）与累积概率分布函数（CDF）一起做统计，与动态 RCS 测量离散数据的 PDF 与 CDF 相关的统计分布规律计算如式（9-63）和式（9-64）所示。

概率密度分布函数的定义是 RCS 在 δ_0 和 $\delta_0+\mathrm{d}\delta$ 之间的分布概率 P，按照下式计算：

$$P(\delta_0\leqslant\delta\leqslant\delta_0+\mathrm{d}\delta)=\int_{\delta_0}^{\delta_0+\mathrm{d}\delta}\text{PDF}(\delta)\mathrm{d}\delta \tag{9-63}$$

$$\mathrm{CDF}(\delta)=\int_{-\infty}^{\delta}\mathrm{PDF}(\delta)\mathrm{d}\delta \tag{9-64}$$

针对 RCS 测量的离散数据，可以按下面的方法获得统计分布规律：假设在该扇区出现的最大雷达散射截面积与最小截面积分别是 $\delta_{\max}$ 和 $\delta_{\min}$，将 $\delta_{\max}-\delta_{\min}$ 均匀分成 N 个区间，区间长 $\varDelta=(\delta_{\max}-\delta_{\min})/N$。在第 n 个区间内，散射截面积捕获到的次数记作 I_n，从第 1 个区间到第 n 个区间（包括此区间）内 RCS 测量数据出现的总次数记作 J_n，全扇区 RCS 离散测量数据的总和记作 J_N，则有

$$\mathrm{PDF}(n\varDelta)=\frac{I_n}{\varDelta J_N} \tag{9-65}$$

$$\mathrm{CDF}(n\varDelta)=\sum_{i=1}^{n}P(i\varDelta)\varDelta=\sum_{i=1}^{n}\frac{I_i\varDelta}{\varDelta J_N}=\frac{J_n}{J_N} \tag{9-66}$$

新型舰船RCS动态测量统计模型包含正态函数分布、χ^2 分布与赖斯分布等分布模型，但针对统计尺寸较大且外形不规则的散射体联合目标（如体积比较庞大的军舰）时，经常采用正态函数分布模型来统计。

雷达散射截面积测量数据随机变量 δ 的正态函数分布模型的概率密度函数计算如下：

$$p(\rho)=\frac{1}{\delta\sqrt{4\pi\ln\rho}}\exp\left[-\frac{\ln^2\left(\dfrac{\delta}{\delta_0}\right)}{4\ln\rho}\right] \tag{9-67}$$

式中，δ_0 为 δ 的中值；ρ 为 δ 的平均中值比，即 $\bar{\delta}/\delta_0$。

图 9-25 所示为某大型舰船在脉冲频率为 X 波段测量到的 RCS 动态曲线。从图中可得到，该舰船在三个角度散射最强，分别是舰船的左舷、右舷和船尾。舰船左舷的脉冲散射强度最大值高出全舰船的平均值 1.45dB，舰船右舷的脉冲散射强度最大值高出全舰船的平均值 1.29dB。

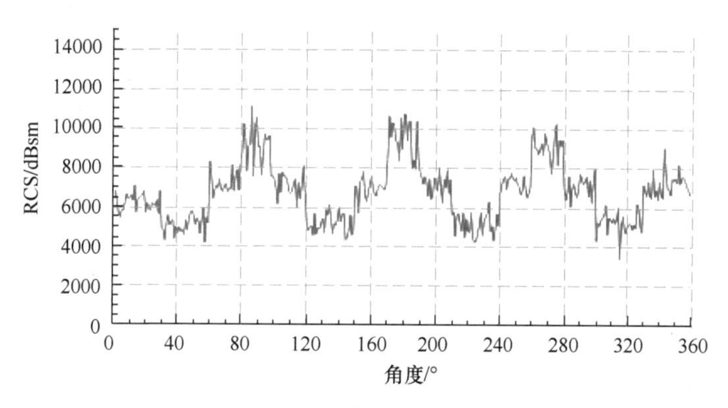

图 9-25　某大型舰船 RCS 动态测量曲线

2）运动模型设计

虚拟舰船运动参数的选取可考虑匀速运动和变速运动，目标的速度是最为重要的参数之一，而目标运动的轨迹是否和设定的航路一致也需要考虑。运动模型采用航路规划实现，

用户可以根据试验的需要规划虚拟舰船的运动路径。运动路径可以由两段至多段组成，且每段的运动方式和运动速度都可以设定，运动方式指加速、减速或匀速运动。

在目标仿真中需要着重解决的是目标的运动轨迹是否逼真，即是否与实物一致，如在舰船的拐弯处，应体现出弧线运动，而不是直接直线拐弯，要与现实情况相符，如图 9-26 所示。

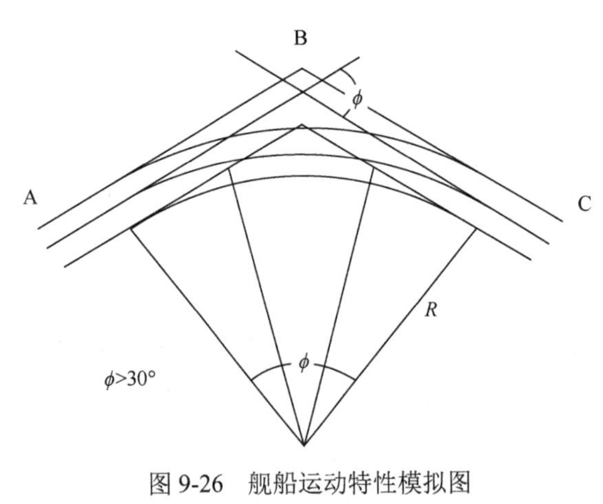

图 9-26 舰船运动特性模拟图

根据最小转弯半径原理，对虚拟舰船的转弯半径进行分析与研究。舰船转弯半径和舰船尺度、航行速度与转向角等因素有关。舰船的转弯半径随尺度增大而增大，随转向角增大而减小，随航行速度增大而增大。国际上转弯半径通用范围是 $R=3L\sim10L$，其中 L 代表舰船长度，R 的确定需要视具体情况而定，与舰船速度、设定航路、舰船型号等均有关系。

2. 虚拟舰船组件用例分析

虚拟舰船作为虚拟导弹试验系统的目标组件，有两个重要功能：实现自主运动，实时接收与发送电磁波。其用例分析如图 9-27 所示。

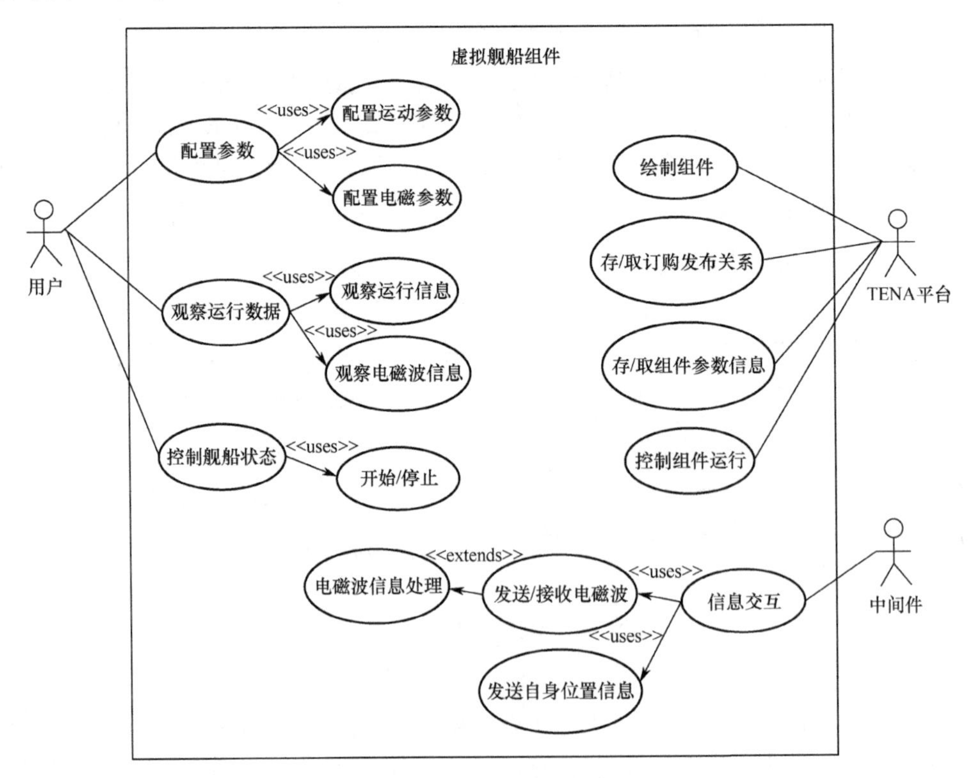

图 9-27 虚拟舰船组件用例分析

配置参数：在舰船运行之前配置好舰船的大小和其他影响 RCS 数值的参数，规划好舰船的初始位置、舰船的运动路径、运动速度和加速度。

控制舰船状态：舰船在运动过程中可以由用户实时控制，控制其运动或停止。

观察运行信息：用户可由显示面板实时观察舰船的位置信息、速度信息和接收到电磁波的脉冲描述字信息。

电磁波信息处理：虚拟舰船组件可以接收电磁波传输效应组件发出的电磁波，并根据自身的运动情况和舰船大小反射电磁波，经过自身反射，再发送到电磁波传输效应组件。

信息交互：试验系统开始运行之后，虚拟舰船实时发送自身位置信息到电磁波传输效应组件。虚拟舰船还可以支持电磁波的接收与发送。

3．概要设计

根据虚拟舰船模型的需求分析、结构设计抽象出虚拟舰船组件的静态类，虚拟舰船的运动和电磁特性较虚拟导弹组件简单，因此都在虚拟舰船类中实现。虚拟舰船组件类图如图 9-28 所示。

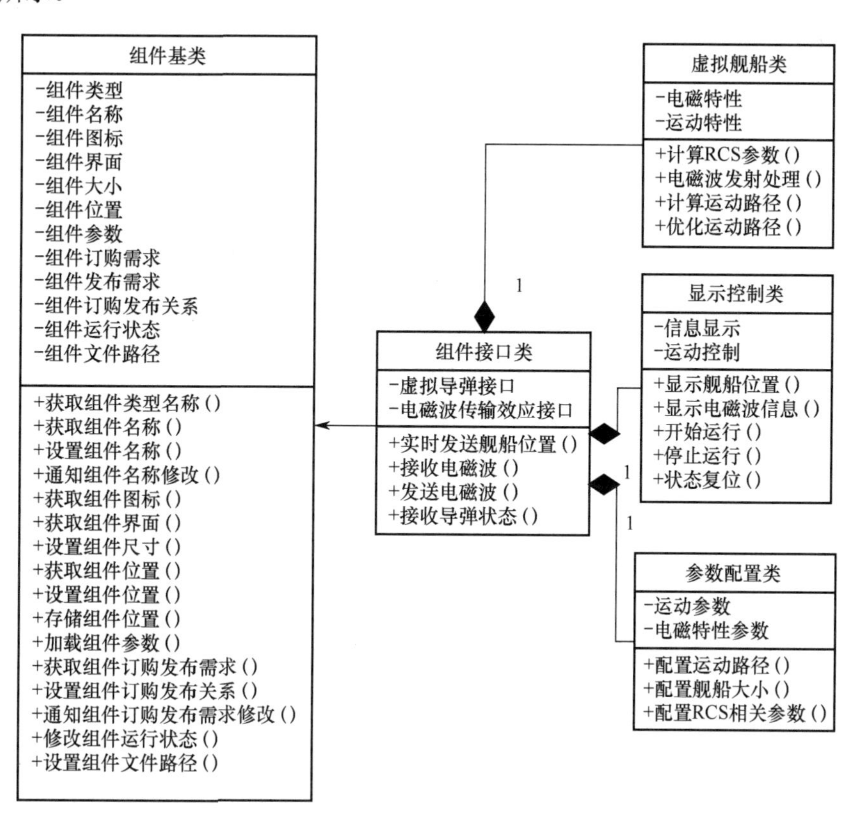

图 9-28　虚拟舰船组件类图

组件接口类：继承组件的基类，建立具体的电磁波传输效应组件，包含组件的构建、绘制、移动与销毁操作等。该类可以把用户配置的参数写入试验方案，当平台下一次打开试验方案时，可以通过读取试验方案自动读取这些配置参数，以免重复配置。接口包括与电磁波传输效应的接口和与雷达制导导弹的接口，分别负责电磁波和导弹状态的发送与接收。

虚拟舰船类：此类主要负责舰船的运动和状态的控制，首先根据舰船的运动方程规划舰船的初始运动路径，设置好定时器，控制舰船的运动状态。

显示控制类：此类完成虚拟雷达制导导弹组件显示窗口在平台的显示，并且以类似中间件的功能使参数配置类与组件接口类在此基础上进行信息的交互。该类最重要的功能是实时更新显示虚拟舰船位置信息、电磁波脉冲的实时信息，并可以由用户控制舰船的运行与自毁，最后还可以将舰船的实时位置进行存储。

参数配置类：此类实现组件所需参数的初始化配置，调用此类可配置虚拟舰船的运动参数和电磁参数。

4．详细设计

利用序列图来描述虚拟舰船组件在导弹搜索目标阶段和跟踪目标阶段的动态行为。虚拟舰船组件运行动作序列图如图 9-29 所示。

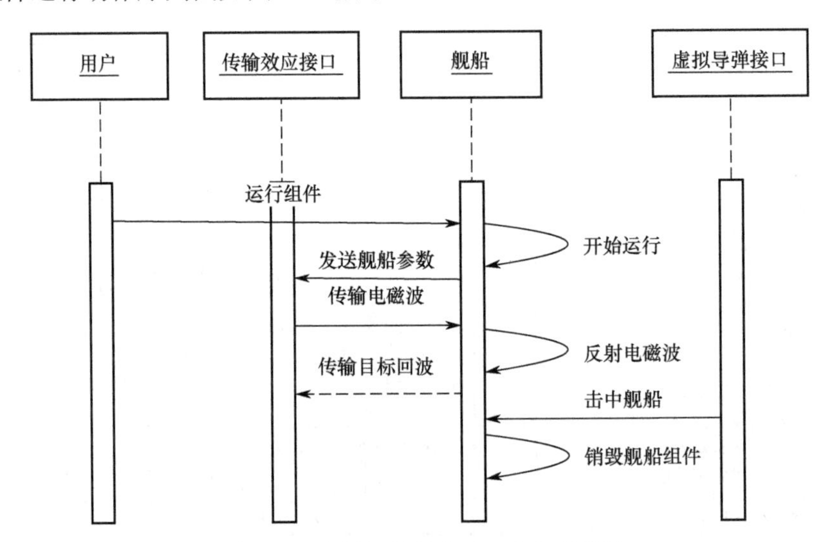

图 9-29　虚拟舰船组件运行动作序列图

虚拟舰船开始运行后，按照初始规划路径进行运动，并且向电磁波传输效应组件实时发送自身位置信息。组件接收到电磁波传输效应发送的电磁波后，依据自身位置信息计算出 RCS 反射电磁波。收到虚拟导弹组件的击中消息通知后，虚拟舰船停止运行，销毁组件。

5．界面设计

在虚拟舰船组件参数配置界面（见图 9-30）可以配置舰船的电磁特性和运动特性，如舰船的运动速度和方向。由于舰船需要由用户控制其运动状态，所以虚拟舰船组件的显控界面需要控制按钮。显控界面除显示舰船本身状态外，还显示电磁波的信息。当虚拟舰船组件在运行过程中接收到虚拟导弹组件发送的击中消息通知时，即停止运动、销毁组件。良好天气条件下虚拟舰船试验结果如图 9-31 所示。

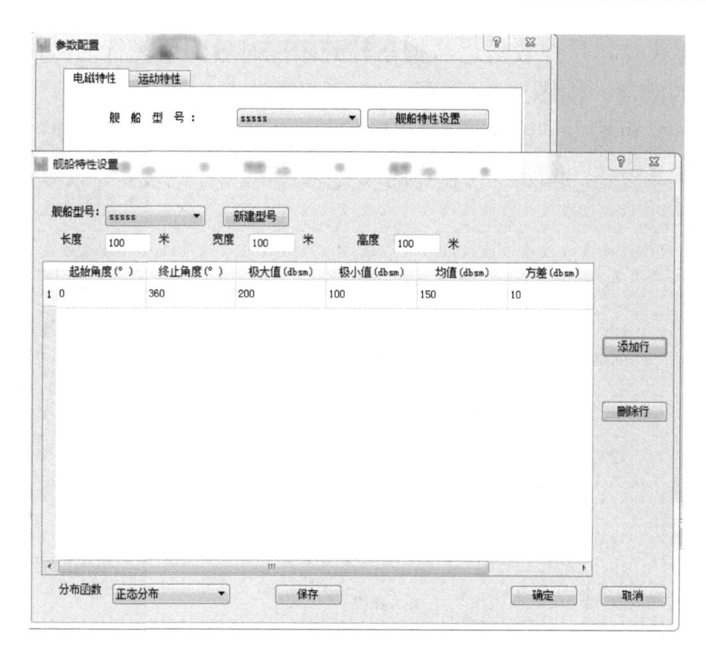

图 9-30　虚拟舰船组件参数配置界面

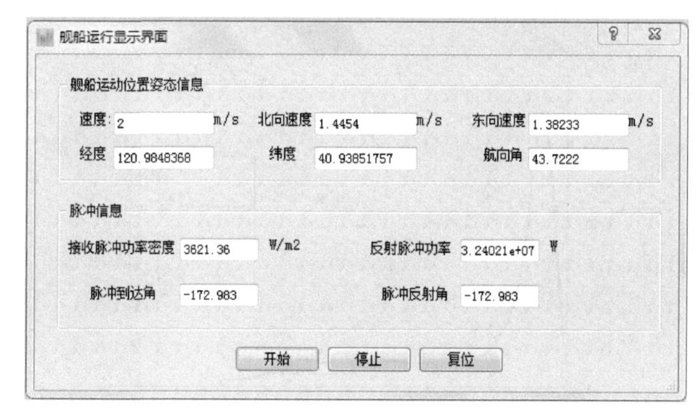

图 9-31　良好天气条件下虚拟舰船试验结果

9.3.4　系统试验

系统测试是在试验平台中新建试验方案，以与实物一致的真实仿真数据进行试验。电磁波传输的影响因素有各种天气环境，导弹飞行轨迹的影响因素有风速的大小。

虚拟试验系统坐标系是以导弹发射点为原点的北天东坐标系，各坐标轴的单位都是km。虚拟舰船的初始位置是(40,40,0)，向东偏南 45° 以 50m/s 速度行驶。虚拟导弹的初始速度是 300m/s，发射方向是东偏北 15°，雷达发射功率为 70dB，接收灵敏度为−70dB。如图 9-32 和图 9-33 所示，导弹的轨迹相当于在地球上方对导弹飞行轨迹的俯视图，导弹的飞行高度相当于侧视图，其中横坐标是导弹的飞行时间。

首先测试各种天气环境对导弹飞行轨迹的影响，这里选取各种天气环境的典型值。其中雾天的水汽密度为 $3g/m^3$，雨天的降雨强度为 3mm/h，雪天的降雪强度为 16mm/h。

如表 9-9 所示，捕获时间是弹载雷达从搜索转到跟踪时导弹所飞行的时间，捕获距离是此时导弹距离目标的距离。由图 9-32 和图 9-33 可以看出，对电磁波传输衰减从小到大依次是晴天、雪天、雨天和雾天。传输环境导致电磁波传输衰减变大，会使得弹载雷达的捕获时间变长，捕获距离变短，继而影响导弹的飞行轨迹和飞行高度，导致导弹无法截获目标，继而无法击中。

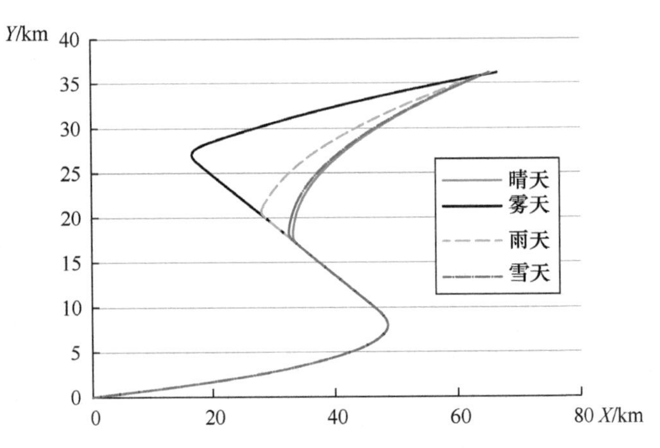

图 9-32　各种天气环境对导弹飞行轨迹的影响

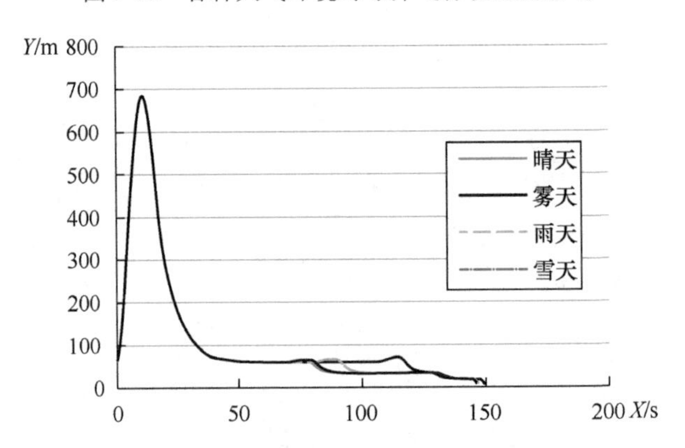

图 9-33　各种天气环境对导弹飞行高度的影响

表 9-9　各种环境下目标捕获时间和捕获距离

传 输 环 境	捕获时间/s	捕获距离/m	是 否 击 中
晴天环境	66.6	21629.5	是
雾天环境	104.8	11537.7	是
雨天环境	78.9	18281.1	是
雪天环境	68.6	21089.7	是

继续测试在各种环境下，各种环境影响因素的改变对捕获时间、捕获距离、导弹飞行轨迹和飞行高度的影响。如图 9-34 和图 9-35 所示，在雾天环境，改变水汽密度的大小，对导弹飞行轨迹的影响非常剧烈。如表 9-10 所示，当水汽密度增加到 $5g/m^3$ 时，由于传

输环境对电磁波传输衰减过大，导致弹载雷达无法捕获目标，导弹无法按照正确的轨迹飞行，继而无法击中目标。

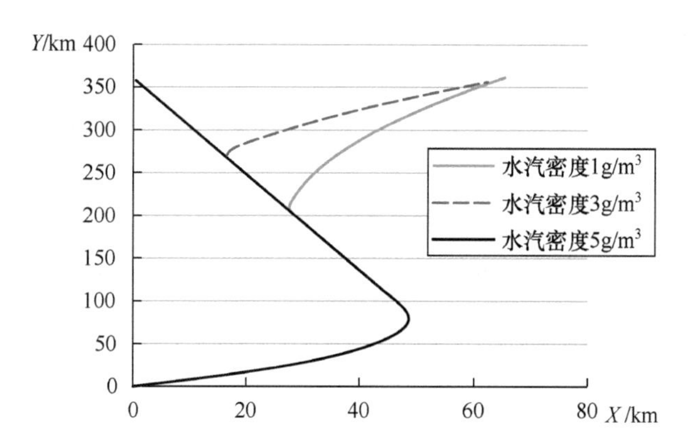

图 9-34　雾天环境下改变水汽密度对导弹飞行轨迹的影响

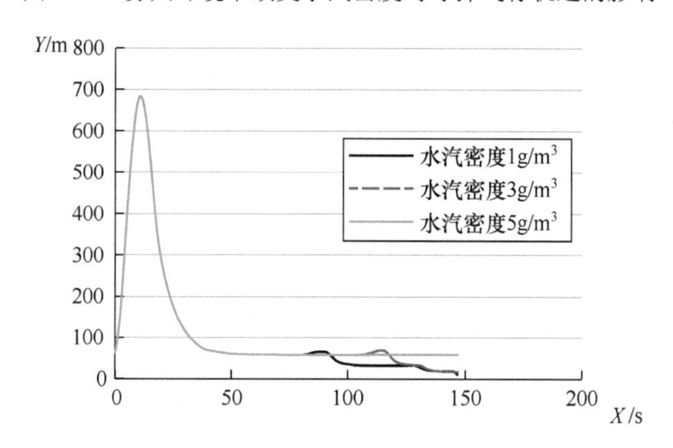

图 9-35　雾天环境下改变水汽密度对导弹飞行高度的影响

表 9-10　雾天环境下改变水汽密度对捕获时间和捕获距离的影响

传 输 环 境	捕获时间/s	捕获距离/m	是 否 击 中
水汽密度 $1g/m^3$	79.85	18024.9	是
水汽密度 $3g/m^3$	104.8	11537.7	是
水汽密度 $5g/m^3$	无	无	否

如图 9-36 和图 9-37 所示，在雨天环境，改变降雨强度对捕获时间、捕获距离和导弹飞行轨迹的影响也非常剧烈，如表 9-11 所示，当降雨强度增加到 9mm/h 时，也会导致不能捕获到目标，继而导弹无法按照正确的轨迹飞行，无法击中目标。

如图 9-38 和图 9-39 所示，在雪天环境，改变降雪强度对捕获时间、捕获距离和导弹飞行轨迹的影响相对较小，如表 9-12 所示。与雾天、雨天相比，雪天环境下，导弹更容易发现和捕获目标，继而更容易击中目标。

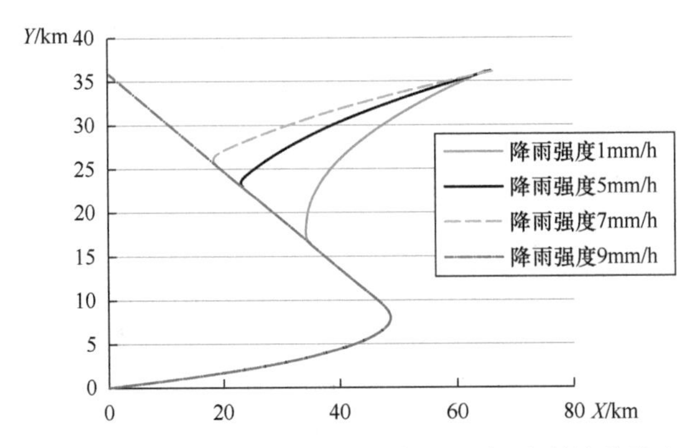

图 9-36　雨天环境下改变降雨强度对导弹飞行轨迹的影响

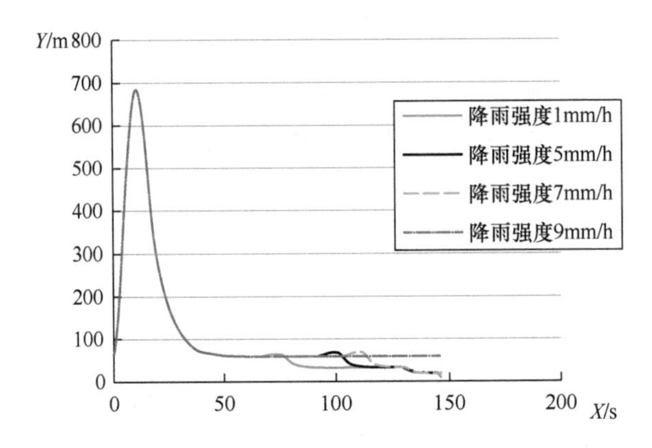

图 9-37　雨天环境下改变降雨强度对导弹飞行高度的影响

表 9-11　雨天环境下改变降雨强度对捕获时间和捕获距离的影响

传 输 环 境	捕获时间/s	捕获距离/m	是 否 击 中
降雨强度 1mm/h	64.6	22195.5	是
降雨强度 5mm/h	89.95	15337.5	是
降雨强度 7mm/h	100.75	12551.1	是
降雨强度 9mm/h	无	无	否

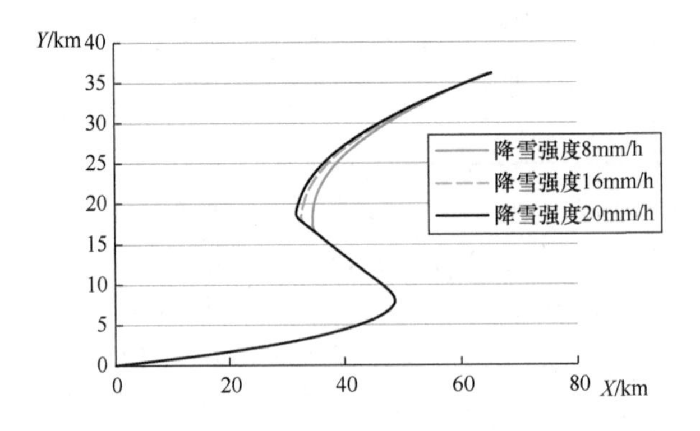

图 9-38　雪天环境下改变降雪强度对导弹飞行轨迹的影响

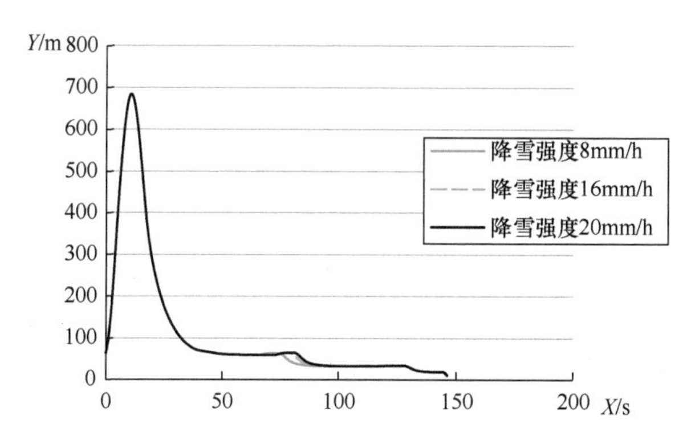

图 9-39　雪天环境下改变降雪强度对导弹飞行高度的影响

表 9-12　雪天环境下改变降雪强度对捕获时间和捕获距离的影响

传 输 环 境	捕获时间/s	捕获距离/m	是 否 击 中
降雪强度 8mm/h	64.0	22361.7	是
降雪强度 16mm/h	68.6	21089.7	是
降雪强度 20mm/h	70.6	20540.4	是

9.4 本章小结

本章研究了虚拟试验中的电磁波传输环境效应。通过对电磁波传输环境效应模型的研究和测试，开发了电磁波传输效应资源组件，详细介绍了基于试验训练体系结构的电磁波传输环境资源开发的实现过程。构建了基于信息化体系结构的雷达制导导弹虚拟试验系统，将系统分为电磁波传输效应组件、虚拟雷达制导导弹组件和虚拟舰船组件，各组件功能独立且可以实现信息交互。测试结果表明，各模型、各组件和整个系统无论在功能方面还是在实时性方面都能够达到要求。

第10章 激光传输环境效应

激光传输环境资源是虚拟试验系统中不可缺少的组成部分之一，它是基于一系列针对不同类型介质的激光传输模型而开发的。与应用于科学研究领域的激光传输模型相比，虚拟试验对激光传输模型有着更特殊的要求，如可应用于混浊介质和湍流介质混合的大气空间，使用灵活性高，以及满足未来应用的可扩展性、重用性等。对于虚拟模型与真实设备混合的虚拟试验系统，对激光传输模型还有明确的实时性要求。针对这些问题，本章将对激光传输过程的建模及虚拟试验激光传输环境资源的开发进行研究。

10.1 激光传输环境效应模型

激光作为一种特殊的光波，具有很好的相干性和平行性。由于激光是空间受限的光束，波束角很小，因此相较于一般光波，其能在远距离目标处形成明显的光斑。激光传输在系统运行过程中起着关键性的作用，由于激光在不同天气条件下有着不同的传输衰减和散射效应，因此为了使该系统更加逼真，研究不同天气条件下激光的传输模型，使之在精度和实时性上满足要求，对整个系统的真实性有着至关重要的影响。

传输介质根据其不同的粒子尺度半径及粒子浓度，主要可以分为以下三大类。

（1）低散射介质。激光在低散射介质中传播时，光场的相位相干性没有被严重破坏，因此除考察光场光强衰减外，还可以对光场的相位信息进行分析，这种介质的主要代表为降雨。

（2）中等散射介质。激光在中等散射介质中传播时，光场的相位相干性已被严重破坏，但高阶散射对光场的光强影响较小，因此激光的传输过程可以忽略高阶散射，根据一阶散射可得到比较精确的光场信息，这种介质的主要代表为各类云。

（3）高散射介质。激光在高散射介质中传播时，激光的高阶散射对目标平面辐射能量有较大的影响，只考虑一阶散射已无法满足仿真精度的要求，需全面考虑各阶散射的能量，这种介质的主要代表为浓雾。激光在不同的浑浊介质中传播时，需要根据介质的属性及特点，使用不同的传输模型对激光的传输过程进行描述，从而得到较为精确的仿真结果。

对典型天气条件下的各类介质进行仿真时，现有的激光传输模型一般均采用简化模型，介质的尺度分布谱中没有不规则形状粒子的描述信息，假设各类浑浊介质中液态水滴粒子为球形，光波在浑浊介质中的散射过程采用标准的单粒子散射模型来描述。

10.1.1　中低散射介质传输效应模型

1. Mie 散射

对于中低散射介质，建立一种均匀介质的传输效应模型。假设传输模型为中低散射均匀介质，则该介质的尺度分布谱函数 $f(a,h)$，一般假设介质粒子的形状为球形。对于经典的 Mie 散射模型，已经给出了严格的球形粒子散射的电磁场表达式。坐标轴的原点为球心，球形粒子的相对复折射率为 m。入射波沿 z 轴传播。入射平面波可表示为

$$E = \mathrm{e}^{\mathrm{i}kz} \tag{10-1}$$

平面波经球形粒子散射后，在距离介质球心位置 (r,θ,ϕ) 处的光波散射场可表示为

$$\begin{cases} E_\phi^s = -\dfrac{\mathrm{i}\mathrm{e}^{\mathrm{i}kr}}{kr} S_1(\theta)\sin\phi \\ E_\theta^s = -\dfrac{\mathrm{i}\mathrm{e}^{\mathrm{i}kr}}{kr} S_2(\theta)\cos\phi \end{cases} \tag{10-2}$$

由式（10-2）可知，垂直和水平方向散射场与入射场振幅之间的关系为

$$\begin{bmatrix} E_{\|s} \\ E_{\perp s} \end{bmatrix} = \frac{\mathrm{e}^{\mathrm{i}k(r-z)}}{-\mathrm{i}kr} \begin{bmatrix} S_2(\theta) & 0 \\ 0 & S_1(\theta) \end{bmatrix} \begin{bmatrix} E_{\|i} \\ E_{\perp i} \end{bmatrix} \tag{10-3}$$

上述两式中，S_1 和 S_2 分别为散射角 θ 的函数，一般称之为水平和垂直散射振幅，其表达式为

$$\begin{cases} S_1(\theta) = \displaystyle\sum_{n=1}^{\infty} \frac{2n+1}{n(n+1)} [a_n \pi_n(\cos\theta) + b_n \tau_n(\cos\theta)] \\ S_2(\theta) = \displaystyle\sum_{n=1}^{\infty} \frac{2n+1}{n(n+1)} [a_n \tau_n(\cos\theta) + b_n \pi_n(\cos\theta)] \end{cases} \tag{10-4}$$

由式（10-2）和式（10-3）可得散射光强的表达式为

$$I(\theta) = \frac{I_0}{k^2 r^2} \left[\left|\vec{S}_1(\theta)\right|^2 + \left|\vec{S}_2(\theta)\right|^2 \right] \tag{10-5}$$

式中，a_n、b_n、π_n、τ_n 为 Mie 散射的系数，其表达式为

$$\begin{cases} a_n = \dfrac{\psi_n(ka)\psi_n'(kma) - m\psi_n(kma)\psi_n'(ka)}{\zeta_n(ka)\psi_n'(kma) - m\psi_n(kma)\zeta_n'(ka)} \\ b_n = \dfrac{m\psi_n(ka)\psi_n'(kma) - \psi_n(kma)\psi_n'(ka)}{m\zeta_n(ka)\psi_n'(kma) - \psi_n(kma)\zeta_n'(ka)} \\ \pi_n(\cos\theta) = \dfrac{P_n^1(\cos\theta)}{\sin\theta} \\ \tau_n(\cos\theta) = \dfrac{\mathrm{d}}{\mathrm{d}\theta} P_n^1(\cos\theta) \end{cases} \tag{10-6}$$

式中，ψ_n 与 ζ_n 为 Ricatti-Bessel 函数；P_n^1 为 Legendre 函数。

根据前向散射理论可以计算得到在 Mie 散射条件下的消光截面积和散射截面积分别为

$$\begin{cases} \sigma_{\text{ext}} = \dfrac{2\pi}{k^2}\sum_{n=1}^{\infty}(2n+1)\text{Re}(a_n + b_n) \\ \sigma_{\text{sca}} = \dfrac{2\pi}{k^2}\sum_{n=1}^{\infty}(2n+1)(|a_n|^2 + |b_n|^2) \end{cases} \tag{10-7}$$

Mie 理论从标准 Maxwell 方程组出发，分析和计算散射粒子所产生的散射场，得到散射粒子对入射光波散射和吸收的严格数学解。当粒子半径与光波长相比较小时，Mie 散射就退化为 Rayleigh 散射。

目前对 Rayleigh 散射的研究已经较为详细，一般气体分子的 Rayleigh 角散射系数可表示为

$$\beta_m(\theta,\lambda) = \frac{\pi^2(n^2-1)^2}{2N\lambda^4} \times \frac{6+3\delta}{6-7\delta}(1+\cos^2\theta) \tag{10-8}$$

式中，λ 为光波长，单位为 μm；N 为气体的分子单位密度，单位为 cm^{-3}，在标准大气压下的海平面上，$N = 2.55\times10^{-9}\ \text{cm}^{-3}$；$n$ 为大气折射率；δ 为散偏退因子，一般等于 0.035；θ 为散射角。将上式在 4π 立体角上积分可得到体散射系数为

$$\beta_m(\lambda) = \frac{8\pi^3(n^2-1)}{2N\lambda^4} \times \frac{6+3\delta}{6-7\delta} \tag{10-9}$$

2. 传输模型

激光在介质中传播的过程分为两个部分：①激光束通过介质照射在目标上，在这个过程中，激光受到介质的吸收和散射，前向散射的部分到达目标平面，后向散射的部分被探测器接收；②激光束到达目标平面，经过目标平面的反射后，激光束向全空间辐射，探测器接收空间辐射的部分激光能量。整个过程能够分成三个计算步骤。

1）*在介质中的正向传输过程*

本节讨论的中低散射介质主要包括雨和云两个类型，其散射介质主要是水滴粒子。在不考虑粒子散射的情况下，激光束通过介质时仅受到粒子的衰减作用，经过衰减的激光功率为

$$F_{\text{cldout}}^{(0)} = F_{d1}\exp[-(\beta_{\text{air}} + \beta_{\text{aer}} + k_v\rho + \beta_{\text{cld}})L_{\text{cld}}] \tag{10-10}$$

式中，β_{cld} 为积云的消光系数，包括散射系数和吸收系数两部分，根据积云中水滴粒子分布谱，假设所有的水滴都是球形，消光系数可以表示为

$$\beta_{\text{cld}}(Z) = \int_{r_1}^{r_2} \pi r^2 (Q_s(D) + Q_a(D))N(D,Z)\text{d}D \tag{10-11}$$

如图 10-1 所示，根据多阶散射模型和目标与激光器的空间位置，可得到积云中一阶散射原函数为

$$F^{(0)}(L',\Omega') = F_0\exp[-\beta_e L' - \beta_{\text{cld}}(L'-L_v)] \tag{10-12}$$

图 10-1 中，L' 表示激光发射器到积云中散射点的距离；$L-L'$ 表示散射点到目标的距离。根据多阶散射的基本公式，由一阶散射造成的接收平面的功率累加原函数可表示为

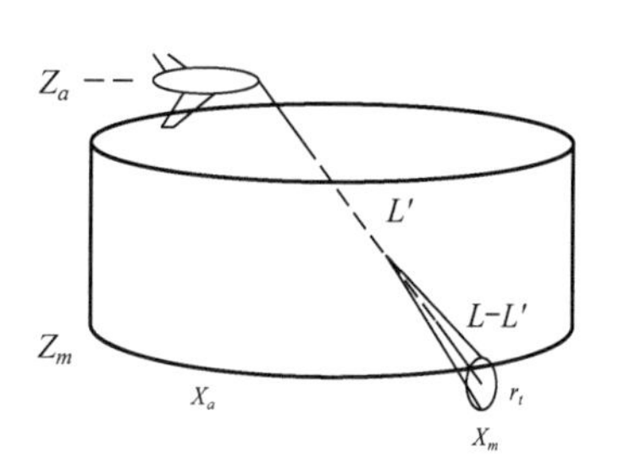

图 10-1　正向传输示意图

$$J^{(1)}(L',\Omega)=\frac{\tilde{\omega}}{2}F^{(0)}(L',\Omega)\int_0^{\Psi_1}P(\Theta)\sin\Theta\mathrm{d}\Theta \tag{10-13}$$

其中，

$$\Psi_1=\tan^{-1}\left(\frac{r_t}{L-L'}\right) \tag{10-14}$$

式中，r_t 为目标的等效半径。

由于二阶散射以上的激光功率相对于接收平面的辐射功率可忽略不计，因此不予考虑，这将在后续的仿真试验中得到证明。

本节介绍的激光传输为长程传输，因此采用平均的概念来描述以上参数，以相函数为例，根据积云二维数值模型计算得到水滴分布谱，以水滴半径为参数得出其平均值：

$$P_{\mathrm{avg}}(\Theta,Z)=\int_0^{\infty}P_D(\Theta,Z)\beta_{\mathrm{cld}}(D)N(D,Z)\mathrm{d}D\Big/\int_0^{\infty}\beta_{\mathrm{cld}}(D)N(D,Z)\mathrm{d}D \tag{10-15}$$

式中，$N(D,Z)$ 为在不同高度上的液态水滴尺度分布谱函数；$P_D(\Theta)$ 为半径为 D 的液态水滴的相函数。用平均化的相函数计算在云中传输时一阶散射原函数的表达式为

$$J^{(1)}(L',\Omega)=\frac{\tilde{\omega}}{2}F^{(0)}(L',\Omega)\int_0^{\Psi_1}P_{\mathrm{avg}}(\Theta,Z)\sin\Theta\mathrm{d}\Theta \tag{10-16}$$

目标表面所接收到的一阶散射激光功率的表达式为

$$F_{\mathrm{forward}}^{(1)}=\int_0^{L}J^{(1)}(L',\Omega)\exp(-\beta_e(L-L')-\beta_{\mathrm{cld}}(L-L'-L_u))\cdot(\beta_e+\beta_{\mathrm{cld}})\mathrm{d}L' \tag{10-17}$$

则目标表面所接收到的总的激光功率为：$F_t=F_{\mathrm{forward}}^{(0)}+F_{\mathrm{forward}}^{(1)}$。

2）目标表面的反射

激光束的目标平面的功率经过反射再次进入介质空间，反射功率由激光束到达目标平面的功率及目标表面的反射率决定。假设目标平面是理想的均匀分布，则由目标平面反射的功率为

$$F_{\mathrm{ref}}=R_{\lambda}F_t \tag{10-18}$$

式中，R_{λ} 为目标的反射率；F_t 为照射在目标表面上的激光功率。

3）反射功率在介质中的传输

反射功率仍然采用一阶散射近似的条件进行计算。激光探测器的视场角为 ψ，探测器的孔径半径为 r_r，则探测得到的直接传输功率可表示为

$$F_{\mathrm{back}}^{(0)}=\left(\frac{r_r}{2L}\right)^2F_{\mathrm{ref}}\exp[-(\beta_e+\beta_{\mathrm{cld}})L_{\mathrm{cld}}-\beta_eL_v-\beta_eL_u] \tag{10-19}$$

式中，β_{cld} 为介质粒子的消光系数。

如图 10-2 所示，通过逐层计算，目标反射功率的一阶散射原函数可表示为

$$I^{(0)}(L',\Omega)=\left(\frac{r_r\Psi}{L}\right)^2F_{\mathrm{ref}}\exp[-\beta_e(L-L')-\beta_eL_u] \tag{10-20}$$

目标反射的一阶散射分量可表示为

$$J^{(1)}(L',\Omega)=\frac{\tilde{\omega}}{4\pi}I^{(0)}\int_0^{\Psi'}P_{\text{avg}}(\Theta,Z)\sin\Theta\text{d}\Theta \tag{10-21}$$

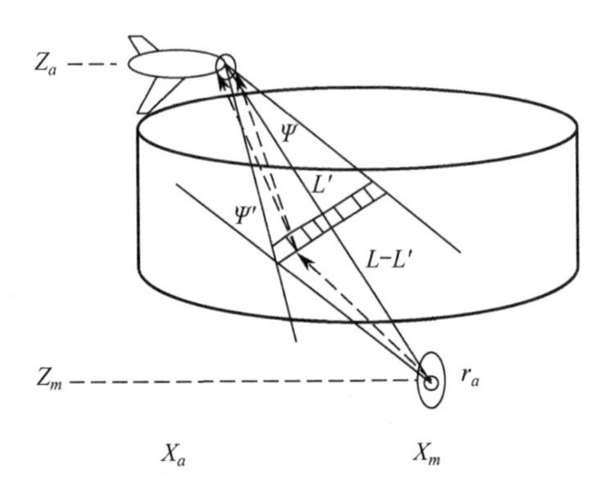

图 10-2　包括一阶散射的目标反射功率在介质中传输

散射角的积分范围可表示为

$$\Psi'=\Psi+\tan^{-1}[L'\tan\Psi/(L-L')] \tag{10-22}$$

目标反射的一阶散射功率 $F_{\text{back}}^{(1)}$ 可根据式（10-18）进行计算。

直接辐射传输的后向散射 F_{cldback} 也会影响激光接收器探测到的激光功率，后向散射的直接传输功率按式（10-16）进行计算，一次散射的原函数的积分区域为（π，π−Ψ_b），其中散射角 Ψ_b 是一个主要的计算参数，可以表示为机载探测器孔径半径和散射点所在空间位置的函数：

$$\Psi_b=\tan^{-1}(r_a/L_b') \tag{10-23}$$

式中，r_a 为激光探测器的孔径半径；L_b' 为散射点到激光探测器之间的距离。

因此，探测器上所得到的总的激光探测功率为

$$F_{\text{total}}=F_{\text{back}}^{(0)}+F_{\text{back}}^{(1)}+F_{\text{cldback}} \tag{10-24}$$

式中，F_{cldback} 为激光束在积云中正向传输时后向散射造成的探测器接收功率的累加。

3．模型验证

根据该节所使用的建模方法，利用已有的认可度较高的标准蒙特卡罗（Monte Carlo，MC）模型对建立的模型进行对比分析，从而对本节的建模方法进行验证。

积云是底层空气对流使水汽凝结而形成的云。积云是影响激光传输的中等散射特性的介质，主要由水滴组成，伴有少量的冰晶。积云的生命周期一般为几十分钟到两小时之间，其发展过程一般经历发展、成熟和消散三个阶段。

在仿真实验中，根据二维模式描述积云内部的物理变化，采用差分步进的方式逐步得到水滴粒子在水平剖面上按层分布的离散化粒子谱分布函数。仿真时间设置为 60 分钟，采样间隔为 10 分钟，0～20 分钟为初始阶段，20～40 分钟为成熟阶段，40～60 分钟为消散阶段。图 10-3 表示在相隔为 10 分钟的时间点上整个积云体内部的水滴粒子尺度分布谱。横坐标表示水滴粒子的半径，纵坐标表示海拔高度。

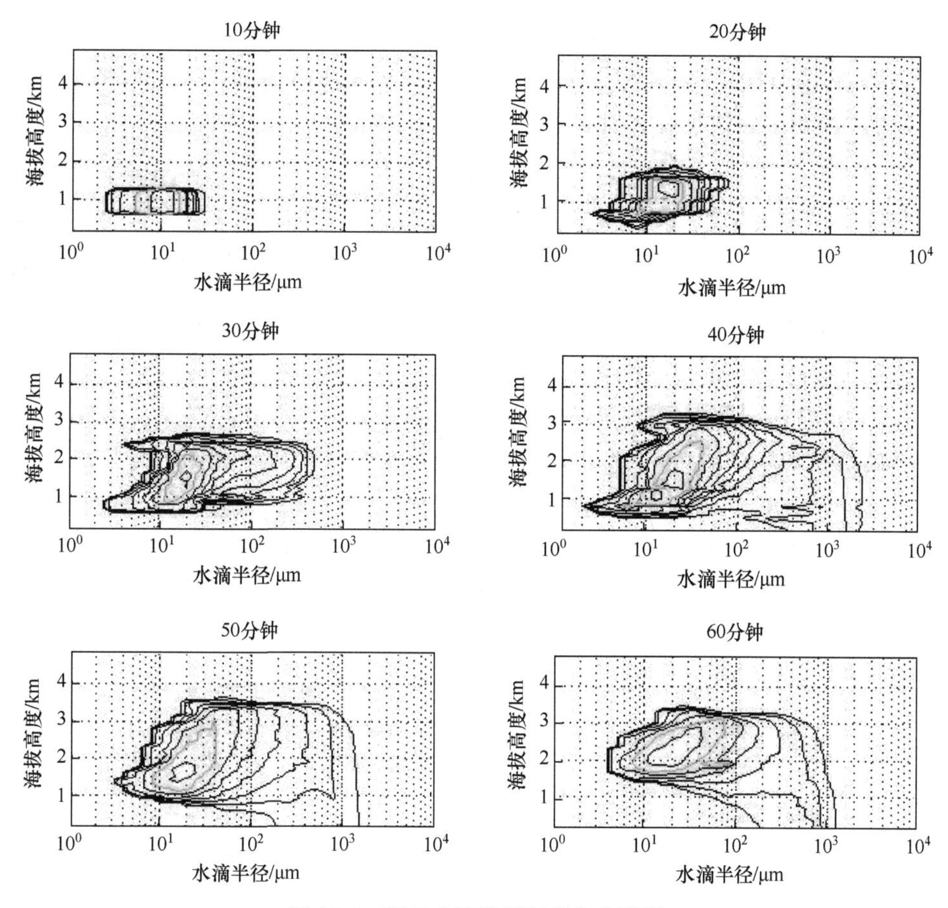

图 10-3　积云水滴粒子尺度分布谱图

根据得到的随高度和时间变化的积云液态水滴粒子尺度分布谱图，可以得到每个高度层面上的消光系数，如图 10-4 所示。

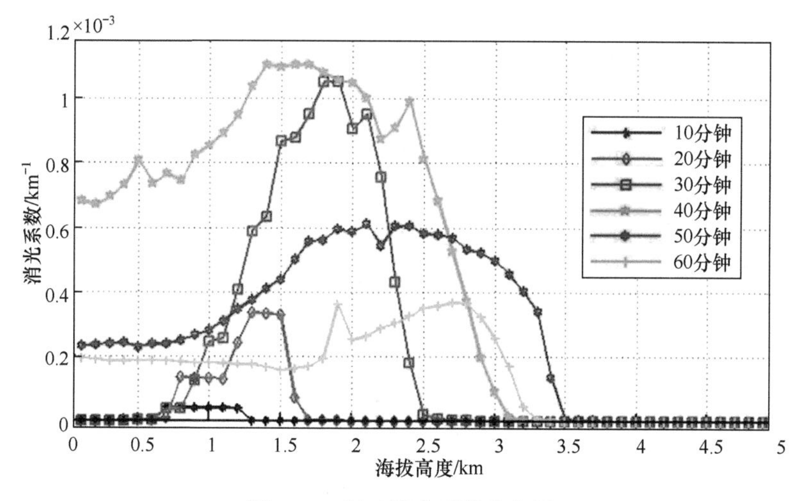

图 10-4　积云消光系数分布图

整个激光传输模型的运行除了需要积云介质参数和大气介质参数，还需要一系列的设备参数支持，其中包括目标物体的反射率及等效半径、激光探测器的孔径半径及视场角等等，仿真模型的相关参数具体数值如表 10-1 所示。

表 10-1　仿真模型的相关参数

激 光 波 长	入射激光功率	目标反射率	目标等效半径	探测器孔径半径	探测器视场角
1.06μm	10^3W	50%	2.5m	0.1m	5°

在仿真过程中，假设目标位置逐渐上升，从水平高度 100m 上升到 3600m，激光探测器的海拔高度设置为 4000m，随着目标位置的升高，记录目标位置处的总辐射功率、一阶散射辐射功率，激光探测器探测到的后向散射辐射功率和总功率。为了分析后向散射对探测激光功率的影响，计算了后向散射功率相对于探测器探测到的总激光功率的比值。

由仿真结果可知，目标处的激光辐射功率和探测器探测到的激光功率会随着目标位置的上升而增加。这是由于激光源与目标之间的距离减小，水滴吸收的激光总功率减少，目标相对于探测器的张角变大。此仿真结果与事实是相符的。图 10-5 所示为目标在不同高度时正向传输照射在目标表面激光功率的变化特征。

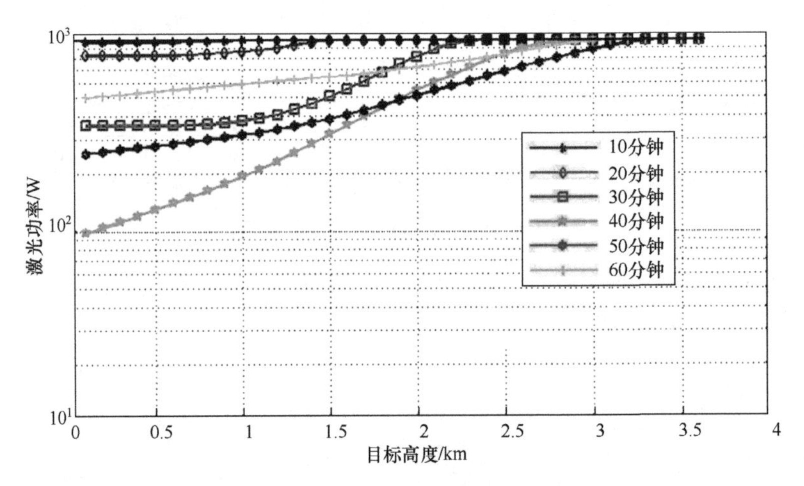

图 10-5　不同高度上目标表面的激光功率

在积云的生命周期中，根据图 10-3 所示的积云水滴粒子尺度分布谱，在 40 分钟的时间点上，积云处于成熟阶段，在此阶段，积云内部的水滴分布最为广泛，单位体积内的水滴数量最多。图 10-4 所示的积云消光系数的变化趋势也间接证明了这个结论，在此阶段的积云对正向激光传输的影响最大。

一阶散射功率的变化趋势与积云体内部的水滴分布相关。10 分钟时，如图 10-6 所示，积云体的区域仅存在于高度在 1km 左右的空间内。随着目标位置的升高，对目标的散射角增大，所以当目标在积云体下方向上运动时，一阶散射功率逐渐增加。当目标的高度增加到 0.6km 左右时，目标进入积云，从此高度点开始，激光在积云内部的传输距离逐渐变短，一阶散射功率逐渐降低。当目标的高度超过云体高度时，一阶散射主要由大气中固有存在的气溶胶和大气分子等介质的含量决定，逐渐趋近于固定值，主要由最终目标位置和激光探测器之间的大气固有介质所决定。

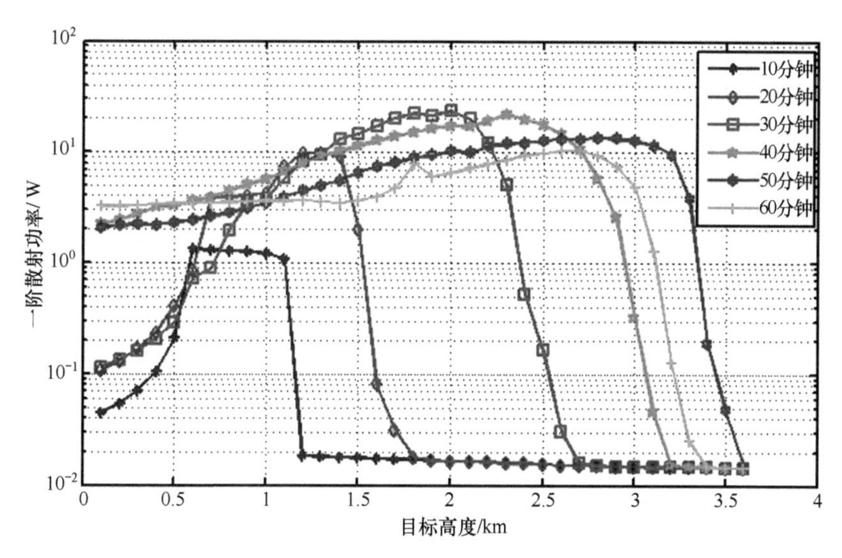

图 10-6　不同高度上目标表面的一阶散射激光功率

另外，随着目标位置的上升，正向传输的一阶散射功率均为先增加后逐渐下降的趋势。在上升过程中斜率较低，而在下降过程中斜率较高，这种斜率的变化是由散射系数的变化导致的。以 40 分钟时的积云水滴粒子尺度分布为例（见图 10-7），当超过 2.5km 时，散射系数急剧下降，这与一阶散射的激光功率相对应。这说明目标处辐射的一阶散射功率主要是由临近位置的积云水滴造成的。

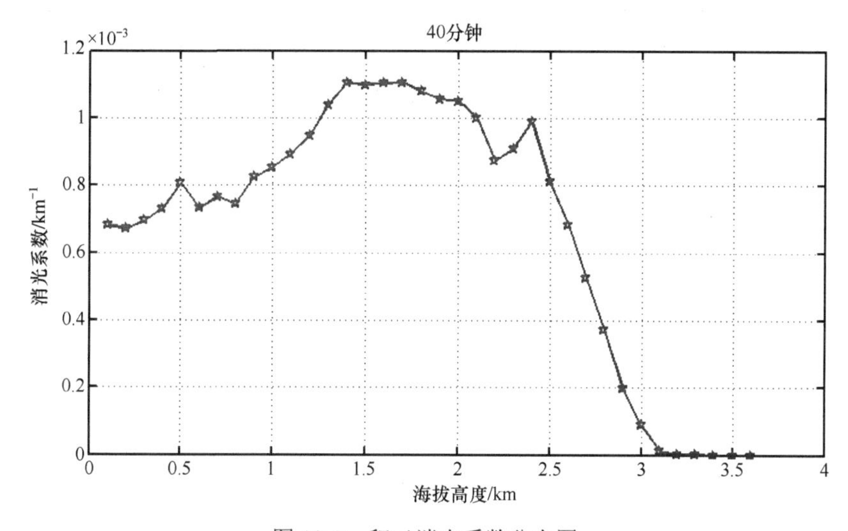

图 10-7　积云消光系数分布图

在分析完目标处的激光辐射功率之后，针对后向散射对激光探测器造成的影响进行分析。一般来说，针对云等由液态水滴或冰晶等组成的大气介质，后向散射对探测精度造成的影响是仿真过程比较关心的问题，许多学者根据气象卫星或其他遥感探测手段获取的介质分布参数对此类问题进行了建模与分析。

如图 10-8 所示，当目标位于积云下方时，后向散射的变化趋势比较缓慢。当目标进入云体后，由于散射距离变短，后向散射功率逐渐减小。当目标高度超过积云顶部时，后向散射的功率基本为 0。对于整个后向散射的变化趋势而言，在开始阶段变化较为平滑，随着目标位置的升高，后向散射的激光辐射功率逐渐减小。当目标距离探测器在一定的距离范围之外时，基本可认为后向散射功率为一固定数值，在真实的试验中，可将其视为固定的影响误差而消除掉。

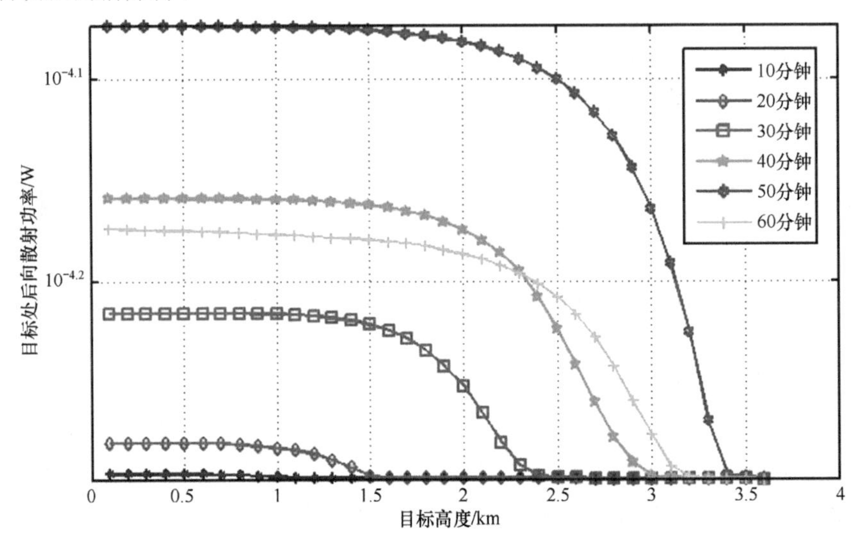

图 10-8　在不同的目标高度上接收器接收到的后向散射功率曲线

由图 10-9 可知，随着目标距离探测器的距离逐渐接近，后向散射基本可忽略不计。结合以上讨论，后向散射对于探测激光功率的影响可根据一定的数值处理手段进行降噪处理，此结论可以对真实的积云中大气激光传输试验提供一定的借鉴作用。

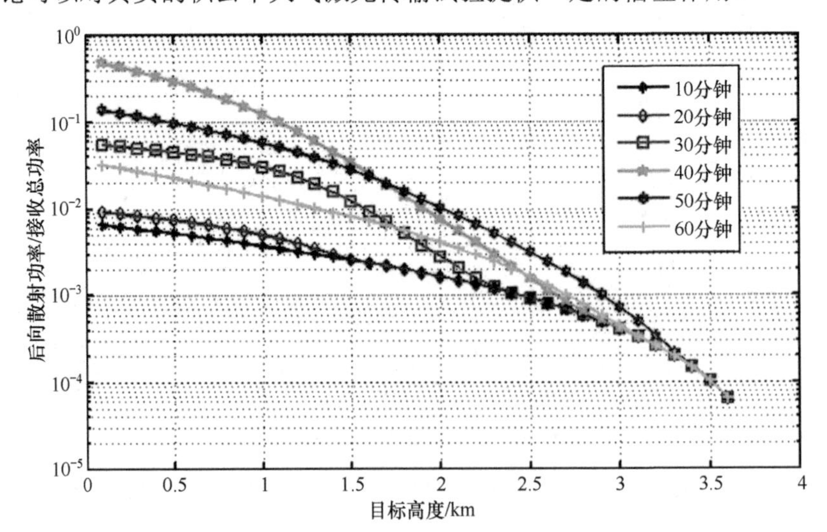

图 10-9　在不同的目标高度上接收器接收到的后向散射功率与接收总功率的比值

如图 10-10 所示，探测器接收到的激光功率与目标处的激光辐射功率变化趋势相同，基本呈上升趋势。在 40 分钟的时间点上，也就是在积云的成熟阶段，积云体对探测器探测到的激光功率影响最大。

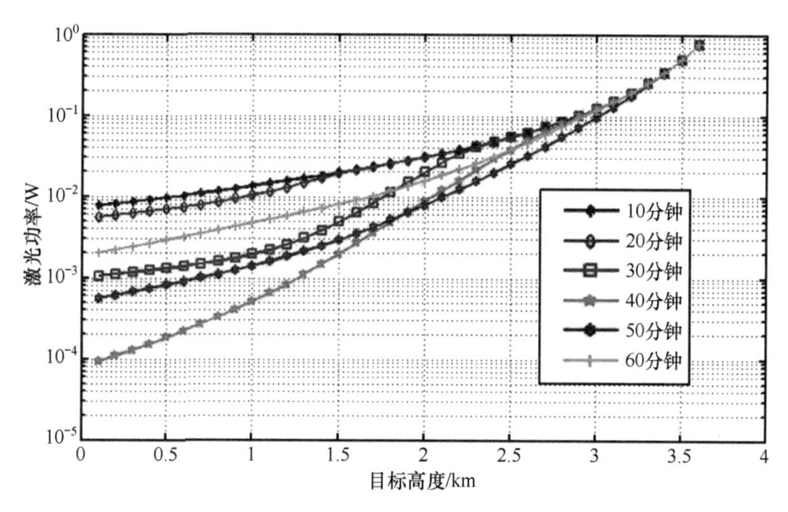

图 10-10 在不同的目标高度上接收器接收到的激光功率

由于积云的变化比较复杂，因此很难从真实试验中获得激光传输的试验数据，而标准的蒙特卡罗光子传输模型（Monte Carlo Modeling of Light Transport，MCML）已经应用在众多领域的激光传输仿真试验中，其正确性已经得到了多方面的验证，因此本节的模型验证采用标准的 MCML。光子数量设置为 10^3 个，对目标处的功率分布进行验证，每个光子可认为是 1W 的激光功率，本节方法与 MCML 方法的仿真结果对比如图 10-11 所示。由对比结果可以看出，本节方法与 MCML 方法基本一致。由于 MCML 模型是一个综合考虑各阶散射的激光传输模型，仿真结果的一致性证明了本节方法忽略高于一阶散射对于目标处能量的影响是可行的。

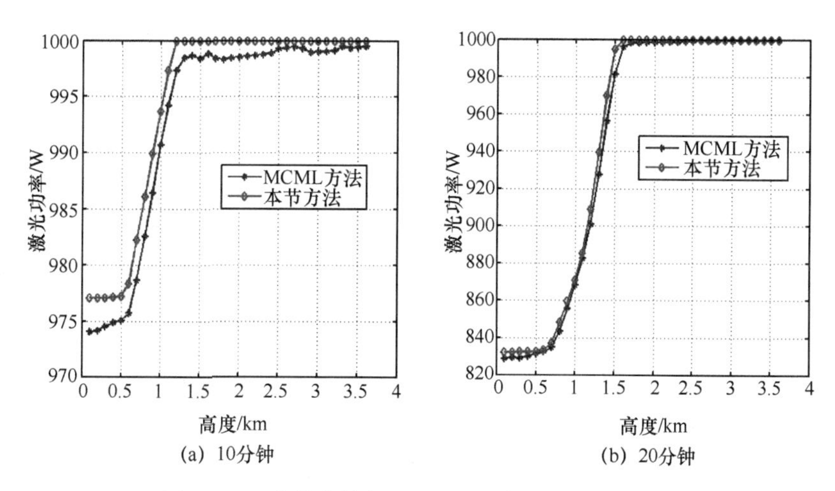

图 10-11 本节方法与 MCML 方法的仿真结果对比

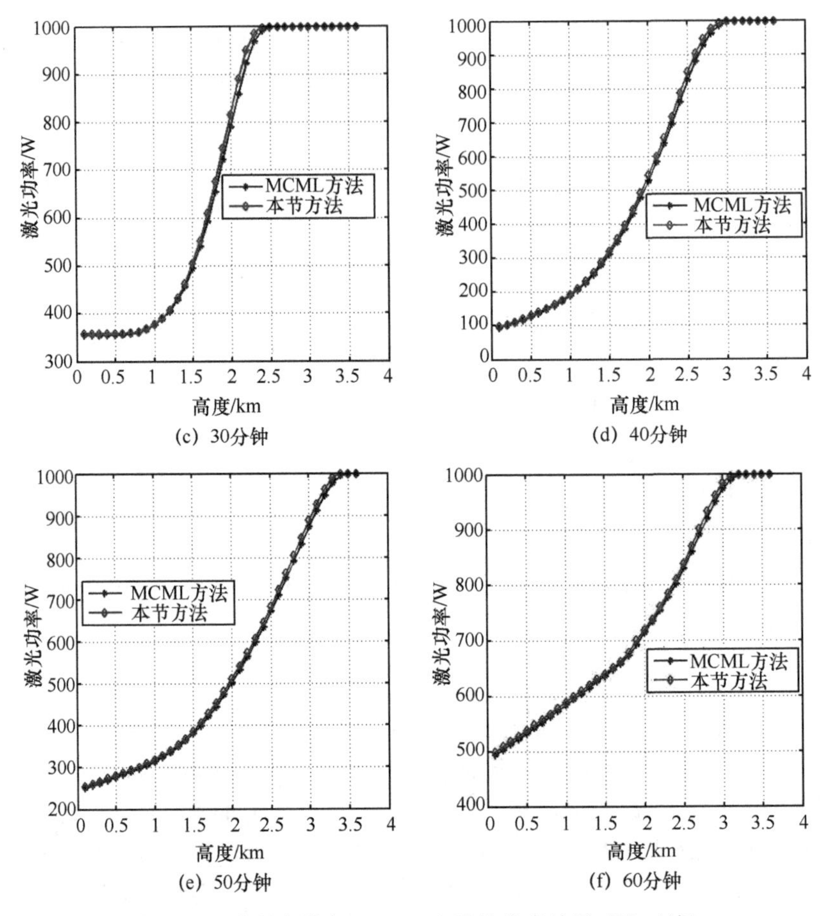

(c) 30分钟

(d) 40分钟

(e) 50分钟

(f) 60分钟

图 10-11　本节方法与 MCML 方法的仿真结果对比（续）

经过如上的验证试验，基本可以证明本节所建立的积云中激光传输模型的正确性。经试验测试，在当前主流配置的台式计算机上，该激光传输模型的计算时间平均为 16ms 左右，满足一般虚拟试验系统对激光传输模型的实时性要求。

10.1.2　高散射介质传输效应模型

当介质的浓度较低时，介质中两个粒子的距离相对较远，介质粒子间的散射影响基本可以忽略，高阶散射不会造成太大影响；当介质浓度较高时，粒子间的高阶散射能量造成的影响无法被忽略。在所有的高散射介质激光模型中，应用最广也最有权威性的是 MCML 模型，已被应用于大气光学、海洋光学等需要考虑多次散射的各种领域。在激光传输领域，许多研究人员都通过 MCML 方法进行了建模研究。如 P. Bruscaglionl 等通过 MCML 方法模拟了激光在浓雾中的传输过程，并验证了 MCML 方法的正确性；Debbie Kedar 等通过 MCML 方法分析了光子在雾气环境中的传输分布状态。MCML 方法仿真精度高，能有效仿真各种多阶散射过程，但存在运算时间较长的缺点，有学者通过硬件加速的方法对 MCML 的计算过程加速，但此方法的成本高，不适用于大范围使用。还有研究人员通过卷积的方法提高 MCML 方法的计算效率，但仍不适用于有实时要求的场合。

为满足虚拟试验的要求，针对现有的高散射介质中激光传输模型计算效率较低的缺点，结合虚拟试验常用的介质平行平板型分布假设，本节拟建立一种高散射介质环境中高运行效率的多次散射光子传输模型。

1．传输模型

当前研究传输模型中，最为常用是 MCML 模型，该模型基于统计的思想，对光子的运动进行大量的数据统计，最后得到所需的数据信息。该模型的优点是无须进行任何物理假设，缺点是仿真计算时间长，不适用于实时仿真。

本节提出了一种基于高斯分布的光子传输模型，假设其径向光子分布呈高斯状，则在圆环 $r_{i\text{-}1}$ 和 r_i 之间的光子数 ΔP_i 和半径 r_j 内的光子总数 P_i 为

$$\begin{aligned} \Delta P_i &= P\exp\left(-\frac{r_i}{S}\right)\Bigg/\sum_{i=1}^{N_{\text{up}}}\exp\left(-\frac{r_i}{S}\right) \\ P_i &= P\sum_{k=1}^{i}\exp\left(-\frac{r_k}{S}\right)\Bigg/\sum_{i=1}^{N_{\text{up}}}\exp\left(-\frac{r_i}{S}\right) \qquad (10\text{-}25) \\ P &= \sum_{i=1}^{N}\text{Photon}(i)\cdot\text{weight} \end{aligned}$$

用本节假设方法计算光子数与 MCML 方法仿真进行对比，结果如图 10-12 所示。由图可知，该假设计算得到的结果与 MCML 方法相比，在精度上符合要求，因此高斯模型可以用于光子传输的计算。

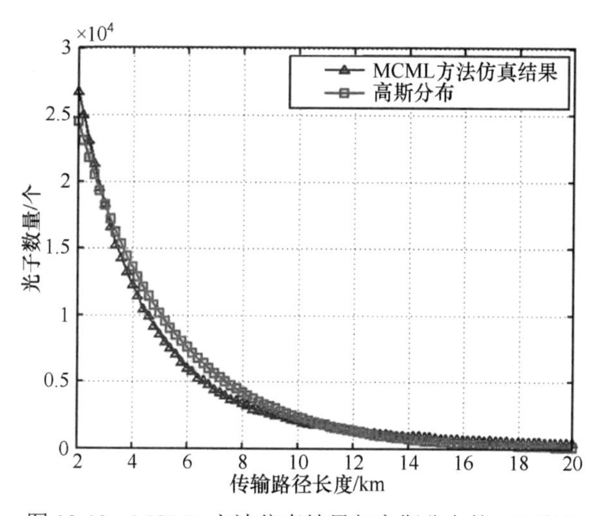

图 10-12　MCML 方法仿真结果与高斯分布的 ΔP_i 对比

随着光子在传输过程中的衰减和吸收，每一介质层上光子的分布逐级产生变化。本节的核心思想是将介质按平行平板分层，根据传输理论逐级计算每一介质层的变量，最后通过高斯分布得出最终的结果。图 10-13 所示为光子二次散射传输的几何参数示意图。

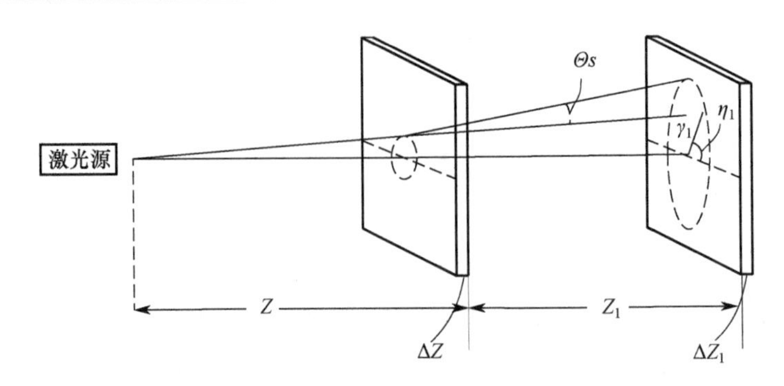

图 10-13　光子二次散射传输的几何参数示意图

通过对光子的传输过程进行分析，可以得出在不同平面处经过散射衰减后的光子个数计算公式，Z_n 代表第 n 层介质。

根据比尔朗伯定律，通过 Z_1 经衰减作用到达 Z_2 的光子数量为

$$N_{0\_2}=N_0\exp[-\beta_1\gamma_1(Z_2-Z_1)] \tag{10-26}$$

式中，N_0 为初始的总光子数量；N_{0_2} 如下标所示，表示在 Z_2 未经散射（零阶散射，仅受衰减作用）的光子数量。

Z_2 中，前向散射的光子数量可表示为

$$N_{1\_2}=N_{0\_2}\mu_2\gamma_2\alpha_2^2(Z_3-Z_2) \tag{10-27}$$

式中，$\mu_2\gamma_2\alpha_2^2(Z_3-Z_2)$ 表示在 Z_2 介质层传输时，前向散射的光子数量占前一阶散射光子数量的比例；N_{1_2} 表示在 Z_2 层中一阶前向散射的光子数量。

Z_2 中一阶前向散射的光子，经衰减后到达 Z_3 层中，它与在 Z_3 层零阶散射光子再次散射后形成的一阶散射光子共同组成该层中的一阶散射光子。

$$N_{1\_3}=N_{0\_3}\times\mu_3\gamma_3\alpha_3^2\times(Z_4-Z_3)+N_{1\_2}\times\exp[-\beta_3\gamma_3(Z_3-Z_2)] \tag{10-28}$$

在 Z_3 层中的光子经再次散射后形成二阶散射光子：

$$N_{2\_3}=N_{1\_3}\times\mu_3\gamma_3\alpha_3^2(Z_4-Z_3) \tag{10-29}$$

式中，N_{2_3} 表示 Z_3 中二阶散射的光子数量。以上传输过程如图 10-14 所示，依次类推可得到各阶散射光子数量的计算表达式：

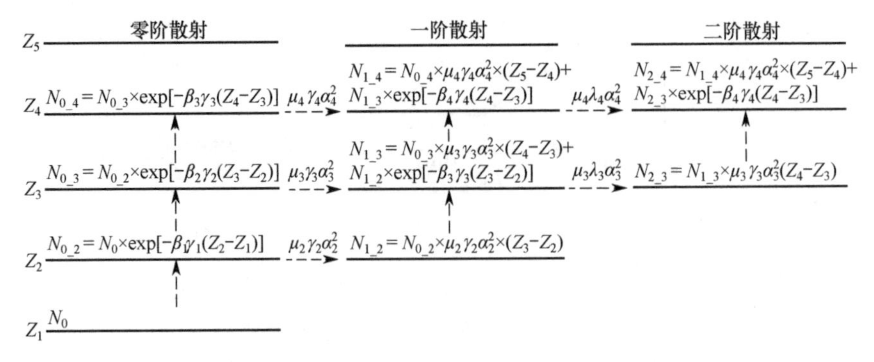

图 10-14　在不同介质层上各阶散射光子数

零阶散射的光子数量为

$$N_0 = N_t \prod_{n=1}^{N_{\text{medtotal}}} \exp[-\beta_n \gamma_n (Z_{n+1} - Z_n)] \tag{10-30}$$

一阶前向散射的光子数量为

$$N_1 = N_0 \sum_{n=2}^{N_{\text{medtotal}}} [\mu_n \gamma_n \alpha_n^2 (Z_n - Z_{n-1})] \tag{10-31}$$

二阶前向散射的光子数量为

$$N_2 = N_0 \sum_{n=2}^{N_{\text{medtotal}}} \sum_{m=n+1}^{N_{\text{medtotal}}} [\mu_n \gamma_n \alpha_n^2 (Z_{n+1} - Z_n)] \times [\mu_m \gamma_m \alpha_m^2 (Z_{m+1} - Z_m)] \tag{10-32}$$

三阶前向散射的光子数量为

$$N_3 = N_0 \sum_{n=2}^{N_{\text{medtotal}}} \sum_{m=n+1}^{N_{\text{medtotal}}} \sum_{k=m+1}^{N_{\text{medtotal}}} [\mu_n \gamma_n \alpha_n^2 (Z_{n+1} - Z_n)] \times [\mu_m \gamma_m \alpha_m^2 (Z_{m+1} - Z_m)] \times [\mu_k \gamma_k \alpha_k^2 (Z_{k+1} - Z_k)] \tag{10-33}$$

式中，N_{medtotal} 为介质分层的总数。

更高阶散射的计算公式依次类推，因此到达目标平面上的总光子数量为 $N_{\text{total}} = \sum_{i=0}^{n} N_i$。在计算时可根据不同的参数，选择适当的截止散射阶数 n 来得到满足精度要求的仿真结果。图 10-15 所示为传输距离为 10km 时各阶散射的光子数量。截止散射阶数为 6 即可满足精度要求。

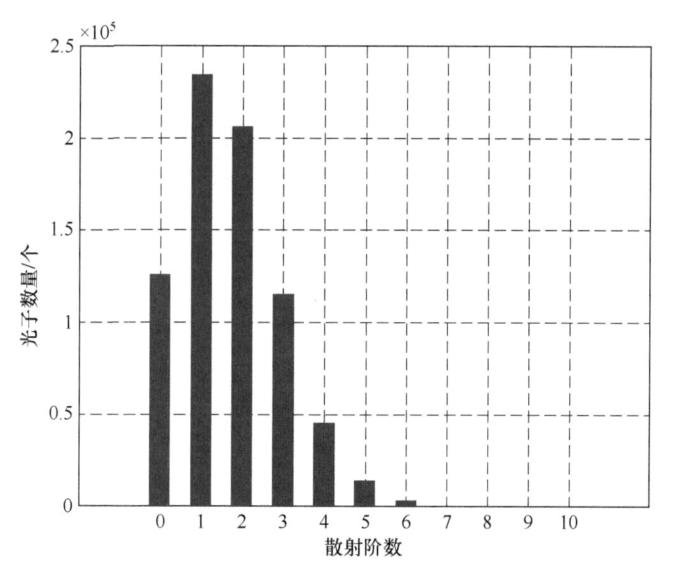

图 10-15　各阶散射的光子数量（传输距离=10km）

在仿真过程中，逐次计算各阶散射，当该阶散射的光子数量小于误差要求时即停止计算，得到总光子数。

2. 模型验证

利用已有的认可度较高的标准 MCML 模型对建立的模型进行对比分析，从而对该建模方法进行验证。对已建立的模型需要进行两方面的仿真，一个是模型精确度的验证，另一个是仿真效率的验证。

为了更好地验证模型的正确性，对于模型精确度进行了三组试验，试验的仿真参数如表 10-2 所示。g 为不对称因子，本节模型的相函数采用 Mie 理论的 H-G 函数，其表达式为

$$P(\theta)=\frac{1-g^2}{2(1+g^2+2g\cos\theta)^{\frac{3}{2}}} \tag{10-34}$$

表 10-2　仿真参数

实验编号	吸收系数 μ_a/km^{-1}	散射系数 μ_s/km^{-1}	不对称因子 g	总光子数量 n_p/个	63.2%前向峰值散射角 Θ /rad	介质层数 $N_{medtotal}$
1	0.003	0.1	0.9	10^6	0.3	20
2	0.015	0.4	0.9	10^6	0.3	20
3	0.03	0.9	0.9	10^6	0.3	20

其前向散射部分近似高斯分布，因此其前向散射的光子可以通过高斯分布进行表征。Θ 表示粒子散射相函数的 63.2%能量散射角，根据相函数的定义可表示为 $\int_0^{\Theta}P(\theta)\sin\theta\mathrm{d}\theta=0.632$。当 $g=0.9$ 时，Θ=0.3rad。

为了验证方法的正确性，设置了三组试验。由于 MCML 方法的正确性已经得到充分的证明，因此在本节的验证部分采用 MCML 方法对本节方法进行验证。为了确保验证的充分性，分别用 MCML 方法和本节方法获取不同传输路径的一系列点位上接收平面的总光子数量和 63.2%能量半径，进而得到三组试验仿真结果的对比。对比结果如图 10-16 和图 10-17 所示。

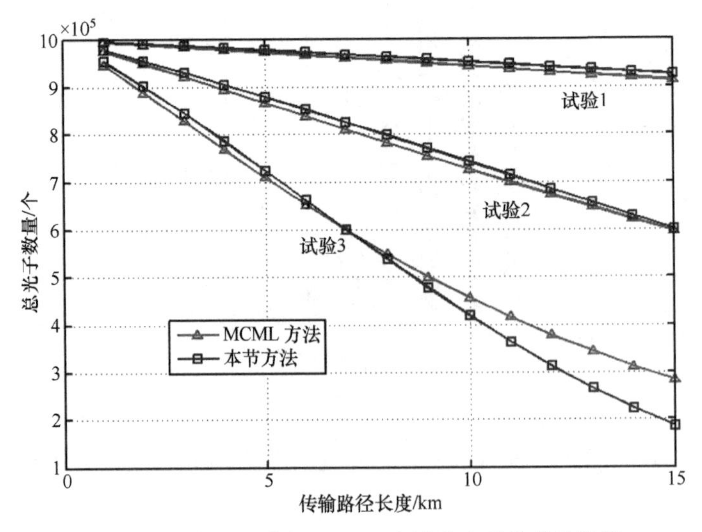

图 10-16　本节方法和 MCML 方法总光子数量的比较

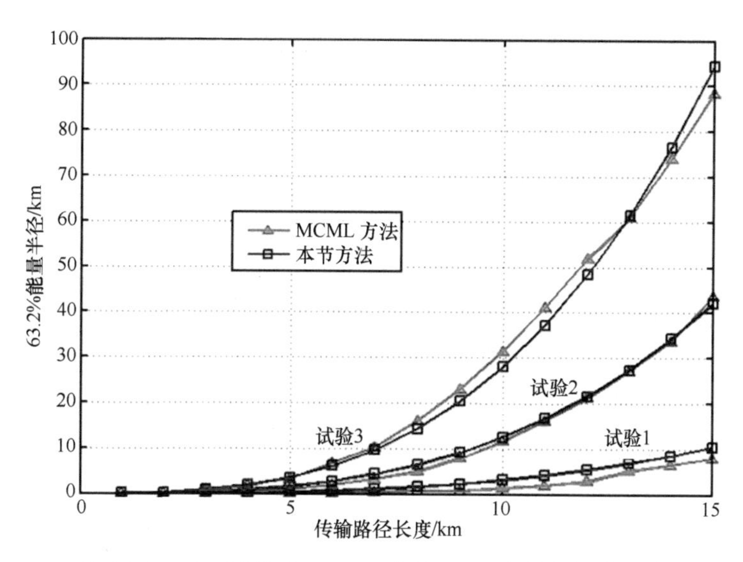

图 10-17　本节方法和 MCML 方法 63.2%能量半径的比较

试验 1 和试验 2 接收平面的总光子数量和 63.2%能量半径在数值和变化趋势上基本一致，而在图 10-18 中，试验 3 在仿真过程的后半段总光子数量与 MCML 方法出现一定的偏差，这是由于超过 10km 时介质层状分辨率逐渐接近临界分辨率$\overline{l}$。图 10-18 所示为提高 N_{medtotal} =30 后得到的较为精确的仿真结果。

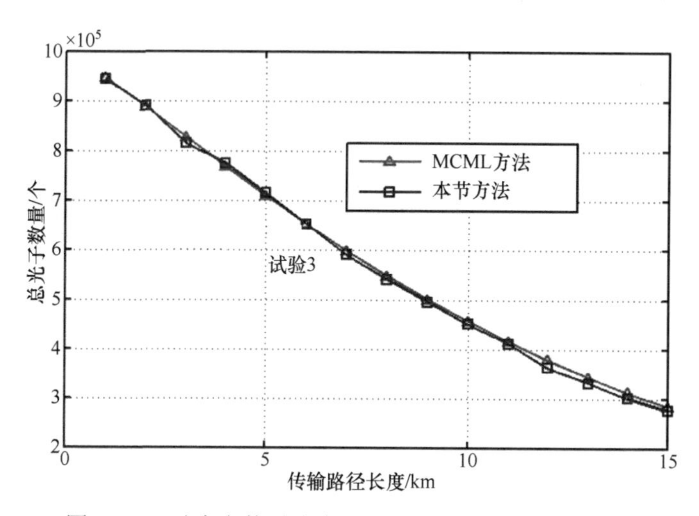

图 10-18　改变参数后试验 3 总光子数量的仿真结果对比

当传输距离为 10km 时，由接收平面总光子数量和 63.2%能量半径可计算得到不同半径内的光子总数，仿真结果如图 10-19 所示。

图 10-19 所示的试验 2 和试验 3 中，MCML 方法与本节方法得到的模拟结果基本吻合，只有局部点的数值稍有差异。随着试验次数和光子数量的增加，数值的误差会逐渐减小。而试验 1 的结果有较大出入。这是因为试验 1 中的消光系数为 0.103km^{-1}，此时 MCML 方法中光子的平均运动步长为 9.988km，大部分光子在到达目标平面时所经历的散射次数

比较少，因此接收平面的光子分布并没有显示出明显的高斯特性。随着传输距离的增加，高斯特性将逐渐显现出来。

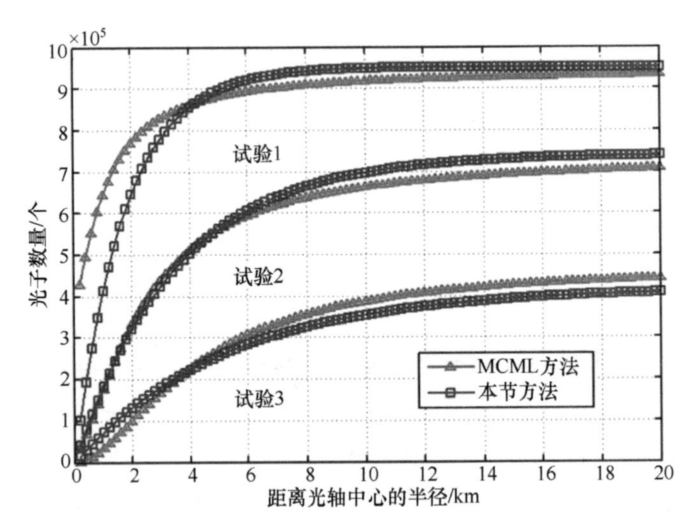

图 10-19　本节方法与 MCML 方法光子分布的对比结果

图 10-20 所示为当传输距离为 30km 时接收平面光子分布的仿真结果。通过以上三组试验基本可以证明本节方法的正确性。

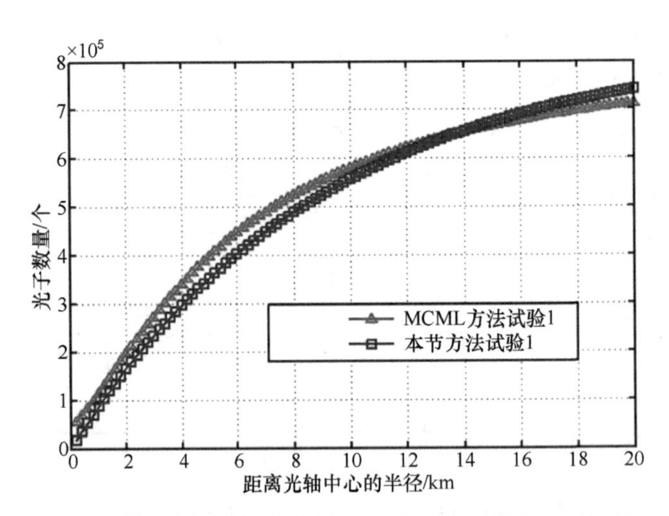

图 10-20　试验 1 改变传输路径长度为 30km 时，光子分布的对比结果

在运行效率方面，本节方法与 MCML 方法、OPMC 方法和 AMC 方法运算时间对比如图 10-21 所示。

通过表 10-3 所示的平均仿真时间对比结果可以看出，本节方法在相同的仿真环境下，运算效率远远高于 MCML 方法、OPMC 方法和 AMC 方法，可满足系统性能指标的要求。

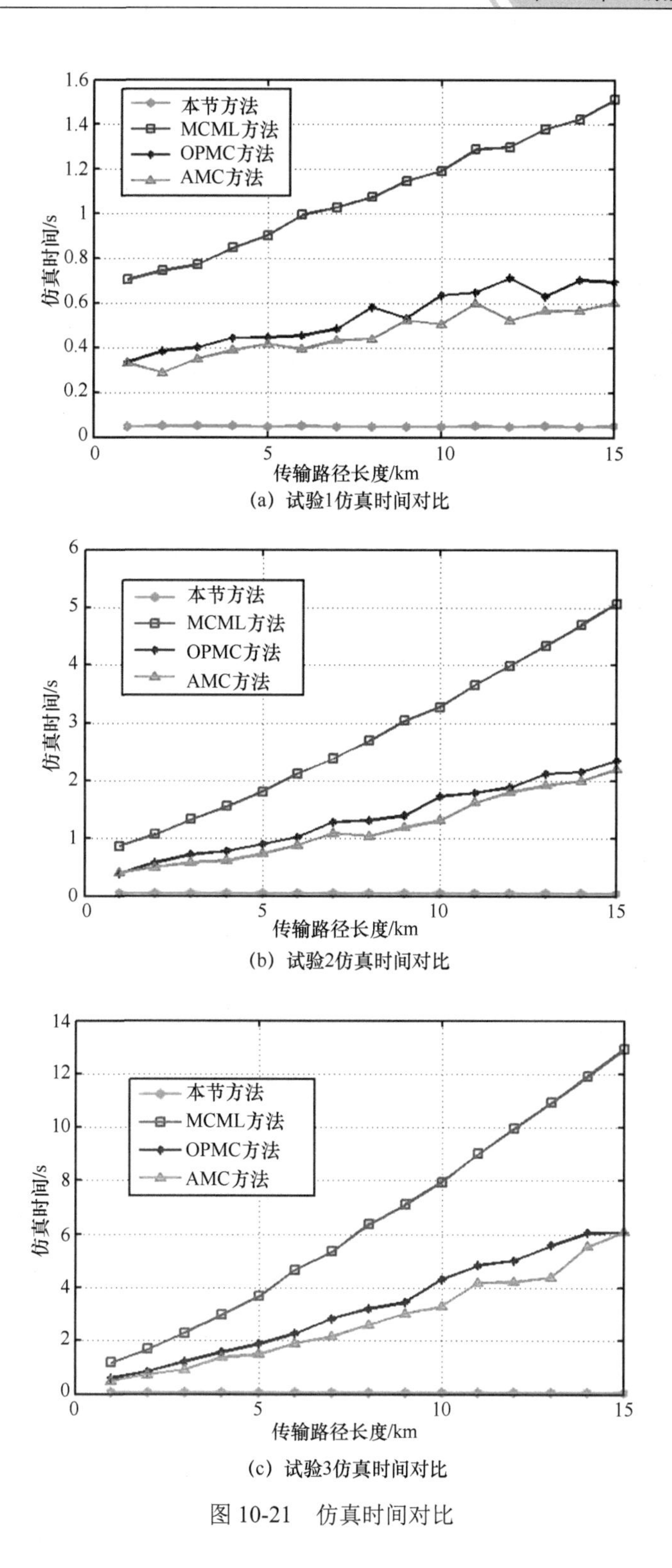

(a) 试验1仿真时间对比

(b) 试验2仿真时间对比

(c) 试验3仿真时间对比

图 10-21　仿真时间对比

表 10-3　平均仿真时间对比

试验编号	平均仿真时间/s			
	本节方法	MCML 方法	OPMC 方法	AMC 方法
1	0.048	0.829	0.432	0.357
2	0.049	2.188	1.221	0.998
3	0.049	5.176	3.221	2.998

10.2 虚拟试验激光传输环境资源的构建

10.2.1 激光传输效应组件需求分析

激光传输效应组件是虚拟环境资源的重要组成部分，也是该虚拟试验系统的核心组成部分，它为整个试验系统提供激光在虚拟空间中传输时的仿真衰减数据，并且是各组件进行交互的中间枢纽，根据系统所需，激光传输效应组件主要功能如下。

（1）能模拟激光在大气中的传输效应，包括激光在晴天，以及雨、雾等介质中的传播效应。

（2）具备与照射器组件及目标组件的接口，并支持多组件同时工作。

（3）用户可对环境参数进行配置，并能够查看相关运行参数。

（4）具有同 H-JTP 平台交互的接口，拥有良好的可视化用户操作界面，可对效应参数/模式等进行设置，支持发布/订购需求，以及对运行过程的控制等。

激光传输效应组件用例图如图 10-22 所示。对于激光传输效应组件，用例中的参与者包括用户、H-JTP 及中间件，用例图中各用例的功能如下。

（1）设置/查看环境参数。

该用例的主要功能是为用户提供环境参数配置页面，用户可以选择环境模型，不同的环境模型决定了在环境仿真时激光传输效应处理激光衰减的方式，用户选择不同的环境模型后，可配置该环境模型中的环境参数，如环境模型选择为大陆夏季雨天模型时，用户可配置不同的降雨强度，配置大气的压强、空间环境的温度及湿度等，全部参数配置完成后可通过存/取组件参数信息用例进行参数保存，用户可以随时查看所设置的参数。在该用例中，用户可在选择好环境模型、配置完环境参数后，预查看运行时使用该模型产生的衰减效应参数。

（2）查看运行信息。

该用例的主要功能是为用户提供查看运行信息的界面：用户可以查看激光效应组件运行时进行衰减效应处理的信息，用户可以查看入射激光及反射激光的能量信息，可以查看每次进行衰减效应产生的衰减量，并可以查看每次进行衰减效应的计算时间及整个衰减过程的运行时间，用户可以很好地掌握整个系统的运行效率，了解组件在系统运行时的实时性。

（3）查看实体信息。

该用例的主要功能是实现用户查看当前的实体信息，系统当前的实体信息包括目标的信息、照射器的信息及导弹的信息。实体的信息主要包括各实体的六自由度姿态信息（经度、纬度、高度、航向角、俯仰角、滚转角）。这些实体信息参与传输效应的处理运算。上述这些实体信息在系统运行时实时更新，由中间件信息传输用例订购而来。

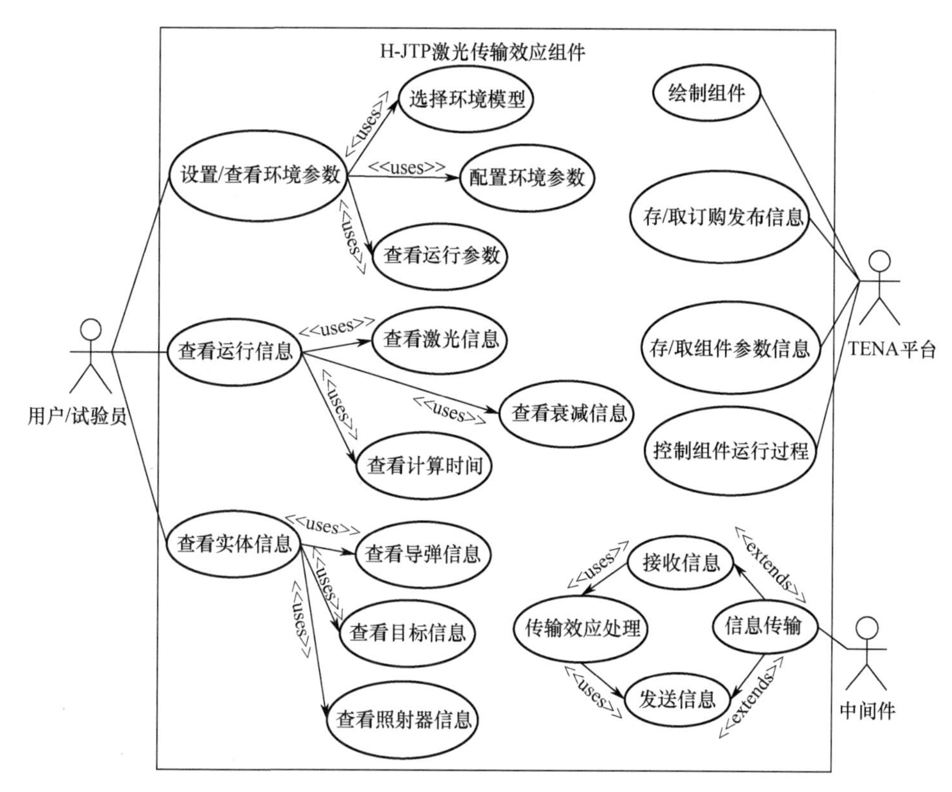

图 10-22　激光传输效应组件用例图

（4）绘制组件。

该用例的功能是 H-JTP 平台可以获取组件的名称、位置、大小、属性及所属成员属性，H-JTP 平台能够修改组件的名称、位置、大小等信息并保存。

（5）存/取订购发布信息。

该用例的功能是 H-JTP 平台调用激光传输效应组件的订购发布信息存储函数和读取函数，H-JTP 平台可以对组件的订购发布关系进行保存，也可以读取已经保存的组件订购发布关系。

（6）存/取组件参数信息。

该用例的功能是 H-JTP 平台调用激光传输效应组件的保存组件工作参数函数，完成方案文件的保存。组件的参数保存在 XML 方案文件中，这些参数包含组件的基本信息及用户设置的环境信息参数。

（7）控制组件运行过程。

该用例的功能是 H-JTP 平台调用激光传输效应组件的设置组件运行状态函数，向组件传递不同的运行标识。这些运行标识包括运行、暂停及停止。

（8）信息传输。

该用例的功能为中间件接收订购对象实例数据及发送发布对象实例数据，对象实例均为组件订购发布关系列表中的对象，中间件接收实例数据给组件，组件对数据进行传输效应处理，然后通过中间件再将处理后的数据发布出去。对于中间件订购发布的实体数据信息，可部分显示供用户查看。

10.2.2 激光传输效应组件静态模型

激光传输效应组件以 10.1 节中建立的激光传输模型作为内部模型所构建，将降雨和雾天按照一定参数进行配置，晴天采用通用的衰减模型建立。表 10-4 所示为中低散射介质模型下模拟不同降雨类型的参数。表 10-5 所示为高散射介质模型下模拟不同雾天类型的参数。

表 10-4 降雨类型参数

降 雨 类 型	毛毛雨	小雨	中雨	大雨
粒子半径/mm	0.05	0.25	1.0	2.5

表 10-5 雾天类型参数

雾天类型	吸收系数 μ_a/km^{-1}	散射系数 μ_s/km^{-1}	不对称因子 g	63.2%前向峰值散射角 Θ /rad	介质层数 $N_{medtotal}$
轻雾	0.003	0.15	0.9	0.3	20
薄雾	0.006	0.3	0.9	0.3	20
厚雾	0.015	0.6	0.9	0.3	20
浓雾	0.03	0.9	0.9	0.3	20

激光传输效应组件是系统的核心组件，该组件通过中间件接收激光信息，经过传输衰减效应处理，再通过中间件发送到另一组件。用户可选择不同的环境模型并进行配置。用户可通过界面实时查看环境参数，以及激光能量的传输和衰减信息。

由 10.2.1 节对组件的需求分析可得激光传输效应组件的订购发布关系，详细订购发布关系接口描述如表 10-6 所示。

表 10-6 传输效应组件订购发布接口描述

类 型	名 称	类型（对象模型名称）	备 注
发布	ToTarLDW	LDW	照射器发射给目标的激光信息
	ToDetectorLDW	LDW	目标发射给探测器（导弹）的激光信息（仅此时 LDW 内的角度信息有用）
订购	FromSourceLDW	LDW	来自照射器的激光信息
	FromTarLDW	LDW	来自目标的反射激光信息
	SourcePGS	PGS	源（照射器）的位置姿态
	TarPGS	PGS	目标的位置姿态
	DetectorPGS	PGS	探测器的位置姿态

订购对象：

（1）激光源发布的激光信息。

（2）激光源发布的位置姿态信息。

（3）目标坦克发布的激光信息。

（4）目标坦克发布的位置姿态信息。

（5）激光制导导弹发布的位置姿态信息。

发布对象：

（1）前向照射的激光信息。

（2）后向反射的激光信息。

根据系统软件需求，激光传输效应组件静态类图主要包括激光传输效应处理器和组件基类。激光传输效应组件静态类图如图 10-23 所示。

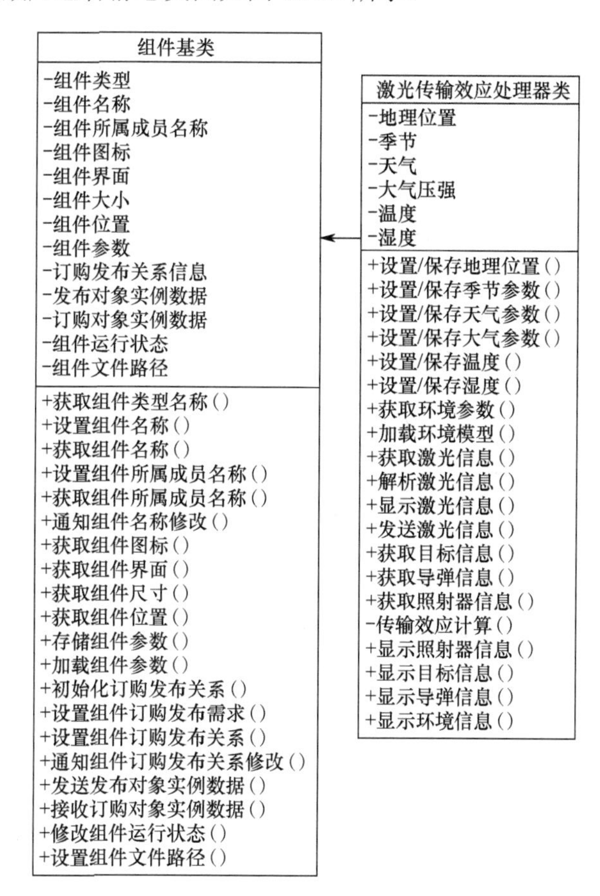

图 10-23　激光传输效应组件静态类图

主要类的相关功能介绍如下。

（1）组件基类：H-JTP 平台的基本类，符合平台接口规范，可被平台加载。

（2）激光传输效应处理器类：组件基类的派生，内部模型是根据传输效应模型设计出来的不同天气条件下的激光衰减模型，用于对激光传输的衰减计算。

由图 10-23 可知，组件基类的属性包括组件类型、组件名称、组件所属成员名称、组件图标、组件界面、组件大小、组件位置、组件参数、订购发布关系信息、发布对象实例数据、订购对象实例数据、组件运行状态和组件文件路径。

组件基类的行为包括获取组件类型名称、设置组件名称、获取组件名称、设置组件所属成员名称、获取组件所属成员名称、通知组件名称修改、获取组件图标、获取组件界面、获取组件尺寸、获取组件位置、存储组件参数、加载组件参数、初始化订购发布关系、设置组件订购发布需求、设置组件订购发布关系。通知组件订购发布关系修改、发送发布对象实例数据、接收订购对象实例数据、修改组件运行状态和设置组件文件路径。

激光传输效应处理器类继承自组件基类，激光传输效应处理类的属性包括：地理位置、季节、天气、大气压强、温度和湿度，这些均是环境参数，用于设置环境模型，计算激光传输效应。

激光传输效应处理器类的主要工作体现在环境配置阶段和系统运行阶段。在环境配置阶段，用户配置类的地理位置、季节、天气及大气压强、温度、湿度参数；在系统运行阶段，通过获取地理位置参数、季节参数、天气参数及大气环境参数，加载不同的环境模型，通过中间件类的信息交互，获取激光的信息、目标的信息、照射器的信息及导弹的信息，通过传输效应计算，再发送激光信息给中间件与其他组件交互。该类的行为还包括显示激光信息、显示照射器信息、显示目标信息、显示导弹信息和显示环境信息。

10.2.3　激光传输效应组件界面设计

通过对系统的总体设计及对组件的需求分析和静态模型设计，可以根据组件的功能，完成其配置界面和运行显示界面的设计。图 10-24 所示为激光传输效应组件参数配置界面，用户可配置传输模型，其中环境包括沙漠、大陆、沿海，季节包括春季、夏季、秋季、冬季，在不同的环境和季节中还可以选择不同的天气：晴天、雨天、雾天，其中晴天能够选择 10km、 15km、20km 三种典型的能见度，雨天条件下能够选择毛毛雨、小雨、中雨、大雨四种典型的降雨类型，雾天条件下能够选择浓雾、厚雾、薄雾、轻雾四种典型的类型。

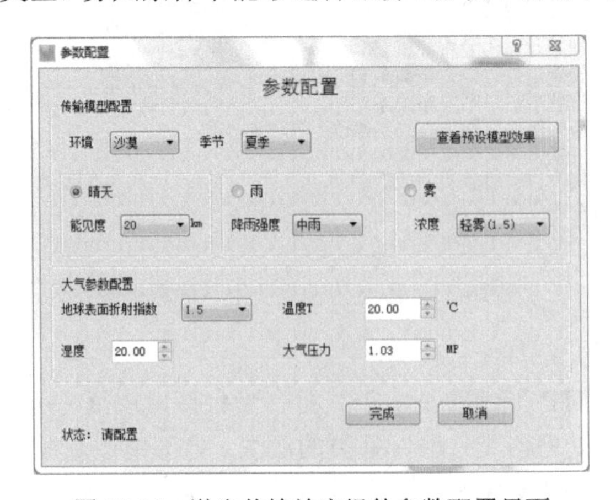

图 10-24　激光传输效应组件参数配置界面

大气参数配置中包括地球表面折射指数、温度、湿度与大气压力，非特殊情况下，可直接使用默认值。

用户单击“完成”按钮可完成参数的配置，参数将保存在类的属性中，在平台单击“保存”按钮后，所有参数将被保存到 XML 方案文件中间。单击“取消”按钮将保持上一次配置的参数不变。

单击“查看预设模型效果”按钮可查看在当前配置的传输模型下激光的传输衰减率，其界面如图 10-25 所示。

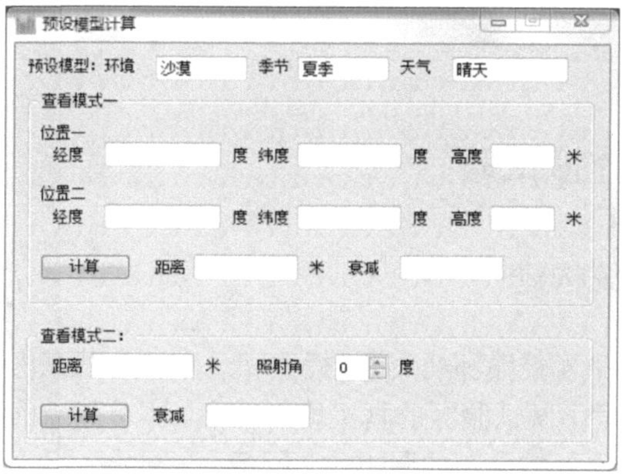

图 10-25 激光传输效应组件预设模型查看界面

具体可分为两种查看模式：查看模式一可以设置两个位置点的经度、纬度和高度，单击“计算”按钮可以得到两个位置间的距离，以及在当前预设模型下该距离的衰减率；查看模式二可以直接设置照射的距离及照射的角度，通过计算可得到在当前预设模型下该距离和照射角的衰减率。

图 10-26 所示为激光传输效应组件运行显示界面。

图 10-26 激光传输效应组件运行显示界面

用户单击“开始仿真”按钮后，在实体信息表中可以查看当前的仿真模型，包括当前的环境信息、季节信息及天气信息。定时器实时更新激光照射器、虚拟目标及导弹的信息，包括经度、维度、高度、航向角、俯仰角及横滚角信息。在激光实时信息表中，用户可以实时查看激光源的发射功率、经过第一次环境衰减效应后的目标接收的激光功率，以及目标经过漫反射后的激光功率和再次经过环境衰减效应后探测器接收的激光功率。除激光功率外，用户还可以查看每次衰减后激光能量与激光源原始发射能量的衰减比率。此外，用户还可以查看激光照射器与目标的距离，以及目标和探测器（激光制导导弹）的距离。

在计算时间表中，用户可查看每次衰减的时间，以及整个运行过程的总时间。

用户可随时停止仿真。

10.3 光电对抗虚拟试验

10.3.1 试验系统构建

为了测试虚拟试验激光传输环境资源，特建立一个包含其在内的光电对抗虚拟试验系统。整个系统的搭建参考了某试验区的真实地形特点。本节建立的光电对抗虚拟试验系统中的各种试验设备在地理上的分布如图 10-27 所示。

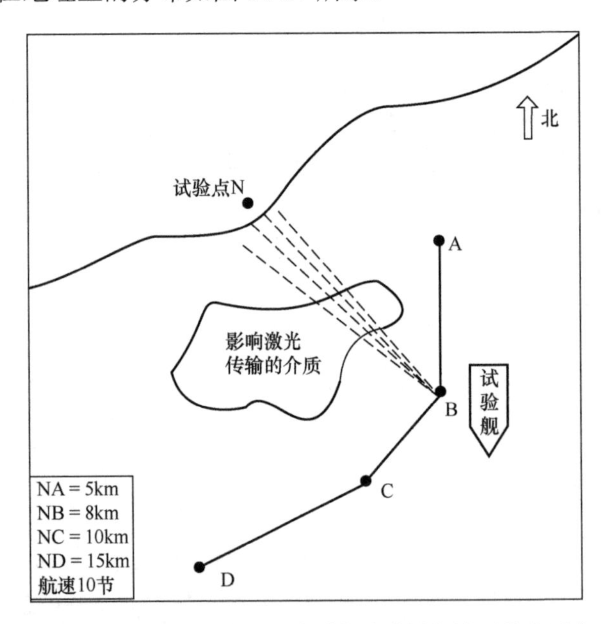

图 10-27 光电对抗虚拟试验系统试验设备地理分布示意

每次试验都会在试验舰和每个试验点之间的激光传输路径上布置不同的影响激光传输的介质，记录在远场光斑测量设备上的光场能量。

与激光传输环境资源相关的参试设备主要有以下几类。

（1）激光远场特性测量设备。

激光远场特性测量设备用于测量远场激光信号的功率和能量密度及其局部空间分布，检测主动激光源的性能指标，完成激光武器对光电探测器毁伤和干扰效果试验。

常用的激光远场参数测量方法有间接摄像法和直接接收法。间接摄像法的测量原理是当激光束照射在漫反射靶上时，用 CCD 摄像机对漫反射靶上的激光光斑摄像，通过测量光斑图像的光强分布，以代替测量真实光斑的光强分布。直接接收法的基本测量原理是采用激光探测器单元直接拦截激光，由探测器单元对光斑进行空间采样，得到探测点处的激光能量密度或功率密度。以上两种方法得到的能量密度或功率密度经信号采集单元和数据预处理单元格式化后传送给信号处理单元和主控计算机。图 10-28 所示为激光远场特性测量设备的结构示意图。

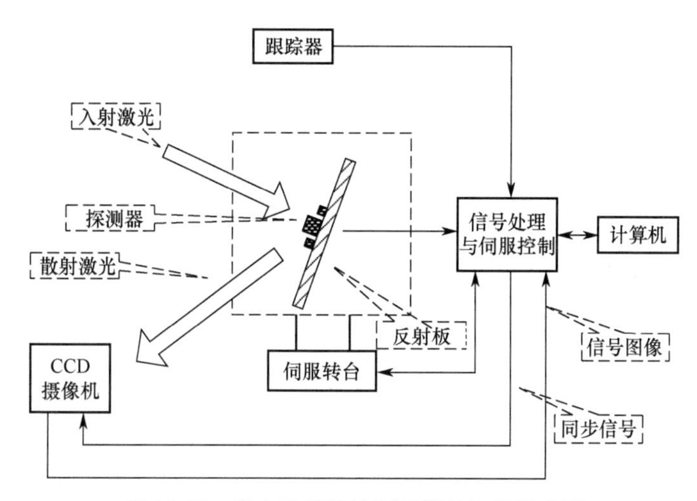

图 10-28　激光远场特性测量设备结构示意图

其主要技术指标如下：

① 探测器与激光器之间的架设距离：3～15km。

② 激光反射靶面积：1.5m × 1.5m。

③ 测量波段：1.06μm。

④ 能量密度及功率密度测量误差：≤30%。

⑤ 光斑漏测率：≤1%。

⑥ 虚警率：≤1%。

⑦ 记录时间：≥8h。

（2）1.06μm 激光源设备。

激光源设备采用二极管泵浦的全固态激光器，输出 TEM00 基膜高斯波型激光。激光源设备主要由脉冲记录器、激光器、功率控制器等组成。激光源设备结构图如图 10-29 所示。

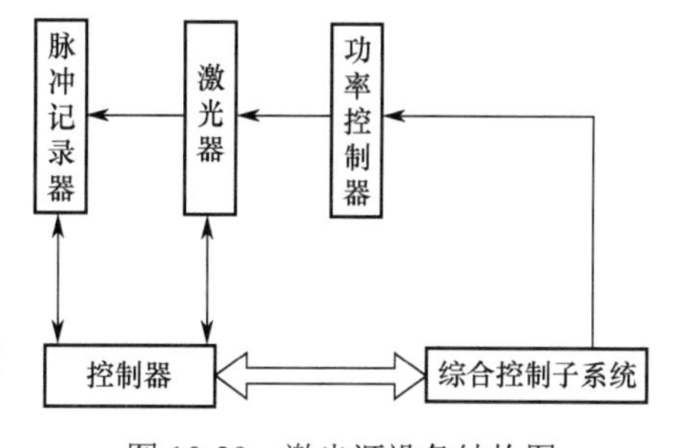

图 10-29　激光源设备结构图

其主要技术指标如下：

① 激光波长：1.06μm。

② 单脉冲能量：≥400mJ。

③ 能量稳定度：≤10%（脉间）。

④ 光学衰减器：20dB、10dB、5dB、2dB。

⑤ 重复频率：1～50Hz。

⑥ 脉冲宽度：10ns。

⑦ 束散角：0.3mrad。

根据上述设备的工作原理和技术指标，开发了一系列满足 H-JTP 体系结构的虚拟设备模型。根据前面介绍的试验态势搭建了用于验证激光制导武器的光电对抗虚拟试验验证系统，该系统由一系列的试验点组成，每个试验点上的虚拟试验设备包含在一个独立的仿真节点上。每个仿真节点通过 H-JTP 中间件订购和发布自身所需要的和其他仿真节点所需要的各种属性数据。

H-JTP 虚拟试验运行支撑系统提供一系列的显示和数据支持组件，可以在整个虚拟试验系统运行过程中为数据显示、存储和处理提供多种多样的支持。

光电对抗虚拟试验系统框图如图 10-30 所示。

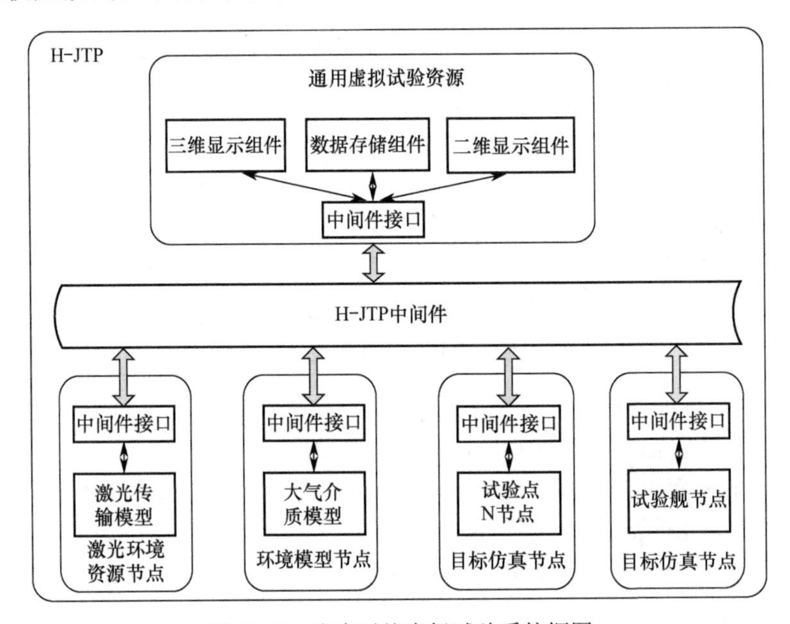

图 10-30　光电对抗虚拟试验系统框图

10.3.2　光电对抗仿真试验

根据建立的虚拟试验光电对抗仿真试验系统，分别完成在低散射介质、中等程度散射介质和高散射介质的条件下光电对抗过程的仿真试验，并记录试验人员较为关心的试验数据。由于现阶段环境数据资源还没有搭建完备。因此在模拟过程中，仅采用消光系数、散射系数等简单的参数描述空间中介质的分布状态。

虚拟试验系统模拟试验舰在运动过程中整个光电对抗的全过程。在模拟过程中，试验舰和试验点之间分别添加不同类型的大气介质，在固定的试验点上记录激光远场测量设备所得到的激光能量数据。在每次试验中舰船的运行轨迹都是一样的，具体的轨迹及试验点的位置如表 10-7 所示。

表 10-7　试验点地理坐标

试　验　点	经　　度	纬　　度	海拔高度/m
A	122°10'11"	39°14'55"	0
B	122°10'12"	39°14'52"	0
C	122°10'09"	39°14'49"	0
D	122°10'02"	39°14'46"	0
N	122°9'00"	39°12'57"	7

在舰船模型运动过程中，舰船在 A、B、C、D 四个试验点上改变运动方向，并在试验人员预先配置的路径上运动。在每个仿真节拍上，根据动态模型的描述，通过各个试验资源之间的数据交互，完成激光传输环境资源对激光传输过程的仿真计算，得到激光远场测量设备模型所获取的激光能量，最终完成整个虚拟试验流程。

1. 低散射介质

在降雨条件下，激光源输出的脉冲能量为 10^3J，降雨强度选择 10mm/h、20mm/h。通过远场光斑测量设备模型记录激光能量。图 10-31 所示为记录的试验结果。

图 10-32 所示为在不同的降雨条件下，由远场光斑测量设备获取到的光斑图像。随着降雨强度和传输距离的增加，由于雨滴的散射作用，接收平面的光强分布逐渐发散，当传输距离超过一定长度时，在接收平面上，光强呈均匀的圆形分布，其幅度与相位的相干特性完全被破坏。

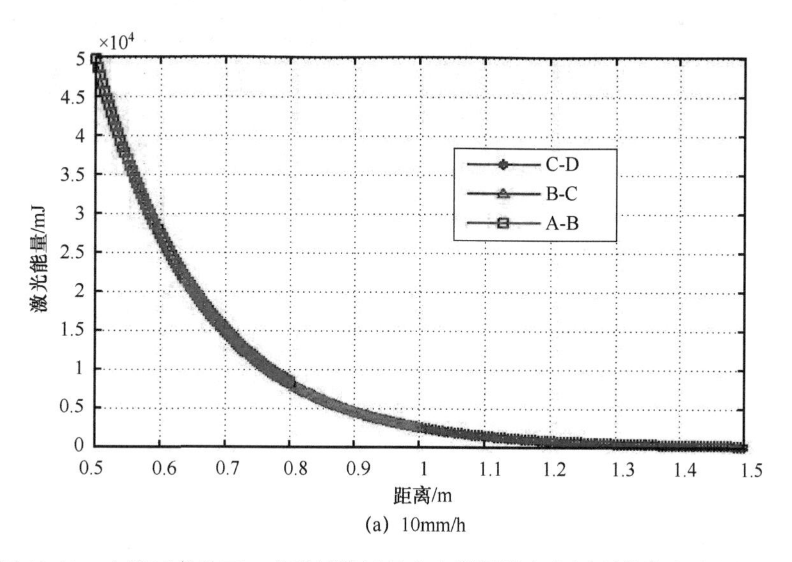

(a) 10mm/h

图 10-31　在降雨条件下，虚拟试验远场光斑测量设备探测到的激光脉冲能量

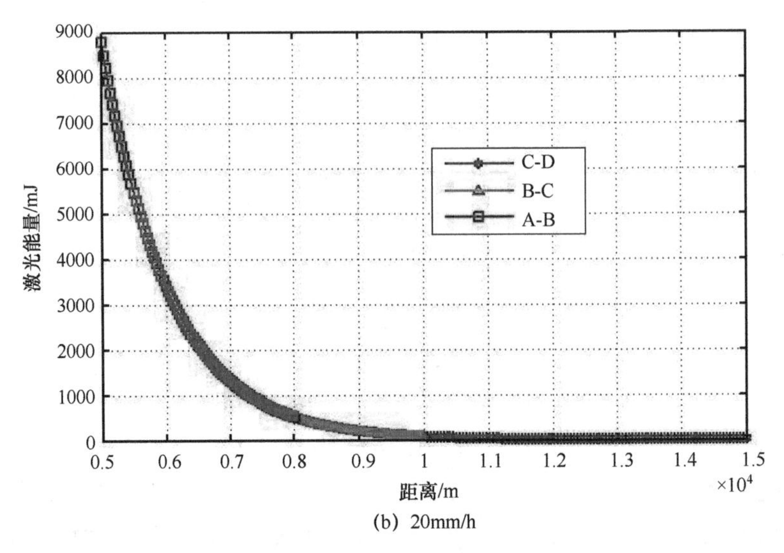

(b) 20mm/h

图 10-31 在降雨条件下，虚拟试验远场光斑测量设备探测到的激光脉冲能量（续）

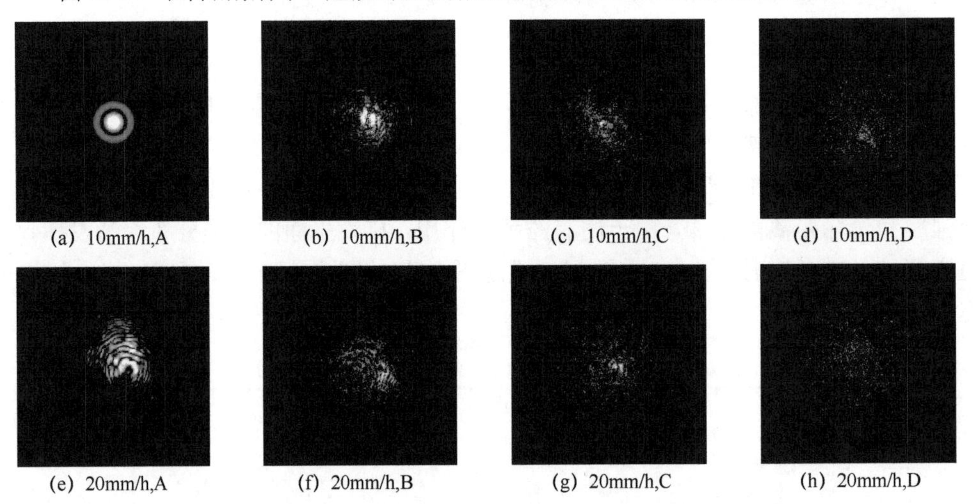

(a) 10mm/h,A　(b) 10mm/h,B　(c) 10mm/h,C　(d) 10mm/h,D

(e) 20mm/h,A　(f) 20mm/h,B　(g) 20mm/h,C　(h) 20mm/h,D

图 10-32 在远场光斑测量设备上，目标平面光斑图像示意图

2. 中等程度散射介质

对于中等程度散射介质，激光器的脉冲能量为 10^6J，水平传输路径上散射系数为 0.5km^{-1}，相函数为 $g = 0.9$ 的 H-G 函数。通过远场光斑测量设备模型记录激光脉冲能量。图 10-33 所示为记录的试验结果。

3. 高散射介质

对于高散射介质，激光源输出功率设置为 10^9J，水平传输路径上散射系数设置为 2km^{-1}，相函数为 $g = 0.9$ 的 H-G 函数。通过远场光斑测量设备模型记录激光脉冲能量。图 10-34 所示为记录的试验结果。

从以上虚拟试验系统运行过程中所记录的仿真试验结果可以看出，应用本节建立的激光传输环境资源节点，可以灵活地根据各种空间介质环境模拟虚拟激光的传输过程。虚拟试验系统的试验结果除证明激光传输环境资源节点的有效性外，在整个虚拟试验系统的运行过程中，模型的仿真速度基本可满足实时性要求。

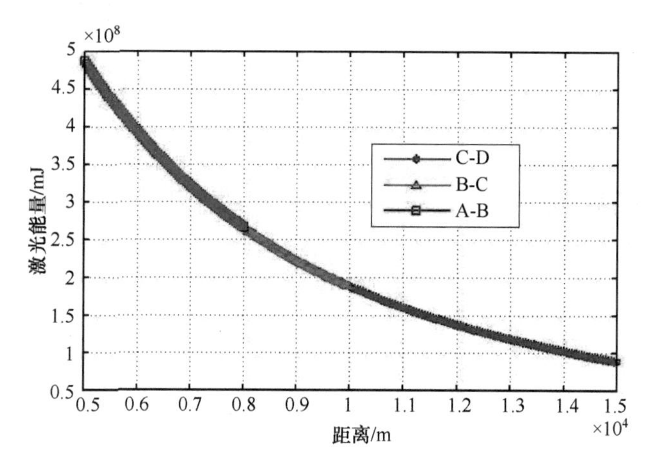

图 10-33　在中等程度散射介质中，虚拟试验远场光斑测量设备探测到的激光脉冲能量

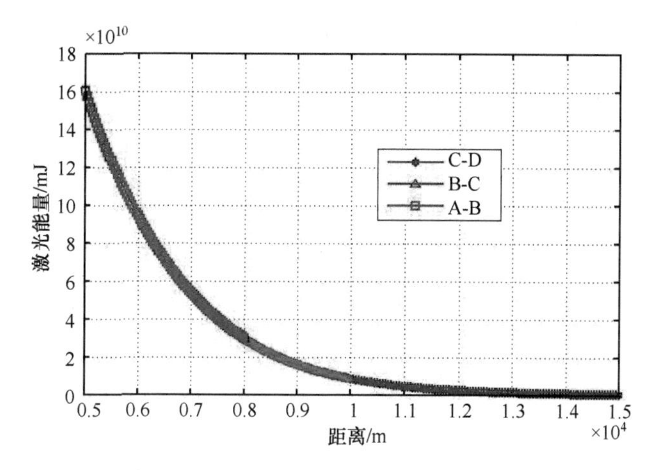

图 10-34　在高散射介质中，虚拟试验远场光斑测量设备探测到的激光脉冲能量

10.4 本章小结

本章在借鉴激光在大气中传输理论的基础上，实现了激光在大气环境的中低散射介质和高散射介质中的传输计算，能够支持在晴天、雨天、雾天等天气条件下的激光能量传输衰减计算。在中低散射介质中，以 Mie 散射理论为基础，建立了忽略高阶散射能量的激光传输环境效应模型；在高散射介质中，在平行平板模型的基础上以光子传输高斯分布的假设，建立了激光在高散射介质中的传输效应模型。在相关研究的基础上，开发了运行在虚拟试验平台上的激光传输环境效应组件，并构建了光电对抗虚拟试验系统，试验结果证明了激光传输环境资源的实时性可满足虚拟试验的需求，可以很好地应用于复杂大气空间中虚拟试验系统的构建。

第 11 章

地形环境通过效应

在试验训练体系结构中构建地形环境资源，实现地形环境资源与车辆资源的信息交互，是提升试验训练体系结构竞争力的有效途径。本章主要研究车辆在地形环境中的通过性，对车辆在典型工况下的通过条件及力学/运动学关系进行分析，一方面可以反映试验训练体系结构中车辆资源的通过性能，另一方面可以验证 SEDRIS 标准格式地形环境数据库的实用性。同时，对基于蚁群算法的路径搜索进行研究，为车辆在地形环境中寻求快捷通畅的道路提供支持。

11.1 车辆地形通过性分析

车辆爬坡及通过水平壕沟和垂直障碍物的能力，是表征车辆地形通过性的重要方面，而直线行驶与转向行驶则体现了车辆的平稳性。因此，本章主要研究车辆在这几类行驶状态下的力学关系和运动学关系。

11.1.1 直线行驶性能分析研究

在不考虑车辆内部作用力的情况下，当车辆直线行驶时，主要受外部介质（如空气、土壤及其他系统作用于车辆上的力）的影响。当车辆在与地面成α角的纵向坡上行驶时，只考虑车辆没有侧倾角的情况，受到以下外力。

1. 重力W

假设车辆左右两部分对称，则车辆的重心在纵向对称面上。

2. 空气阻力R_k

当车辆高速行驶时，必须考虑空气阻力的影响。根据汽车空气动力学的研究，空气阻力可以根据下式进行计算：

$$R_k = CAv^2 \tag{11-1}$$

式中，C为空气阻力系数，通常在 0.059～0.074 之间取值；A为车辆的正投影面积；v为车辆的行驶速度。

3．地面摩擦阻力 $\boldsymbol{R}$

当车辆在可变形地面上行驶时，地面受压下陷后会形成阻碍车辆前进的滚动阻力；在不可变地面上，路面不会变形，滚动阻力变为因摩擦而形成的阻碍前进的力。滚动阻力的大小与路面土质、车体质量、车速等有关，大致与附着质量成正比，可用如下经验公式来计算：

$$R = fW \tag{11-2}$$

式中，f 为滚动阻力系数。

4．牵引力 $\boldsymbol{F_q}$

土壤的性质影响着土壤的承压能力，大部分地面是可变形的，当车辆经过时，地面发生一定程度的下陷，之后，下陷部分还原。因此，贝克提出了压力–沉陷关系的经典模型，给出一定面积的压板下土壤下陷量（土壤的压缩变形量 z）与土壤压缩应力 σ 的关系，如下式所示：

$$\sigma = \begin{cases} \left(\dfrac{k_c}{b} + k_\phi\right) z^n \\ \dfrac{W}{A} \end{cases} \tag{11-3}$$

式中，σ 为土壤压缩应力；A 为承载面积；W 为车体的质量；b 为承载面积的短边宽度；z 为土壤的压缩变形量即下陷量；k_c 为内聚的土壤变形模量；k_ϕ 为内摩擦的土壤变形模量；n 为变形指数。

土壤承压能力与土壤的性质、土壤压缩应力及土壤的抗剪能力 τ 密切相关，具体关系式如下：

$$\tau = c + \sigma\tan\phi \tag{11-4}$$

式中，c 为土壤黏性附着系数；σ 为土壤压缩应力；ϕ 为土壤内摩擦角度；$\tan\phi$ 为土壤内摩擦系数。

车辆行驶时地面给车辆的牵引力主要产生于土壤的抗剪能力，土壤能为车辆提供的最大牵引力为 $F_{q\max} = A\tau = Ac + A\sigma\tan\phi = Ac + W\tan\phi$。对于黏性土壤，$\phi = 0$，最大牵引力只取决于土壤的黏性系数和接地面积；对于摩擦性土壤，$c = 0$，最大牵引力仅取决于土壤摩擦系数和车辆的质量。

当车辆的牵引力小于或等于土壤可用提供的最大牵引力时，地面提供的牵引力等于发动机牵引力，计算公式如下：

$$F_q = \frac{M_f i\eta}{r_z} \tag{11-5}$$

或

$$F_q = \frac{360 N_f \eta}{v} \tag{11-6}$$

式中，M_f 为发动机扭矩；N_f 为发动机功率；r_z 为驱动轮或前轮半径；v 为车辆的行驶速度；i 为总传动比；η 为车辆的效率。

通过以上分析，得出车辆在正常行驶时车辆质心的运动方程，即

$$m\frac{\mathrm{d}^2x}{\mathrm{d}t^2}=\sum F_x=F_q-R-W\sin\alpha-R_k \tag{11-7}$$

式中，m 为车体质量。当车辆正常行驶时，R_k 通常可以忽略。将式（11-2）代入式（11-7），地面行驶阻力为

$$R_0=R+W\sin\alpha=fW\cos\alpha+W\sin\alpha=\mu W \tag{11-8}$$

通过对地面提供的最大牵引力、地面阻力和发动机牵引力的分析可得：若 $F_{q\max}\geqslant F_q>R_0$，则车辆会加速或匀速行驶；若 $F_q<R_0$，则车辆会减速行驶，甚至熄火；若 $F_q\geqslant R_0>F_{q\max}$，则车辆会打滑。

对于柏油路、干土路等典型地面的附着系数和滚动阻力如表 11-1 所示。

表 11-1　各种路面上的附着系数和滚动阻力

参　数	柏 油 路	干 土 路	草　地	泥 土 路	雪地（压紧）	沙　地
滚动阻力系数	0～0.02	0.03～0.04	0.05～0.07	0.09～0.12	0.07～0.22	0.12～0.17
峰值附着系数	0.8～0.9	0.68		0.55	0.2	0.6
滑动附着系数	0.75	0.65		0.55	0.15	0.55

11.1.2　转向行驶性能分析研究

转向运动可以看作车辆随重心的平移运动和绕重心的旋转，主要的外力来源于空气和地面。当车辆正常行驶时，空气阻力可以忽略；当车辆高速行驶时，必须考虑离心力的作用。以履带式车辆为例，讨论车辆的转向运动，图 11-1 所示为车辆的转向运动图。其中，B 为两履带之间的宽度，L 为履带的接地长度，R 为转向半径，V_1 为内侧履带的线速度，V_2 为外侧履带的线速度，V_c 为转向过程中车辆的瞬时速度，ω 为转向角速度。

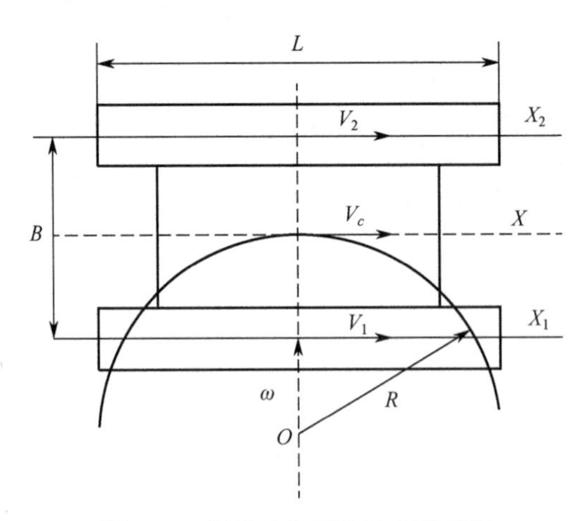

图 11-1　履带式车辆的转向运动图

由图 11-1 可得出

$$\begin{cases} V_1 = (R - 0.5B)\omega \\ V_2 = (R + 0.5B)\omega \\ V_c = R\omega \end{cases} \tag{11-9}$$

若驱动轮半径为 r，则两侧驱动轮的角速度 ω_1、ω_2 和车辆的转向角速度 ω_3 为

$$\begin{cases} \omega_1 = \dfrac{V_1}{r} \\ \omega_2 = \dfrac{V_2}{r} \\ \omega_3 = \dfrac{r(\omega_2 - \omega_1)}{B} \end{cases} \tag{11-10}$$

履带式车辆转向时的受力情况如图 11-2（a）所示。F_o 和 F_i 分别为外侧和内侧的驱动力，R_o 和 R_i 分别为外侧和内侧的纵向地面阻力，μ_r 和 μ_i 分别为纵向和横向的摩擦系数，F_{cent} 为离心力（车辆中高速转向时会出现），R 为转向半径。当车辆转向时，认为地面产生的侧向力不再是传统的矩形分布，而是三角形分布，因此距离 O 越远的点受到的横向阻力越大。侧向力的密度函数 $f(x)$ 如图 11-2（b）所示，F_1 和 F_2 表示履带两个端点单位长度上受到的侧向力。

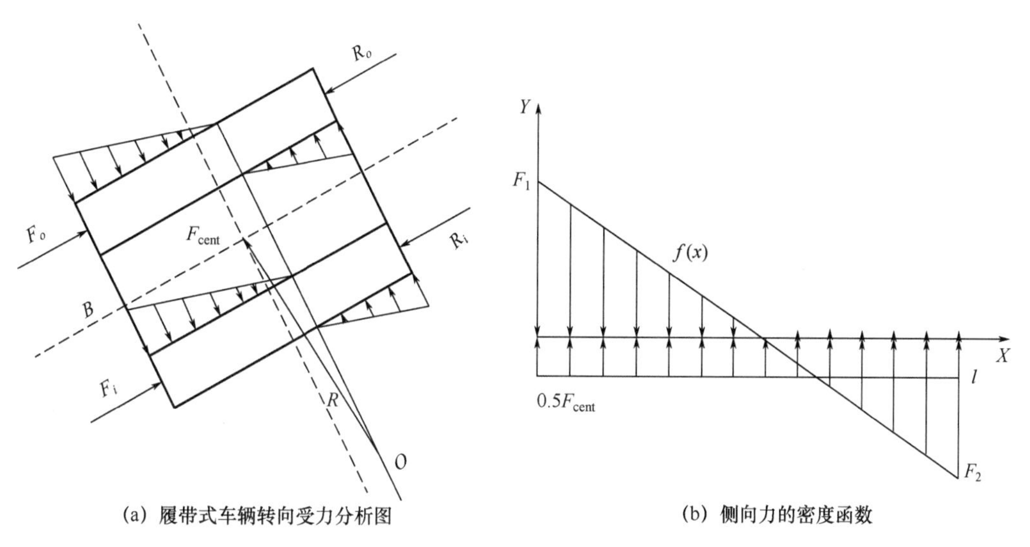

（a）履带式车辆转向受力分析图　　（b）侧向力的密度函数

图 11-2　履带式车辆转向受力分析图和侧向力的密度函数

已知 $F_{\text{cent}} = m\omega^2 R$，可以求得 F_1、F_2 和 $f(x)$，即

$$\begin{cases} F_1 = \dfrac{mg\mu_i}{l} - \dfrac{F_{\text{cent}}}{2l} \\ F_2 = -\dfrac{mg\mu_i}{l} - \dfrac{F_{\text{cent}}}{2l} \\ f(x) = -\dfrac{2mg\mu_i}{l^2}x + \dfrac{mg\mu_i}{l} - \dfrac{F_{\text{cent}}}{2l} \end{cases} \tag{11-11}$$

由 F_1、F_2 可求得沿履带方向土壤可以提供的最大驱动力。通过对 $f(x)$ 积分，可以得到侧向力对履带一端的转向阻力矩为

$$M_r = \int_0^l f(x)\mathrm{d}x = \frac{mg\mu_i}{3} \tag{11-12}$$

尼基金教授经过试验得出 μ_i 的经验公式为

$$\mu_i = \frac{\mu_{\max}}{0.925 + 0.15\dfrac{R}{B}} \tag{11-13}$$

纵向地面阻力 R_o 和 R_i 仍采用直线行驶时的地面阻力。

综合以上分析，得出履带式车辆均匀转向时的动力学方程：

$$\begin{cases} ma_x = F_o + F_i - F_{\text{cent}}\sin\alpha - R_o - R_i \\ ma_y = 0 \\ I_z\omega = M_Q - M_r \end{cases} \tag{11-14}$$

其中，M_Q 为动力矩，计算公式如下：

$$M_Q = \frac{[(F_o - R_o) - (F_i - R_i)]B}{2} \tag{11-15}$$

I_z 为转动惯量，将车辆平面分成 17×17 的点阵，通过各分体对垂直轴的转动惯量之和求得整车的转动惯量，得出如下公式：

$$I_z = \frac{1}{12}M(B_0^2 + L_0^2) \tag{11-16}$$

式中，B_0 为车体宽度，L_0 为车体长度。

11.1.3 稳定性性能分析研究

车辆可以保持原始位置稳定而不倾翻、不下滑的性能称为车辆的稳定性。车辆的稳定性直接影响到车辆及人身安全，主要包括纵向稳定性和横向稳定性两个方面。

1. 纵向稳定性

车辆匀速上坡时，忽略空气阻力的影响，由直线运动得出如下公式：

$$F_q - R - G\sin\alpha = F_q - W\sin\alpha - fW\cos\alpha = 0 \tag{11-17}$$

当驱动力等于土壤提供的最大驱动力时，坡度角为车辆可以克服的最大坡度角，此时的驱动力可近似为

$$F_q = F_{q\max} = \varphi W\cos\alpha \tag{11-18}$$

其中，φ 为附着系数，将式（11-18）代入式（11-17）中可以求得最大坡度角为 $\alpha_{\max} = \arctan(\varphi - f)$。

2. 横向稳定性

当车辆在横坡上匀速直线行驶时，忽略空气阻力，纵向受力分析如下：

$$F_q - G\sin\alpha = F_q - W\sin\alpha = 0 \tag{11-19}$$

将式（11-18）代入式（11-19）得出车辆在横坡上不产生滑移的最大坡度角为 $\alpha_{\max} = \arctan\varphi$。由上述分析可以看出，车辆的稳定性与土壤的性质直接相关。例如，在柏油路上，滑动附着系数大约是 0.75，滚动阻力大约是 0.01，则车辆可以克服的最大坡度角和侧坡角在 35°～40°之间，并因车辆不同而有差异。

11.1.4　克服垂直壁性能分析研究

履带式车辆与轮式车辆通过垂直壁的条件不同，因此分别介绍。

1．履带式车辆

如图 11-3 所示，履带式车辆过垂直壁的过程主要分为三个阶段：

（1）履带前段与垂直壁接触，然后车辆整体旋转，前段沿垂直壁上升。

（2）车辆前进到重力作用线与垂直壁的垂线重合。

（3）车辆与垂直壁顶部的平面相接触。

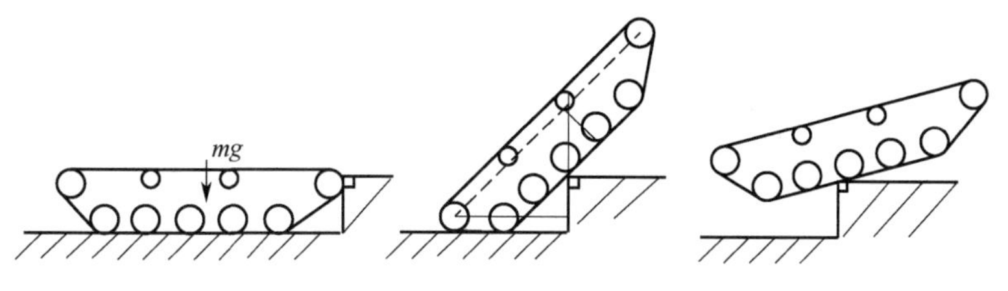

图 11-3　履带式车辆过垂直壁的过程

其中，第二个阶段对于车辆是否能够通过垂直壁起着关键作用，根据车辆在这一阶段的位置关系得出了计算车辆可通过垂直壁的最大高度公式：

$$H = L_0\sin\gamma + h\cos\gamma + \frac{h_d}{\cos\gamma} + r - \frac{h_g}{\cos\gamma} \tag{11-20}$$

式中，L_0 为车辆重心至后驱动轮轴距的距离；γ 为车辆可以通过的最大坡度角；h 为车辆重心至主动轮轴的高度；h_d 为负重轮的动行程；r 为驱动轮半径；h_g 为车辆重心的高度。

假设某装甲车 $L_0 = 2.45$，$\gamma = 35°$，$h = 0.2$，$h_d = 0$，$r = 0.4064$，$h_g = 0.7$（单位为 m），则该车辆可以跨越的垂直壁的最大高度大约是 0.45 m。

2．轮式车辆

对于轮式车辆，跨越垂直壁的过程主要分为三个阶段：

（1）车辆前轮与垂直壁接触，即将离开地面。

（2）车辆前轮离开地面，未完全跨上垂直台阶。

（3）车辆前轮完全跨上垂直台阶，与垂直台阶平面接触，后轮接触到垂直台阶，未离开地面。

车辆后轮与前轮在跨越垂直台阶时的受力分析过程基本相同，前轮即将离开地面这一阶段对于车辆能否通过垂直壁起着关键作用。因此，主要对该阶段进行分析，图 11-4 所示为该阶段的受力分析图。

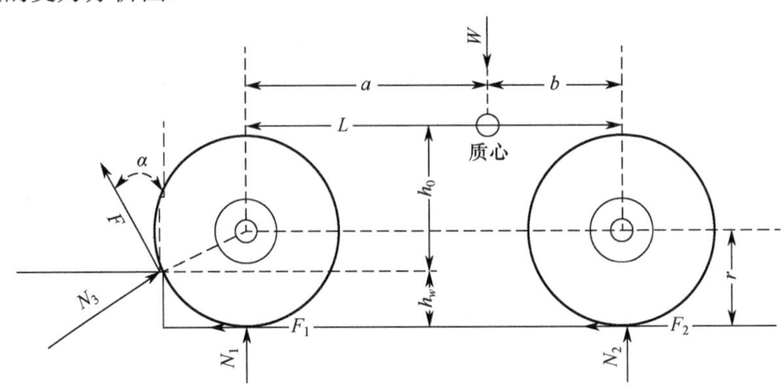

图 11-4　轮式车辆的受力分析图

此时，车辆受到地面和垂直壁的支持力 N_1、N_2 和 N_3，地面提供的驱动力 F_1、F_2、F_3，由车辆即将离开地面，得出 $N_1=0$，F_1=0。根据分析，建立如下力学平衡方程：

$$N_2 + N_3 \sin\alpha + F_3 \sin\alpha = W \tag{11-21}$$

$$F_2 + F_3 \sin\alpha = N_3 \cos\alpha \tag{11-22}$$

$$(F_2 + F_3)r + Wa = N_2 L \tag{11-23}$$

式中，a 为车辆重心至前轴的距离；L 为车辆的轴距；r 为车轮半径。若地面为摩擦性地面，土壤附着系数为 φ，则 F_2=$N_2\varphi$，$F_3 = N_3\varphi$，代入式（11-21）和式（11-22）可以求出 N_2、N_3，再将其代入式（11-23）中，可以得出如下方程式：

$$\frac{h_w}{r} = \frac{1-\varphi\frac{r}{L}+\eta^2-\eta\sqrt{1-2\varphi\frac{r}{L}+\eta^2}}{\left(1+\varphi\frac{r}{L}\right)^2+\eta^2} \tag{11-24}$$

式中，h_w 为垂直壁的高度；h_0 为车辆重心至车辆前后轴连线的高度；$\eta = \dfrac{1-\varphi\frac{r}{L}-(1+\varphi^2)\frac{a}{L}}{\varphi}$。

当 a、L、r、φ 都已知时，可以求得轮式车辆能够通过的垂直壁的最大高度。

11.2 路径搜索

在军事活动中，车辆能否在规定时间内到达目的地，直接影响着战役计划的实施和成败。因此，研究车辆的地形通过性，不仅需要研究车辆在无路条件下的通过性和运动快速性，还需要研究车辆在多路情况下行驶的快速性。此时，需要在诸多选择中为车辆挑选一条耗时最短的路径，即路径规划。常见的路径规划方法有 Dijkstra 算法、平行最短路径搜索算法，启发算法中 A*算法、蚁群算法等。蚁群算法具有启发式搜索、信息素正反馈和分布式计算的特点，且无须进行大量的概率计算和建立复杂的数学模型。因此，本章选择蚁群算法进行路径选择。

蚁群算法模拟了真实蚁群的协作过程。生物学家发现，蚂蚁之间的交流是通过释放信息素（一种特殊的分泌物）来实现的。当蚂蚁经过陌生路口时，它们会随机地选择一条道路，并在经过的路径上释放与该路径长度相关的一定量的信息素。后来的蚂蚁到达该路口时倾向于选择信息素含量较高的那条路径，且同样会在路径上释放信息素。随着时间的推移，其他路径上的信息素因挥发而逐渐减少，而较短路径上的信息素含量却不断增大，便形成了一种正反馈的现象，最终得到最优路径。同时，蚁群算法具有自适应的特点，当道路上出现障碍物时，蚂蚁可以很快地选择新的路径。

对于从地形环境数据库中取出的道路信息，经过处理后形成路网 $G=(V,E)$，$V=(V_1,V_2\cdots,V_n)$，其中，V 表示所有路径端点的集合，E 是所有路径的集合，每条路径都是相邻两节点之间的直达路径。$d_{ij}(V_i,V_j)$ 表示相邻节点 V_i 和 V_j 之间连通路径的长度，如果不连通则为 ∞，将所有的路径信息存储到矩阵中形成路径矩阵。以下介绍蚁群算法工作的流程。

首先引入以下标记：

（1）蚂蚁数量 m。

（2）在 t 时刻，节点 i 处的蚂蚁个数 $b_i(t)$，$m=\sum_{i=1}^{n}b_i(t)$。

（3）由节点 i 移动到节点 j 的启发程度，即路径 (i,j) 的能见度 η_{ij}。

（4）路径 (i,j) 上的信息素浓度 τ_{ij}。

（5）蚂蚁 k 在路径 (i,j) 上留下的信息素量 $\Delta\tau_{ij}^k$。

（6）蚂蚁 k 由节点 i 转移到节点 j 的概率 p_{ij}^k。

（7）信息素浓度和控制可见度权衡的 α、β。

（8）信息素挥发度 ρ。

基本蚁群算法的步骤如下。

第一步：初始化蚁群信息，包括设置蚂蚁数量、蚂蚁搜索的起始节点、初始时刻各条路径上的信息素含量、最大循环次数 N。

第二步：开始循环，蚂蚁在节点 i 根据概率公式（11-25）选择下一个访问的节点 j，同时，蚂蚁将访问过的节点存入各自的禁忌表中，直至无路可走或到达终点。

$$p_{ij}^k(t)=\begin{cases}\dfrac{\tau_{ij}^{\alpha}(t)\eta_{ij}^{\beta}(t)}{\sum\limits_{s\in \text{allowed}_k}\tau_{is}^{\alpha}(t)\eta_{is}^{\beta}(t)}\\ 0\end{cases}\tag{11-25}$$

其中，allowed_k 为蚂蚁下一步可选节点的集合，$\eta_{ij}=\dfrac{1}{d_{ij}}$。

第三步：当蚂蚁到达终点后，记录禁忌表中蚂蚁所走的路径节点和路径总长度，在下一次算法开始前清空禁忌表。

第四步：按照式（11-26）和式（11-27）更新信息素。

$$\tau_{ij}(t+1)=(1-\rho)\tau_{ij}(t)+\Delta\tau_{ij}^{k}(t,t+1) \tag{11-26}$$

$$\Delta\tau_{ij}(t,t+1)=\sum_{k=1}^{m}\Delta\tau_{ij}^{k}(t,t+1) \tag{11-27}$$

蚁群算法的关键在于信息素的更新方式和蚂蚁选择下一步所走道路的选择方式，因此，大多数对于蚁群算法的改进算法都从这两个方面出发，如带精英策略的蚁群算法、蚁群系统等。

11.3 地形通过性软件实现

11.3.1 地形通过性分析组件

1. 需求分析

地形通过性分析组件主要为试验训练体系结构中的车辆资源提供地形通过性参数。

作为组件资源，构建的第一步是确定对象模型的结构。利用 Power Designer 设计的地形通过性分析组件订购的车辆对象模型 VehicleInfo（见图 11-5），是对车辆基本信息和初始位姿信息的描述，如表 11-2 所示为详细信息。

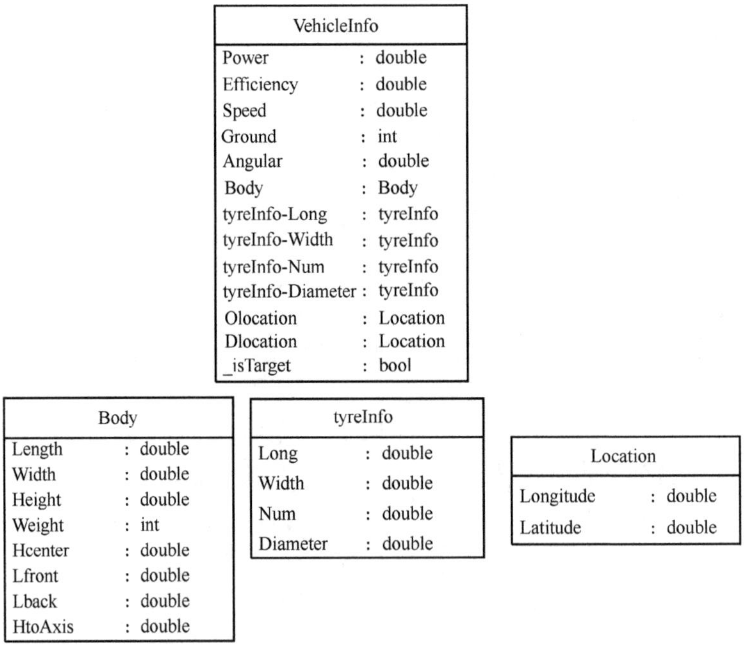

VehicleInfo
Power : double
Efficiency : double
Speed : double
Ground : int
Angular : double
Body : Body
tyreInfo-Long : tyreInfo
tyreInfo-Width : tyreInfo
tyreInfo-Num : tyreInfo
tyreInfo-Diameter : tyreInfo
Olocation : Location
Dlocation : Location
_isTarget : bool

Body
Length : double
Width : double
Height : double
Weight : int
Hcenter : double
Lfront : double
Lback : double
HtoAxis : double

tyreInfo
Long : double
Width : double
Num : double
Diameter : double

Location
Longitude : double
Latitude : double

图 11-5　地形通过性分析组件订购的车辆对象模型 VehicleInfo

表 11-2　对象模型 VehicleInfo 的详细描述

属 性 名	数 据 类 型	描　述
Power	double	功率
Efficiency	double	效率

续表

属 性 名	数 据 类 型	描 述
Speed	double	速度
Ground	int	行驶方式
Angular	double	初始转角
Olocation	Location	起始坐标
Dlocation	Location	目的坐标
Body-Length	double	车体长度
Body-Width	double	车体宽度
Body-Height	double	车体高度
Body-Weight	double	车重
Body-Hcenter	double	质心离平地高度
Body-Lfront	double	质心至前轮轴距离
Body-Lback	double	质心至后轮轴距离
Body-HtoAxis	double	质心至前后轮轴距离
tyreInfo-Long	double	前后轮距（履带长度）
tyreInfo-Width	double	前轮轴距（履带间距）
tyreInfo-Num	int	轮胎（负重轮）个数
tyreInfo-Diameter	double	主动轮直径
Location-Longitude	double	经度（坐标）
Location-Latitude	double	纬度（坐标）

地形通过性分析组件通过分析车辆的通过性，将信息进行发布。图 11-6 所示的地形通过性分析组件的对象模型 VehicleState，主要描述了通过计算获取的车辆的位姿信息。其详细信息如表 11-3 所示。

VehicleState	
Longitude	: double
Latitude	: double
Speed	: double
Acceleration	: double
Pitch	: double
Angular	: double
Corner	: double
State	: int
_isTarget	: bool

图 11-6 地形通过性分析组件发布的对象模型 VehicleState

表 11-3 对象模型 VehicleState 的详细描述

属 性 名	数 据 类 型	描 述
Longitude	double	经度
Latitude	double	纬度
Speed	double	速度

续表

属 性 名	数 据 类 型	描 述
Acceleration	double	加速度
Pitch	double	俯仰角
Angular	double	角速度
Corner	double	转角
State	int	行驶状态
_isTarget	bool	标志位

车辆通过性分析组件具体要实现的功能如下：

（1）提供可视化界面，支持用户对地形环境参数进行选择，能够直接从地形环境数据库中加载地形环境数据。

（2）通过对车辆参数和地形环境数据的分析，获取车辆的地形通过性信息，计算出车辆的位姿信息。

（3）能够为多个车辆资源提供通过性信息。

（4）提供可视化界面，实时显示与车辆资源的信息交互。

通过分析得到的用例图如图 11-7 所示。

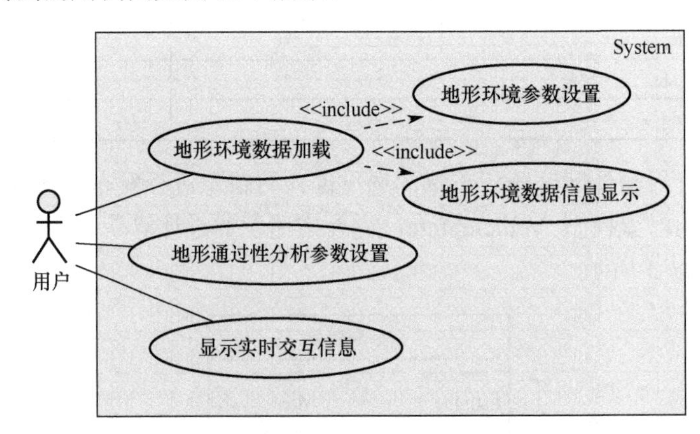

图 11-7　地形通过性分析组件用例图

（1）地形环境数据加载：试验运行前，支持用户选择试验所需的 SEDRIS 格式的地形环境数据库进行加载，并提供可视化界面显示地形环境数据的基本信息。

（2）地形通过性分析参数设置：试验运行前，支持用户对地形通过性分析的精确程度、分析范围等信息进行设置。

（3）显示实时交互信息：提供可视化界面实时地形通过性分析组件与车辆资源的信息交互，以便用户进行监视。

2. 静态模型

经过分析设计，地形通过性分析组件的静态模型如图 11-8 所示。其由六个类及其相互关系组成，详细分析如下。

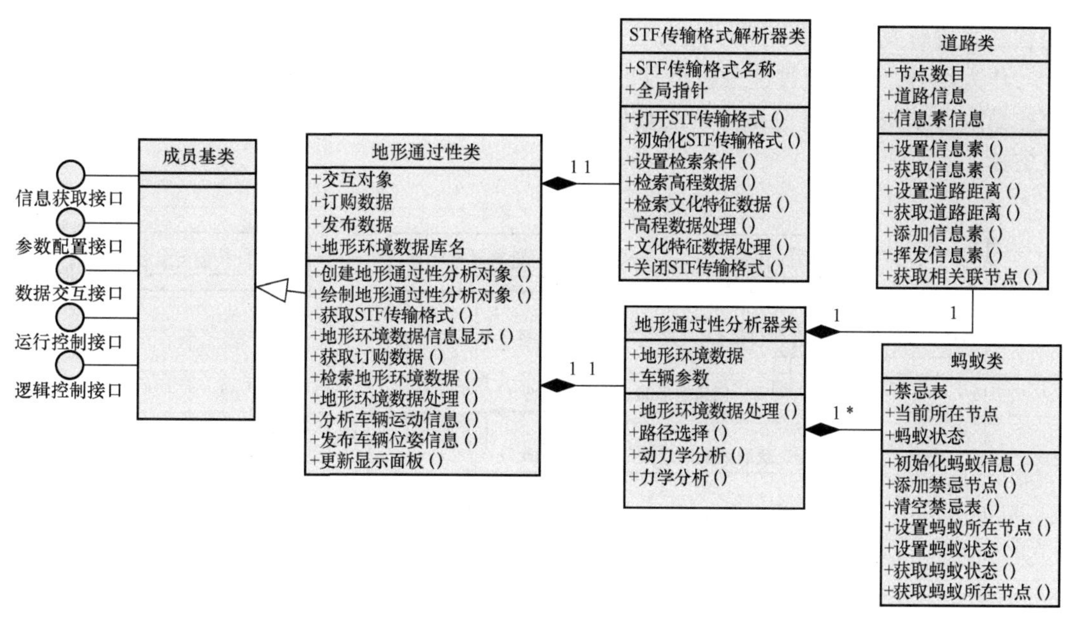

图 11-8　地形通过性分析组件的静态模型

（1）成员基类：提供与中间件进行信息交互的接口，与地形环境资源组件相同，不再赘述。

（2）地形通过性类：继承自成员基类，通过对成员基类中的各个接口进行重载实现地形通过性分析组件与中间件的信息交互，最终实现与车辆资源的信息交互。建模阶段，通过该类实现了试验训练体系结构中地形通过性分析组件的创建和绘制，支持用户选择试验需要的 SEDRIS 格式的地形环境数据库，并对地形环境数据库名称进行存储，加载地形环境数据，显示数据基本信息。试验运行时，该类通过订购发布关系，订购车辆资源的位姿信息，通过 STF 传输格式解析器检索地形环境数据库，获取对应的地形环境数据。通过地形通过性分析器获取车辆的运动状态，发布给对应的车辆资源。同时，实时显示订购发布数据，以便用户对信息交互情况进行监视。

（3）STF 传输格式解析器类：根据地形通过性类订购的车辆位置信息对地形环境数据库进行遍历，获取相应的高程数据和文化特征数据，用于实现车辆的通过性分析。

（4）地形通过性分析器类：根据处理后的地形环境数据和地形通过性类订购的车辆基本信息，利用蚁群算法搜索路径，对车辆进行动力学/力学分析，获取车辆的通过性信息，通过地形通过性类进行发布。

（5）蚂蚁类：实现蚁群算法中蚂蚁信息的存储与更新，包括蚂蚁所在节点、起始节点、蚂蚁状态、禁忌表等。

（6）道路类：实现蚁群算法中道路信息的存储与更新，包括道路距离、信息素含量等。

3. 动态模型

地形通过性分析组件的工作过程：通过地形环境数据和车辆参数做力学分析，获取车辆的行驶状态——是倒滑、侧滑、越障还是正常行驶，然后进行运动学分析获取车辆的运动状态并进行发布。

作为组件，地形通过性分析组件的交互过程也分为试验建模阶段和试验运行阶段。试验建模阶段地形通过性分析组件的数据情况（见图 11-9）与地形环境资源的类似，不再重复叙述。

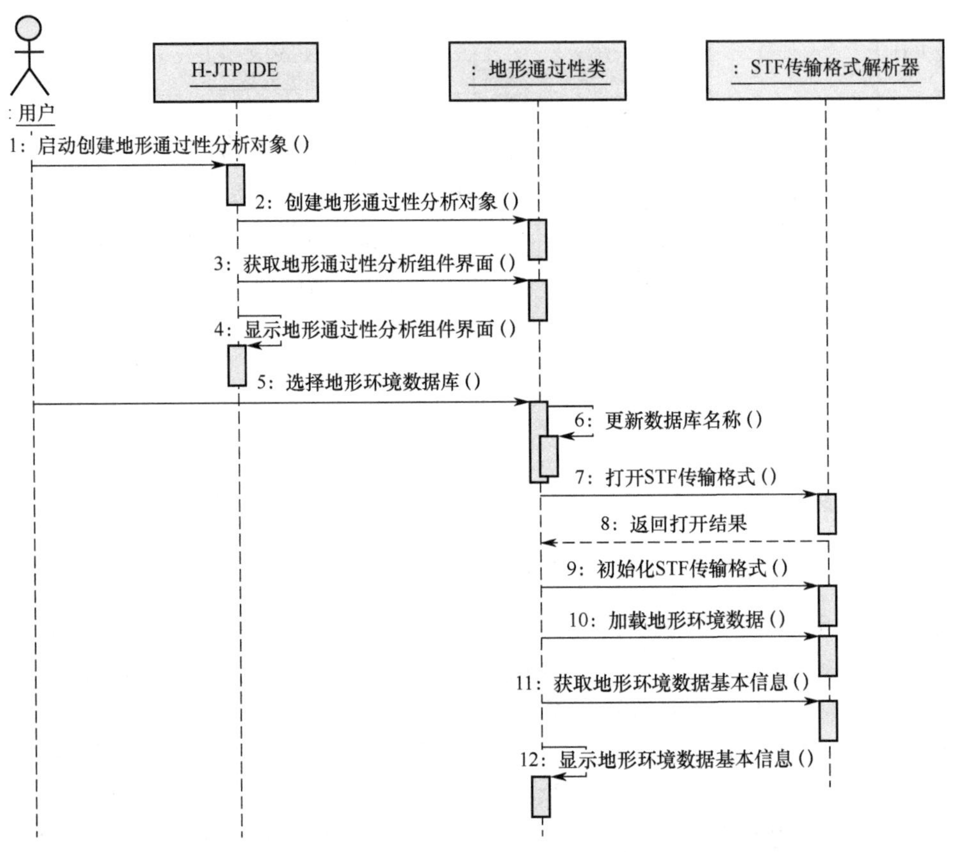

图 11-9　试验建模阶段地形通过性分析组件的交互过程

试验运行阶段，地形通过性类通过中间件获取车辆资源发布的数据，根据对象模型从中解析出车辆的位置信息和基本参数，调用 STF 传输格式解析器检索高程数据和文化特征数据信息并进行处理。地形通过性分析器对获取的道路信息进行处理，通过道路类和蚂蚁类实现路径搜索得到最短路径，按照 11.1 节介绍的理论对车辆进行通过性分析，最终得到车辆的运动状态。地形通过性类获取车辆的运动状态后通过中间件发布数据，并更新显示面板，实时显示数据交互过程。该过程的数据交互如图 11-10 所示。

其中，STF 传输格式解析器中地形环境数据搜索和地形通过性分析器中的路径搜索是关键部分。该部分地形环境数据搜索与地形环境资源组件中的地形环境搜索过程有两点不同：地形环境资源组件搜索的是某个位置的高程数据和文化特征数据，地形通过性分析组件搜索的是起始点与目标点之间一系列位置的高程数据和文化特征数据。当车辆在道路上行进时，地形通过性分析组件需要获取所有的道路信息（Road）并进行处理，用于路径搜索。获取的道路信息包括道路的端点位置、道路宽度、道路级别、道路使用情况、道路与气候的关系、道路坡度等。地形环境数据搜索过程如图 11-11 所示。其中，获取高程数据和文化特征数据的过程和地形环境资源中的搜索过程相同。

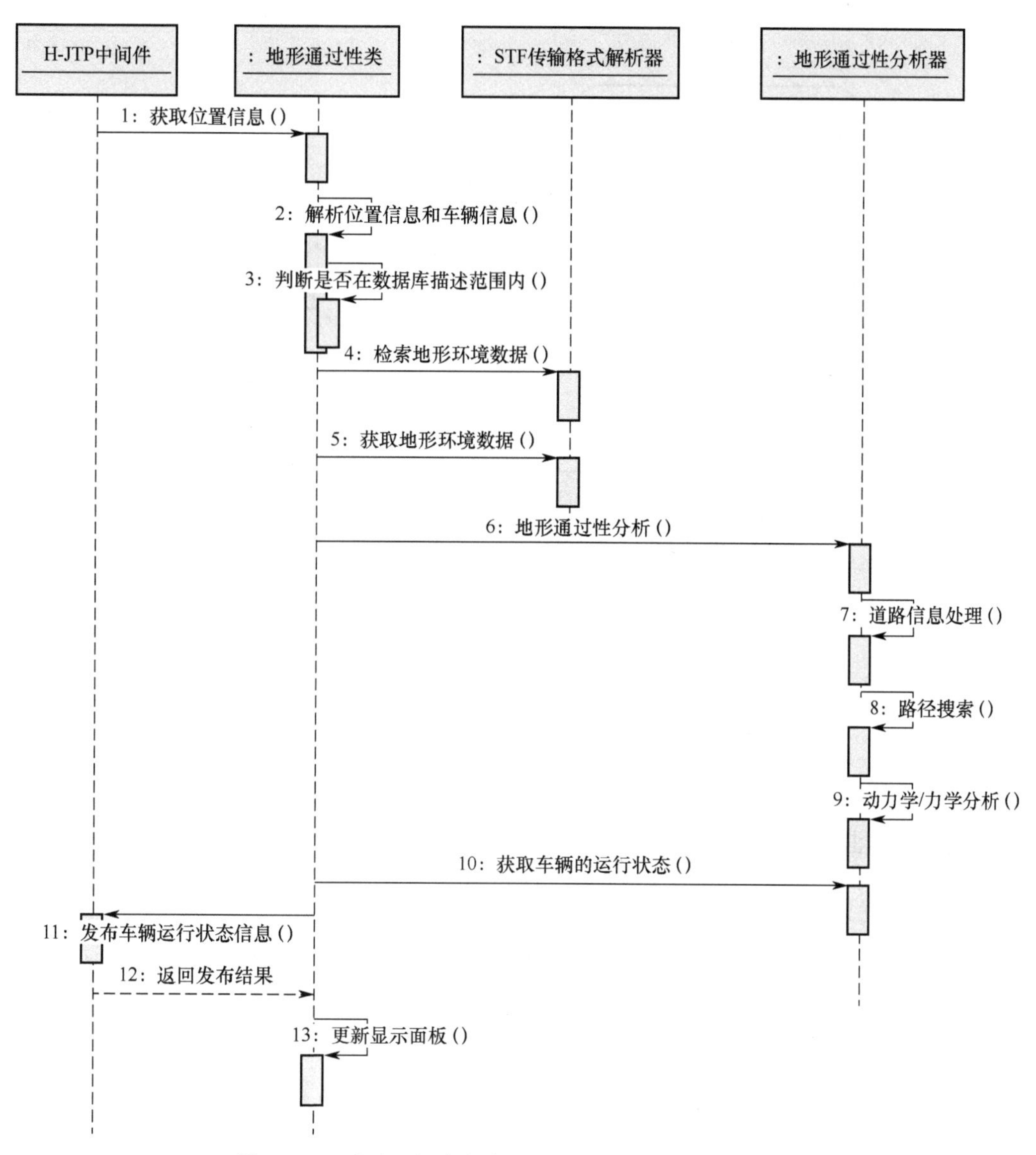

图 11-10　试验运行阶段地形通过性分析组件的交互过程

路径搜索是根据蚁群算法工作流程实现的，具体工作过程如图 11-12 所示。首先根据搜索到的道路信息初始化蚂蚁信息和道路信息，将信息素和道路信息存储于矩阵中，设定蚂蚁数量、蚂蚁的起始节点，设置信息素的初始含量及最大循环次数。完成初始化后，开始循环，判断每只蚂蚁的当前状态，若蚂蚁死亡或已经到达终点，则判断下一只蚂蚁。否则，将当前节点存入禁忌表中，按照概率获取蚂蚁下一步走的节点。若下一个节点是终点，则更新所选道路的信息素，将蚂蚁所在节点设为下一个节点，将蚂蚁的状态设置为到达终点，且存储蚂蚁禁忌表中的所有节点信息，计算出道路长度进行存储。若下一个节点不是终点，则只需更新道路信息素，将蚂蚁所在节点更新为下一个节点。当判断完所有蚂蚁后，进入下一个循环，最终通过对比选择最短路径。

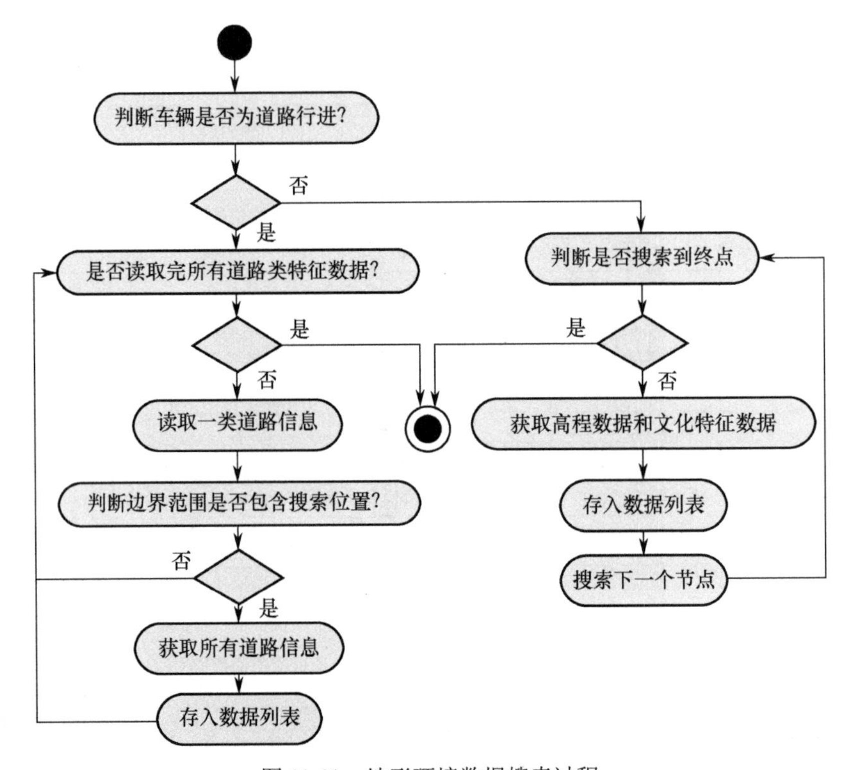

图 11-11　地形环境数据搜索过程

11.3.2　地形通过性分析组件测试

根据地形通过性分析组件的功能，按照如下流程进行测试。

（1）前四步的操作与地形环境资源组件的测试大体相似，不再赘述。采用 H-JTP IDE 创建试验方案时加入地形通过性分析组件和两个车辆组件，编辑界面如图 11-13 所示。配置地形通过性分析组件和两个车辆组件的订购发布关系如图 11-14 所示。地形通过性分析组件订购两个车辆组件的位置信息、基本参数信息和初始位姿信息，同时发布车辆的位姿信息给车辆组件。

（2）配置属性信息，包括加载地形环境数据库、设置地形通过性参数和设置车辆属性信息。加载地形环境数据库的过程与地形环境资源组件相同，不再赘述。设置地形通过性参数包括道路规划参数设置（如启发因子、信息素初始值等）和通过性分析参数设置（如起点终点之间计算点的选择、是否精确计算车辆的位姿信息等），如图 11-15 所示。在车辆资源的属性配置界面中选取合适的车型，设置车辆的初始位姿信息，以及规划车辆的行进路径。图 11-16 所示为车辆基本信息显示界面。两个组件的行进路径不同。

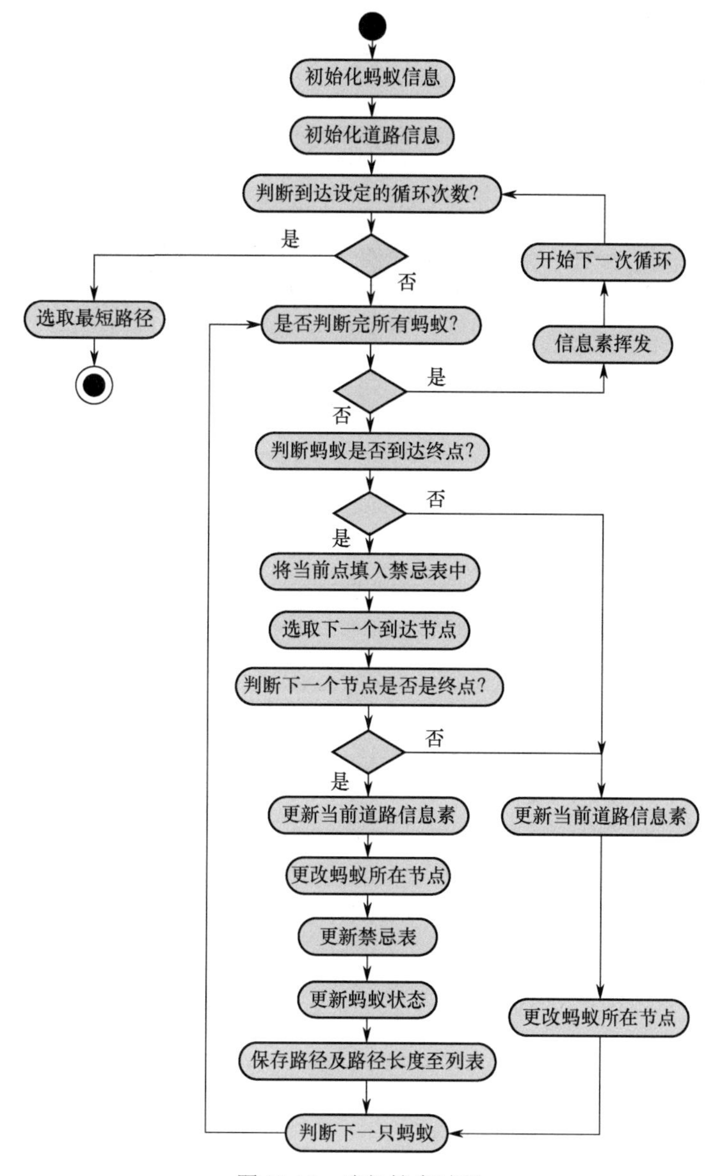

图 11-12　路径搜索过程

（3）运行试验，通过运行显示界面观察地形通过性分析组件与两个车辆组件的信息交互过程。当车辆组件是道路行进时，地形通过性分析组件会获取所有范围内的道路信息，采用蚁群算法获取最短路径，图 11-17 所示为某一时刻获取的所有道路的信息表。图 11-18 所示为地形通过性分析组件的运行显示界面，订购数据是两个车辆组件（VehicleInfo_1 和 VehicleInfo_2）的车辆基本信息、初始位置信息和位置信息及行进方式等，发布数据是通过分析获得的车辆位置信息。同时对根据车辆信息结合蚁群算法规划的路径进行显示。可以看出，数据显示正确，即地形通过性分析组件可以正确地与车辆资源进行信息交互。

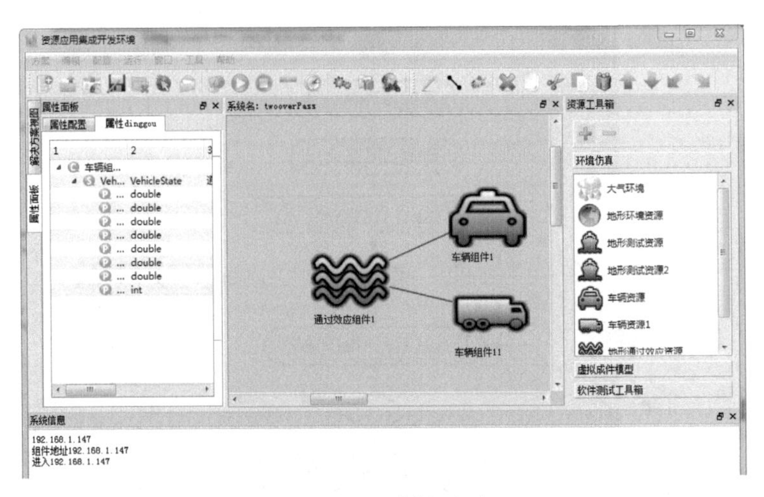

图 11-13　编辑界面

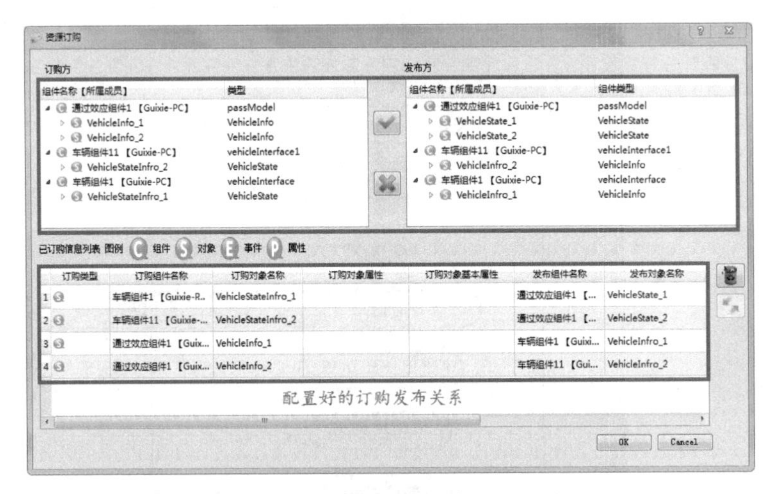

图 11-14　订购发布关系配置界面

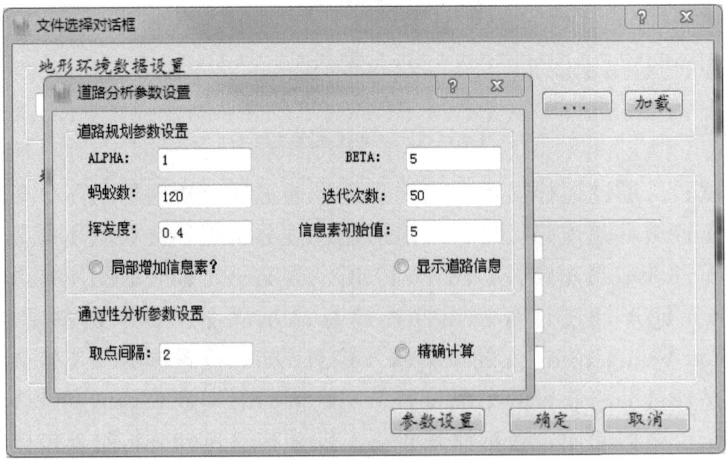

图 11-15　地形通过性参数设置界面

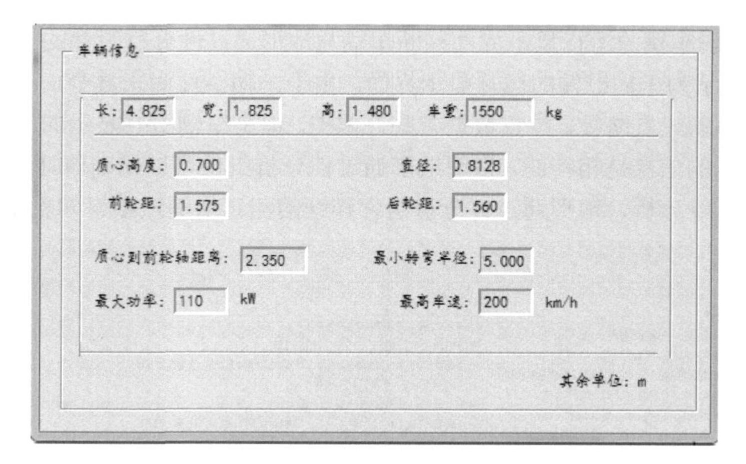

图 11-16　车辆基本信息显示界面

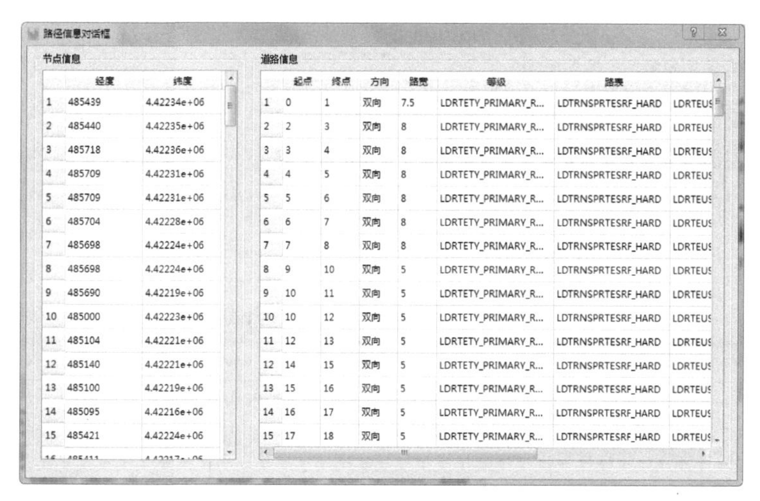

图 11-17　某一时刻获取的所有道路信息

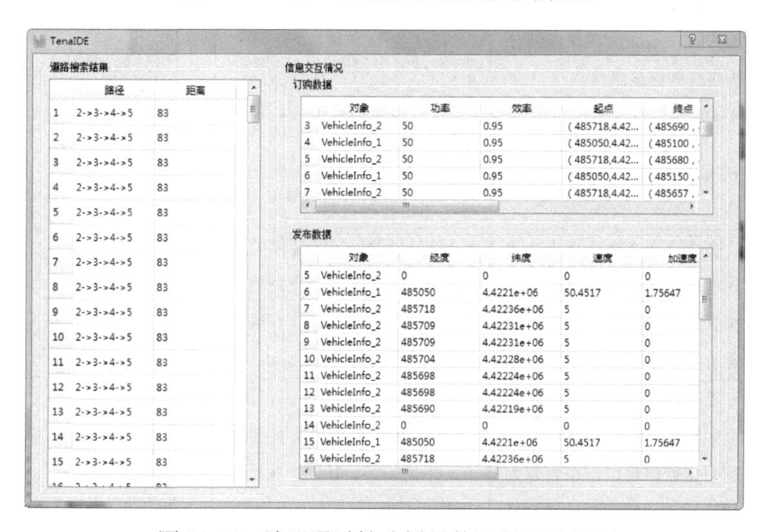

图 11-18　地形通过性分析组件运行显示界面

（4）通过查看车辆的运行显示界面判断车辆与地形通过性分析组件的信息交互是否正确。图 11-19 所示为车辆组件的运行显示界面。由于车辆组件尚未健全，不能通过给出的车辆位姿信息重新设置路径，导致数据有些许偏差。但是车辆组件显示的信息与地形通过性分析组件显示的信息是相符的，说明地形通过性分析组件可以正确地订购发布数据，且对车辆进行通过性分析，地形通过性分析组件详细的测试用例及结果如表 11-4 所示。

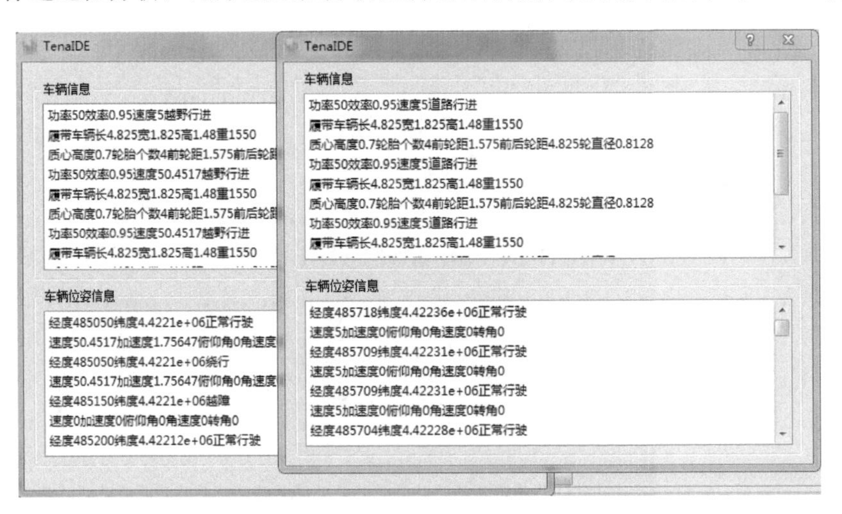

图 11-19　车辆组件的运行显示界面

表 11-4　地形通过性分析组件详细的测试用例及结果

测 试 用 例	测 试 方 法	预 期 结 果	实 测 结 果	测 试 结 论
配置 XSD 文件	利用资源封装工具生成 XSD 文件，并查看文件	XSD 文件正确描述地形通过性分析组件与车辆组件的订购发布关系	XSD 文件符合要求	合格
添加地形通过性分析组件和车辆组件	运行 H-JTP IDE，创建试验方案，添加地形通过性分析组件和测试组件	地形通过性分析组件和车辆组件能够正常被 H-JTP IDE 加载，能够正确显示，可加入试验方案	地形通过性分析组件被成功添加	合格
配置订购发布关系	配置地形通过性分析组件和两个车辆组件的订购发布关系	H-JTP IDE 能够正确显示订购发布列表，且实现订购发布关系的正确关联	正确配置订购发布关系	合格
配置地形通过性分析组件	在地形通过性分析组件的属性配置界面选择 SEDRIS 格式的地形环境数据库，并查看数据基本信息	地形通过性分析组件的配置界面正确显示，且支持用户选择地形环境数据库，正确显示数据信息	正确加载地形环境数据库，显示数据基本信息	合格
配置两个车辆组件信息	在车辆组件的属性配置界面中设置车辆的基本信息、初始位置信息，一个设置为道路行进，另一个设置为越野行进	车辆组件的属性配置面板可以正常显示，且用户配置结果显示正确	正确显示用户配置信息	合格

续表

测试用例	测试方法	预期结果	实测结果	测试结论
订购车辆组件的信息，发布车辆的位姿信息	运行试验，查看地形通过性分析组件和车辆组件的运行显示界面，查看车辆信息、位置信息与车辆的通过性信息是否相符	地形通过性分析组件显示的车辆信息与车辆组件中设定的一致，车辆组件显示的车辆通过性信息与地形通过性分析组件发布的相同	能够正确显示订购发布数据	合格
实时显示交互信息	运行试验，查看运行显示界面	运行显示界面显示数据正确、流畅	运行显示界面能够实时正确显示交互数据	合格

通过上述测试，得出以下结论：地形环境建模软件支持用户读取各类典型格式地形环境数据，支持用户按照自身需求设置并处理地形环境数据，最终生成 SEDRIS 标准格式的地形环境数据库；地形环境资源组件能够正确加入试验训练体系结构，支持用户进行属性配置，能够同时为多个试验成员提供地形环境数据，且实时显示数据交互过程；地形通过性分析组件能够正确加入试验训练体系结构，支持用户进行属性配置，可同时为多个车辆组件提供通过性参数，且实时显示交互过程。

11.4 本章小结

本章研究了车辆地形通过性分析的理论，分别从需求分析、静态模型和动态模型三个方面详细介绍了基于试验训练体系结构的地形通过性分析组件开发的详细实现过程，以车辆地形通过性分析的理论为基础开发地形通过性分析组件，为车辆资源提供通过性参数，实现了地形环境资源与车辆资源的信息交互。最后，通过设计测试用例地形通过性分析组件进行了测试，同时通过在试验训练体系结构中设计试验对地形环境资源整体功能进行了测试。测试结果表明，地形通过性分析组件可以正确接入试验训练体系结构，并与其他试验成员进行信息交互，完善了试验训练体系结构的试验资源，提升了试验训练体系结构的可信度。

第 12 章

二维场景显示软件开发

二维场景显示软件能够为试验观察者提供直观运行态势显示，解决了通过数码窗等数字组件观察试验进程的弊端，本章将采用面向对象的方法，对二维场景显示软件进行设计，并给出主要界面设计。

12.1 需求分析

在开发二维场景显示软件之前，结合 H-JTP 体系结构分析二维场景显示软件的功能需求，总结软件的主要显示功能，并在此基础上使用 UML 语言进行软件的用例分析。

12.1.1 功能需求

二维场景显示软件作为独立的场景显示软件，在 H-JTP 体系结构中，提供对试验过程中试验区域地形的二维显示能力，能够显示试验方案文件中的试验参与者，并通过中间件接收试验参与者运行过程中发布的数据，具体要求如下。

（1）基于 MapX 开发，能在 MapX 地图上绘制出试验参与者的位置及运动轨迹等。

（2）支持对二维试验场景通过鼠标拖曳等进行缩放及平移等操作；支持在地图上标注文字、图片符号等；支持平面距离的测量。

（3）支持试验方案文件的解析，能够从中解析出试验参与者，并支持对指定参与者的显示和对应二维显示模型的设置。

（4）能够从试验方案中解析出试验参与者发布的所有数据，并可以支持参与者发布数据与二维显示模型的灵活关联。

（5）具备中间件接口，能够接收中间件传来的数据，并驱动显示内容的变化。

（6）支持对雷达波束、雷达作用范围等特殊效果的显示。

（7）支持对二维显示方案的工程化管理。

12.1.2 用例分析

根据二维场景显示软件的功能需求分析，需要对软件进行用例分析，以便软件开发人员在理解用户要求的基础上用面向对象的 UML 语言将二维场景显示软件的设计思想和方法表达出来。图 12-1 所示为二维场景显示软件用例图。

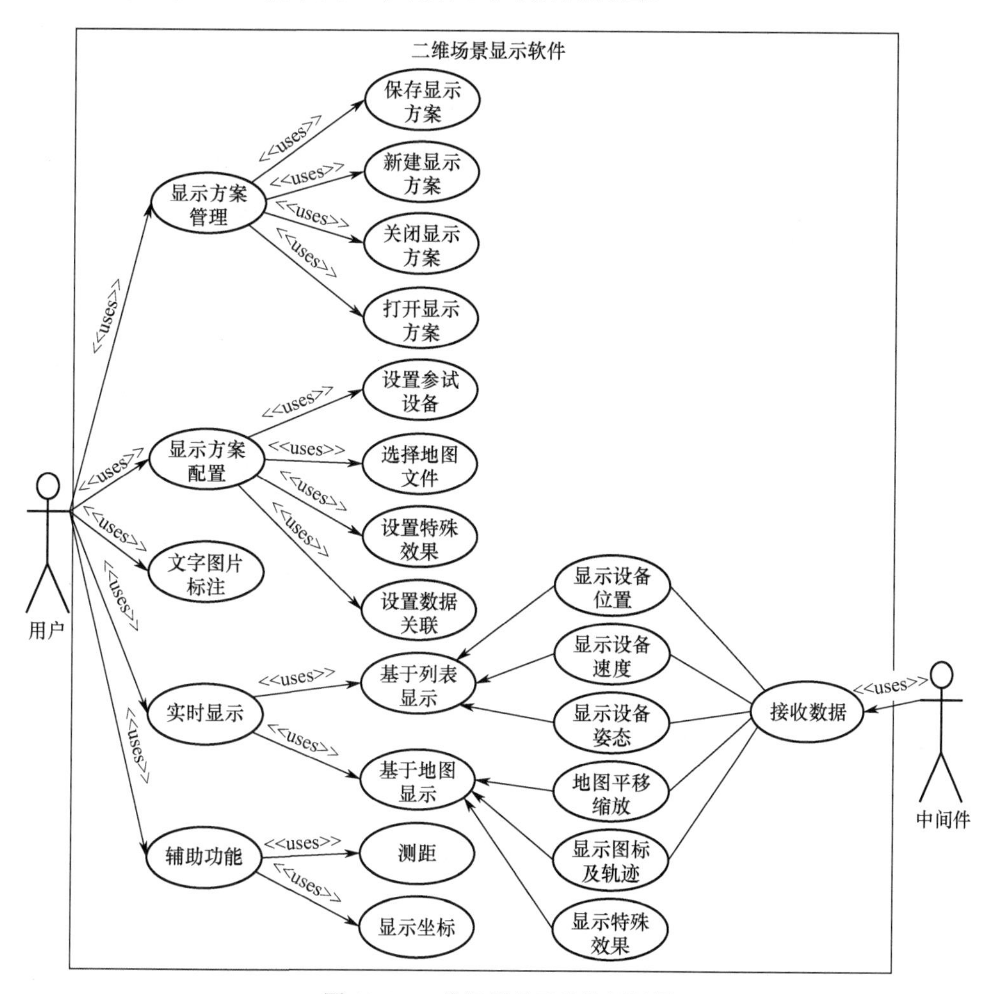

图 12-1　二维场景显示软件用例图

用例图各用例描述如下。

显示方案管理：用于用户对显示方案进行工程化管理，用户可以选择对某一试验方案新建显示方案，对现有的显示方案进行保存，关闭已经打开的显示方案，也可以再次打开已经保存好的显示方案。显示方案为 XML（Extensible Markup Language，可扩展标记语言）格式的后缀名为.tms 的文件。

显示方案配置：用于用户制作二维显示方案，在新建显示方案后，用户从运行平台的试验方案文件夹中选择需要显示的试验方案文件，解析试验方案，用户可以从试验方案中选择参试设备，配置设备的初始位置信息及显示图标，加载地图文件，设置雷达等设备的特殊效果（如雷达波束、激光束等参数），设置方案文件中组件发布的数据与显示设备属性之间的关联，并将配置好的信息进行保存。

文字图片标注：用于用户对地图文件上的关键点进行文字或者图片的标注，用户可以在地图的指定位置添加文字或图片标注，显示在地图上标注的符号等。

实时显示：用于软件实时显示地图及设备情况，分为基于列表显示和基于地图显示。

① 基于列表显示：在表格中显示用户添加的显示设备在实时运行过程中的位置、姿态、速度等信息，数据从中间件接收，显示实时的组件运行信息。

② 基于地图显示：观察界面基于 MapX 的地图显示数据信息，在软件中间部分的二维地图显示窗口向用户直观地显示参试设备在二维地图中的运行信息、轨迹等，显示设置好的雷达等波束或者激光的特殊效果，用户可以对二维地图进行缩放等操作。

辅助功能：负责二维场景显示软件的其他辅助功能，如显示鼠标指针在二维地图上位置的经纬度信息，使用鼠标指针测量两点之间的距离等。

接收数据：是中间件接口，在试验系统运行期间实时地接收从中间件传来的数据，并驱动二维显示软件显示内容的变化，如经纬度信息、特殊效果信息等。

12.2 二维场景显示软件开发关键技术

在 VS2008 中调用 MapX 的功能，开发者建立的工程项目需要添加调用 MAPX.CPP 和 MAPX.H 两个文件，在使用时实例化地图对象调用 MapX 内部功能函数。应用程序的界面使用了 BCG 的库函数。下面将详细介绍在二维场景显示软件开发过程中的关键实现技术。

12.2.1 与中间件数据交互技术

二维场景显示软件作为 H-JTP 体系结构的显示节点，能够加入试验系统，并通过中间件接收试验系统中其他试验节点发布的数据。在 H-JTP 体系结构中，试验资源之间的数据通信及各分布式节点之间的互操作是通过 H-JTP 中间件进行的，在构建好的试验系统中，需要经过几个步骤才能加入试验系统并成功接收数据，因此在二维场景显示软件中可编写中间件接口实现数据交互。下面介绍软件与中间件进行数据交互的实现技术。

图 12-2 所示为分布式试验系统结构图。当分布式试验系统在资源应用集成开发环境运行平台中运行时，各个分布式节点之间的数据交互以对象模型（SDO）的形式通过 H-JTP 中间件进行，二维场景显示软件的数据来源是资源应用集成开发环境运行平台中的试验组件运行时所发布的位置、姿态等数据，这些数据在对象模型中通过 H-JTP 中间件传递给二维场景显示软件。因此，用户需要在二维场景显示软件中订购试验系统组件发布数据的对象模型，将运行平台中组件发布数据的对象模型与二维场景显示软件中显示设备的属性进行数据关联，保存订购对象模型列表，基于 H-JTP 中间件的声明管理和数据分发服务，通过编写的中间件接口回调函数实现数据的接收和保存处理。

二维场景显示软件与资源应用集成开发环境运行平台是试验系统的资源应用成员，当运行平台通过 H-JTP 中间件的对象管理服务创建试验系统之后，二维场景显示软件通过以下步骤加入该试验系统进行通信，如图 12-3 所示。首先通过注册回调函数将本软件的 SDO 数据回调函数进行注册；注册成功后，软件加入由运行平台创建的试验系统；在成功加入系统后，软件通过函数开启中间件对象管理服务；在开启对象管理服务后软件可以按照软件在显示工程配置时保存的订购对象模型列表依次订购对象模型，当订购的对象模型发布数据时，软件通过 SDO 数据回调函数接收中间件传来的数据。二维场景显示软件退出试验系统的流程图如图 12-4 所示。首先软件通过函数关闭中间件对象管理服务；按照软件保存的订购对象模型列表依次取消订购对象模型；当取消成功后软件退出试验系统；注销注册过的回调函数，不再从中间件接收数据。

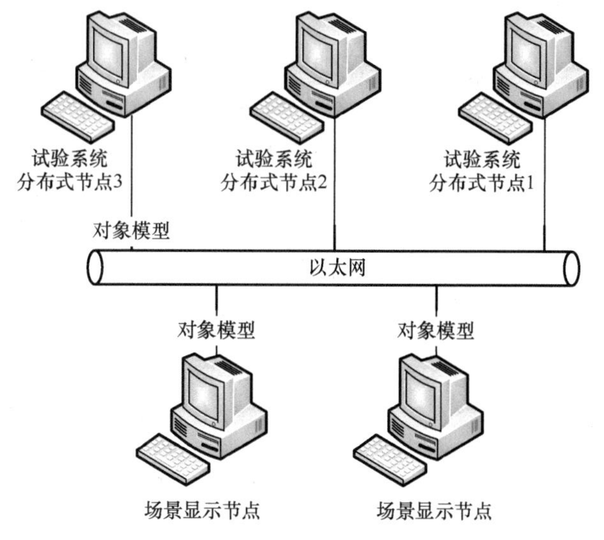

图 12-2　分布式试验系统结构图

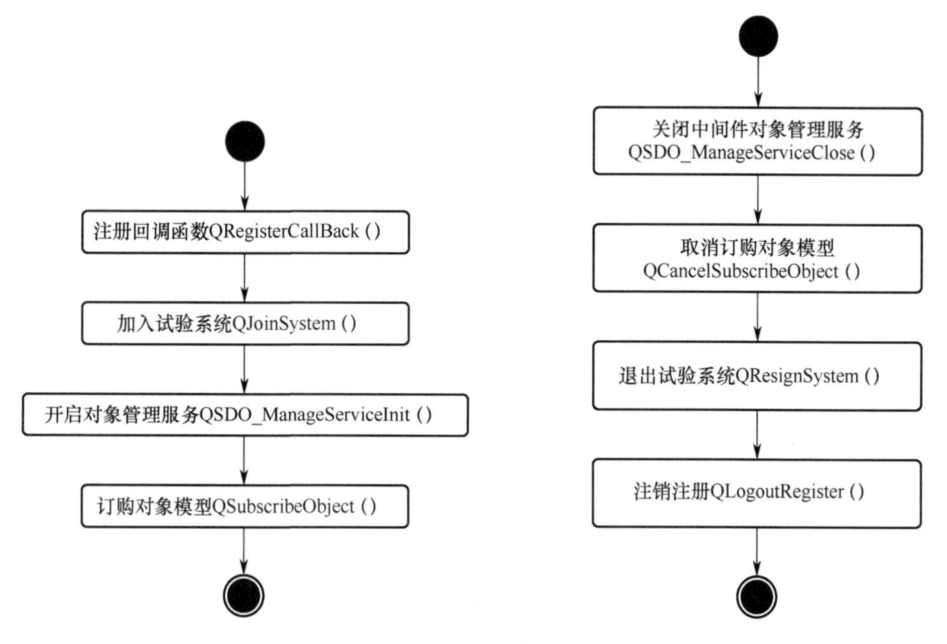

图 12-3　二维场景显示软件加入试验系统的流程图　图 12-4　二维场景显示软件退出试验系统的流程图

在进行注册时，SDO 数据回调函数负责接收数据，包括实体 ID、订购属性名称、实体数据首地址、属性相对于首地址的偏移量等，根据这些信息接收数据并分发。根据二维场景显示软件功能要求及数据结构，设计回调函数并编写。

作为与资源集成开发环境运行平台同级的综合显示软件，在二维场景显示软件中通过编写中间件接口实现数据交互，三维场景显示软件与中间件进行数据交互的原理及过程与二维场景显示软件相似。

12.2.2 标注及设备信息绘制技术

二维场景显示软件除具有基本的地图功能外，还要根据用户的需求在地图上绘制出地图以外的元素，如图标、文字、轨迹等，结合 MapX 功能及软件的需求分析，可以将绘制分为实时绘制与非实时绘制两类。实时绘制主要负责完成显示方案运行过程中接收中间件数据来驱动图标位置变化，绘制出图标运动轨迹及运动信息，非实时绘制主要完成用户在地图上添加文字、图片等静态的标注信息。

非实时绘制与实时绘制的实现方法不同。非实时绘制，如标注的添加采用 MapX 的用户自定义图层实现；实时绘制，如设备信息的绘制采用在透明窗口绘图实现。下面分别介绍标注及信息实时绘制的实现方法。

MapX 基于图层的概念进行管理，用户在使用 GeosetManager.exe 打开地图文件时可以发现，含有不同信息的图层叠加在一起显示为一张完整的地图，每个图层上显示地图的不同信息，如河流、公路、城市等。因此，需要合理地安排图层的顺序，如图层点和区域。为了避免信息被重叠覆盖，显示区域的图层要在显示线的图层下方。用户可以在该工具下选择需要显示的图层信息并保存设置好的地图文件，以便 MapX 调用加载。

在二维场景显示软件中，为了实现标注的添加、画线测距，以及图标和文字信息的绘制，用户可以申请一个自定义的空白图层，并且为了保证图层信息不被其他图层信息覆盖，将该图层的位置放在其他所有图层的上方，用户对于地图的标注等其他操作均在该图层上实现。不同于其他图层，该图层有重绘响应函数。用户自定义图层在重绘时会占用较大的系统资源，因此主要用来绘制不需要实时重绘的部分。

在用户申请的空白图层上使用鼠标对地图进行平移、放大或者缩小等操作，通过事件响应函数，设置 MapX 对象的当前工具进行操作。当用鼠标进行操作时（如鼠标的按下、移动及滚轮等实现），软件首先会获取屏幕上鼠标的光标位置，图层获取鼠标的事件，根据映射表执行相应的函数去调用 MapX 的工具，调用 MapX 对象的坐标转换函数将其转换为地图上的坐标。

而在实时绘制中，如果使用 MapX 的图层概念进行实时绘制，使用用户自定义图层时会占用很大的系统资源，达不到实时的目标。为了解决设备显示信息绘制的实时性问题，采用 MFC 的 CDC 类直接将需要更新绘制的信息绘制到窗口而不是图层，因此可自定义一个透明窗口类，实例化一个透明的窗口覆盖在地图窗口上，该类聚合在 Main Frame 类中，继承自 Dialog 类并由视图类聚合。它取代 MapX 的用户绘制图层，刷新显示速度快。透明窗口类的窗口覆盖在地图窗口上，该窗口上若存在已绘制的信息（如填充区域）时就会截获鼠标消息，获得焦点，这样地图窗口将不能得到鼠标消息，因此该类的鼠标响应函数中需要调用视图类中的鼠标响应函数。这个响应函数调用 MapX 的坐标转换函数，将地图坐标转换到窗口坐标进行绘制。

但是当需要绘制的图形比较大或者比较复杂的时候，在画图过程中就可能造成画图窗口的闪烁，而这种闪烁在调整画图窗口大小的时候尤为明显。能够比较好地解决画图显示窗口闪烁问题的有效办法，就是使用内存设备上下文（Device Context，DC），又称缓冲 DC。这种方法的实现原理是使用者通过在内存空间中申请一个 DC，使得该缓冲 DC 与目标窗口本身的 DC 具有相同的属性，当进行实时绘制时先在内存中准备的 DC 上进行画图，在完成画图以后，将画图内容复制到相同属性的目标窗口 DC 上。在实时绘制过程中，所有的画图操作都不是直接在窗口 DC 上进行的，所以显示窗口可以维持原来显示的内容，而且在将内存 DC 的内容复制到窗口 DC 时执行得非常快，从而消除了从上一个绘制旧画面到窗口卡顿空白显示再到最新绘制画面的闪烁现象。

实时绘制的过程采用定时绘制，在初始化时设定定时器，定时器响应函数处理流程图如图 12-5 所示。每 100ms 刷新一次，调用视图类中的绘制测距函数及设备管理器类中的绘制函数，完成数据的实时更新和绘制。绘制通过 GDI+（Graphics Device Interface，图形设备接口）的 Graphics 类实现，因此绘制函数参数应传递透明窗口的 Graphics 指针。

该类初始化过程非常重要，需要设定窗口透明化的参数，窗口 Style 必须为 POPUP，其他都会导致透明化失效。

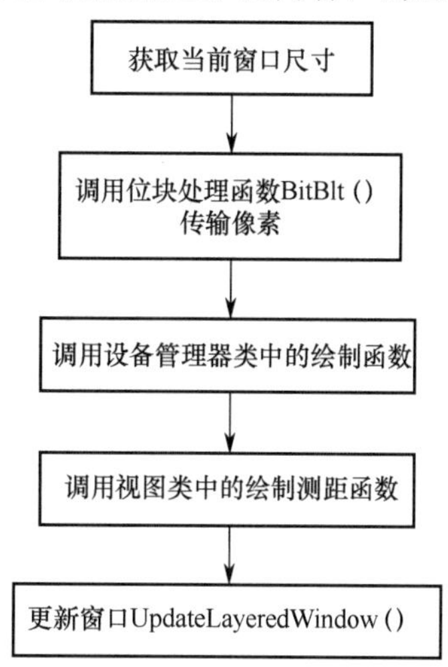

图 12-5　定时器响应函数处理流程图

12.3 软件设计

结合二维场景显示软件的功能需求及对软件开发过程中关键技术实现的研究，设计软件的数据结构及显示方案节点结构，并使用 UML 语言对软件进行概要设计及详细设计，给出软件主要界面。

12.3.1　显示方案节点结构及数据结构设计

二维场景显示软件作为独立的显示软件，进行显示方案的工程化管理。下面结合功能需求及用例分析，对该软件的数据结构及显示方案文件结构进行设计和介绍。

二维场景显示软件的显示方案为 XML 格式，节点结构图如图 12-6 所示。文件存储的根节点下主要有 6 个元素节点，首先保存当前地图文件的中心点的经度（lon）、纬度（lat）及缩放比例尺（zoom），保存地图文件的路径及名称（MapPath），以便再次打开显示方案时加载地图文件。设备管理节点（m_DeviceManager）保存用户添加的所有显示设备的相应信息。标注管理节点（m_MarkerManager）保存用户添加的文字或者图片标注的内容、位置、线型、颜色等信息。

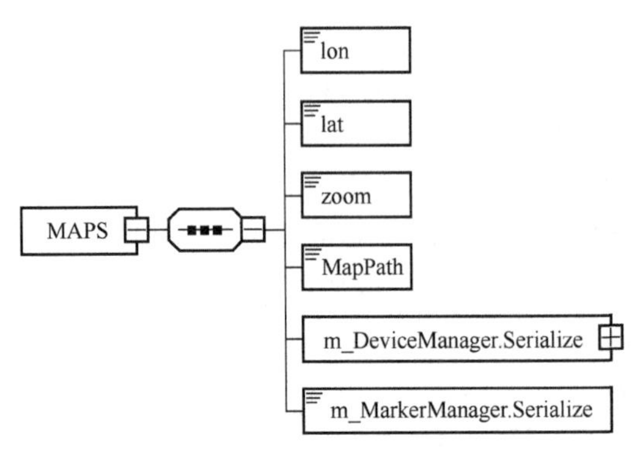

图 12-6　显示方案节点结构图

图 12-7 所示为设备管理器节点结构图。设备管理器节点保存所有添加设备的基础信息和对设备显示设置的统一信息。基础信息包括显示方案名称（m_TestSchemeName）、试验方案文件名称（m_strSystemName）、系统成员（m_ShowMemName）、IP 地址（m_strLocalIP）、是否显示特殊效果（m_IsEffectShow）、是否显示标注内容（m_IsMarkShow）、及是否显示设备信息（m_IsAreaShow）等。在设备管理器中定义向量容器（Vector）保存设备基础信息。

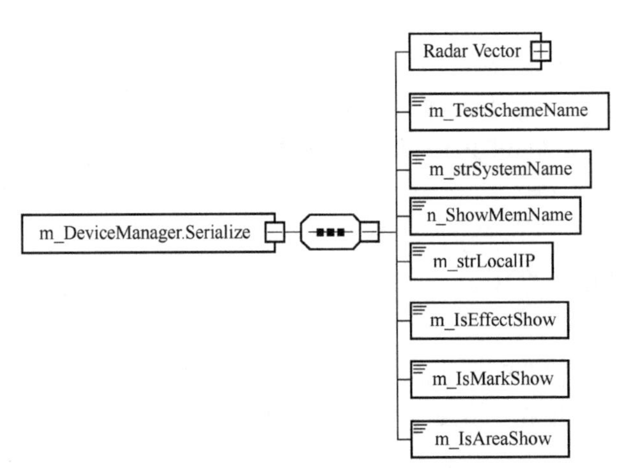

图 12-7　设备管理器节点结构图

当设备是雷达时，扫描角度及波束的属性包括角度和线型等，设备基础信息中定义目标映射表，保存该雷达设备探测到的所有目标，除此之外，显示设备主要的基础信息属性如表 12-1 所示。

表 12-1　显示设备主要的基础信息属性

属性名称	属性说明	类　型
目标映射表	索引为目标批号，关键值为目标类实体的映射表	CMap
初始经纬度	设备初始的经度、纬度、高度	double
设备姿态	设备的航向角、俯仰角、横滚角	double

续表

属 性 名 称	属 性 说 明	类　型
设备经纬度	设备实时运行的经纬度	GisPoint
设备速度	设备的运动速度	double
设备图标路径	保存设备设置的显示图标的路径及文件名称	CString
设备轨迹颜色	设备运动轨迹的颜色	COLORREF
设备轨迹线型	设备轨迹是实线或者虚线等	int
设备轨迹线宽	设备轨迹的宽度	int
设备订购实体 ID	显示设备订购的组件发布数据 SDO 实体的 ID	CString
设备目标订购实体 ID	显示设备目标订购的组件发布数据 SDO 实体的 ID	CString
组件发布实体属性名称数组	显示设备订购的组件发布数据实体的属性名称	CStringArray
设备接收数据属性名称数组	显示设备接收数据的属性名称，与组件发布数据属性名称相对应	CStringArray

12.3.2　静态模型设计

二维场景显示软件是基于 MapX 进行开发的，主要功能包括用户可对二维场景显示软件生成的显示方案进行工程化管理，可以选择地图文件并加载，二维场景显示软件可以加载资源应用集成开发环境的试验方案文件，并解析其中的试验资源信息和对应的对象模型信息（SDO），二维场景显示软件可以从 H-JTP 中间件接收资源应用集成开发环境运行平台的数据，进而驱动地图上显示设备的运动，另有特殊效果的设置和显示等功能。

根据前文对软件的功能需求、用例分析及数据结构的设计，使用 UML 设计软件的类图。图 12-8 所示为二维场景显示软件类图，给出了软件的主要类。

文档类：为本软件的主控制台，继承自 CDocument 类。负责显示方案的工程化管理，包括新建显示方案、打开、保存显示方案及关闭当前显示方案等操作，以及在工具栏上添加设备按钮和在界面添加标注等操作，并负责与中间件接口的数据交互，当运行显示方案时，从 H-JTP 中间件实时地接收数据，数据保存到设备管理器类中，调用视图类中的仿真绘制函数，与视图类之间进行数据传递。

视图类：该类即可视化窗口，继承自 CView 类。由 MapX 基类聚合而成，包括工具栏、显示信息栏及地图窗口，提供友好的交互界面，同时用户对地图的操作函数通过该类进行处理。仿真绘制时，调用设备管理器类、标注管理器类及用户绘制透明窗口类绘制函数。

MapX 类：该类为 Visual Studio 调用 MapX 的基础，提供了调用 MapX 控件的库函数及接口，以及对地图的操作函数。

设备管理器类：该类用于解析试验方案文件中的试验资源信息，添加和删除显示设备，管理所添加的显示设备，调用设备类绘制图标和轨迹信号函数等，保存所有设备的基本信息。该类由设备类聚合而成。

设备类：负责保存显示设备属性与试验资源数据的关联表，绘制设备图标、名称、特殊效果等信息。

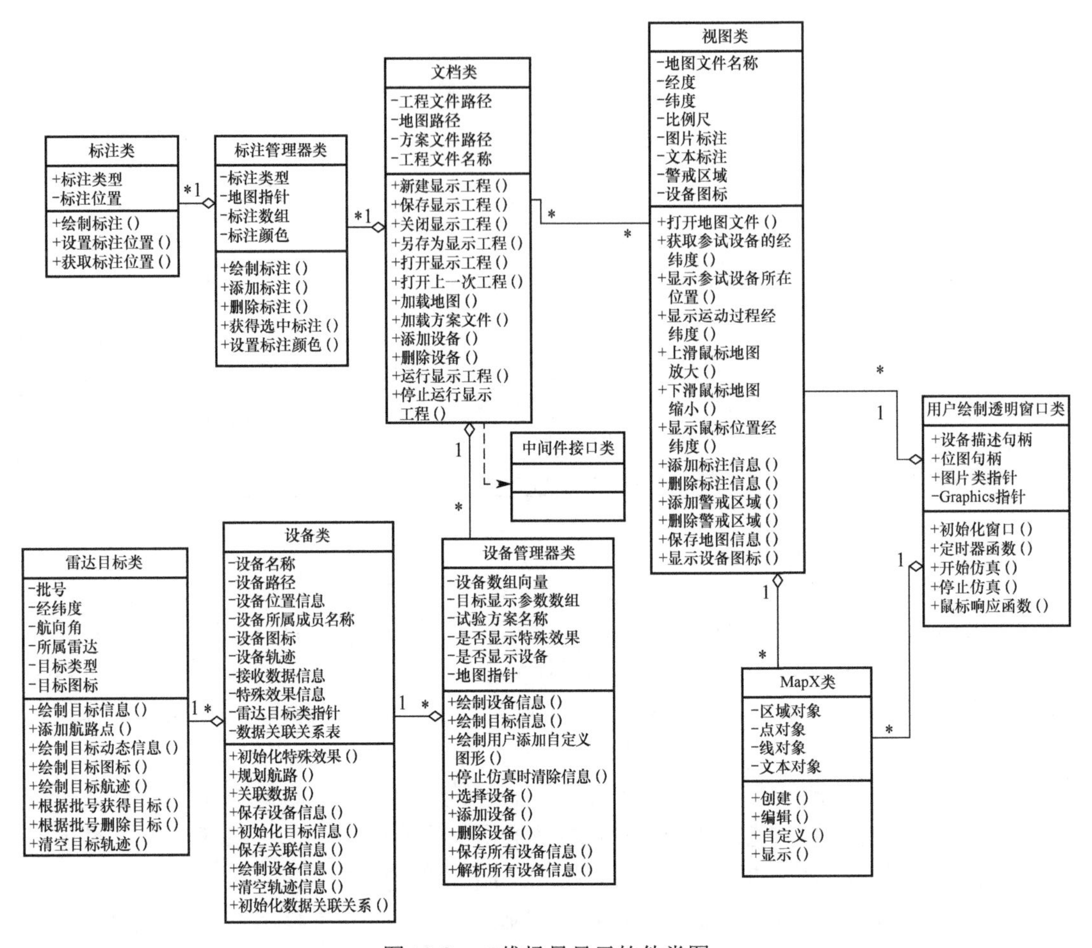

图 12-8　二维场景显示软件类图

用户绘制透明窗口类：负责实时更新显示重绘设备轨迹和位置姿态信息，采用定时重绘的方法，每 100ms 执行一次定时器响应函数，在定时器响应函数中窗口的重绘响应函数将会被调用，窗口重绘过程结合 MapX 和 GDI 的 Graphics 指针完成，调用设备管理器类绘制函数。

标注管理器类：负责管理用户在地图上所做的各类标注的类型、位置、颜色等，可添加或删除，调用标注类中的绘制函数。

12.3.3　动态模型设计

下面使用 UML 的序列图和活动图来描述二维场景显示软件的一些主要操作、功能及软件内部运行活动。

二维场景显示软件的主要功能是为 H-JTP 资源应用集成开发环境运行平台的试验方案运行提供实时场景显示。图 12-9 所示为二维场景显示软件打开并运行显示方案序列图。

由图 12-9 可以看出，软件新建并运行显示方案的主要过程如下。

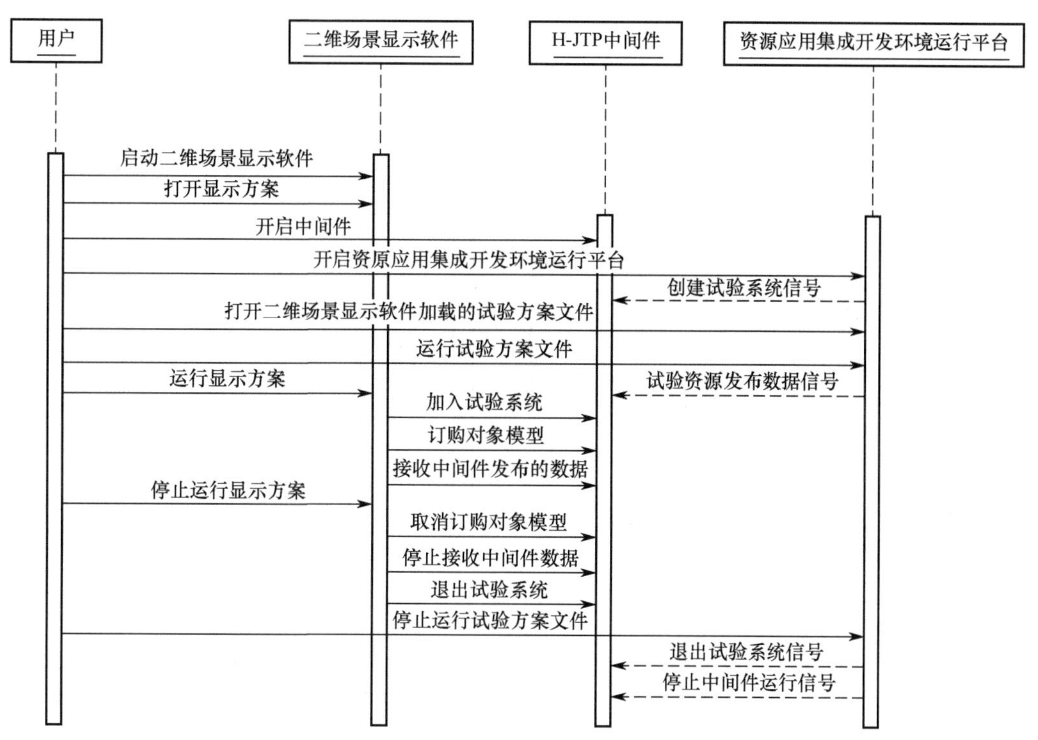

图 12-9　二维场景显示软件打开并运行显示方案序列图

（1）在显示节点上打开 H-JTP 中间件，启动二维场景显示软件，选择已配置好的显示方案文件并打开。

（2）在各个分布式节点上开启资源应用集成开发环境运行平台和 H-JTP 中间件，在资源应用集成开发环境运行平台中打开显示方案文件对应的试验系统方案文件。

（3）在运行平台中运行试验方案文件创建试验系统，单击二维场景显示软件，运行加载的显示方案文件。

（4）二维场景显示软件通过 H-JTP 中间件加入试验系统中，接收数据，实时更新地图上组件运动数据及场景态势。

（5）停止运行显示方案和试验方案文件，退出试验系统。

图 12-10 所示为添加参试组件序列图，总结运行过程如下。

（1）用户选择需要显示的试验方案文件，软件文档类加载试验方案文件。

（2）设备管理器解析试验方案文件中所含的 Pub 或者 PubOrSub 的组件，解析组件基本信息并在窗口上显示出来。

（3）用户从解析出来的组件基本信息中选择需要显示的组件即添加显示设备，设备管理器保存用户选择的参试设备名称、所属系统成员等信息即保存显示工程。

（4）在视图左侧列表上显示添加的参试组件的名称、所属系统成员等信息即显示添加设备信息。

图 12-11 所示所示为配置设备初始信息序列图。用户在从试验方案文件中选择好需要显示的参试设备之后，需要对设备进行详细的初始参数配置，具体过程如下。

（1）用户在视图左侧列表选择需要配置的设备并右击，再单击“设置”按钮，软件从设备管理器中获取该设备指针。

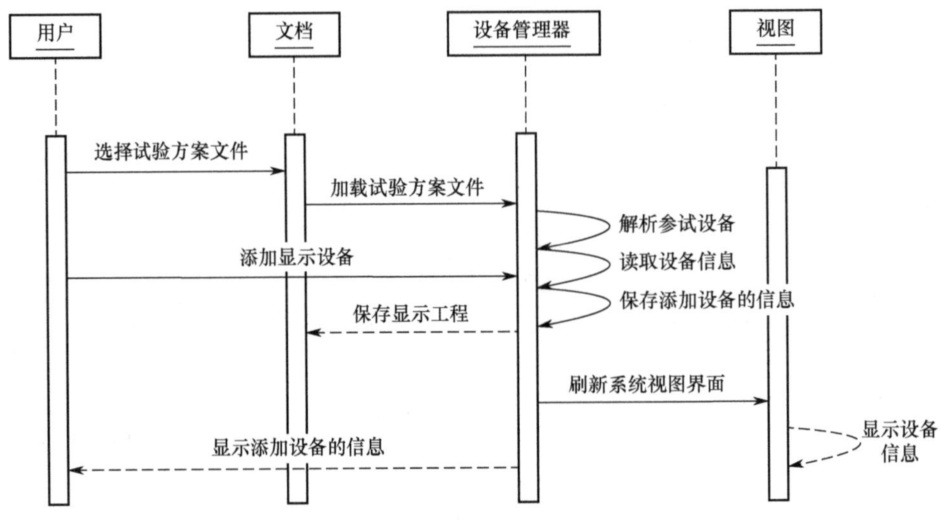

图 12-10　添加参试组件序列图

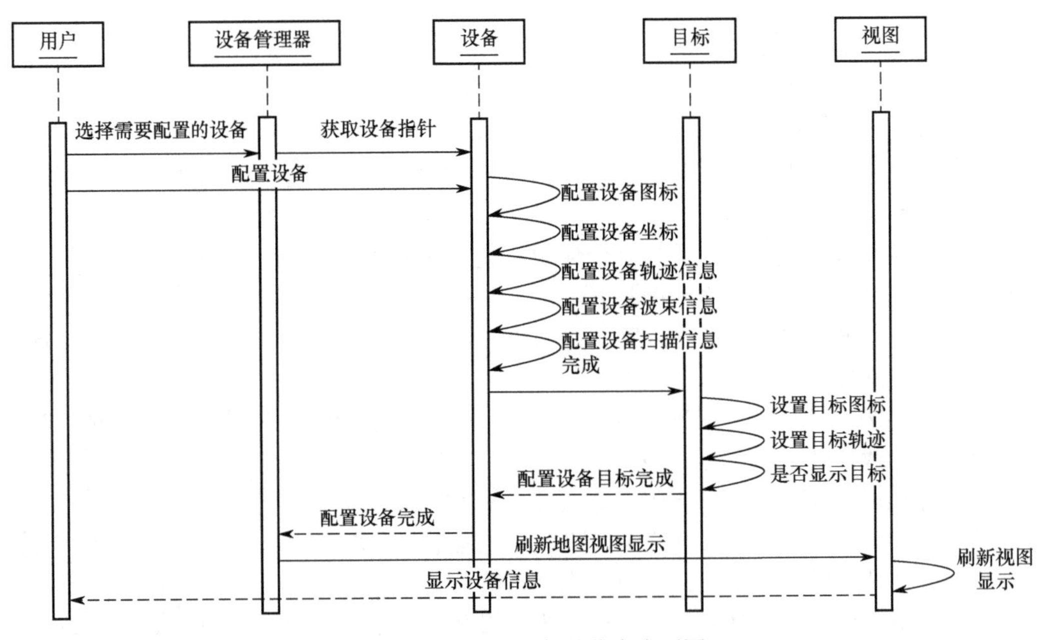

图 12-11　配置设备初始信息序列图

（2）用户在弹出的窗口上可以配置设备的图标、初始经纬度、轨迹线型颜色、运行时是否显示设备信息等。

（3）若设备为雷达，用户可以在窗口上启用雷达扫描波束效果，并配置扫描角度和波束颜色等特殊效果，还可以配置其目标信息，是否显示雷达目标及雷达目标的轨迹信息。

（4）配置完成后，用户单击“确定”按钮，软件将用户设置的信息保存到设备管理器中，并在中部地图视图上显示出配置好的设备信息。

图 12-12 所示为关联数据序列图。用户完成对参试设备的初始信息详细配置只是进行了第一步，接下来为了能够从资源应用集成开发环境运行平台接收数据，实时显示运行平台中的组件运动轨迹等，需要将组件发布的数据与显示软件中模型的属性相关联，具体过程如下。

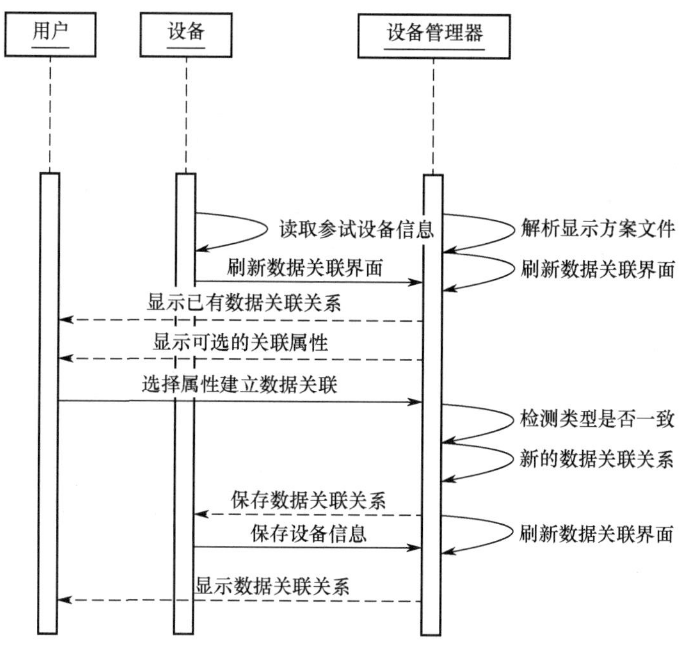

图 12-12　关联数据序列图

（1）用户单击“关联数据”按钮后，设备管理器解析试验方案文件中的组件 SDO 的订购发布属性和 LROM 中 SDO 具体包含的数据信息，并显示在窗口左侧。

（2）设备读取显示设备需要接收数据属性的基本信息，并显示在窗口右侧。

（3）用户选择相应的设备属性与需要的组件数据进行关联，设备属性订购数据。

（4）单击“保存”按钮后设备保存每个显示设备的数据关联表，设备管理器保存所有配置设备信息。

此处的设备可能是舰船、坦克等作为自主运动物体存在的设备，也可能是作为雷达探测目标存在的设备，当作为雷达探测目标时，对设备的图标统一设置为三角，设备的信息及数据关联表将保存在相应雷达下的目标类中，并按照批号依次保存到 map 中。数据关联表会保存设备接收组件的 SDO 实体的 ID、接收数据的属性名称等信息。

图 12-13 所示为中间件回调函数传递数据活动图。二维显示软件通过中间件回调函数接收到的数据为一个 SDO 实体数据包。首先获取文档类下的设备管理器指针，循环取出设备管理器中的显示设备组件。回调函数判断接收到数据的实体 ID 是否等于设备保存信息中的数据关联表中的实体 ID，若相等，则按数据关联表中的属性接收数据，包括计算偏移量和长度；若不相等，则继续判断接收到的实体 ID 是否等于该显示设备下目标订购的实体 ID。若接收到的实体 ID 与目标订购 ID 相等，则首先获得目标所属该显示设备的

指针，按照目标数据关联表中的属性接收数据并保存到临时结构体中，按照目标批号寻找该显示设备下是否已有该目标，若已有该目标则直接保存到已有目标，若没有则新建目标进行保存；若接收到的实体 ID 与目标订购 ID 不相等，则继续从设备管理器中读取下一个组件信息，重复以上步骤。

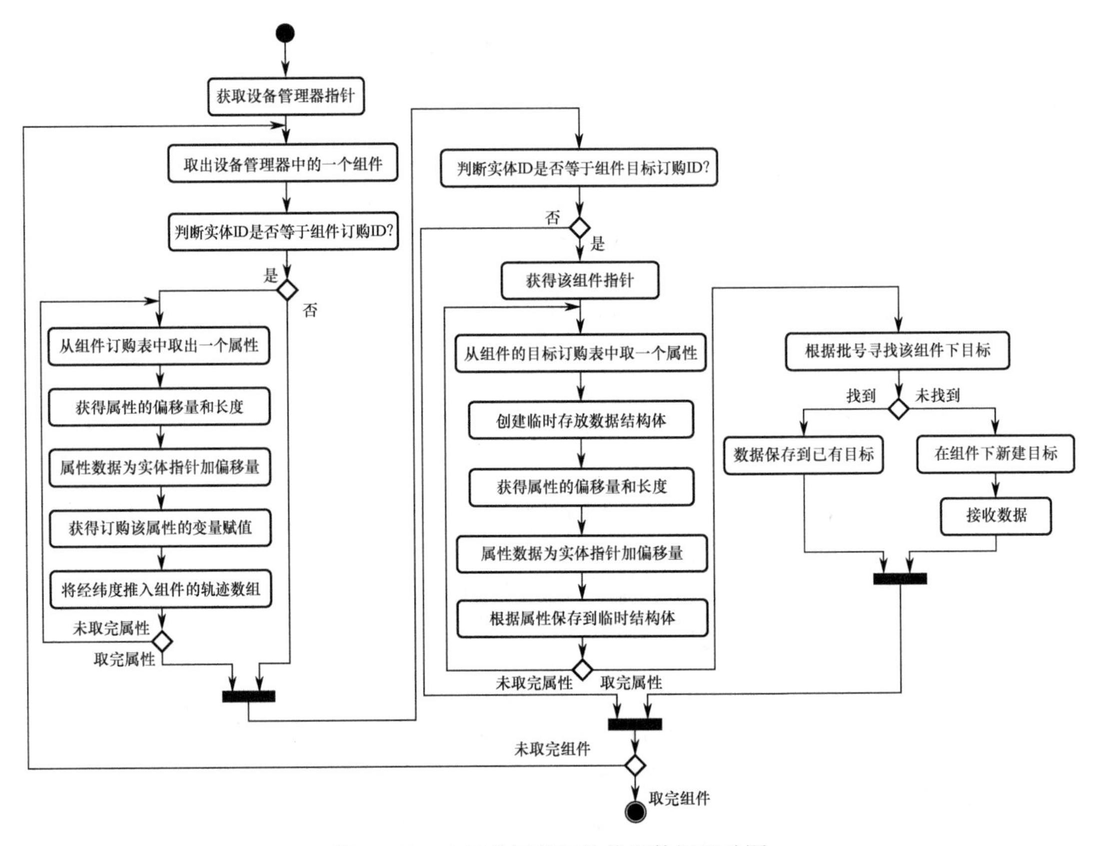

图 12-13　中间件回调函数传递数据活动图

图 12-14（a）所示为保存显示方案活动图。用户单击文件菜单栏或者工具栏上的“保存”按钮后，软件判断标志位是否已经进行保存操作，若之前没有进行保存则会弹出对话框，用户设置保存显示方案名称后，创建 XML 文档指针，开始向显示方案文件写入 XML 格式的节点及属性信息，也写入当前地图中心点信息、地图文件路径及名称、显示方案对应的试验方案文件路径及名称，循环写入设备管理器内保存的信息、标注管理器内保存的信息，写入完毕后，刷新软件窗口视图名称，保存完成。

图 12-14（b）所示为打开显示方案活动图。打开显示方案的过程分为两步，第一步使用 XML 读取显示方案信息，第二步刷新视图显示。用户选择完需要打开的显示方案文件后，软件创建 XML 文档指针，若创建失败则提示并结束，XML 指针加载选择的显示方案文件名称，若加载失败则结束。加载成功后，XML 指针按照节点信息，读取地图信息，读取试验方案文件路径及名称，以及设备管理器和标注管理器保存的信息，加载试验方案文件后软件解析试验方案文件信息，读取完成后刷新视图左侧列表及中部地图窗口。

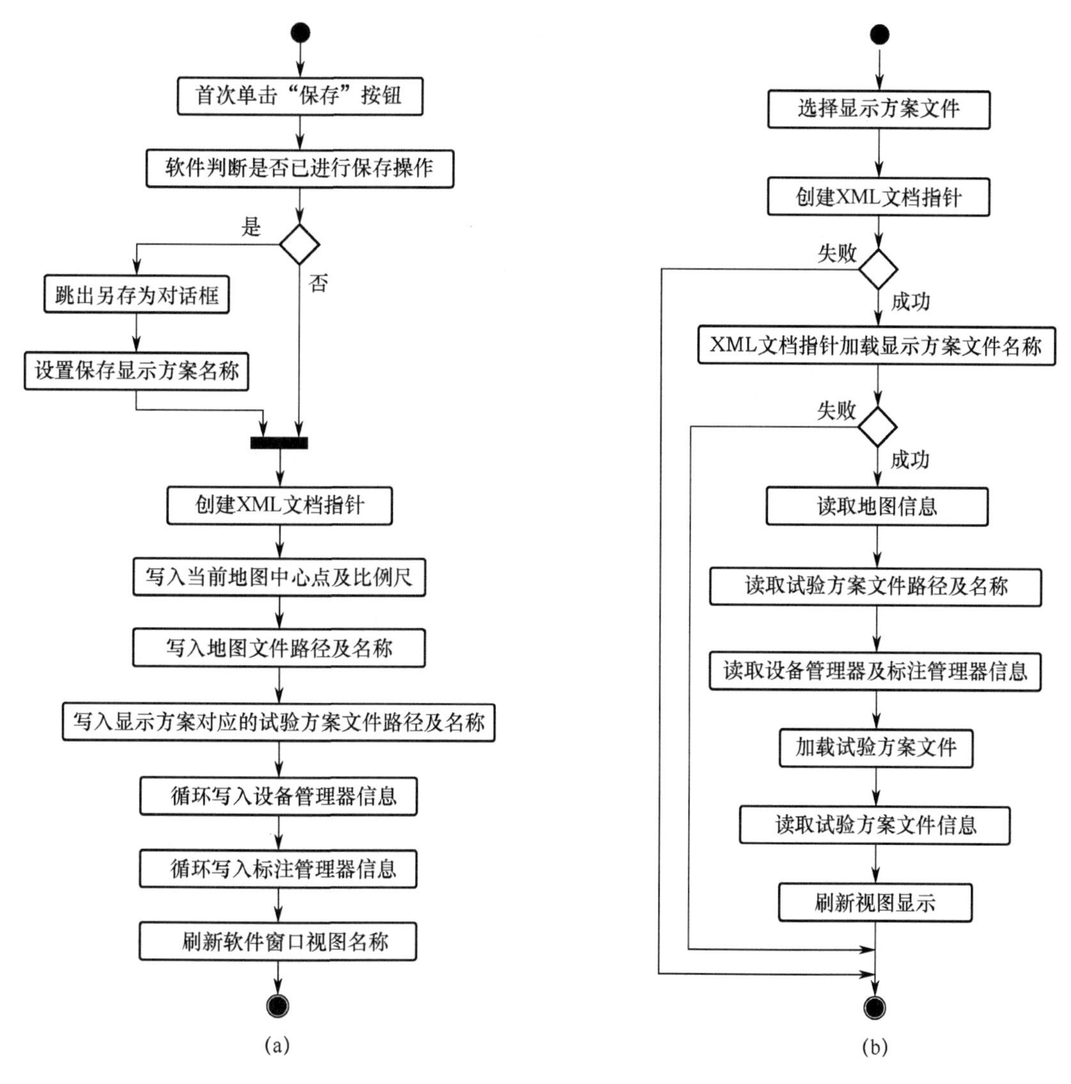

图 12-14　保存和打开显示方案活动图

图 12-15 所示为用户添加标注活动图。用户单击工具栏上的“添加标注”按钮，可以选择添加文字或图片标注，在弹出的界面上设置好标注的位置、线型等信息，单击“确定”按钮后，软件将保存的标注信息添加到标注管理器中，并将 MapX 当前工具设为 ADDMARKER 添加标注。在用户自定义图层重绘函数中，判断当前显示标注的标志位，若显示标注，则调用标注管理器的绘制函数进行绘制。在标注管理器的绘制函数中，遍历标注管理器中的每个标注，调用标注基类中的绘制函数。标注基类中的绘制函数首先使用 MapX 的坐标转换函数，将标注的地理坐标转换到屏幕坐标，再调用 GDI 的 Graphics 指针的功能函数进行画线或者添加文字等，完成标注的添加。

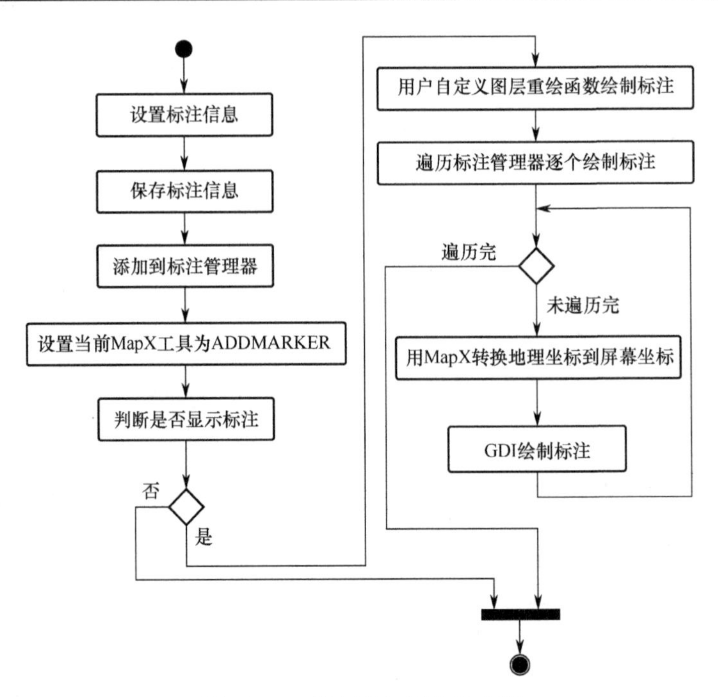

图 12-15　用户添加标注活动图

12.3.4　主要界面设计

二维场景显示软件采用 Visual Studio 2008 开发，软件面板设计如图 12-16～图 12-18 所示。

图 12-16　二维场景显示软件主界面

图 12-16 所示为整个软件的主界面，包括上方的工具栏、快捷键栏，左侧部分显示已添加设备的基本信息，包括序号、名称、是否显示轨迹等，用户可以在此选择需要设置的

设备并右击，弹出设备配置窗口，如图 12-17 所示。设置完基本信息之后，用户在工具栏上单击“数据关联”按钮，继续设置设备属性与试验资源发布数据的关联，如图 12-18 所示。用户运行显示方案时，软件主界面下方（见图 12-16）的设备参数显示窗口实时显示已添加的设备位置、姿态、速度信息。显示窗口分为设备参数显示窗口和目标参数显示窗口，用户自由切换。最下方的显示栏显示鼠标指针当前在地图中的经纬度信息。中间部分为 MapX 地图显示窗口，用户可以看到加载的地图及添加的设备图标，可以添加标注及划分区域，可以对地图进行缩放和平移等操作。

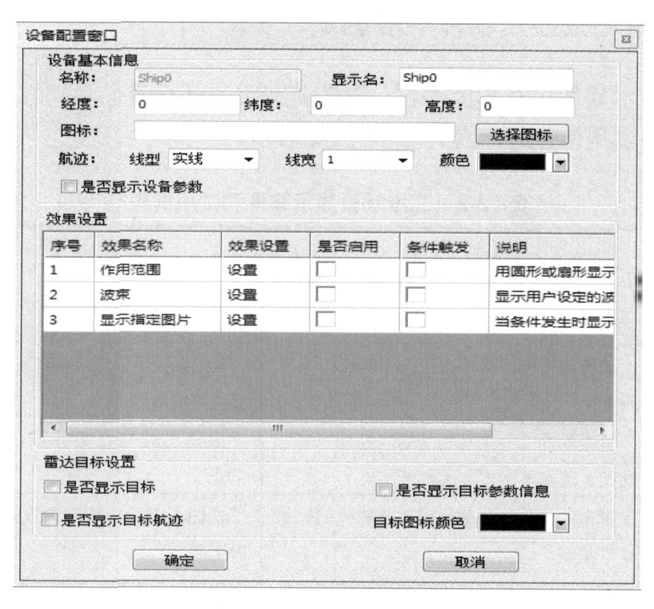

图 12-17　设备配置窗口

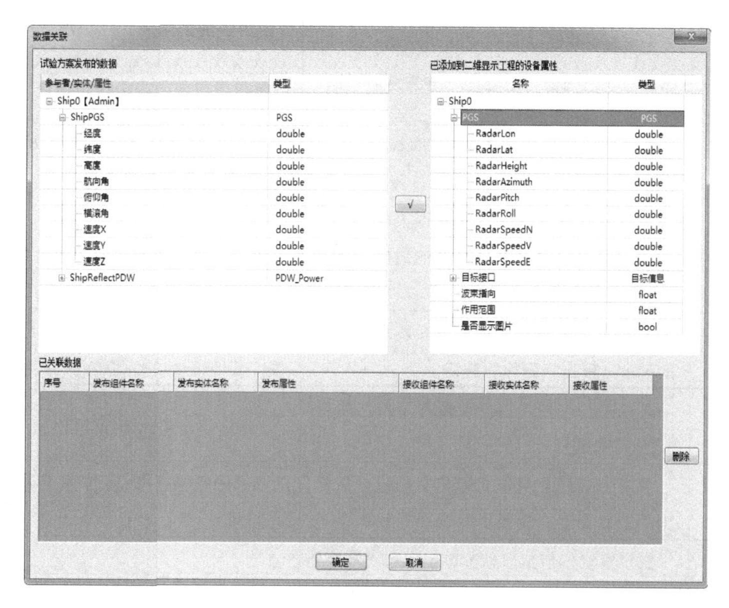

图 12-18　数据关联窗口

12.4 功能测试

根据前文对二维场景显示软件的功能分析及软件设计实现，将对二维显示软件进行基本的功能测试，并利用雷达制导导弹虚拟试验系统和激光制导导弹虚拟试验系统对软件进行验证。

12.4.1 二维场景显示软件功能测试

对二维场景显示软件进行功能测试，根据前文对二维场景显示软件的功能分析，将测试过程中的主要测试用例进行汇总，如表 12-2 所示。

表 12-2 二维场景显示软件测试用例表

测试用例	测试方法	测试结果	结论
新建显示方案	单击软件文件菜单栏下的“新建方案”按钮	提示是否保存当前方案并新建	合格
保存显示方案	单击软件文件菜单栏下的“保存方案”按钮	相应路径下有该显示方案文件，保存方案成功	合格
打开显示方案	单击软件文件菜单栏下的“打开方案”按钮，选择显示方案并打开	关闭已开启方案并显示新方案信息	合格
运行显示方案	单击软件系统菜单栏或工具栏“运行系统”按钮	视图下方及中间部分设备数据实时更新	合格
加载地图文件	单击软件系统菜单栏下的“加载地图”按钮	出现文件选择对话框，选择地图文件，在中间窗口显示	合格
添加设备	单击软件系统菜单栏下的“添加设备”按钮，在弹出的窗口中选择“设备添加”项	选中左侧设备，单击“添加”按钮后在界面右侧列表及软件视图左侧列表显示所添加设备	合格
删除设备	在添加设备窗口单击已添加设备，单击“删除”按钮	界面右侧及视图左侧列表所选中设备消失	合格
数据关联	单击软件系统菜单栏下“数据关联”按钮，在弹出窗口中，选择左右两边的数据进行关联	弹出窗口下方出现关联好的记录	合格
删除数据关联	在数据关联窗口下方选择一条已关联好的记录，单击“删除”按钮	数据关联窗口下方选中的记录消失，其他记录填补顺序	合格
设置设备初始信息	在视图左侧列表选择设备并右击，单击“设置”按钮	出现初始信息设置窗口	合格
添加标注	单击工具栏上“添加标注”按钮，在弹出的窗口上进行设置	视图中间部分指定位置出现添加好的标注	合格
添加波束	在设置设备初始信息窗口上勾选“波束”项，并在右键菜单中进行设置	选中的设备在地图上显示波束	合格

续表

测 试 用 例	测 试 方 法	测 试 结 果	结　论
显示鼠标点经纬度	鼠标在中间地图部分任意位置停留	视图最下方状态栏显示鼠标指针位置点经纬度	合格
添加扫描波	在设备初始信息窗口上勾选“扫描波”项，并在右键菜单中进行设置	选中的设备在地图上显示扇形扫描波	合格
鼠标画线测距	单击工具栏上的“测距”按钮，移动鼠标光标在地图上单击两点	在两点间画线，并在结束点显示两点间距离	合格
显示设备轨迹	在左侧列表设备处勾选“显示设备轨迹”项	视图中间设备实时运动画出轨迹	合格
地图文件缩放平移	鼠标放在视图中间地图窗口，滑动滚轮，按下鼠标拖动地图	滚轮滑动时地图缩放，拖动鼠标光标时地图平移	合格

12.4.2　在雷达制导导弹虚拟试验系统中验证二维场景显示软件

用于二维场景显示软件验证的雷达制导导弹虚拟试验系统如图 12-19 所示。电磁波传输效应组件根据大气环境数据计算电磁波衰减程度，虚拟雷达制导导弹封装导弹模型，并能不断地向目标虚拟舰船组件发射电磁波，发射出的电磁波经电磁波传输效应组件计算衰减到达目标，目标反射的电磁波在经过电磁波传输效应组件计算衰减后由导弹接收并获得目标位置信息，导弹接收到反射电磁波和目标位置信息后根据自身的运动模型不断地调整方位角、航向角等，进而追踪目标。其中，PDW 为电磁波发射脉冲，PDW_R 为电磁波接收脉冲。

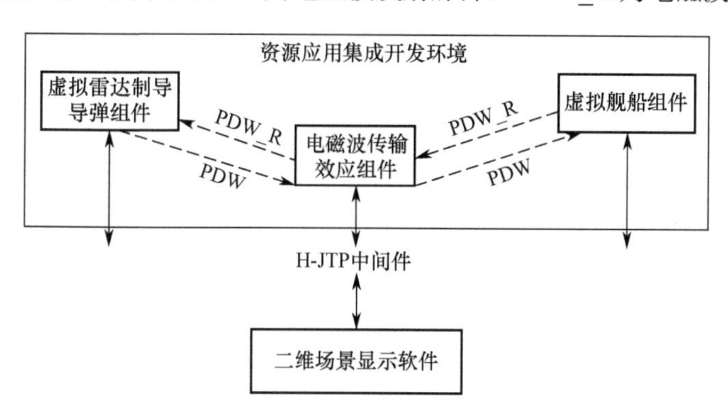

图 12-19　用于二维场景显示软件验证的雷达制导导弹虚拟试验系统

二维场景显示软件验证过程如下。

（1）加载地图，选择显示组件并配置初始显示信息。

在二维场景显示软件中新建显示方案，单击系统菜单栏“加载地图”按钮，加载该地区地图，单击系统菜单栏“添加设备”按钮，在添加设备窗口选择试验方案文件为平台的雷达系统试验方案文件，软件解析出系统参与成员及组件信息。该试验方案有一个系统成员 HIT，该系统成员下有三个试验组件（见图 12-20），选择其中的虚拟导弹组件（图中的 RadarModel0）及虚拟舰船组件（图中的 Ship0）进行显示。

图 12-21 所示为设备初始信息设置窗口。在软件视图左侧列表选择导弹组件并右

击，在弹出的菜单中单击“设置”按钮，对虚拟导弹组件进行初始信息设置，包括位置、图标及轨迹信息等，在效果设置栏勾选“显示波束”项，单击“设置波束”按钮，并在弹出的窗口中设置波束角及作用范围。

图 12-20　添加设备窗口

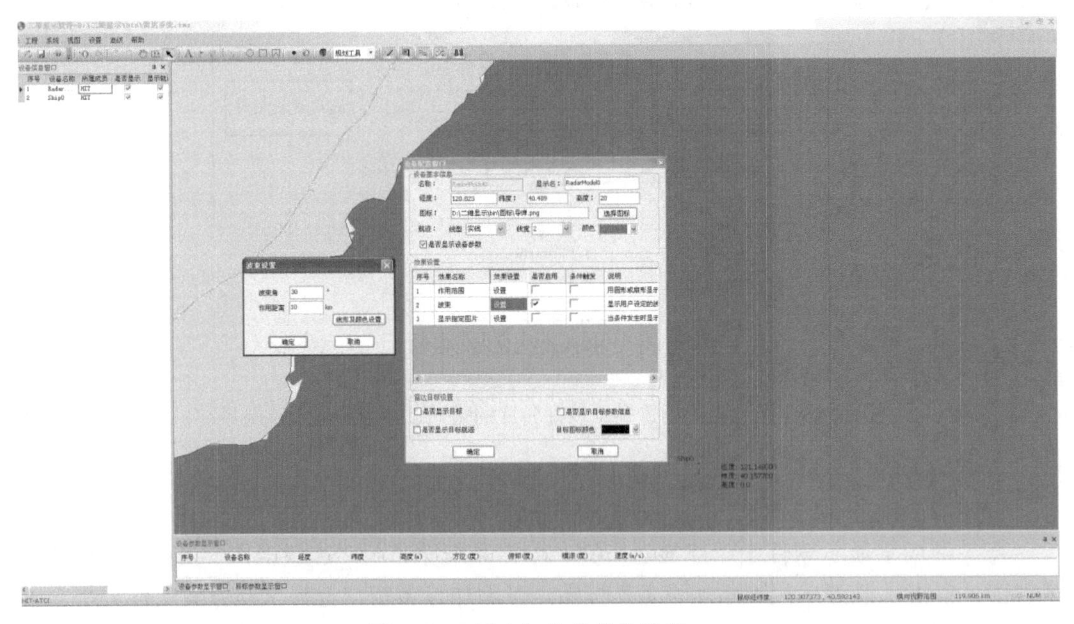

图 12-21　设备初始信息设置窗口

（2）设置数据关联，订购组件发布数据。

单击系统菜单栏下“数据关联”按钮，出现图 12-22 所示数据关联窗口。将试验方案文件中组件发布数据的 SDO 属性信息与已添加的显示组件的显示属性进行关联，保存数据关联表。

图 12-22　数据关联窗口

（3）保存显示方案并运行。

设置完显示方案后保存显示方案，在 HIT 节点打开中间件及资源应用集成开发环境运行平台，在平台中打开雷达系统试验方案文件，在二维场景显示软件中单击运行系统，参试组件接收中间件数据并驱动图标，刷新下方表格的数据显示，如图 12-23 所示。

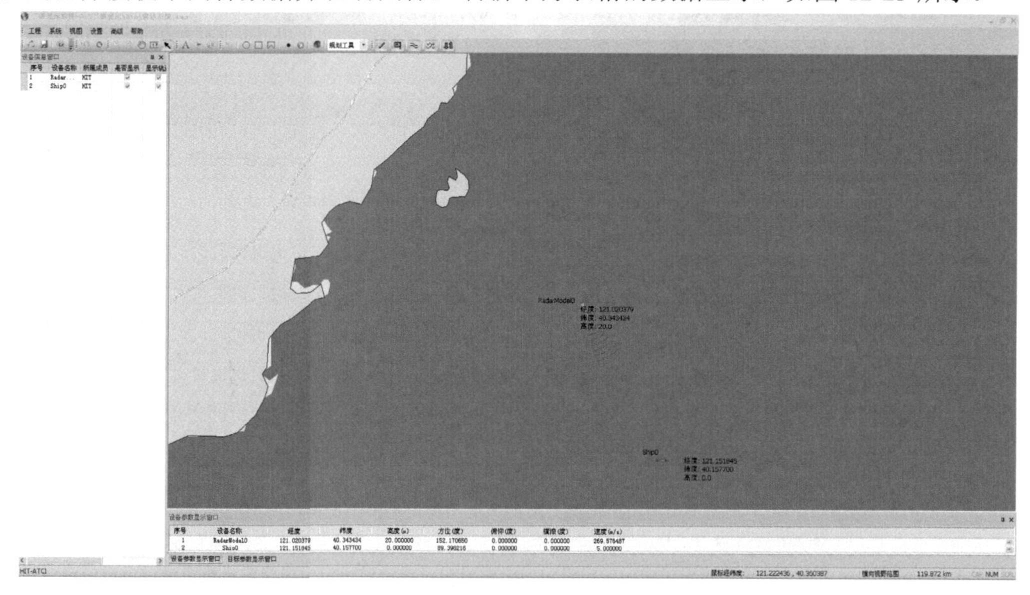

图 12-23　显示方案运行界面图

12.4.3 在激光制导导弹虚拟试验系统中验证二维场景显示软件

图 12-24 所示为用于二维场景显示软件验证的激光制导导弹虚拟试验系统图。激光传输效应组件根据大气环境计算激光传输衰减。激光照射器组件发射激光经过激光传输效应组件计算衰减后照射到目标虚拟坦克组件，目标虚拟坦克组件反射激光经激光传输效应组件计算衰减后由激光制导导弹接收，激光照射器接收目标组件发出的位置信息，导弹根据接收的反射激光信息和目标的位置信息追踪目标虚拟坦克组件并进行攻击。

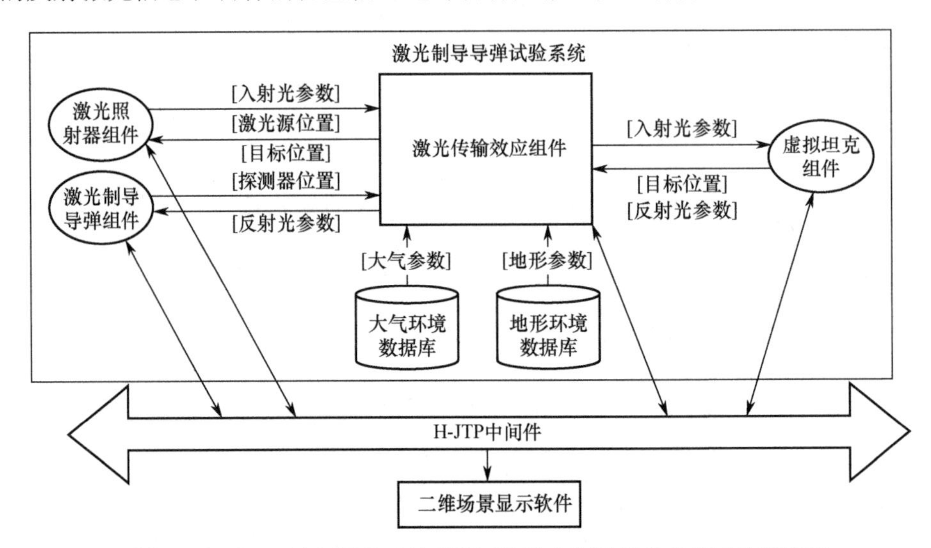

图 12-24 用于二维场景显示软件验证的激光制导导弹虚拟试验系统图

二维场景显示软件验证过程如下。

（1）加载地图，选择显示组件并配置初始显示信息。

图 12-25 所示为系统设置窗口。

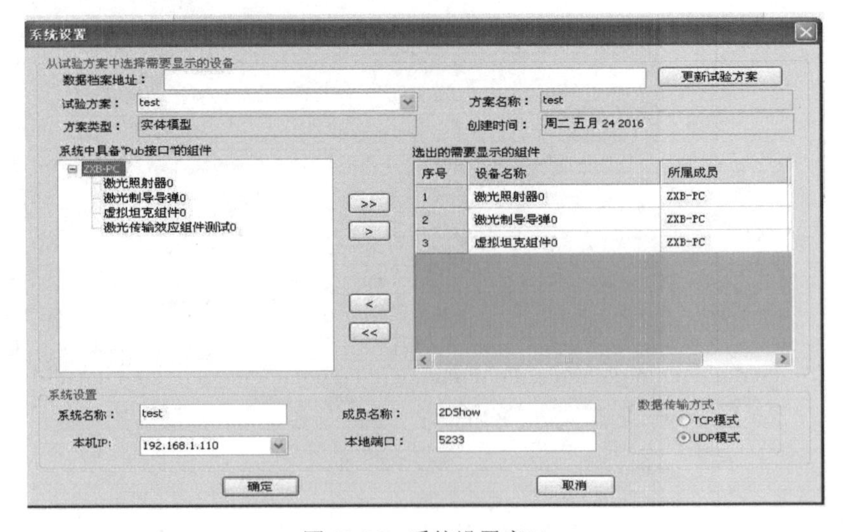

图 12-25 系统设置窗口

新建显示方案，在系统菜单栏单击“加载地图”按钮，选择该试验区域地图文件，在系统菜单栏中单击“添加设备”按钮，在添加设备窗口选择激光系统试验方案文件，软件解析该试验方案文件系统成员及组件信息，选择需要显示的组件。

（2）设置数据关联，订购组件发布数据。

在设置完显示设备初始信息后，单击系统菜单栏下“数据关联”按钮，在弹出的数据关联窗口中将试验方案组件发布数据的 SDO 属性信息与已添加二维显示组件的属性信息进行关联，保存数据关联表，以便按照关联表接收中间件数据驱动。图 12-26 所示为数据关联窗口。

图 12-26　数据关联窗口

（3）保存试验方案并运行。

图 12-27 所示为显示方案运行图。

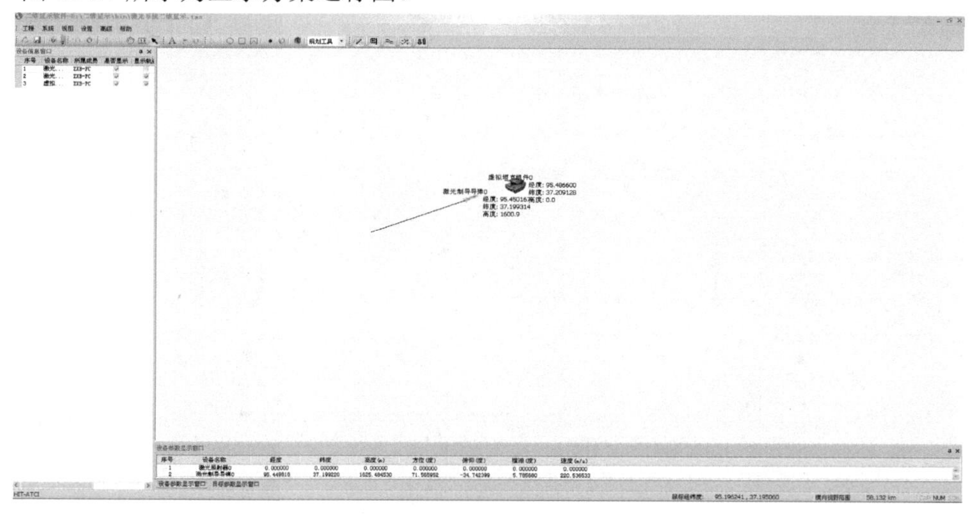

图 12-27　显示方案运行图

保存显示方案后，在激光系统试验方案节点上运行试验方案文件，单击二维场景显示软件工具栏上的"运行系统"按钮，软件接收中间件数据，按照数据关联表驱动显示设备图标，刷新软件视图下方的表格数据。

12.5 本章小结

本章总结了二维场景显示软件的功能需求，对软件进行了用例分析，介绍了软件的具体设计过程。对软件开发过程中的关键实现技术做了详细研究，着重介绍了软件与中间件接口实现、实时绘制方法，并根据功能及技术实现方法设计了软件数据结构及显示方案节点结构，使用UML静态类图和动态序列图、活动图描述了二维场景显示软件的概要设计及详细设计，并给出了场景软件的主要用户使用界面设计。最后对二维场景显示软件进行了功能测试，使用雷达制导导弹虚拟试验系统和激光制导导弹虚拟试验系统对软件进行集成测试与功能验证。

第13章 三维场景显示软件开发

三维场景显示软件是为 H-JTP 体系结构实现组件三维模型显示及环境显示而开发的综合显示软件。本章对软件开发中的关键技术进行研究，采用面向对象的方法，使用 UML 语言对软件开发过程中的需求分析、静态模型设计及动态模型设计进行描述，为软件的具体实现提供指导。

13.1 需求分析

在开发三维场景显示软件之前，结合 H-JTP 体系结构分析三维场景显示软件的功能需求，总结软件的主要显示功能，并在此基础上使用 UML 语言进行软件的用例分析。

13.1.1 功能需求

三维场景显示软件作为试验系统中的综合显示节点，提供对试验系统所在试验区域地形的三维显示，环境效应的三维显示，各试验参与者三维模型的显示，以及在试验运行过程中各试验参与者发布的实时信息的三维显示能力，具体要求如下。

（1）基于 VR-Vantage 开发，通过调用 VR-Vantage 库函数构建三维场景显示软件，支持对试验参与者三维模型的显示。

（2）支持对三维试验场景通过鼠标或键盘进行缩放及平移等操作；支持视点的切换和视角的移动；支持漫游模式和视点跟随模式。

（3）支持试验方案文件的解析，能够从中解析出试验参与者，并支持对指定参与者的显示和对应三维显示模型的设置。

（4）能够从试验方案中解析出试验参与者发布的所有数据，并可以支持参与者发布数据与三维显示模型的灵活关联。

（5）具备中间件接口，能够接收中间件传来的数据，并驱动显示内容的变化。

（6）支持对激光束等特殊效果的显示，并可受数据驱动发生变化。

（7）支持对三维显示方案的工程化管理。

13.1.2 用例分析

根据三维场景显示软件的功能需求分析，需要对软件进行用例分析，以便软件开发人员在理解用户要求的基础上使用面向对象的UML语言，结合H-JTP体系结构，将三维场景显示软件的设计思想和方法表达出来。图13-1所示为三维场景显示软件用例图。

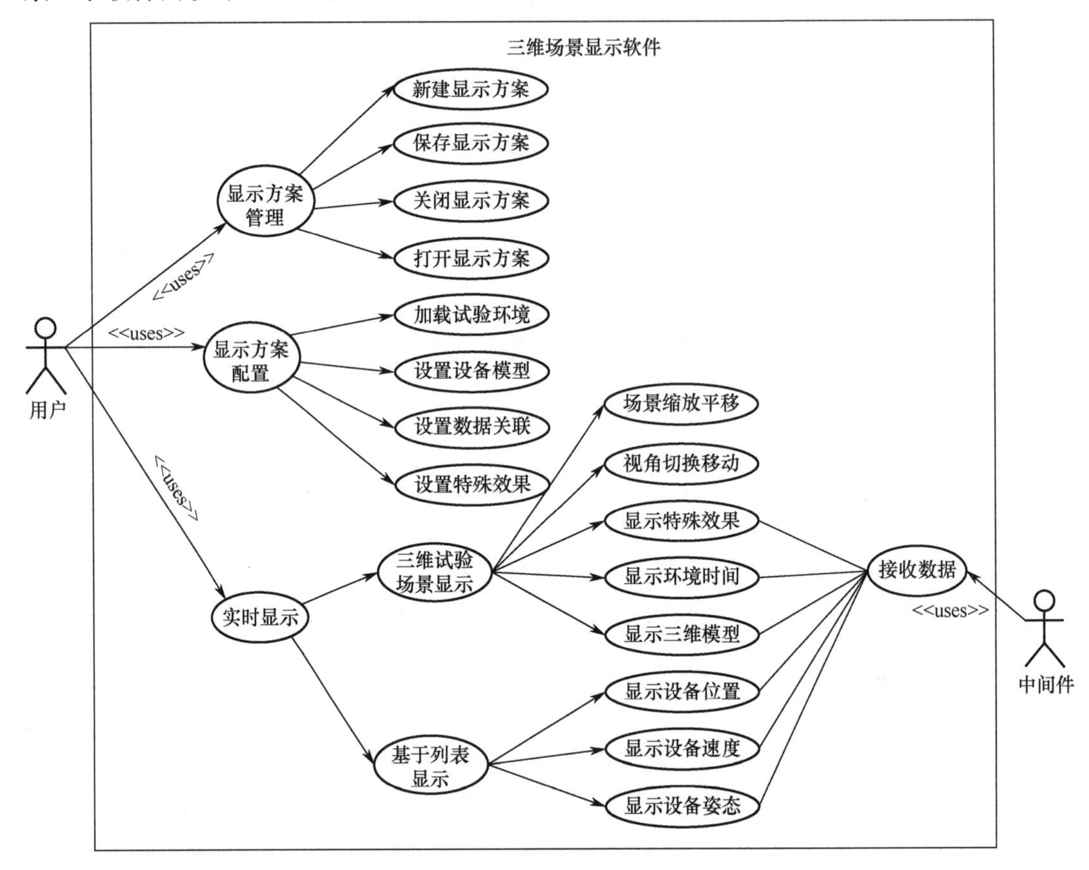

图13-1　三维场景显示软件用例图

用例图各用例描述如下。

显示方案管理：负责用户对显示方案进行工程化管理，用户可以选择需要显示的试验方案新建相应的显示方案、保存显示方案、关闭显示方案，并可以打开已存在的显示方案。该用例解析试验方案和显示方案。

显示方案配置：负责用户配置制作三维显示方案，在选择试验方案并新建显示方案后，解析试验方案文件，用户从试验方案文件的组件中选择需要显示的组件，设置三维显示模型，并设置模型的初始信息，将模型的属性与组件发布数据相关联，以便从中间件接收数据驱动模型状态变化。

基于列表显示：负责向用户显示运行过程中的各种信息，用户可以从列表中的数据观察到参试组件对应模型的经纬度、速度及姿态等信息，这些信息是软件从中间件接收的数据，显示实时的组件运行状态。

三维试验场景显示：负责用户从基于 VR-Vantage 的三维显示窗口直观地观察显示模型及试验场景，用户可以设置试验场景的天气环境或时间参数，可以通过鼠标或键盘事件及外部数据输入对场景进行缩放、平移等操作，可以切换视角为跟随模式与漫游模式。

接收数据：用于接收从中间件传来的试验系统运行的实时数据，进而驱动显示方案中的模型运动和信息显示更新。

根据 H-JTP 体系结构和三维场景仿真的相关理论及对三维场景显示软件的需求分析，可以将 H-JTP 虚拟试验场景三维显示软件分为三大功能模块：通信及数据处理模块、视景仿真驱动模块和三维模型模块。图 13-2 所示为三维场景显示软件功能模块。

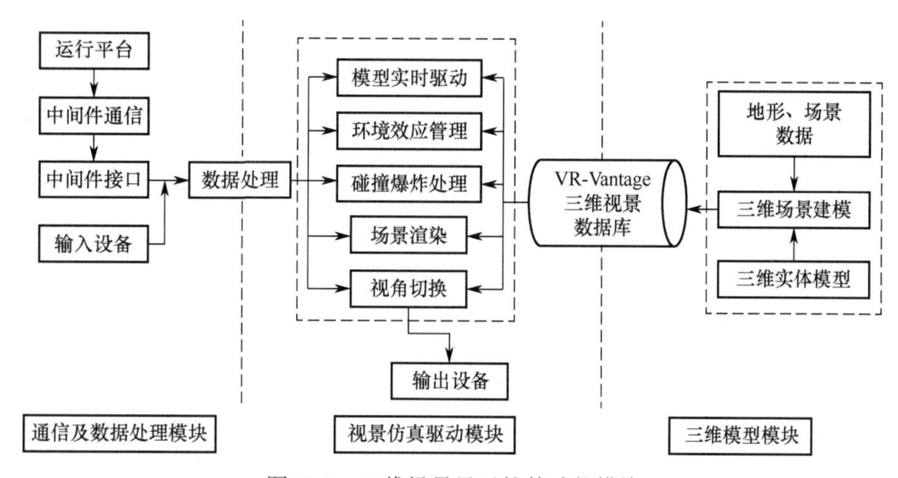

图 13-2　三维场景显示软件功能模块

三维场景显示软件与资源应用集成开发环境运行平台的通信通过 H-JTP 中间件实现。当运行平台创建试验系统开始运行时，试验资源发布数据到 H-JTP 中间件，三维场景显示软件作为试验系统的成员加入试验系统，接收 H-JTP 中间件的数据，主要进行三维场景和态势的显示，因此三维场景显示软件只订购数据而不发布。用户在配置显示工程时，订购资源应用集成开发环境运行平台试验资源发布的需要显示的数据，运行显示工程时，通过三维场景显示软件写好的中间件接口接收 H-JTP 中间件传来的数据，并进行处理，实时驱动模型，完成态势更新显示。

视景仿真驱动模块的主要功能是使添加到显示方案的实体模型能够根据从 H-JTP 中间件接收到的数据实时更新状态，实现在战场环境中多个实体的态势显示与仿真。三维场景显示软件主要采用 VR-Vantage 的视景驱动平台进行开发。VR-Vantage 提供了便捷的软件开发包，它虽然是基于 HLA 建立的，但仍可以使用 H-JTP 中间件的接口函数，将仿真实体按照三维场景显示软件从 H-JTP 中间件接收到的数据实时驱动仿真实体，并进行场景渲染和视角切换。

三维模型模块提供显示过程中所需的实体模型及场景数据。VR-Vantage 提供了丰富的可直接调用的三维实体模型，如飞机、坦克、建筑物等静态、动态模型。在开发过程中，只需解析 VR-Vantage 提供的模型定义文件，并通过软件语句加载即可。地形文件仅提供某地区的地势分布等信息，而场景文件则包括了地形文件，并有自然环境信息，如雨、雪等。VR-Vantage 除提供地形和场景文件外，还提供制作工具供用户制作所需的地形文件。

13.2 三维场景显示软件开发关键技术

VR-Vantage 是美国 MAK 公司开发的软件产品，用于简化开发或使用网络模拟环境的过程。VR-Vantage 是一个系列产品，为了满足用户模拟可视化的需求，它包括三个终端用户应用程序、辅助工具及 VR-Vantage 工具包，分别是 VR-Vantage Stealth、VR-Vantage XR、VR-Vantage IG 和 TDB Tools。

VR-Vantage 工具包是一个 3D 视觉应用程序开发工具包。用户使用该工具包来定制或扩展 MAK VR-Vantage 应用程序，或者将 VR-Vantage 的功能集成到用户的自定义应用程序中。VR-Vantage 建立在 OpenSceneGraph（OSG）的基础上，因此该工具包也包括了用于构建 VR-Vantage 的 OSG 版本。

VR-Vantage 的应用程序可以被重新开发定义为任何有一个显示引擎的应用程序，一个显示引擎包含了几乎所有程序中的主要系统和子系统。VR-Vantage 提供应用程序编程接口（Application Programming Interface，API），开发者只需要在进行开发的时候记载相关需要的头文件和库文件，使用 VR-Vantage 的 API 就可以开发满足功能需求的三维场景显示软件。开发者可以利用这些 API 且结合开发需求修改 VR-Vantage 的功能和 GUI，加载 VR-Vantage 的显示窗口或功能到其他显示应用程序上。本节的三维场景显示软件就是利用 VR-Vantage 的 API 进行二次开发的。

了解 VR-Vantage 提供的 API 类层次结构，对于进行 VR-Vantage 应用程序二次开发至关重要。特别是本节在进行三维场景显示软件开发的过程中，主要是加载并使用 VR-Vantage 的各个 API 类。图 13-3 所示为 VR-Vantage API 主要类层次结构图。

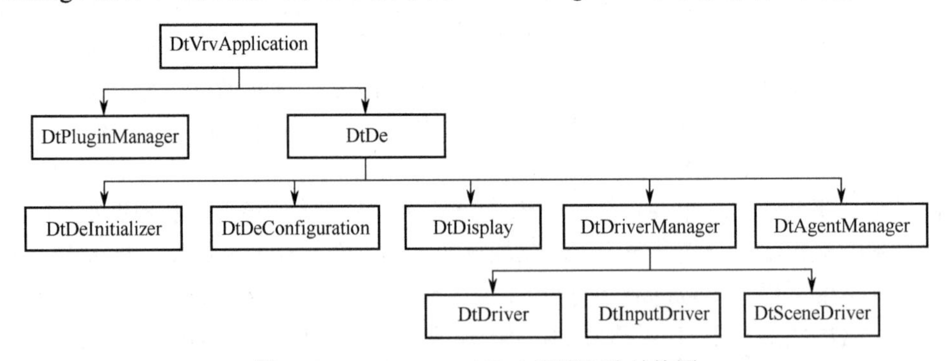

图 13-3　VR-Vantage API 主要类层次结构图

DtVrvApplication 是 VR-Vantage 顶层的类，它封装了 DtPluginManager 类和 DtDe 类。DtPluginManager 类负责加载和初始化插件，在 DtDe 类初始化之前进行，并向 DtDe 类传入指针。VR-Vantage 最主要的显示机制是基于 DisplayEngine 显示引擎，在 API 中的体现即是 DtDe 类，其主要负责配置、管理和控制三维场景显示，该类聚合了很多具体控制的类。DtDeInitializer 类负责显示引擎的初始化，初始化时需要配置好软件的观察者，由 DtObserver 类负责。DtDeConfiguration 类负责配置显示引擎的窗口（window）和频道（channel），每个显示引擎都可以拥有多个显示窗口，每个显示窗口都可以拥有多个显示频道。DtDisplay 类保存了显示引擎的配置。DtDriverManager 类主要负责管理 VR-Vantage 的各个驱动，主要包括输入驱动、场景驱动和实体驱动。DtAgentManager 类主要负责管理分布式场景物体的框架，包括场景物体和驱动控制时的更新。

基于 VR-Vantage 的 API 进行二次开发的模式有两种，一种是在原有 VR-Vantage 应用程序基础上建立新的应用程序，使用 DtVrvApplication 类进行开发即可，不需要另外创建 DisplayEngine 和 DtPluginManager，显示界面即是 VR-Vantage 原有界面；另一种是调用 VR-Vantage 的 API 和功能函数，将 VR-Vantage 的功能嵌入另一个更大的应用程序中，界面风格和其他功能可自己开发。为了建立适用于 H-JTP 体系结构的三维场景显示软件，本节调用 VR-Vantage 软件工具包，基于 Qt 平台，采用第二种嵌入式窗口开发模式，将 VR-Vantage 显示界面及驱动模块嵌入三维场景显示软件应用程序中。

13.2.1　用例分析地形文件构建技术

地形是三维场景显示中的重要组成部分，其可提供逼真的地形背景显示，包括山坡、树木等，在试验系统中三维模型在地形上运动。下面介绍地形文件的构建方法。

VR-Vantage 提供了一些不同区域的地形文件，用户也可以根据显示需求，利用地形构建工具来构建地形文件。因为 VR-Vantage 识别特定的地形文件格式，所以为了真实地显示试验区域的地形，便于之后的仿真过程，需要研究 VR-Vantage 地形文件的构建过程。

构建某一范围的基本地形需要该地形的数字高程数据（Digital Elevation Model，DEM）和纹理数据。数字高程数据是一个数组的形式和有序值的集合，用来代表地面高程的一种物理实体模型，它属于数字地形模型（Digital Terrain Model，DTM）的一个分支，因此可以推导出或派生出其他各种地形的特征值。DTM 介绍并描述了包括高程信息在内的各种景观地貌因素，包括坡度、坡向等因素，也包括线性和非线性组合的空间分布的变化率，DEM 是零阶单数字地貌景观模型，其他问题（如地貌特征，包括坡度、坡向等）可以以 DEM 为基础得出。在早期，计算机生成的三维图像看起来像是发亮的塑料，缺少各种纹路，如表面的磨损、实体部分位置的裂痕、残留的指纹和使用污渍，等等，但这些纹路会大幅度地增加三维模型实体的视觉真实感。在如今的三维图像生成中，纹理已经作为一项增加真实感的工具，在构建地形时也需要纹理数据来增加模型的真实感，如将树木、地表尘土或岩石等纹理贴在高程数据的表面，这样就能得到看起来更加真实的地形模型。

构建出 VR-Vantage 识别的地形文件需要经过的流程如图 13-4 所示。TDB Tool 工具是 VR-Vantage 提供的构建地形的工具，能够加载地形文件的高程数据，在高程数据添加特征层，并且生成的文件能够被 VR-Vantage 识别，特征层可以在 VR-Vantage Stealth 软件中设置三维显示的特征模型。使用 TDB Tool 所支持的地形数据库包括：GDB，Open

Flight，Meta Flight，DTED，ESRI Shape，CTDB version4b，7b and 7l，VMAP，DFAD 和 DFD。

图 13-4　构建地形流程图

首先采用 Local Space Viewer 软件下载某一指定地形区域范围的高程数据和纹理数据。该软件支持全球范围的地形高程数据和纹理数据下载，并且下载时可以选择分辨率。该软件高程数据分辨率分为 17 级，级数的大小对应着分辨率的高低，随着级数的增大，分辨率也在不断地增高，下载的高程数据更加清晰。其中，最低级 2 级的分辨率为 39135.76m/像素，最高级 18 级的分辨率为 0.6m/像素。该软件纹理数据分辨率分为 18 级，同样也是级数越大表示分辨率越高，下载的数据更加精细。

Local Space Viewer 下载的高程数据和纹理数据都是.tif 格式的数据，VR-Vantage 不能识别，需要将其转变为 VR-Vantage 能载入的数据格式（如.gdb 和.shp 等格式的数据）。构建地形时首先要将下载的数据（.tif）转变为 TDB Tool 支持的数据，采用 Global Mapper 软件，将高程数据转变为 TDB Tool 支持的 DTED 格式。Global Mapper 根据经纬度将.tif 格式的高程数据进行分割，根据范围的不同和地形的复杂程度，原高程数据会被分割为多块，并且输出 DTED 格式的数据时，可以选择不同的 DTED 级别来建立新的数据文件，不同的级别其分辨率不同。本节采用 DTED1 级别。

采用 TDB Tool 将 DTED 格式数据转变为 VR-Vantage 支持的 GDB 格式，VR-Vantage Stealth 载入该数据便能显示地形的高程数据，再在 Stealth 中载入纹理数据，便能得到基本的地形模型。但此时数据模型中的静态实体，如居民区建筑物、树木、公路等都只是二维模型，不立体，没有真实感。

通过 TDB Tool 构建特征层，在特征层上加上树木、建筑等特征值，再将特征层加载在 Stealth 构建的基本地形上可以显示出比较真实的三维地形。采用 TDB Tool 在之前构建的地形高程数据（.gdb）上添加特征值，特征值分为点特征，如树木、建筑等；线特征，如公路、河流等；面特征，如湖泊等。加入特征值时选择要加入的特征类型，TDB Tool 提供了大量的特征类型，就点特征说来有 building、house、farm building、tree、tower 等。将特征值添加在指定位置时需要注意坐标，因为不同的地形地理高度不同，如果地理高度不对应，所添加的特征值会以水平面为原始高度起点，那么在 Stealth 中将显示不出所添加的特征。

将 TDB Tool 构建的特征层添加在之前组建的基本地形模型上，然后需要添加对应的特征实体模型，在 TDB Tool 中添加特征时只是选择了特征的类型，在 Stealth 中需要选择具体的特征模型，比如添加树木时在 TDB Tool 中选择 tree 类型，在 Stealth 中可以选择要添加的是哪种树木，比如美式落叶树或者是针叶树木。选择对应类型时可以根据特征的类型（group）或者 ECC 编码。选择完成后，在 Stealth 中生成对应的特征就可以得到 3D 的静态实体，增加了地形的真实性。构建完成后，可以选择将构建的地形以地形形式（.mtf）

保存或者是以场景形式（.msf）保存，其中场景形式是在地形形式上添加上了天气环境等。倘若在地形构建中发现特征的位置或者类型需要变更，也可以在 Stealth 中选择更改。

13.2.2 模型及观察者视角控制驱动技术

三维模型在添加到地形上后，软件能够按照从中间件接收的数据实时地运动，用户可以转换观察者的视角，从不同的方位观察试验进行的态势。为了实现模型的运动和观察者视角的控制，需要研究 VR-Vantage 软件 API 及运行机制，模型及观察者视角的控制均通过驱动器实现。图 13-5 所示为驱动器原理图。

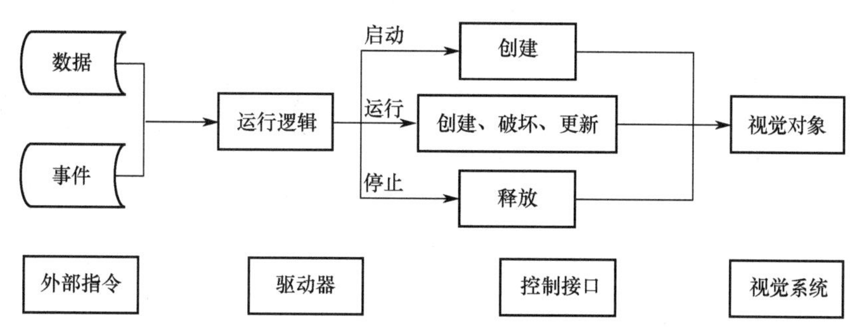

图 13-5 驱动器原理图

驱动器包含了应用程序的运行逻辑。驱动器从用户和模拟网络中接收输入指令，并将指令发送到 VR-Vantage 控制接口。为了将数据显示在一个场景，开发者编写了一个驱动程序创建视觉对象，这些视觉对象能够使用特定领域的逻辑、用户的输入及仿真网络传来的模拟数据。组成一个场景是一个驱动器的工作，一个驱动器连接逻辑、数据和事件视觉系统，逻辑可以是本地高保真物理仿真，事件包括键盘和鼠标输入，数据可能是内部地形代表数据。逻辑、事件和数据的来源可能是网络或者分布式仿真。每个驱动器都是被设计成模块化的、可被用户控制的。驱动器一旦初始化，则可以从显示引擎添加和删除。显示引擎可以支持许多驱动器。一个驱动器可以处于停止状态或运行状态，最初一个驱动器在停止状态时，停止状态的驱动器不能执行功能。

驱动器在显示引擎中可以被控制启动和停止，并且不限制次数。当一个驱动器被启动时，就会创建它将更新的视觉资源。一个驱动器运行时，它会创建、破坏和更新这些视觉资源。当一个驱动器停止时，必须释放所有已经获得分配的视觉资源，将场景恢复到驱动程序开始时的样子。此功能用于当驱动器连接到显示引擎时重载场景。开发者可以通过编程接口设置驱动器自动启动和停止。当驱动器处于运行状态时，它将以显示引擎的频率不断进行标记，执行 tick 函数。为了确保良好的性能，一个驱动器应该在 tick 函数中做尽可能少的工作。显示引擎支持许多同时运行的驱动器。驱动器使用、配置和运行时的行为是特定于应用程序的行为，开发者结合应用程序的需求重载驱动器的功能函数。有些驱动器是构建在显示引擎内部的，而有些驱动器则可以从其他 VR-Vantage 模块当中获取。两个重要的内置显示引擎驱动器是场景驱动器和输入驱动器，这两类驱动器均继承自通用驱动器，并加入自身的优化功能。首先介绍输入驱动器，其原理图如图 13-6 所示。

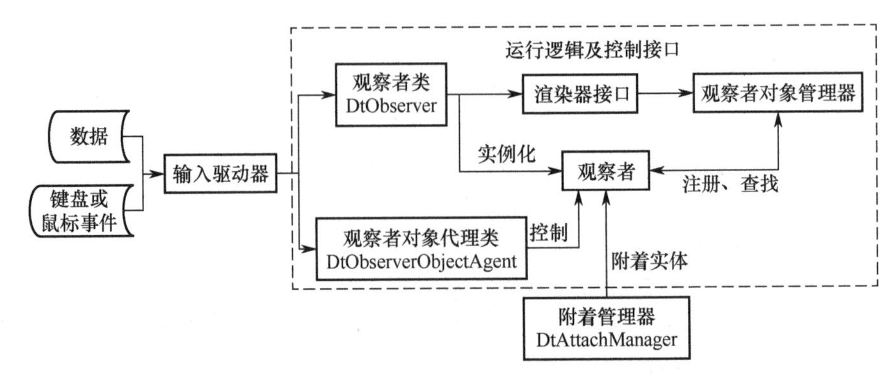

图 13-6　输入驱动器原理图

观察者是一种特殊的分布式对象，它不是场景的一部分。它控制着一个或多个与通道有关的观察者视角。输入驱动器负责实例化观察者，提供鼠标和键盘的输入及确定一个场景与观察者视角之间的连接。DtObserver 类提供了一个能够创建和控制观察者对象的独立的渲染器接口。渲染器能够创建和维护一个观察者对象管理器（DtObserver-ObjectManager）。当输入驱动器创建一个观察者对象（通过 DtObserver 类）时，观察者就会注册在渲染器的观察者对象管理器，之后频道就可以使用观察者对象管理器来查找指定为控制器的观察者。观察者和频道之间的联系是观察者的名字，每个通道都给予了一个观察者的名字来使用它的位置。观察者的名字是在频道配置中指定的（默认为 Observer1）。

开发者可以通过观察者 DtObserver 类控制观察者，给定一个指针指向一个观察者，根据本地数据库坐标系统设置观察者位置，并设置观察者与场景模型的附着模式。使用键盘控制代码并不能直接设置观察者的位置和方向，软件使用命令来启动和停止观察者运动，这些方法不是 DtObserver 的一部分，用户可以直接通过 DtObserverObjectAgent 使用。

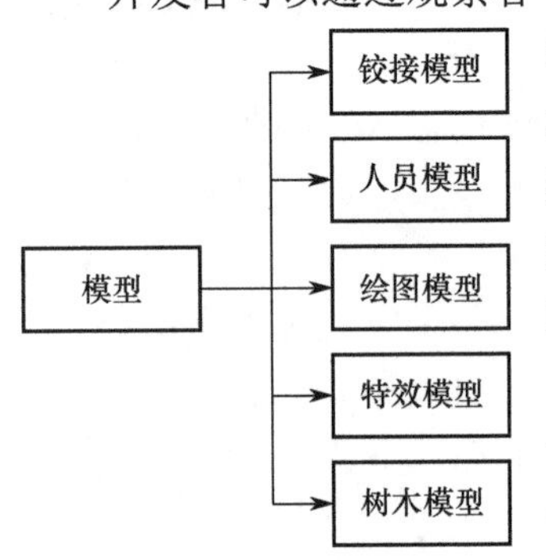

图 13-7　模型的具体分类

模型是 VR-Vantage 场景组成的基本单位，每个模型对应于显示引擎中可渲染的物体，如一辆坦克可能涉及其外观几何模型、尘土渲染模型及历史痕迹模型等。模型的具体分类如图 13-7 所示。不同的模型类继承自通用的模型基类控制接口，又有本身的功能函数。

在实时仿真系统中，实体模型的位置、姿态等不断变化，应用程序在实时模拟实体模型的位置、姿态时，通过驱动器的标记函数，不断地调用实体属性设置类（DtEntityFacade）的功能函数，从而更新渲染实体模型的位置、姿态等其他属性信息。实体属性设置类在更新位置时，不仅三维模型在空间中移动，其拖曳效应如蒸汽轨迹等、跟踪历史图形、烟雾和火焰等会自动跟随。因此，开发者需要自通用的驱动器类派生出实体模型驱动类，每个实体模型驱动类负责一个实体模型，在开启驱动器之后，不断地执行已重载的标记函数，停止驱动器后释放掉所有分配的资源。图 13-8 所示为模型驱动原理图。

在模型驱动实现时，模型的坐标可能需要进行转换。在试验过程中常用的坐标系有地理坐标系、拓扑坐标系和地心坐标系等，而 VR-Vantage 地形文件使用本地数据库坐标系，因此需要进行转换。VR-Vantage 提供了方便的转换函数，用户可以将试验过程中使用的坐标系转换成统一的地心坐标系，三维场景显示软件再将地心坐标系转换成 VR-Vantage 本地数据库坐标系。在模型和视角驱动控制时均采用 VR-Vantage 本地数据库坐标系。将坐标转换后的数据发送给实体模型驱动器，然后设置模型位置等，完成模型驱动。

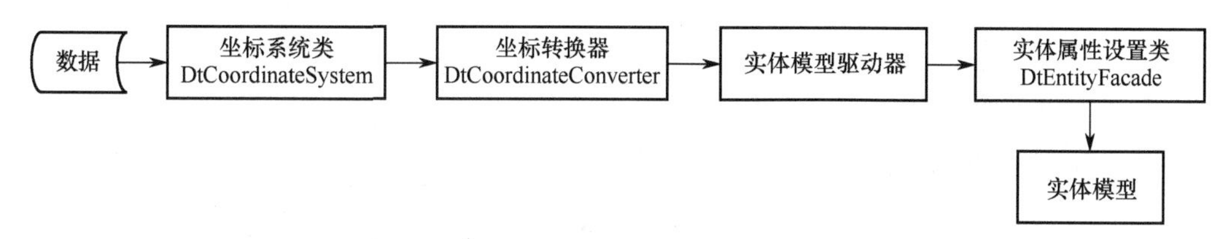

图 13-8　模型驱动原理图

13.2.3　天气及特效渲染技术

在场景仿真中，天气环境及激光特效的实现能够达到更加逼真的效果。下面介绍对于天气环境及光影等特效的实现方法。

VR-Vantage 使用 SilverLining 软件和内容来计算时间照明，渲染天空、云、太阳、月亮和星空等。VR-Vantage 用户有权在任何基于 VR-Vantage 开发或基于 VR-Vantage 工具包开发的应用程序中使用 SilverLining 内置在 VR-Vantage 中的技术。SilverLining 库、纹理和其他图形资源分布在 VR-Vantage 的包中，这样 VR-Vantage 可以方便地使用它们。

环境是 VR-Vantage 场景的一大因素，应用程序主要通过 DtDeTimerManager 类和 DtEnvironment 类实现环境和光线效果，这两大类具体通过 SilverLining 实现。前者主要负责实现场景所处的日期和时间，后者主要负责控制场景中的云层、能见度、降水量及空气混浊的影响。降水量和空气浑浊度的范围值是介于 0～1 之间的数值。

在应用程序中，要实现环境设置的联动，即试验系统设置好的环境参数能够在应用程序中不通过额外设置体现到场景的环境中去，需要应用程序能够从仿真网络中读取试验系统发布的环境参数，该部分实现与二维场景显示软件中的中间件数据交互实现原理相同。当获取到环境参数后，通过显示引擎的场景下实例化的环境类，将环境参数设置成功并通过环境类来控制显示效果。图 13-9 所示为环境设置效果图。

VR-Vantage 渲染本地或者远程的对象可以通过控制接口，如上文在渲染天气环境时使用环境接口，控制接口在渲染对象时发送改变命令到 OpenSceneGraph 场景图，或者改变其他 OSG 属性。OSG 基于 OpenGL 进行，确保使用显卡进行正确的渲染。

使用 VR-Vantage 工具包二次开发时，控制接口已经提供了强大的渲染控制能力，不需要额外开发，仅需要运行显示引擎应用程序即可。显示引擎是 VR-Vantage 架构中的顶级类，提供所有层面对象的访问，以及直接访问 OpenSceneGraph。但是如果需要扩展工具包的渲染功能，如生成几何图形而不是加载和定位现有的三维模型或效果等，就需要子类渲染系统 OSG。

VR-Vantage 使用 OpenSceneGraph 基本的场景图表示、渲染、文件加载等功能。OpenSceneGraph 是一个开源、跨平台、开发高性能图形应用程序的图形工具包。

OpenSceneGraph 是基于 OpenGL 编写的。VR-Vantage 除提供便利的、已经封装好的各个模型类外，开发者也可以使用 OpenSceneGraph 在场景中进行绘制渲染，渲染技术层次如图 13-10 所示。例如，绘制从激光照射器发出照向坦克目标的激光线，这里采用 OSG 绘图来绘制一条有方向的线，如图 13-11 所示。

图 13-9　环境设置效果图

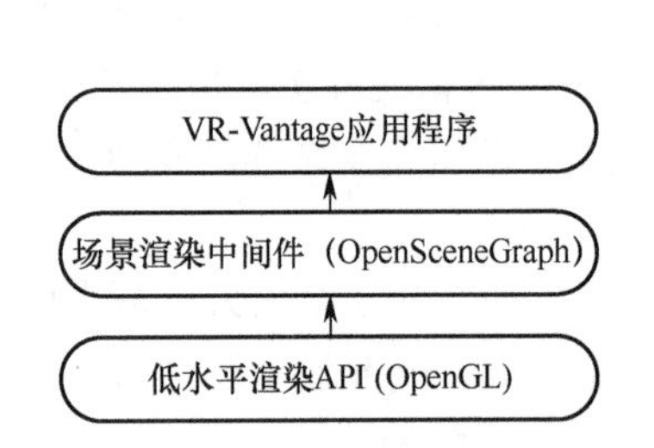

图 13-10　VR-Vantage 渲染技术层次

图 13-11　采用 OSG 画线

在仿真系统中，一般使用的坐标系统是地理坐标系统，与 OSG 坐标系统及 VR-Vantage 场景中的地形坐标系统不一致，因此需要进行坐标转换。VR-Vantage 提供了功能强大的坐标系统及坐标转换函数，将地理坐标系统转换成统一的地心坐标系统，再将地心坐标系统转换成地形本地数据库的坐标系统，模型实体等一系列场景中的实体对象的坐标系统均为地形本地数据库的坐标系统。

13.3 软件设计

在对三维场景显示软件进行需求分析的基础上，结合 VR-Vantage 软件开发工具包及开发过程中的关键实现技术的研究，设计软件的数据结构及显示方案节点结构，使用 UML 语言对软件进行概要设计及详细设计，给出主要界面设计。

13.3.1　显示方案节点结构及数据结构设计

三维场景显示软件作为独立的显示软件，结合功能需求及用例分析，对该软件的数据结构及显示方案文件结构进行设计与介绍。

根据 VR-Vantage 中模型的划分及 H-JTP 体系结构 SDO 对象模型的定义，在进行显示配置时，设定每个 SDO 对象模型对应一个 VR-Vantage 中的显示模型，因此设计显示方案节点信息。

三维场景显示软件的显示方案文件为 XML 格式，节点结构图如图 13-12 所示。显示方案配置的基本信息节点 PlayConfiguration 是显示方案的根节点，该节点的属性信息保存显示方案对应的试验方案文件路径及名称和显示方案加载的地形文件路径及名称。子节点 Member 是根节点下的一类子节点，该节点不限制个数（可以有多个），对应于试验方案文件中的分布式节点试验成员，该节点的属性信息保存试验方案文件中参与显示的试验成员名称及 IP 地址。子节点 Component 是 Member 节点的子节点，该节点的属性信息保存试验成员下参与显示的组件的名称。Entity 节点是 Component 节点的子节点，该节点属性信息保存组件下需要显示的 SDO 模型的实体名称、实体 ID、实体类型等信息。子节点 Model 是 Entity 节点的子节点，每个 SDO 模型对应一个 Model 节点，该节点保存配置到 Entity 节点下 SDO 的三维模型的信息。

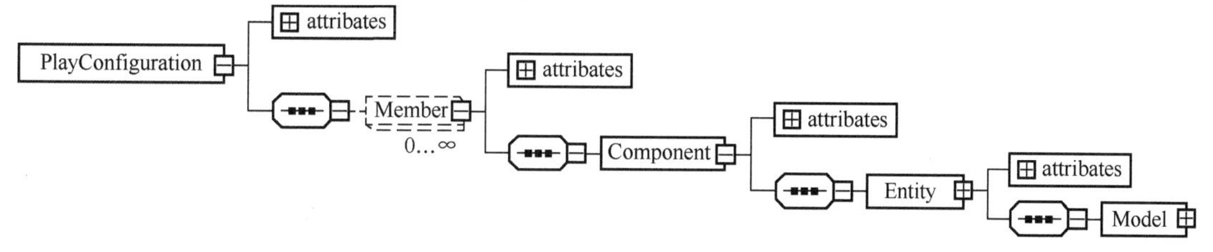

图 13-12　显示方案节点结构图

Model 节点结构图如图 13-13 所示。该节点的属性信息保存三维模型的基本信息，包括三维模型的显示名称、模型所属类型、模型的唯一识别 ID、模型发射附着实体的识别 ID、模型攻击目标的识别 ID 及模型所需拓扑点信息等，模型属性结构定义如表 13-1 所示。其他外观设置信息保存在该节点的子节点下，其中模型与 SDO 发布数据的关联配置信息保存在 Property 子节点下。Property 节点可以有多个，每个节点都对应一条模型属性与组件发布数据的配置信息，该节点的属性保存组件发布数据的 SDO 名称及其属性名称、模型接收数据的属性名称、组件发布数据偏移量、组件发布数据类型及组件发布数据长度。关联配置属性定义如表 13-2 所示。

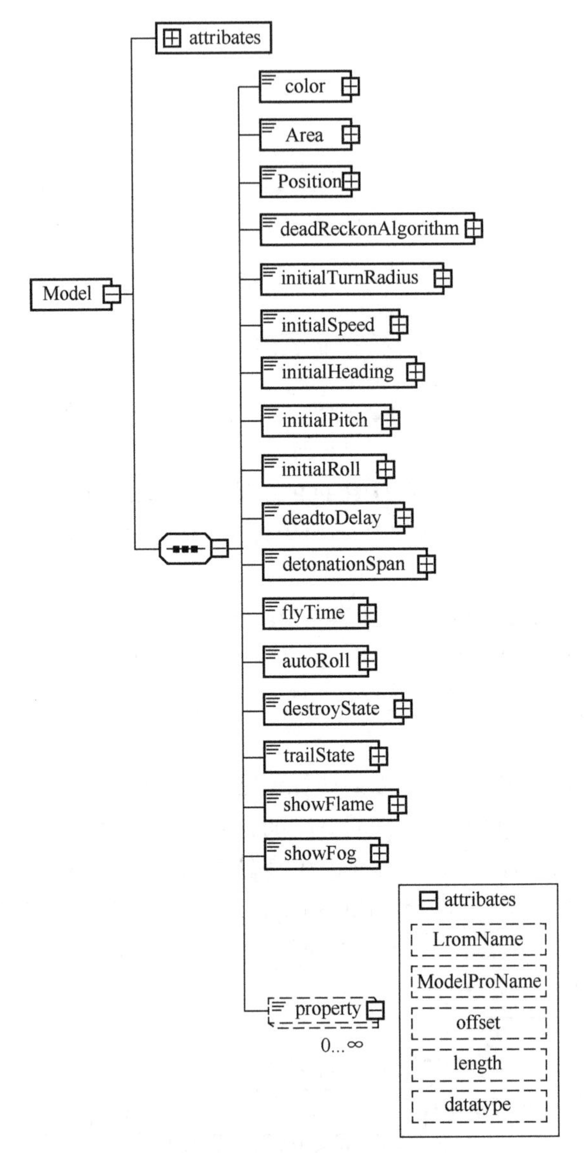

图 13-13　Model 节点结构图

表 13-1　模型属性结构定义

属 性 名 称	属 性 说 明	数 据 类 型
名称	模型的名称	QString
类型	模型所属的类型	QString
ID	模型的识别 ID	DtUniqueID
标注	模型的显示标注	QString
附着 ID	模型作为导弹时的附着模型的识别 ID	DtUniqueID
目标 ID	模型作为导弹时的目标模型的识别 ID	DtUniqueID
拓扑经度	拓扑坐标系下的拓扑点经度	Double
拓扑纬度	拓扑坐标系下的拓扑点纬度	Double

表 13-2　关联配置属性定义

属性名称	属性说明	数据类型
LromName	组件发布数据实体属性名称	QString
ModelProName	模型接收数据属性名称	QString
Offset	组件发布数据属性偏移量	Int
Length	组件发布数据属性数据长度	Int
Datatype	组件发布数据属性数据类型	QString

13.3.2　静态模型设计

三维场景显示软件基于 VR-Vantage 设计，主要功能包括用户可以对三维场景显示软件生成的显示方案进行工程化管理，能够加载并解析试验方案文件，并将试验方案文件中的组件信息及其他环境信息进行三维显示，能够接收中间件数据进而驱动三维模型在地形中的运动。可使用 UML 语言对三维场景显示软件进行概要设计。图 13-14 所示为三维场景显示软件类图。

整个三维场景显示软件由显示工程主窗口类、添加参试试验资源窗口类、模型与试验资源关联窗口类、SDO 模型关联窗口类、试验方案类、模型定义类及模型数据驱动类等组成。显示工程主窗口类是软件的主要工作界面，继承自 VR-Vantage 基类，聚合了很多 VR-Vantage 库函数，并与中间件类相互通信，接收中间件类传递的数据。试验方案类、模型定义类及模型数据驱动类聚合在显示工程主窗口类中，模型数据驱动类继承自 VR-Vantage 的驱动器类。几个窗口类负责软件操作过程中的主要显示界面。下面对主要类做详细介绍。

（1）显示工程主窗口类：该类为软件的入口，用于对整个显示软件的操作，包括用户新建三维显示方案、对显示方案进行保存和另存为、关闭已打开的显示方案及打开已构建好的显示方案，加载地形文件等。负责初始化显示引擎，建立应用程序界面及界面上工具栏等操作的响应函数，包括地形文件的加载、环境时间的设置、视角的移动和切换等，负责获取试验方案类和模型定义类保存的试验资源信息和三维模型信息等，并保存到显示实体信息结构体中，负责与 H-JTP 中间件进行数据交互，接收 H-JTP 中间件数据并进行处理分发，进而驱动模型的运动和环境的变化。

（2）试验方案类：软件需要加载并解析资源应用集成开发环境运行平台的试验方案文件，解析出试验资源信息及对象模型信息，因此定义了试验方案类。该类负责解析三维场景显示软件加载的试验方案文件，并将解析出的试验资源信息和对象模型信息保存到 QMap 中。

（3）模型定义类：VR-Vantage 中的三维实体模型及交互反应模型等在软件中保存为 XML 格式的文件，文件中记录了实体模型的名称、识别 ID 及各个仿真元素的定义等，因此定义模型定义类。该类负责解析出实体模型及交互反应模型名称及识别 ID，并保存到 QMap 中，便于查询和引用。试验方案类和模型定义类聚合在显示工程主窗口类中。

（4）模型数据驱动类：该类是重新编写的类，继承自 VR-Vantage 中的 DtDriver 抽象类，聚合了 DtEntityFacade 类，负责实例化实体并驱动实体。DtEntityFacade 类负责设置实体位置姿态等信息。DtDriver 抽象类的工作机制是开启 Driver 之后，按照内部定时器执行 onTick()函数，直到停止 Driver。因此，我们重写可重载函数 onTick()，在函数内部调用 DtEntityFacade 类的功能函数，设置实体位置、姿态等信息。在与 H-JTP 中间件相连并运行显示工程时，开启模型驱动类，执行 onTick()函数，直到停止运行显示工程时停止模型驱动类，完成实时接收 H-JTP 中间件数据并更新实体信息。需要注意的是，在 onTick()函数中功能不宜过于复杂，否则会导致延迟。

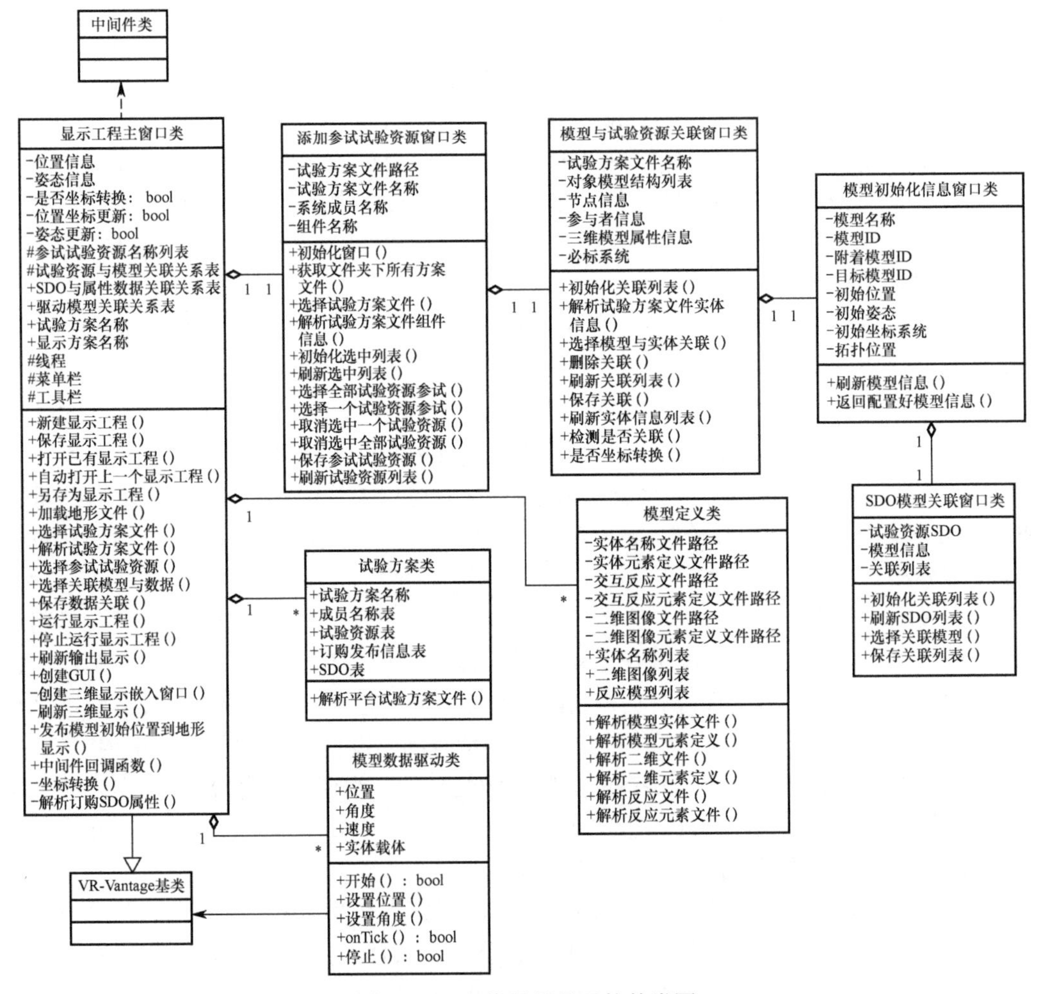

图 13-14　三维场景显示软件类图

（5）添加参试试验资源窗口类：该类负责用户选择并添加试验方案中需要显示的试验资源参与显示工程，用户选择组件下需要显示的 SDO 信息，包括选择一条 SDO 信息、选择一个组件信息、选择全部信息、删除某一条 SDO 信息、删除全部信息等操作，并将选择的信息保存下来。

（6）模型与试验资源关联窗口类：在选择完参试试验资源后，该类负责给参试试验资源指定三维实体模型，并保存试验资源与模型对应表。

（7）模型初始化信息窗口类：在给参试试验资源指定完三维实体模型后，该类负责对三维实体模型的初始信息的设置，包括初始位置和初始姿态、坐标系统、拓扑位置坐标，若爆发交互还可以设置发射附着模型 ID 及目标模型 ID 等信息，并保存到显示实体信息表中。

（8）SDO 模型关联窗口类：在给参试资源选择完相应的三维实体模型后，该类负责将试验资源发布的 SDO 信息与三维实体模型接收数据驱动的属性信息进行关联，并保存数据关联表。

13.3.3　动态模型设计

下面使用 UML 的序列图和活动图来描述三维场景显示软件的一些主要操作和功能。

图 13-15 是三维场景显示软件打开并运行显示方案的序列图，该过程需要与试验系统同时运行，因此需要 H-JTP 中间件及资源应用集成开发环境运行平台协助进行。

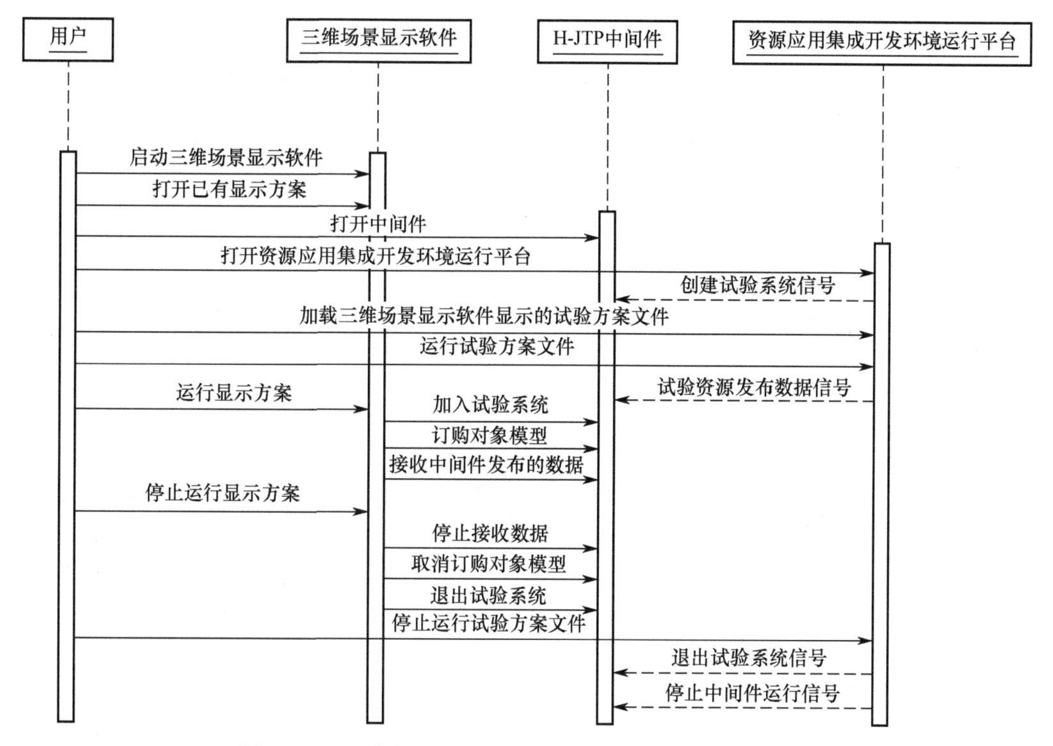

图 13-15　三维场景显示软件打开并运行显示方案序列图

总结用户主要过程如下。

（1）在显示节点上打开 H-JTP 中间件，启动三维场景显示软件，从文件工具栏中单击“打开显示方案”按钮，选择已经配置好的显示方案文件。

（2）在其他分布式节点上打开 H-JTP 中间件及资源应用集成开发环境运行平台，在资源应用集成开发环境运行平台上打开显示方案文件对应的试验系统方案文件。

（3）在运行平台中运行显示系统方案文件创建试验系统，运行三维场景显示软件打开的显示方案文件。

（4）三维场景显示软件运行显示方案，接收数据并驱动地形文件上三维实体模型的运动，用户可以随时切换视角、平移缩放场景及设置战场的雨雪等自然环境。

（5）停止运行显示方案和试验方案文件，退出试验系统。

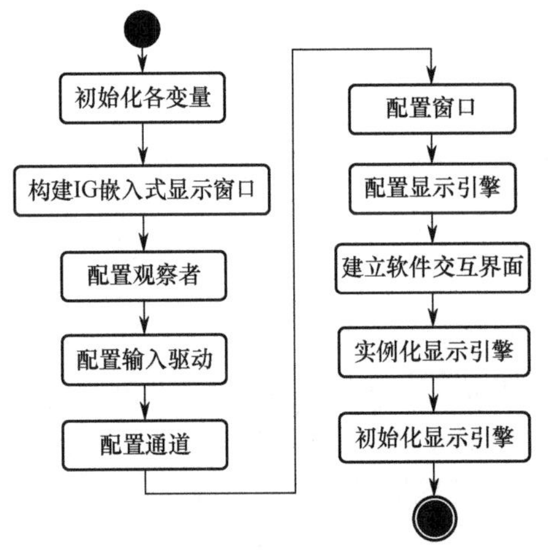

图 13-16　构建主窗口活动图

图 13-16 所示为构建主窗口活动图。三维场景显示软件主工作界面在构建主窗口时，采用的显示窗口模式为嵌入式显示，即在软件界面将除工具栏、悬浮窗和显示信息栏外的界面嵌入 IG 的显示界面，因此首先构建 IG 的显示窗口。在构建 IG 嵌入式显示窗口的过程中由小及大，分别配置窗口的观察者、输入驱动、观察通道和观察窗口。通过以上配置来完成显示引擎的配置。完成 IG 的窗口构建后，建立整个软件的交互界面，将 IG 窗口嵌入界面，并创建工具栏、快捷键及按钮对应的响应函数。最后实例化显示引擎并进行初始化。

图 13-17 所示为新建显示方案序列图。由图得出新建显示方案的过程如下。

（1）用户通过工具栏单击“新建显示方案”按钮，主窗口创建新建方案窗口。

（2）通过新建方案窗口，用户从运行平台的本地方案文件夹下选择需要显示的平台试验方案，将平台试验方案信息返回给主窗口。

（3）开启线程，试验方案解析所选平台试验方案文件，并传递回组件实体信息及 SDO 对象模型信息。

（4）模型定义，解析三维场景显示软件原有的模型信息及交互反应模型信息等，然后保存为映射表并传递回主窗口，由主窗口保存。

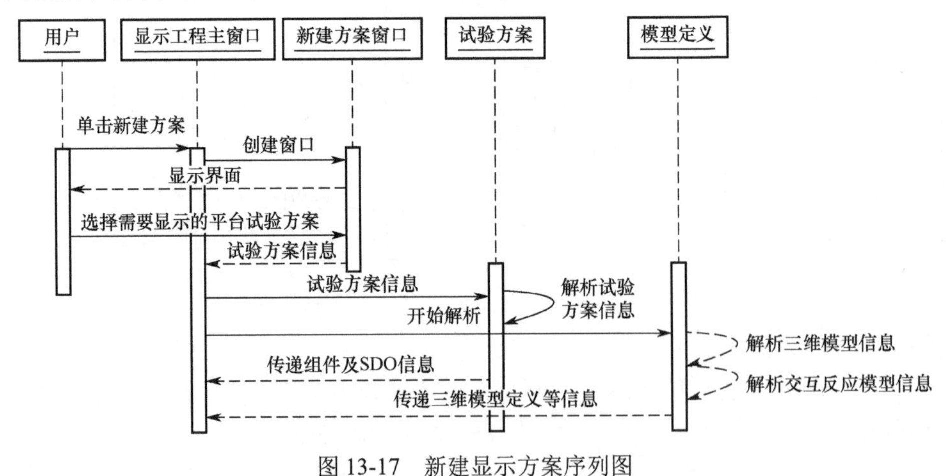

图 13-17　新建显示方案序列图

图 13-18 所示为配置参试设备序列图。由图得出配置参试设备的过程如下。

（1）用户通过显示工程主窗口工具栏单击“添加设备”按钮，弹出添加参试组件窗口，显示试验方案文件中所有的组件信息及组件的 SDO 信息。

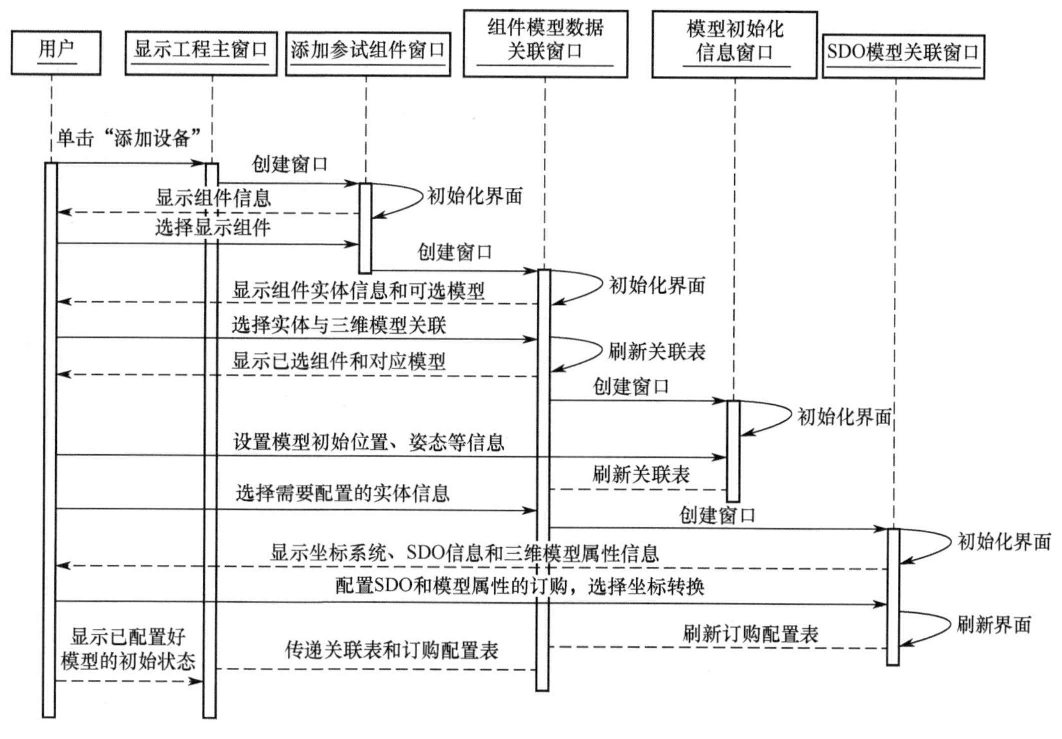

图 13-18 配置参试设备序列图

（2）用户选择需要显示的组件的 SDO 实体进行下一步，关闭添加参试组件窗口，弹出模型与试验资源关联窗口，显示用户已选择的组件及其 SDO 信息和三维场景显示软件的三维实体模型信息。

（3）用户选择 SDO 实体信息与三维实体模型相关联，保存到显示实体信息关联表中，弹出模型初始化信息窗口。

（4）在模型初始化信息窗口，用户可以设置已选择的三维实体模型的初始姿态信息等，模型与试验资源关联窗口保存配置好的初始信息。

（5）用户选择一条关联好的 SDO 与模型信息，单击界面上的“编辑”按钮，弹出 SDO 模型关联窗口，将 SDO 的具体信息与三维实体模型的属性进行关联，选择坐标转换方式，保存到模型属性配置表中。

图 13-19 所示为用户切换视角跟随模式活动图。VR-Vantage 的视角切换跟随等以三维模型实体的识别 ID 为索引，因此用户在软件的左侧列

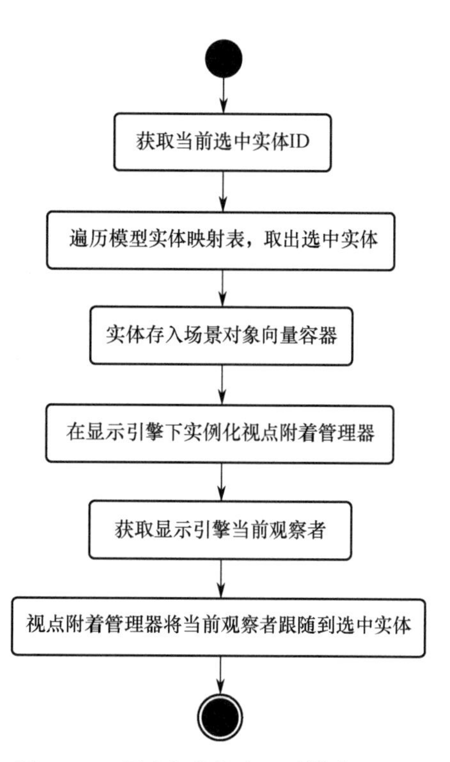

图 13-19 用户切换视角跟随模式活动图

表上右键单击“模型 ID”项，单击“视角跟随模式”，软件识别鼠标选中项的内容，该实体 ID 为 QString 格式，遍历保存好的模型实体信息映射表，找到该 ID 对应的三维模型实体，获取该模型的识别 ID，类型为 DtUniqueID，并将该 ID 存入新声明的实体对象向量容器中。在当前显示引擎下实例化视点附着管理器，获取当前显示引擎的观察者，将观察者通过视点附着管理器跟随到选中的模型实体后方，完成视角跟随切换。

图 13-20 所示为用户运行显示方案活动图。该活动图是在用户已经开启 H-JTP 中间件及运行资源应用集成开发环境运行平台中的试验方案文件的前提下进行的。用户单击系统菜单栏或者工具栏上的“运行系统”按钮，软件首先判断当前是否有已经在运行的显示方案，若有正在运行的显示方案，提示用户并结束；若没有正在运行的显示方案，软件判断当前是否已新建或打开显示方案。若没有新建或打开显示方案，则提示用户并结束；若有，则判断该方案是否保存。若已经被保存则进行下一步，若没有被保存则对新建或已打开的显示方案进行保存。保存完毕后，进入中间件处理流程，软件通过中间件函数接口注册回调函数，当运行系统时，通过该回调函数接收中间件数据。软件根据试验方案文件名称加入资源应用集成开发环境运行平台已经创建的试验系统，开启对象管理服务管理中显示方案文件的数据订购。根据保存的配置属性订购试验系统中相应发布数据的 SDO 实体，开启软件中所有的模型驱动器，并开启定时器刷新软件视图下方显示列表。

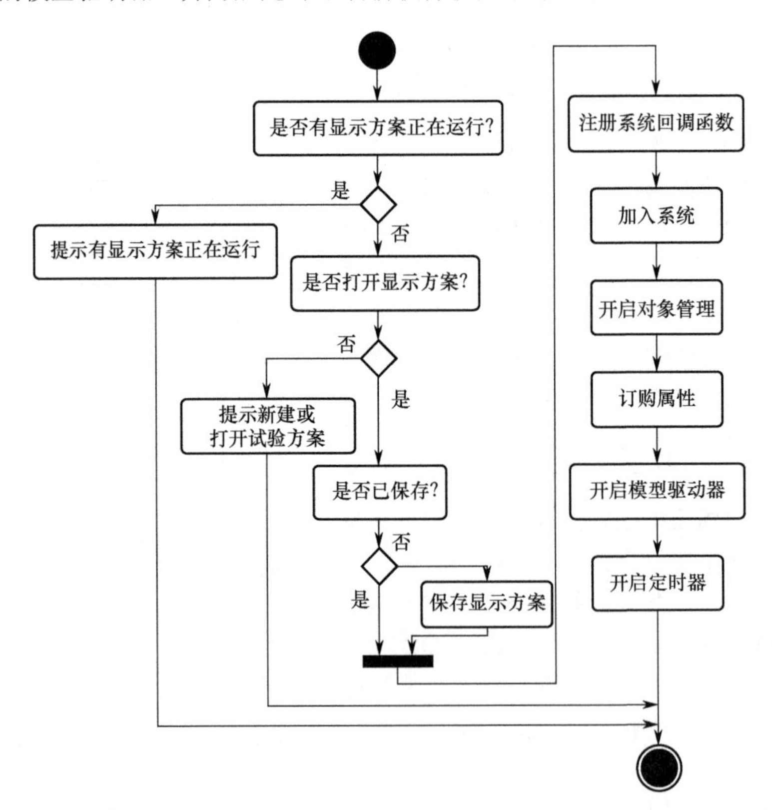

图 13-20　用户运行显示方案活动图

13.3.4　主要界面设计

图 13-21 所示为三维场景显示软件主界面。该界面上方为菜单栏及工具栏，中间部分窗口为 VR-Vantage 显示窗口，左侧部分显示添加的试验资源及三维实体模型信息，下方实时显示运行过程中实体模型的位置、姿态等信息。

图 13-21　三维场景显示软件主界面

用户通过文件菜单栏对显示方案进行工程化管理，用户再次单击“新建显示方案”选项后，选择相应的运行平台试验方案文件，软件内部将解析试验方案文件的具体信息。用户通过系统菜单栏下的“打开地形”按钮，加载三维地形文件，显示在中间的三维显示窗口。用户通过系统菜单栏下的“添加设备”按钮将试验方案文件中需要显示的组件进行相应的配置。左侧的实体信息窗口显示已配置好的显示资源，用户可通过右键菜单对显示资源进行视角跟随及漫游模式的设置。

软件中部为 VR-Vantage 显示窗口，用于显示用户加载的地形文件、配置好的三维实体模型及运行时的环境时间显示等三维场景。

软件下方列表用于显示在系统运行过程中各个三维实体模型的实时位置、姿态等信息，并按照定时器时间间隔继续刷新。

用户可以通过软件上方的工具栏按钮进行快速操作，如打开/关闭地形、环境设置及视角的移动缩放等。

图 13-22 所示为模型初始信息设置界面。用户将组件 SDO 与三维实体模型关联好之后，弹出该界面对模型进行初始化设置。用户可以设置模型的初始位置信息、初始姿态信息，以及拓扑位置信息。如果模型作为攻击性模型，用户还可以设置模型附着的模型信息

及目标 ID。图 13-23 所示为环境效应设置界面。该界面直接调用 VR-Vantage 环境模块，用户可以设置场景中的时间，进而改变白天或者夜晚的光影效果，可以设置场景的能见度、云、降水量及降雪量。

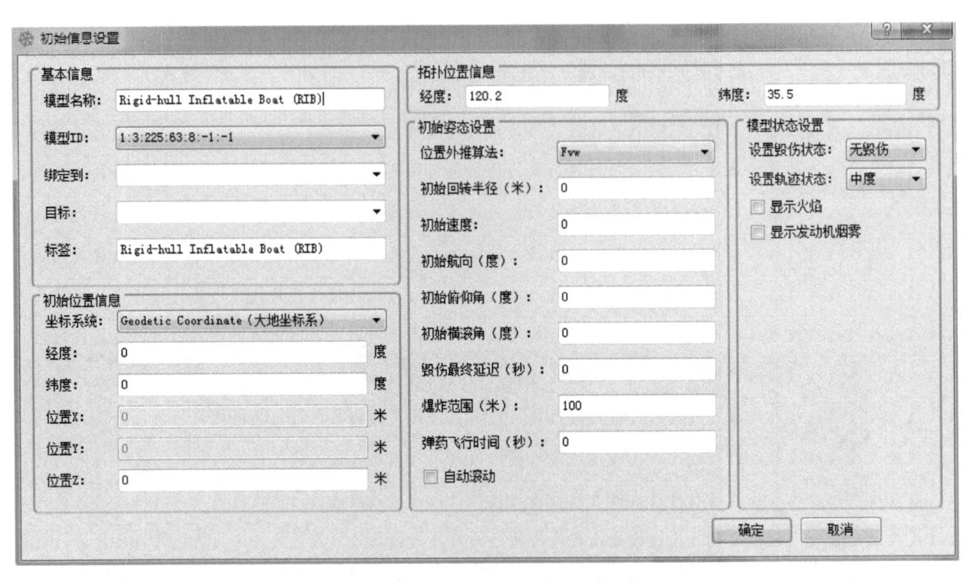

图 13-22　模型初始信息设置界面

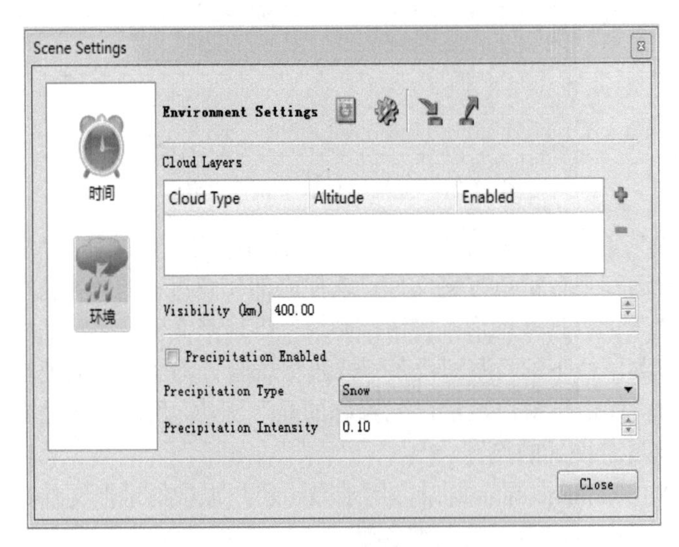

图 13-23　环境效应设置界面

13.4 软件测试与验证

根据前文对三维场景显示软件的功能分析及软件设计实现，将对三维显示软件进行基本的功能测试，并利用雷达制导导弹虚拟试验系统和激光制导导弹虚拟试验系统对软件进行验证。

13.4.1　三维场景显示软件功能测试

对三维场景显示软件进行功能测试，根据前文对三维场景显示软件的功能分析，将测试过程中的主要的测试用例进行汇总，如表 13-3 所示。

表 13-3　三维场景显示软件测试用例表

测 试 用 例	测 试 方 法	测 试 结 果	结　论
新建显示方案	单击软件文件菜单栏下的“新建方案”按钮	弹出新建方案窗口，并让用户选择需要显示的平台试验方案文件	合格
保存显示方案	单击软件文件菜单栏下的“保存方案”按钮，保存配置好的显示方案	保存成功，相应路径下有该显示方案文件	合格
打开显示方案	单击软件文件菜单栏下的“打开方案”按钮，打开已有显示方案	软件左侧及中部窗口显示打开的显示方案文件的信息	合格
运行显示方案	在中间件和运行平台开始运行的前提下，单击工具栏的“运行系统”按钮	三维模型接收中间件数据，中部及下方列表信息实时改变	合格
打开地形文件	单击软件系统菜单栏下的“打开地形”按钮，选择地形文件	软件三维显示窗口显示三维地形	合格
添加显示资源	单击软件系统菜单栏下的“添加设备”按钮，在弹出的窗口中显示方案文件中的组件信息，用户选择一个 SDO	在窗口右侧已选择显示栏显示选择的 SDO 信息及所属的组件及成员信息	合格
删除显示资源	在添加设备窗口选中界面右侧已选择的一个 SDO 信息，单击“删除”按钮	界面右侧已选择显示栏中选中删除的 SDO 信息消失	合格
关联三维模型	在关联窗口左侧选择 SDO 信息，在右侧选择三维实体模型，单击“数据关联”按钮	在左侧窗口选择 SDO 信息后出现选择的三维模型信息	合格
删除组件与模型数据关联	在属性关联窗口下方列表中选择一条关已联好的信息，单击“删除”按钮	属性关联窗口下方列表选中的关联信息消失	合格
建立模型与组件发布数据关联	在属性关联窗口左侧选择一条 SDO 信息，右侧选择模型的属性信息，单击“数据关联”按钮	属性关联窗口下方列表显示一条已关联好的 SDO 信息和模型属性信息	合格
切换视角模式	在软件左侧列表三维模型的实体 ID 栏右击，在弹出的菜单中单击“视角跟随”项	观察者视角从地形文件中心切换到右键单击的实体 ID 的模型处	合格
控制视角移动	通过键盘或者鼠标操作观察者视角	视角移动	合格
显示激光束	配置激光系统时运行显示方案	从激光到照射目标之间有红色的激光线	合格
修改模型初始信息	在关联窗口选中一条已关联好的信息，单击窗口下方的“初始化”按钮	弹出初始化窗口并显示已设置好初始信息，修改后可以进行保存	合格
设置模型初始信息	关联好组件 SDO 与三维实体模型后弹出初始化窗口进行设置	模型初始化窗口弹出并可进行设置	合格
设置环境效应	单击工具栏上的“环境设置”按钮，改变环境能见度或类型	在中间窗口改变场景显示状态并相应显示为雨或雪等	合格

13.4.2 在雷达制导导弹虚拟试验系统中验证三维场景显示软件

用于三维场景显示软件验证的雷达制导导弹虚拟试验系统图如图 13-24 所示。该试验系统和用于二维场景显示软件验证的雷达制导导弹虚拟试验系统类似，只是在中间件上挂接了三维场景显示软件。电磁波传输效应组件计算电磁波衰减程度，虚拟雷达制导导弹封装导弹模型向目标虚拟舰船组件发射电磁波 PDW，PDW 经电磁波传输效应组件衰减后到达目标，目标反射的电磁波 PDW_R 经过电磁波传输效应组件衰减后由导弹接收并获得目标位置，导弹接收到 PDW_R 和目标位置后调整方位角航向角等，进而追踪目标。

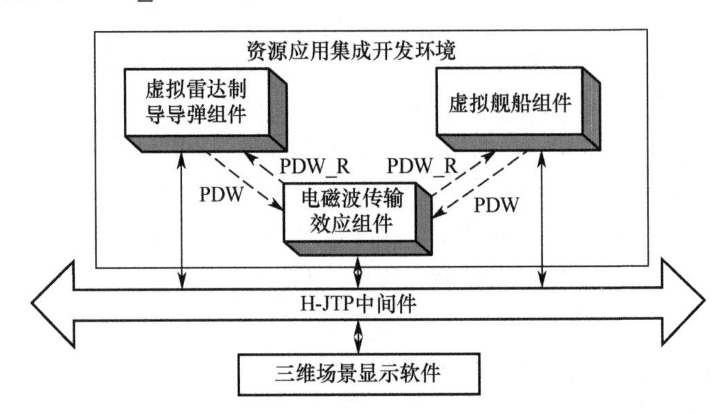

图 13-24　用于三维场景显示软件验证的雷达制导导弹虚拟试验系统图

三维场景显示软件验证过程如下。

（1）新建显示方案，加载地形文件，添加显示组件并与三维模型相关联。

在三维场景显示软件中新建显示方案，选择雷达系统试验方案文件，单击系统菜单栏下的“打开地形”按钮，加载构建好的该方案试验地区地形文件。单击系统菜单栏下的“添加设备”按钮，在弹出的添加设备界面上选择需要显示的组件 SDO，如图 13-25 所示。单击“下一步”按钮。

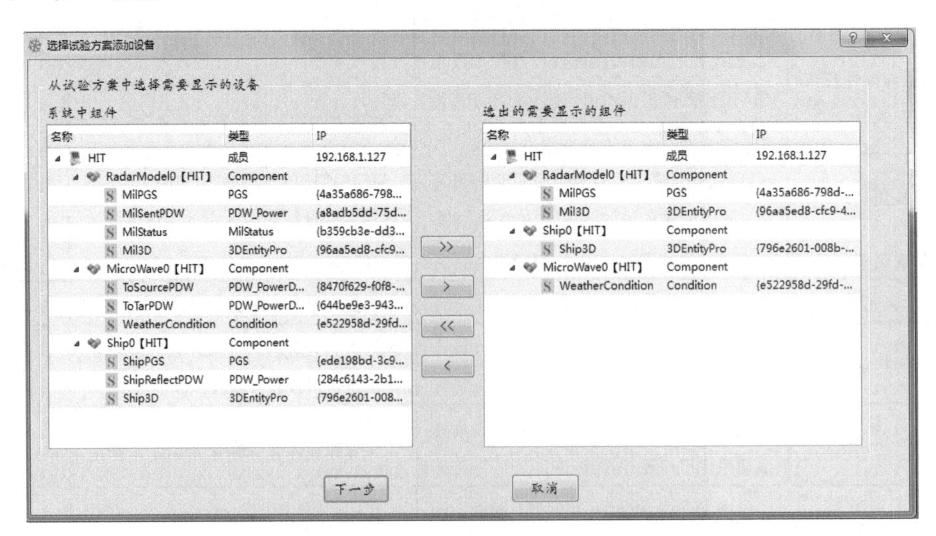

图 13-25　选择试验方案添加设备窗口

在弹出的界面上给已添加的显示组件 SDO 配置三维实体模型，图 13-26 所示为模型与组件数据关联窗口。该界面右侧三维实体列表为解析软件描述文件所得，包含了所有软件内的三维模型。配置完模型后设置模型初始信息、初始位置和姿态及初始坐标系等。

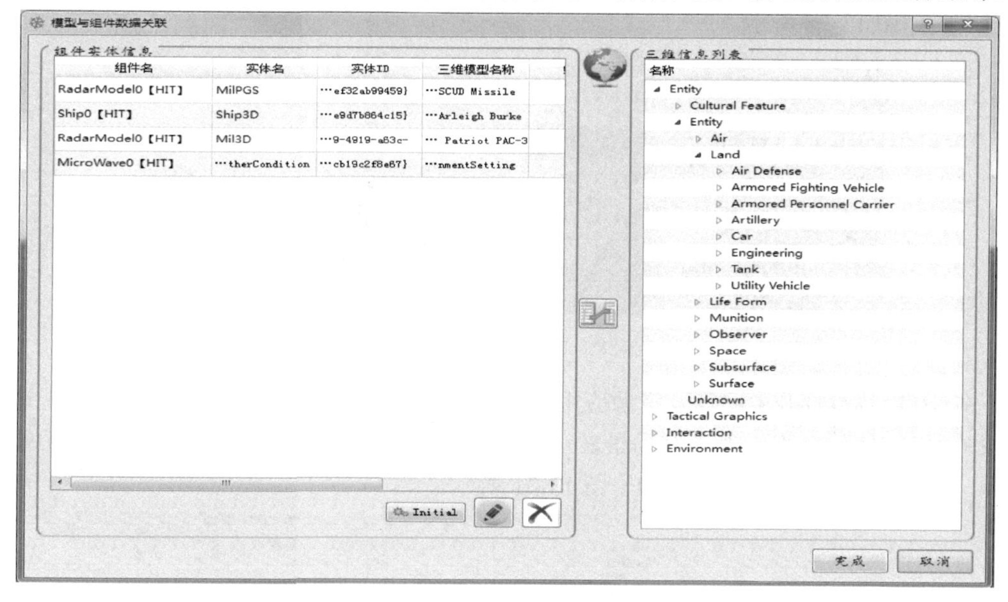

图 13-26 模型与组件数据关联窗口

（2）模型与组件发布数据相关联。

在模型与数据关联窗口中选中一条已配置好的组件信息，单击界面下方的“编辑”按钮，弹出属性配置界面，如图 13-27 所示。在该界面设置坐标转换，将组件发布 SDO 属性信息与三维模型属性进行关联，以便接收数据驱动。

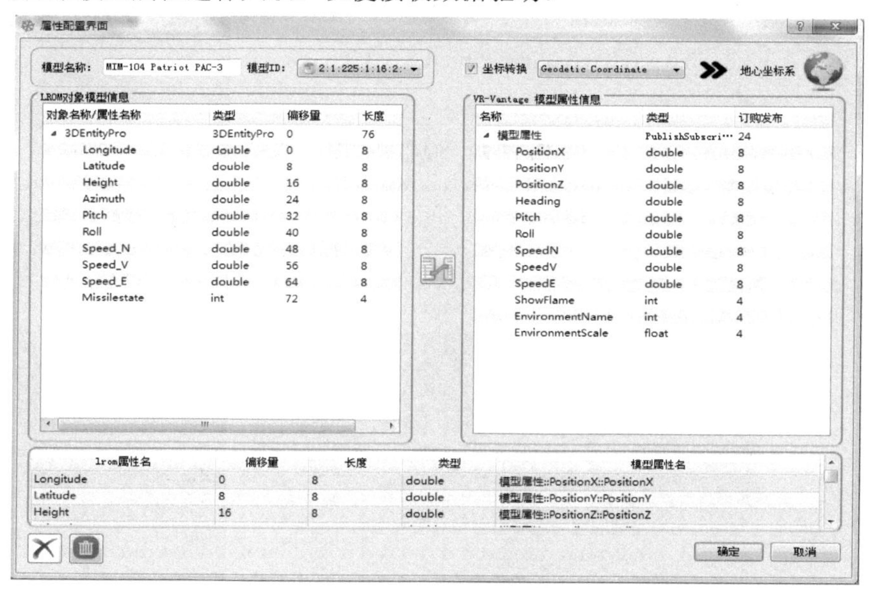

图 13-27 属性配置界面

（3）保存显示方案并运行。

设置完显示方案后保存显示方案，在视图左侧列表右击导弹 ID，在弹出的菜单中单击“视角跟随模式”项，视角切换到导弹位置，用鼠标可以拖动平视场景。导弹发射车不同视点图如图 13-28 所示。

图 13-28　导弹发射车不同视点图

在 HIT 节点打开中间件及资源应用集成开发环境运行平台，在运行平台打开雷达系统试验方案文件并运行，在三维场景显示软件工具栏单击运行系统，三维模型接收中间件数据，驱动模型运动，如图 13-29～图 13-31 所示。

图 13-29　舰船视点图

图 13-30　导弹视点图

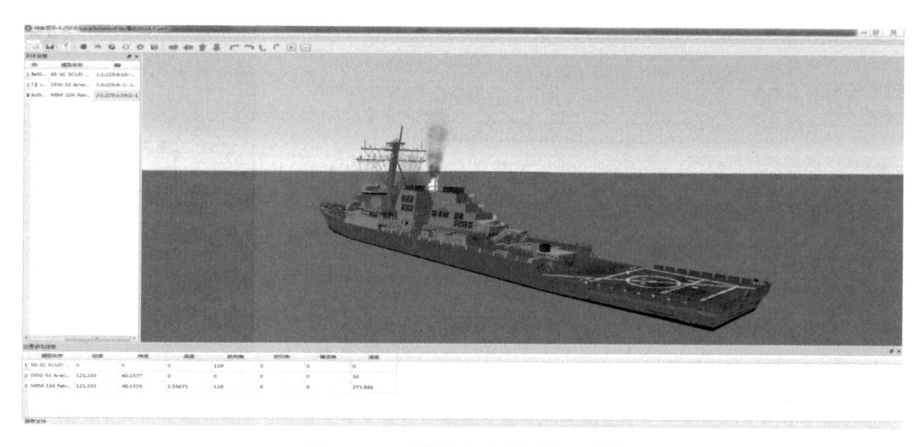

图 13-31　导弹击中模型显示图

13.4.3　在激光制导导弹虚拟试验系统中验证三维场景显示软件

用于三维场景显示软件验证的激光制导导弹虚拟试验系统图如图 13-32 所示，该试验系统和用于二维场景显示软件验证的激光制导导弹虚拟试验系统类似，只是在中间件上挂接了三维场景显示软件。激光传输效应组件实现激光传输衰减。激光照射器组件发射激光被激光传输效应组件衰减后照射到虚拟坦克组件，虚拟坦克组件反射激光被激光传输效应组件衰减后由激光制导导弹接收，激光照射器接收虚拟坦克组件发出的位置信息，导弹根据接收的反射激光信息和目标的位置信息去追踪虚拟坦克组件进行攻击。

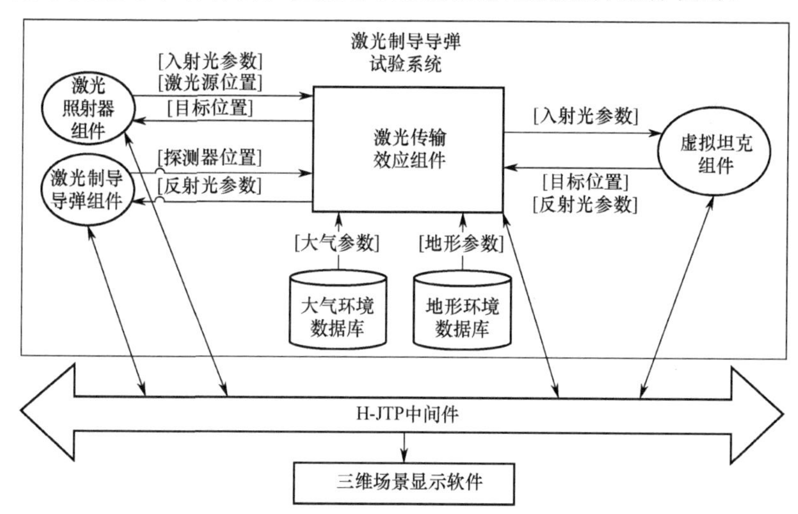

图 13-32　用于三维场景显示软件验证的激光制导导弹虚拟试验系统图

三维场景显示软件验证过程如下。

（1）新建显示方案并加载地形文件，添加参试组件并与三维模型相关联。

新建显示方案，选择激光系统试验方案文件，单击系统菜单栏下“打开地形”按钮，加载构建好的该试验区域的地形文件，单击系统菜单栏下的“添加设备”按钮，图 13-33 所示为添加设备窗口。在界面上选择需要显示的组件 SDO 信息，单击“下一步”按钮。

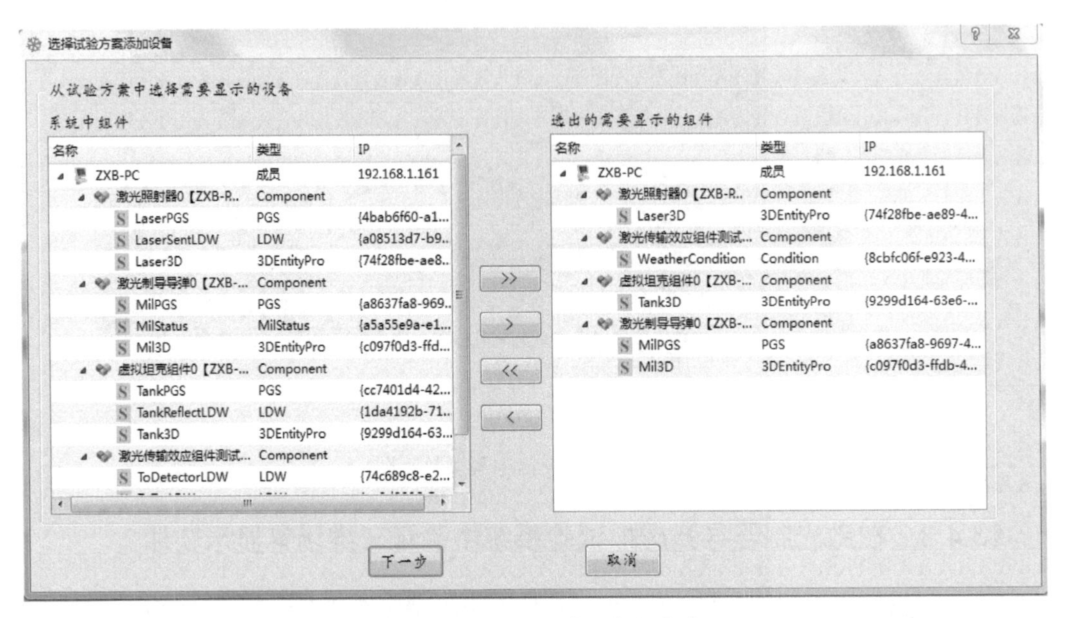

图 13-33　选择试验方案添加设备窗口

在弹出的界面上给显示组件 SDO 配置三维实体模型，组件与模型关联完毕后弹出初始信息设置窗口，用户在该窗口设置模型的初始位置信息、拓扑位置信息及初始姿态信息等，如图 13-34 和图 13-35 所示。

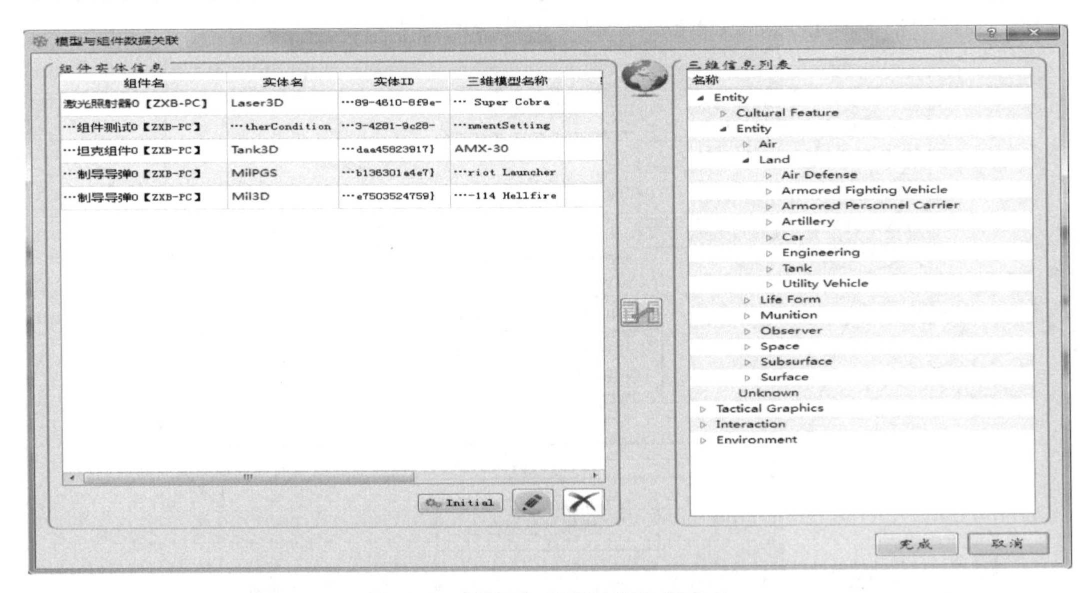

图 13-34　模型与组件数据关联窗口

（2）模型与组件发布数据相关联。

在模型与组件数据关联窗口，选中一条已配置好模型的组件 SDO 信息，单击窗口下方的“编辑”按钮，在弹出的属性配置界面将组建 SDO 属性信息与三维模型属性信息进行关联，设置坐标转换系统，保存关联表，如图 13-36 所示。

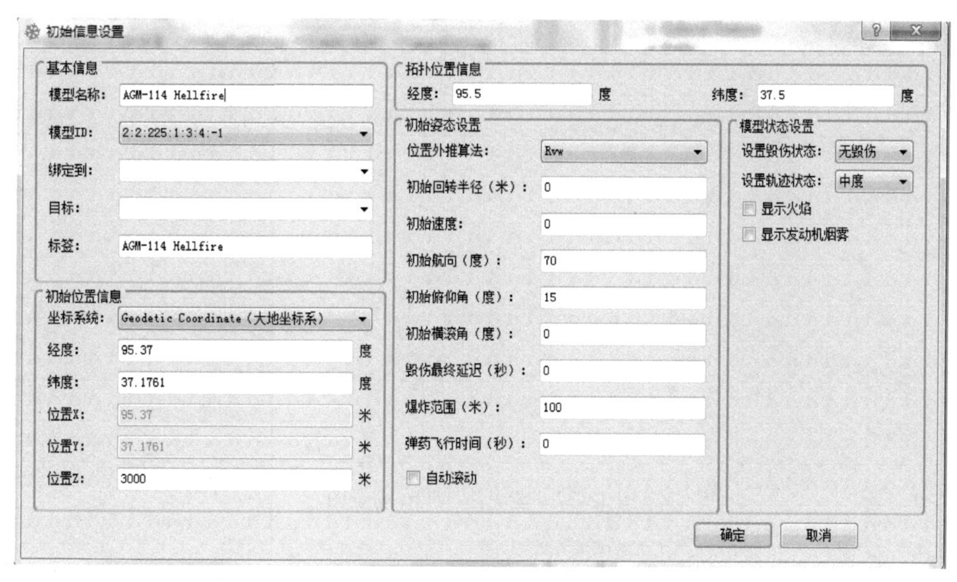

图 13-35　初始信息设置窗口

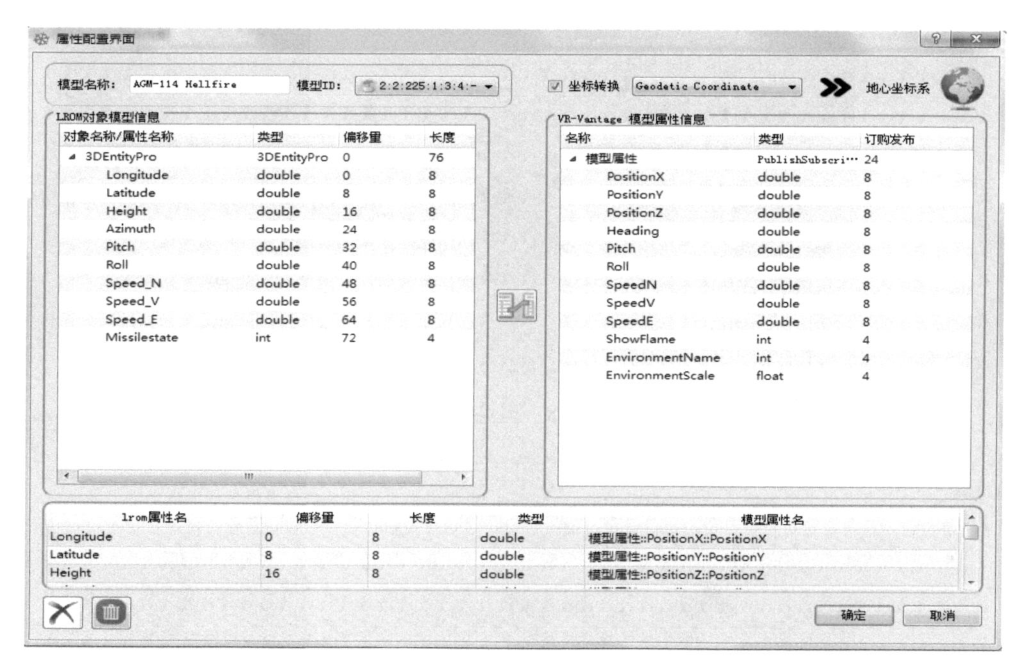

图 13-36　属性配置界面

（3）保存显示方案并运行方案。

设置好显示方案后进行保存，在激光系统试验方案节点运行该试验方案文件，在三维场景显示节点打开中间件，单击工具栏上的“运行系统”按钮，软件接收中间件数据及驱动模型的运动和环境变化数据，如图 13-37～图 13-39 所示。试验方案文件环境信息能见度设置为 15km，激光照射器发射激光束照射到目标组件虚拟坦克，击中后坦克燃烧。

图 13-37　能见度 15km 场景图

图 13-38　坦克视点图

图 13-39　导弹击中后坦克视点图

13.5 本章小结

本章总结了三维场景显示软件的功能需求，对软件进行了用例分析，介绍了软件的具体设计过程。对软件开发过程中的关键实现技术进行研究，包括地形文件的构建、模型的驱动及环境渲染的实现。具体介绍了软件数据结构及显示方案节点信息，使用 UML 静态类图和动态序列图及活动图描述了软件的静/动态模型，并给出了场景软件的主要用户使用界面设计。最后对三维场景显示软件进行了功能测试，使用雷达制导导弹虚拟试验系统和激光制导导弹虚拟试验系统对软件进行了集成测试与功能验证。

第 14 章

虚拟试验验证平台构建

"虚拟试验验证平台"是在虚拟环境条件下，对被试验设备/部件在工作阶段的功能、性能进行虚拟试验的系统，相对于真实试验，可以有效降低试验成本，生成任意试验环境，具有复杂环境条件下的产品试验能力。它主要通过对虚拟模型和虚拟环境开展虚拟试验，从而考核该产品的功能和性能是否达到设计要求。

14.1 虚拟试验系统支撑软件

虚拟试验系统支撑软件平台是为试验设计人员进行试验系统快速构建的大型支撑软件。试验人员无须编程即可完成配置试验设备、试验过程、试验数据存储、试验数据多模式多节点监视等工作；同时，其支持参试设备虚拟模型、半实物模型、实物模型的混合试验模式，在虚拟模式试验阶段、半实物模式试验阶段和实物模式试验阶段均可进行试验运行控制和验证，进而高效率、高可靠地完成试验任务，缩短试验周期，降低试验成本。

14.1.1 术语定义

（1）试验系统：用于达到某一特定功能目的分布式试验系统，由若干相互作用的系统成员构成。

（2）系统成员：所有参与试验系统的应用都称为系统成员，它是包含各种组件的功能节点。

（3）组件：组件是虚拟试验系统支撑软件平台中单个可编辑、可运行的功能实体，如通信组件、三维地图组件、数据显示组件等。在本文档中将组件分为两类：通信组件和普通组件。每个组件都有一个本地唯一的 ID 值，本书采用 CID 来表示组件的 ID，该值由用户指定，是一个长度小于或等于 255 字节的字符串。

（4）属性：属性是组件的一个参数，每个属性都有一个本地唯一的 ID 值，该值由用户指定，是一个长度不大于 255 字节的字符串。

（5）信息传输管理平台：信息传输管理平台是试验系统的交互中枢。维护整个试验系统中正在发布的属性，接收系统成员发送的属性值，查找订购该属性值的其他系统成员，并将属性值发送给订购的系统成员。系统成员可以动态地添加和删除订购的属性和发布的属性。

（6）本地通信代理：本地通信代理是系统成员和信息传输管理平台交互的通信接口组件。本地通信代理负责系统成员和信息传输管理平台之间的通信。系统成员中的对象（组件）通过本地通信代理发布自身的属性和订购相应属性，或者取消发布某个属性和取消订购某个属性。

14.1.2　软件主界面

图 14-1 所示为 SEISCADS 软件主界面。

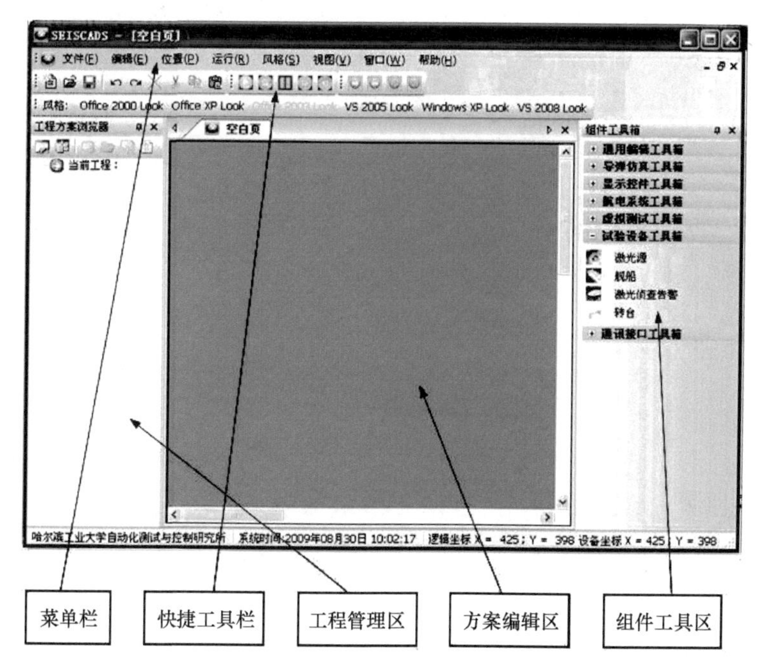

图 14-1　SEISCADS 软件主界面

（1）菜单栏：提供了对试验方案编辑及各种工具栏的显示控制，主要包括文件、编辑、位置、运行、风格、视图、窗口和帮助等选项。

（2）快捷工具栏：提供了对菜单栏中主要操作的快捷操作方式，主要包括：

- 文件工具栏：提供新建工程、打开工程、保存工程等功能。
- 编辑工具栏：提供前进、后退、删除、剪切、复制和粘贴等功能。
- 位置工具栏：提供组件重叠时的位置操作，如向后移动、向前移动、移动到最后、移动到最前等功能。
- 运行工具栏：提供启动、暂停、停止、加速运行、减速运行等功能。
- 风格工具栏：提供各种风格的软件操作界面切换功能。

（3）工程管理区：提供新建工程、打开工程、新建页文件、删除页文件、重命名页文件等功能，显示当前工程所包含的各个文件，用户可以单击文件名进行文件的切换。

（4）方案编辑区：对试验方案进行编辑和试验过程数据显示的区域，用户通过拖曳操作从组件工具区选择组件放入方案编辑区，实现系统成员组建。

（5）组件工具区：提供各种基本建模单元（组件），试验人员使用基本建模单元进行系统成员的组建。

14.1.3 新建试验成员工程

1. 新建工程

（1）启动软件，界面如图 14-2 所示。

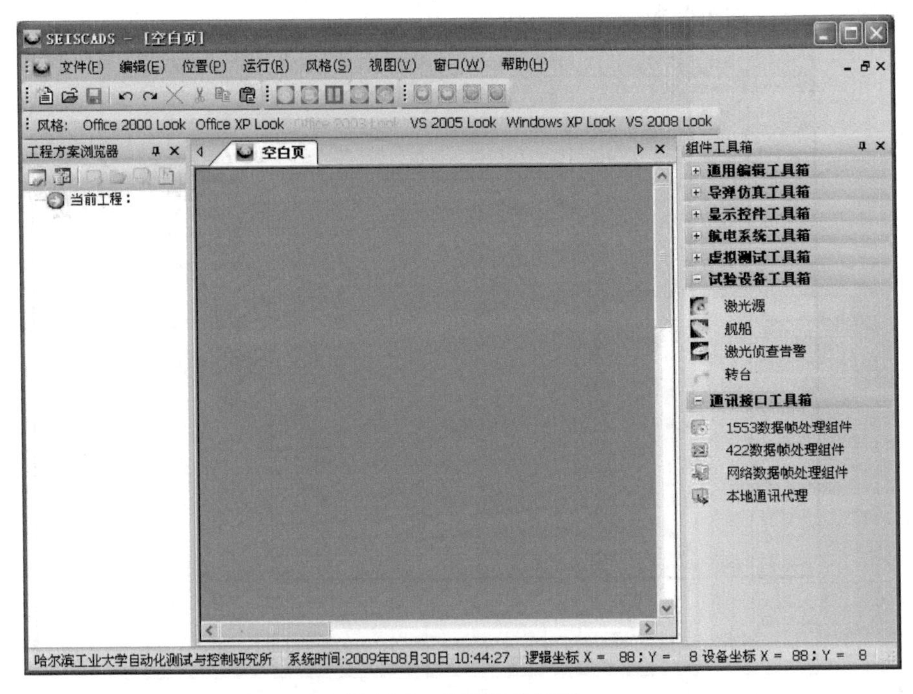

图 14-2　启动软件界面

（2）新建工程。单击“文件”→“新建”菜单，或者在工具栏中单击图标，或者在“工程方案浏览器”中单击图标，如图 14-3 所示。

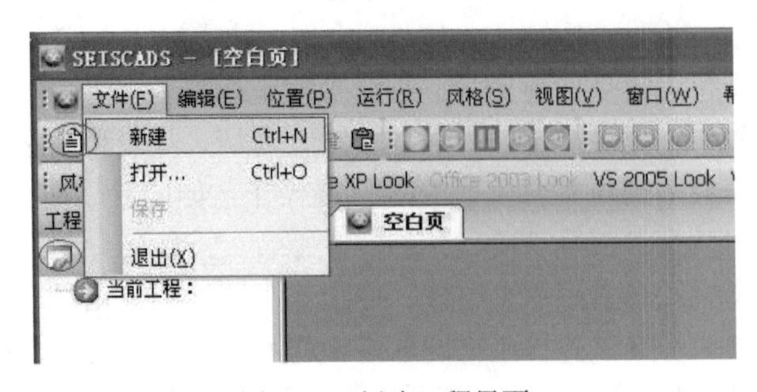

图 14-3　新建工程界面

（3）在弹出的对话框中，单击“浏览”按钮选择工程路径，如图 14-4 所示。本例中，工程路径位于桌面上。输入工程名、设备地址并选择工程类型，单击“确定”按钮。

图 14-4　工程配置界面

（4）完成新建试验成员工程后，自动生成默认的页文件（见图 14-5），名称与工程名相同，用户可以在该页文件进行试验方案的编辑。

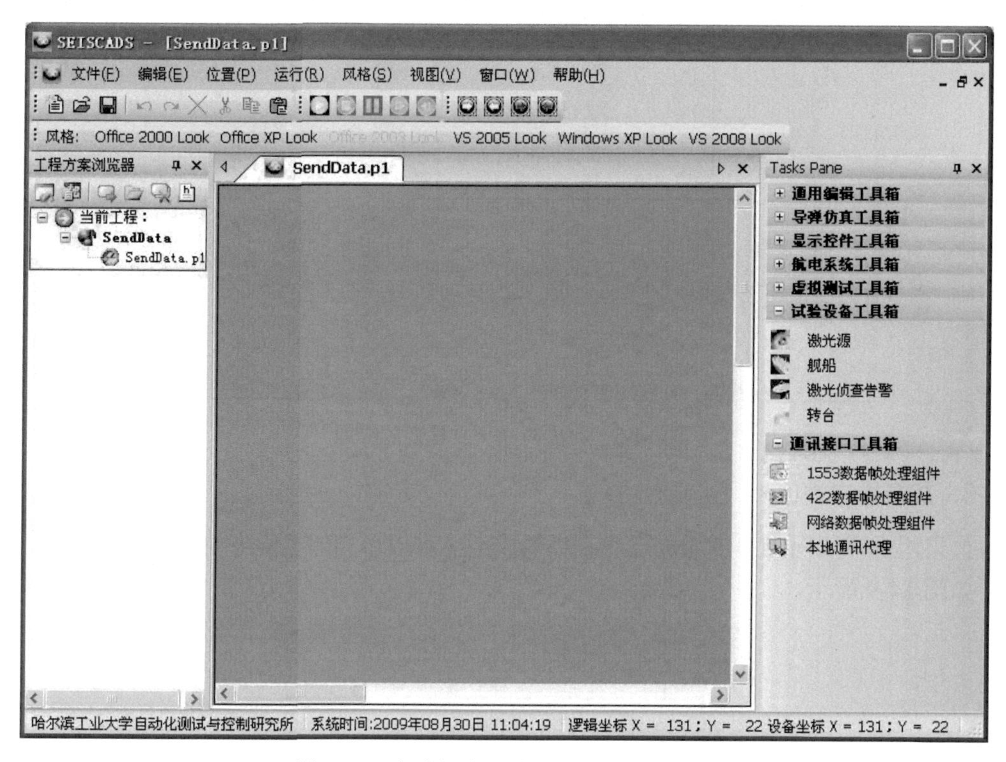

图 14-5　完成新建试验成员工程后的界面

2．新建页文件

如果用户需要在该工程中添加新的页文件，可以单击“工程方案浏览器”中的图标，如图 14-6 所示。

在弹出的“新建页文件”对话框中输入页文件名称，单击“确定”按钮，完成页文件的创建，如图 14-7 所示。

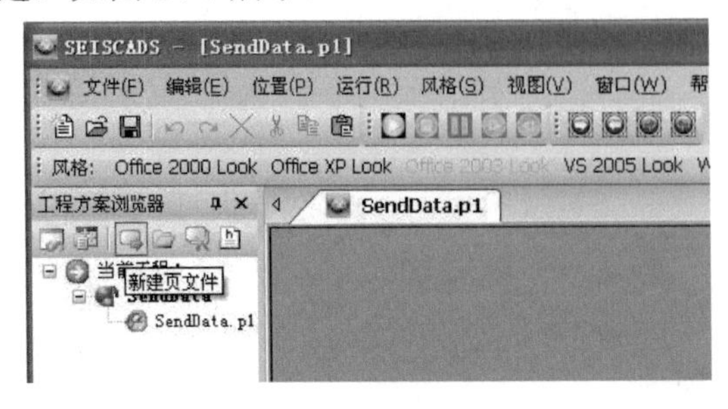

图 14-6　新建页文件

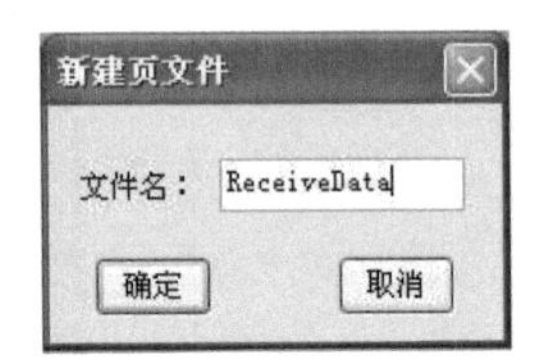

图 14-7　输入页文件名称

图 14-8 所示为完成新建页文件后的界面。

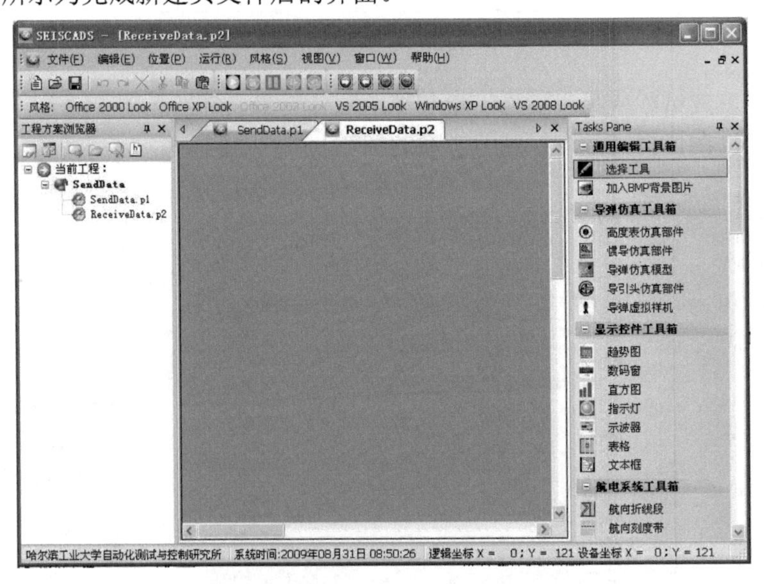

图 14-8　完成新建页文件后的界面

3．加载页文件

如果用户需要向工程中添加已存在的页文件，可以单击“工程方案浏览器”中的图标，如图 14-9 所示。

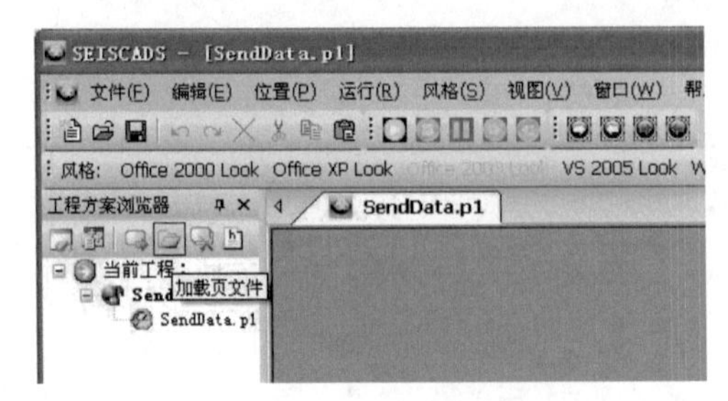

图 14-9　加载已存在的页文件

在弹出的加载页文件面板中选择需要加载的页文件，单击“打开”按钮，如图 14-10 所示（注：后缀为.p1 的页文件不能被加载）。

图 14-10　选择要加载的页文件

图 14-11 所示为完成加载页文件后的界面。

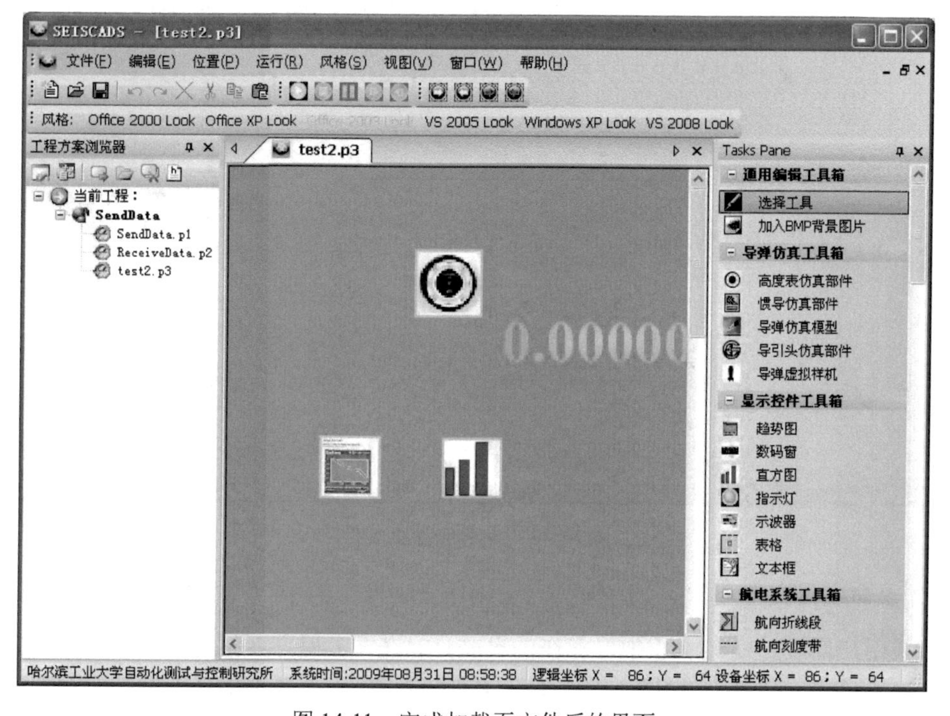

图 14-11　完成加载页文件后的界面

4．删除页文件

如果用户需要删除工程中已存在的页文件，在“工程方案浏览器”中选中要删除的页文件，单击图标，如图 14-12 所示（注：后缀为.p1 的页文件不能被删除）。

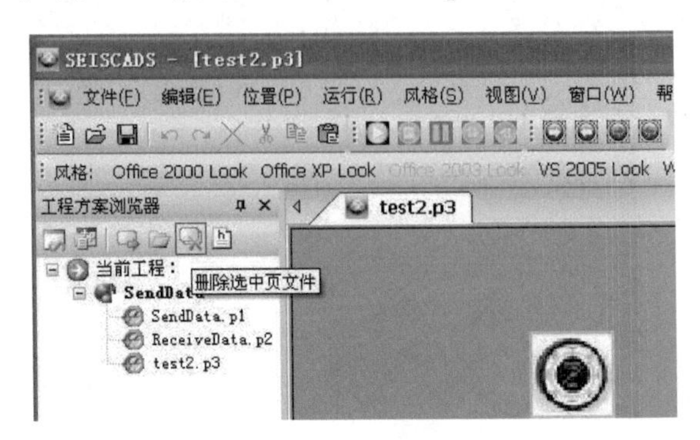

图 14-12　删除页文件

图 14-13 所示为完成删除页文件“ReceiveData.p2”后的界面。

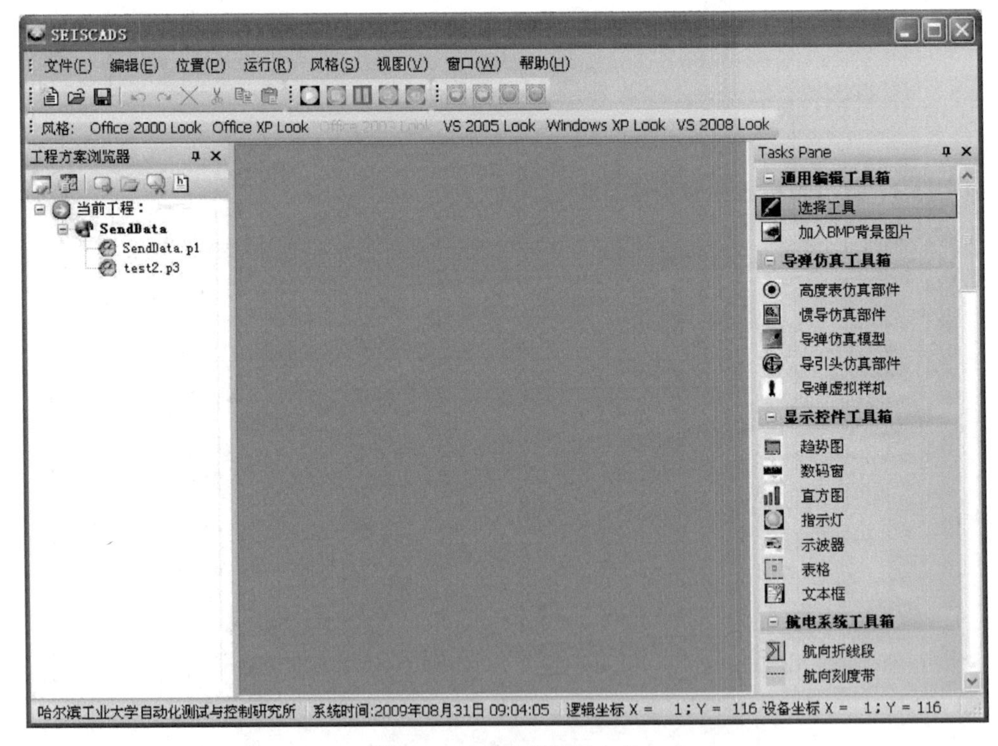

图 14-13　完成删除页文件

5．重命名页文件

如果用户需要重命名工程中已存在的页文件，在“工程方案浏览器”中选中要重命名的页文件，单击图标，如图 14-14 所示（注：后缀为.p1 的页文件不能被重命名）。

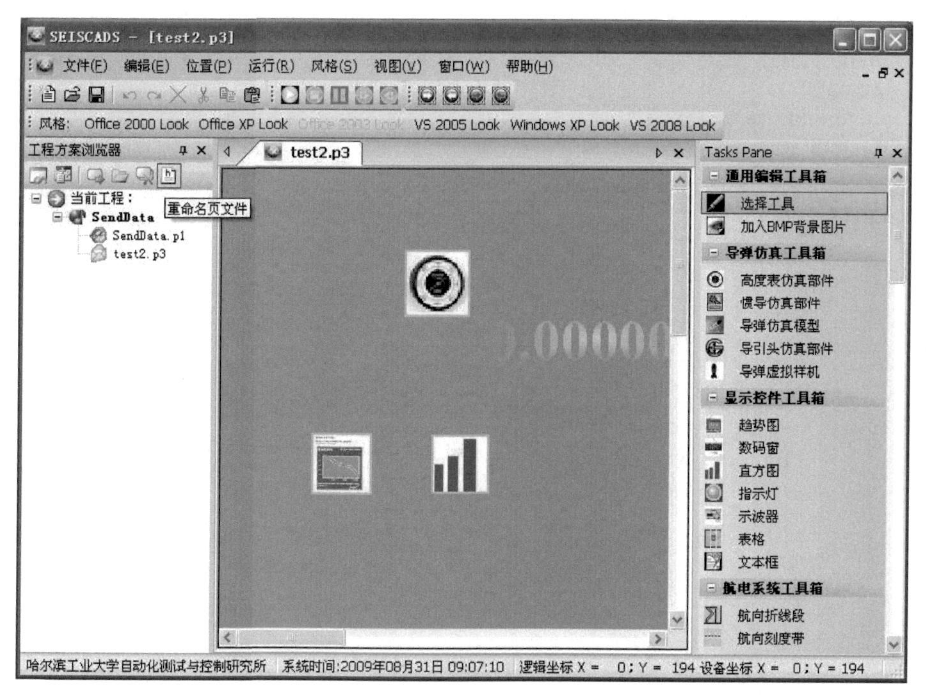

图 14-14　重命名页文件

在弹出的“重命名页文件”对话框中输入页文件名称，然后单击“确定”按钮，如图 14-15 所示（注：后缀为.p1 的页文件不能被重命名）。

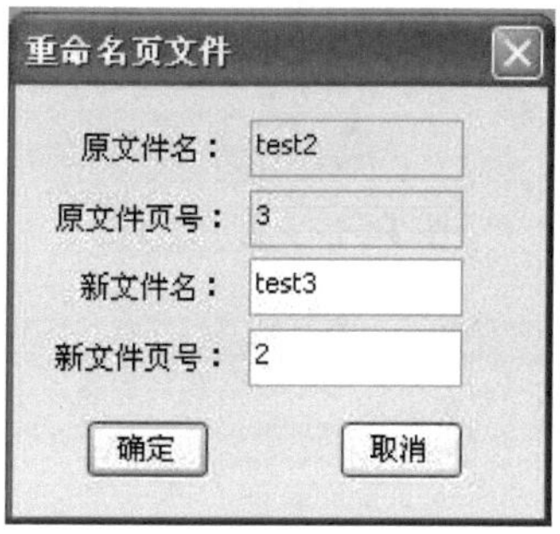

图 14-15　输入重命名页文件信息

图 14-16 所示为重命名“页号 3、文件名 test2 的文件为页号 2、文件名为 test3 的文件”后的界面。

14.1.4　打开试验成员工程

单击“文件”→“新建”菜单命令，或者在工具栏中单击图标，或者在“工程方案浏览器”中单击图标，如图 14-17 所示。

在弹出的“打开”对话框中选择需要打开的工程文件（.uir 文件），单击“打开”按钮，如图 14-18 所示。

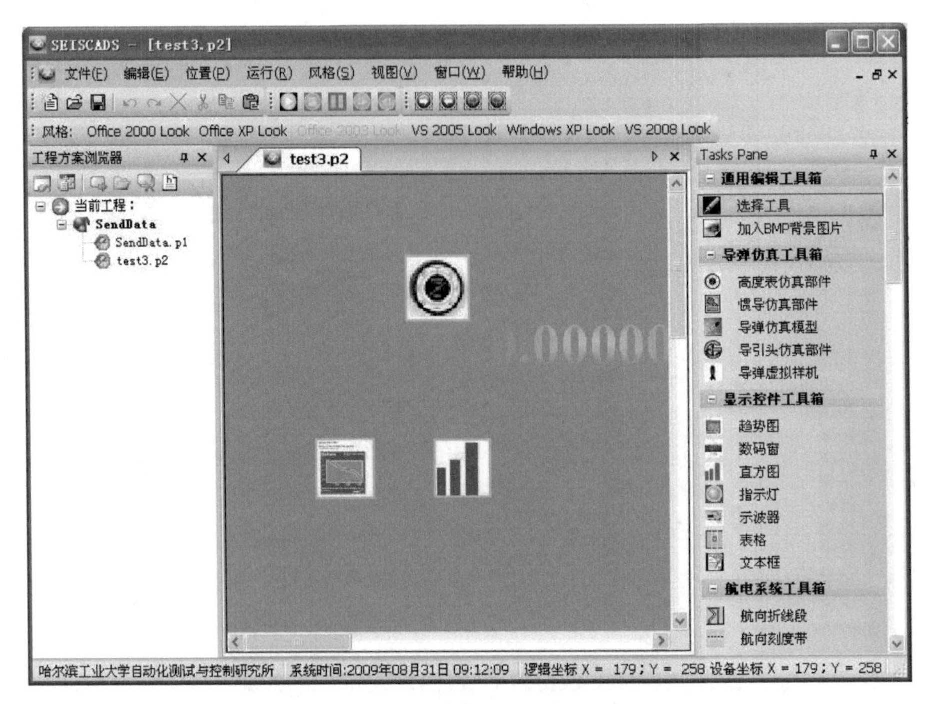

图 14-16 完成重命名页文件后的界面

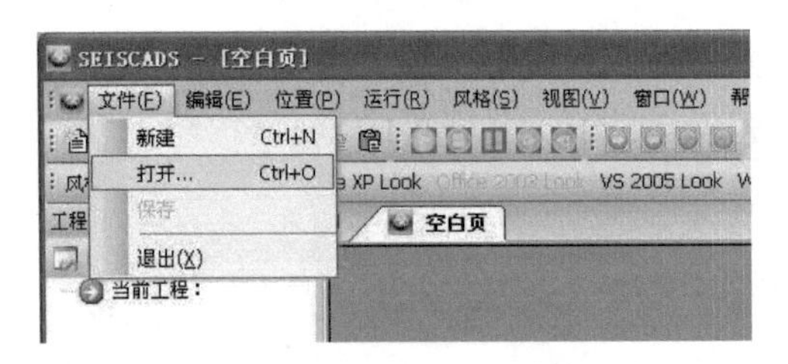

图 14-17 打开工程

图 14-18 选择工程文件并打开

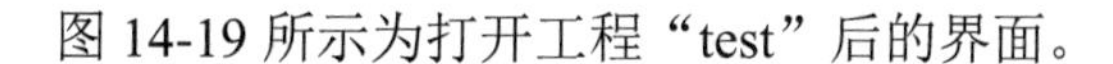
图 14-19 所示为打开工程“test”后的界面。

图 14-19　打开工程“test”后的界面

14.1.5　编辑试验成员工程

1．创建组件

在右侧“组件工具箱”中选中要创建的组件（见图 14-20），按住左键并拖动到“方案编辑区”（见图 14-21），完成创建组件功能。

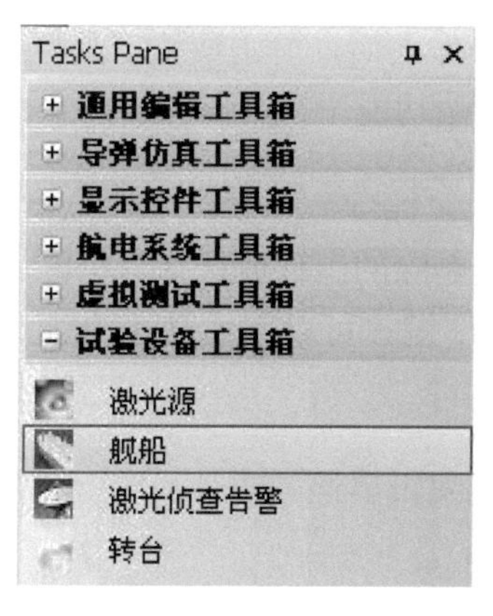

图 14-20　选中要创建的组件

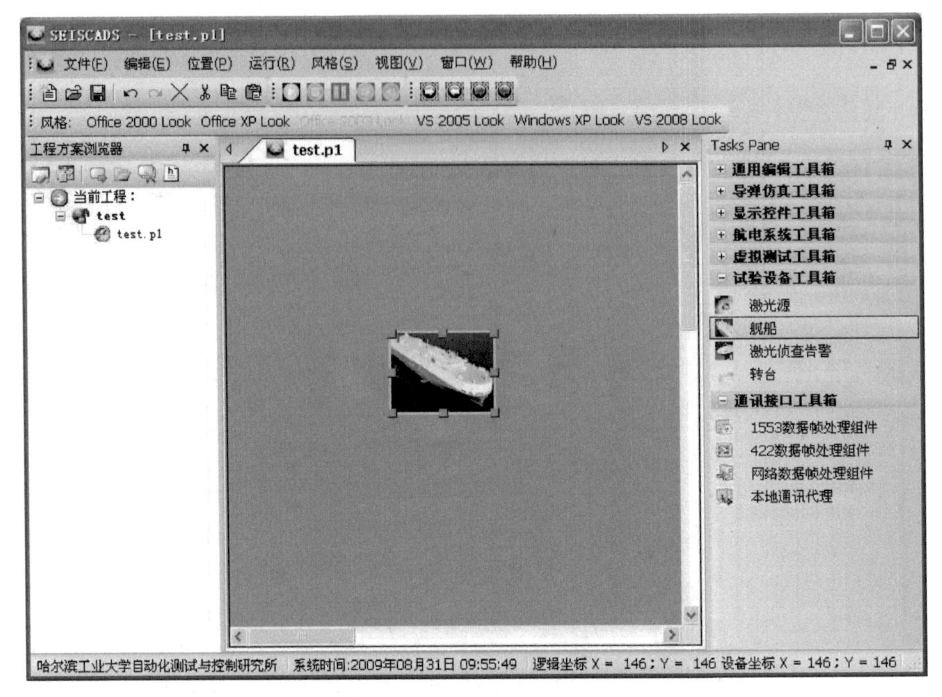

图 14-21 创建新的组件

2. 复制组件

在“方案编辑区”中选择要复制的组件或选择一个区域内的所有组件，单击快捷工具栏上的图标，或者使用“Ctrl + C”快捷键，可以完成组件复制功能。

3. 剪切组件

在“方案编辑区”中选择要剪切的组件或选择一个区域内的所有组件，单击快捷工具栏上的图标，或者使用“Ctrl + X”快捷键，可以完成组件剪切功能。

4. 粘贴组件

执行“复制”和“剪切”操作之后，单击快捷工具栏上的图标，或者使用“Ctrl + V”快捷键，可以完成组件的粘贴功能。

5. 删除组件

在“方案编辑区”中选择要删除的组件或选择一个区域内的所有组件，单击快捷工具栏上的图标，或者使用 Delete 键，可以完成删除功能。

6. 编辑组件属性

在“方案编辑区”中选择要编辑属性的组件，然后右击图标，弹出编辑属性菜单，如图 14-22 所示。

在图 14-22 所示弹出式菜单中单击“设置属性参数”按钮，即出现组件的参数配置对话框，用户可以进行组件属性编辑，如图 14-23 所示。

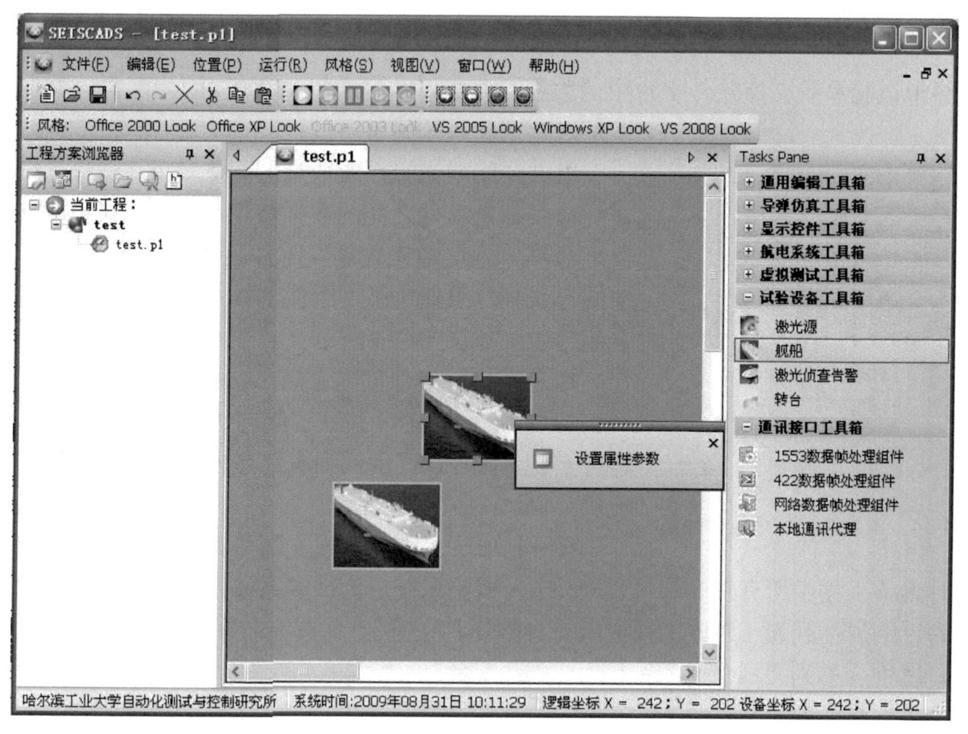

图 14-22　编辑属性菜单

图 14-23　组件参数配置对话框

7. 配置订购发布关系

虚拟试验系统支撑软件平台中的数据交互靠订购发布机制完成，因为配置订购发布关系是组建试验系统的重要过程。

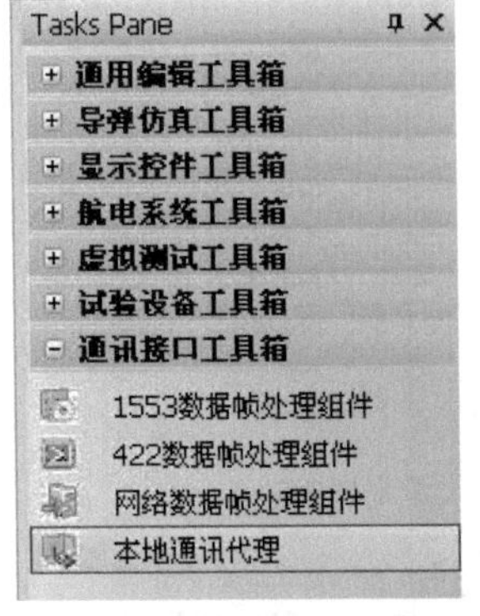

图 14-24　本地通信代理组件位置

组件是组成试验系统成员的基本单元，试验系统数据交互最终都是组件之间的数据传输，虚拟试验系统支撑软件平台靠“本地通讯代理”组件完成数据交互过程。“本地通讯代理”组件位于“组件工具箱”中的“通讯接口工具箱”中，如图 14-24 所示。

用户在完成组件创建之后，它的输入（订购）和输出（发布）就已经确定，并且已经向“本地通讯代理”组件进行声明。图 14-25 所示为本地通讯代理的订购发布关系配置界面。

图 14-25 中，左侧为发布属性列表（注：未连入试验系统时为该工程中所有发布属性信息，连入试验系统后为试验系统中所有发布属性信息），右侧为订购属性列表（为该工程中所有订购属性信息），并按照“系统/组件/属性名”进行分类，属性全称为“成员名”+“-”+“组件名”+“-”+“属性名”，该列表中同时含有属性的类型和长度。

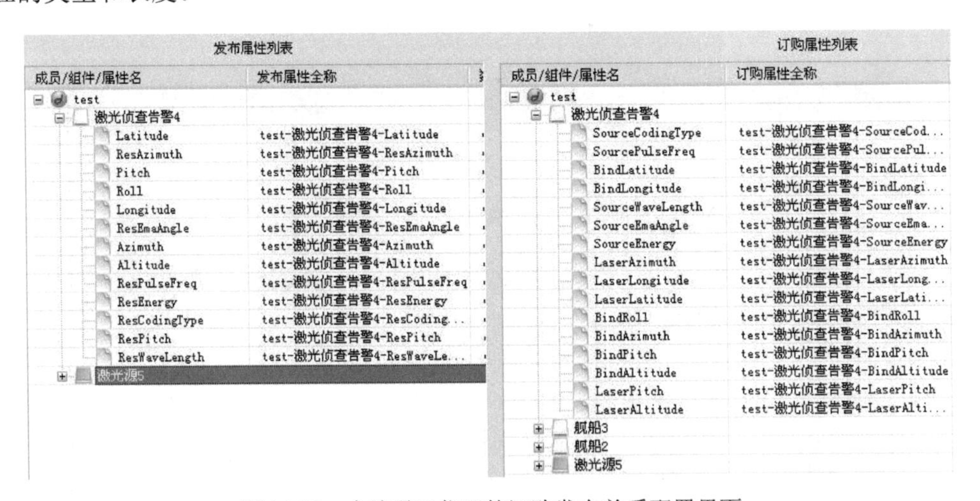

图 14-25　本地通讯代理的订购发布关系配置界面

（1）关联订购发布关系。

在右侧订购属性列表中选择要关联发布的订购属性（输入），如图 14-26 所示。

双击选中的条目，弹出如图 14-27 所示界面。

在如图 14-27 所示界面中选择要关联的发布属性，单击“进行关联”按钮，完成订购发布属性的关联，如图 14-28 所示。

（2）取消订购发布关联。

如果想取消属性的订购发布关联，在图 14-28 所示订购属性列表中选中要取消订购发布关联的属性。双击选中的条目，在弹出的“关联发布属性选择”面板（见图 14-27）中单击“取消关联”按钮，取消订购发布关联。

图 14-26　选择要关联发布的订购属性

图 14-27　关联发布属性选择

订购属性列表

i/组件/属性名	订购属性全称	关联发布属性全称
test		
激光侦查告警4		
SourceCodingType	test-激光侦查告警4-SourceCod...	test-激光侦查告警4-ResAzimuth
SourcePulseFreq	test-激光侦查告警4-SourcePul...	
BindLatitude	test-激光侦查告警4-BindLatitude	
BindLongitude	test-激光侦查告警4-BindLongi...	
SourceWaveLength	test-激光侦查告警4-SourceWav...	
SourceEmaAngle	test-激光侦查告警4-SourceEma...	
SourceEnergy	test-激光侦查告警4-SourceEnergy	
LaserAzimuth	test-激光侦查告警4-LaserAzimuth	
LaserLongitude	test-激光侦查告警4-LaserLong...	
LaserLatitude	test-激光侦查告警4-LaserLati...	
BindRoll	test-激光侦查告警4-BindRoll	
BindAzimuth	test-激光侦查告警4-BindAzimuth	
BindPitch	test-激光侦查告警4-BindPitch	
BindAltitude	test-激光侦查告警4-BindAltitude	
LaserPitch	test-激光侦查告警4-LaserPitch	
LaserAltitude	test-激光侦查告警4-LaserAlti...	
舰船3		
舰船2		
激光源5		

图 14-28　完成订购发布属性的关联

8．加入试验系统

试验系统成员需要加入整个试验系统才能与其他系统成员一起配合工作，最终完成试验任务。虚拟试验系统是分布式系统，各系统成员通过“本地通讯代理”连接到“信息传输管理平台”。

试验系统成员加入试验系统时需要输入服务器（信息传输管理平台）的 IP 地址和端口，如图 14-29 所示。

图 14-29　配置服务器 IP 地址和端口

在图 14-29 中，单击“连接”按钮，可以连接到“信息传输管理平台”；单击“断开”按钮可以断开与“信息传输管理平台”的连接。

系统成员加入试验系统后，整个系统中所有发布的属性信息都会出现在发布属性列表中，可以供本地订购属性进行发布属性关联。图 14-30 所示为加入系统后“本地通讯代理”的发布属性信息。

9．移动组件位置

在“方案编辑区”中选择要移动位置的组件或者使用鼠标选中某一区域中所有需要移动位置的组件，按住鼠标左键拖动进行位置移动，如图 14-31 所示。

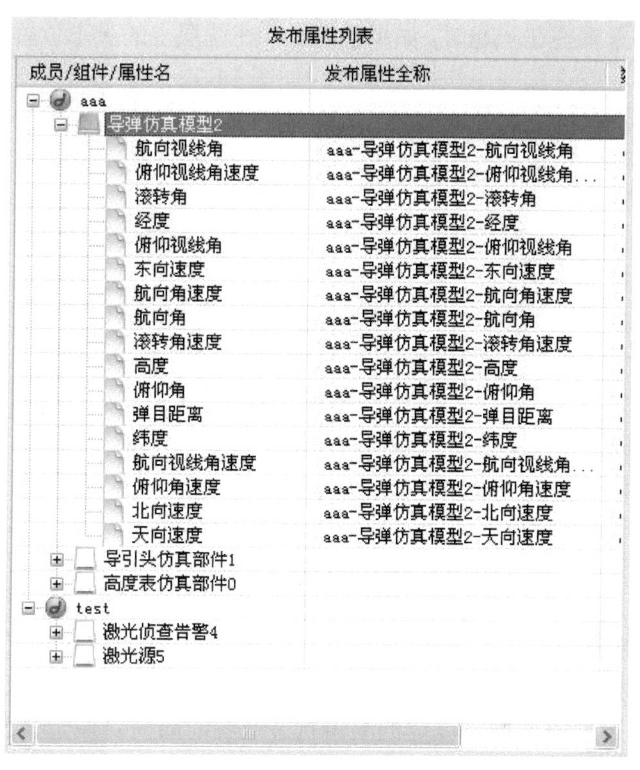

图 14-30　加入系统后“本地通讯代理”的发布属性信息

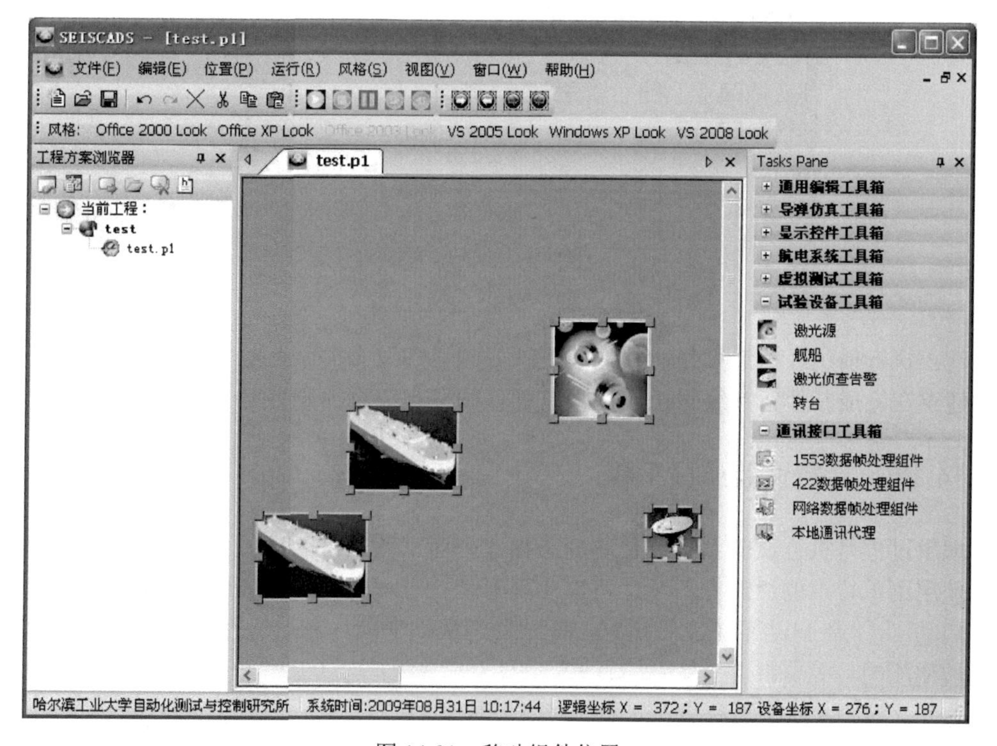

图 14-31　移动组件位置

当几个组件位置重叠在一起时，如果移动组件在图层上的上下位置，可以使用“位置”菜单中的功能选项，或直接使用快捷工具栏，如图 14-32 所示。

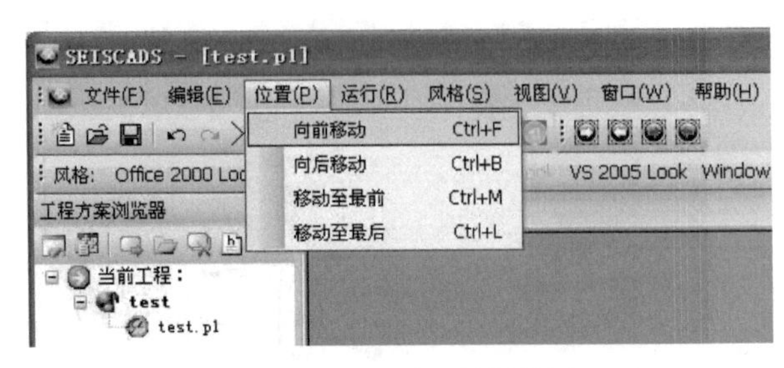

图 14-32　移动工具栏位置

向前移动（）：将选中的组件相对位置向上层移动一次。

向后移动（）：将选中的组件相对位置向下层移动一次。

移动到最前（）：将选中的组件相对位置移动至最上层。

移动到最后（）：将选中的组件相对位置移动至最下层。

10．前进后退操作

在用户进行创建组件、剪切组件、粘贴组件、删除组件、编辑组件属性和移动组件位置等操作时，如果出现需要回到以前的编辑状态或者向前恢复编辑状态，单击图标执行后退操作，单击图标执行前进操作。编辑工具栏位置如图 14-33 所示。

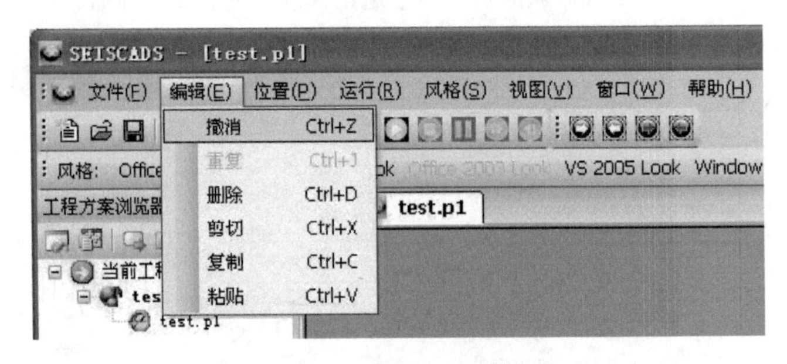

图 14-33　编辑工具栏位置

注：执行前进、后退操作时，之前配置好的订购发布关系可能发生不可预知的改变，因此建议在完成其他所有编辑工作后再进行订购发布关系的配置。

14.1.6　运行试验成员工程

编辑过程是执行试验系统成员的静态构建，而试验系统的数据交换需要动态运行。

使用菜单栏中的“运行”项，可以实现对运行过程的控制，如图 14-34 所示。

启动（）：启动系统成员运行，开始动态数据交换，在运行过程中所有编辑功能都是不被使能的。

停止（）：停止系统成员运行，停止动态数据交换。

暂停（）：暂停系统成员运行，停止动态数据交换。

加速（ ）：加速系统成员运行。
减速（ ）：减速系统成员运行。

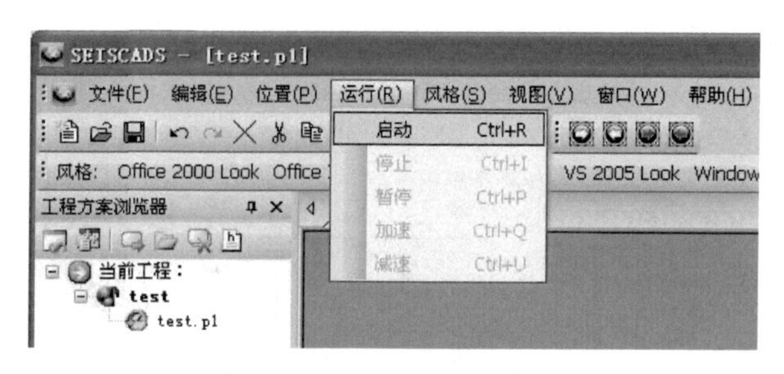

图 14-34　运行工具栏位置

14.1.7　切换界面风格

使用菜单栏下的“风格”项，可以实现不同风格界面的切换，如图 14-35 所示。当前系统提供的风格主要包括：

- Office 2000 Look；
- Office XP Look；
- Office 2003 Look；
- VS 2005 Look；
- Windows XP Look；
- VS 2008 Look。

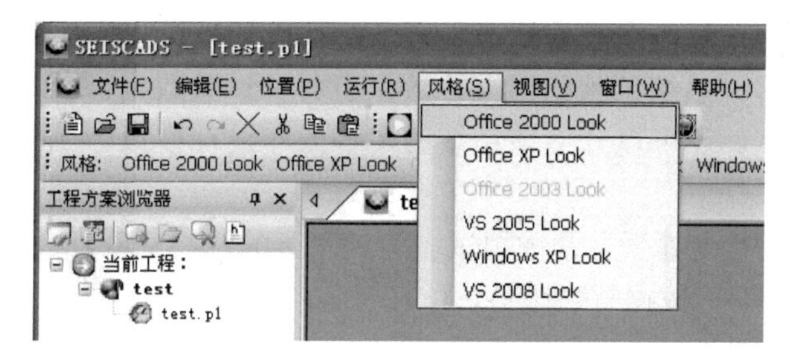

图 14-35　风格工具栏位置

14.1.8　控制工具栏显示

使用菜单栏下的“视图”项，可以控制各工具栏的显示与消隐，如图 14-36 所示。当前能够控制的工具栏包括：

- 工具栏；
- 状态栏；
- 位置栏；
- 运行栏；
- 风格工具栏；

➢ 组件工具箱；
➢ 工程管理区。

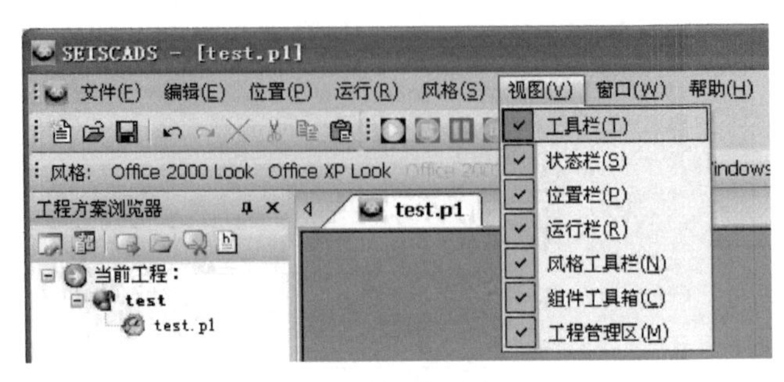

图 14-36 控制工具栏显示

14.2 虚拟试验验证平台方案构建

14.2.1 虚拟试验验证平台组成

“虚拟试验验证平台”是关于试验设备/部件功能仿真的一个虚拟试验平台。充分利用现代计算机实时网络技术和图形可视化界面及关系数据库的概念和理论，收集、管理某部件的试验过程中所产生的相关试验数据和技术资料，建立相应试验对象的试验数据及相关可视化设备的数据库管理和实时网络管理系统。

该平台能够在虚拟环境条件下，对于试验设备/部件在执行阶段的工作的全部过程予以仿真。科研人员通过对该系统虚拟试验资料、信息和技术报告的整理、分析、综合和研究，可以迅速获得该系统试验的第一手数据资料和试验数据，及时改进产品的设计，从而提高产品的质量。还可以开展该系统的多种工作过程模拟、效能研究、飞行过程预先研究等。

虚拟试验系统运行支撑平台是虚拟试验验证平台的核心部分，它主要为该系统平台提供透明的网络通信服务、数据管理服务、仿真任务的调度，以及访问共享内存中间件需要的应用程序接口。除了具有较多的功能需求，作为实时系统，在响应时间和数据传输时间上都具有较高的性能要求。

虚拟试验验证平台的网络基础为反射内存网，并且在此基础上同时采用以太网络的连接方式。反射内存网络是高速的，基于共享内存的光纤连接的环形网络，它可以获得低延迟、高速率、延迟确定的网络性能，负责具有实时性要求的传输通信任务。以太网络能够执行一些基本的网络传输服务，用来实现一些非实时性要求的传输任务。

虚拟试验验证平台的组成如图 14-37 所示。该平台主要被分成了 5 个节点，分别是虚拟场景显示计算机、系统管理与试验评估计算机、虚拟样机、环境资源合成与管理计算机、数据库服务器。所以整个系统由 5 个功能组件组成，且 5 个节点分别对应虚拟场景显示节点组件、系统管理和试验评估模块管理组件、虚拟样机节点组件、环境资源合成与管理组件和数据库管理组件。

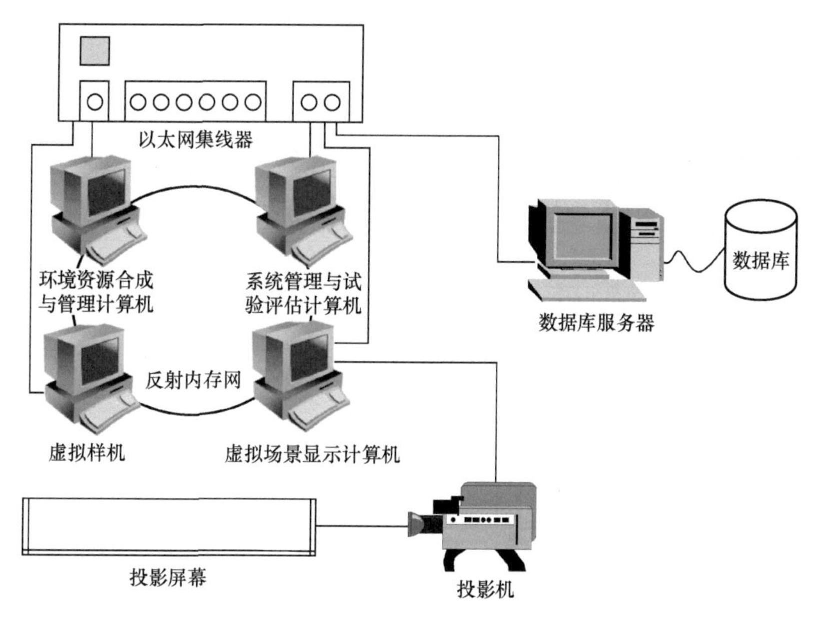

图 14-37　虚拟试验验证平台的组成

虚拟试验验证平台可以给用户提供一个多视点、多角度、多层次观察飞行器/重要部件虚拟试验进程的可视化平台的人机交互环境。通过平台的人机交互环境，用户可以直观地观察和修改部件工作原理仿真参数，平台可以根据修改的仿真参数逼真地显示出武器部件虚拟试验进程的仿真结果。通过平台的显示及工作结果数据的对比，能够真实地反映飞行器/重要部件的工作原理及工作状况，具体包括：

（1）逼真的图形显示。

（2）模拟试验设备/部件的工作。

（3）模拟试验设备/部件在空间中的运动。

（4）对试验设备/部件的运动状态、相对位置、工作过程及结果的大致效果进行逼真的显示。

（5）对试验设备/部件的工作结果进行实时计算。

（6）对试验设备/部件的工作结果进行实时、动态显示。

（7）对虚拟试验过程中的相关数据进行存储，以备试验后的数据处理。

14.2.2　虚拟试验验证平台方案

空间环境虚拟试验系统结构如图 14-38 所示。该系统结构由基础环境数据资源、环境效应资源、虚拟试验场综合显示单元及被试品/试验设备几个部分组成。

基础环境数据资源用于提供表示自然环境状态的数据及驱动状态变化的内部模型。基础环境数据资源包括地形、大气、海洋和空间共四个部分。为了提高环境数据资源的通用性和易用性，环境数据的表示与交互按照 SEDRIS 规范进行，环境数据资源的 H-JTP 接口通过 SEDRIS API 访问数据库中的环境数据。另外，对于基础环境数据资源，提供基础环境数据管理和复杂环境合成管理功能，支持将分布在不同数据库中的环境数据合成复杂的综合自然环境。

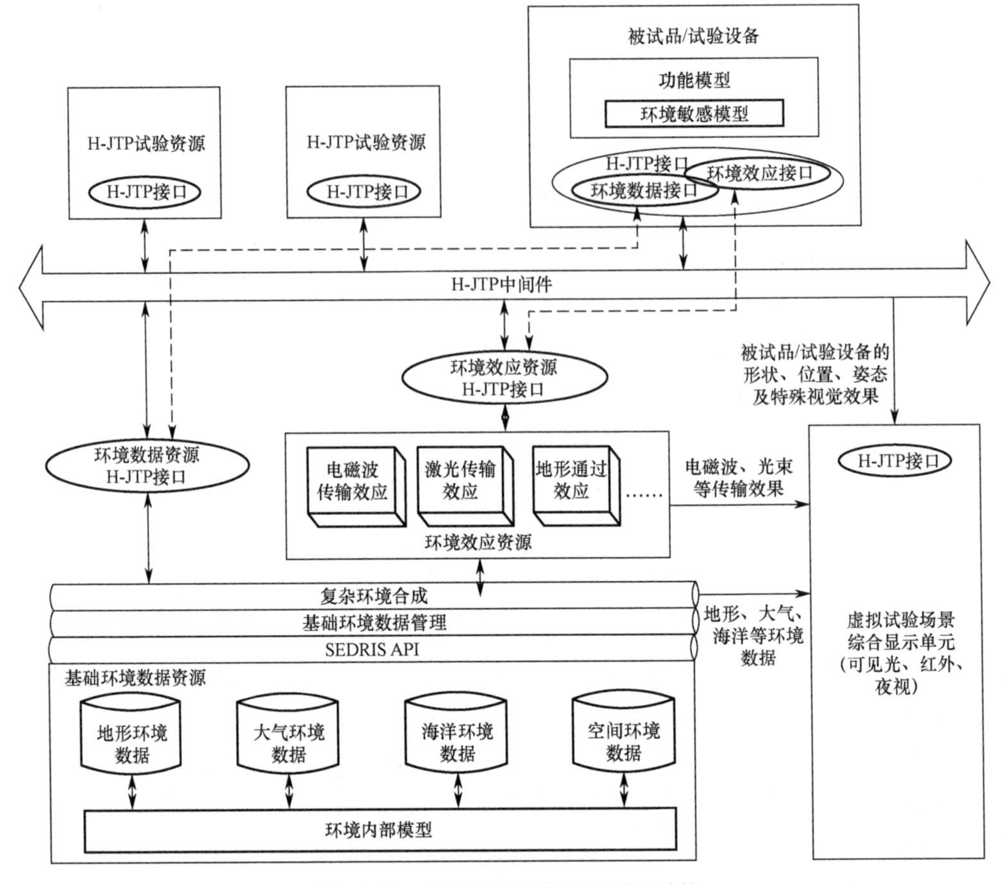

图 14-38　空间环境虚拟试验系统结构

环境效应资源用于提供各种环境效应，包括传输、通过、机动等。环境效应资源一方面依附于环境数据资源，通过 SEDRIS API 访问环境数据；另一方面通过 H-JTP 接口与 H-JTP 虚拟试验设备发生作用。环境效应是多种多样的，如激光传输效应、电磁波传输效应及地形通过效应等。

试验设备/部件是通过虚拟样机组件来实现的，虚拟样机模块里集成了试验设备/部件的多个模型的仿真算法，它能够通过 H-JTP 接口读取 H-JTP 虚拟环境资源和环境效应资源，获取数据和参数，进行实时的计算，并将计算出来的结果数据根据试验的进程通过网络传给相应的节点。

1. 系统信息交互关系

为了搭建演示验证系统，首先需要开发虚拟雷达、激光制导导弹、虚拟激光制导导弹等虚拟试验设备。虚拟雷达制导可以发射电磁波给电磁波传输效应组件，并接收来自虚拟目标的反射电磁波；虚拟激光制导导弹用于攻击虚拟目标，载机发射激光信号给激光传输效应组件，导弹可接收来自虚拟坦克的反射激光信号。另外，虚拟导弹对风敏感，大气环境中虚拟风场会对导弹飞行姿态产生影响。虚拟目标能够接收导弹发出的来自电磁波传输效应的电磁波，并能将反射后信号发给电磁波传输效应资源；虚拟目标能够接收到载机发出的来自激光传输效应的激光信号，并能将反射后激光信号发送给激光传输效应组件；另外，虚拟目标可以规划运动路线，并在运动中接收地形通过效应组件计算的数据，跟随地形起伏运动，在遇到障碍时能够自适应改变运动路线。试验中，系统各组成部分间的信息交互关系如图 14-39 所示。

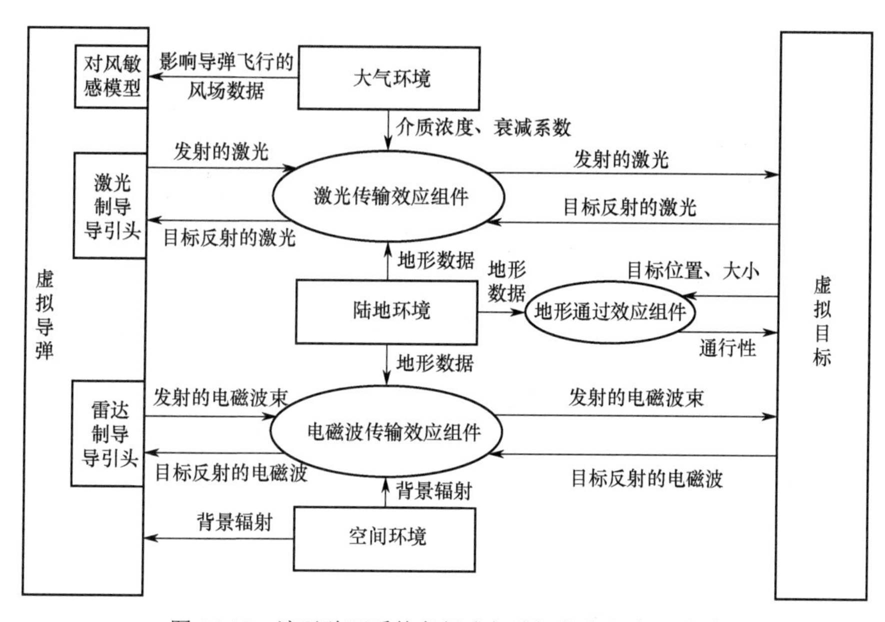

图 14-39　演示验证系统各组成部分间的信息交互关系

2. 虚拟导弹模型

虚拟导弹模型主要包括初始化模块、弹体模块、导引头模块、输出模块。初始化模块主要完成对虚拟导弹参数的装订；弹体模块主要实现虚拟导弹的运动信息，包括位置信息和姿态信息，并且将这些信息送给导引头模块；导引头模块实现在电磁环境和激光环境下对虚拟舰船和虚拟坦克进行探测定位功能，并将探测到的目标位置发送给导弹模块，引导导弹进行目标攻击；输出模块主要输出导弹位置信息、姿态信息、电磁特性信息或激光特性信息，以完成与虚拟目标的信息交互和虚拟可视化。图 14-40 给出了虚拟导弹模型的组成及与外部信息交互。

在建模时，要重点考虑大气环境效应主要是风对弹体的扰动影响、电磁传输效应对雷达导引头的探测和定位影响、激光传输效应对激光导引头的探测和定位影响。

弹体模块主要参数有：初始速度、平均速度、发射高度、平飞高度、初始弹道倾角、初始偏航角、环境温度、风速、风向、发射点经纬度导航点个数、导航点经纬度、目标初始位置等。雷达导引头模块主要参数有：弹体位置、弹体姿态、最大探测距离、脉冲宽度、发射中心频率、搜索距离、跟踪距离、脉冲重复频率、波束方位和仰角范围、波门宽度、平均 RCS 等。激光导引头模块主要参数有：工作波段、成像距离、空间分辨率、视场大小、帧频、发射器件透过率、接收器件透过率等。

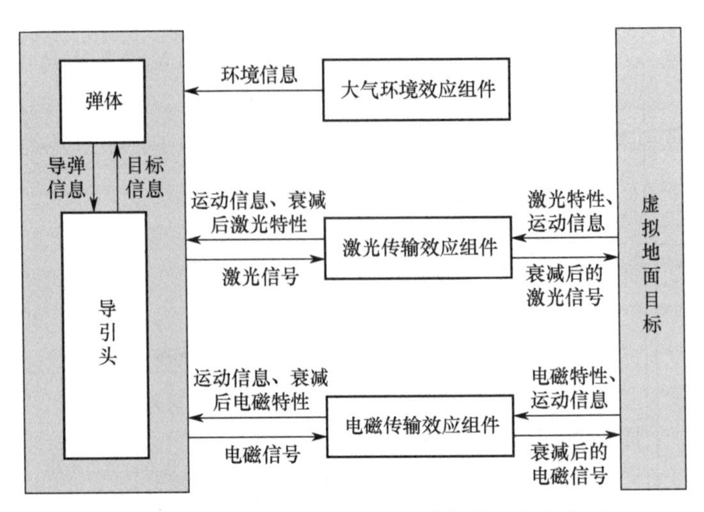

图 14-40　虚拟导弹模型的组成及与外部信息交互

14.2.3　场景显示组件运行效果

虚拟试验显示组件的功能主要是将从网络过来的试验设备/部件工作信息显示出来，包括绘制各种结果曲线、实时结果信息和试验设备/部件工作信息。从应用层面来看，该软件应包含的功能模块有虚拟执行场景、实时状态显示、结果曲线显示、结果数据显示等。图 14-41 所示为部分虚拟试验场景显示效果图。

(a) 发射阶段

(b) 飞行阶段

图 14-41　部分虚拟试验场景显示效果

(c) 落地阶段

图 14-41　部分虚拟试验场景显示效果（续）

14.3 本章小结

本章首先分析了虚拟试验验证系统的硬件结构和平台组成，然后介绍了虚拟试验支撑软件。试验人员利用虚拟试验支撑软件无须编程即可完成配置试验设备、试验过程、试验数据存储、试验数据多模式多节点监视等工作；同时，支持参试设备虚拟模型、半实物模型、实物模型的混合试验模式，在虚拟模式试验阶段、半实物模式试验阶段和实物模式试验阶段均可进行试验运行控制和验证，进而高效率、高可靠地完成试验任务，缩短试验周期，降低试验成本。最后描述了基于虚拟试验支撑软件的空间环境虚拟试验验证平台的构建过程。

参考文献

[1] 赵雯. 虚拟试验验证技术发展思路研究[J]. 计算机测量与控制，2009，17（3）：437-439.

[2] 段建国，徐欣. 虚拟试验技术及其应用现状综[J]. 上海电气技术，2015，8（3）：1-10.

[3] 张杰. 基于 TENA 思想的分布式靶场虚拟试验系统设计[J]. 系统仿真技术，2011，7（1）：56-62.

[4] 许永辉. 空间环境虚拟试验平台构建[M]. 北京：电子工业出版社，2019.

[5] 闫芳. 试验训练体系结构大气环境资源开发[D]. 哈尔滨：哈尔滨工业大学，2012.

[6] 杨森，战守义，费庆. 使用 SEDRIS 的环境数据表示与交换[J]. 计算机工程，2002，28（2）：71-73.

[7] HEMBREE L A, COX R, PASTOR V. A SEDRIS representation of atmospheric data[C]. London, UK: Proceedings of the Euro SIW Conference, 2001:505-515.

[8] 丁蔚. 虚拟环境数据综合管理及合成软件开发[D]. 哈尔滨：哈尔滨工业大学，2014.

[9] 黄菁，张强. 中尺度大气数值模拟及其进展[J]. 干旱区研究，2012，29（2）：273-283.

[10] GRELL G A, DUDHIA J, STAUFFER D R. A description of the fifth-generation Penn state/NCAR Mesoscale Model (MM5),NCAR/TN-398 + STR NCAR [R]. Boulder: National Center for Atmospheric Research, 1995.

[11] 姜波，杨学联. 基于 MM5 模式的我国近海海洋风能资源评估[J]. 风能，2013，3：80-85.

[12] 韩杰，张玉生. 利用 MM5 V3 模式模拟大气波导产生的准确率分析[J]. 海洋预报，2012，29（2）：68-71.

[13] 林连雷，丁蔚. 一种基于 MM5 和 SEDRIS 的虚拟大气环境构建方法[J]. 系统仿真学报，2015，27（5）：1064-1070.

[14] 孙丽. 0～100km 虚拟大气环境资源构建[D]. 哈尔滨：哈尔滨工业大学，2017.

[15] 肖存英. 临近空间大气动力学特性研究[D]. 北京：中国科学院研究生院（空间科学与应用研究中心），2009.

[16] 景晓龙，张建伟，黄树彩. 临近空间发展现状与关键技术研究[J]. 航天制造技术，2011（2）：17-21.

[17] 马瑞平，徐寄遥，廖怀哲. 我国地区 20～80km 高空大气温度特征[J]. 空间科学学报，2001（3）：246-252.

[18] 熊森林，崔延美，刘四清. 利用 ACE 卫星数据对太阳质子事件预警方法的研究[J]. 空间科学学报，2013，33（4）：387-395.

[19] 薛炳森. 辐射带高能粒子通量演化与宇宙线强度的相关特性分析[J]. 中国科学：地球科学，2012，42（7）：1063-1068.

[20] BOSCHER D M, BOURDARIE S A, FRIEDEL R H W, et al. Model for the geostationary electron environment: POLE[J]. IEEE Transactions on Nuclear Science, 2003, 50(6): 2278-2283.

[21] HEYNDERICKX D, KRUGLANSKI M, PIERRARD V, et al. A low altitude trapped proton model for solar minimum conditions based on SAMPEX/PET data[J]. IEEE Transactions on nuclear science, 1999,

46(6): 1475-1480.

[22] SIHVER L, PLOC O, PUCHALSKA M, et al. Radiation environment at aviation altitudes and in space [J] . Radiation Protection Dosimetry, 2015, 164 (4): 477-483.

[23] 成行. 0～400km 空间辐射虚拟环境生成及显示软件开发[D]. 哈尔滨：哈尔滨工业大学，2018.

[24] 沈自才. 空间辐射环境工程[M]. 北京：中国宇航出版社，2013.

[25] 董昊. 虚拟自然环境集成技术研究及软件开发[D]. 哈尔滨：哈尔滨工业大学，2016.

[26] 孙国兵. 战场环境建模与环境数据评估方法[D]. 哈尔滨：哈尔滨工业大学，2009.

[27] 王文龙. 大气风场模型研究及应用[D]. 长沙：国防科学技术大学，2009.

[28] 吴扬. 虚拟试验风场建模及应用技术研究[D]. 哈尔滨：哈尔滨工业大学，2011.

[29] 邹相国. 雷电电磁场空间分布的研究与计算[D]. 武汉：华中科技大学，2006.

[30] 李忠亮，边少锋. 世界地磁模型 WMM2010 及其应用[J]. 舰船电子工程，2011，31（2）：58-61.

[31] 刘新. 动态地形仿真研究[D]. 长沙：国防科学技术大学，2006.

[32] 董新建. 履带车辆行动部分动力学分析与仿真[D]. 长沙：湖南大学，2007.

[33] LEBLANC L R, MIDDLETON F H. An Underwater Acoustic Sound Velocity Data Model[J]. Journal of the Acoustical Society of America, 1980,67(6): 2055-2062.

[34] PARK J C, KENNEDY R M. Remote sensing of ocean sound speed profiles by a perceptron neural network[J]. IEEE Journal of Oceanic Engineering, 1996,21(2): 216-224.

[35] TEAGUE W J, CARRON M J, HOGAN P J. A Comparison Between the Generalized Digital Environmental Model and Levitus climatologies[J]. Journal of Geophysical Research, 1990,95(C5): 7167.

[36] 张旭，张永刚，张健雪，等. 台湾以东海域声速剖面序列的 EOF 分析[J]. 海洋科学进展，2010，28（4）：498-506.

[37] 宋庆磊. 东海表面温场数据处理的 Kriging 方法及效果分析[D]. 青岛：国家海洋局第一海洋研究所，2011.

[38] 杨昌达，面向装备试验的海洋环境建模技术研究[D]. 哈尔滨：哈尔滨工业大学，2023.

[39] SU Y R, WU Y H, LIU P J. Modeling and Simulation for Multipath Transmitting of RF Signal in a Complex Terrain[J]. Beijing: Ship Electronic Engineering, 2009, 1(168):168-174.

[40] 闵涛，王国玉. 虚拟战场电磁环境建模与仿真技术研究[D]. 长沙：国防科技大学，2009.

[41] 彭琳. 虚拟测量雷达模型开发[D]. 哈尔滨：哈尔滨工业大学，2011.

[42] 苏文圣. 基于信息化体系结构的雷达制导导弹虚拟试验系统开发[D]. 哈尔滨：哈尔滨工业大学，2015.

[43] 柯熙政，杨利红，马冬冬. 激光信号在雨中的传输衰减[J]. 红外与激光工程，2008，37（6）：1021-1024.

[44] 王亚民，高国强. 雾天环境下激光传输的衰减特性研究[J]. 红外，2013，34（12）：14-19.

[45] ERIK A, STEFAN A E, et al. White Monte Carlo for time-resolved photon migration [J]. Journal of Biomedical Optics, 2008, 13(4):1-10.

[46] KANDIDOV V P, MILITSIN V O. Computer simulation of laser pulse filament generation in rain [J]. Applied Physics, 2006, 83:171-174.

[47] 赵晓斌. 基于信息化体系结构的激光制导导弹虚拟试验系统开发[D]. 哈尔滨：哈尔滨工业大学，2015.

[48] 彭刚，王艳琴，王涛，等. 基于 MapInfo 与 MapX 的电子地图[J]. 计算机系统应用，2011，9：153-156.
[49] 王威，郝威. 基于 MapX 的海岸电子航海显示系统[J]. 通信技术，2010，3：177-179.
[50] 陈宁，李荣川，孙玉科. 基于 MapX 船舶电子海图与导航雷达模拟系统的开发[J]. 船舶工程，2012，3：50-53，71.
[51] 冷俊敏，桑新柱，徐大雄. 三维显示技术现状与发展[J]. 中国印刷与包装研究，2014，5：1-14.
[52] 付文青. H-JTP 虚拟试验场景显示软件开发[D]. 哈尔滨：哈尔滨工业大学，2016.

反侵权盗版声明

举报电话：（010）88254396；（010）88258888

传　　真：（010）88254397

E-mail：　dbqq@phei.com.cn

通信地址：北京市万寿路 173 信箱

　　　　　电子工业出版社总编办公室

邮　　编：100036